计算机技术
开发与应用丛书

网络攻防中的
匿名链路设计与实现

杨昌家 ◎ 编著

清华大学出版社
北京

内 容 简 介

本书围绕网络中的匿名链路核心进行展开，从基础知识到技术解析再到编码实现，全面系统地讲解了如何从一个什么都不懂的网络初学者成长为可以根据业务需求进行技术选型实施匿名链路构建的网络高级技术人员。全书不仅包含计算机网络的基础知识、网络攻防、网络追踪、匿名链路的常用技术手段知识，还对匿名链路的实现目标和功能、技术分析和技术选型进行了分析，对项目的总体流程、主要功能、核心交互、项目管理、技术框架、运行环境进行了设计，一步步地实现防溯源的匿名链路，包括开发语言的使用、DHCP的高级使用、节点自动化搭建、链路的自动化部署、系统路由的控制、IP全球定位系统的使用、硬件选型及路由器功能实现等，制作无人值守的系统自动化安装、系统内核的裁剪、镜像的修改与打包，以及项目自动化安装到硬件设备形成定制的高级路由器；系统的使用包括节点管理、链路管理、分流策略、出网白名单、终端管理、日志管理、用户管理、系统管理等，详细地描述了使用定制的路由器构建防溯源的匿名链路系统。本书内容从基础到高阶，技术从概念到原理，项目从业务拆分需求分析到技术选型搭建使用，遵循逐步递进的原则，逐步深入和提高。希望读者通过本书可以了解并掌握计算机网络的核心知识和网络攻防中匿名链路的使用，并对网络架构和防溯源匿名链路有自己的思考。

对于有一定的开发、设计经验并想了解防溯源匿名链路的搭建和使用的技术人员，本书具有重要的参考意义。本书涵盖了计算机网络基础知识与原理，对于没有开发经验的人员，可以稳扎稳打地从基础部分学习。通过匿名链路的核心技术与原理和防溯源匿名链路的实践案例，读者可以详细了解到防溯源匿名链路的架构及相关问题的解决思路和方案。

本书封面贴有清华大学出版社防伪标签，无标签者不得销售。

版权所有，侵权必究。举报：010-62782989，beiqinquan@tup.tsinghua.edu.cn。

图书在版编目(CIP)数据

网络攻防中的匿名链路设计与实现/杨昌家编著.—北京：清华大学出版社，2024.1
(计算机技术开发与应用丛书)
ISBN 978-7-302-65323-3

Ⅰ.①网… Ⅱ.①杨… Ⅲ.①计算机网络—网络安全 Ⅳ.①TP393.08

中国国家版本馆 CIP 数据核字(2024)第 038911 号

责任编辑：赵佳霓
封面设计：吴　刚
责任校对：时翠兰
责任印制：刘海龙

出版发行：清华大学出版社
网　　址：https://www.tup.com.cn，https://www.wqxuetang.com
地　　址：北京清华大学学研大厦 A 座　　邮　编：100084
社 总 机：010-83470000　　邮　购：010-62786544
投稿与读者服务：010-62776969，c-service@tup.tsinghua.edu.cn
质量反馈：010-62772015，zhiliang@tup.tsinghua.edu.cn
课件下载：https://www.tup.com.cn，010-83470236

印 装 者：艺通印刷(天津)有限公司

经　　销：全国新华书店

开　　本：186mm×240mm　　印　张：39.5　　字　数：889 千字

版　　次：2024 年 3 月第 1 版　　印　次：2024 年 3 月第 1 次印刷

印　　数：1～2000

定　　价：149.00 元

产品编号：099592-01

前言
PREFACE

随着计算机的普及和快速发展，在最近的二十年里，IT领域的技术发展更是日新月异，技术的发展为我们的生活提供了更多、更好、更快捷的服务，每个技术人员都有一个技术梦——完成一个高难度的项目，或希望能创作出更优秀的技术给社会提供更好的服务，并以此为目标而感到自豪。社会的竞争导致技术的快速更新迭代，时有听到"学不过来了"等口头禅。其实，作为技术人员，完全不必惊慌，从眼前的技术着手，等深入理解了一个技术的原理后，再去理解其他的技术，会更容易掌握，其主要有两点，一是当学习一种技术的思维模式和思考方式形成了以后，一个人会更有信心去理解其他技术；二是技术的思想都有相通之处，至少在同一个体系下的技术在设计、实现、原理等方面都有相近之处。

笔者在工作多年以后，发现在政企的很多场景下，从事网络安全工作的人员都需要使用匿名链路，但是防溯源匿名链路的搭建不是那么容易，虽然各种开源匿名链路项目都努力提出更简单的部署方式，提供更详细的文档，但是仍然需要有一定的经验才能完成，主要是防溯源匿名链路的技术栈比较广、知识点比较多、内部的设计也有很多技巧，一般会包含多个开源项目的同时使用及整合，要明白其思想，并能够根据业务需求自如地进行技术选型和方案搭建使用，还是很有挑战的。笔者以一个大型防溯源匿名链路项目为背景，进行适当简化，从基础知识的介绍、发展趋势及应用、匿名链路项目的核心组件、匿名链路网络分析及技术选型、防溯源匿名链路的搭建、多种网络环境配置、定制高级路由器的开发、自动化无人值守安装系统和服务、常见问题及解决方案等多个方面进行展开和实践，内容从基础到高阶，技术从概念到原理，项目从业务拆分需求分析到技术选型搭建使用，遵循逐步递进的原则，旨在使读者能够彻底掌握防溯源匿名链路的运用，理解不同的技术思想，在项目开发中能够根据业务需求进行合适的技术选型。

全书共7章，第1章主要讲解网络攻防的目的、计算机网络的基础知识、网络追踪的常用技术手段、匿名链路的意义，匿名链路跟计算机网络的实现关系紧密，了解其原理和使用是很有必要的；第2章主要讲解匿名链路的实现目标，以及需要实现的详细功能；第3章主要根据要实现的匿名链路目标进行技术分析和技术选型，确认需要采用的技术方案；第4章主要是对项目的总体流程、主要功能、核心交互、项目管理、技术框架、运行环境进行总体设计，以及实现方案的确定；第5章主要根据方案进行项目实践，一步步地实现防溯源的匿名链路，包括常用开发语言的使用、DHCP的高级使用、节点自动化搭建、链路的自动化部署、系统路由的控制、IP全球定位系统的使用、定制路由器功能等，每节都有详细的原理分析和概念解释，帮助网络专业相关人员彻底掌握匿名链路的实现，并附有完整的项目；第6章主要讲述制作无人值守的自动化系统安装、系统内核的裁剪、镜像的修改与打包，以及把开发的项目自动化安装到硬件设备，形成定制的高级路由器；第7章讲述如何灵活地使用系统，包括节点管理、链路管理、分流策略、出网白名单、终端管理、日志管理、用户管理、系统管理等，详细地描述了使用定制的路由器构建防溯源的匿名链路系统。本书采用不同的技术进行了防溯源匿名链路的搭建和部署，其相关的所有代码和资料均在文中说明和共享，读者可以根据详细的步骤进行实践。扫描目录上方二维码可下载本书源码。

  本书不求能够给所有的技术开发人员提供帮助，只希望能够给从事网络攻防和网络安全方向的技术人员带来一些帮助和启发。本着把经验和技术进行分享的原则，希望可以给读者带来一些技术上的分享，书中可能存在不完美的地方，也希望读者能够多多包涵。

  最后，感谢家人和同事的帮助与支持，这里特别感谢一位参加过北京冬奥会超大型项目网络安全维护核心设计同事的帮助，其提供了很多网络安全相关的知识。

杨昌家
2023年10月

目录
CONTENTS

本书源码

第1章　匿名链路的背景及技术 ·· 1
　1.1　安全攻防 ··· 1
　　1.1.1　安全攻防介绍 ·· 1
　　1.1.2　网络攻击防御体系 ··· 1
　　1.1.3　网络安全概述 ·· 4
　　1.1.4　安全防御 ·· 5
　　1.1.5　信息安全发展简介 ··· 6
　　1.1.6　信息安全发展历程 ··· 6
　　1.1.7　信息安全十大安全岗位 ··· 7
　1.2　计算机网络 ··· 9
　　1.2.1　网络的概念 ··· 9
　　1.2.2　物理拓扑分类 ··· 11
　　1.2.3　逻辑拓扑 ·· 13
　　1.2.4　3种通信模式 ·· 13
　　1.2.5　局域网 ··· 14
　　1.2.6　广域网 ··· 21
　　1.2.7　OSI参考模型 ··· 23
　　1.2.8　OSI七层工作原理 ·· 25
　　1.2.9　计算机网络基础的网络设备 ······································ 28
　　1.2.10　TCP/IP协议栈 ··· 32
　　1.2.11　因特网层 ··· 45
　　1.2.12　主机到主机的包传递 ··· 56
　　1.2.13　IP地址概述 ·· 63
　　1.2.14　IP地址分类 ·· 65
　　1.2.15　子网划分 ··· 68
　　1.2.16　合并超网 ··· 69

1.2.17 跨网络通信 69
  1.2.18 动态主机配置协议（DHCP） 72
 1.3 网络追踪 73
 1.4 匿名链路 75

第 2 章　匿名链路的目标与功能 86

 2.1 功能目标介绍 86
 2.2 功能模块设计 86
  2.2.1 用户模块 86
  2.2.2 节点搭建 87
  2.2.3 节点管理 87
  2.2.4 链路创建 88
  2.2.5 链路自检 89
  2.2.6 链路管理 90
  2.2.7 分流策略 91
  2.2.8 流量路径图 92
  2.2.9 离线升级 93
  2.2.10 DHCP 服务器 93
  2.2.11 出网白名单 93

第 3 章　物理硬件与软件技术选型 94

 3.1 物理硬件的分析与比较 94
  3.1.1 网络硬件设备 94
  3.1.2 方案评估 94
 3.2 主流开源操作系统简介 95
 3.3 流行的 VPN 技术调研分析 97
  3.3.1 路由器固件 97
  3.3.2 VPN 的分类标准 98
  3.3.3 开源 VPN 解决方案 98
 3.4 网络与安全的核心工具 iptables 101
  3.4.1 iptables 介绍 101
  3.4.2 ipset 介绍 102
 3.5 非常强大的网络管理工具 ip 命令 106
  3.5.1 使用语法 106
  3.5.2 选项列表 107
  3.5.3 ip link（网络设备配置） 107

　　

- 3.5.4　ip address（协议地址管理） ································· 108
- 3.5.5　ip addrlabel（协议地址标签管理） ······················· 109
- 3.5.6　ip neighbour（邻居/ARP 表管理） ························ 109
- 3.5.7　ip route（路由表管理） ·· 110
- 3.5.8　ip rule（路由策略数据库管理） ······························ 114
- 3.5.9　ip maddress（多播地址管理） ································ 116
- 3.5.10　ip mroute（多播路由缓存管理） ·························· 116
- 3.5.11　ip tunnel（通道配置） ·· 116
- 3.5.12　ip monitor and rtmon（状态监控） ······················ 117
- 3.5.13　ip xfrm（设置 xfrm） ··· 118
- 3.5.14　ip token ·· 119
- 3.5.15　简要实例说明 ·· 119
- 3.5.16　传统网络配置命令与 ip 高级路由命令 ················ 120
- 3.6　高级自动化运维工具 Ansible ··· 134
  - 3.6.1　Ansible 简介 ·· 134
  - 3.6.2　Ansible 特性 ·· 135
  - 3.6.3　Ansible 架构 ·· 135
  - 3.6.4　配置文件 ·· 135
  - 3.6.5　Ansible 应用程序命令 ·· 137
  - 3.6.6　Playbooks 剧本 ·· 139
- 3.7　网络设备地址租约管理 DHCP ·· 161
  - 3.7.1　私有网段 ·· 162
  - 3.7.2　DHCP 报文种类 ··· 162
  - 3.7.3　DHCP 工作流程 ··· 165
  - 3.7.4　DHCP 配置文件 ··· 168
  - 3.7.5　启动 dhcpd 服务 ··· 170
  - 3.7.6　虚拟机测试 DHCP Server ······································ 171
- 3.8　多种开发语言的组合开发介绍 ·· 173
- 3.9　匿名链路的测试节点信息配置 ·· 175

第 4 章　完整的项目开发设计方案 ·· 176
- 4.1　总体流程设计 ··· 177
- 4.2　主要功能设计 ··· 178
- 4.3　核心交互设计 ··· 180
  - 4.3.1　时序图 ·· 180
  - 4.3.2　活动图 ·· 180

    4.3.3　状态图 181
    4.3.4　协作图 181
  4.4　项目管理设计 185
    4.4.1　什么是项目管理 185
    4.4.2　项目管理在组织中的作用 186
    4.4.3　项目管理的过程 186
    4.4.4　项目管理知识的层次 187
    4.4.5　项目管理理论体系 187
    4.4.6　项目管理案例 188
  4.5　技术框架设计 190
    4.5.1　软件体系结构和框架的定义 191
    4.5.2　框架与架构之间的关系 192
    4.5.3　框架与设计模式之间的关系 192
    4.5.4　业务架构 193
    4.5.5　IT架构 193
    4.5.6　应用架构 194
    4.5.7　数据架构 195
    4.5.8　技术架构 196
    4.5.9　基础设施架构 197
    4.5.10　设计模式、框架、架构、平台的区别 200
    4.5.11　各种模式举例及应用 201
    4.5.12　为什么要用模式或框架 202
  4.6　运行环境设计 203

第5章　企业级安全项目开发实践 208
  5.1　从零快速掌握Go基础开发 208
    5.1.1　Go环境安装 208
    5.1.2　Go开发环境安装 210
    5.1.3　Go常用的子命令 214
    5.1.4　Go的标识符命名规则 218
    5.1.5　Go编程的工程管理 220
    5.1.6　Go函数：不定参数列表和多返回值函数 225
    5.1.7　Go函数中的匿名函数应用案例：回调函数和闭包函数 226
    5.1.8　Go的面向对象编程 230
    5.1.9　Go的高级数据类型实例：字典 241
    5.1.10　Go的文本文件处理：文件操作常见的API 245

- 5.1.11 Go 的文本文件处理：目录操作常见的 API ... 255
- 5.1.12 Go 并发编程实例：Goroutine ... 258
- 5.1.13 Go 并发编程实例：channel ... 263
- 5.1.14 Go 并发编程实例：select ... 272
- 5.1.15 Go 并发编程：传统的同步工具锁 ... 274
- 5.1.16 Go 网络编程：套接字 ... 283
- 5.1.17 Go 网络编程实例：HTTP 编程 ... 293
- 5.1.18 Go 的序列化 ... 297
- 5.1.19 Go 的序列化：ProtoBuf ... 309
- 5.1.20 Go 的序列化：RPC 和 GRPC ... 353

5.2 能够快速上手的流行 Web 框架 ... 369
- 5.2.1 Web 框架概述 ... 369
- 5.2.2 实例：Gin 框架快速入门 ... 372
- 5.2.3 response 及中间件 ... 380
- 5.2.4 实例：Gin 框架的模板渲染 ... 384
- 5.2.5 实例：Gin 框架的 Cookie 与 Session ... 395
- 5.2.6 Gin 框架的 JSON Web Token ... 400
- 5.2.7 实例：Go 语言的 ORM 库 xorm ... 400
- 5.2.8 实例：Go 语言解析 YAML 配置文件 ... 406
- 5.2.9 实例：Go 使用 Gin 文件上传/下载及 swagger 配置 ... 415

5.3 理解并掌握 MVC 分层开发规范 ... 419
5.4 省时省力的 API 智能文档生成工具 ... 422
5.5 Web 中间件及请求拦截器的使用 ... 428
5.6 快速实现应用及接口的请求鉴权 ... 436
5.7 封装统一的参数传输及异常处理 ... 438
5.8 自定义中间件实现 AOP 式日志记录 ... 442
5.9 使用 Go 调用外部命令的多种方式 ... 448
5.10 打造高级路由器改写 DHCP 服务 ... 453
5.11 节点自动化部署 ... 459
- 5.11.1 节点部署流程 ... 459
- 5.11.2 实例：节点部署 ... 460

5.12 链路自动化搭建 ... 474
- 5.12.1 链路部署流程 ... 474
- 5.12.2 实例：节点连接 ... 475
- 5.12.3 创建链路 ... 476

5.13 路由控制及实现 ... 478

5.13.1	配置默认链路出网策略	478
5.13.2	按源 IP 分流出网策略	479
5.13.3	按源 IP 范围分流策略	480
5.13.4	按目标 IP 分流出网策略	482
5.13.5	按目标网段分流出网策略	482

5.14 离线自动化升级 ... 485
5.15 IP 全球定位系统 ... 488
5.16 网络联通状态监测 ... 491
5.17 构建虚拟环境开发 ... 492
5.18 熟练使用 Linux 磁盘工具 ... 495
    5.18.1 ext4 磁盘格式 ... 495
    5.18.2 ext4 外部日志设备 ... 498
    5.18.3 XFS 磁盘格式 ... 499
    5.18.4 XFS 工具 ... 502
    5.18.5 项目实践 ... 503
5.19 离线打包外部应用依赖 ... 504
5.20 多功能的定时任务使用 ... 506
5.21 全自动智能化的测试框架 ... 510
5.22 完整项目的构建及介绍 ... 513
5.23 自定义封装服务和自启 ... 515

第 6 章 按需构建镜像及自动化装机工具 ... 517

6.1 自动化 U 盘装机工具 Ventoy ... 517
    6.1.1 Ventoy 简介 ... 517
    6.1.2 U 盘制作 ... 522
    6.1.3 Linux 系统图形化界面：GTK/QT ... 524
    6.1.4 Linux 系统图形化界面：WebUI ... 525
    6.1.5 Linux 系统安装 Ventoy：命令行界面 ... 526
6.2 无人值守系统安装 Kickstart ... 531
6.3 操作系统镜像的解压及提取 ... 538
6.4 操作系统镜像的自定义修改 ... 540
6.5 操作系统镜像的封装和打包 ... 540
6.6 操作系统镜像内核裁剪及编译 ... 542
    6.6.1 操作系统 ... 542
    6.6.2 操作系统的组成 ... 542
    6.6.3 内核 ... 542

6.6.4　内核空间和用户空间 ………………………………………………… 543
　　　6.6.5　内核的操作 …………………………………………………………… 543
　　　6.6.6　内核的分类 …………………………………………………………… 543
　　　6.6.7　Linux 操作系统 ……………………………………………………… 544
　　　6.6.8　Linux 内核 ……………………………………………………………… 544
　　　6.6.9　内核源码结构 …………………………………………………………… 544
　　　6.6.10　Linux 内核与硬件的关系 …………………………………………… 545
　　　6.6.11　Linux 内核与其他经典 UNIX 内核的不同 ………………………… 545
　　　6.6.12　Linux 内核架构 ……………………………………………………… 546
　　　6.6.13　Linux 内核升级更新 ………………………………………………… 548
　　　6.6.14　内核裁剪配置 ………………………………………………………… 548
　　　6.6.15　内核的编译 …………………………………………………………… 581
　　　6.6.16　内核配置的建议 ……………………………………………………… 586
　6.7　自动化打包及装机使用的流程 ………………………………………………… 592

第7章　防溯源匿名链路系统的运营使用 …………………………………… 595

　7.1　系统初始化及网络配置 ………………………………………………………… 595
　7.2　系统访问地址及用户登录 ……………………………………………………… 596
　7.3　多跳节点的部署及管理 ………………………………………………………… 597
　　　7.3.1　节点列表 ………………………………………………………………… 597
　　　7.3.2　手动部署节点 …………………………………………………………… 598
　　　7.3.3　自动部署节点 …………………………………………………………… 599
　　　7.3.4　节点子网 ………………………………………………………………… 601
　　　7.3.5　节点统计和分布 ………………………………………………………… 601
　7.4　自动化的链路部署管理 ………………………………………………………… 603
　　　7.4.1　链路列表 ………………………………………………………………… 603
　　　7.4.2　新增链路 ………………………………………………………………… 604
　　　7.4.3　转发配置 ………………………………………………………………… 605
　　　7.4.4　新增转发 ………………………………………………………………… 606
　　　7.4.5　转发优先级说明 ………………………………………………………… 606
　　　7.4.6　链路统计 ………………………………………………………………… 606
　7.5　灵活的分流策略配置 …………………………………………………………… 607
　7.6　安全性出网白名单管理 ………………………………………………………… 610
　7.7　终端设备管理及流量统计 ……………………………………………………… 611
　7.8　全面的日志管理及审计 ………………………………………………………… 612
　7.9　系统的用户控制和管理 ………………………………………………………… 614
　7.10　设备的升级及系统管理 ……………………………………………………… 615

第1章 匿名链路的背景及技术

1.1 安全攻防

1.1.1 安全攻防介绍

攻防即攻击基本原理与防范技术。攻击是指利用网络存在的漏洞和安全缺陷对网络系统的硬件、软件及其系统中的数据进行攻击。安全攻防是网络中攻击和防御的总称。针对每种威胁或存在的漏洞做出相应的攻击与防御，如扫描与防御技术、网络嗅探及防御技术、口令破解与防御、Web攻击与防御、缓冲区溢出攻击与防御等。

1.1.2 网络攻击防御体系

从系统安全的角度可以把网络安全的研究内容分为两大体系：网络攻击和网络防御。Gartner官方的网络安全逻辑架构如图1-1所示。

网络安全架构（Network Security Architecture，NSA）：指与云安全架构、网络安全架构和数据安全架构有关的一整套架构。企业机构可以根据自身的规模，为每个网络安全架构领域单独指定一名负责人员，也可以指定一名人员监督所有领域。无论采用哪种方法，企业机构都需要确定负责人员并赋予他们做出关键任务决策的权力。

网络风险评估（Network Risk Assessment，NRA）：指全面清查内部和外部怀有恶意或粗心的行动者可能利用网络来攻击联网资源的方式。企业机构能够通过全面的评估来定义风险，并通过安全控制措施来降低风险。这些风险可能包括以下几个方面：

（1）对系统或流程理解不透彻。
（2）难以衡量系统的风险水平。
（3）同时受到业务和技术风险影响的"混合"系统。

零信任架构（Zero-Trust Architecture，ZTA）：一种假设网络上的部分行动者具有敌意并且由于接入点数量过多而无法提供充分保护的网络安全范式，因此，保护网络上的资产而不是网络本身是一种有效的安全态势。代理会根据从应用、位置、用户、设备、时间、数据敏感性等综合环境因素计算出风险状况，决定是否批准各个与用户有关的访问请求。正如其

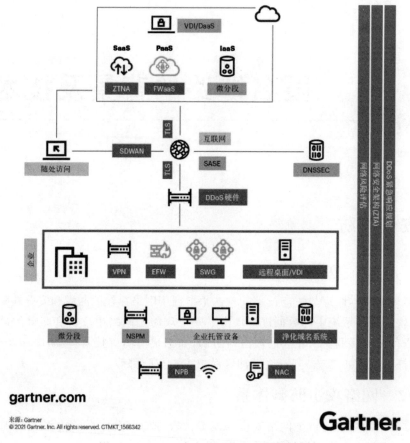

图 1-1　Gartner 官方的网络安全逻辑架构

名,零信任架构是一个架构,而不是一个产品。虽然无法购买它,但可以使用这个列表中的一些技术元素来开发它。

网络防火墙(Network Firewall,NF):一种成熟、广为人知的安全产品,它通过一系列功能防止任何人直接访问企业机构应用和数据所在的网络服务器。网络防火墙具有的灵活性使其既可用于本地网络,也可用于云,而在云端,有专门用于云的产品,也有 IaaS 提供商部署的具有相同功能的策略。

安全网络网关(Secure Web Gateway,SWG):主要用途已经从过去的优化互联网带宽发展为保护用户免受互联网恶意内容的影响。诸如 URL 过滤、反恶意软件、解密和检查通过 HTTPS 访问的网站、数据丢失预防(DLP)、规定形式的云访问安全代理(CASB)等功能现已成为标准功能。

远程访问(Remote Access):对虚拟专用网络(VPN)的依赖性日益减少,而对零信任网络访问(ZTNA)的依赖性日益增加。零信任网络访问使资产对用户不可见并使用上下文配置文件,以此方便对个别应用的访问。

入侵防御系统(Intrusion Prevention System,IPS):为未修补的服务器部署检测和阻止攻击的 IPS 设备，从而保护无法修补的漏洞（例如在服务提供商不再支持的打包应用上）。IPS 功能通常包含在其他安全产品中，但也有独立的产品。由于云原生控制措施在加入 IPS 方面进展缓慢，IPS 正在"东山再起"。

网络访问控制（Network Access Control，NAC）：提供了对网络上一切内容的可见性及基于策略的网络基础设施访问控制。策略可以根据用户的角色、认证或其他因素来定义访问权限。

网络数据包代理（Network Packet Broker，NPB）：设备通过处理网络流量，使其他监控设备能够更加有效地运行，例如专门用于网络性能监控和安全相关监控的设备，其功能包括用于确定风险水平的分封数据过滤、分配数据包负载和基于硬件的时间戳插入等。

净化域名系统（Sanitized Domain Name System，SDNS）：厂商提供的作为企业机构域名系统运行的服务，可防止终用户端（包括远程工作者）访问有不良声誉的网站。

DDoS 攻击缓解（DDoS Mitigation）：限制了分布式拒绝服务（DDoS）攻击对网络运行的破坏性影响。这些产品采取多层策略来保护防火墙内的网络资源、位于本地但在网络防火墙之前的资源及位于企业机构外部的资源，例如来自互联网服务提供商或内容交付网络的资源。

网络安全策略管理（Network Security Policy Management，NSPM）：通过分析和审核来优化指导网络安全的规则并更改管理工作流程、规则测试及合规性评估和可视化。NSPM 工具可以使用可视化网络地图显示叠加在多个网络路径上的所有设备和防火墙访问规则。

微分段（Microsegmentation）：可以抑制已经在网络上的攻击者在网络中为了访问关键资产而进行的横向移动。用于网络安全的微分段工具有三类：

（1）基于网络的工具部署在网络层面，通常与软件定义网络结合在一起并用于保护与网络连接的资产。

（2）基于管理程序的工具是最初形态的微分段，此类工具专门用于提高在不同管理程序之间移动的不透明网络流量的可见性。

（3）基于主机代理的工具会在将与网络其他部分隔离的主机上安装一个代理；主机代理解决方案在云工作负载、管理程序工作负载和物理服务器上同样有效。

安全访问服务边缘（Secure Access Service Edge，SASE）：一个新型框架，它将包括 SWG、SD-WAN 和 ZTNA 在内的全方位网络安全功能与综合全面的广域网功能相结合，帮助满足企业机构的安全访问需求。SASE 与其说是一个框架，不如说是一个概念，其目标是实现一个统一的安全服务模式，并且该模式能够以可扩展、灵活和低延迟的方式提供跨越整个网络的功能。

网络检测和响应（Network Detection and Response）：持续分析入站和出站流量及数据流记录，从而记录正常的网络行为，因此它可以识别异常情况并向企业机构发出提醒。这些工具能够结合使用机器学习（ML）、试探法、分析工具和基于规则的检测。

DNS 安全扩展（DNS Security Extensions，DNSSEC）：DNS 协议的一项能够验证 DNS

响应的附加功能。DNSSEC 的安全优势在于要求对经过验证的 DNS 数据进行数字签名，而该流程极度消耗处理器资源。

防火墙即服务(Firewall as a Service，FWaaS)：一项与云端 SWG 密切相关的新技术。它的不同之处在于架构：FWaaS 通过端点和网络边缘设备之间的 VPN 连接及云端的安全栈运行。它还可以通过 VPN 隧道连接终用户端与本地服务。FWaaS 的普及度远不如 SWG。

1.1.3 网络安全概述

1. 网络安全概念

网络的安全是指通过采用各种技术和管理措施，使网络系统正常运行，从而确保网络数据的可用性、完整性和保密性。网络安全的具体含义会随着"角度"的变化而变化。例如从用户(个人、企业等)的角度来讲，他们希望涉及个人隐私或商业利益的信息在网络上传输时受到机密性、完整性和真实性的保护。

2. 网络安全目标

网络安全的最终目标是通过各种技术与管理手段实现网络信息系统的机密性、完整性、可用性、可靠性、可控性和拒绝否认性，其中前三项是网络安全的基本属性。

3. 网络安全特性

(1) 保密性：信息不泄露给非授权用户、实体或过程，或供其利用的特性。

(2) 完整性：数据未经授权不能进行改变的特性，即信息在存储或传输过程中保持不被修改、不被破坏和丢失的特性。

(3) 可用性：可被授权实体访问并按需求使用的特性，即当需要时能否存取所需的信息。例如网络环境下拒绝服务、破坏网络和有关系统的正常运行等都属于可用性的攻击。

(4) 可控性：对信息的传播及内容具有控制能力。

(5) 可审查性(不可否认性/拒绝否认性或不可抵赖性)：出现安全问题时提供的依据与手段。

4. 网络攻击

网络攻击是利用网络存在的漏洞和安全缺陷对网络系统的硬件、软件及其系统中的数据进行攻击。主要分为主动攻击和被动攻击，如图 1-2 所示。

图 1-2 网络攻击的主要形式

5. 主动攻击

主动攻击会导致某些数据流被篡改和虚假数据流的产生。这类攻击进一步可分为篡改、伪造信息数据和终端(拒绝服务)。

(1) 篡改:更改报文流,包括对通过连接的 PDU 的真实性、完整性和有序性的攻击。

(2) 拒绝服务:攻击者向因特网上的服务器不停地发送大量分组,使因特网或服务器无法提供正常服务。

(3) 伪造:伪造连接初始化,攻击者重放以前已被记录的合法连接初始化序列,或者伪造身份而企图建立连接。

6. 被动攻击

被动攻击中攻击者不对数据信息做任何修改,攻击者只是观察和分析某个协议数据单元 PDU 而不干扰信息流。

截取/窃听是指在未经用户同意和认可的情况下攻击者获得了信息或相关数据。通常包括窃听、流量分析、破解弱加密的数据流等攻击方式。攻击方法有口令入侵、特洛伊木马、电子邮件、节点攻击、网络监听、黑客软件、安全漏洞、端口扫描等攻击方法。

1.1.4 安全防御

为了抵御网络威胁,并能及时发现网络攻击线索,修补有关漏洞,记录、审计网络访问日志,以尽可能地保护网络环境安全,可采用以下安全防御技术。

1. 防火墙

防火墙由服务访问规则、验证工具、包过滤和应用网关这 4 部分组成,是一种较早使用、实用性很强的网络安全防御技术,它可阻挡对网络的非法访问和不安全数据的传递,使本地系统和网络免于受到许多网络安全威胁。在网络安全中,防火墙主要用于逻辑隔离外部网络与受保护的内部网络。

防火墙主要是实现网络安全的安全策略,而这种策略是预先定义好的,所以是一种静态安全技术。在策略中对涉及的网络访问行为可以实施有效管理,而对策略之外的网络访问行为则无法控制。防火墙的安全策略由安全规则表示。

2. 入侵检测防护

入侵防护系统(IPS)倾向于提供主动防护,注重对入侵行为的控制。其设计宗旨是预先对入侵活动和攻击性网络流量进行拦截,避免其造成损失。IPS 是通过直接嵌入网络流量中实现这一功能的,即通过多个网络端口接收来自外部系统的流量,经过检查确认其中不包含异常活动或可疑内容后,通过另外一个端口把它传送到内部系统中。这样一来,有问题的数据包,以及所有来自同一数据流的后续数据包都能在 IPS 设备中被清除掉。

3. VPN

VPN 网络连接由客户机、传输介质和服务器 3 部分组成,VPN 的连接不是采用物理的传输介质,而是使用称为"隧道"的技术作为传输介质,这个隧道是建立在公共网络或专用网络基础之上的。常见的隧道技术包括点对点隧道协议(Point to Point Tunneling Protocol,PPTP)、第 2 层隧道协议(Layer 2 Tunneling Protocol,L2TP)和 IP 安全协议(IPSec)。

4. 安全扫描

安全扫描包括漏洞扫描、端口扫描、密码类扫描（发现弱口令密码）等。安全扫描可以应用被称为扫描器的软件来完成，扫描器是最有效的网络安全检测工具之一，它可以自动检测远程或本地主机、网络系统的安全弱点及所存在可能被利用的系统漏洞。

5. 网络蜜罐技术

蜜罐（Honeypot）技术是一种主动防御技术，是入侵检测技术的一个重要发展方向，也是一个"诱捕"攻击者的陷阱。蜜罐系统是一个包含漏洞的诱骗系统，它通过模拟一个或多个易受攻击的主机和服务，给攻击者提供一个容易攻击的目标。攻击者往往会在蜜罐上浪费时间，从而延缓对真正目标的攻击。由于蜜罐技术的特性和原理，使它可以对入侵的取证提供重要的信息和有用的线索，便于研究入侵者的攻击行为。

企业信息系统的安全防御体系可以分为3个层次：安全评估、安全加固、网络安全部署。

1.1.5 信息安全发展简介

国际标准化组织（ISO）将信息安全定义为为数据处理系统建立和采取的技术和管理的安全保护，保护计算机硬件、软件和数据不因偶然和恶意的原因而遭到破坏、更改和泄露，使系统能够连续、正常运行，但随着信息安全行业的发展，信息安全的内涵不断延伸，从最初的信息保密性发展到信息的完整性、可用性、可控性和不可否认性，进而又发展为"攻（攻击）、防（防范）、测（检测）、控（控制）、管（管理）、评（评估）"等多方面的基础理论和实施技术。

信息安全的历史其实是黑帽子和白帽子的对抗史，黑帽子通常指身怀绝技能随意出入计算机网络和系统的高手，白帽子是指维护网络与系统的安全管理人员。他们对抗的过程也就是不断发现漏洞和填补漏洞的过程，从而促进了信息安全技术的不断进步。

1.1.6 信息安全发展历程

随着IT技术的发展，由于各种信息电子化，所以可更加方便地获取、携带与传输信息，相对于传统的信息安全保障，需要更加有力的技术保障，而不单单是对接触信息的人和信息本身进行管理，介质本身的形态已经从"有形"到"无形"。在计算机支撑的业务系统中，正常业务处理人员都有可能接触及截取这些信息，信息的流动是隐性的，对业务流程的控制就成了保障涉密信息的重要环节。

从信息安全的发展历程来看，信息安全经历了通信保密阶段、信息安全阶段、信息保障阶段。

1. 第一阶段：通信保密阶段

1995年以前，以通信保密和依照TCSEC的计算机安全标准开展计算机的安全工作，其主要的服务对象是政府保密机构和军事机构。

2. 第二阶段：信息安全阶段

在原有基础上，1995年开始以北京天融信网络安全技术有限公司、北京启明星辰信息技术有限公司、北京江南科友科技有限公司、北京中科网威信息技术有限公司、北京清华德实科技股份有限公司、上海复旦光华信息科技股份有限公司等一批从事信息化安全企业的诞生为标志的创业发展阶段,主要从事计算机与互联网安全工作。

从 1999 年起,将信息安全的工作重点逐步转移到银行与电信信息化安全建设上。

2000 年我国第 1 个行业性质的《银行计算机系统安全技术规范》出台,为我国信息化安全建设奠定了基础和树立了示范。

这个时期主要提供的是隔离、防护、检测、监控、过滤等中心的局域网安全服务技术与产品,其主要面对病毒、黑客和非法入侵等威胁。到 2001 年,一时间全国成立了 1300 多家从事信息化安全的企业。

3. 第三阶段:信息保障阶段

以 2002 年成立中国信息产业商会信息安全产业分会为标志的有序发展阶段。这个阶段不仅从事互联网的信息与网络安全工作,而且开始对国家基础设施信息化安全开展工作,产生了许多自有知识产权的信息与网络安全产品。

(1)信息安全职业发展方向:信息安全涉及软件安全、网络安全、Web 安全、系统安全、密码学等领域。

(2)信息安全发展方向:信息安全主要有 3 个就业方向,渗透测试相关方向(脚本、网络)、协议分析相关方向(逆向、网络)、底层安全相关方向(内核、驱动)。

(3)国家路线:政府机关、保密局、军事部、国防部、国家相关安全部门、银行、金融证券、通信电信业,以及主要从事各类信息安全系统、计算机安全系统方面的安全防护工作。

1.1.7 信息安全十大安全岗位

1. 首席信息安全官(CISO)

首席信息安全官是 C 级高管,其主要任务是监督企业的 IT 安全部门和其他相关人员的日常工作。首席信息安全官最关注企业的整体安全情况,因此,必须在 IT 战略和安全体系方面展示出过硬的背景和与他人沟通的技巧。

2. 安全架构师

安全架构师的职责是建立和维护计算机网络安全基础设施,能针对企业的技术和信息需求制定一份全面的规划,并在此基础上开发和测试安全基础设施,保护企业的系统。安全架构师应当掌握一系列技术概念:ISO 27001/27002(信息安全管理实施规则与规范体系)、ITIL(IT 基础架构库)和 COBIT(信息及相关技术控制目标)、风险评估流程、操作系统、边界安全控制等。

3. 安全主管

安全主管的职责是监督企业中所有安全措施的实行情况,主要职责是针对公司中的各种安全项目进行设计、管理、分配资源;在公司中组织培训,培养用户意识,进行安全教育;与非管理层员工进行互动;在安全事件发生过程中、事后执法调查时提供关键援助。在一些较小的企业中,其功能相当于首席信息安全官。

4. 安全经理

安全经理的职责是管理企业的 IT 安全政策，主要根据安全主管和首席信息安全官的指令创建和执行安全策略。他们还必须测试和使用新的安全工具，引导安全意识教育，同时管理部门预算和人员安排。安全经理应当同时具有程序设计、公司架构、IT 策略背景。

5. 安全工程师

安全工程师的职责是建立和维护公司的 IT 安全解决方案，需要配置防火墙、测试新的安全解决方案、调查入侵事件并完成其他任务，同时向安全经理汇报。渴望成为安全工程师的人员必须在漏洞、渗透测试、虚拟化安全、应用和加密、网络和相关协议方面具备很深的技术背景。一位安全工程师越熟悉更多的工具和概念，就越能帮助公司解决安全系统出现的种种问题。

6. 应急响应人员

主要工作是对公司内的安全漏洞、安全事件、威胁进行响应，并为之负责，因此，那些有志于这一职位的人员必须能够实时监控公司的网络，发现其中的入侵迹象，进行安全审查、渗透测试、恶意软件分析、逆向工程，并设计不仅能减少特定安全事件的影响，还能防止类似的进一步入侵发生的策略。需要熟悉大量技术，包括基于网页的应用安全、数据处理及电子鉴定软件和工具。

7. 安全顾问

安全顾问是帮助公司根据安全需求实现最佳解决方案的外聘专家。希望成为安全顾问的人员必须了解一系列安全标准、安全系统和验证协议。如果想要做得优秀，则需要建立所属公司的深度模型，这包括和管理人员及其他高管进行商谈，并熟悉公司的安全策略。

8. 计算机鉴定专家

分析从计算机、网络和其他数据存储设备上抓取的证据，以调查计算机犯罪事件。鉴定专家通常与执法部门关系密切，收集可以作为法律证据的信息。执法机构、法律公司及各级政府都经常雇佣计算机鉴定专家。希望从事此项职业的人员必须熟悉多种编程语言、操作系统、密码学原理、数据处理及电子鉴定工具。

9. 恶意软件分析师

恶意软件分析师的职责是帮助公司理解病毒、蠕虫、自运行木马、传统木马，以及其他日常可能危害公司网络的恶意软件。在一次入侵或其他可疑计算机行为中发现那些可能渗透进公司计算机系统的恶意软件。担任这项职务的人员需要具有对恶意代码进行静态或动态分析的能力，以找出恶意软件的指纹，并开发能够防止未来可能入侵的工具。

10. 安全专家

需要执行一系列旨在加强公司安全情况的职责。通常情况下，安全专家需要分析一家公司的安全需求、在企业网络上安装和配置安全解决方案、进行漏洞测试、帮助培训其他员工的安全意识。想要成为安全专家的人员应当对黑客、计算机网络、编程、安全信息和事件管理（SIEM）系统感兴趣。

1.2 计算机网络

1.2.1 网络的概念

1. 什么是网络

网络是由节点和连线构成的网,表示诸多对象及其关系,如图1-3所示。

图1-3 抽象网络的组成

2. 什么是计算机网络

计算机网络指的是将地理位置不同的具有独立功能的多台计算机及其外部设备,通过通信线路物理连接(包括有线、无线连接),并在网络操作系统、网络管理软件和网络通信协议的管理和协调下,实现资源共享和信息传递的计算机系统,如图1-4所示。

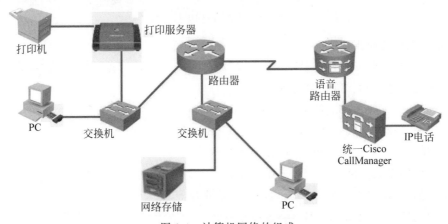

图1-4 计算机网络的组成

3. 带宽

在数字设备中,带宽指的是单位时间数据的传输量。网络传输习惯上使用比特率(指每秒传送的比特数),即 b/s(Bit Per Second)每秒传输的二进制位数。

生活中,可能很多人曾产生过疑问:为什么办理的 100Mb/s 宽带,下载速度达不到这么高,甚至连一半都达不到?

常见的 100M 网络,实际上指的是理论上的下行速度为 100Mb/s,换算得 12.5MB/s。这是因为宽带运营商对下行速度的单位和计算机的下行速度单位不一样,运营商使用的单位为 Mb/s,参与计算的单位为 Mb/s,因为 1B=8b,所以最大宽带的理论速度为运营商的带宽除以 8,100/8 等于 12.5,即 12.5MB/s。由于网络的波动,网速也会时有波动。

4. 常见的网络物理组件

生活中很容易接触的常见的网络物理组件如图 1-5 所示。

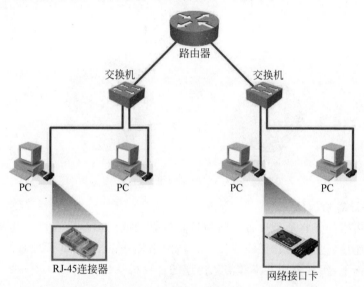

图 1-5 网络物理组件

5. 常见的网络应用程序

(1) Web 浏览器(Chrome、IE、Firefox 等)。

(2) 即时消息(QQ、微信、钉钉等)。

(3) 电子邮件(Outlook、Foxmail 等)。

(4) 协作(视频会议、VNC、Netmeeting、WebEx 等)。

(5) Web 网络服务(Apache、Nginx、IIS 等)。

(6) 文件网络服务(FTP、NFS、Samba 等)。

(7) 数据库服务(MySQL、MariaDB、MongoDB 等)。

(8) 中间件服务(Tomcat、JBoss 等)。

(9) 安全服务(Netfilter 等)。

6. 用户应用程序对网络的影响

用户使用应用程序及不同应用程序之间网络数据传输场景主要有以下 3 种：

（1）批处理应用程序场景，如图 1-6(a) 所示，例如 FTP、TFTP、库存更新；特点是无须直接人工交互；带宽很重要，但并非关键性因素。

(a) 批处理应用程序场景

（2）交互式应用程序场景，如图 1-6(b) 所示，例如，库存查询、数据库更新；特点是人机交互；因为用户需等待响应，所以响应时间很重要，但并非关键性因素，除非要等待很长时间。

(b) 交互式应用程序场景

（3）实时应用程序场景，如图 1-6(c) 所示，例如，VoIP、视频；特点是人与人进行交互；端到端的时延至关重要。

7. 网络的特征

网络的特征主要包括速度、成本、安全性、可用性、可扩展性、可靠性、拓扑等方面。

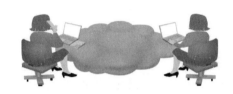

(c) 实时应用程序场景

图 1-6　网络数据传输场景

1.2.2　物理拓扑分类

物理拓扑描述了物理设备的布线方式，常见的物理拓扑结构如图 1-7(a)～(c) 所示。

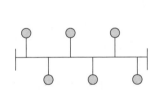

(a) 总线型拓扑结构

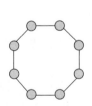

(b) 环状拓扑结构

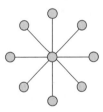

(c) 星状拓扑结构

图 1-7　物理拓扑分类

1. 总线型拓扑

所有设备均可接收信号，即所有设备都连接到公共总线上，节点间使用广播通信方式。由一个节点发出的信息，总线上所有其他节点都可用接收到，如图 1-8 所示。一段时间只允许一个节点独占总线。

常见使用同轴电缆连接，总线两端需要终结器。

总线型拓扑结构的优点：

（1）结构简单，易于实现。

（2）易于扩充，增加或者移除节点比较灵活。

（3）可靠性较高，当个别节点发生故障时，不影响

图 1-8　网络总线型拓扑图

网络中其他节点的正常工作。

总线型拓扑结构的缺点：

（1）网络传输能力低、安全性低，当总线发生故障时会导致全网瘫痪。

（2）所有数据都需要经过总线传输，总线是整个网络的瓶颈。节点数据的增多会影响网络性能。

2. 星状拓扑

每个节点都由一条单独的通信线路与中心节点连接。其他各节点都与该中心节点有着物理链路的直接互联，其他节点不能直接通信，并且其他节点间的通信需要该中心节点进行转发，如图 1-9 所示，因此中心节点必须有着较强的可靠性。需要中心设备，例如 Hub、Switch、Router。

星状拓扑结构的优点是可靠性高，结构简单，方便管理，易于扩展，传输效率高。缺点是线路利用率低，中心节点需要很高的可靠性和冗余度，即通过中心点传输数据，存在单一故障点。

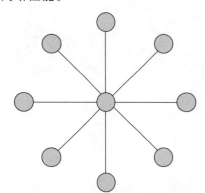

图 1-9　网络星状拓扑图

在实际网络中，Hub 工作在一层，这种星状实际上是芯片化的总线网络。只是物理拓扑感觉像是星状。

3. 扩展星状拓扑

扩展星状拓扑比星状拓扑的复原能力更强，如图 1-10 所示。

4. 环状拓扑

环状拓扑是将联网的计算机由通信线路连接成一个闭合的环，在环状拓扑网络中信息按照固定方向流动，或顺时针或逆时针方向，如图 1-11 所示。

环状结构的优点是可使用令牌控制，没有线路竞争，实时性强，传输控制容易。缺点是维护困难，可靠性不高。一个节点发生故障，可能导致全网瘫痪。可使用双环拓扑结构，但是复杂性提升。

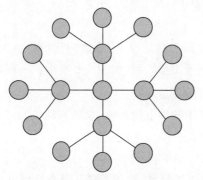

图 1-10　网络扩展星状拓扑图

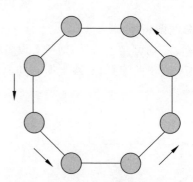

图 1-11　网络环状拓扑图

5. 双环拓扑

双环拓扑的信号沿反方向传输,比单环的复原能力更强,但复杂度提高,如图 1-12 所示。

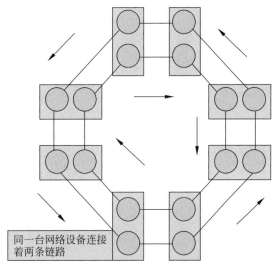

图 1-12　双环拓扑图

6. 全网状拓扑

全网状拓扑的容错能力强,但实施成本高,如图 1-13 所示。

7. 部分网状拓扑

部分网状拓扑在容错能力与成本之间寻求平衡,如图 1-14 所示。

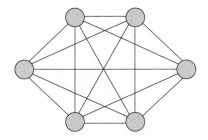

图 1-13　网络全网状拓扑图

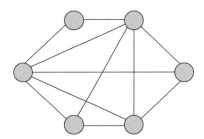

图 1-14　网络部分网状拓扑图

1.2.3　逻辑拓扑

逻辑拓扑描述了信息在网络中流动的方式,如图 1-15 所示。

1.2.4　3 种通信模式

1. 单播(Unicast)

数据包在计算机网络中传输的目的地址为单一目标的传输方式,每次都是点对点的两个实体间互相通信,如图 1-16 所示。

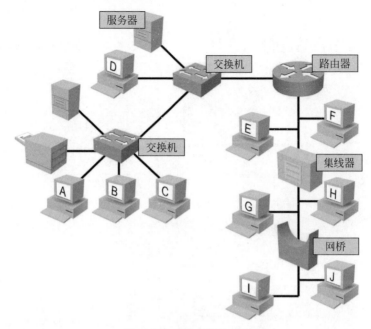

图 1-15　网络逻辑拓扑图

2. 组播（Multicast）

组播也称为多播，把数据同时传递给一组目的地址。数据源只发出一份数据，会在尽可能远的设备上复制和分发，如图 1-17 所示。

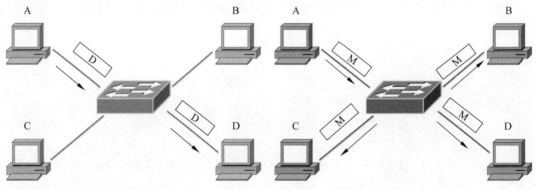

图 1-16　单播传输模式图　　　　　图 1-17　组播传输模式图

3. 广播（Broadcast）

数据在网络中传输，发往的目的地址是网络中所有的设备。所有设备是有范围的，这个范围称为广播域，如图 1-18 所示。IPv6 不支持广播传输模式，由组播传输模式替代。

1.2.5　局域网

局域网（Local Area Network，LAN）指的是某个区域内，多台计算机互联的计算机组，基于广播通信方式，如图 1-19 所示。

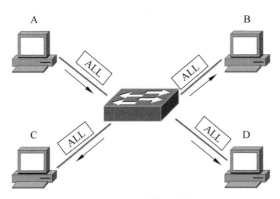

图 1-18　广播传输模式图

常见的组网有设备、网线、有线网卡、无线网卡、集线器、交换机、路由器、上网行为管理器、防火墙、入侵检测服务器等。

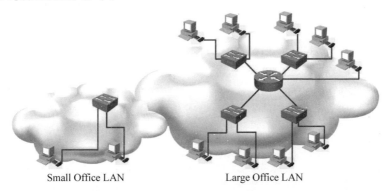

图 1-19　局域网逻辑图

1. 网络线缆和接口

（1）双绞线（Twisted-Pair）：里面有 8 根线，两条线互相缠在一起组成了 4 对，为什么要把线两两互相缠在一起？原因是为了抵消线之间的电磁干扰。电信号在传输过程中会产生电磁场，两条线如果平行就会产生电磁干扰，从而造成数据无法传输，把两条线绞在一起恰好可以抵消掉电磁干扰。

非屏蔽（Unshielded）双绞线称为 UTP，目前是主流，虽说双绞线绞在一起可用防止电磁干扰，但是在外界存在较强的电磁干扰时，它依旧会受到影响。

屏蔽（Shielded）双绞线称为 STP，在线外包裹一层金属网膜，用于电磁环境非常复杂的工业环境中，但是这意味着成本较高，价格自然要比非屏蔽双绞线高得多。目前依旧不是主流。

（2）同轴电缆（Coaxial）。

细同轴电缆（Thinnet）：一般家用连接计算机。

粗同轴电缆（Thicknet）：一般在大楼之间连接不同的建筑物。

传输速率和距离并不高,早期为10Base2、10Base5。

以上面的10Base2为例进行说明,10表示10M,Base表示基带,即传数字信号(和宽带不同,宽带表示传输模拟信号),2表示传输的最大传输距离为200m,5就表示最大传输距离是500m。

模拟信号:连续变化的物理量(噪声和衰减)。

数字信号:不连续的物理量,信号参数也不连续变化,高低固定(数字信号的优势:抗干扰能力强;适合远距离传输并能保证质量)。

现在来讲,不管是粗同轴电缆还是细同轴电缆很少见到了,基本上已被淘汰,20世纪90年代电视机的天线使用的就是细同轴电缆,不过现在很少能看到了,基本上换成了双绞线。

(3) 光纤(Fiber-Optic):传输距离更远,可达到千米,一般用在机房跳线(如核心交换机),或服务器外设存储设备,笔者2017年在中国检验检疫研究院做运维时用的存储设备就是使用光纤做跳线的。

2. 双绞线的连接规范

线序(1、2发送,3、6接收),如图1-20所示。

T568A:白绿、绿、白橙、蓝、白蓝、橙、白棕、棕。

T568B:白橙、橙、白绿、蓝、白蓝、绿、白棕、棕。

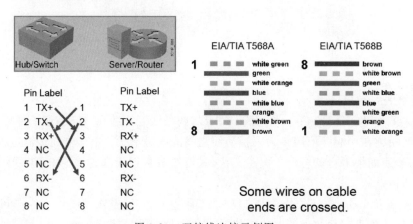

图1-20 双绞线连接示例图

线缆的连接可使用的线如下。

(1) 标准网线(直连线或直通线):用于连接不同设备(A-A,B-B)。

(2) 交叉网线:用于连接相同设备(A-B)。

(3) 全反线,也称为反转线(Crossover Cable):不用于以太网的连接,主要用于计算机的串口和路由器或交换机的控制口相连,它的线序是一端为1~8,另一端为8~1。

特例:

（1）当计算机直接连接路由器时用交叉线。

（2）当交换机与交换机相连时可使用交叉或直连线，一般用交叉线。

不过目前新型网卡可以自适应，所以使用直通线连接即可。

3．交换机以太网接口双工模式

单工：两个数据站之间只能沿单一方向传输数据。

半双工：两个数据站之间可以双向传输数据，但不能同时进行。

全双工：两个数据站之间可双向且同时进行数据传输。

4．双绞线针脚定义

BI：双向数据（Bidirectional Data）。

RX：接收数据（Receive Data）。

TX：传送数据（Transmit Data）。

双绞线参数如图1-21所示。

Pin	10Base-T 10Mb/s Cat3(3类双绞线)	100Base-TX 100Mb/s Cat5(5类双绞线)	100Base-T4 100Mb/s Cat3(3类双绞线)	100Base-T2 100Mb/s Cat3(3类双绞线)	1000Base-T 1Gb/s Cat5+(超5类双绞线)	1000Base-TX 1Gb/s Cat6(6类双绞线)
1	TX+	TX+	TX D1+	BI DA+	BI DA+	TX D1+
2	TX-	TX-	TX D1-	BI DA-	BI DA-	TX D1-
3	RX+	RX+	RX D2+	BI DB+	BI DB+	RX D2+
4	-	-	BI D3+	-	BI DC+	TX D3+
5	-	-	BI D3-	-	BI DC-	TX D3-
6	RX-	RX-	RX D2-	BI DB-	BI DB-	RX D2-
7	-	-	BI D4+	-	BI DD+	RX D4+
8	-	-	BI D4-	-	BI DD-	RX D4-
	1对线收，1对线发	1对线收，1对线发	1对线收，1对线发 两对线双向收发	两对线双向收发	四对线双向收发	两对线收，两对线发

图1-21　双绞线参数

5．1000BASE-T GBIC

GBIC（Giga Bitrate Interface Converter）是将千兆位电信号转换为光信号的接口器件，如图1-22所示。注意RJ-45是网线，而RJ-11是点环线。

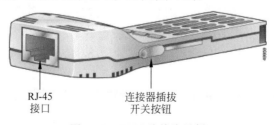

RJ-45　　　连接器插拔
接口　　　开关按钮

图1-22　GBIC连接头示例

6．Fiber-Optic GBIC

思科的光纤设备，连接头如图1-23所示，主要波的作用如下。

短波（Short Wavelength）：1000BASE-SX，传输距离 1km 以上。

长波（Long Wavelength/Long Haul）：1000BASE-LX/LH，可达到 3km 以上。

扩展波（Extended Distance）：1000BASE-ZX，可达到 100km 左右。

光纤的线分为单模光纤和多模光纤，单模光纤一般用激光发送数据，光传输数据的好处就是不受电磁干扰。光纤连接早期很麻烦，需要用熔纤机，价格很贵，可达几十万元。不过现在相对来讲便宜了，几千元就可以买到了。

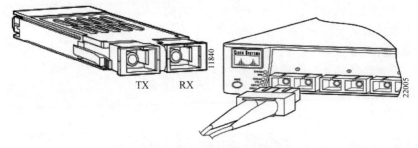

图 1-23　GBIC 连接头示例

7. 网络适配器

图 1-24　网络适配器

网络适配器（Network Interface Card，NIC）又称网卡或网络接口卡，将其插入主机扩展槽就可与计算机相连，如图 1-24 所示。它是主机和网络的接口，用于协调主机与网络间数据、指令或信息的发送与接收。在发送方，把主机产生的串行数字信号转换成能通过传输媒介传输的比特流；在接收方，把通过传输媒介接收的比特流重组成为本地设备可以处理的数据。每块网卡都有一个唯一的 12 位的十六进制网络节点地址，它是网卡厂家在生产时写入 ROM 中的。该地址用于控制主机在网络上的数据通信，被称为介质访问控制（Media Access Control，MAC）地址。

网络适配器的主要功能如下：

（1）读入由其他网络设备传输过来的数据包，经过拆包，将其变成客户机或服务器可以识别的数据，通过主板上的总线将数据传输到所需设备中。

（2）将计算机发送的数据，打包后输送至其他网络设备中。

网络适配器的主要作用：

（1）将计算机与网络传输线路相连，实现它们之间的电信号匹配，接收和执行计算机发送的各种命令。

（2）实现网络数据链路层的传输媒体控制、信息帧发送与接收、差错校验、串并行码转换等功能。

（3）实现某些特殊的接口。

(4) 作为数据的缓冲地,确保数据通信的成功。

网络适配器的主要技术指标如下:

(1) 传输速率:网络每秒传输的数据量,以 Mb/s(兆位每秒)为单位。通过这一指标,能够计算出网上传送一个文件所需要的时间。例如,一个网卡的传输速率为 7Mb/s,要传送 1.4MB 的文件,需要的传送时间为 $t=(1.4\text{MB}\times 8)/(7\text{Mb/s})=1.6\text{s}$,但实际上的传送时间可能要比计算出的时间 t 长得多,因为这个计算结果是网卡的最快传输时间。网上的实际传输速率还取决于其他硬件的速率,通常网上哪个硬件速率最低,传输速率就取决于哪个硬件的速率。

(2) 缓存数量:一般网卡带有缓冲存储器,当发送或接收数据时,数据先被保存在缓冲区中,然后与节点的其他硬件速率相匹配。缓存有利于缓解网上数据传输速率与计算机上数据传输速率之间由于有差距而产生的矛盾。网卡的缓存数量越大,越有利于提高网络的使用效率。

(3) 总线:网卡按总线宽度可分为 16 位和 32 位(8 位网卡已被淘汰)网卡,服务器以 32 位网卡为主,客户机采用 16 位或 32 位网卡。由于网卡是插在主板扩展槽上的,所以选择网卡时要考虑网卡的总线设计。网卡都是按照特定总线结构设计的,除 ISA 卡可以插在 EISA 槽中以外,所有其他类型的网卡只能插在相应的专用总线槽中。

网卡目前主要有 PCI、PCI-X、PCMCIA 和 USB 等总线类型。

外围设备互联总线(Peripheral Component Interconnect,PCI)是 1993 年推出的计算机局部总线标准,其主要特点是传输速率高,可以满足大吞吐量外围设备的需求。目前能在市面上买到的网卡基本上是这种总线类型的网卡,一般的计算机和服务器中也提供了好几个 PCI 总线插槽,基本上可以满足常见 PCI 适配器的安装。

PCI-X 总线接口是目前服务器网卡经常采用的总线接口,它与原来的 PCI 相比在 I/O 速率方面提高了一倍,比 PCI 接口具有更快的数据传输速率。PCI-X 总线接口的网卡一般为 32 位总线宽度,也有采用 64 位数据宽度的。

PCMCIA 总线类型的网卡是笔记本式计算机专用的,它受笔记本式计算机的空间限制,体积远不可能像 PCI 接口网卡那么大。随着笔记本式计算机的日益普及,这种总线类型的网卡目前在市面上较为常见。PCMCIA 总线有 16 位的 PCMCIA 和 32 位的 Card Bus。

USB 总线网卡一般是外置式的,具有不占用计算机扩展槽和支持热插拔的优点,因而安装更为方便。这类网卡主要是为了满足没有内置网卡的笔记本式计算机用户。USB 总线分为 USB 2.0 和 USB 1.1 标准。USB 1.1 标准的传输速率的理论值是 12Mb/s,而 USB 2.0 标准的传输速率可以高达 480Mb/s。现在许多计算机已经将网卡集成在主板上。

(4) DMA 控制器:有些网卡带有直接内存访问 DMA(Direct Memory Access)控制器,它可以直接访问本节点内存,与内存直接交换数据。DMA 控制器可使网卡的速度有明显提高。

(5) 智能芯片:带有 CPU 芯片的网卡被称为智能网卡。智能网卡具有数据处理能力,因此其功能很强,但价格也较昂贵。

(6) IRQ 和 I/O: IRQ 和 I/O 是端口地址不同的网卡,其中断请求(Interrupt ReQuest,IRQ)和输入/输出端口地址也有所不同。在使用网卡时,要注意本计算机的 IRQ 和 I/O 端口地址的设置必须与网卡相匹配,从而避免中断请求线及 I/O 端口地址冲突,使网络正常运行。

8. 以太网演进(Ethernet Evolution)

以太网最早于 1970 年发布。以太网约定了数据链路层的通信规范。到 1982 年才真正形成了产品,而且当时的产品是由三家公司合作研发的,即 DIX。

D:DEC 公司,该公司被康柏收购,而康柏后来又被惠普收购了。惠普的很多业务最后被清华紫光这家公司收购了。

I:大名鼎鼎的 Intel 公司,当然 Intel 早期是做半导体芯片的,俗称内存条,后来 Intel 在内存半导体芯片领域被日本公司打得一塌糊涂,被迫改行做 CPU 了,目前是 CPU 领域的领导者。

X:施乐是早期在 IT 行业很有名的公司,现在主要的产品是复印机,不仅如此,最早的图形窗口就是施乐公司制作的(大概在 1973 年)。

由 DIX 三家公司生产出了一代以太网,当时的速度可以达到 10Mb/s,后期该产品表现良好,在 2002 年被 IEEE 组织吸收并命名为 802.3ae 标准。

虽说 802.3ae 是以太网的官方标准,但并不是事实标准,事实上使用的是以太网二代标准(Ethernet 2),即在 802.3ae 基础之上的下一个版本。现在以太网的传输速率可达到 10Gb/s,也就是平时所讲的万兆网卡。

9. LAN 标准

LAN 标准协议架构如图 1-25 所示。

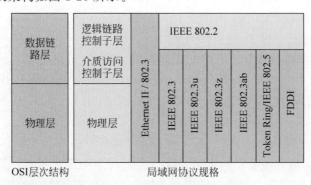

图 1-25 LAN 标准协议架构

局域网自然就是局部地区形成的一个区域网络,其特点就是分布地区范围有限,可大可小,大到一栋建筑楼与相邻建筑之间的连接,小到可以是办公室之间的联系。局域网自身相对其他网络的传输速率更快,性能更稳定,框架简易,并且是封闭性的,这也是很多机构选择它的原因所在。局域网自身的组成大体由计算机设备、网络连接设备、网络传输介质 3 大部分构成,其中,计算机设备又包括服务器与工作站,网络连接设备则包含了网卡、集线器、交换机,网络传输介质简单来讲就是网线,由同轴电缆、双绞线及光缆构成。

局域网是一种私有网络,一般在一座建筑物内或建筑物附近,例如家庭、办公室或工厂。局域网络被广泛用来连接个人计算机和消费类电子设备,使它们能够共享资源和交换信息。当局域网被用于公司时,它们就称为企业网络。

局域网将一定区域内的各种计算机、外部设备和数据库连接起来形成计算机通信网,通过专用数据线路与其他地方的局域网或数据库连接,形成更大范围的信息处理系统。局域网通过网络传输介质将网络服务器、网络工作站、打印机等网络互联设备连接起来,实现系统管理文件,共享应用软件、办公设备,发送工作日程安排等通信服务。局域网为封闭型网络,在一定程度上能够防止信息泄露和外部网络病毒攻击,具有较高的安全性,但是一旦发生黑客攻击等事件,极有可能导致局域网整体出现瘫痪,网络内的所有工作无法进行,甚至泄露大量公司机密,对公司事业发展造成重创。2017年国家发布《中华人民共和国网络安全法》,6月1日正式施行,从法律角度对网络安全和信息安全做出了明确规定,对网络运营者、使用者都提出了相应的要求,以提高网络使用的安全性。

局域网一般为一个部门或单位所有,建网、维护及扩展等较容易,系统灵活性高,其主要特点如下:

(1) 覆盖的地理范围较小,只在一个相对独立的局部范围内联,如一座或几座集中的建筑群内。

(2) 使用专门铺设的传输介质进行联网,数据传输速率高(10Mb/s~10Gb/s)。

(3) 通信延迟时间短,可靠性较高。

(4) 局域网可以支持多种传输介质。

局域网的类型很多,若按网络使用的传输介质分类,可分为有线网和无线网;若按网络拓扑结构分类,可分为总线型、星状、环状、树状、混合型等;若按传输介质所使用的访问控制方法分类,又可分为以太网、令牌环网、FDDI 网和无线局域网等,其中,以太网是当前应用最普遍的局域网技术。

1.2.6 广域网

广域网(Wide Area Network,WAN)又称外网、公网,是连接不同地区局域网或城域网计算机通信的远程网。通常跨接很大的物理范围,所覆盖的范围从几十千米到几千千米,它能连接多个地区、城市和国家,或横跨几个洲并能提供远距离通信,形成国际性的远程网络。广域网并不等同于互联网。

在一个区域范围里超过集线器所连接的距离时,必须通过路由器来连接,这种网络类型称为广域网。如果有北、中、南等分公司,甚至海外分公司,把这些分公司以专线方式连接起来,即称为"广域网"。

广域网的发送介质主要是利用电话线或光纤,由 ISP 业者将企业间连接起来,这些线是 ISP 业者预先埋在马路下的线路,因为工程浩大,维修不易,但带宽是可以被保证的,所以在成本上比较昂贵。

一般所指的互联网是属于一种公共型的广域网,公共型的广域网的成本较低,为一种较便宜的网上环境,但跟广域网比较来讲,是没有办法管理带宽的,如果采用公共型网上系统,则任何一段的带宽都是无法被保证的。

广域网的特点在于:

(1) 覆盖范围广,可达数千千米甚至全球。

(2) 广域网没有固定的拓扑结构。

(3) 广域网通常使用高速光纤作为传输介质。

(4) 局域网可以作为广域网的终用户端与广域网连接。

(5) 广域网主干带宽大,但提供给单个终用户端的带宽小。

(6) 数据传输距离远,往往要经过多个广域网设备转发,时延较长。

(7) 广域网管理、维护困难。

广域网的类型:

广域网可以分为公共传输网络、专用传输网络和无线传输网络。

1. 公共传输网络

一般是由政府电信部门组建、管理和控制,网络内的传输和交换装置可以提供(或租用)给任何部门和单位使用。

公共传输网络大体可以分为两类:

(1) 电路交换网络,主要包括公共交换电话网(PSTN)和综合业务数字网(ISDN)。

(2) 分组交换网络,主要包括 X.25 分组交换网、帧中继和交换式多兆位数据服务(SMDS)。

2. 专用传输网络

是由一个组织或团体自己建立、使用、控制和维护的私有通信网络。一个专用网络起码要拥有自己的通信和交换设备,它可以建立自己的线路服务,也可以向公用网络或其他专用网络进行租用。

专用传输网络主要是数字数据网(DDN)。DDN 可以在两个端点之间建立一条永久的、专用的数字通道。它的特点是在租用该专用线路期间,用户独占该线路的带宽。

3. 无线传输网络

主要是移动无线网,典型的有 GSM 和 GPRS 技术等。

以我国为例,广域网包括以下几种类型通信网。

(1) 公用电话网:用电话网传输数据,用户终端从连接到切断,要占用一条线路,所以又称电路交换方式,其收费按照用户占用线路的时间而决定。在数据网普及以前,电路交换方式是最主要的数据传输手段。

(2) 公用分组交换数据网:分组交换数据网将信息分"组",按规定路径由发送者将分组的信息传送给接收者,数据分组的工作可在发送终端进行,也可在交换机进行。每一组信息都含有信息目的"地址"。分组交换网可对信息的不同部分采取不同的路径传输,以便高效地使用通信网络。在接收点上,必须对各类数据组进行分类、监测及重新组装。

(3) 数字数据网:它是利用光纤(或数字微波和卫星)数字电路和数字交叉连接设备组成的数字数据业务网,主要为用户提供永久、半永久型出租业务。数字数据网可根据需要定时租用或定时专用,一条专线既可通话与发传真,也可传送数据,并且传输质量高。

1.2.7　OSI 参考模型

OSI 参考模型(理论上的标准)中的 OSI 是 Open System Interconnection 的缩写,意为开放式系统互联。国际标准化组织(ISO)制定了 OSI 模型,该模型定义了不同计算机互联的标准,是设计和描述计算机网络通信的基本框架。OSI 模型把网络通信的工作分为 7 层,分别是物理层、数据链路层、网络层、传输层、会话层、表示层、应用层,如图 1-26 所示。

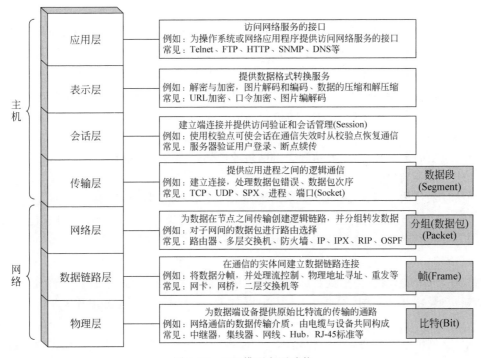

图 1-26　OSI 模型主要功能

1. 物理层

OSI 模型的最底层或第 1 层,该层包括物理连网媒介,如电缆连线连接器。物理层的协议产生并检测电压以便发送和接收携带数据的信号。在桌面 PC 上插入网络接口卡,就建立了计算机连网的基础。换言之,提供了一个物理层。尽管物理层不提供纠错服务,但它能够设定数据传输速率并监测数据出错率。网络物理问题,如电线断开,将影响物理层。

用户要传递信息就要利用一些物理媒体,如双绞线、同轴电缆等,但具体的物理媒体并不在 OSI 的 7 层之内,有人把物理媒体当作第 0 层,物理层的任务就是为它的上一层提供一个物理连接,以及它们的机械、电气、功能和过程特性。如规定使用电缆和接头的类型、传送信号的电压等。在这一层,数据还没有被组织,仅作为原始的位流或电气电压处理,单位是比特(Bit)。简而言之,物理层定义了电气规范、设备规范、物理接口等,以及电信号的变化,或数字信号变化,单位是比特。例如中继器、集线器(Hub)、RJ-45 标准等。

2. 数据链路层

OSI 模型的第 2 层,它控制网络层与物理层之间的通信。它的主要功能是如何在不可靠的物理线路上进行数据的可靠传递。为了保证传输,从网络层接收的数据被分割成特定的可被物理层传输的帧。帧是用来移动数据的结构包,它不仅包括原始数据,还包括发送方和接收方的网络地址及纠错和控制信息,其中的地址确定了帧将发送到何处,而纠错和控制信息则确保帧无差错地被送达。如果在传送数据时,接收点检测到所传数据中有差错,就要通知发送方重发这一帧。

数据链路层的功能独立于网络和它的节点和所采用的物理层类型,它也不关心是否正在运行 Word、Excel 或使用因特网。有一些连接设备,如交换机,由于它们要对帧解码并使用帧信息将数据发送到正确的接收方,所以它们是工作在数据链路层的。简而言之,链路层将比特组织成帧(Frame),即对字节进行定义,支持错误检查(CRC)。使用物理地址,即 MAC 地址。MAC 有 48 位,前 24 位由美国的电气和电子工程师协会 IEEE 分配,后 24 位是各厂商的设备序号。示例:网卡、网桥和二层交换机。

3. 网络层

OSI 模型的第 3 层,其主要功能是将网络地址翻译成对应的物理地址,并决定如何将数据从发送方路由到接收方。

网络层通过综合考虑发送优先权、网络拥塞程度、服务质量及可路由选择的花费来决定从一个网络中的节点 A 到另一个网络中的节点 B 的最佳路径。由于网络层处理路由,而路由器因为连接网络各段,并智能指导数据传送,所以属于网络层。在网络中,路由是基于编址方案、使用模式及可达性来指引数据的发送的。简而言之,网络层将帧组织成包,包传递的路径选择(路由),将包传输到目标地址。使用逻辑地址,即 IP 地址。例如路由器、多层交换机、防火墙、IP、IPX、RIP、OSPF、ARP、ICMP、IPSec、NetBEUI、AppleTalk 等。

4. 传输层

OSI 模型中最重要的一层。传输协议同时进行流量控制或是基于接收方可接收数据的快慢程度规定适当的发送速率。除此之外,传输层按照网络能处理的最大尺寸将较长的数据包进行强制分割。例如,以太网无法接收大于 1500B 的数据包。发送方节点的传输层将数据分割成较小的数据片,同时对每一数据片安排一序列号,以便数据到达接收方节点的传输层时,能以正确的顺序重组,该过程即被称为排序。

工作在传输层的一种服务是 TCP/IP 协议集中的 TCP(传输控制协议),另一项传输层服务是 IPX/SPX 协议集的 SPX(序列包交换)。简而言之,传输层解决传输问题,确保数据传输的可靠性;建立,维护,以及终止虚拟电路;错误检查和恢复。例如,TCP、UDP、SPX、TLS、DCCP、SCTP、RSVP、PPTP、进程、端口。

5. 会话层

负责在网络中的两个节点之间建立和维持通信。会话层的功能包括建立通信链接,保持会话过程通信链接的畅通,同步两个节点之间的对话,决定通信是否被中断及通信中断时决定从何处重新发送。

可能常常听到有人把会话层称作网络通信的"交通警察"。当通过拨号向 ISP(因特网服务提供商)请求连接到因特网时,ISP 服务器上的会话层向客户机上的会话层进行协商连接。当电话线偶然从墙上的插孔脱落时,客户机上的会话层将检测到连接中断并重新发起连接。会话层通过决定节点通信的优先级和通信时间的长短设置通信期限。简而言之,会话层负责通信管理,负责建立和断开通信连接(数据流动的逻辑通路),即会话,例如服务器验证用户登录、断点续传等。

6. 表示层

应用程序和网络之间的翻译官,在表示层,数据将按照网络能理解的方案进行格式化,这种格式化也因所使用的网络类型的不同而不同。

表示层管理数据的解密与加密,如系统口令的处理。例如,在因特网上查询银行账户,使用的即是一种安全连接。账户数据在发送前被加密,在网络的另一端,表示层将对接收的数据解密。除此之外,表示层协议还对图片和文件格式信息进行解码和编码。简而言之,表示层对应用数据格式化、加密解密、压缩解压缩等。将上层数据转换为适合网络传输的格式,或将下层数据转换成上层能够处理的数据。例如,URL 加密、口令加密、图片编码解码、RPC 等。

7. 应用层

负责对软件提供接口以使程序能使用网络服务。术语应用层并不是指运行在网络上的某个特别的应用程序,应用层提供的服务包括文件传输、文件管理及电子邮件的信息处理。简而言之,应用层为应用程序提供网络服务接口,用户使用时并不关心会话如何建立保持,也不关心协议的协商是否加密等。例如 Telnet、FTP、HTTP、SNMP、DNS 等。

1.2.8 OSI 七层工作原理

1. OSI 七层模型

all people seem to need process data 这句话的首字母就是对应 OSI 七层模型的首字母:Application Layer(应用层)、Presentation Layer(表示层)、Session Layer(会话层)、Transport Layer(传输层)、Network Layer(网络层)、Data Link Layer(数据链路层)、Physical Layer(物理层)。

2. OSI 工作原理

如图 1-27 所示,数据在一端发送到另一端,需要层层封装对应的数据报文头部,需要注意的是,在数据链路层不仅添加了报文头部还在数据的尾部添加 CRC 校验位。

在发送端发送数据之前,数据链路层会将原始数据及其上面各层添加的报文信息使用 CRC 校验算法并将计算的结果和原始数据一起保存发送,接收端同样使用 CRC 算法再次校验,将校验的结果和原始数据一起发送过来的 CRC 结果进行对比,如果一致,则说明数据接收正确无误,如果不一致,则说明接收的数据被损坏。

循环冗余校验(Cyclic Redundancy Check,CRC)是一种根据网络数据包或计算机文件等数据产生简短固定位数校验码的一种信道编码技术,主要用来检测或校验数据传输或者保存后可能出现的错误。它是利用除法及余数的原理来对错误进行侦测的。

OSI 模型中下层协议要为上层协议提供服务。表现为下层协议是有上层协议的标识的。

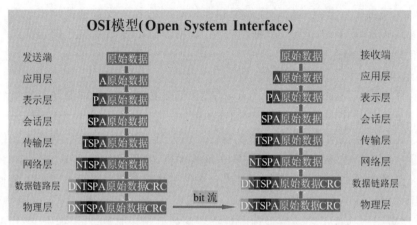

图 1-27　OSI 模型传输数据

3. PDU

协议数据单元(Protocol Data Unit,PDU)是指对等层次之间传递的数据单位,各层的 PDU 如下：

物理层的 PDU 是数据位(Bit)。

数据链路层的 PDU 是数据帧(Frame)。

网络层的 PDU 是数据包(Packet)。

传输层的 PDU 是数据段(Segment)。

其他更高层次的 PDU 是消息(Message)。

4. Ethernet Frame 结构

虽说 802.3ae 是以太网的官方标准,但并不是事实标准,事实上使用的是以太网二代标准(Ethernet 2),即在 802.3ae 基础上的下一个版本。现在以太网的传输速率可达到 10Gb/s。

如图 1-28 所示,以太网工作在物理层和数据链路层,上层是网络层。它认为上层的网络没有别的协议,只有一种网络层协议,事实上网络层协议有很多种。

早期为什么认为网络层协议只有一种协议呢？因为早期的局域网的霸主是一家叫 Novell 的公司,它们用的是自研的操作系统,叫作 Netware,当时它们用的协议是 IPX/SPX 协议,IPX 是网络层协议,SPX 是传输层协议。也就意味着当时 99% 以上的网络是 Novell

公司网络,因此它不需要支持上层有别的协议,因此这家公司认为以太网上层只有一种协议,即 IPX 协议,因此 IEEE 802.3 标准的帧结构如图 1-28 所示。

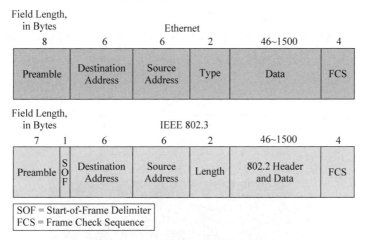

图 1-28　IEEE 802.3 标准的帧结构

Preamble:前导信息,表示帧的开始,占用 7 字节。

SOF:帧的分界符,即 Start-of-Frame Delimiter,占用 1 字节。

DestinationAddress:目标 MAC 地址,占用 6 字节。

Source Address:源 MAC 地址,占用 6 字节。

Length:规定数据报文的总长度,占用 2 字节。

802.2 Header and Data:头部信息及数据,占用 46~1500 字节。

FCS:帧的检测序列,也就是校验位,即 Frame Check Sequence,占用 4 字节。

IEEE 802.3 标准并不符合实际生产环境,原因就是未指明以太网上层协议,可能当时 IEEE 组织使用的也是 Novell 公司的操作系统 Netware,默认使用的就是 IPX 网络协议,因此它们在制定标准时没有考虑到以太网上层是否会有多种网络协议,认为只有一组 IPX 协议,而现在 IPX 协议已经没落了。

IEEE 在 2002 年采用了由 DIX 三家公司在 1982 年研发的以太网一代产品而制定的标准。不过不幸的是,这个标准出来后并没有得到广泛应用,因此实际生产环境中使用的是以太网二代模型。

以太网二代和以太网一代(IEEE 802.3)有以下不同。

(1) Preamble:前导信息,表示帧的开始,占用 8 字节。它把 IEEE 802.3 标准(以太网一代)里的 Preamble 和 SOF 合并了。

(2) Destination Address:目标 MAC 地址,占用 6 字节。

(3) Source Address:源 MAC 地址,占用 6 字节。

(4) Type:规定上层数据报文类型,占用 2 字节,即可表示 65 535 种状态。

(5) 802.2 Header and Data:头部信息(包括网络层、传输层、会话层、表示层头部信息)

及数据,占用 46~1500 字节。

(6) FCS:帧的检测序列,也就是校验位,即 Frame Check Sequence,占用 4 字节。了解了 Ethernet 二代和 IEEE 802.3 之后,就知道 Ethernet 二代一个帧的最大存储数据范围为 72~1526,抛去 Preamble 和 FCS 所占用的 12 字节才是实际可用的存储范围,即 60~1514。这个范围就是平时用的各种抓包软件(如 Wireshark、tcpdump 等)只保留了 60~1514 这段范围的数据。

5. MAC 地址

MAC 有 48 位,前 24 位由 IEEE 分配,后 24 位是各厂商的设备序号,如图 1-29 所示。

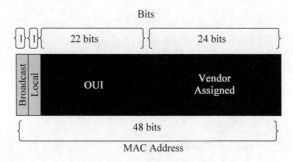

图 1-29 MAC 地址组成

OUI:组织唯一标识,即对厂家的唯一标识。

Vendor Assigned:生产厂商给某个设备分配的唯一编号。

6. 冲突检测的载波侦听多路访问(CSMA/CD)

以前 10Mb/s 的以太网实现帧数据传输方式就是基于"冲突检测的载波侦听多路访问 CSMA/CD"的,和现在 10000Mb/s 的速度相比,这种算法已经被淘汰了,但可作为了解,如图 1-30 所示,分为 4 个阶段:

(1) 载波侦听(Carrier Sense)可用于查看此时是否有人发送数据,类似于总线型拓扑。

(2) 多路访问(Multiple Access)有可能两个节点同时使用总线。

(3) 冲突(Collision),由于多个节点访问及使用总线,因此会产生冲突。

(4) 冲突检测(Collision Detection),由于上面的阶段产生冲突,因此这个步骤得将之前的操作撤销,并生成一个随机时间(可能是纳秒级别)重新发送数据。

现在用的是 1000Mb/s,但 10 000Mb/s 的以太网根本就不用这种算法,现在使用的通信机制已经完全不同了,只不过还是在继续使用以太网这个名称而已。

1.2.9 计算机网络基础的网络设备

1. Hub 集线器

双绞线的最大传输距离在 100m 左右,超过 100m 后信号会衰减,对端可能无法正常地收取数据,要想传输更远的距离就可用加信号放大器的设备(又称为中继器)。

Hub 的功能:

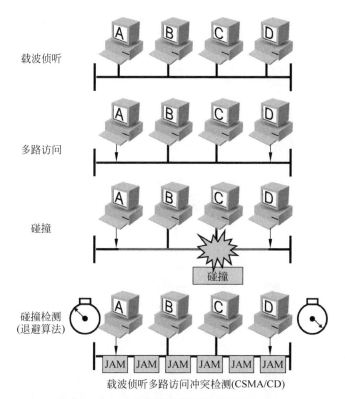

图 1-30 冲突检测的载波侦听多路访问

（1）多端口中继器（一般家用的 100Mb/s 小 Hub 只有 8 个接口）。

（2）Hub 是一个比较简单的设备，它并不记忆该信息包是由哪个 MAC 地址发出的，以及哪个 MAC 地址在 Hub 的哪个端口。

（3）Hub 是一个既不能隔断冲突域，也不能隔断广播域的设备。

冲突域：一个主机发送报文，另一个主机也发送报文，产生冲突，两个主机在一个冲突域。

广播域：一个主机发送广播，另一个主机收到，两个主机在一个广播域。

Hub 的特点：

（1）共享带宽。

（2）半双工（两个数据站之间可以双向传输数据，但不能同时进行）。

如图 1-31 所示，如果计算机 1 想要将数据发送给计算机 8，则会通过集线器实现。当计算机 1 的数据帧发送到集线器上以后，Hub 会将这个数据包以广播的形式向所有端口转发数据，这样会导致计算机 1 本来想发送给计算机 8 的数据包会被所有的节点都接收到，当然其他（计算机 1～计算机 7）的网卡会自动检查目标地址的行为，发现 MAC 地址不是自己的数据包就直接丢掉，从而实现数据的正常通信，但是如果在计算机上安装了抓包软件，如 Wireshark，则它会捕获数据，并对数据进行分析，这样可能会造成一定的安全风险。

其实 Hub 可以理解为总线型拓扑,它只是把总线做成了芯片而已,当多台主机在当前 Hub 上同时发送数据时,就会导致数据冲突,它采用的算法类似于"冲突检测的载波侦听多路访问",这样会降低 Hub 的效率,因此就算是 100Mb/s 的集线器,在机器多的情况下,它的效率依旧不高。

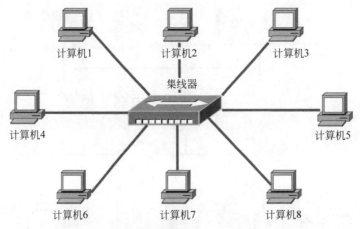

图 1-31　集线器与计算机连接示意图

2. 以太网桥

(1) 交换式以太网的优势。

扩展了网络带宽,每个口都是 1000Mb/s(1Gb/s),性能较好的交换机甚至可达 10Gb/s,即万兆口。

分割了网络冲突域,使网络冲突被限制在最小的范围内。

交换机作为更加智能的交换设备,能够提供更多用户所要求的功能:优先级、虚拟网、远程检测。

(2) 以太网桥的工作原理。

以太网桥的工作原理如图 1-32 所示。

以太网桥可监听数据帧中源 MAC 地址,学习 MAC,建立 MAC 表。

对于未知 MAC 地址,网桥将转发到除接收该帧的端口之外的所有端口。

当网桥接到一个数据帧时,如果该帧的目的位于接收端口所在网段上,它就过滤掉该数据帧;如果目的 MAC 地址位于另外一个端口,网桥就将该帧转发到该端口。

当网桥接到广播帧时,它立即转发到除接收端口之外的所有其他端口。

(3) 监控交换机的所有数据包。

若面对的交换机支持配置且支持镜像端口功能:

虽说有了 MAC 表就会减少广播的发生,但这不意味着无法获取每个端口的数据,如果想获取交换机所有数据包流量,则只需配置相应的镜像端口(需要有交换机管理权限,最少得支持镜像端口配置功能)。这样就可以监控到所有交换机的数据。

若面对的交换机是傻瓜式交换机:

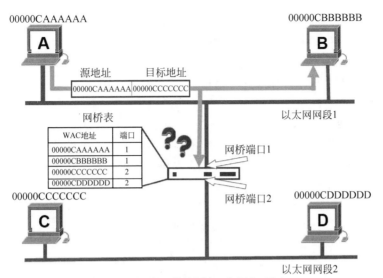

图 1-32 以太网桥的工作原理

如果交换机没有控制口，即插上网线就可以用的那种，就只能编写一个程序，故意伪造大量 MAC 地址，将交换机的 MAC 地址表内存全部耗尽，只要 MAC 地址表存储的是模拟程序的虚拟 MAC 表，交换机的 MAC 表就发挥不了任何作用了，此时交换机再接收数据就可以向所有端口进行转发，也就是要进行广播，从而也能获取流经该交换机的所有数据包。

（4）Hub 和交换机。

集线器属于 OSI 的第 1 层（物理层）设备，而网桥属于 OSI 的第 2 层（数据链路层）设备。

Hub 会共享所有总线和带宽，而网桥的每个端口占一个带宽。

从工作方式来看，集线器是一种广播模式，所有端口在一个冲突域里面。网桥可以通过端口隔离冲突域。交换机 MAC 地址存在，而 MAC 地址是通过读取的源地址进行学习的，源地址 MAC 地址是不可能出现 48 位 1 的，也就是说不会出现广播地址。就是因为这个原因，交换机只能隔离冲突域但无法隔离广播域，如图 1-33 所示。

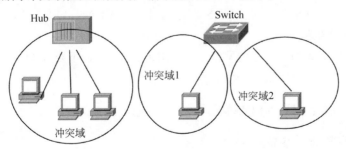

图 1-33 Hub 和交换机的区别

3. 路由器

为了实现路由，路由器需要做下列事情。

(1) 分隔广播域。

(2) 选择路由表中到达目标最好的路径。

(3) 维护和检查路由信息。

(4) 连接广域网。

路由：把一个数据包从一个设备发送到不同网络里的另一个设备上。这些工作依靠路由器来完成。路由器只关心网络的状态和决定网络中的最佳路径。路由的实现依靠路由器中的路由表来完成，如图 1-34 所示。

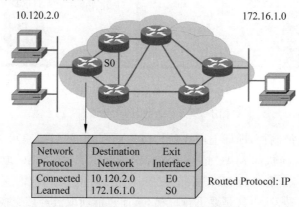

图 1-34　路由器的工作原理

4. VLAN

VLAN 是虚拟局域网，它的功能如下：

(1) 分隔广播域。

(2) 安全。

(3) 灵活管理。

一旦引入 VLAN，尤其在单臂路由架构中，路由器和交换机直连的线路称为 Trunk 链路。不同 VLAN 进行通信需要经过路由器，此时数据链路层的帧会被修改，添加对应的 VLAN ID 信息，这样才能从一个 VLAN 发送到另一个 VLAN，如图 1-35 所示。

5. 分层的网络架构

这里的分层指的是如何搭建的网络结构，如图 1-36 所示，不要和 OSI 的分层混淆，OSI 分层指的是从各个功能模块来区分的。

1.2.10　TCP/IP 协议栈

1. 什么是 TCP/IP 协议栈

TCP/IP 是一个协议栈，包括 TCP、IP、UDP、ICMP、RIP、Telnet、FTP、SMTP、ARP 等许多协议。最早发源于美国国防部（缩写为 DoD）的因特网的前身 ARPA 网项目，1983 年 1

月1日，TCP/IP 取代了旧的网络控制协议 NCP，成为今天的互联网和局域网的基石和标准，由互联网工程任务组负责维护。

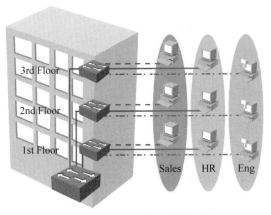

图 1-35　VLAN 虚拟网络示意图

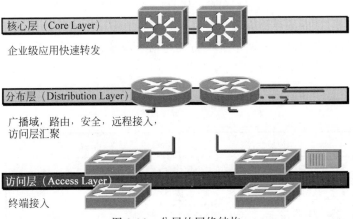

图 1-36　分层的网络结构

共定义了 4 层，分别为网络访问层、因特网层、传输层、应用层。和 ISO 参考模型的分层有对应关系，如图 1-37 所示。

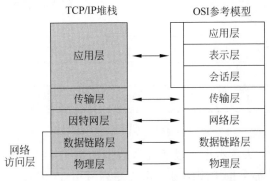

图 1-37　TCP/IP 与 OSI 分层的对应关系

2. TCP 特性

（1）工作在传输层。

（2）面向连接协议。

（3）全双工协议。

（4）半关闭。

（5）错误检查。

（6）将数据打包成段，排序。

（7）确认机制。

（8）数据恢复，重传。

（9）流量控制，滑动窗口。

（10）拥塞控制，慢启动和拥塞避免算法。

3. TCP

（1）TCP 包头信息。

源端口（Source Port）、目标端口（Dest Port）：当计算机上的进程要和其他进程通信时需要通过计算机端口，而一个计算机端口某个时刻只能被一个进程占用，所以通过指定源端口和目标端口，就可以知道是哪两个进程需要通信。源端口、目标端口是用 16 位信息表示的，可推算计算机的端口个数为 2^{16} 个，如图 1-38 所示。

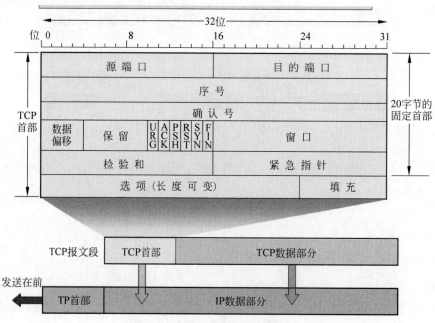

图 1-38　TCP 包头信息

序列号（Sequence）：表示本报文段所发送数据的第 1 字节的编号。在 TCP 连接中所传送的字节流的每字节都会按顺序编号。由于序列号由 32 位表示，所以每 2^{32} 比特位，就会出现序列号回绕,再次从 0 开始。

确认号(Acknowledgement):表示接收方期望收到发送方下一个报文段的第 1 字节数据的编号。也就是告诉发送方:希望发送方下次发送的数据的第 1 字节数据的编号为此确认号。

数据偏移:表示 TCP 报文段的首部长度,共 4 位,由于 TCP 首部包含一个长度可变的选项部分,需要指定这个 TCP 报文段到底有多长。它指出 TCP 报文段的数据起始处距离 TCP 报文段的起始处有多远。该字段的单位是 32 位(4 字节为计算单位),4 位二进制最大表示 15,所以数据偏移也就是 TCP 首部最大为 60 字节。

URG:表示本报文段中发送的数据是否包含紧急数据。后面的紧急指针字段(Urgent Pointer)只有当 URG=1 时才有效。

ACK:表示前面确认号字段是否有效。只有当 ACK=1 时,前面的确认号字段才有效。TCP 规定,连接建立后,ACK 必须为 1,带 ACK 标志的 TCP 报文段称为确认报文段。

PSH:提示接收端应用程序应该立即从 TCP 接收缓冲区中读走数据,为接收后续数据腾出空间。如果为 1,则表示对方应当立即把数据提交给上层应用,而不是缓存起来,如果应用程序不将接收的数据读走,就会一直停留在 TCP 接收缓冲区中。

RST:如果收到一个 RST=1 的报文,则说明与主机的连接出现了严重错误(如主机崩溃),必须释放连接,然后重新建立连接。或者说明上次发送给主机的数据有问题,主机拒绝响应,带 RST 标志的 TCP 报文段称为复位报文段。

SYN:在建立连接时使用,用同步序号。当 SYN=1,ACK=0 时,表示这是一个请求建立连接的报文段;当 SYN=1,ACK=1 时,表示对方同意建立连接。SYN=1,说明这是一个请求建立连接或同意建立连接的报文。只有在前两次握手中 SYN 才置为 1,带 SYN 标志的 TCP 报文段称为同步报文段。

FIN:表示通知对方本端要关闭连接了,标记数据是否发送完毕。如果 FIN=1,则告诉对方:"数据已经发送完毕,可以释放连接了",带 FIN 标志的 TCP 报文段称为结束报文段。

窗口大小:表示现在允许对方发送的数据量,也就是告诉对方,从本报文段的确认号开始允许对方发送的数据量,如果达到此值,则需要 ACK 确认后才能再继续传送后面的数据,由 Window size value * Window size scaling factor(此值在三次握手阶段 TCP 选项 Window scale 协商得到)得出此值。

校验和:提供额外的可靠性。

紧急指针:标记紧急数据在数据字段中的位置。

选项部分:其最大长度可根据 TCP 首部长度进行推算。TCP 首部长度用 4 位表示,选项部分最长为 $(2^4-1) \times 4 - 20 = 40$ 字节。

常见选项如下。

最大报文段长度:Maximum Segment Size,MSS,通常为 1460 字节。

窗口扩大:Window Scale。

时间戳:Timestamps。

(2) TCP 包头选项。

最大报文段长度：指明自己期望对方发送 TCP 报文段时那个数据字段的长度，例如 1460 字节。数据字段的长度加上 TCP 首部的长度才等于整个 TCP 报文段的长度。MSS 不宜设得太大，也不宜设得太小。若设得太小，极端情况下，TCP 报文段只含有 1 字节数据，在 IP 层传输的数据报文的开销至少有 40 字节(包括 TCP 报文段的首部和 IP 数据报文的首部)。这样，网络的利用率就不会超过 1/41。若 TCP 报文段非常长，则在 IP 层传输时就有可能要分解成多个短数据报片。在终点要把收到的各个短数据报片装配成原来的 TCP 报文段。当传输出错时还要进行重传，这些也都会使开销增大，因此 MSS 应尽可能大，只要在 IP 层传输时不需要再分片就行。在连接建立过程中，双方都把自己能够支持的 MSS 写入这一字段。MSS 只出现在 SYN 报文中，即 MSS 出现在 SYN=1 的报文段中。

MTU 和 MSS 值的关系：MTU=MSS+IP Header+TCP Header。

通信双方最终的 MSS 值=较小 MTU－IP Header－TCP Header。

窗口扩大：为了扩大窗口，由于 TCP 首部的窗口大小字段长度是 16 位，所以其表示的最大数是 65 535，但是随着时延和带宽比较大的通信产生(如卫星通信)，需要更大的窗口来满足性能和吞吐率的要求，所以产生了这个窗口扩大选项。

时间戳：可以用来计算 RTT(往返时间)，当发送方发送 TCP 报文时，把当前的时间值放入时间戳字段，接收方收到后发送确认报文，把这段时间戳字段的值复制到确认报文中，当发送方收到确认报文后即可计算出 RTT。即可以用来防止回绕序号 PAWS，即可以用来区分相同序列号的不同报文。因为序列号用 32 位表示，每 2^{32} 个序列号就会产生回绕，所以使用时间戳字段就很容易区分相同序列号的不同报文。

(3) 将第 4 层映射到应用程序。

常见的应用层服务被分配的默认端口如图 1-39 所示。

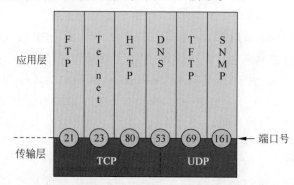

图 1-39 常见的应用层服务被分配的默认端口

(4) TCP Port。

传输层通过 Port 号确定应用层协议。

TCP：传输控制协议，面向连接的协议；通信前需要建立虚拟链路；结束后拆除链路。端口范围：0～65535。

UDP：User Datagram Protocol，无连接的协议，端口范围：0～65535。

IANA：互联网数字分配机构（负责域名、数字资源、协议分配）。

0～1023：系统端口或特权端口（仅管理员可用），众所周知，永久地分配给固定的系统应用使用，22/TCP（SSH），80/TCP（HTTP），443/TCP（HTTPS）。

1024～49151：用户端口或注册端口，但要求并不严格，分配给程序注册为某应用使用，1433/TCP（SQLServer），1521/TCP（Oracle），3306/TCP（MySQL），11211/TCP/UDP（memcached）。

49152～65535：动态端口或私有端口，客户端程序随机使用的端口。

查看其范围的定义，命令如下：

```
cat /proc/sys/net/ipv4/ip_local_port_range
```

（5）TCP 三次握手。

TCP 三次握手过程如图 1-40 所示。

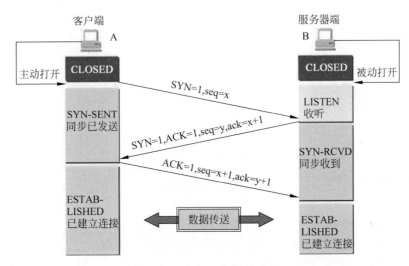

图 1-40　TCP 三次握手过程

客户端首先发送一个 SYN 包（在建立连接时使用，用同步序号）告诉服务器端初始序列号是 X。

客户端收到 SYN 包后回复给客户端一个 ACK 确认包，告诉客户端收到了。服务器端也需要告诉客户端自己的初始序列号，于是服务器也发送一个 SYN 包告诉客户端序列化是 y。这两个包一起发送。

客户端收到后，回复服务器一个 ACK 确认包。

Linux 抓取现有连接状态及排序查看：

```
ss -nt | sed -rn '1! s/^([^]+).*/\1/p' | sort | uniq -c
```

（6）TCP 四次挥手。

TCP 四次挥手过程如图 1-41 所示。

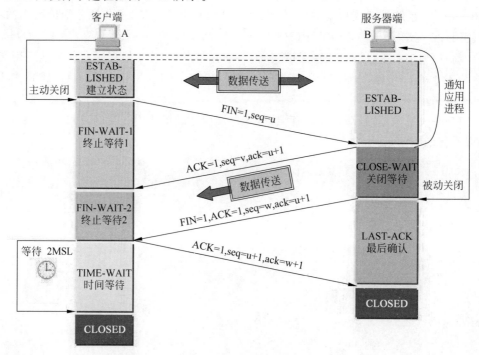

图 1-41　TCP 四次挥手过程

客户端发送一个 FIN 包来告诉服务器端需要断开。

服务器端收到后回复一个 ACK 确认 FIN 包收到。

服务器端在自己也没有数据发送给客户端后，服务器端也将一个 FIN 包发送给客户端，表示也无数据发送了。

客户端收到后，就会回复一个 ACK 确认服务器端的 FIN 包。

不是只有客户端才能发送断开请求，主动发出 FIN 包的一方就是主动关闭方，就会进入 TIME_WAIT，原因是被动关闭方发来的 FIN 包需要确认，万一此包丢失，被动关闭方如果在超时的情况下未收到确认，则会重发 FIN 包，此时主动关闭方还在，可以重发 ACK。

（7）有限状态机（Finite State Machine，FSM）。

CLOSED：没有任何连接状态。

LISTEN：侦听状态，等待来自远方 TCP 端口的连接请求。

SYN-SENT：在发送连接请求后，等待对方确认。

SYN-RECEIVED：在收到和发送一个连接请求后，等待对方确认。

ESTABLISHED：代表传输连接建立，双方进入数据传送状态。

FIN-WAIT-1：主动关闭，主机已发送关闭连接请求，等待对方确认。

FIN-WAIT-2：主动关闭，主机已收到对方关闭传输连接确认，等待对方发送关闭传输连接请求。

TIME-WAIT：完成双向传输连接关闭，等待所有分组消失。

CLOSE-WAIT：被动关闭，收到对方发来的关闭连接请求，并已确认。

LAST-ACK：被动关闭，等待最后一个关闭传输连接确认，并等待所有分组消失。

CLOSING：双方同时尝试关闭传输连接，等待对方确认。

如图 1-42 所示，客户端先将一个 FIN 发送给服务器端，自己进入了 FIN_WAIT_1 状态，这时等待接收服务器端的报文，该报文会有以下 3 种可能。

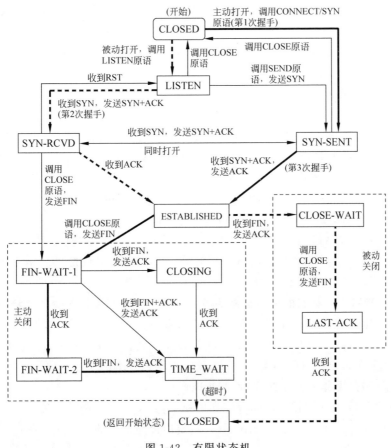

图 1-42　有限状态机

只有服务器端的 ACK：只收到服务器的 ACK，客户端会进入 FIN_WAIT_2 状态，后续当收到服务器端的 FIN 时，回应发送一个 ACK，会进入 TIME_WAIT 状态，这种状态会持续 2MSL(TCP 报文段在网络中的最大生存时间，RFC 1122 标准的建议值是 2min)。客户端等待 2MSL，是为了当最后一个 ACK 丢失时，可以再发送一次。因为服务器端在等待超时后会再将一个 FIN 发送给客户端，进而客户端知道 ACK 已丢失。

只有服务器端的 FIN：当只有服务器端的 FIN 时，将一个 ACK 回应给服务器端，进入 CLOSING 状态，然后当接收到服务器端的 ACK 时，进入 TIME_WAIT 状态。

既有服务器端的 ACK,又有 FIN:同时收到服务器端的 ACK 和 FIN,直接进入 TIME_WAIT 状态。

(8) 客户端的典型状态转移。

客户端通过 connect 系统调用主动与服务器建立连接,connect 系统调用首先向服务器发送一个同步报文段,使连接转移到 SYN_SENT 状态。

此后 connect 系统调用可能因为如下两个原因失败并返回:

如果 connect 连接的目标端口不存在(未被任何进程监听),或者该端口仍被处于 TIME_WAIT 状态的连接所占用(见后文),则服务器端将给客户端发送一个复位报文段,connect 调用失败。

如果目标端口存在,但 connect 在超时时间内未收到服务器的确认报文段,则 connect 调用失败。

connect 调用失败将使连接立即返回初始的 CLOSED 状态。如果客户端成功收到服务器的同步报文段和确认,则 connect 调用成功返回,连接转移至 ESTABLISHED 状态。

当客户端执行主动关闭时,它将向服务器发送一个结束报文段,同时连接进入 FIN_WAIT_1 状态。若此时客户端收到服务器专门用于确认目的的确认报文段,则连接转移至 FIN_WAIT_2 状态。当客户端处于 FIN_WAIT_2 状态时,服务器处于 CLOSE_WAIT 状态,这一对状态是可能发生半关闭的状态。此时如果服务器也关闭连接(发送结束报文段),则客户端将给予确认并进入 TIME_WAIT 状态。

客户端从 FIN_WAIT_1 状态可能直接进入 TIME_WAIT 状态(不经过 FIN_WAIT_2 状态),前提是处于 FIN_WAIT_1 状态的服务器直接收到带确认信息的结束报文段,而不是先收到确认报文段,再收到结束报文段。

处于 FIN_WAIT_2 状态的客户端需要等待服务器发送结束报文段,才能转移至 TIME_WAIT 状态,否则它将一直停留在这种状态。如果不是为了在半关闭状态下继续接收数据,则连接长时间地停留在 FIN_WAIT_2 状态并无益处。连接停留在 FIN_WAIT_2 状态的情况可能发生在客户端执行半关闭后,未等服务器关闭连接就强行退出了。此时客户端连接由内核来接管,可称为孤儿连接(和孤儿进程类似)。

Linux 为了防止孤儿连接长时间存留在内核中,定义了两个内核参数。

/proc/sys/net/ipv4/tcp_max_orphans:指定内核能接管的孤儿连接数目。

/proc/sys/net/ipv4/tcp_fin_timeout:指定孤儿连接在内核中生存的时间。

分别通过下面的命令进行查看:

```
cat /proc/sys/net/ipv4/tcp_max_orphans
32768
cat /proc/sys/net/ipv4/tcp_fin_timeout
60
```

TCP 中的三次握手和四次挥手,如图 1-43 所示。

客户端的三次握手和四次挥手,如图 1-44 所示。

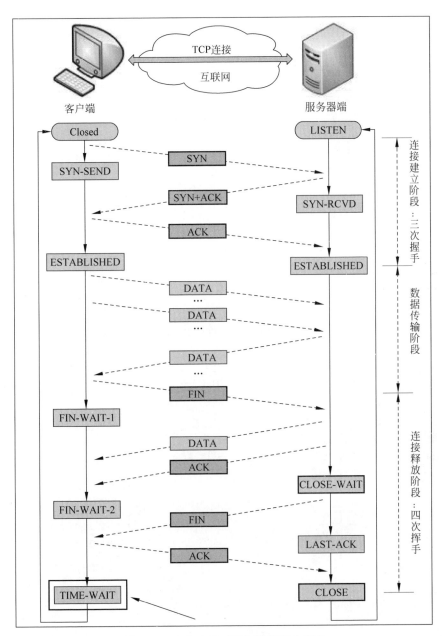

图 1-43　TCP 中的三次握手和四次挥手

服务器端的三次握手和四次挥手，如图 1-45 所示。

（9）sync 半连接和 accept 全连接队列。

通过下面的命令进行查看：

```
ss -lnt
```

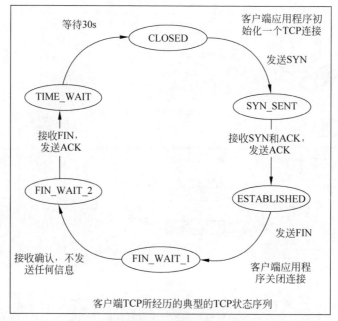

图 1-44　客户端的三次握手和四次挥手

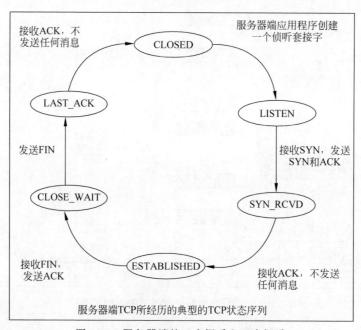

图 1-45　服务器端的三次握手和四次挥手

分别对应的文件如下：

```
/proc/sys/net/ipv4/tcp_max_syn_backlog
#未完成连接（sync 半连接）队列大小，建议将大小调整为 1024 以上
```

```
/proc/sys/net/core/somaxconn
#完成连接(accept 全连接)队列大小,建议将大小调整为 1024 以上
```

通过如下命令进行查看:

```
cat /proc/sys/net/ipv4/tcp_max_syn_backlog
256
cat /proc/sys/net/core/somaxconn
128
```

(10) TCP 超时重传。

在异常网络状况下(开始出现超时或丢包),TCP 控制数据传输以保证其承诺的可靠服务。

TCP 服务必须能够重传超时时间内未收到确认的 TCP 报文段。为此,TCP 模块为每个 TCP 报文段都维护了一个重传定时器,该定时器在 TCP 报文段第 1 次被发送时启动。如果超时时间内未收到接收方的应答,则 TCP 模块将重传 TCP 报文段并重置定时器。至于下次重传的超时时间如何选择,以及最多执行多少次重传,就是 TCP 的重传策略了。

与 TCP 超时重传相关的两个内核参数如下。

/proc/sys/net/ipv4/tcp_retries1:指定在底层 IP 接管之前 TCP 最少执行的重传次数,默认值为 3。

/proc/sys/net/ipv4/tcp_retries2:指定连接放弃前 TCP 最多可以执行的重传次数,默认值为 15(取值范围为 13~30min)。

上面两个参数分别通过如下命令进行查看:

```
cat /proc/sys/net/ipv4/tcp_retries
13
cat /proc/sys/net/ipv4/tcp_retries
215
```

(11) TCP 确认。

TCP 确认过程如图 1-46 所示。

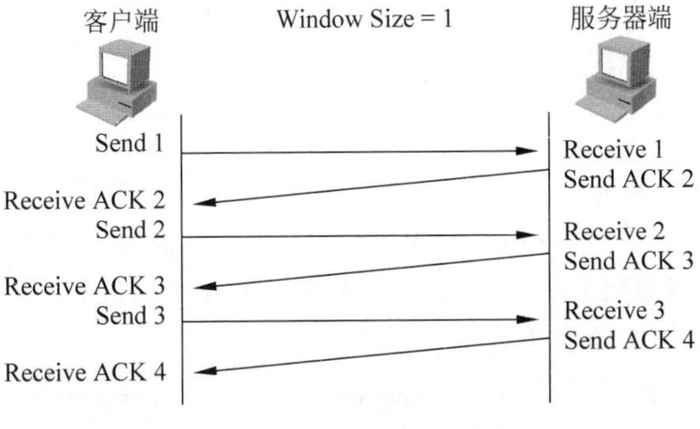

图 1-46　TCP 确认过程

TCP 固定窗口，如图 1-47 所示。

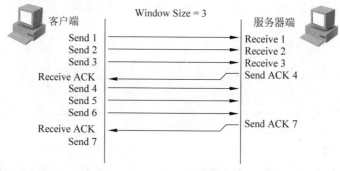

图 1-47　TCP 固定窗口

TCP 滑动窗口，如图 1-48 所示。

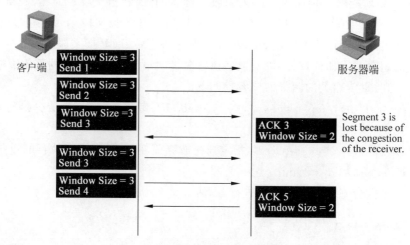

图 1-48　TCP 滑动窗口

（12）拥塞控制。

网络中的带宽、交换节点中的缓存和处理机等都是网络资源。在某段时间，若对网络中某一资源的需求超过了该资源所能提供的可承受能力，网络的性能就会变坏。此情况称为拥塞。

TCP 为了提高网络利用率，降低丢包率，并保证网络资源对每条数据流的公平性，制定了所谓的拥塞控制标准。

TCP 拥塞控制的标准文档是 RFC 5681，其中详细介绍了拥塞控制的 4 部分：慢启动（Slow Start）、拥塞避免（Congestion Avoidance）、快速重传（Fast Retransmit）和快速恢复（Fast Recovery）。拥塞控制算法在 Linux 系统下有多种实现，例如 reno 算法、vegas 算法和 cubic 算法等。它们部分或者全部实现了上述 4 部分。

当前所使用的拥塞控制算法/proc/sys/net/ipv4/tcp_congestion_control，通过如下命令进行查看：

```
cat /proc/sys/net/ipv4/tcp_congestion_control
```

4. UDP

(1) UDP 特性。

工作在传输层。

提供不可靠的网络访问。

非面向连接协议。

有限的错误检查。

传输性能高。

无数据恢复特性。

(2) UDP 包头。

UDP 报文头部的确很简单,如图 1-49 所示。UDP 没有三次握手的烦琐操作,发送数据很快,在网络比较稳定的情况下可以采用 UDP,例如内网传输数据,其中 DNS 协议不仅使用了 TCP 的 53 端口,还使用了 UDP 的 53 端口。

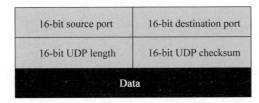

图 1-49　UDP 报头

1.2.11　因特网层

因特网层的主要传输协议如图 1-50 所示。

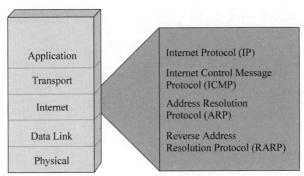

图 1-50　因特网层的主要传输协议

1. Internet Control Message Protocol(ICMP)

它是基于因特网层之上的一种协议,但并不是传输层协议,因为它没有传输的功能。ICMP Internet 控制报文协议是 TCP/IP 协议簇的一个子协议,用于在 IP 主机、路由器之间传递控制消息。控制消息是指网络通不通、主机是否可达、路由是否可用等网络本身的消息。这些控制消息虽然并不传输用户数据，但是对于用户数据的传递起着重要的作用。

通过抓包工具可以发现，如果 ICMP 包的类型为 8，则表示 request 请求报文，如果类型为 0，则表示 reply 回应报文，因此可以根据这个特点在服务器端配置相应的策略，以便实现禁 ping 的效果。

在 Linux 系统中，除了上面所讲的根据 ICMP 报文类型编写相应的防火墙策略实现禁 ping 的效果，其实也可以直接关闭一个内核参数，这样就可以轻松实现禁 ping，命令如下：

```
echo 1 > /proc/sys/net/ipv4/icmp_echo_ignore_all
```

将 ping 的次数指定为 10 次，命令如下：

```
ping -c 10 172.30.1.101

PING 172.30.1.101 (172.30.1.101) 56(84) Bytes of data.64 Bytes from 172.30.1.101：icmp_seq = 1 ttl = 64 time = 0.344 ms64 Bytes from 172.30.1.101：icmp_seq = 2 ttl = 64 time = 0.531 ms64 Bytes from 172.30.1.101：icmp_seq = 3 ttl = 64 time = 0.316 ms64 Bytes from 172.30.1.101：icmp_seq = 4 ttl = 64 time = 0.302 ms64 Bytes from 172.30.1.101：icmp_seq = 5 ttl = 64 time = 0.374 ms64 Bytes from 172.30.1.101：icmp_seq = 6 ttl = 64 time = 0.287 ms64 Bytes from 172.30.1.101：icmp_seq = 7 ttl = 64 time = 0.790 ms64 Bytes from 172.30.1.101：icmp_seq = 8 ttl = 64 time = 0.314 ms64 Bytes from 172.30.1.101：icmp_seq = 9 ttl = 64 time = 0.624 ms64 Bytes from 172.30.1.101：icmp_seq = 10 ttl = 64 time = 0.799 ms
--- 172.30.1.101 ping statistics --- 10 packets transmitted, 10 received, 0 % packet loss, time 9009ms
rtt min/avg/max/mdev = 0.287/0.468/0.799/0.193 ms
```

无论是否 ping 通，只 ping 一次，命令如下：

```
ping -c 10 -w 1 172.30.1.101

PING 172.30.1.101 (172.30.1.101) 56(84) Bytes of data.64 Bytes from 172.30.1.101：icmp_seq = 1 ttl = 64 time = 0.367 ms
--- 172.30.1.101 ping statistics --- 1 packets transmitted, 1 received, 0 % packet loss, time 0ms
rtt min/avg/max/mdev = 0.367/0.367/0.367/0.000 ms
```

或者，命令如下：

```
ping -w 1 172.30.1.101

PING 172.30.1.101 (172.30.1.101) 56(84) Bytes of data.64 Bytes from 172.30.1.101：icmp_seq = 1 ttl = 64 time = 0.386 ms
--- 172.30.1.101 ping statistics --- 1 packets transmitted, 1 received, 0 % packet loss, time 0ms
rtt min/avg/max/mdev = 0.386/0.386/0.386/0.000 ms
```

将 ICMP 数据指定为 5000 字节,命令如下:

```
ping -s 5000 172.30.1.101 -c 1

PING 172.30.1.101 (172.30.1.101) 5000(5028) Bytes of data.5008 Bytes from
172.30.1.101: icmp_seq=1 ttl=64 time=0.253 ms
--- 172.30.1.101 ping statistics --- 1 packets transmitted, 1 received, 0%
packet loss, time 0ms
rtt min/avg/max/mdev = 0.253/0.253/0.253/0.000 ms
```

使用 tcpdump 抓取 ICMP 的包。从结果上看虽然只 ping 了一次,但是由于一个包最大能传输 1500 字节,因此 5000 字节被拆为 4 个包进行 request 和 reply,命令如下:

```
tcpdump -i enp0s8 icmp

tcpdump: verbose output suppressed, use -v or -vv for full protocol
decode
listening on enp0s8, link-type EN10MB (Ethernet), capture size 262144
Bytes00:57:40.069101 IP node102.test.org.cn > node101.test.org.cn: ICMP
echo request, id 18137, seq 1, length 148000:57:40.069116 IP
node102.test.org.cn > node101.test.org.cn: icmp00:57:40.069118 IP
node102.test.org.cn > node101.test.org.cn: icmp00:57:40.069120 IP
node102.test.org.cn > node101.test.org.cn: icmp00:57:40.069135 IP
node101.test.org.cn > node102.test.org.cn: ICMP echo reply, id 18137, seq
1, length 148000:57:40.069149 IP node101.test.org.cn >
node102.test.org.cn: icmp00:57:40.069156 IP node101.test.org.cn >
node102.test.org.cn: icmp00:57:40.069163 IP node101.test.org.cn >
node102.test.org.cn: icmp
```

其实也可以使用 ping 发起 flood ping 攻击。读者可以 ping 自己的网卡地址,打开操作系统的任务管理器,观察网卡的使用情况,命令如下:

```
ping -s 65507 192.168.124.14 -f

PING 192.168.124.14 (192.168.124.14) 65507(65535) Bytes of data.
...............................................................................
--- 192.168.124.14 ping statistics --- 3644 packets transmitted, 0
received, 100% packet loss, time 42199ms
```

查看是否允许 ping,命令如下:

```
cat /proc/sys/net/ipv4/icmp_echo_ignore_all
0
```

禁 ping,命令如下:

```
echo 1 > /proc/sys/net/ipv4/icmp_echo_ignore_all
```

查看是否允许 ping，命令如下：

```
cat /proc/sys/net/ipv4/icmp_echo_ignore_all
1
```

由于上面已经禁用了 ping，可以 ping 10 次，命令如下：

```
ping -c 10 172.30.1.101

PING 172.30.1.101 (172.30.1.101) 56(84) Bytes of data.
--- 172.30.1.101 ping statistics --- 10 packets transmitted, 0 received,
100% packet loss, time 9004ms
```

结果发现只接收到了 request 请求，但由于禁了 ping，导致没有回应报文。抓取包的命令如下：

```
tcpdump -i enp0s8 icmp

tcpdump: verbose output suppressed, use -v or -vv for full protocol decode
listening on enp0s8, link-type EN10MB (Ethernet), capture size 262144
Bytes01:14:29.524064 IP node102.test.org.cn > node101.test.org.cn: ICMP
echo request, id 18245, seq 1, length 6401:14:30.523441 IP
node102.test.org.cn > node101.test.org.cn: ICMP echo request, id 18245,
seq 2, length 6401:14:31.524017 IP node102.test.org.cn >
node101.test.org.cn: ICMP echo request, id 18245, seq 3, length
6401:14:32.524016 IP node102.test.org.cn > node101.test.org.cn: ICMP echo
request, id 18245, seq 4, length 6401:14:33.524429 IP
node102.test.org.cn > node101.test.org.cn: ICMP echo request, id 18245,
seq 5, length 6401:14:34.525335 IP node102.test.org.cn >
node101.test.org.cn: ICMP echo request, id 18245, seq 6, length
6401:14:35.525509 IP node102.test.org.cn > node101.test.org.cn: ICMP echo
request, id 18245, seq 7, length 6401:14:36.526486 IP
node102.test.org.cn > node101.test.org.cn: ICMP echo request, id 18245,
seq 8, length 6401:14:37.527528 IP node102.test.org.cn >
node101.test.org.cn: ICMP echo request, id 18245, seq 9, length
6401:14:38.528448 IP node102.test.org.cn > node101.test.org.cn: ICMP echo
request, id 18245, seq 10, length 64
```

2. Address Resolution Protocol(ARP)

地址解析协议（Address Resolution Protocol，ARP）是根据 IP 地址获取物理地址的一个 TCP/IP。主机发送信息时将包含目标 IP 地址的 ARP 请求广播到局域网络上的所有主机，并接收返回消息，以此确定目标的物理地址；收到返回消息后将该 IP 地址和物理地址存入本机 ARP 缓存中并保留一定时间，下次请求时可直接查询 ARP 缓存以节约资源。

有一种特殊的 Gratuitous ARP，它是在机器开始时发出一种 ARP，其目的在于询问局域网中是否有对应的主机使用了当前主机所分配的 IP 地址，从而避免地址冲突。可以用虚拟机模拟(需要用相应的抓包工具)。

在 Windows 系统查看 ARP 列表，命令如下：

```
arp -a
```

结果如下：

```
接口：192.168.30.1 --- 0x2
  因特网地址              物理地址                    类型
  192.168.30.254         00-50-56-fa-b2-5b           动态
  192.168.30.255         ff-ff-ff-ff-ff-ff           静态
  224.0.0.2              01-00-5e-00-00-02           静态
  224.0.0.22             01-00-5e-00-00-16           静态
  224.0.0.251            01-00-5e-00-00-fb           静态
  224.0.0.252            01-00-5e-00-00-fc           静态
  239.255.255.250        01-00-5e-7f-ff-fa           静态
  255.255.255.255        ff-ff-ff-ff-ff-ff           静态

接口：172.30.1.254 --- 0xf
  因特网地址              物理地址                    类型
  172.30.1.101           08-00-27-c1-c7-46           动态
  172.30.1.102           08-00-27-1d-d2-80           动态
  172.30.1.255           ff-ff-ff-ff-ff-ff           静态
  224.0.0.2              01-00-5e-00-00-02           静态
  224.0.0.22             01-00-5e-00-00-16           静态
  224.0.0.251            01-00-5e-00-00-fb           静态
  224.0.0.252            01-00-5e-00-00-fc           静态
  239.255.255.250        01-00-5e-7f-ff-fa           静态

接口：172.30.1.1 --- 0x10
  因特网地址              物理地址                    类型
  172.30.1.255           ff-ff-ff-ff-ff-ff           静态
  224.0.0.2              01-00-5e-00-00-02           静态
  224.0.0.22             01-00-5e-00-00-16           静态
  224.0.0.251            01-00-5e-00-00-fb           静态
  224.0.0.252            01-00-5e-00-00-fc           静态
  239.255.255.250        01-00-5e-7f-ff-fa           静态

接口：192.168.124.14 --- 0x15
  因特网地址              物理地址                    类型
  192.168.124.1          04-40-a9-ce-c6-92           动态
  192.168.124.255        ff-ff-ff-ff-ff-ff           静态
  224.0.0.2              01-00-5e-00-00-02           静态
  224.0.0.22             01-00-5e-00-00-16           静态
  224.0.0.251            01-00-5e-00-00-fb           静态
  224.0.0.252            01-00-5e-00-00-fc           静态
  239.255.255.250        01-00-5e-7f-ff-fa           静态
  255.255.255.255        ff-ff-ff-ff-ff-ff           静态
```

在 Linux 系统查看 ARP 列表，命令如下：

```
arp -n
```

结果如下：

```
Address                   HWtype HWaddress           Flags Mask
Iface172.30.1.254         ether  0a:00:27:00:00:0f   C
enp0s810.0.2.2            ether  52:54:00:12:35:02   C
enp0s3172.30.1.102        ether  08:00:27:1d:d2:80   C
enp0s8
```

在 Linux 系统查看 ARP 列表方式二，命令如下：

```
ip neigh
```

结果如下：

```
172.30.1.254
dev enp0s8 lladdr 0a:00:27:00:00:0f DELAY10.0.2.2
dev enp0s3 lladdr 52:54:00:12:35:02 STALE172.30.1.102
dev enp0s8 lladdr 08:00:27:1d:d2:80 STALE
```

3．反向 ARP

反向 ARP 是根据源设备 MAC 地址通过广播获取 IP 地址的过程的地址解析协议。

4．因特网协议特征

运行于 OSI 网络层。

面向无连接的协议。

独立处理数据包。

分层编址。

尽力而为传输。

无数据恢复功能。

5．IP PDU 报头

版本：占 4 位，指 IP 的版本，目前的 IP 版本号为 4。

首部长度：占 4 位，可表示的最大数值是 15 个单位，一个单位为 4 字节，因此 IP 的首部长度的最大值是 60 字节。

区分服务：占 8 位，用来获得更好的服务，在旧标准中叫作服务类型，但实际上一直未被使用过，后改名为区分服务。只有在使用区分服务(DiffServ)时，这个字段才起作用。一般情况下不使用。

总长度：占 16 位，指首部和数据之和的长度，单位为字节，因此数据报文的最大长度为 65 535 字节。总长度必须不超过最大传送单元 MTU。

标识：占 16 位，它是一个计数器，通常每发送一个报文，该值会加 1，也用于数据包分片，在同一个包的若干分片中，该值是相同的。

标志：占 3 位，目前只有后两位有意义，分别为 DF 和 MF。

DF：Don't Fragment 中间的一位，只有当 DF＝0 时才允许分片。

MF：More Fragment 最后一位，MF＝1 表示后面还有分片，MF＝0 表示最后一个分片。

片偏移：占 12 位，指较长的分组在分片后，该分片在原分组中的相对位置。片偏移以 8 字节为偏移单位。

生存时间：占 8 位，记为 TTL（Time To Live）数据报文在网络中可通过的路由器数的最大值，TTL 字段是由发送端初始设置一个 8 位字段。推荐的初始值由分配数字 RFC 指定，当前值为 64。发送 ICMP 回显应答时经常把 TTL 设为最大值 255。

协议：占 8 位，指出此数据报文携带的数据使用何种协议，以便目的主机的 IP 层将数据部分上交给哪个处理过程，1 表示为 ICMP，2 表示为 IGMP，6 表示为 TCP，17 表示为 UDP。

首部检验和：占 16 位，只检验数据报文的首部而不检验数据部分。这里不采用 CRC 检验码而采用简单的计算方法。

源地址和目的地址：都各占 4 字节，分别记录源地址和目的地址。

查看 Linux 默认的 TTL64，命令如下：

```
cat /proc/sys/net/ipv4/ip_default_ttl
```

将 Linux 的 TTL 修改成和 Windows 一样的 TTL，这样当访客 ping 此 Linux 服务器时默认为此 Linux 服务器使用的是 Windows，命令如下：

```
echo 128 > /proc/sys/net/ipv4/ip_default_ttl
```

```
cat /proc/sys/net/ipv4/ip_default_ttl 128
```

使用 Linux 默认的 TTL，ping 该机器观察 TTL 的值：

```
ping -c 10 172.30.1.101

PING 172.30.1.101 (172.30.1.101) 56(84) Bytes of data.64 Bytes from
172.30.1.101：icmp_seq=1 ttl=64 time=0.289 ms64 Bytes from 172.30.1.101：
icmp_seq=2 ttl=64 time=0.555 ms64 Bytes from 172.30.1.101：icmp_seq=3
ttl=64 time=0.360 ms64 Bytes from 172.30.1.101：icmp_seq=4 ttl=64
time=0.284 ms64 Bytes from 172.30.1.101：icmp_seq=5 ttl=64 time=0.302
ms64 Bytes from 172.30.1.101：icmp_seq=6 ttl=64 time=0.302 ms64 Bytes
from 172.30.1.101：icmp_seq=7 ttl=64 time=0.685 ms64 Bytes from
172.30.1.101：icmp_seq=8 ttl=64 time=0.809 ms64 Bytes from 172.30.1.101：
icmp_seq=9 ttl=64 time=0.691 ms64 Bytes from 172.30.1.101：icmp_seq=10
ttl=64 time=0.385 ms
--- 172.30.1.101 ping statistics --- 10 packets transmitted, 10 received,
0% packet loss, time 9007ms
rtt min/avg/max/mdev = 0.284/0.466/0.809/0.190 ms
```

由于上面将该机器的 TTL 修改为 128，再次 ping，以便观察 TTL 的值：

```
ping -c 10 172.30.1.101

PING 172.30.1.101 (172.30.1.101) 56(84) Bytes of data.64 Bytes from
172.30.1.101：icmp_seq=1 ttl=128 time=0.217 ms64 Bytes from 172.30.1.101：
icmp_seq=2 ttl=128 time=0.322 ms64 Bytes from 172.30.1.101：icmp_seq=3
ttl=128 time=0.437 ms64 Bytes from 172.30.1.101：icmp_seq=4 ttl=128
time=0.534 ms64 Bytes from 172.30.1.101：icmp_seq=5 ttl=128 time=0.757
ms64 Bytes from 172.30.1.101：icmp_seq=6 ttl=128 time=0.401 ms64 Bytes
from 172.30.1.101：icmp_seq=7 ttl=128 time=0.726 ms64 Bytes from
172.30.1.101：icmp_seq=8 ttl=128 time=0.285 ms64 Bytes from 172.30.1.101：
icmp_seq=9 ttl=128 time=0.750 ms64 Bytes from 172.30.1.101：icmp_seq=10
ttl=128 time=0.443 ms
--- 172.30.1.101 ping statistics --- 10 packets transmitted, 10 received,
0% packet loss, time 9008ms
rtt min/avg/max/mdev = 0.217/0.487/0.757/0.188 ms
```

IP PDU 报头示例，IP 报文头部信息如图 1-51 所示。

片偏移以 8 字节为偏移单位，假定 MTU＝1500。

3 个包标识 ID 都相同，3 个包的 DF 都为 0，前两个 MF＝1，最后一个 MF＝0。

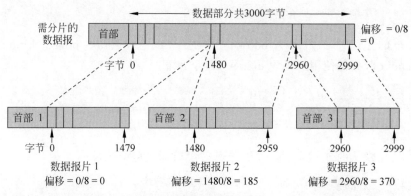

图 1-51　IP PDU 报头示例

6. IP 报文头部协议域

记录了哪个协议对应的数字编号，这个定义是由国际组织 IANA 来定义的，查看命令如下：

```
cat /etc/protocols
```

内容如下：

```
# /etc/protocols：
# $ Id: protocols,v 1.11 2011/05/03 14:45:40 ovasik Exp $
#
# Internet (IP) protocols
```

```
#
# from: @(#)protocols 5.1 (Berkeley) 4/17/89
#
# Updated for NetBSD based on RFC 1340, Assigned Numbers (July 1992).
# Last IANA update included dated 2011-05-03
#
# See also http://www.iana.org/assignments/protocol-numbers
ip              0       IP              # internet protocol, pseudo protocol number
hopopt          0       HOPOPT          # hop-by-hop options for ipv6
icmp            1       ICMP            # internet control message protocol
igmp            2       IGMP            # internet group management protocol
ggp             3       GGP             # gateway-gateway protocol
ipv4            4       IPv4            # IPv4 encapsulation
st              5       ST              # ST datagram mode
tcp             6       TCP             # transmission control protocol
cbt             7       CBT             # CBT, Tony Ballardie <A.Ballardie@cs.ucl.ac.uk>
egp             8       EGP             # exterior gateway protocol
igp             9       IGP             # any private interior gateway (Cisco: for IGRP)
bbn-rcc         10      BBN-RCC-MON     # BBN RCC Monitoring
nvp             11      NVP-II          # Network Voice Protocol
pup             12      PUP             # PARC universal packet protocol
argus           13      ARGUS           # ARGUS
emcon           14      EMCON           # EMCON
xnet            15      XNET            # Cross Net Debugger
chaos           16      CHAOS           # Chaos
udp             17      UDP             # user datagram protocol
mux             18      MUX             # Multiplexing protocol
dcn             19      DCN-MEAS        # DCN Measurement Subsystems
hmp             20      HMP             # host monitoring protocol
prm             21      PRM             # packet radio measurement protocol
xns-idp         22      XNS-IDP         # Xerox NS IDP
trunk-1         23      TRUNK-1         # Trunk-1
trunk-2         24      TRUNK-2         # Trunk-2
leaf-1          25      LEAF-1          # Leaf-1
leaf-2          26      LEAF-2          # Leaf-2
rdp             27      RDP             # "reliable datagram" protocol
irtp            28      IRTP            # Internet Reliable Transaction Protocol
iso-tp4         29      ISO-TP4         # ISO Transport Protocol Class 4
netblt          30      NETBLT          # Bulk Data Transfer Protocol
mfe-nsp         31      MFE-NSP         # MFE Network Services Protocol
merit-inp       32      MERIT-INP       # MERIT Internodal Protocol
dccp            33      DCCP            # Datagram Congestion Control Protocol
3pc             34      3PC             # Third Party Connect Protocol
idpr            35      IDPR            # Inter-Domain Policy Routing Protocol
xtp             36      XTP             # Xpress Transfer Protocol
ddp             37      DDP             # Datagram Delivery Protocol
idpr-cmtp       38      IDPR-CMTP       # IDPR Control Message Transport Proto
tp++            39      TP++            # TP++ Transport Protocol
il              40      IL              # IL Transport Protocol
ipv6            41      IPv6            # IPv6 encapsulation
sdrp            42      SDRP            # Source Demand Routing Protocol
```

ipv6 - route	43	IPv6 - Route	# Routing Header for IPv6
ipv6 - frag	44	IPv6 - Frag	# Fragment Header for IPv6
idrp	45	IDRP	# Inter - Domain Routing Protocol
rsvp	46	RSVP	# Resource ReSerVation Protocol
gre	47	GRE	# Generic Routing Encapsulation
dsr	48	DSR	# Dynamic Source Routing Protocol
bna	49	BNA	# BNA
esp	50	ESP	# Encap Security Payload
ipv6 - crypt	50	IPv6 - Crypt	# Encryption Header for IPv6 (not in official # list)
ah	51	AH	# Authentication Header
ipv6 - auth	51	IPv6 - Auth	# Authentication Header for IPv6 (not in official # list)
i - nlsp	52	I - NLSP	# Integrated Net Layer Security TUBA
swipe	53	SWIPE	# IP with Encryption
narp	54	NARP	# NBMA Address Resolution Protocol
mobile	55	MOBILE	# IP Mobility
tlsp	56	TLSP	# Transport Layer Security Protocol
skip	57	SKIP	# SKIP
ipv6 - icmp	58	IPv6 - ICMP	# ICMP for IPv6
ipv6 - nonxt	59	IPv6 - NoNxt	# No Next Header for IPv6
ipv6 - opts	60	IPv6 - Opts	# Destination Options for IPv6
# 61		# any host internal protocol	
cftp	62	CFTP	# CFTP
# 63		# any local network	
sat - expak	64	SAT - EXPAK	# SATNET and Backroom EXPAK
kryptolan	65	KRYPTOLAN	# Kryptolan
rvd	66	RVD	# MIT Remote Virtual Disk Protocol
ippc	67	IPPC	# Internet Pluribus Packet Core
# 68		# any distributed file system	
sat - mon	69	SAT - MON	# SATNET Monitoring
visa	70	VISA	# VISA Protocol
ipcv	71	IPCV	# Internet Packet Core Utility
cpnx	72	CPNX	# Computer Protocol Network Executive
cphb	73	CPHB	# Computer Protocol Heart Beat
wsn	74	WSN	# Wang Span Network
pvp	75	PVP	# Packet Video Protocol
br - sat - mon	76	BR - SAT - MON	# Backroom SATNET Monitoring
sun - nd	77	SUN - ND	# SUN ND PROTOCOL - Temporary
wb - mon	78	WB - MON	# WIDEBAND Monitoring
wb - expak	79	WB - EXPAK	# WIDEBAND EXPAK
iso - ip	80	ISO - IP	# ISO Internet Protocol
vmtp	81	VMTP	# Versatile Message Transport
secure - vmtp	82	SECURE - VMTP	# SECURE - VMTP
vines	83	VINES	# VINES
ttp	84	TTP	# TTP
nsfnet - igp	85	NSFNET - IGP	# NSFNET - IGP
dgp	86	DGP	# Dissimilar Gateway Protocol
tcf	87	TCF	# TCF
eigrp	88	EIGRP	# Enhanced Interior Routing Protocol (Cisco)
ospf	89	OSPFIGP	# Open Shortest Path First IGP

sprite-rpc	90	Sprite-RPC	#Sprite RPC Protocol	
larp	91	LARP	#Locus Address Resolution Protocol	
mtp	92	MTP	#Multicast Transport Protocol	
ax.25	93	AX.25	#AX.25 Frames	
ipip	94	IPIP	#Yet Another IP encapsulation	
micp	95	MICP	#Mobile Internetworking Control Pro.	
scc-sp	96	SCC-SP	#Semaphore Communications Sec. Pro.	
etherip	97	ETHERIP	#Ethernet-within-IP Encapsulation	
encap	98	ENCAP	#Yet Another IP encapsulation	
#99		#any private encryption scheme		
gmtp	100	GMTP	#GMTP	
ifmp	101	IFMP	#Ipsilon Flow Management Protocol	
pnni	102	PNNI	#PNNI over IP	
pim	103	PIM	#Protocol Independent Multicast	
aris	104	ARIS	#ARIS	
scps	105	SCPS	#SCPS	
qnx	106	QNX	#QNX	
a/n	107	A/N	#Active Networks	
ipcomp	108	IPComp	#IP Payload Compression Protocol	
snp	109	SNP	#Sitara Networks Protocol	
compaq-peer	110	Compaq-Peer	#Compaq Peer Protocol	
ipx-in-ip	111	IPX-in-IP	#IPX in IP	
vrrp	112	VRRP	#Virtual Router Redundancy Protocol	
pgm	113	PGM	#PGM Reliable Transport Protocol	
#114		#any 0-hop protocol		
l2tp	115	L2TP	#Layer Two Tunneling Protocol	
ddx	116	DDX	#D-II Data Exchange	
iatp	117	IATP	#Interactive Agent Transfer Protocol	
stp	118	STP	#Schedule Transfer	
srp	119	SRP	#SpectraLink Radio Protocol	
uti	120	UTI	#UTI	
smp	121	SMP	#Simple Message Protocol	
sm	122	SM	#SM	
ptp	123	PTP	#Performance Transparency Protocol	
isis	124	ISIS	#ISIS over IPv4	
fire	125	FIRE		
crtp	126	CRTP	#Combat Radio Transport Protocol	
crudp	127	CRUDP	#Combat Radio User Datagram	
sscopmce	128	SSCOPMCE		
iplt	129	IPLT		
sps	130	SPS	#Secure Packet Shield	
pipe	131	PIPE	#Private IP Encapsulation within IP	
sctp	132	SCTP	#Stream Control Transmission Protocol	
fc	133	FC	#Fibre Channel	
rsvp-e2e-ignore	134	RSVP-E2E-IGNORE		
mobility-header	135	Mobility-Header	#Mobility Header	
udplite	136	UDPLite		
mpls-in-ip	137	MPLS-in-IP		
manet	138	manet	#MANET Protocols	
hip	139	HIP	#Host Identity Protocol	
shim6	140	Shim6	#Shim6 Protocol	

```
wesp        141       WESP       # Wrapped Encapsulating Security Payload
rohc        142       ROHC       # Robust Header Compression
#143 - 252  Unassigned                                        [IANA]
#253        Use for experimentation and testing               [RFC3692]
#254        Use for experimentation and testing               [RFC3692]
#255        Reserved                                          [IANA]
```

统计协议行数，命令如下：

```
cat /etc/protocols | wc -l
162
```

1.2.12　主机到主机的包传递

数据包的通信过程，其实抓个包就知道了，画图展示主要过程，忽略了路由、ARP、DNS。实际情况可能比较复杂，例如涉及 HTTP 请求过程。

(1) 客户端将 SYN 发送给服务器端，过程如图 1-52 所示。

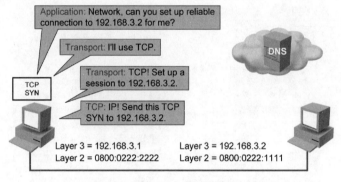

图 1-52　IP PDU 报头示例(1)

(2) 客户端开始编写部分数据包报文，过程如图 1-53 所示。

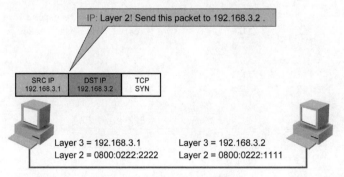

图 1-53　IP PDU 报头示例(2)

(3) 编写帧报文需要目标地址的 MAC，检查客户端主机的 ARP 表，查询是否有对应的记录关系，过程如图 1-54 所示。

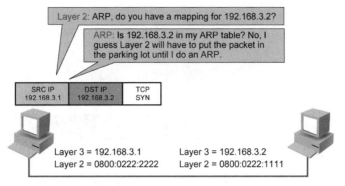

图 1-54　IP PDU 报头示例(3)

(4) 将自己的 MAC 地址封装,过程如图 1-55 所示。

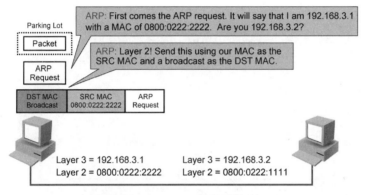

图 1-55　IP PDU 报头示例(4)

(5) 开始 ARP 广播以获得对端的 MAC 地址,过程如图 1-56 所示。

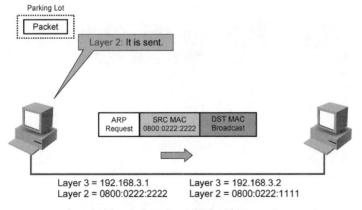

图 1-56　IP PDU 报头示例(5)

(6) 目标服务器端收到广播,过程如图 1-57 所示。

(7) 收到数据帧后进行拆解,过程如图 1-58 所示。

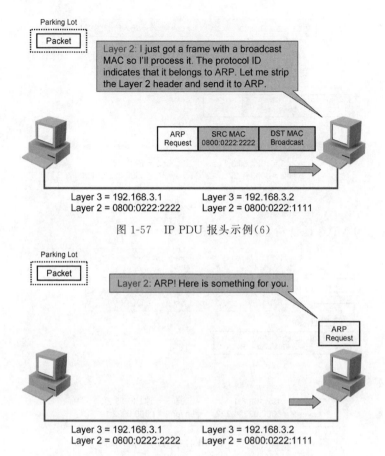

图 1-57　IP PDU 报头示例(6)

图 1-58　IP PDU 报头示例(7)

(8) 将接收的结果(源地址及 MAC 信息)添加到当前操作系统,过程如图 1-59 所示。

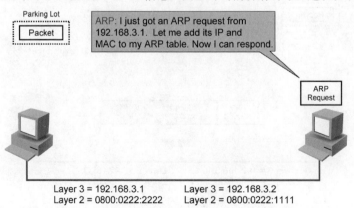

图 1-59　IP PDU 报头示例(8)

(9) 开始编写数据帧,以便告诉对方自己的 MAC 地址,过程如图 1-60 所示。

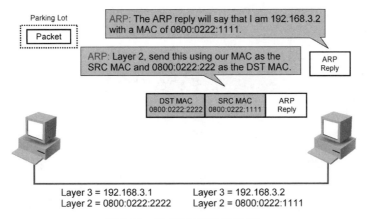

图 1-60　IP PDU 报头示例(9)

(10) 将自己编写的数据帧发送给对端主机进行响应,过程如图 1-61 所示。

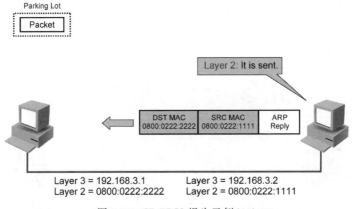

图 1-61　IP PDU 报头示例(10)

(11) 等待接收 ARP 消息,过程如图 1-62 所示。

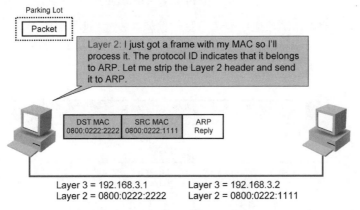

图 1-62　IP PDU 报头示例(11)

（12）从广播中捕捉到属于当前主机的消息，过程如图 1-63 所示。

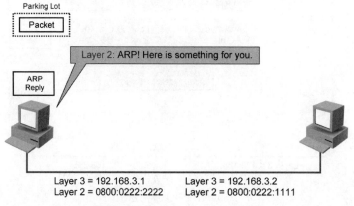

图 1-63　IP PDU 报头示例(12)

（13）将收到的消息解封装之后把对应的 IP 及 MAC 添加到操作系统中的 ARP 表，过程如图 1-64 所示。

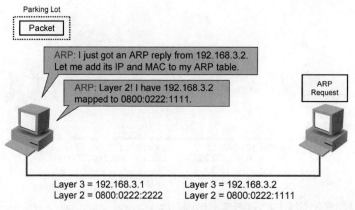

图 1-64　IP PDU 报头示例(13)

（14）将获取的目标 MAC 地址继续编写数据帧并发送，过程如图 1-65 所示。

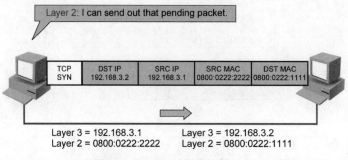

图 1-65　IP PDU 报头示例(14)

（15）目标主机接收到数据帧后进行拆封，获取 SYN 信息，过程如图 1-66 所示。

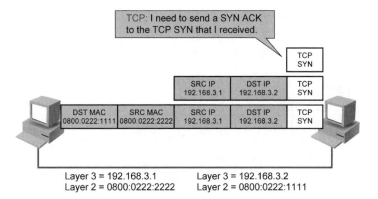

图 1-66　IP PDU 报头示例(15)

(16) 收到 SYN 信息后开始响应对方，发送 ACK 来建立连接，过程如图 1-67 所示。

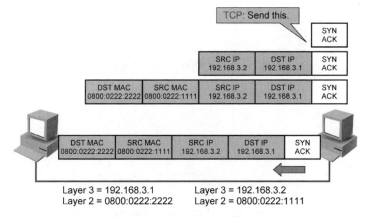

图 1-67　IP PDU 报头示例(16)

(17) 客户端收到服务器端响应的 ACK 消息，过程如图 1-68 所示。

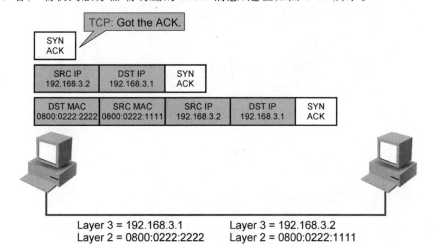

图 1-68　IP PDU 报头示例(17)

（18）客户端收到消息后需要响应服务器端,过程如图 1-69 所示。

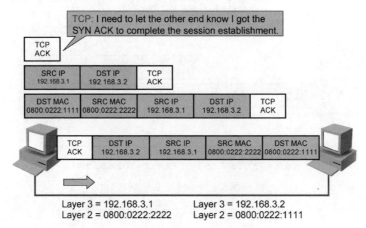

图 1-69　IP PDU 报头示例(18)

（19）TCP 三次握手建立成功,过程如图 1-70 所示。

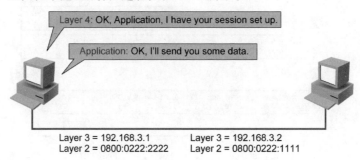

图 1-70　IP PDU 报头示例(19)

（20）客户端开始发送数据,过程如图 1-71 所示。

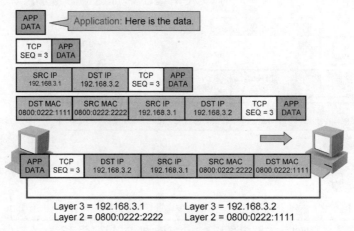

图 1-71　IP PDU 报头示例(20)

(21) 服务器端接收到数据，过程如图 1-72 所示。

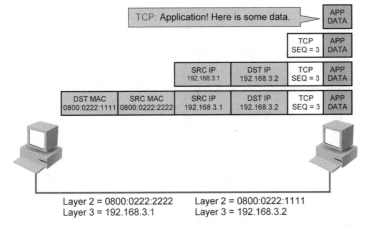

图 1-72　IP PDU 报头示例(21)

(22) 继续响应客户端并报告自己接收到数据，过程如图 1-73 所示。

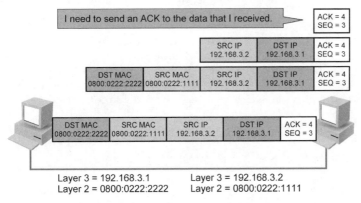

图 1-73　IP PDU 报头示例(22)

1.2.13　IP 地址概述

(1) 什么是 IP 地址？

为什么要使用逻辑地址（IP 地址）来标识网络设备，而不采用网卡设备本身就有的世界唯一标识物理地址（MAC 地址）呢？使用 IP 地址到底是基于什么考虑呢？

使用 IP 地址作为设备的唯一标识并不是它们的唯一理由，或者说这个理由并不充分，因为 MAC 地址已经可以唯一标识设备了，何必再来一个 IP 地址呢？虽说 IPv4 写起来比较简单，但是 IPv6、IPv9 写起来可都不简单。

IP 地址可唯一标识 IP 网络中的每台设备的所在位置，这才是它真正存在的意义，而 MAC 地址只能标识它是哪个厂家生产的，并不能标识它所处于网络架构的网络位置。

每台主机（计算机、网络设备、外围设备）必须具有唯一的地址，IP 地址由以下两部分组成。

网络 ID：标识网络，每个网段分配一个网络 ID。

主机 ID：标识单个主机，由组织分配给各设备。

（2）IPv4 地址格式：点分十进制记法，如图 1-74 所示。

	示例			
IP地址是一个32位二进制数	10101100 00010000 10000000 00010001			
可将此32位二进制数划分为四组8位二进制八位数，使之可读	10101100	00010000	10000000	00010001
每组二进制八位数（或字节）均可转换成十进制数	172	16	128	17
地址可使用点分十进制记法记录	172.	16.	128.	17

图 1-74　IPv4 地址

（3）将 IP 地址转换成十进制并 ping 它，ping 一个物理机的 IP 地址，命令如下：

```
ping -w 3 192.168.30.1
PING 192.168.30.1 (192.168.30.1) 56(84) Bytes of data.64 Bytes from
192.168.30.1: icmp_seq=1 ttl=127 time=0.800 ms64 Bytes from 192.168.30.1:
icmp_seq=2 ttl=127 time=1.30 ms64 Bytes from 192.168.30.1: icmp_seq=3
ttl=127 time=0.572 ms
--- 192.168.30.1 ping statistics --- 3 packets transmitted, 3 received, 0%
packet loss, time 2049ms
rtt min/avg/max/mdev = 0.572/0.891/1.302/0.305 ms
```

紧接着将以点分隔的 4 个数字转换成二进制，命令如下：

```
echo "ibase=2;11000000" | bc
```

```
echo "ibase=2;10101000" | bc168
```

```
echo "ibase=2;00011110" | bc30
```

```
echo "ibase=2;00000001" | bc1
```

将上面转换成功的二进制合并在一起转换成十进制 232 32 243 201，命令如下：

```
echo "ibase=2;11000000101010000001111000000001" | bc
```

使用上面计算的数字去 ping，发现照样 ping 的是 192.168.30.1 这个 IP 地址：

```
ping -w 3 3232243201
PING 3232243201 (192.168.30.1) 56(84) Bytes of data.64 Bytes from
192.168.30.1: icmp_seq=1 ttl=127 time=0.631 ms64 Bytes from 192.168.30.1:
icmp_seq=2 ttl=127 time=1.25 ms64 Bytes from 192.168.30.1: icmp_seq=3
```

```
ttl = 127 time = 1.38 ms
--- 3232243201 ping statistics --- 3 packets transmitted, 3 received, 0 %
packet loss, time 2002ms
rtt min/avg/max/mdev = 0.631/1.090/1.382/0.328 ms
```

1.2.14 IP 地址分类

IP 地址分类,如图 1-75 所示。

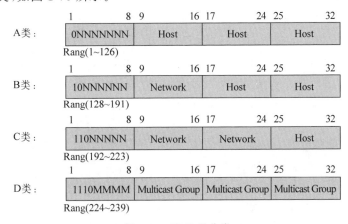

图 1-75 IP 地址分类

1. A 类地址

第 1 字节(最高字节)为网络位,最高位是 0。第 1 字节转换为二进制,可表示为 0000 0001~0111 1111,共 127 个地址减去回环地址,剩余 126 个。

地址范围为 1.0.0.0 到 127.255.255.255,二进制表为 00000001 00000000 00000000 00000000~01111111 11111111 11111111 11111111。

最后一个 IP 地址是广播地址。默认子网掩码(占 32b,对应于网络 ID 位为 1,对应主机 ID 位为 0)是 255.0.0.0。

一个网络中主机最大数公式＝2^主机 ID 位数(32－网络 ID 位数)－2＝2^(32－网络 ID 位数)－2。

A 类地址每个网络中主机个数等于 $256^3-2=16\ 777\ 216-2=16\ 777\ 214$,即 $2^{24}-2=16\ 777\ 214$。

私网地址:10.0.0.0。

2. B 类地址

前 2 字节为网络位,最高位是 10,其变化为 128.0~191.255,相当于 10000000 00000000~10111111 11111111,实际上就是最后 14 位变化,共 $2^{14}=16\ 384$ 个网络。

B 类地址范围为 128.0.0.0~191.255.255.255。二进制表示为 10000000 00000000 00000000 00000000~10111111 11111111 11111111 11111111。

最后一个 IP 地址是广播地址,默认子网掩码是 255.255.0.0。

B类地址每个网络中主机个数等于 $256^2-2=65\,536-2=65\,534$，即 $2^{16}-2=65\,534$。

私网地址：172.16.0.0～172.31.0.0。

3. C类地址

前3字节为网络位，最高位是110，其变化位为 192.0.0～223.255.255，相当于 11000000 00000000 00000000～11011111 11111111 11111111，实际上就是后21位变化，共 $2^{21}=20\,971\,52$ 个网络。

C类IP地址地址范围为 192.0.0.0 到 223.255.255.255。二进制表示为 11000000 00000000 00000000～11011111 11111111 11111111。

最后一个是广播地址，默认子网掩码是 255.255.255.0。

C类地址每个网络中主机个数等于 $256-2=254$，即 $2^8-2=254$。

私网地址：192.168.0.0～192.168.255.0。

4. D类地址

多播地址，或组播地址。多播地址最高4位必须是1110，地址范围为 224.0.0.0～239.255.255.255。224.0.0.1 特指所有主机。

5. E类地址

实验室使用地址，即保留未使用，地址范围为 240.0.0.0～255.255.255.255。

6. 无类别域间路由（Classless Inter-Domain Routing，CIDR）

网络ID位数不确定，CIDR表示法：IP/网络ID位数。

子网掩码（Netmask）由32位构成，对应于网络ID位为1，对应于主机位为0。

无类域间路由和子网划分的区别：

子网划分可以增加网段数量并减少主机数量。

无类域间路由能够分配多个符合条件的IP地址，然后抽离出这些地址中公共的部分来表示聚合成一个网络号，这样能够减小路由表的大小，以便减少路由通告。

一个网络中主机最大数公式 = 2^主机ID位数(32−网络ID位数) − 2 = 2^(32−网络ID位数) − 2。

网络ID计算公式 = IP地址与子网掩码做与(&)运算(和0做与运算都是0，和1做与运算就保留原状)。举例如下：

203.110.200.124/20 采用的是CIDR表示法。分别说明主机数，子网掩码和网络ID。

主机数为 $2^{32-22}-2=1022$。

子网掩码为 255.255.252.0。

网络ID为 203.110.200.0/22。

100.123.199.124/20 采用的是CIDR表示法。分别说明主机数、子网掩码、网络ID、最小IP和最大IP地址。

主机数为 $2^{32-20}-2$。

子网掩码为 255.255.240.0。

网络 ID 为 100.123.192.0/20。

最小和最大 IP：100.123.192.1～100.123.207.254。

遇到类似上面的题不要慌，先把十进制转换成二进制，这样就很容易求解了。

7．公共 IP 地址

公共 IP 地址的网络 ID 范围如图 1-76 所示。

8．私有 IP 地址

私有 IP 地址的网络 ID 范围如图 1-77 所示。

类	公共 IP 地址范围
A	1.0.0.0 ~ 9.255.255.255 11.0.0.0 ~ 126.255.255.255
B	128.0.0.0 ~ 172.15.255.255 172.32.0.0 ~ 191.255.255.255
C	192.0.0.0 ~ 192.167.255.255 192.169.0.0 ~ 223.255.255.255

图 1-76　公共 IP 地址的网络 ID 范围

类	私有地址范围
A	10.0.0.0 ~ 10.255.255.255
B	172.16.0.0 ~ 172.31.255.255
C	192.168.0.0 ~ 192.168.255.255

图 1-77　私有 IP 地址的网络 ID 范围

9．特殊地址

0.0.0.0：0.0.0.0 不是一个真正意义上的 IP 地址。它表示所有不清楚的主机和目的网络。

255.255.255.255：限制广播地址。对本机来讲，这个地址指本网段内（同一广播域）的所有主机。

127.0.0.1～127.255.255.254：本机回环地址，主要用于测试。在传输介质上永远不应该出现目的地址为 127.0.0.1 的数据包。

224.0.0.0～239.255.255.255：组播地址，224.0.0.1 特指所有主机，224.0.0.2 特指所有路由器。224.0.0.5 指 OSPF 路由器,地址多用于一些特定的程序及多媒体程序。

169.254.x.x：如果 Windows 主机使用了 DHCP 自动分配 IP 地址，而又无法从 DHCP 服务器获取地址，系统则会为主机分配这样的地址。

10．保留地址

保留地址的网络 ID 和广播地址，如图 1-78 所示。

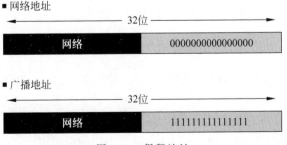

图 1-78　保留地址

1.2.15 子网划分

如图 1-79 所示,想要将一个大网划分成多个小网,网络 ID 位变多,主机 ID 位变少,即网络 ID 向主机 ID 借 n 位,分成 2^n 个小网。

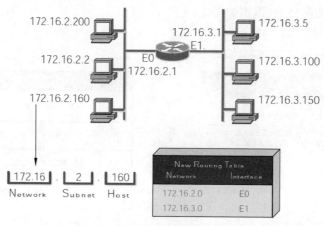

图 1-79 子网划分

例如将 172.0.0.0/8 分配给公司中的 32 个部门,对其进行子网划分。主要步骤如下:
(1) 计算出子网的子网掩码。

由于想要划分为 32 个子网,根据公式 $2^n \geqslant 32$,因此这个 n 为 5,在网络位 ID 为 8 的基础上增加 5 位,此时网络位共计 13 位,最终算出子网掩码为 255.248.0.0。

(2) 计算每个子网的最小和最大子网的网络 ID。

最小子网的 ID 为 172.0.0.0/13,最大子网的 ID 为 172.248.0.0/13。

(3) 计算每个子网的主机数。

$$2^{32-8-5} - 2 = 2^{19} - 2$$

(4) 第 20 个子网分给人事部门使用,求出最小 IP 和最大 IP 的范围。

很容易发现第 20 个子网的网络 ID 为 172.152.0.0/13,第 21 个子网的网络 ID 为 172.160.0.0/13,因此第 20 个子网的最小 IP 为 172.152.0.1/13,第 20 个子网的最大 IP 为 172.159.255.254。

将 192.152.0.0/13 供某公司使用,现在需要将其划分成 15 个业务线,划分各自子网。主要步骤如下:
(1) 计算子网掩码。

$2^n \geqslant 15$ 算出 n 为 4,因此网络位需要向主机位借 4 个主机位,即实际网络位为 17 位,得子网掩码为 255.255.128.0。

(2) 计算最小子网和最大子网的网络 ID。

最小子网的网络 ID 为 192.152.0.0/17,最大子网的网络 ID 为 192.159.128.0/17。

（3）计算每个子网的主机数。
$$2^{32-17} - 2 = 2^{15} - 2$$
（4）计算最大子网的最小 IP 和最大 IP 范围。
最小 IP、最大 IP 范围为 192.159.128.1～192.159.255.254。

1.2.16 合并超网

把多个小网合并成一个大网，主机位 ID 需要向网络 ID 借位。

方法就是写出需要合并超网的 IP 地址并转换成二进制，找到最大公约数就是新的网络位。

如图 1-80 所示，应将 220.78.168.0/24、220.78.169.0/24、220.78.175.0/24 合并成一个网段。

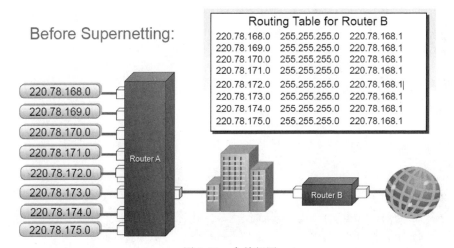

图 1-80　合并超网

分析（取相同点作为网络 ID，将不同点部分转换成二进制）：

将 220.78.168.0 中的 168 转换成二进制为 220.78.10101 000.0；

将 220.78.169.0 中的 169 转换成二进制为 220.78.10101 001.0；

将 220.78.175.0 中的 175 转换成二进制为 220.78.10101 111.0。

挑完相同点，不难发现转换成二进制的 3 个数字的前 5 位是相同的，因此取这前 5 位相同的部分作为网络位 ID，计算结果为 220.78.168.0/21，因此图 1-80 中的路由表写的 8 条记录太过烦琐，直接使用计算的 220.78.160.0/21 一条记录来替代图中的 8 条记录即可。

1.2.17 跨网络通信

跨网络通信：跨网络通信需要使用路由，通过路由器将数据包从一个网络发往另一个网络。路由器上维护着路由表，它知道如何将数据发往另外的网络。路由表由以下 3 部分组成。

目标网络 ID：目标 IP 所在的网络 ID。

接口：本设备要将数据包发送到目标，从哪个接口发送出来才能到达。

网关：到达目标网络，需要将数据交给下一个路由的哪个接口的对应 IP。

路由器所有端口都有自己的 IP 地址，这些 IP 地址往往处在不同的网络，所以路由器连接了不同网络。

路由表记录着路由设备所有端口对应的网络，分为静态配置和动态配置。

静态路由：由管理员手动配置的固定路由信息。

动态路由：网络中的路由器，根据实际网络拓扑变化，互相通信传递路由信息，利用这些路由信息通过路由选择协议动态计算，并更新路由表。常见的协议有 RIP、OSPF 等。

路由分类：主机路由、网络路由、默认路由。

优先级：精度越高，优先级越高，在 Linux 操作系统查看路由表，命令如下：

```
route -n
Kernel IP routing table
Destination     Gateway         Genmask         Flags Metric Ref    Use Iface
0.0.0.0         10.0.2.2        0.0.0.0         UG    100    0        0 enp0s3
0.0.0.0         172.30.1.254    0.0.0.0         UG    101    0        0 enp0s8
10.0.2.0        0.0.0.0         255.255.255.0   U     100    0        0 enp0s3
172.30.1.0      0.0.0.0         255.255.255.0   U     101    0        0 enp0s8
```

在 Windows 操作系统查看路由表，命令如下：

```
route print
===========================================================================
接口列表
  7...04 92 26 0c c3 68 ......Realtek PCIe GbE Family Controller
 15...0a 00 27 00 00 0f ......VirtualBox Host-Only Ethernet Adapter
 20...48 a4 72 73 26 b7 ......Microsoft WiFi Direct Virtual Adapter
  9...4a a4 72 73 26 b6 ......Microsoft WiFi Direct Virtual Adapter #2
  2...00 50 56 c0 00 01 ......VMware Virtual Ethernet Adapter for VMnet1
 16...00 50 56 c0 00 08 ......VMware Virtual Ethernet Adapter for VMnet8
 21...48 a4 72 73 26 b6 ......Intel(R) Wireless-AC 9560
 17...48 a4 72 73 26 ba ......Bluetooth Device (Personal Area Network)
  1...........................Software Loopback Interface 1
===========================================================================

IPv4 路由表
===========================================================================
活动路由：
网络目标        网络掩码          网关              接口              跃点数
  0.0.0.0         0.0.0.0       192.168.124.1   192.168.124.14     50
127.0.0.0       255.0.0.0       在链路上         127.0.0.1         331
127.0.0.1       255.255.255.255 在链路上         127.0.0.1         331
```

第1章 匿名链路的背景及技术

331	127.255.255.255	255.255.255.255	在链路上	127.0.0.1
331	172.30.1.0	255.255.255.0	在链路上	172.30.1.254
281	172.30.1.0	255.255.255.0	在链路上	172.30.1.1
291	172.30.1.1	255.255.255.255	在链路上	172.30.1.1
291	172.30.1.254	255.255.255.255	在链路上	172.30.1.254
281	172.30.1.255	255.255.255.255	在链路上	172.30.1.254
281	172.30.1.255	255.255.255.255	在链路上	172.30.1.1
291	192.168.30.0	255.255.255.0	在链路上	192.168.30.1
291	192.168.30.1	255.255.255.255	在链路上	192.168.30.1
291	192.168.30.255	255.255.255.255	在链路上	192.168.30.1
291	192.168.124.0	255.255.255.0	在链路上	192.168.124.14
306	192.168.124.14	255.255.255.255	在链路上	192.168.124.14
306	192.168.124.255	255.255.255.255	在链路上	192.168.124.14
306	224.0.0.0	240.0.0.0	在链路上	127.0.0.1
331	224.0.0.0	240.0.0.0	在链路上	172.30.1.254
281	224.0.0.0	240.0.0.0	在链路上	192.168.124.14
306	224.0.0.0	240.0.0.0	在链路上	172.30.1.1
291	224.0.0.0	240.0.0.0	在链路上	192.168.30.1
291	255.255.255.255	255.255.255.255	在链路上	127.0.0.1
331	255.255.255.255	255.255.255.255	在链路上	172.30.1.254
281	255.255.255.255	255.255.255.255	在链路上	192.168.124.14
306	255.255.255.255	255.255.255.255	在链路上	172.30.1.1
291	255.255.255.255	255.255.255.255	在链路上	192.168.30.1
291				

===
永久路由：
　无

IPv6 路由表
===
活动路由：

```
         接口跃点数网络目标                                    网关
1        331 ::1/128                                      在链路上
15       281 fe80::/64                                    在链路上
21       306 fe80::/64                                    在链路上
16       291 fe80::/64                                    在链路上
2        291 fe80::/64                                    在链路上
15       281 fe80::45c6:ef39:7a0f:8319/128
                                                          在链路上
16       291 fe80::544d:9ad6:37db:ed12/128
                                                          在链路上
21       306 fe80::78b3:2648:f756:276a/128
                                                          在链路上
2        291 fe80::a102:801f:4362:59f6/128
                                                          在链路上
1        331 ff00::/8                                     在链路上
15       281 ff00::/8                                     在链路上
21       306 ff00::/8                                     在链路上
16       291 ff00::/8                                     在链路上
2        291 ff00::/8                                     在链路上
===============================================================================
永久路由：
  无
```

1.2.18 动态主机配置协议（DHCP）

动态主机配置协议（Dynamic Host Configuration Protocol，DHCP）是一个局域网的网络协议，基于 UDP 工作，端口默认为 67。

主要用途就是内部网或网络服务供应商自动给网络中的主机分配 IP 地址，如图 1-81 所示。

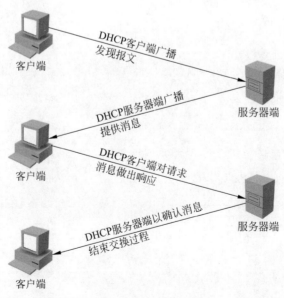

图 1-81　DHCP 分配 IP 过程

1.3 网络追踪

网络追踪是一种用于记住和识别过往网站访问痕迹的技术，通过解读用户在上网过程中留下的电子踪迹，就可以搜集用户的相应信息。网络追踪的采集信息范围十分广泛，包括用户曾访问过的网站信息、网购搜索记录、视频浏览记录、社交网站活动等，甚至可以获取用户的个人财务信息、健康状况、生活背景等私密信息。

到目前为止，网络追踪发展出了三代技术。第1代追踪技术采用有状态的标识符（例如Cookie）来追踪网络用户。它的实现原理是利用多网站共享的Cookie来标识浏览器用户。假设用户访问了网站A，网站A通过请求第三方网络追踪器接口（如谷歌分析）收集用户上网行为，并将收集到的用户数据保存在第三方网络追踪器上，然后第三方网络追踪器会返回一个标识用户信息的Cookie，并保存在用户计算机上。之后，若用户访问了使用同一个网络追踪器的网站B后，便会通过第三方网络追踪器从Cookie中读取用户标识，并向网站B提供用户的上网行为信息，从而实现网络追踪的目的。

之后，出现了浏览器指纹识别（定义为第2代跟踪），它通过发现IP背后的设备，采用收集用户浏览器及操作系统、硬件方面的特征信息等手段来区分不同的用户。在该技术中，如何选择合适的特征值保证用户被正确识别是技术的关键点。与采用了有状态的标识技术的第1代技术相比，其主要区别在于识别浏览器过程中所使用的无状态的用户识别技术。

此外，为了解决同一台主机多浏览器指纹特征不同的问题，还有人提出了2.5代指纹追踪技术跨浏览器指纹识别。第3代则是人们正在研发的跨设备追踪技术。此外，有人还使用了日志追踪、Web Beacon技术等方式实现网络追踪。

这些网络追踪器实际上很常见，被内嵌在许多人们常用的电商平台或视频App，这些App包括淘宝、京东、优酷视频、爱奇艺、腾讯视频等，并且第三方追踪器主要是利用第三方提供的网络追踪接口如Google Analysis、StatCounter或者OpenTracker等实现网络追踪。这些网络追踪器被大量用于各种网站中，网站可以通过在网页中加入一段特定的JS代码实现网络追踪。

对于网站所有者和跟踪者来讲，他可以通过网络追踪器达到提供个性化服务，定向投放广告，以及统计网站流量等目的。以优酷和淘宝为例，当人们在淘宝上搜索某些商品后，下次打开优酷就会被推送与这些商品相关的广告。通过技术调研可以发现，这是由于优酷和淘宝共同指向了名为mmstat.com的网络追踪器，而mmstat.com是阿里巴巴提供的一个统计分析接口。

相比于正常上网产生的Cookie，网络追踪器产生的Cookie其实本质上是一样的，它们都是通过服务器向浏览器写入一小段文本信息用于记录用户状态的技术。它可以实现诸如用户登录及保存用户密码等功能。不过，两者还是有一些区别的。网络追踪器产生的Cookie主要来自第三方Cookie，不是由直接访问的网站产生的，而是所访问的网站引用另一个网站跨域产生的，因此第三方Cookie又称跨域Cookie。例如，用户在访问淘宝商品时，淘宝就会引用 mmstat.com（跨域网站）分析用户信息。此时，mmstat.com 不仅会在浏览器上写入标识用户身份的 Cookie，还会写入一些用户分析用户行为的 Cookie，而这些 Cookie 即为第三方网络追踪器生产的 Cookie。

对于普通用户而言，网络追踪器的出现使网站能够实现对不同用户进行标识和区分，这使商家能够有针对性地向用户推荐商品，使用户能够有更大的可能性接收到自己所需要的广告内容，减少了大量无关广告的污染，然而，网站追踪的大量使用也给用户带来许多隐私及安全方面的隐患。由于网络追踪器会大量收集用户的上网行为信息，这些信息中包含了许多和用户相关的敏感信息，若这些信息被泄露或被不法分子采集，将会给人们的生命财产安全造成重大威胁。甚至，通过社交账号的信息关联分析，不法分子还可以根据这些信息直接定位到具体的个人，产生更大的威胁。为了避免网络追踪器对人们隐私的威胁。目前的反追踪技术大概有以下几点。

（1）使用 DNT 协议：它通过在 HTTP 请求添加 DNT header 告诉服务器自己不希望被追踪，但这种技术需要浏览器和服务器双方遵守协议才能有效，因此多数情况下是无法保护隐私的。

（2）阻止第三方 Cookie：很多网络追踪技术要求在追踪时写入第三方 Cookie，因此直接屏蔽第三方 Cookie 就可以避免大量网络追踪器的追踪，但这种方式会给用户带来很多不便，一些网站的功能将无法使用，例如 SSO 登录等。

以淘宝为例，如果阻止了第三方 Cookie，mmstat.com 就无法在浏览器上产生用于分析用户的 Cookie，它的用户分析行为就无法实现了。

阻止网站对设备的调用：通过阻止网站在用户不知情的情况下调用设备，避免用户的行为信息被不当收集。

目前，很多软件存在过度调用设备权限的问题，尤其是一些不正规的软件。这些软件通过获取权限调用硬件设备，如 GPS、摄像头等，严重威胁用户隐私。

智能反追踪技术：该技术使用机器学习方法实现智能反追踪。首先通过机器学习分类判断各个域名是否能够跨站追踪用户。如果可以，则会判断用户在过去 30 天是否与网站进行了交互。如果没有，则会立即清除网站数据和 Cookie，并在添加新数据后继续清除。如果用户在过去 24h 内与网站进行了互动，则当该网站作为第三方时，其 Cookie 将可用。这允许"使用 X 账号在 Y 上登录"登录方案。这意味着用户只有永久性 Cookie 和与它们实际互动的网站中的网站数据，并且在浏览网络时会主动删除跟踪数据。该技术是用于 iOS 的 Safari 上的反追踪技术。它相比于完全禁止 Cookie 的方法更加智能，避免了用户无法登录或者感兴趣内容被屏蔽等问题。

虽然人们可以通过各种手段避免第三方网站的网络追踪，但人们只要使用电子设备就会与服务供应商产生关联，在与之进行数据交互的同时必然会产生大量行为数据并被其收集。为了进一步避免网络追踪产生安全问题，可以从政策及法律层面和个人层面来最大限度地进行规范和立法。从政策及法律层面上看，国家应加快促进《数据安全法》等相关法律的颁布与落实，并提出行之有效的数据安全监督方案；积极推进数据开发利用技术和数据安全标准体系建设，规范网站追踪用户信息行为及数据交易行为；支持高校、企业开展数据安全教育相关活动，并投入资源用于发展数据安全相关的技术，培养数据安全技术人才。同时完善数据安全相关的法律条文，对于非法获取、利用人们数据的行为给予坚决且有效的打击。从个人层面来看，人们应该避免访问一些不知名的或不正规的网站，防止信息被非法分子获取，同时应当根据自身的需求制定自己的安全策略，并在浏览器中设置该安全策略。如设置 Safari 的反追踪相关内容。了解相关网站的隐私政策或隐私协议，若隐私政策中含有自己无法接受的数据收集行为，则拒绝访问该网站。同时，当发现网站存在非法获取、利用用户数据的非法行为时，应当及时向有关部门举报网站的非法行为，必要时应当采用法律手段维护自身的合法权益。

通过 IP 地址让互联网网络中的两台计算机或者数字设备通信，还可以将互联网中数十亿台数字设备的精确定位与其他每台设备区分开来。将 IP 地址匹配到地理位置是地理定位的一种形式，但是，可能难以确定 IP 地址的地理定位。确定地理定位的最精确方式是使用诸如 GPS 定位系统。通过各种互联网服务，如百度地图高精度 IP 定位 API 可以通过 IP 获取用户的详细地址信息。

利用 MAC 定位 IP 地址，由于计算机的 MAC 地址在进行通信时通常与 IP 地址进行了绑定，只要知道 MAC 地址就可以反向查询 IP 地址，主要有以下 5 种方法。

方法一：用 ARP-A 查询，这种方法只能查到与本机通信过（20min 内）的主机 MAC 地址和 IP 地址。可在远程主机所属网段中的任一台主机上运行此命令，这样可查出 IP 欺骗类病毒的主机。

方法二：用专用软件查，如使用 nbtscan 命令查询。方式是：nbtscan-r 网络号/掩码位，这种方法可查询某网段的所有 IP 与 MAC 的对应关系，但装有防火墙的主机则禁止查询。

方法三：如果所连交换机有网管功能，则可用 ARP SHOW 命令显示交换机的 ARP 缓存信息，这种方式基本可查询所有的 IP 与 MAC 地址，但只有网管才有这个权限。

方法四：用 sniffer 类的嗅探软件抓包分析，packet 中一般含用 IP 地址与 MAC 地址。

方法五：用 solarwinds 类软件中的 MAC ADDRESS DISCOVERY 查询。

1.4 匿名链路

说到互联网通信匿名化这项安全技术对于大多数企业来讲其实并不是特别常用，更多地被用于极客世界中。大多数人觉得在信息安全中做到加密通信就可以了，如使用 RSA 登录服务器、使用 HTTPS 访问某个网页，但是加密通信无论是对于数据，还是元数据加密，它加密的仅仅是通信的内容，对于公网中的路由器而言尽管不知道通信内容是什么，但是通过侦听对于 A、B 两端的通信 IP 地址仍然可以监听到，也就是仍然知道谁和谁在通信。这对于一些需要更高机密的商业通信来讲显然是不合理的，这也就诞生了互联网通信匿名化的需求。

目前运用最广泛的技术当属洋葱路由器 Tor，它的设计思路是将传统的数据包封装成一个分层数据包，整个结构像一个洋葱一样。对于每个洋葱路由器来讲，它只能读取最外层的数据，这里面的数据只能告诉当前路由器，下一个洋葱路由器是谁，只能知道这么多信息。以此类推，直到将最里面的数据内容发送给终端。在真实的洋葱路由器世界中整个拓扑网络非常庞大，每次通信参与的路由器都会发生改变，这样，在其中的路由器便无法追踪两端的通信 IP 地址。

随着计算机网络通信技术的发展，网络已深入到个人生活和商业行为中，如个人社交应用、个人网上支付、公司商业往来通信等，于是网络通信安全问题就变得愈发重要。为此广大网络通信技术人员开始采用像 VPN 和 TBSG 等传统的信息加密手段实现信息的加密通信，这在一定程度上保障了大多数网络应用的通信数据的安全，但是无法隐藏通信双方的关系。于是怎样隐藏通信双方的关系，变成了当前网络安全问题的一个新的分支。

随着斯诺登事件的爆发，另一个安全领域的工具 Tor（The Onion Router）闻名于世，然而 Tor 的实现方式是基于大范围的混淆流量和分布于全球的匿名接点来增加网络追踪的复杂程度，从而实现相对的匿名通信，但是通信链路的稳定性较差，链路通信的路径随机，无法实现单向传输，通信端口固定等问题在一定程度上降低了匿名通信系统针对不同需求的可用性，同时由于 Tor 的所有网络资源秉承我为人人，人人为我的思想，对于想要构建可信的快速的匿名网络系统而言并不适合。

目前基于小范围的匿名通信大都通过 Tor 或者采用多跳 VPN 实现，Tor 网络稳定性较差，传输速率较慢，通信链路无法指定依赖于目录服务器子网络资源的自动规划且无法实现单向传输，对于普通想要构建可控匿名通信系统的用户而言并不合适。多跳 VPN 通信链路定向，构建烦琐，网络外层协议特征明显，反向追踪难度较低，同时无法实现多向混淆流量等问题，其安全性也较弱。

基础匿名网络总体有 3 种：Mix 网、DC 网、PIR 网，总体对比如表 1-1 所示。

表 1-1 匿名网络分析对比

匿名网络	设计思路	匿 名 性	延 迟	带宽开销	应用场景
Mix 网	消息中转	发送者匿名性	$O(1)$	$O(1/N)$	即时通信、Web 浏览、邮件传输、BT 下载等
DC 网	逻辑广播	匿名性	$O(1)$	$O(N/N)$	小规模匿名通信/广播
PIR	逻辑广播	接收者匿名性	$O(1)$	$O(1/N)$	邮件传输、非即时通信等

文中介绍了很多种现有网络，它们的关系如图 1-82 所示。

1. Mix 网

不同网络的特性对比如图 1-83 所示。

（1）核心思想，总结为三点：基于消息中转思想，结合了级联代理和公钥加密体系，如图 1-84 所示。

总体思想就是发送者根据传输路径逆向逐层加密，然后层层解密，最终到达接收者。

Mix 网是由发送者发起的端到端匿名通信，侧重于保护发送者隐私。

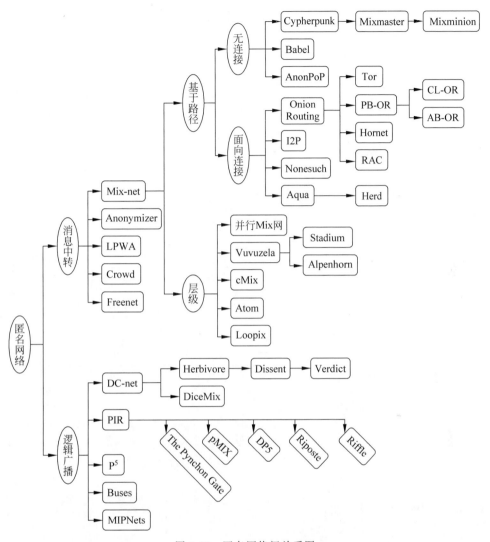

图 1-82　匿名网络间关系图

匿名通信的目的就是隐蔽通信双方的身份或通信关系，保护网络用户的个人通信隐私。匿名通信系统是提供匿名通信服务的一套完整网络，主要由提供加密服务的节点组成。暗网是匿名通信系统的一种表现形式，利用隐藏服务机制，使监管者无法有效监控暗网中的非法活动。

（2）基本分类，目前针对匿名通信的学术研究主要包括 3 个方向：基于 Mix 算法的匿名通信技术研究、基于 OnionRouting 算法的匿名通信技术研究和基于泛洪算法的匿名通信技术研究。

基于 Mix 算法的匿名通信技术通过选择网络中的节点确定整个传输过程的路由顺序，容易被攻击，并且传输时延较高，不适合实时通信。

匿名网络	匿名性	网络结构	同步假设	路由策略	转发混合	流量混淆	延迟	带宽开销
Cypherpunk	发送者匿名性	C/S	异步	随机	无	无	$\theta(1)$	$\theta(1/N)$
Mixmaster	发送者不可观测性	C/S	异步	分批/随机	池	几何分布	$\theta(1)$	$\theta(N/N)$
Mixminion	发送者不可观测性 接收者匿名性	C/S	异步	分批/随机	池	几何分布	$\theta(1)$	$\theta(N/N)$
Babel	匿名性	C/S	异步	随机	无	无	$\theta(1)$	$\theta(1/N)$
AnonPoP	不可观测性	C/S	同步	随机	定时	匀速	$\theta(K)$	$\theta(N/N)$
洋葱路由	发送者匿名性	P2P	异步	随机	无	无	$\theta(1)$	$\theta(1/N)$
Tor	发送者匿名性	P2P	异步	受限/加权/随机	无	无	$\theta(1)$	$\theta(1/N)$
PB-OR	发送者匿名性	P2P	异步	随机	无	无	$\theta(1)$	$\theta(1/N)$
CL-OR	发送者匿名性	P2P	异步	随机	无	无	$\theta(1)$	$\theta(1/N)$
AB-OR	发送者匿名性	P2P	异步	随机	无	无	$\theta(1)$	$\theta(1/N)$
HORNET	发送者匿名性	P2P	异步	随机	无	无	$\theta(1)$	$\theta(1/N)$
RAC	不可观测性	P2P	异步	随机	无	匀速	$\theta(1)$	注1
I2P	匿名性	P2P	异步	受限/加权/随机	无	无	$\theta(1)$	$\theta(1/N)$
Nonesuch	发送者匿名性	C/S	异步	随机	停启	无	$\theta(1)$	$\theta(N/N)$
Aqua	不可观测性	C/S	同步	分批/随机	定时	匀速/动态	$\theta(1)$	$\theta(N/N)$
Herd	不可观测性	C/S	同步	分批/随机	定时	匀速/动态	$\theta(1)$	$\theta(N/N)$
并行Mix网	发送者不可观测性	C/S	同步	固定	无	匀速	注2	$\theta(N/N)$
Vuvuzela/Alpenhorn	不可观测性	C/S	同步	固定	定时	拉普拉斯分布	$\theta(K)$	$\theta(N/N)$
Stadium	不可观测性	C/S	同步	固定	定时	泊松分布	$\theta(K)$	$\theta(N/N)$
cMix	发送者不可观测性	C/S	同步	固定	阈值定时	匀速	$\theta(K)$	$\theta(N/N)$
Atom	发送者不可观测性	C/S	同步	随机	阈值	匀速	$\theta(K)$	$\theta(N/N)$
Loopix	不可观测性	C/S	异步	分批/随机	泊松	泊松分布	注3	注4

注1：$\theta(RG/N)$，R表示组内虚拟环数量，G表示组内节点数量。
注2：$\theta(K')$，K'表示恶意服务器数量。
注3：$\theta(\sqrt{K}\ell')$，ℓ'表示消息的期望延迟。
注4：$\theta(\beta')$，β'表示虚拟流量生成速率。

图 1-83　不同网络的特性对比

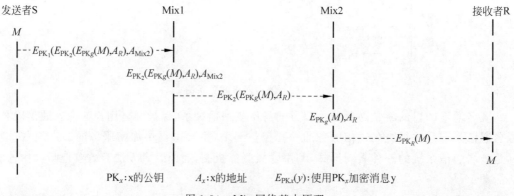

图 1-84　Mix 网络基本原理

基于 OnionRouting 算法的匿名通信技术从洋葱网络中随机选择节点组成通信链路，并且通信链路随时可变。与基于 Mix 算法的匿名通信技术相比，基于 OnionRouting 算法的匿名通信技术更注重数据通信的安全性、有效性和实时性，以 Tor 为实例典型。I2P 技术借鉴并改进了 OnionRouting 算法，某种程度上也属于 OnionRouting 算法的匿名通信技术。

基于泛洪算法的匿名通信技术是匿名通信传输领域最新提出的研究方向,该技术主要基于 epidemic、flooding 等类洪泛算法实现匿名通信。目前该技术仍处于实验室方案研究阶段,没有形成完整的通信系统。

基于 OnionRouting 算法的匿名通信系统的 Tor、I2P 在技术原理、部署实现等方面也有许多不同点,因此在选择何种匿名通信工具(如 Tor、Freenet、I2P)时,需要考虑它们各自的优势。

(3)与暗网的关系,下面分析 Dark Web 和 Darknet 两个术语的区别。

Dark Web 指必须通过特殊的软件、配置才能访问的拥有特殊域名的 Web 站点,搜索引擎无法对其进行检索。

Darknet 指必须通过特殊的软件、配置才能访问的包括 Web、IRC、文件共享等各类资源和服务的匿名网络,搜索引擎无法对其进行检索。

2. 典型的匿名通信系统

(1)Tor 匿名通信系统,Tor 是基于第 1 代洋葱路由的低延迟匿名系统,自从 2004 年被 Dingledine 等提出后,由于其在保证用户隐私安全的同时,还能为用户提供良好的性能体验,例如低延迟、易使用、易部署等诸多特点,这些特点使 Tor 在近年来呈现出迅猛发展的态势,从刚开始的数 10 台路由器发展到如今由全世界志愿者共同维护的 7000 多台路由节点,并且有多达 300 万用户使用 Tor 进行匿名通信,Tor 通信过程如图 1-85 所示。

在 Tor 网络中,主要有客户端、洋葱代理、洋葱路由节点、目录服务器及网桥服务器,在客户端构建通信链路时,洋葱代理根据带宽权重路由选择算法从 Tor 网络中的所有洋葱路由节点中选择 3 个节点作为链路上的中继节点,分别为入口保护节点、中间节点及出口节点。

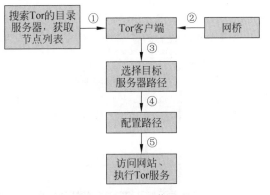

图 1-85　Tor 通信过程

用户客户端(User):Tor 客户端,也称为洋葱代理(Onion Proxies,OP),用于在建立链路(也称为电路)时从目录服务器下载路由描述符信息和网络共识文件。

洋葱路由器(Onion Router,OR):即洋葱路由节点,主要功能是链路的构建及洋葱数据单元的转发。客户端的洋葱代理在构建链路的过程中,洋葱路由节点之间的链路是通过 TLS(Transport Layer Security)协议进行加密的。洋葱路由节点不仅可以完成链路的中断、链路的更换及链路的扩展功能,还可以完成洋葱数据单元的加密和解密功能,以及洋葱数据单元在匿名链路中的转发功能,所以洋葱路由节点是 Tor 系统的核心部分,每条匿名链路由 3 个洋葱路由节点组成,分别为入口保护节点(Entry Node)、出口节点(Exit Node)及中间节点(Middle Node)。

目录服务器(The Directory Server):也是 Tor 洋葱路由器,与普通洋葱路由器的区别是其处于 Tor 网络的最顶层，主要功能是存储和管理 Tor 网络中所有路由节点的路由信息。

网桥服务器：也是 Tor 洋葱路由器，与普通洋葱路由器的区别是没有在权威目录服务器中记录路由信息，由于网桥没有对外公开自己的路由信息，纵然 ISP 把全部在线的 Tor 路由节点屏蔽，仍然还有一些没有公开的网桥服务器不能被屏蔽。如果怀疑 Tor 网络访问被 ISP 屏蔽了，就可以使用网桥服务器连接到 Tor 网络。

（2）I2P 匿名网络，I2P 是一种基于 P2P 的匿名通信系统，其上运行着多种安全匿名程序，支持的应用包括匿名的 Web 浏览、博客、电子邮件、在线聊天、文件分享等。与其他匿名访问工具不同的是，I2P 通过不同的隧道将中间节点和目标节点分隔出来，即某个节点运行了 I2P 并不是一个秘密，秘密的是节点用户通过 I2P 匿名网络发送了什么消息，以及将消息发送给了谁。

I2P 匿名的核心是大蒜路由（一种洋葱路由的变体），通过将多条消息层层加密、打包，经过传输隧道层层解密后到达目标节点。

I2P 系统由本地客户端、I2P 节点、网络数据库三部分组成。

I2P 的加密过程，如图 1-86 所示，I2P 在通信的过程中对通信信息进行了三层加密。①"大蒜"加密（ElGamal/SessionTag＋AES）：加密用户 Alice 到用户 Bob 的消息，如 a 到 h 的消息；②隧道加密（Private Key AES）：加密隧道入口节点到隧道出口节点的消息，如 a 到 d、e 到 h 的消息；③传输加密（DH/STS＋AES）：加密通信隧道节点之间的消息，如 a 到 b、b 到 c 的消息。

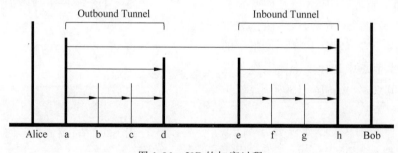

图 1-86　I2P 的加密过程

I2P 的拓扑结构，如图 1-87 所示，I2P 中存在 Floodfill 和 Nonfloodfill 两种节点类型。Nonfloodfill 为节点的默认初始身份，当节点的性能达到一定要求之后会自适应地成为 Floodfill 节点，也可以手动配置成 Floodfill 节点，I2P 中 Floodfill 节点的个数占整体 6% 左右。Floodfill 节点保存 RouterInfo 和 LeaseSet 两类数据信息，其中 RouterInfo 包括节点的 ID、通信协议及端口、公钥、签名、更新时间等信息，LeaseSet 包括隐藏服务哈希值、多个隧道入口节点哈希值信息、起止有效时间、签名等信息，并根据 Kademlia 算法来组织所有的 Floodfill 节点，形成 I2P 的网络数据库（Network Database，NetDB）以提供对所有 RouterInfo 和 LeaseSet 信息的保存、查询等功能。

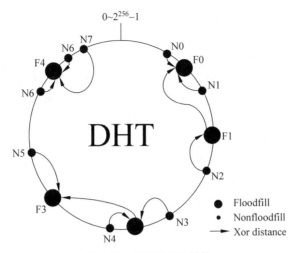

图 1-87　I2P 的拓扑结构

（3）Freenet 匿名网络，Freenet 是一个独立的网络，用户可以通过 Freenet 匿名地分享文件、浏览和发布 Freesite（只能在 Freenet 网络中访问的网站）、在论坛中发帖，不用担心被审查。Freenet 不是代理服务器，并不能像 Tor 一样允许匿名地访问网络。

由于没有中央服务器，Freenet 的工作方式有了很大的不同：Freesite 不支持 JavaScript 和服务器端脚本等。

Freenet 是去中心化的，很难被攻击，并且其节点之间的通信是加密的，因此要了解谁在请求某些信息及请求的内容是什么是极其困难的，因此 Freenet 可以在用户上传、请求和搜索资源时保障其匿名性。

Ian Clarke 在设计 Freenet 时，最主要的目标就是通过 Freenet 来"抵御内容审查"以保障网络中的言论自由。Freenet 的主要特性如表 1-2 所示。

表 1-2　Freenet 的主要特性

秘密身份 创建一个没人知道的秘密身份	浏览网站 从编程网站到绿色生活网站	论坛 提出自己的问题和交换想法
发布 发布匿名信息，无须服务器	分享文件 轻松便捷地上传和下载文件	平台 在 Freenet 平台上编写自己的应用程序
坚实 专为抵御攻击和网络审查设计	去中心化 无中心故障点，流行内容高效缓存	成熟 已经实际使用 15 年

Freenet 的体系结构：Freenet 是一个分布式的匿名信息存储与检索系统。系统由若干个独立自治的节点组成，每个节点都向系统贡献一部分自己的存储空间，同时也可以检索系统中的共享文件并请求使用系统中其他节点的存储空间来存储自己的文件。系统中的每个文件用一个与位置无关的 key 来命名，每个节点需要维护一个本地数据存储（Datastore）和一个动态的路由表。

文件查询和插入：Freenet 系统的路由机制不同于 Gnutella 中的泛洪模式，而是借助本地路由表采用深度优先的原则进行资源查询。主要优点：① 高效性，成功的插入和查询功能为系统添加了许多捷径(Shortcut)，使后续的查找只需经过很短的路径就能找到目标文件，大大提高了系统效率；② 高可用性，通过上面的描述，可以看出检索和插入操作时，通过在沿途各节点缓存目标文件，无形中在网络中广泛地传播了流行的文档，增加了它们的副本数，即使系统中有 30% 的节点失效也能保证这些文档的使用；③ 聚集性，依据 key 值相近度的路由机制，使节点逐渐积累具有相似关键字的文件，同时节点路由表存储的关键字逐渐具有相似性(关键字聚集)。这种聚集性会使路由效率随时间逐步提高。

(4) ZeroNet 网络，ZeroNet 是使用比特币加密算法建立的分布式抗审查网络，是典型的分布式 P2P 网络架构应用。ZeroNet 的特征包括不需要设置任何配置，网络实时更新，开放代理 ZeroProxies，支持 Tor 插件实现匿名等。

3．匿名通信关键技术

(1) 匿名接入技术主要通过以下技术实现。

bridge 节点：bridge 节点是规避基于 IP 阻断的网络监管而开发的一种接入技术。bridge 节点与一般的 Tor 中继节点功能相同，但其信息未被目录服务器公开，从而降低了被发现和阻断的风险。

bridge 节点信息获取方式：在 BridgeDB 数据库中保存了 bridge 节点信息，用户可通过直接访问官网站点获取 3 个 bridge 节点。通过谷歌或雅虎邮箱向指定邮箱发送请求，邮件服务器会自动回复 3 个 bridge 节点信息(由于谷歌和雅虎申请虚拟邮箱地址比较困难，所以可有效地防止无限制获取 bridge 节点信息等攻击)。

obfs 混淆代理：obfs 混淆代理是一个传输插件，用于应对监控者使用深度包检测(Deep Package Inspection)技术来识别 Tor 流量的问题。分别有 obfs1、obfs2、obfs3、obfs4 共 4 个版本。

obfs2：采用分组密码(AES-CTR-28)对 Tor 的传输数据进行加密，去掉了 Tor 流量相关的标识信息，从而实现了有效混淆，但设计上存在两个问题：握手阶段的连接容易被识别。通信双方在传输数据之前需要交换秘密信息并协商出会话密钥，而在这一阶段的密钥种子是明文传输且格式是固定的，obfs2 流量容易被审查机构识别并计算出会话密钥。可利用 Tor 客户端探测 bridge 节点是否可以进行 obfs2 握手，从而实施主动的 bridge 探测攻击。

obfs3：采用 Diffie-Hellman 协议来计算通信双方的共享密钥，并由此生成对比密钥。obfs3 在握手阶段有了很大改进，但其密钥交换阶段仍缺乏对 bridge 身份的验证，存在中间人攻击和主动探测攻击的风险。

obfs4：ScrambleSuit 提出利用外带方式交换共享秘密实现通信双方的互认证。obfs4 进一步利用 bridgeDB，实现了基于 bridge 身份验证的密钥交换。客户端通过 bridgeDB 查询 bridge 节点，获得其 IP 地址、节点 ID 和公钥信息。只有同时匹配这 3 条信息，才能通过 obfs4 节点的身份认证并建立连接。

Meek 隐蔽通道构建技术：Meek 将 Tor 流量伪装为 HTTPS 混淆的云服务流量。Meek 网桥分为 3 种转发路径，第一种基于 Amazon 云服务器转发，第二种基于 Azure 云服务转发，第三种基于谷歌云服务转发，实际过程中谷歌云服务转发方式一般无法成功介入 Tor 网络。Meek 客户端担任 Tor 客户端的上层代理。当 Meek 客户端接收到来自 Tor 客户端的数据时，将数据封装到 POST 请求中，并通过前置域名服务将请求转发给 Tor Bridge。在 Tor Bridge 上运行着一个服务器程序，即 Meek 服务器，Meek 服务器解释 HTTP 请求，将负载内容发送到 Tor 网络。完成 Tor 网络的访问之后，数据经过 Tor Bridge 返回客户端。Meek 服务器在接收到 Tor Bridge 准备回传给客户端的数据时，先把数据封装到 HTTP 响应的结构体内，之后发送到 Meek 客户端。Meek 客户端在接收到 HTTP 响应之后，才会将其中的内容传送给 Tor 客户端。这些请求和响应是严格序列化的，客户端直到接收到第 1 个请求的响应之后，才会发送第 2 个请求，所以在一定程度上影响了网络访问的效率。

FTE 加密流量转换技术，Format-Transforming Encryption：主要通过传统对称加密，将密文转换为指定的传输格式。obfs 流量混淆将原协议流量转换为无序的未知流量，而 FTE 则输出具有一定协议格式的流量，其中用户输入的正则表达式可从 DPI 系统源码中直接提取或根据应用层流量自动学习得到。这使基于正则表达式的 DPI 技术会将其误识别为用户选定的协议流量，从而规避审查。由于大部分 Tor 流量为 HTTP 流量，所以在默认情况下可采用 HTTP 正则表达式将其转换为 HTTP，实现流量伪装。

Flashproxy 传输插件：运行在浏览器中的传输插件，利用不断变化的代理主机连接到匿名网络，保证更换代理的速度快于监管机构的检测、跟踪和阻断速度（2017 年弃用，被 obfs4 取代）。在使用 Flashproxy 转发数据的过程中，需要 3 个组件协同工作：客户端浏览器中的传输插件、代理主机 Flash Proxy、第三方服务 Facilitator。Facilitator 负责客户端的注册和 Flash Proxy 代理的分配。工作原理：首先当客户端需要使用 Flashproxy 代理服务时，先通过安全集合点连接到 Facilitator 以告知客户端需要代理服务，然后客户端传输插件开始侦听远程连接。每个空闲的 Flash Proxy 会主动轮询 Facilitator，以获取正在请求代理服务的客户端。当 Flash Proxy 获得客户端在 Facilitator 上的注册信息后，便主动发起和客户端的连接请求，再发起对中继节点的连接，最终客户端和目标中继节点通过 Flash Proxy 通信。

（2）匿名路由技术主要通过以下技术进行实现。

洋葱路由（Onion Routing）：为一种在计算机网络上匿名沟通的技术。

在洋葱路由网络中，消息一层一层地加密包装成像洋葱一样的数据包，并经由一系列被称作洋葱路由器的网络节点发送，每经过一个洋葱路由器都会将数据包的最外层解密，直至到达目的地时将最后一层解密，目的地因而能获得原始消息，如图 1-88 所示。

洋葱路由技术是为了阻止在公用网络上进行窃听和流量分析，以提供双向、实时的匿名连接，可以在公开的计算机网络中隐藏网络的结构，对在互联网上进行的跟踪、窃听和流量分析有很强的抵抗作用，是通信双方用洋葱包代替通常的 TCP/IP 数据包，利用代理技术实现与目标系统间的连接。

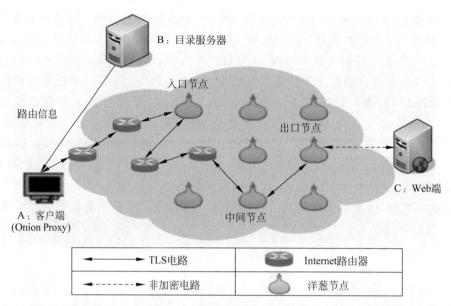

图 1-88 洋葱路由通信过程

洋葱路由技术的缺陷：①路径信息可以隐蔽，但代理路由器 W 和 Z 易成为攻击的重点，尤其是主机 A 至 W、Z 至主机 B 是以明文传输的，即使采用应用层加密，但传输层的端口地址和 IP 层的 IP 地址却是公开的，缺乏端点的安全机制，一旦攻破 W 或 Z 节点，则路由器上的链路状态和节点信息将全部公开了；②所有方案都采用了公钥密码机制，当主机节点增多且数据流量增大时，路由器上解密的时间长，占用大量的 CPU 资源，路由器的转发效率下降，路由器将成为网络的瓶颈；③节点必须把公私钥、认证码、可信标识、连接的链路信息、存取控制策略、链路当前状态等信息存放到数据库中，当节点 N 很大时，维护和管理链路的数据库变得庞大，存取路由信息的时延也加大，因此要满足可接受的效率，N 的规模受到限制；④单一类型的链路效率低，洋葱路由是面向连接的技术，而实际的应用是各不相同的。有些连接是短暂的，如 E-mail，而有些连接是长时间的，如 RLOGIN 和 Telnet，因此应根据用户对延迟时间的敏感程度采取不同的连接方式，尤其是采用无连接的技术，匿名效果将会更好；⑤洋葱技术无法抵抗泛洪式攻击，中间节点尽管难以进行窃听和流量分析，但它可以实行破坏或修改数据包的扰乱式攻击方式，或者在不同的地点对目的地址建立连接，并发送大量数据包，以消耗洋葱路由器的资源，实施像 DDoS 式攻击等。

大蒜路由：I2P 运行原理的核心之一是"大蒜"路由。"大蒜"路由是 Michael Freedman 首次提出。I2P Router 根据目标站点隧道节点的顺序，对多个 I2P 消息包进行层层加密，I2P 将每个加密后的 I2P 消息包比喻为"大蒜瓣"，多个"大蒜瓣"再组合成一个"大蒜"，通过本地客户端的输出隧道发送出去。

层加密：I2P 构建了虚拟的隧道，用于传输 I2P 消息。隧道设计原理借鉴了 Tor 的 OnionRouting 技术，OnionRouting 技术的核心思想是将每个节点消息解密后才知道下一个节点的地址信息，这样设计后只有相邻节点才知道互相的信息，间隔节点则完全陌生，从而实现通信内容和通信双方身份的双重隐匿。

从概念上，I2P 的大蒜路由与洋葱路由有一定的相似之处。I2P 在隧道构建中，以及隧道路由中用到了洋葱路由的层加密技术。

"大蒜"消息包：Michael Freedman 将大蒜路由定义为洋葱路由的拓展，也是因为大蒜路由将多条消息绑定在一起，因此把这些消息称为"瓣"。在隧道的终点，每个"瓣"会分别根据自己的传递指令被发送到不同的地点。这一点也是跟洋葱路由区别的本质。

在 I2P 中，每个客户端的消息通过 I2CP 接口成为一个包含自己传递指令的大蒜瓣，传递指令详细说明了目的地、路由器或者隧道。一般情况下，如果一个大蒜消息只包含一个瓣 Clove 1，路由器则会在大蒜消息中额外增加两个瓣 Clove 2 和 Clove 3，如图 1-89 所示。

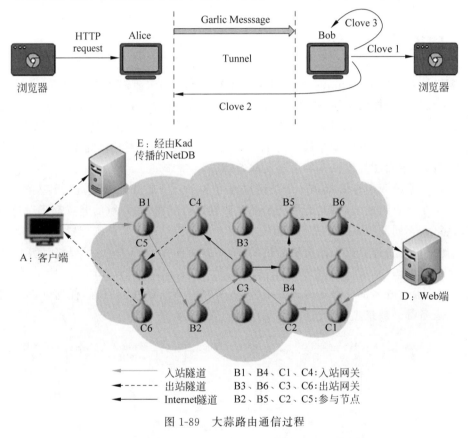

图 1-89 大蒜路由通信过程

Clove 1：HTTP Request Data，用户 Alice 发送给 Bob 的请求数据。

Clove 2：Delivery Status Message，用于给 Alice 的回复，确认端对端消息传递成功或者失败。

Clove 3：Database Store Message，包含了原地址的租约集，用于维持终端之间的直接通信（Bob 不需要再次向 NetDB 查询 Alice 租约集）。

第 2 章 匿名链路的目标与功能

2.1 功能目标介绍

匿名链路系统(Anonymous Link System,ALS)是一个类似于路由的系统,其硬件像路由器、三层交换机一样的产品,软件加硬件组合在一起称为匿名链路设备,需要上网的终端设备用网线或 WiFi 连接到匿名链路设备,从终端设备产生的流量到达匿名链路设备后,其数据将被加密,并将数据传输路径导向 N 层中转跳板,最终转发到目的 IP。其发出流量数据,用于在网络层面使终端设备不可被反向追踪。

匿名链路系统简单理解就是一个把流量通过多个公网服务器节点进行转发的系统,一条链路由多个节点组成,其每次流量转发都对数据进行加密,每一跳的节点都可以自由地选择不同地区和不同的技术方案进行搭建。使用者可以通过这个系统来配置终端设备的出网链路,例如可以配置计算机 1 的流量经过 A、B、C 这 3 个节点出去,也可以将计算机 2 的流量配置为经过 A、B、C、D 这 4 个节点出去。以 3 个节点出网为例,如图 2-1 所示,终端设备要访问目标,通过匿名链路设备构建一条链路,最终由节点 3 访问目标,任何外部反向访问匿名链路设备都会被禁止,以此保障终端设备的安全。

图 2-1 匿名链路访问目标

2.2 功能模块设计

2.2.1 用户模块

通过输入账号、密码、验证码进行登录,是账号的常规 CRUD 行为。用户拥有登录账号、登录密码、创建时间、用户昵称、用户角色属性等权限。用户角色分为超级管理员和普通管理员,其中超级管理员账号只能修改密码,不能进行编辑或删除,所有账号都可以使用所有的业务功能。

2.2.2 节点搭建

节点搭建指的是通过自动化部署或手动部署的方式将外部服务器搭建成一个节点。如果是手动搭建,则需要将节点的信息手动录入匿名链路系统。如果利用匿名链路系统对节点进行自动化搭建,则搭建完成后信息将会自动录入匿名链路系统。

1. 节点搭建技术规范

(1) 私密性,客户端到节点服务器端的通信应该是加密的。

(2) 应该支持全流量承载,例如有些节点方案只能承载客户端发出的 TCP/UDP 而不能承载 ICMP,这是不行的。

(3) 受保护的可见性,客户端连接到服务器端以后,服务器端应该仅能看到客户端自身而不应该能够看到、访问客户端所处网络内的其他机器。

(4) 节点上不会保存任何与客户端信息有关的日志,或者说可通过配置使其不被保存。

2. 自动化搭建

匿名链路系统应该提供使用指定的节点搭建技术自动将远程服务器搭建为节点的功能。此功能的输入为远程服务器的 IP 及 OS 访问凭证(账号和密码/SSH 证书),输出为一个自动搭建好的节点。自动搭建好的节点信息将被自动录入匿名链路系统。

3. 自动搭建交互流程

(1) 填写远程服务器 IP 地址及访问账号和密码。

(2) 选择所使用的节点技术。

(3) 填写节点名称、备注信息等。

(4) 根据本节点的节点层级,选择所需要的前置节点。如果搭建第 1 跳节点,则允许用真实 IP 直接出网,如果选择搭建第 2 跳节点,则应该选择以第 1 跳节点为跳板进行搭建,如果选择搭建第 3 跳节点,则应该选择以第 1 跳和第 2 跳节点为跳板进行搭建。总之,如果搭建第 n 跳节点,则应该选择从 $1 \rightarrow n-1$ 跳节点作为跳板来搭建第 n 跳节点。

2.2.3 节点管理

包含节点查看、状态、更新、删除、日志记录等操作。节点数据模型参数如下。

节点 ID:唯一标识。

节点名称:节点简称。

是否内置:产品出厂内置的或者后期通过离线更新功能更新进去的节点被视为内置的节点。用户自己后期手动搭建与录入的节点,则是非内置节点。

节点地域:所属国家、城市、服务商。

节点类型:所用的技术方案。

节点 IP：公网可以访问的 IP 地址。

节点访问凭证：所用技术方案不同凭证可能不同，例如可能是 OpenVPN 的证书等。

系统访问凭证：如果节点是 Linux 服务器，则此凭证是 SSH 的访问凭证。如果是内置节点，则此属性值为空。

节点层级：用于指明这是第几跳的节点。

创建人：记录节点由哪个用户创建的。

创建时间：节点创建的当前时间。

备注信息：关于节点的一些说明信息。

1. 节点录入

如果利用匿名链路系统自动搭建节点，则在搭建完成后其信息将会自动被录入。如果是手动搭建的节点，则要利用节点录入功能将节点的信息手动录入匿名链路系统。

如果录入的是第 1 跳的节点，则该节点的 IP 需要加入匿名链路系统的出网白名单。关于"出网白名单"的相关内容，可查看后面章节。

2. 节点更新

非内置节点向用户开放更新功能。内置节点的更新只能通过离线升级功能实现。如果被更新的节点已经被用于创建了一条链路且该链路目前处在活跃状态，则在节点信息更新后提示用户"节点当前正在使用中，重启对应链路以使用更新的节点信息"。

3. 节点日志记录

节点的所有生命周期变动都应该留下详细的日志。

4. 节点查看

提供节点详情查看功能，除了可以查看节点数据模型中所表示的基础信息外，还可查看一些状态和网络信息。

5. 节点统计

节点所属地区、创建数量、节点流量、使用情况统计。

6. 节点删除

处于空闲状态的非内置节点，可以被删除。

节点主要有以下几种状态。

（1）空闲：节点被创建并录入匿名链路系统后，默认处在这种状态，处于此状态的节点可用于创建链路。

（2）占用：节点被用于创建一条链路后，处于占用状态。处于占用状态的节点无法再被用于创建其他链路。

（3）异常：通常指节点出现了如服务器宕机之类的异常，节点无法连接。

节点生命周期如图 2-2 所示。

2.2.4 链路创建

链路的创建主要有链路名称、链路跳数、各跳节点选择。

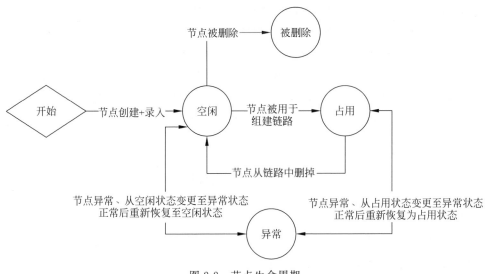

图 2-2 节点生命周期

链路中所选的节点不允许混搭,例如不允许同时用内置与非内置的节点来创建一个链路。同一个链路中所用的节点要么全是内置的,要么全是非内置的。这是出于安全性考虑的,不确定在链路的内置节点中插入一个非内置节点是否有可能引来类似中间人攻击的问题。

链路创建的交互流程如下:
(1) 选择链路跳数,例如 3 跳,由 3 个节点组成。
(2) 选择各跳组成该链路的节点。
(3) 填写链路名称、备注相关信息。
(4) 确认创建。

链路连接流程,假如是一个 3 跳链路:
(1) 通过真实出口连接第 1 跳,形成第 1 跳隧道。
(2) 必须通过第 1 跳隧道连接第 2 跳,形成第 2 跳隧道。
(3) 必须通过第 2 跳隧道连接第 3 跳,形成第 3 跳隧道。
(4) 连接成功后,终端设备的流量最终将从第 3 跳隧道转发至真实目标。只有在上面三步成功以后,这条链接才算真正建立,即可以开始承载流量了,任何一步不成功,整条链接应该处于不可用的状态,即不可承载流量的状态。

2.2.5 链路自检

提供链路自检功能,此功能静默运行在后台,对所有处于已连接状态的链路的可用性进行实际检查。如果检查不通过,则链路将被设置为异常状态。检查通过与否的标准可以定义为能否通过此链路访问一个特定的服务器,例如 baidu.com。

假设现有一条由 3 个节点组成的链路:节点 A→节点 B→节点 C。所有通过此链路发出的流量,必须严格按照上面的节点次序流经这 3 个节点并最终由节点 C 发往目标。所谓"断链保护",意思是指在连接建立以后,如果这条链路中的任何一个节点出现网络连接方面的任何问题,则应该使整条链路完全失效(断开)。例如节点 B→节点 C 的连接断开了,那整条链路应该失效,不应该出现流量最终由节点 B 直接发往了目标而跳过了节点 C。例如节点 A→节点 B 的连接断开了,那整条链路应该失效,不应该出现客户端的流量跳过了节点 A 而直接发往了节点 B,最终通过节点 C 发往了目标。

2.2.6 链路管理

包含查看链路、查看状态、删除、连接、断开、重启、日志记录等操作。链路数据模型参数如下。

链路 ID:唯一标识。
链路名称:链路的简称。
链路状态:链路的状态。
链路类别:链路的类别。
创建人:链路创建人。
创建时间:链路的创建时间。
节点信息:组成当前链路的节点信息。
备注信息:链路的备注信息。
链路主要有以下几种状态。

(1) 空闲:刚创建完的链路默认处在此状态。已连接的链路断开后也将处于未连接状态。

(2) 使用:对处于未连接状态的链路进行连接操作,连接成功后链路处于已连接状态。

(3) 异常:指的是在连接的过程中出现错误,从而导致连接不上,或者在连接以后链路出现错误而导致链路中断。

链路更新:在链路处于未连接状态时,允许对链路的所有相关信息进行更新。

链路查看:提供已创建链路的查看功能,可以以列表的形式查看所有已创建的链路,也可以单独查看某个链路的具体详情。详情包括以下几方面:

链路组成的节点基本详情。
链路当前状态及历史状态变更记录。
链路自创建以来传输过的流量大小。

链路销毁删除:链路处于未连接状态时,允许对链路进行删除。删除成功后,链路中所有的节点将被释放,这些节点可再次被用于创建其他链路。

链路日志:链路的生命周期变动应该留下详细的日志。特别是链路发生异常时,应该记录下详细的日志。

链路类别:链路中所选的节点不允许混搭,例如不允许同时用内置与非内置的节点来创建一个链路。同一个链路中的节点要么全是内置的,要么全是非内置的。这是出于安全性考虑的,不确定在链路的内置节点中插入一个非内置节点是否有可能引来类似中间人攻击的问题。

系统内置链路：由系统内置的节点组成的链路。

用户定义链路：由用户部署的节点组成的链路。

链路被创建后,默认处于未连接的状态。处于该状态的链路是无法承载流量的,可通过链路连接功能让此链路真正连接上,使流量可以通过。

链路生命周期如图2-3所示。

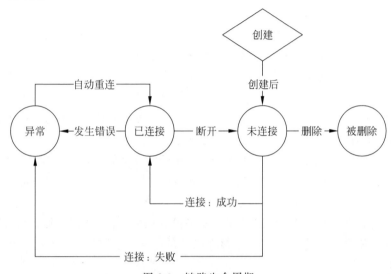

图2-3　链路生命周期

链路自动重连：

(1) 主要实现链路中节点的重连、链路与应用的重连。

(2) 当链路处于异常状态后,会触发链路的自动重连机制。

2.2.7　分流策略

因匿名链路系统允许同时存在多条已连接状态的链路,所以提供了多链路分流功能,从而允许不同的流量走不同的链路进行出网。

匿名链路设备通过策略实现分流。满足指定策略的流量将被分流到指定的链路上。如果被分流到的链路不处于连接状态,则所有被分流到这条链路上的流量都应该被抛弃。

分流策略：包含策略的创建、更新、删除、停用、启用、默认链路等。

分流策略模型的参数如下。

策略名称：策略的名称。

策略条件：满足哪种条件进行分流。

对应链路：关联的链路。

创建人：策略的创建人。

创建时间:策略的创建时间。
优先级:纯数字,数字越小表示优先级越高。
备注信息:策略的备注信息。
分流策略应该支持按以下条件进行分流:
(1) 按流量源 IP 进行分流。
(2) 按流量源 IP 网段进行分流。
(3) 按目标 IP 分流。
(4) 按目标 IP 网段分流。

策略创建:分流的目标是每台接入匿名链路系统的终端设备都可以走不同的链路。

分流优先级:当匿名链路系统中存在多条分流策略时,按策略的优先级对策略进行排序,优先高的排在前面。流量按优先级从高到低的顺序与这些策略进行匹配,流量将会分发到第 1 条匹配成功的策略所指定的链路上。当没有任何分流策略与当前流量匹配时,流量被分发至默认的链路进行出网。如果不存在默认的链路或者其处于未连接的状态,则流量将被丢弃。

策略更新、删除:允许对策略进行更新与删除操作。

策略停用、启用:策略的启停,策略停用后,针对该策略的流量分发操作也将停止。

默认链路:在链路创建之后,可以将一条链路设置为默认链路,同时只能存在一条默认链路。当一条匿名链路被设置为默认链路后,可以取消设置。

在匿名链路设备进行流量分发操作时,如果没有任何分流策略与当前流量匹配,则流量被分发至默认的链路进行出网。如果不存在默认的链路,或者默认链路处于异常状态,则流量将被丢弃。

分流策略生命周期如图 2-4 所示。

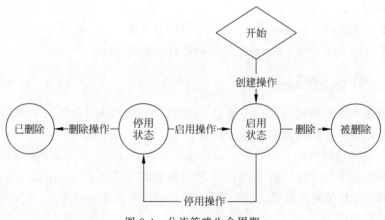

图 2-4　分流策略生命周期

2.2.8　流量路径图

结合业务操作与场景,展示各场景下的网络流量走向路径图。配合世界地图动态地展示流量从终端设备经过每个节点的路径及地区信息。

主要包括链路数据路径统计图、终端设备流量统计、节点地域统计图、链路流量统计。

2.2.9 离线升级

该功能可以实现软件升级,还能实现系统内置节点导入与更新功能。离线更新文件里面保存的是更新的节点信息。因为离线升级功能可能会对内置节点的信息发生变更,在使用本功能前,如果有内置节点被用于创建了链路并且链路处于活跃状态,则先提示用户将链路断开,再进行升级。

2.2.10 DHCP 服务器

为接入匿名链路设备的终端提供 IP 分配功能,接受终端设备的流量传输。

2.2.11 出网白名单

匿名链路设备的底层路由系统不设置全局默认网关,这是确保白名单出网机制的基础。所实现的效果如下:

(1) 匿名链路设备插上网线后自己无法上网。

(2) 其他终端设备连接匿名链路设备后也无法出网。

(3) 为节点 IP 添加单独的出网路由表。这些单独的出网路由就是所谓的白名单,如果没有为某个 IP 添加出网路由,则匿名链路设备就无法访问这个 IP。

(4) 在默认情况下,为匿名链路设备配置的 DNS 服务器的 IP 需要处在出网白名单中。

(5) 那些被配置为第 1 跳的节点 IP 地址,也应该出现在出网白名单中。如果利用节点搭建功能搭建的是第 1 跳的节点,则该节点的 IP 需要被加入匿名链路设备出网白名单。

匿名链路设备联网后,本设备默认不允许与任何 IP 地址发生连接,除非这个 IP 地址位于出网白名单。此白名单通常是第 1 跳节点的 IP 地址。出网白名单的意义是为了确保经过匿名链路设备只与特定的节点发生连接,也就是从技术层面确保经过匿名链路设备的流量全都要发往匿名链路系统配置的节点,由匿名链路节点将流量转发出网。

为了提高设备的安全性,应该注意以下规范:

(1) 不应该存在多余的服务,避免漏洞。

(2) IPTABLES 默认禁止所有来自 VPN 接口的所有主动入站流量。

(3) 匿名链路设备自身产生的 DNS 流量允许通过真实 IP 直接出网。

(4) 接入匿名链路设备的终端设备产生的 DNS 流量必须通过链路出网。

例如匿名链路设备与一台接入的终端设备都将自身的 DNS 设置为 8.8.8.8,则匿名链路设备自身通过 8.8.8.8 进行 DNS 查询时通过真实 IP 出网,而接入的终端设备访问 8.8.8.8 进行 DNS 查询时必须通过对应的链路出网,要么有默认链路,要么有对应的分流策略所指定的链路;如果都没有,则不允许出网。

第 3 章 物理硬件与软件技术选型

3.1 物理硬件的分析与比较

所有的软件都需要硬件作为基础,都需要一个基础硬件运行平台,在做硬件选型时,应该结合软件的特点,在满足软件需求的情况下,选择具有优势的硬件,方可达到相得益彰的效果。

3.1.1 网络硬件设备

软件的核心功能是建立链路,实现匿名路由功能,因此,设备需要支持路由功能,并且可以支持连接多个外部设备,即具有多个网口。通过初步调研和分析,如表 3-1 所示的几种设备符合要求并具有实现功能的潜力。

表 3-1 网络设备特性分析

设备名称	原有功能	二次开发	产品支持	设备价格
路由器	支持无线连接和网线连接	支持 Python 开发,某些设备支持其中的一些 IPSec/OpenVPN/L2TP/PPTP/DMVPN 等单跳 VPN 协议	ORB305-4G 4GDTU	千元内
交换机	支持 VLAN 配置,多网络连接	支持 SDK 二次开发	ISM7112G-4GF-8GT MES7106G-2XGF-4GT	千元内
定制设备	支持 LINUX 运行环境和硬件配置	支持自由定制开发	J4125 J1900	千元内

3.1.2 方案评估

根据网络硬件的特点,结合需要实现软件功能,进行方案假设与评估,以及开发的难度,选择最适合完成开发的网络硬件,网络硬件方案假设如表 3-2 所示。

表 3-2　网络硬件设备方案假设

产 品 名 称	设 备 特 点	方 案 假 设
工业路由器	支持二次开发且带有多种 VPN 协议的路由器,支持多网口、端口异常告警、多电源冗余备份,成本相对不算太高,目前根据了解到的资料,配置的是单跳 VPN 节点,没有多个节点模式	基于现有的 VPN 协议进行实现,主要开发一个 Web 管理,管理所有的数据流量,主要实现节点管理和链路管理,让数据经过多次 VPN 节点转发之后出去
工业交换机	也有支持二次开发的交换机设备,但是大都没有自带 VPN 协议支持,优势是原生支持 VLAN	基于交换机的系统进行二次开发,相对来讲,难度比路由器大一点,二次开发的数据流量控制对原有系统的功能影响或冲突需要进一步确定了解
工业网关	主要查阅的资料是基于 PLC 模块进行的开发,也支持二次开发,具有网络流量接入功能	对原有数据传输方式进行控制,控制数据的传输方向,把数据根据开发的链路和节点进行传输。需要考虑原有数据传输方式如何进行改变和控制的问题
定制设备	硬件参数根据开发需要进行定制,对内存、CPU、硬盘可以实现按需配置,例如日志存储周期、其他信息统计等	可以安装常规等 Linux 系统,基于 Iptables 和 Route 进行流量控制,通过 Python、Go 开发 Web 应用管理,调用系统命令实现一系列的网络和路由管理

通过对方案的评估与分析,任何一种网络硬件都需要进行二次开发,有些硬件设备,例如路由器、交换机,本身只支持一跳的 VPN 路由,需要进行改进,这相当于需要进行路由的重定向和同时支持多种 VPN 的拨号,结合设备的硬件参数普遍很低,需要进行裁剪或者嵌入式开发,难度较大。有些是基于 C 语言进行的开发的,例如网关设备,其本身是嵌入式开发的,如果要支持多种 VPN 协议连接,则需要进行 VPN 裁剪适配,如果要改变数据传输路由,则需要重写相关的路由模块,但是硬件的配置较低,要做到真正适配和流畅运行,难度较大。定制设备的硬件配置相对较高,能够支持完整的 Linux 系统运行,也就意味着可以选择多种开发语言,大幅度降低了开发门槛,并且硬件设备价格接近,有成熟的开源软件可以使用,可以达到对网络设备开发的更多可控,综合考虑开发成本和硬件设备,本书选择以定制设备为例,从零开始开发,实现一款支持匿名链路的网络路由设备。

3.2　主流开源操作系统简介

Linux 系统作为一个开源性的操作系统,受到不少程序员的青睐,衍生出可满足各种不同需要的版本,可以根据自身需要进行修改设置,比起微软更受企业欢迎,大部分网站采用的系统是 Linux 系统,它主要有以下特点。

1. 大量的可用软件及免费软件

Linux 系统上有着大量的可用软件,并且绝大多数是免费的,例如声名赫赫的 Apache、

Samba、PHP、MySQL 等,构建成本低廉,这是 Linux 被众多企业青睐的原因之一。当然,这和 Linux 出色的性能是分不开的,否则节约成本就没有任何意义。

但不可否认的是,Linux 在办公应用和游戏娱乐方面的软件相比 Windows 系统还很匮乏,所以玩游戏、看影片等大多采用 Windows,至于 Linux,主要把它用在擅长的服务器领域。

2. 良好的可移植性及灵活性

Linux 系统有良好的可移植性,它支持大部分 CPU 平台,这使它便于裁剪和定制。可以把 Linux 放在 U 盘、光盘等存储介质中,也可以在嵌入式领域广泛应用。

如果希望不进行安装就体验 Linux 系统,则可以在网上下载一个 Live DVD 版的 Linux 镜像,刻成光盘放入光驱或者用虚拟机软件直接载入镜像文件,将 CMOS/BIOS 设置为光盘启动,系统就会自动载入光盘文件,启动后便可进入 Linux 系统。

3. 优良的稳定性和安全性

著名的黑客埃里克·雷蒙德(Eric S. Raymond)有一句名言:"足够多的眼睛,就可让所有问题浮现。"举个例子,假如笔者在演讲,台下人山人海,明哥中午吃饭不小心,有几个饭粒粘在衣领上了,分分钟就会被大家发现,因为看的人太多了;如果台下就两三个人且离得很远,就算明哥衣领上有一大块油渍也不会被发现。

Linux 开放源代码,将所有代码放在网上,全世界的程序员都看得到,有什么缺陷和漏洞,很快就会被发现,从而成就了它的稳定性和安全注。

4. 支持绝大多数网络协议及开发语言

UNIX 系统是与 C 语言、TCP/IP 一同发展起来的,而 Linux 是一种类 UNIX 系统,C 语言又衍生出了现今主流的语言 PHP、Java、C++ 等,而哪一个网络协议与 TCP/IP 无关呢?所以,Linux 对网络协议和开发语言的支持很好。

Linux 是一套免费使用和自由传播的类 UNIX 操作系统,是一个基于 POSIX 和 UNIX 的多用户、多任务、支持多线程和多 CPU 的操作系统。它能运行主要的 UNIX 工具软件、应用程序和网络协议。它支持 32 位和 64 位硬件。Linux 继承了 UNIX 以网络为核心的设计思想,是一个性能稳定的多用户网络操作系统。不同发行版本的 Linux 系统有着细微的区别,常用的几种 Linux 系统如下。

1) Debian 与 Ubuntu 对比分析

Ubuntu 是基于 Debian 开发的,可以简单地认为 Ubuntu 是 Debian 的功能加强版。与 Debian 相比,Ubuntu 提供了更人性化的系统配置,更强大的系统操作及比 Debian 更激进的软件更新。Ubuntu 与 Debian 比较,可以认为 Debian 更保守一些,Ubuntu 对新手友好度更高,上手更容易。用过 Ubuntu 的人都会体会到它的易用,反之如果用过 Ubuntu 再换到别的系统则会觉得不适应,Ubuntu 真的很方便。

Ubuntu 普通版本只提供 18 个月的技术支持,过期则不再提供技术支持。LTS 服务器版本提供长达 5 年的技术支持。例如,Ubuntu 10.10 是个普通版,现在已经过了支持周期了。使用时会发现安装不了任何软件,因为 10.10 的软件已经从 Ubuntu 软件源中被移除了,所以建议选择 LTS 版,提供长达 5 年的技术支持,可以确保在今后相当长的一段时间内服务器可以继续收到系统升级补丁及可用的软件。

2) RHEL 和 CentOS 对比分析

RHEL 跟 CentOS 差别不大。RHEL 是付费操作系统,可以免费使用,但是如果要使用 RHEL 的软件源并且想得到技术支持,则要像 Windows 那样付费。符合开源精神,免费使用,但服务收费。

CentOS 是 RHEL 的开源版本。一般在 RHEL 更新之后,CentOS 会把代码中含有 RHEL 专利的部分去掉,同时 RHEL 中包含的种种服务器设置工具也一起去掉,然后重新编译成 CentOS。从某种意义上讲,CentOS 几乎可以被看成 RHEL,这两个版本的 rpm 包是可以通用的。

不管什么发行版本的 Linux 都是基于 Linux 内核进行了很多扩展,在每个产品和业务场景下,可以根据需要进行选择,在本次开发系统中,可以选中 CentOS 系统,并对系统进行内核裁剪,去掉不需要的服务,节省内存和硬盘空间,提高运行效率,例如嵌入式开发,采用的大都是裁剪之后的 Linux,并加入了一些定制应用,完成特定的业务场景,提高运行效率。

3.3 流行的 VPN 技术调研分析

市面上常见的 VPN 技术有几十种,但是每种 VPN 之间也存在一些差异,结合业务场景和需要实现的功能,对主流的几种 VPN 进行分析对比,主要从建立连接的验证方式、支持的流量协议、支持的操作系统平台、是否容易部署等方面进行比较分析,选择合适的 VPN 技术作为隧道连接技术,本书采用 3 种不同的 VPN 进行实现,以便在一条链路上采用不同的 VPN 协议提高数据的安全性。常用的几种 VPN 技术特点对比分析如表 3-3 所示。

表 3-3 常用 VPN 特性分析

VPN 名称	验证方式	支持流量	支持系统
OpenVPN	公钥私钥(加账号和密码)方式验证	TCP/UDP/ICMP/SNMP/SMTP/IGMP	Solaris、Linux、OpenBSD、FreeBSD、NetBSD、macOS 与 Windows 2000/XP/Vista
Wireguard	公钥私钥(加账号和密码)方式验证	全类型	Linux、Windows、macOS、BSD、iOS 和 Android
Ocserv	账号和密码方式认证	全类型	多平台
StrongSwan	公钥私钥(加账号和密码)方式验证	全类型	多平台

3.3.1 路由器固件

主流路由器固件有 dd-wrt、tomato、openwrt、padavan 四类,对比一个单一的、静态的系统,OpenWrt 的包管理提供了一个完全可写的文件系统,从应用程序供应商提供的选择和配置,并允许自定义的设备,以适应任何应用程序。对于开发人员,OpenWrt 是使用框架来构建应用程序的,而无须建立一个完整的固件来支持。

3.3.2　VPN 的分类标准

1. 按 VPN 的协议分类

VPN 的隧道协议主要有 3 种,即 PPTP、L2TP 和 IPSec,其中 PPTP 和 L2TP 工作在 OSI 模型的第 2 层,又称为二层隧道协议;IPSec 是第 3 层隧道协议。

2. 按 VPN 的应用分类

(1) Access VPN(远程接入 VPN):客户端到网关,使用公网作为骨干网在设备之间传输 VPN 数据流量。

(2) Intranet VPN(内联网 VPN):网关到网关,通过公司的网络架构连接来自同公司的资源。

(3) Extranet VPN(外联网 VPN):与合作伙伴企业网构成 Extranet,将一个公司与另一个公司的资源进行连接。

3. 按所用的设备类型进行分类

网络设备提供商针对不同客户的需求,开发出不同的 VPN 网络设备,主要为交换机、路由器和防火墙。

(1) 路由器式 VPN:路由器式 VPN 部署较容易,只要在路由器上添加 VPN 服务即可。

(2) 交换机式 VPN:主要应用于连接用户较少的 VPN 网络。

(3) 防火墙式 VPN:防火墙式 VPN 是最常见的一种实现方式,许多厂商提供这种配置类型。

4. 按照实现原理划分

(1) 重叠 VPN:此 VPN 需要用户自己建立端节点之间的 VPN 链路,主要包括 GRE、L2TP、IPSec 等众多技术。

(2) 对等 VPN:由网络运营商在主干网上完成 VPN 通道的建立,主要包括 MPLS、VPN 技术。

3.3.3　开源 VPN 解决方案

1. Openswan

Openswan 是 Linux 的 IPSec 实现,支持大多数与 IPSec 相关的扩展(包括 IKEv2)。从 2005 年初开始,它就被广泛地认为是 Linux 用户的首选 VPN 软件。根据正在运行的 Linux 版本的不同,Openswan 可能已经被嵌入发行版中,也可以直接从它的站点下载源代码。

2. Tcpcrypt

Tcpcrypt 协议是一种独特的 VPN 解决方案，它不需要配置或对应用程序进行更改，也不需要在网络连接中进行过多设置。Tcpcrypt 使用一种称为"机会式加密"的操作方式。这意味着如果连接的另一端支持与 Tcpcrypt 通信，则通信将被加密，否则它可以被视为明文。

虽然这不够完美，但该协议已经经历了许多强大的更新，使其可以更好地抵御被动和主动攻击。尽管不建议将 Tcpcrypt 作为全公司范围的解决方案，但对于处理不那么敏感信息的员工和分支机构来讲，它可以作为一个极好的、易于实现的解决方案。

3. Tinc

Tinc 是使用 GNU 通用公共许可证授权的自由软件。Tinc 与列表中的其他 VPN（包括 OpenVPN 协议）的区别在于它包含了各种独特特性，包括加密、可选压缩、自动网格路由和易于扩展。这些特性使 Tinc 成为那些想要在众多相隔甚远的小型网络中创建 VPN 的企业的理想解决方案。

4. SoftEther VPN

SoftEther（软件以太网的缩写）VPN 是迄今为止市场上最强大和用户友好的多协议 VPN 软件之一。作为 OpenVPN 的理想替代品，SoftEther VPN 为 OpenVPN 服务器提供了克隆功能，允许无缝地从 OpenVPN 迁移到 SoftEther VPN。SoftEther 令人印象深刻的安全标准和功能被认为可以与 NordVPN 等市场领先企业相媲美，使其成为开源巨头之一。

SoftEther 还兼容 L2TP 和 IPSec 协议，支持用户定制。此外，SoftEther VPN 还被证明比 OpenVPN 更快，拥有更好的浏览体验。SoftEther 的主要缺点是它在兼容性方面落后于其他方案，然而，这个问题的主要原因是 SoftEther 协议的相对新颖性，并且随着时间的推移，可能会看到越来越多的平台支持 SoftEther。

5. OpenConnect

考虑到 OpenConnect 是为支持思科 AnyConnect SSL VPN 而创建的 VPN 客户端，可能会惊讶于在列表中看到此软件，但是，需要注意的是，OpenConnect 与 Cisco 或 Pulse Secure 并没有正式的关联。它只是与那些设备兼容。

事实上，在对思科客户进行测试之后，OpenConnect 被发现存在大量安全漏洞，OpenConnect 正着手整顿。如今，OpenConnect 已经解决了所有思科客户端的缺陷，使它成为任何 Linux 用户的思科替代品之一。

6. Libreswan

经过 15 年的积极开发，Libreswan 成为现代市场上最好的开源 VPN 替代品之一。Libreswan 目前支持最常见的 VPN 协议，即 IPSec、IKEv1 和 IKEv2。与 Tcpcrypt 一样，Libreswan 基于机会加密进行操作，这使其容易受到主动攻击，然而，大量的安全功能和活跃的社区开发人员使 Libreswan 成为低中级加密要求的理想选择。

7. StrongSwan

由通信安全教授、瑞士应用科学大学互联网技术与应用研究所所长 Andreas Steffen 负责维护的 StrongSwan 在 VPN 社区中独树一帜，它提供了卓越的加密标准和简单的配置，以及支持大型复杂 VPN 网络的 IPSec 策略。

8. Algo

Algo 是一款极简主义的 VPN 创建工具，面向需要经常移动的用户。因为它的设计主要是为了简单和保密，所以 Algo 是不可扩展的，不能用于逃避审查、地理隔离等任务。Algo 只支持 Wireguard 和 IKEv2 协议，不需要 OpenVPN 或任何其他客户端应用。设置起来既简单又快捷，所以如果只需一个安全的代理，则 Algo 是一个不错的选择。

9. Streisand

Streisand 可以被称为是一个更强大和灵活的 Algo，然而，它并不支持 IKEv2，但可以使用它轻松地绕过审查，而且它的设置几乎不需要任何专业知识。它支持 OpenSSH、OpenConnect、L2TP、OpenVPN、Shadowsocks、Torbridge、WireGuard 和 Stunnel，需要安装的客户端应用程序取决于决定实现哪个协议。

10. PriTunl

PriTunl 是一款开源软件，能够使用它创建一个云 VPN，该云 VPN 具有安全加密、复杂的站点到站点链接、网关链接及通过 Web 界面远程访问本地网络中的用户等功能。PriTunl 拥有多达 5 个认证层、可定制的插件系统、跨平台的官方客户端、对 OpenVPN 客户端和 AWS VPC 网络的支持，并且易于设置。

11. OpenVPN

OpenVPN 是目前最流行的 VPN 解决方案之一。它与同名的协议一起工作，甚至可以使用它穿越 NAT 防火墙。它支持 TCP 和 UDP 传输，多种加密方法，是完全可定制的。不过，应该注意，需要使用客户端应用程序。OpenVPN 的使用相对其他几款工具而言有些复杂，但不要担心，因为有很多指南和一个社区帮助从初学者过渡到专业用户。

12. WireGuard

在列出 OpenVPN 和 StrongSwan 等工具之后，是时候推出一个更容易使用的 VPN 解决方案了。WireGuard 是一个多平台工具，可以轻松地使用它的同名协议部署 VPN。再加上它对 IPv4 和 IPv6 的支持，它最突出的特性是加密密钥路由——一个将公共密钥与隧道中的 IP 地址列表相关联的特性。WireGuard 的目标是成为最简单、最安全、最容易使用的 VPN 解决方案，很多用户已经在使用。

13. VyOS

VyOS 不同于其他产品，因为它是一个成熟的网络 Linux 操作系统，专门为路由器和防火墙开发。它具有 Web 代理和站点过滤、针对 IPv4 和 IPv6 的站点到站点 IPSec、针对站点到站点和远程访问的 OpenVPN 及对动态路由协议和 CLI 的全面支持及其他高级路由特性。VyOS 是从头开始构建的，提供优秀的 VPN 特性，可以根据自己的喜好定制它们。

14. Freelan

Freelan 是一款免费、开源、多平台、对等的 VPN 软件，通过互联网抽象 LAN，除了使用它为用户提供访问私有网络的特权之外，还可以使用以网络拓扑来创建 VPN 服务。

Freelan 是用 C 和 C++ 编写的，侧重于安全性、性能和稳定性。作为 VPN 软件，用户所需要做的就是安装和配置它，并允许它在后台运行。如果想建立一个能够匿名上网的网络代理，则可以到对应的社区查询相关的资料。

15. Outline

Outline 是 Jigsaw 的网络安全部门发布的一个项目，其目的是允许用户在 digitalocean 上创建一个 VPN 服务器并授权访问它。Outline 本身并不是 VPN，它依赖于 Shadowsocks 协议（用于重定向互联网流量的加密 socks5 代理）。它有一个漂亮的 GUImanager 应用程序，易于使用，用户可以从中设置配置和选择服务。

3.4 网络与安全的核心工具 iptables

3.4.1 iptables 介绍

iptables 是在 Linux 内核里配置防火墙规则的用户空间工具，它实际上是 Netfilter 框架的一部分。可能因为 iptables 是 Netfilter 框架里最常见的部分，所以这个框架通常被称为 iptables，iptables 是 Linux 从 2.4 版本引入的防火墙解决方案。

1．iptables 规则链的类型

iptables 的规则链分为 3 种：输入、转发和输出。

（1）输入：这条链用来过滤目的地址是本机的连接。例如，如果一个用户试图使用 SSH 登录到 PC/服务器，iptables 则会首先将其 IP 地址和端口匹配到 iptables 的输入链规则。

（2）转发：这条链用来过滤目的地址和源地址都不是本机的连接。例如，路由器收到的绝大多数数据需要转发给其他主机。如果系统没有开启类似于路由器的功能，如 NATing，就不需要使用这条链。

（3）输出：这条链用来过滤源地址是本机的连接。例如，当尝试 ping howtogeek.com 时，iptables 会检查输出链中与 ping 和 howtogeek.com 相关的规则，然后决定允许还是拒绝连接请求。

当 ping 一台外部主机时，看上去好像只是输出链在起作用，但是，外部主机返回的数据要经过输入链的过滤。当配置 iptables 规则时，应牢记许多协议需要双向通信，所以需要同时配置输入链和输出链。人们在配置 SSH 时通常会忘记在输入链和输出链都配置它。

2．链的默认行为

在配置特定的规则之前，应配置这些链的默认行为。换句话说，当 iptables 无法匹配现存的规则时，想让它做出何种行为。

可以运行如下的命令来显示当前 iptables 对无法匹配的连接的默认动作：

```
iptables -L | grep policy
```

通常情况下，系统在默认情况下接收所有的网络数据。这种设定也是 iptables 的默认配置。接收网络连接的配置命令如下：

```
iptables -- policy INPUT ACCEPT
iptables -- policy OUTPUT ACCEPT
iptables -- policy FORWARD ACCEPT
```

在使用默认配置的情况下，也可以添加一些命令来过滤特定的 IP 地址或端口号。

如果想在默认情况下拒绝所有的网络连接，然后在其基础上添加允许的 IP 地址或端口号，则可以将默认配置中的 ACCEPT 变成 DROP，命令如下所示。这对于一些含有敏感数据的服务器来讲是极有用的。通常这些服务器只允许特定的 IP 地址访问它们：

```
iptables -- policy INPUT DROP
iptables -- policy OUTPUT DROP
iptables -- policy FORWARD DROP
```

对特定连接的配置，可对特定的 IP 地址或端口做出设定。主要介绍 3 种最基本和常见的设定。

（1）Accept：接收所有的数据。

（2）Drop：丢弃数据。应用场景：当不想让数据的来源地址意识到系统的存在时，这是最好的处理方法。

（3）Reject：不允许建立连接，但是返回一个错误回应。应用场景：不想让某个 IP 地址访问系统，但又想让访问者知道防火墙阻止了其访问。

3.4.2 ipset 介绍

1. 基本的 ipset 用法

ipset 是 iptables 的扩展，它允许创建匹配整个地址 sets(地址集合)的规则，而不像普通的 iptables 链那样(线性的存储和过滤)，IP 集合存储在带索引的数据结构中，这种结构即使集合比较大也可以进行高效查找。

除了一些常用的情况，例如阻止一些危险的主机访问本机，从而减少系统资源占用或网络拥塞，ipset 也具备一些新防火墙设计方法，并简化了配置。

例如 Web 服务(端口一般在 80，HTTPS 端口一般在 443)，可以使用 0.0.0.0/0 来阻止所有的 IP 地址，命令如下：

```
iptables -A INPUT -s 0.0.0.0/0 -p tcp -- dport 80 -j DROP
iptables -A INPUT -s 0.0.0.0/0 -p tcp -- dport 443 -j DROP
```

阻止所有访问 Web 服务器的 IP 地址，然后将指定的 IP 添加到白名单，例如添加 1.2.3.4，命令如下：

```
iptables -A INPUT -s 1.2.3.4 -p tcp -- dport 80 -j ACCEPT
```

如果允许某个网段下的所有 IP 都可以访问，例如 1.2.3.[0-255]，则使用的命令如下：

```
iptables -A INPUT -s 1.2.3.0/24 -p tcp --dport -j ACCEPT
```

总之不管是阻止所有的服务还是只阻止指定的服务，都可以先将默认的规则设置为所有 IP 都不可访问，然后手动将 IP 地址添加到白名单。

ipset 创建 set，命令如下：

```
ipset create banip hash:net
```

这里是创建一个名为 banip 的集合，以哈希方式存储，存储内容是 IP/段地址，然后在这个集合里面添加需要封禁的 IP 或者 IP 段，命令如下：

```
ipset add banip 4.5.6.7              //单个 IP 地址
ipset add banip 4.5.6.0/24           //IP 段
```

这里需要注意一点，现在添加的 IP 集合 banip 当服务器重启后会丢失，因为集合是临时的，所以需要执行以下命令进行持久化保存：

```
service ipset save
```

执行之后，会被保存在/etc/sysconfig/ipset 中，下次重启时会自动调用，以后要加 IP 时直接加在 /etc/sysconfig/ipset 文件内就可以了。

接下来还有最后一步，在 iptables 里添加一个规则，以此来调用这个集合，命令如下：

```
iptables -I INPUT -m set --match-set banip src -p tcp --destination-port 80 -j DROP
```

参数-m set -match-set banip src 用于实现调用 banip 集合，封禁的是 80 端口，只要在 banip 集合里的 IP 全部无法访问 80 端口。重启 iptables 后生效，命令如下：

```
service iptables restart
```

至此，全部配置就已经完成了，添加到 banip 集合里的 IP 无法访问 80 端口，并且后续添加 IP 时不需要重启 iptables，可立即生效。

2．更多的 ipset 用法

（1）存储类型的使用。前面例子中的 banip 集合是以哈希方式存储 IP 和 IP 段地址的，也就是以网络段为哈希的键。除了 IP 地址，还可以是 IP 段、端口号（支持指定 TCP/UDP）、MAC 地址、网络接口名称，或者上述各种类型的组合。

例如指定 hash：ip,port 就是 IP 地址和端口号共同作为哈希的键。查看 ipset 的帮助文档可以看到它支持的所有类型。

下面以两个例子进行说明。

创建 ipset 集合，IP 为 key，并进行测试，命令如下：

```
ipset create banip hash:ip
ipset add banip 6.7.8.9
ipset test banip 1.2.3.2
```

执行 ipset test banip 1.2.3.2 就会得到结果：

```
1.2.3.2 is NOT in set banip
```

注意，如果在 hash：ip 里添加 IP 段，则会被拆分为这个 IP 段里所有的独立 IP 进行存储，如果是 IP 和 IP 段混合存储，则建议使用 hash：net。

创建 ipset 集合，ip 和 port 为 key，并进行测试，命令如下：

```
ipset create banip hash:ip,port
ipset add banip 3.4.5.6,80
ipset add banip 5.6.7.8,udp:53
ipset add banip 1.2.3.4,80-86
```

第 2 条命令添加的 IP 地址为 3.4.5.6，端口号是 80。如果没有注明协议，默认就是 TCP，下面一条命令则指明了使用 UDP 的 53 端口。最后一条命令指明了一个 IP 地址和一个端口号范围，这也是合法的命令。

（2）自动过期和解封的使用。ipset 支持 timeout 参数，这就意味着，如果一个集合作为黑名单被使用，通过 timeout 参数，就可以到期自动从黑名单里删除内容。添加自动过期的命令如下：

```
ipset create banip hash:ip timeout 300
ipset add banip 1.2.3.4
ipset add banip 6.6.6.6 timeout 60
```

上面第 1 条命令创建了名为 banip 的集合，后面添加了 timeout 参数，值为 300，往集合里添加条目的默认 timeout 时间就是 300。第 3 条命令在向集合添加 IP 时指定了一个不同于默认值的 timeout 值 60，由此可知这一条就会在 60s 后被自动删除。

隔几秒执行一次 ipset list banip 可以看到这个集合里的 timeout 一直在随着时间的变化而变化，标志着它们在多少秒之后会被删除。

如果要重新为某个条目指定 timeout 参数，则要使用-exist 选项。

```
ipset -exist add banip 1.2.3.4 timeout 100
```

这样 1.2.3.4 这一条数据的 timeout 值就变成了 100，如果在这里将其设置为 300，则它的 timeout（存活时间）会重新变成 300。

如果在创建集合时没有指定 timeout，则之后添加的条目不支持 timeout 参数，执行 add 会收到报错。如果想要默认条目不过期（自动删除），并且需要在添加某些条目时加上

timeout 参数，则可以在创建集合时将 timeout 指定为 0。

ipset 集合支持更大条目，hashsize 和 maxelem 参数分别指定了创建集合时初始的哈希大小和最大存储的条目数量。创建命令如下：

```
ipset create banip hash:ip hashsize 4096 maxelem 1000000
ipset add banip 3.4.5.6
```

这样就创建了名为 banip 的集合，初始哈希大小是 4096，如果满了，则这个哈希会自动扩容为之前的两倍。最大能存储的数量是 100 000 个。如果没有指定，则 hashsize 的默认值为 1024，maxelem 的默认值为 65 536。

ipset 常用命令如下：

```
ipset del banip x.x.x.x         # 从 banip 集合中删除内容
ipset list banip                # 查看 banip 集合的内容
ipset list                      # 查看所有集合的内容
ipset flush banip               # 清空 banip 集合
ipset flush                     # 清空所有集合
ipset destroy banip             # 销毁 banip 集合
ipset destroy                   # 销毁所有集合
ipset save banip > 1.txt        # 将 banip 集合内容输出到 1.txt
ipset save > 1.txt              # 将所有集合内容输出到 1.txt
ipset restore < 1.txt           # 根据 1.txt 内容恢复集合内容
service ipset save              # 执行 add 和 del 这类添加和删除操作后都需要保存
service ipset restart           # 重启 ipset
```

限制来自某一 IP 的并发访问，环境如下。

A 的 IP：192.168.31.158。

B 的 IP：192.168.31.207。

在 B 上执行 ab 命令，模拟大量请求，命令如下：

```
ab -n 10000 -c 20 http://192.168.31.158/test.html
```

完成后，到 A 中查看负载状况，执行 w 命令查看详情。

发现 A 的压力太大，得限制 B 了，执行 iptables 命令如下：

```
iptables -I INPUT -p tcp --dport 80 -s 192.168.31.207 -m connlimit --connlimit-above 10 -j REJECT
```

再到 B 中执行之前的 ab 命令，命令如下：

```
ab -n 10000 -c 20 http://192.168.31.158/test.html
```

发现请求已经被拒绝了。如果把参数-c 的值改为 9，就可以正常执行了。

为了便于理解，这个 iptables 命令可以分为几部分命令说明：

```
iptables
    -I INPUT
    -p tcp --dport 80  -s 192.168.31.207
    -m connlimit --connlimit-above 10
    -j REJECT
```

-I INPUT：表示要插入一条 INPUT 链的规则。

-p tcp --dport 80 -s 192.168.31.207：针对来自 192.168.31.207 这个 IP 对于本机 80 端口的 TCP 请求。

-m connlimit --connlimit-above 10：表示匹配条件，并发数大于 10 时成立。

-j REJECT：满足条件后要执行的动作，即拒绝。

iptables 删除除一个 IP 之外的所有传入 ICMP 请求。iptables 对命令运行的顺序很敏感。如果规则匹配，它则不会继续检查更多规则，它只是服从那个规则。如果先设置 drop，则接受规则永远不会被测试。通过源 IP 设置特定接受规则，然后将更一般的策略设置为丢弃将影响预期行为。错误的配置命令如下：

```
iptables -A INPUT  -s x.x.x.x -p ICMP --icmp-type 8 -j ACCEPT
iptables -A INPUT  -p ICMP --icmp-type 8 -j DROP
```

上面的配置命令导致 ICMP 请求永远被全部丢弃，正确的配置命令如下：

```
iptables -A INPUT  -p ICMP --icmp-type 8 -j DROP
iptables -A INPUT  -s x.x.x.x -p ICMP --icmp-type 8 -j ACCEPT
```

3.5 非常强大的网络管理工具 ip 命令

在以前的 Linux 系统版本中，可使用 ifconfig 命令查看 IP 地址等信息，但是 ifconfig 已经不再被维护了，并在近几年的 Linux 版本中已经被弃用。ifconfig 命令已被 ip 命令替换。ip 命令有点类似于 ifconfig 命令，但它更强大，附加了更多的功能。ip 命令可以执行一些网络相关的任务，是 ifconfig 不能操作的。

ip 命令可以显示或操作路由、网络设备、设置路由策略和通道。此命令的适用范围：RHEL、Ubuntu、CentOS、SUSE、openSUSE、Fedora。

3.5.1 使用语法

ip [选项]　OBJECT　COMMAND [help]

OBJECT 对象可以是：link(网络设备)、addr(设备的协议地址)、route(路由表)、rule (策略)、neigh(arp 缓存)、tunnel(IP 通道)、maddr(多播地址)、mroute(多播路由)。

COMMAND 是操作命令，不同的对象有不同的命令配置。

link 对象支持的命令包括 set、show。

addr 对象支持的命令包括 add、del、flush、show。
route 对象支持的命令包括 list、flush、get、add、del、change、append、replace、monitor。
rule 对象支持的命令包括 list、add、del、flush。
neigh 对象支持的命令包括 add、del、change、replace、show、flush。
tunnel 对象支持的命令包括 add、change、del、show。
maddr 支持的命令包括 add、del。
mroute 支持的命令包括 show。

3.5.2 选项列表

详细参数说明如表 3-4 所示。

表 3-4 常用 ip 选项参数

选 项	说 明
-V｜-Version	显示版本信息
--help	显示帮助信息
-s｜-stats｜-statistics	显示详细的信息
-f｜-family	指定协议类型
-4	等同-family inet
-6	等同-family inet6
-0	等同-family link
-o｜-oneline	每条记录输出一行
-r｜-resove	使用系统名字解析 DNS

3.5.3 ip link（网络设备配置）

链路是一种网络设备，相应的命令可显示和改变设备的状态。

1. ip link set（改变设备属性）

devNAME(default)，NAME 用于指定要操作的网络设备。配置 SR-IOV 虚拟功能(VF)设备时，此关键字应指定关联的物理功能(PF)设备。

up、down：改变设备的状态，即开或者关。

arp on、arp off：更改设备的 NOARP 标志。

multicast on、multicast off：更改设备的 MULTICAST 标志。

dynamic on、dynamic off：更改设备的 DYNAMIC 标志。

nameNAME：更改设备的名字，如果设备正在运行或者已经有一个配置好的地址，则操作无效。

txqueuelenNUMBER、txqlenNUMBER：更改设备发送队列的长度。

mtuNUMBER：更改设备 MTU。

addressLLADDRESS：更改接口的站点地址。

broadcastLLADDRESS、brdLLADDRESS、peerLLADDRESS：当接口为 POINTOPOINT

时,更改链路层广播地址或对等地址。

netnsPID:将设备移动到与进程 PID 关联的网络命名空间。

aliasNAME:给设备一个符号名以便于参考。

vfNUM:指定要配置的虚拟功能设备。必须使用 dev 参数指定关联的 PF 设备。

警告:如果请求更改多个参数,则在任何更改失败后立即中止 IP。这是 IP 能够将系统移动到不可预测状态的唯一情况。解决方案是避免使用一个 IP 链路集调用来更改多个参数。

2. ip link show(显示设备属性)

devNAME(default):NAME 用于指定要显示的网络设备。如果省略此参数,则列出所有设备。

up:只显示运行的设备。

3.5.4 ip address(协议地址管理)

该地址是附加到网络设备上的协议(IP 或 IPv6)地址。每个设备必须至少有一个地址才能使用相应的协议。可以将几个不同的地址附加到一个设备上。这些地址不受歧视,因此别名一词不太适合它们。ip addr 命令用于显示地址及其属性,以及添加新地址并删除旧地址。

1. ip address add(增加新的协议地址)

devNAME:要向其添加地址的设备的名称。

localADDRESS(default):接口的地址。地址的格式取决于协议。它是一个用于 IP 的虚线四边形和一系列十六进制半字,用冒号分隔,用于 IPv6。地址后面可以是斜杠和十进制数,它们用于编码网络前缀长度。

peerADDRESS:点对点接口的远程端点的地址。同样,地址后面可以是斜杠和十进制数,用于编码网络前缀长度。如果指定了对等地址,则本地地址不能具有前缀长度。网络前缀与对等端相关联,而不是与本地地址相关联。

broadcastADDRESS:接口的广播地址。可以使用特殊符号"+"和"-"代替广播地址。在这种情况下,通过设置/重置接口前缀的主机位来导出广播地址。

labelNAME:每个地址都可以用标签字符串标记。为了保持与 Linux 2.0 网络别名的兼容性,此字符串必须与设备名称重合,或者必须以设备名后跟冒号作为前缀。

scopeSCOPE_VALUE:地址有效的区域的范围。可用的作用域列在文件/etc/iproute2/rt_scopes 中。预定义的范围值如下。

(1) global:地址全局有效。

(2) site:(仅 IPv6)该地址为站点本地地址,即该地址在此站点内有效。

(3) link:该地址是本地链接,即它仅在此设备上有效。

(4) host:该地址仅在此主机内有效。

2. ip address delete（删除协议地址）

Arguments：与 ip addr add 的参数一致。设备名称是必需的参数。其余的参数都是可选的。如果没有提供参数，则删除第 1 个地址。

3. ip address show（显示协议地址）

devNAME(default)：设备名字。

scopeSCOPE_VAL：仅列出具有此作用域的地址。

toPREFIX：仅列出匹配 PREFIX 的地址。

labelPATTERN：只列出与模式匹配的标签的地址。

Dynamic、permanent：（仅 IPv6）仅列出由于无状态地址配置而安装的地址，或只列出永久（非动态）地址。

tentative：（仅 IPv6）仅列出未通过重复地址检测的地址。

deprecated：（仅 IPv6）列出废弃地址。

primary、secondary：只列出主（或辅助）地址。

4. ip address flush（刷新协议地址）

此命令用于刷新由某些条件选择的协议地址。此命令具有与 Show 相同的参数。不同之处在于，当不给出参数时，它不会运行。警告：这个命令（及下面描述的其他刷新命令）非常危险，因为会清除所有的地址。

使用-statistics 选项，命令变得详细。它会打印出已删除地址的数量和为刷新地址列表而进行的轮次数。如果提供了两次此选项，则 ip addr flush 也会以特定的格式转储所有已删除的地址。

3.5.5 ip addrlabel（协议地址标签管理）

IPv6 地址标签用于 RFC 3484 中描述的地址选择。优先级由用户空间管理，只有标签存储在内核中。

1. ip addrlabel add（增加地址标签）

prefixPREFIX、devDEV：输出接口。

labelNUMBER：prefix 的标签，0xffffffff 保留。

2. ip addrlabel del（删除地址标签）

该命令用于删除内核中的一个地址标签条目。参数：与 ip addrlabel add 的参数一致，但不需要标签。

3. ip addrlabel list（列出地址标签）

显示地址标签的内容。

4. ip addrlabel flush（刷新地址标签）

刷新地址标签的内容，并且不保存默认设置。

3.5.6 ip neighbour（邻居/ARP 表管理）

邻居对象为共享相同链路的主机建立协议地址和链路层地址之间的绑定。邻接条目被组织成表。IPv4 邻居表的另一个名称是 ARP 表。相应的命令用于显示邻居绑定及其属性，以及添加新的邻居项并删除旧条目。

（1）ip neighbour add：增加邻居表。

（2）ip neighbour change：改变已经存在的邻居表。

（3）ip neighbour replace：增加一张表或者修改已经存在的表。

这些命令用于创建新的邻居记录或更新现有记录。上面的 3 个命令的使用方法如下。

toADDRESS(default)：邻居的协议地址。它要么是 IPv4 地址，要么是 IPv6 地址。

devNAME：连接到邻居的接口。

lladdrLLADDRESS：邻居的链路层地址，可以是 null。

nudNUD_STATE：邻居的状态，可以是下面的值。

（1）permanent：邻居项永远有效，只能由管理员删除。

（2）noarp：邻居项有效。将不会尝试验证此条目，但可以在其生存期届满时删除该条目。

（3）reachable：邻居项在可达超时过期之前是有效的。

（4）stale：邻居的进入是有效的，但却是可疑的。如果邻居状态有效且此命令未更改地址，则此选项不会更改邻居状态。

1. ip neighbour delete（删除邻居表）

此命令使邻居项无效。这些参数与 ip neigh add 相同，只是将忽略 lladdr 和 nud。警告：试图删除或手动更改内核创建的 noarp 条目可能会导致不可预测的行为。特别是，即使在 NOARP 接口上，如果地址是多播或广播的，内核则可以尝试解析此地址。

2. ip neighbour show（显示邻居表）

toADDRESS(default)：选择要列出的邻居的前缀。

devNAME：只列出与此设备相连的邻居。

unused：只列出当前未使用的邻居。

nudNUD_STATE：只列出此状态中的相邻项。NUD_STATE 接受下面列出的值或特殊值 all，这意味着接受所有状态。此选项可能发生不止一次。如果没有此选项，则 IP 会列出除 None 和 noarp 以外的所有条目。

3. ip neighbour flush（刷新邻居表）

此命令用于刷新相邻表，根据某些条件选择要刷新的条目。此命令具有与 show 相同的参数。不同之处在于，当不给出参数时，它不会运行，而要刷新的默认邻居状态不包括 permanent 和 noarp。

3.5.7　ip route（路由表管理）

操纵内核路由表中的路由条目并保存其他网络节点的路径信息。可能的路由类型如下。

（1）unicast：路由条目描述到路由前缀所涵盖的目的地的实际路径。

（2）unreachable：这些目的地是无法到达的。丢弃数据包，生成不可访问的 ICMP 消息主机。本地发件人得到一个 EHOSTUNEACH 错误。

（3）blackhole：这些目的地是无法到达的。数据包被静默丢弃。本地发送者得到一个 EINVAL 错误。

（4）prohibit：这些目的地是无法到达的。丢弃数据包并生成 ICMP 消息通信，该 ICMP 消息通信在管理上被禁止。本地发件人得到一个 EACCES 错误。

（5）local：将目的地分配给此主机。数据包被环回并在本地传送。

（6）broadcast：目的地是广播地址。数据包作为链路广播发送。

（7）throw：与策略规则一起使用的特殊控制路径。如果选择这样的路由，则将终止此表中的查找，假装没有找到路由。如果没有策略路由，则相当于路由表中没有路由。丢包并生成不可到达的 ICMP 消息网。本地发送者得到一个 ENETUNEACH 错误。

（8）nat：一条特殊的 NAT 路线。前缀覆盖的目的地被认为是虚拟地址（或外部地址），需要在转发之前转换为真实地址（或内部地址）。选择要转换到的地址，并附带属性警告：Linux 2.6 中不再支持路由 NAT。

（9）via、anycast：未实现目标是分配给此主机的任意广播地址。它们主要等同于本地地址，但有一个不同之处：当将这些地址用作任何数据包的源地址时，这些地址是无效的。

multicast：用于多播路由的一种特殊类型。它不存在于普通路由表中。

路由表：Linux 2.x 可以将路由打包到从 1 到 255 的数字标识的多个路由表中，或者根据文件 /etc/iucte 2/rt_tables 的名称，在默认情况下，所有普通路由都插入主表（ID 254），内核只在计算路由时使用此表。实际上，另一张表总是存在的，这是不可见的，但更重要，即它是本地表（ID 255）。此表由本地地址和广播地址的路由组成。内核自动维护这个表，管理员通常不需要修改它，甚至不需要查看它。当使用策略路由时，多个路由表进入游戏。

（1）ip route add：增加路由。

（2）ip route change：修改路由。

（3）ip route replace：改变或者增加路由。

toTYPEPREFIX(default)：路由的目标前缀。如果省略类型，则 IP 采用类型单播。以上列出了其他类型的值。前缀是一个 IP 或 IPv6 地址，后面有斜杠和前缀长度。如果前缀的长度丢失，则 IP 将采用全长主机路由，还有一个特殊的前缀默认值，相当于 IP 0/0 或 to IPv6::/0。

tosTOS、dsfieldTOS：服务类型（TOS）密钥。该密钥没有关联的掩码，最长的匹配被理解为比较路由和数据包的 TOS。如果它们不相等，则数据包仍然可以匹配为 0TOS 的路由。TOS 要么是 8 位十六进制数字，要么是 /etc/iproute2/rt_dsfield 中的标识符。

metricNUMBER、preferenceNUMBER：路由的首选值。NUMBER 是任意的 32 位数。

tableTABLEID：要添加此路由的表。TABLEID 可能是文件 /etc/iproute2/rt_tables

中的一个数字或字符串。如果省略此参数，则 IP 假定主表，但本地路由、广播路由和 NAT 路由除外，在默认情况下这些路由被放入本地表中。

devNAME：输出设备名字。

viaADDRESS：下一个路由器的地址。实际上，这个字段的意义取决于路由类型。对于普通单播路由，它要么是真正的下一跳路由器，要么是安装在 BSD 兼容模式下的直接路由，它可以是接口的本地地址。对于 NAT 路由，它是已翻译的 IP 目的地块的第 1 个地址。

srcADDRESS：当发送到路由前缀所涵盖的目的地时要首选的源地址。

realmREALMID：指定此路由的域。REALMID 可能是文件/etc/iproute2/rt_realms 中的一个数字或字符串。

mtuMTU、mtulockMTU：沿着到达目的地的路径的 MTU。如果未使用修饰符锁，则由于路径 MTU 发现，内核可能更新 MTU。如果使用修饰符锁，则不会尝试路径 MTU 发现，所有数据包都将在 IPv4 情况下不使用 DF 位发送，或者在 IPv6 中碎片到 MTU。

windowNUMBER：TCP 向这些目的地进行广告的最大窗口，以字节为单位。它限制了 TCP 对等点允许发送给最大数据突发。

rttTIME：最初的 RTT(往返时间)估计。如果没有指定后缀，则单元会被直接传递给路由代码的原始值，以保持与以前版本的兼容性。否则如果使用 s、sec 或 secs 后缀指定秒，则使用 ms、msec 或 msecs 指定毫秒。

rttvarTIME(2.3.15+ only)：初始 RTT 方差估计。值与上述 RTT 指定的值相同。

rto_minTIME(2.6.23+ only)：与此目标通信时要使用的最小 TCP 重传超时。值与上述 RTT 指定的值相同。

ssthreshNUMBER(2.3.15+ only)：初始慢启动阈值的估计。

cwndNUMBER(2.3.15+ only)：阻塞窗口的夹子。如果不使用锁标志，则忽略它。

initcwndNUMBER：TCP 连接的 MSS 中的最大初始拥塞窗口(CWND)大小。

initrwndNUMBER(2.6.33+ only)：连接到此目标的初始接收窗口大小。实际窗口大小是此值乘以连接的 MSS。默认值为 0，意味着使用慢速开始值。

advmssNUMBER(2.3.15+ only)：MSS(最大段大小)在建立 TCP 连接时向这些目的地做广告。如果未给出，则 Linux 将使用从第 1 跳设备 MTU 中计算出来的默认值(如果到达这些目的地的路径是不对称的，则这种猜测可能是错误的)。

reorderingNUMBER(2.3.15+ only)：到达此目标的路径上的最大重排序。如果未给出，Linux 则将使用 sysctl 变量 net/ipv4/tcp_reordering 所选择的值。

nexthopNEXTHOP：多径路径的下一个。NEXTHOP 是一个复杂的值，其语法类似于顶级参数列表。

(1) viaADDRESS：下一个路由器。

(2) devNAME：输出设备。

(3) weightNUMBER：是反映其相对带宽或质量的多径路由的此元素的权重。

scopeSCOPE_VAL：路由前缀所涵盖的目的地的范围。SCOPE_VAL 可以是文件/

etc/iproute2/rt_scopes 中的一个数字或字符串。如果省略此参数，则 IP 假定所有网关单播路由的作用域全局、直接单播和广播路由的范围链接及本地路由的范围主机。

protocolRTPROTO：此路由的路由协议标识符。RTPROTO 可以是文件/etc/iproute2/rt_protos 中的一个数字或字符串。如果未给出路由协议 ID，则 IP 假定协议启动（假定路由是由不了解他们正在做的事情的人添加的）。一些协议值有固定的解释。

(1) redirect：该路由是由于 icmp 重定向而安装的。

(2) kernel：该路由是由内核在自动配置期间安装的。

(3) boot：该路由是在启动过程中安装的。如果路由守护进程启动，则将清除所有守护进程。

(4) static：管理员安装了该路由以覆盖动态路由。路由守护进程将尊重它们，甚至可能会向其对等方发布广告。

(5) ra：路由是由路由器发现协议安装的。

Onlink：假装 Nextthop 直接连接到此链接，即使它不匹配任何接口前缀。

Equalize：允许在多径路由上逐包随机化。如果没有这个修饰符，路由则将被冻结到一个选定的下一个，这样负载拆分将只发生在每个流基上。只有当内核被修补时，均衡化才能工作。

ip route delete：删除路由。ip route del 与 ip route add 具有相同的参数，但它们的语义略有不同。键值（to、tos、首选项和表）选择要删除的路由。如果存在可选属性，则 IP 验证它们是否与要删除的路由的属性一致。如果没有找到具有给定密钥和属性的路由，则 ip route del 将失败。

ip route show：显示路由。toSELECTOR(default)，仅从给定的目的地范围中选择路由。SELECTOR 由一个可选修饰符(root、match、exact)和一个前缀组成。root 用于选择前缀不小于 PREFIX 的路由。例如，root 0/0 选择整个路由表。match 用于选择前缀长度不超过 PREFIX 的路由。例如，match 10.0/16 选择 10.0/16、10/8 和 0/0，但未选择 10.1/16 和 10.0.0/24。exact(或仅仅前缀)用于选择具有此前缀的路由。如果这两个选项都没有出现，则 IP 假设为根 0/0，即它会列出整个表。

tosTOS，只选择具有给定 tos 的路由。

tableTABLEID 用于显示此表中的路线。默认设置为显示 tablemain。TABLEID 可以是实表的 ID，也可以是特殊值之一。

(1) all：列出所有的表。

(2) cache：列出路由缓存的内容。

cloned 或 cached：列出被克隆出来的路由，即由于某些路由属性改变，例如 MTU，而由某些路由派生出来的路由。(MTU)已更新。实际上，它等同于 table cache。

fromSELECTOR，语法与 to 相同，但它用于绑定源地址范围而不是目的地。需要注意，FROM 选项仅适用于克隆路由。

protocolRTPROTO：仅列出此路由的协议。

scopeSCOPE_VAL：仅列出具有此范围的路由。

typeTYPE：只列出此类型的路由。

devNAME：只列出经过此设备的路由。

viaPREFIX：只列出通过前缀选择的下一个路由器的路由。

srcPREFIX：只列出由前缀选择的首选源地址的路由。

realmREALMID 和 realmsFROMREALM/TOREALM：只列出这些领域的路由。

ip route flush：刷新路由表。此命令用于刷新由某些标准选择的路由，参数具有与 ip route show 的参数相同的语法和语义，但是路由表没有列出，而是被清除。唯一的区别是默认操作：显示转储所有 IP 主路由表，但刷新打印助手页。

使用-statistics 选项，命令变得详细。它打印出已删除路由的数目和刷新路由表的轮数。如果该选项被给予两次，则 IP 路由刷新也会以前面部分描述的格式转储所有已删除的路由。

ip route get：获取一个单独的路由，此命令用于获取一条到达目标的路由，并按照内核所看到的那样打印其内容。

toADDRESS(default)：目标地址。

fromADDRESS：源地址。

tosTOS、dsfieldTOS：服务类型。

iifNAME：预期将从该包到达的设备。

oifNAME：强制将此数据包路由的输出设备。

connected：如果没有提供源地址，则重新查找从第 1 次查找中接收的源设置并以此作为首选地址的路由。如果使用策略路由，则可能是不同的路由。

需要注意，此操作不等同于 ip route show。show 表示显示现有路线。如果必要，get 则可以解决它们并创建新的克隆。

3.5.8　ip rule(路由策略数据库管理)

rule 规则在路由策略数据库中控制路由选择算法。因特网中使用的经典路由算法只根据数据包的目的地址（理论上，而不是实际中的 TOS 字段）进行路由决策。在某些情况下，希望通过不同的方式路由数据包，这不仅取决于目的地址，还取决于其他数据包字段：源地址、IP、传输协议端口，甚至包有效负载。此任务称为"策略路由"。为了解决这一问题，传统的基于目标的路由表按照最长的匹配规则排序，被替换为"路由策略数据库"(RPDB)，该数据库通过执行一组规则来选择路由。

每个策略路由规则由一个选择器和一个动作谓词组成。RPDB 按照增加优先级的顺序进行扫描。每个规则的选择器应用于{源地址、目标地址、传入接口、tos、fwmark}，如果选择器与数据包匹配，则执行操作。动作谓词可能会成功返回。在这种情况下，它将给出路由或故障指示，并终止 RPDB 查找。否则 RPDB 程序将继续执行下一条规则。

语义上，自然动作是选择下一个和输出设备。在启动时，内核配置由三条规则组成的默认 RPDB。

（1）Priority：0。Selector：匹配任何内容。Action：查找本地路由表（ID 255）。本地表是包含本地地址和广播地址的高优先级控制路由的特殊路由表。

（2）Priority：32766。Selector：匹配任何内容。Action：查找路由主表（ID 254）。主表是包含所有非策略路由的普通路由表。管理员可以删除和/或用其他规则重写此规则。

（3）Priority：32767。Selector：匹配任何内容。Action：查找路由表默认值（ID 253）。默认表为空。如果没有先前的默认规则选择数据包，则保留用于某些后处理。这一规则也可以删除。

RPDB 可能包含以下类型的规则。

（1）unicast：该规则规定返回在规则引用的路由表中找到的路由。

（2）blackhole：这条规则规定要悄悄丢弃数据包。

（3）unreachable：该规则规定生成"网络不可达"错误。

（4）prohibit：该规则规定产生"在行政上禁止通信"错误。

（5）nat：该规则规定将 IP 数据包的源地址转换为其他值。

ip rule add：增加规则。

ip rule delete：删除规则。

typeTYPE(default)：这个规则的类型。

fromPREFIX：选择要匹配的源前缀。

toPREFIX：选择要匹配的目标前缀。

iifNAME：选择要匹配的传入设备。如果接口是回送的，则该规则只匹配来自此主机的数据包。这意味着可以为转发包和本地数据包创建单独的路由表，从而完全隔离它们。

tosTOS、dsfieldTOS：选择要匹配的 TOS 值。

fwmarkMARK：选择要匹配的 fwmark 值。

priorityPREFERENCE：这条规则的优先级。每个规则都应该有一个显式设置的唯一优先级值。选项、偏好和顺序是优先级的同义词。

tableTABLEID：如果规则选择器匹配，则查找路由表标识符。还可以使用查找而不是表。

realmsFROM/TO：规则匹配和路由表查找成功时要选择的区域。只有当路由没有选择任何领域时，才使用要使用的领域。

natADDRESS：要翻译的 IP 地址块的基（用于源地址）。该地址可以是 NAT 地址块的开始（由 NAT 路由选择），也可以是本地主机地址（甚至为 0）。在最后一种情况下，路由器不会翻译数据包，而是将它们伪装成这个地址。使用 map-to 而不是 NAT 意味着同样的事情。

ip rule flush：刷新规则，还转储所有已删除的规则。

ip rule show：显示规则，没有参数。

3.5.9　ip maddress（多播地址管理）

（1）ip maddress show：显示多播地址。devNAME(default)：设备名字。
（2）ip maddress add：增加多播地址。
（3）ip maddress delete：删除多播地址。

这些命令用于附加/分离一个静态链路层多播地址，以便在接口上侦听。需要注意，不可能静态地加入协议多播组。此命令仅管理链接层地址，主要参数如下。

addressLLADDRESS(default)：链路层多播地址。
devNAME：加入/删除多播地址的设备。

3.5.10　ip mroute（多播路由缓存管理）

mroute 对象是由用户级 mrouting 守护进程创建的多播路由缓存条目。由于组播路由引擎当前接口的局限性，无法对多播路由对象进行管理更改，因此只能显示对象。

ip mroute show：列出 mroute 缓存项。
toPREFIX(default)：选择要列出的目标多播地址的前缀。
iifNAME：接收多播数据包的接口。
fromPREFIX：选择多播路由的 IP 源地址的前缀。

3.5.11　ip tunnel（通道配置）

tunnel 对象是隧道，它将数据包封装在 IP 包中，然后通过 IP 基础结构发送。加密（或外部）地址族由-f 选项指定。默认的是 IPv4。

（1）ip tunnel add：增加一个新隧道。
（2）ip tunnel change：修改一个已经存在的隧道。
（3）ip tunnel delete：删除隧道。

nameNAME(default)：隧道设备名字。
modeMODE：设置隧道模式。可用的模式取决于封装地址系列。IPv4 封装可用的模式：ipip、SIT、isatap 和 grep；IPv6 封装的模式：ip6ip6、ipip6 和 any。
remoteADDRESS：设置隧道的远程端点。
localADDRESS：设置隧道数据包的固定本地地址。它必须是此主机的另一个接口上的地址。
ttlN：在隧道化的数据包上设置固定的 TTL N。N 是介于 1～255 的一个数字。0 是一个特殊值，意味着数据包继承 TTL 值。IPv 4 隧道的默认值为：Inherence。IPv6 隧道的默认值为 64。
tosT、dsfieldT、tclassT：在隧道数据包上设置固定的 TOS（或 IPv6 中的流量类）T。默认值为：inherit。
devNAME：将隧道绑定到设备名称，以便隧道数据包只能通过此设备路由，并且在到达端点的路由发生更改时无法逃逸到另一个设备。

nopmtudisc：禁用此隧道上的路径 MTU 发现。在默认情况下启用它。需要注意，固定的 ttl 与此选项不兼容；使用固定的 ttl 进行隧道操作总会使 pmtu 发现。

keyK、ikey K、okey K：（只有 GRE 隧道）使用键控 GRE 与密钥 K，K 要么是一个数字要么是一个类似 IP 地址的虚线四边形。key 参数设置在两个方向上使用的键。ikey 和 okey 参数可为输入和输出设置不同的键。

csum、icsum、ocsum：（只有 GRE 隧道）生成/要求隧道数据包的校验和。ocsum 标志计算传出数据包的校验和。icsum 标志要求所有输入数据包都具有正确的校验和。csum 标志等效于组合 icsum ocsum。

seq、iseq、oseq：（只有 GRE 隧道）序列化数据包。oseq 标志允许对传出数据包进行排序。iseq 标志要求对所有输入数据包进行序列化。seq 标志等效于 iseq oseq 组合。这不是工作，不要用它。

dscpinherit：（只有 IPv6 隧道）在内部和外部报头之间继承 DS 字段。

encaplimELIM：设置固定的封装限制。默认值为 4。

flowlabelFLOWLABEL：（只有 IPv6 隧道）设置固定的流标签。

（4）ip tunnel prl：潜在路由器列表（只有 ISATAP），主要参数：devNAME、prl-defaultADDR、prl-nodefaultADDR、prl-deleteADDR，添加或删除 addr 作为潜在的路由器或默认路由器。

（5）ip tunnel show：列出隧道，没有参数，直接查看所有隧道信息。

3.5.12　ip monitor and rtmon（状态监控）

IP 实用程序可以连续地监视设备、地址和路由的状态。此选项的格式略有不同。也就是说，监视器 command 是命令行中的第 1 个命令，对象列表如下：

```
ip monitor [ all | LISTofOBJECTS ]
```

OBJECT-LIST 是要监视的对象类型的列表。它可能包含链接、地址和路由。如果没有提供文件参数，则 IP 将打开 RTNETLINK，侦听该参数，并以前面部分描述的格式转储状态更改。

如果给定文件名，则不会侦听 RTNETLINK，而是打开包含以二进制格式保存的 RTNETLINK 消息的文件，并将其转储。可以使用 rtmon 实用程序生成这样的历史文件。此实用程序具有类似于 IP 监视器的命令行语法。在理想情况下，应该在发出第 1 个网络配置命令之前启动 rtmon。例如，在一个启动脚本中插入：

```
rtmon file /var/log/rtmon.log
```

稍后将能够查看完整的历史记录。当然，可以随时启动 rtmon。它会在历史记录的前面加上在启动时转储的状态快照。

3.5.13　ip xfrm（设置 xfrm）

xfrm 是一个 IP 框架，它可以转换数据报文的格式，即用某种算法对数据包进行加密。xfrm 策略和 xfrm 状态通过模板 tmpl_list 相关联。该框架被用作 IPSec 协议的一部分。

（1）ip xfrm state add：增加新的状态。

（2）ip xfrm state update：更新已经存在的状态。

（3）ip xfrm state allocspi：分配 SPI 数值。

MODE：设置为默认传输，但可以设置为 tunnel、ro 或者 beet。

FLAG-LIST：包含一个或多个标志。

FLAG：可以设置为 noecn、decap-dscp、wildrecv。

ENCAP：封装设置为封装类型 ENCAP-TYPE、源端口 SPORT、目标端口 DPORT 和 OADDR。

ENCAP-TYPE：可以是 espinudp 或者 espinudp-nonike。

ALGO-LIST：包含一个或多个算法 Algo，该算法依赖于 Algo_type 设置的算法类型。它可以使用算法 enc、auth、comp。

（4）ip xfrm policy add：增加新策略。

（5）ip xfrm policy update：更新已经存在的策略。

（6）ip xfrm policy delete：删除存在的策略。

（7）ip xfrm policy get：过去存在的策略。

（8）ip xfrm policy deleteall：删除所有的 xfrm 策略。

（9）ip xfrm policy list：打印策略列表。

（10）ip xfrm policy flush：刷新策略。

dirDIR：目录可以是 inp、out、fwd。

SELECTOR：选择将设置策略的地址。选择器由源地址和目标地址定义。

UPSPEC：由源端口 sport、目的端口 dport、type 和 code 定义。

devDEV：指定网络设备。

indexINDEX：索引策略的数量。

ptypePTYPE：默认为 main，可以切换为 sub。

actionACTION：默认为 allow，可以切换为 block。

priorityPRIORITY：级别是一个数字，默认为 0。

LIMIT-LIST：限制以秒、字节或数据包数量为单位进行设置。

TMPL-LIST：模板列表基于 ID、mode、reqid、level。

ID：由源地址、目标地址、proto 和 spi 的值指定。

XFRM_PROTO：值可以是 esp、ah、comp、route2、hao。

MODE：默认为 transport，还可以是 tunnel、beet。

LEVEL：默认为 required，还可以是 use。

UPSPEC：由 sport、dport、type、code 指定。

(11) ip xfrm monitor：用于列出所有对象或定义的对象组。xfrm monitor 可以监视所有对象或其中定义的组的策略。

3.5.14 ip token

IPv6 令牌化接口标识支持用于向节点分配众所周知的主机部分地址，同时仍然从路由器广告获得全局网络前缀。令牌标识符的主要目标是服务器平台，其中的地址通常是手动配置的，而不是使用 DHCPv6 或 SLAAC。通过令牌化标识符，主机仍然可以使用 SLAAC 确定其网络前缀，但如果其网络前缀被更改，则更容易自动重新编号[1]。

(1) ip token set：设置接口令牌。TOKEN 为接口标识符令牌地址；devDEV 为网络接口。

(2) ip token get：从内核获取接口令牌，显示特定网络设备的令牌化接口标识符。参数与 ip token set 的参数一致，但必须省略该令牌。

(3) ip token list：列出所有接口令牌，列出内核中网络接口的所有令牌化接口标识符。

3.5.15 简要实例说明

1. 显示设备的各种协议地址

显示设备支持的协议的地址，命令如下：

```
[root@localhost ~]# ip addr show
1: lo: <LOOPBACK,UP,LOWER_UP> mtu 16436 qdisc noqueue state UNKNOWN
    link/loopback 00:00:00:00:00:00 brd 00:00:00:00:00:00
    inet 127.0.0.1/8 scope host lo
    inet6 ::1/128 scope host
       valid_lft forever preferred_lft forever
2: eth0: <BROADCAST,MULTICAST,UP,LOWER_UP> mtu 1500 qdisc pfifo_fast state UP qlen 1000
    link/ether 08:00:27:14:33:57 brd ff:ff:ff:ff:ff:ff
    inet 192.168.1.9/24 brd 192.168.1.255 scope global eth0
    inet6 fe80::a00:27ff:fe14:3357/64 scope link
       valid_lft forever preferred_lft forever
```

2. 为目标设备添加地址

查看帮助文档，命令如下：

```
[root@localhost ~]# ip addr help
Usage: ip addr {add|change|replace} IFADDR dev STRING [ LIFETIME ]
                                                     [ CONFFLAG-LIST ]
       ip addr del IFADDR dev STRING
       ip addr {show|flush} [ dev STRING ] [ scope SCOPE-ID ]
                           [ to PREFIX ] [ FLAG-LIST ] [ label PATTERN ]
```

给 eth0 添加新的 IP，命令如下：

```
[root@localhost ~]# ip addr add 192.168.1.110 dev eth0
```

查看 eth0 的地址信息,多了一个 IP,命令如下:

```
[root@localhost ~]# ip addr show dev eth0
2: eth0: <BROADCAST,MULTICAST,UP,LOWER_UP> mtu 1500 qdisc pfifo_fast state UP qlen 1000
    link/ether 08:00:27:14:33:57 brd ff:ff:ff:ff:ff:ff
    inet 192.168.1.9/24 brd 192.168.1.255 scope global eth0
    inet 192.168.1.110/32 scope global eth0
    inet6 fe80::a00:27ff:fe14:3357/64 scope link
       valid_lft forever preferred_lft forever
```

3.5.16 传统网络配置命令与 ip 高级路由命令

传统的网络配置 ifconfig 在 1～3 点,ip 高级路由命令在 4～12 点,两者部分可以通用,并达到同样的目的,但 ip 命令的功能更强大,可以实现更多的配置目的。

1. 使用 ifconfig 命令配置并查看网络接口情况

配置 eth0 的 IP,同时激活设备,命令如下:

```
# ifconfig eth0 192.168.4.1 netmask 255.255.255.0 up
```

配置 eth0 别名设备 eth0:1 的 IP,并添加路由,命令如下:

```
# ifconfig eth0:1 192.168.4.2
# route add -host 192.168.4.2 dev eth0:1
```

激活(禁用)设备,命令如下:

```
# ifconfig eth0:1 up(down)
```

查看所有(指定)网络接口配置,命令如下:

```
# ifconfig (eth0)
```

2. 使用 route 命令配置路由表

添加到主机路由,命令如下:

```
# route add -host 192.168.4.2 dev eth0:1
# route add -host 192.168.4.1 gw 192.168.4.250
```

添加到网络的路由,命令如下:

```
# route add -net IP netmask MASK eth0
# route add -net IP netmask MASK gw IP
# route add -net IP/24 eth1
```

添加默认网关,命令如下:

```
# route add default gw IP
```

删除路由,命令如下:

```
# route del - host 192.168.4.1 dev eth0:1
```

查看路由信息,命令如下:

```
# route 或 route - n ( - n 表示不解析名字,列出速度会比 route 快)
```

3. ARP 管理命令

查看 ARP 缓存,命令如下:

```
# arp
```

添加 ARP 映射关系,命令如下:

```
# arp - s IP MAC
```

删除 ARP 映射关系,命令如下:

```
# arp - d IP
```

ip 是 iproute2 软件包里面的一个强大的网络配置工具,它能够替代一些传统的网络管理工具。例如 ifconfig、route 等,上面的示例完全可以用下面的 ip 命令实现,而且 ip 命令可以实现更多的功能。下面是一些示例。

ip 命令的语法,命令如下:

```
ip [OPTIONS] OBJECT [COMMAND [ARGUMENTS]]
```

(1) ip link set 用于改变设备的属性,缩写为 set、s。

up/down 起动/关闭设备,命令如下:

```
# ip link set dev eth0 up
```

这个等于传统的 ifconfig 用法,命令如下:

```
# ifconfig eth0 up(down)
```

改变设备传输队列的长度。
参数为 txqueuelen NUMBER 或者 txqlen NUMBER,命令如下:

```
# ip link set dev eth0 txqueuelen 100
```

改变网络设备 MTU(最大传输单元)的值,命令如下:

```
# ip link set dev eth0 mtu 1500
```

修改网络设备的 MAC 地址,参数为 address LLADDRESS,命令如下:

```
# ip link set dev eth0 address 00:01:4f:00:15:f1
```

(2) ip link show:显示设备属性,缩写为 show、list、lst、sh、ls、l。
-s 选项出现两次或者更多次,ip 命令会输出更为详细的错误信息统计,命令如下:

```
# ip -s -s link ls eth0
    eth0: mtu 1500 qdisc cbq qlen 100
    link/ether 00:a0:cc:66:18:78 brd ff:ff:ff:ff:ff:ff
    RX: Bytes packets errors dropped overrun mcast
    2449949362 2786187 0 0 0 0
    RX errors: length crc frame fifo missed
        0 0 0 0 0
    TX: Bytes packets errors dropped carrier collsns
    178558497 1783946 332 0 332 35172
    TX errors: aborted fifo window heartbeat
        0 0 0 332
```

这个命令等于传统的 ifconfig,命令如下:

```
ifconfig eth0
```

(3) ip address add:添加一个新的协议地址,缩写为 add、a。
为每个地址设置一个字符串作为标签。为了和 Linux 2.0 的网络别名兼容,这个字符串必须以设备名开头,接着一个冒号,命令如下:

```
# ip addr add local 192.168.4.1/28 brd + label eth0:1 dev eth0
```

在以太网接口 eth0 上增加一个地址 192.168.20.0,掩码长度为 24 位(155.155.155.0),标准广播地址,标签为 eth0:Alias,命令如下:

```
# ip addr add 192.168.4.2/24 brd + dev eth1 label eth1:1
```

这个命令等于传统的 ifconfig,命令如下:

```
ifconfig eth1:1 192.168.4.2
```

(4) ip address delete:删除一个协议地址,缩写为 delete、del、d。命令如下:

```
# ip addr del 192.168.4.1/24 brd + dev eth0 label eth0:Alias1
```

(5) ip address show:显示协议地址,缩写为 show、list、lst、sh、ls、l。命令如下:

```
# ip addr ls eth0
```

(6) ip address flush：清除协议地址，缩写为 flush、f。

删除属于私网 10.0.0.0/8 的所有地址，命令如下：

```
# ip -s -s a f to 10/8
```

取消所有以太网卡的 IP 地址，命令如下：

```
# ip -4 addr flush label "eth0"
```

(7) ip neighbour：neighbour/arp 表管理命令，缩写为 neighbour、neighbor、neigh、n。命令选项有 add、change、replace、delete、flush、show（或者 list）。

ip neighbour add：添加一个新的邻接条目。

ip neighbour change：修改一个现有的条目。

ip neighbour replace：替换一个已有的条目。

缩写分别为 add、a；change、chg；replace、repl。

在设备 eth0 上，为地址 10.0.0.3 添加一个 permanent ARP 条目，命令如下：

```
# ip neigh add 10.0.0.3 lladdr 0:0:0:0:0:1 dev eth0 nud perm
```

把状态改为 reachable，命令如下：

```
# ip neigh chg 10.0.0.3 dev eth0 nud reachable
```

ip neighbour delete：删除一个邻接条目。

删除设备 eth0 上的一个 ARP 条目 10.0.0.3，命令如下：

```
# ip neigh del 10.0.0.3 dev eth0
```

ip neighbour show：显示网络邻居的信息，缩写为 show、list、sh、ls。

显示某个 IP 的网络邻居信息，命令如下：

```
# ip -s n ls 193.233.7.254
193.233.7.254. dev eth0 lladdr 00:00:0c:76:3f:85 ref 5 used 12/13/20 nud reachable
```

ip neighbour flush：清除邻接条目，缩写为 flush、f。

-s 可以显示详细信息，命令如下：

```
# ip -s -s n f 193.233.7.254
```

(8) 路由表管理，缩写为 route、ro、r。从 Linux 2.2 开始，内核把路由归纳到许多路由表中，这些表都进行了编号，编号数字的范围是 1～255。另外，为了方便，还可以在/etc/

iproute2/rt_tables 中为路由表命名。在默认情况下,所有的路由都会被插入表 main(编号 254)中。在进行路由查询时,内核只使用路由表 main。

ip route add:添加新路由。
ip route change:修改路由。
ip route replace:替换已有的路由。
缩写分别为 add、a;change、chg;replace、repl。
设置到网络 10.0.0/24 的路由经过网关 193.233.7.65,命令如下:

```
# ip route add 10.0.0/24 via 193.233.7.65
```

修改到网络 10.0.0/24 的直接路由,使其经过设备 dummy,命令如下:

```
# ip route chg 10.0.0/24 dev dummy
```

实现链路负载平衡,加入缺省多路径路由,让 ppp0 和 ppp1 分担负载,scope 值并非必须,它只不过是告诉内核,这个路由要经过网关而不是直连的。实际上,如果知道远程端点的地址,则使用 via 参数设置就更好了,命令如下:

```
# ip route add default scope global nexthop dev ppp0 nexthop dev ppp1
# ip route replace default scope global nexthop dev ppp0 nexthop dev ppp1
```

设置 NAT 路由。在转发来自 192.203.80.144 的数据包之前,先进行网络地址转换,把这个地址转换为 193.233.7.83,命令如下:

```
# ip route add nat 192.203.80.142 via 193.233.7.83
```

实现数据包级负载平衡,允许把数据包随机从多个路由发出。weight 可以设置权重,命令如下:

```
# ip route replace default equalize nexthop via 211.139.218.145 dev eth0 weight 1 nexthop via 211.139.218.145 dev eth1 weight 1
```

ip route delete:删除路由,缩写为 delete、del、d。
删除已加入的多路径路由,命令如下:

```
# ip route del default scope global nexthop dev ppp0 nexthop dev ppp1
```

ip route show:列出路由,缩写为 show、list、sh、ls、l。
计算使用 GATED/BGP 协议的路由个数,命令如下:

```
# ip route ls proto gated/bgp |wc
1413 9891 79010
```

计算路由缓存里面的条数,由于被缓存路由的属性可能大于一行,所以需要使用-o 选

项,命令如下:

```
# ip -o route ls cloned |wc
159 2543 18707
```

列出路由表 TABLEID 里面的路由。缺省设置是 table main。TABLEID 或者一个真正的路由表 ID 或者/etc/iproute2/rt_tables 文件定义的字符串,或者以下的特殊值。

all:列出所有表的路由。

cache:列出路由缓存的内容。

查询 cache 表中的路由,命令如下:

```
ip ro ls 193.233.7.82 tab cache
```

列出某个路由表的内容,命令如下:

```
# ip route ls table fddi153
```

列出默认路由表的内容,命令如下:

```
# ip route ls
```

这个命令等于传统的 route。

ip route flush:擦除路由表。

删除路由表 main 中的所有网关路由,命令如下:

```
# ip -4 ro flush scope global type unicast
```

清除所有被克隆出来的 IPv6 路由,命令如下:

```
# ip -6 -s -s ro flush cache
```

在 gated 程序挂掉之后,清除所有的 BGP 路由,命令如下:

```
# ip -s ro f proto gated/bgp
```

清除所有 IPv4 路由 cache,命令如下:

```
# ip route flush cache
*** IPv4 routing cache is flushed.
```

ip route get:获得单个路由,缩写为 get、g。

使用这个命令可以获得到达目的地址的一个路由及它的确切内容。

ip route get 命令和 ip route show 命令执行的操作是不同的。ip route show 命令只显示现有的路由,而 ip route get 命令在必要时会派生出新的路由。

搜索到 193.233.7.82 的路由,命令如下:

```
# ip route get 193.233.7.82
193.233.7.82 dev eth0 src 193.233.7.65 realms inr.ac cache mtu 1500 rtt 300
```

搜索目的地址是 193.233.7.82,来自 193.233.7.82,从 eth0 设备到达的路由,这条命令会产生一条非常有意思的路由,这是一条到 193.233.7.82 的回环路由,命令如下:

```
# ip r g 193.233.7.82 from 193.233.7.82 iif eth0
193.233.7.82 from 193.233.7.82 dev eth0 src 193.233.7.65 realms inr.ac/inr.ac
cache ; mtu 1500 rtt 300 iif eth0
```

(9) ip route:路由策略数据库管理命令。命令选项有 add、delete、show(或者 list)。策略路由(Policy Routing)不等于路由策略(Routing Policy)。

在某些情况下,不仅需要通过数据包的目的地址决定路由,可能还需要通过其他一些域:源地址、IP、传输层端口甚至数据包的负载。这就叫作策略路由。

ip rule add:插入新的规则。

ip rule delete:删除规则。

缩写分别为 add、a;delete、del、d。

通过路由表 inr.ruhep 路由来自源地址为 192.203.80/24 的数据包,命令如下:

```
ip ru add from 192.203.80/24 table inr.ruhep prio 220
```

把源地址为 193.233.7.83 的数据报文的源地址转换为 192.203.80.144,并通过表 1 进行路由,命令如下:

```
ip ru add from 193.233.7.83 nat 192.203.80.144 table 1 prio 320
```

删除无用的缺省规则,命令如下:

```
ip ru del prio 32767
```

ip rule show:列出路由规则,缩写为 show、list、sh、ls、l。

查看路由规则,命令如下:

```
# ip ru ls
0: from all lookup local
32762: from 192.168.4.89 lookup fddi153
32764: from 192.168.4.88 lookup fddi153
32766: from all lookup main
32767: from all lookup 253
```

(10) ip maddress:多播地址管理,缩写为 show、list、sh、ls、l。

ip maddress show:列出多播地址。

ip maddress add：加入多播地址。

ip maddress delete：删除多播地址。

后两条命令的缩写分别为 add、a；delete、del、d。

使用这两个命令，可以添加/删除在网络接口上监听的链路层多播地址。这两个命令只能管理链路层地址。

增加多播地址，命令如下：

```
# ip maddr add 33：33：00：00：00：01 dev dummy
```

查看多播地址，命令如下：

```
# ip - 0 maddr ls dummy
link 33：33：00：00：00：01 users 2 static
link 01：00：5e：00：00：01
```

删除多播地址，命令如下：

```
# ip maddr del 33：33：00：00：00：01 dev dummy
```

(11) ip mroute：多播路由缓存管理。ip mroute show：列出多播路由缓存条目，缩写为 show、list、sh、ls、l。

查看多播路由，命令如下：

```
# ip mroute ls
(193.232.127.6, 224.0.1.39) Iif：unresolved
(193.232.244.34, 224.0.1.40) Iif：unresolved
(193.233.7.65, 224.66.66.66) Iif：eth0 Oifs：pimreg
```

查看多播路由，命令如下：

```
# ip - s mr ls 224.66/16
(193.233.7.65, 224.66.66.66) Iif：eth0 Oifs：pimreg
9383 packets, 300256 Bytes
```

(12) ip tunnel：通道配置，缩写为 tunnel、tunl。

ip tunnel add：添加新的通道。

ip tunnel change：修改现有的通道。

ip tunnel delete：删除一个通道。

缩写分别为 add、a；change、chg；delete、del、d。

建立一个点对点通道，最大 TTL 是 32，命令如下：

```
# ip tunnel add Cisco mode sit remote 192.31.7.104 local 192.203.80.1 ttl 32
```

ip tunnel show：列出现有的通道，缩写为 show、list、sh、ls、l。

列出现有的通道,命令如下:

```
# ip -s tunl ls Cisco
```

(13) ip monitor 和 rtmon:状态监视,ip 命令可以用于连续地监视设备、地址和路由的状态。这个命令选项的格式有点不同,命令选项的名字叫作 monitor,接着是操作对象,命令格式如下:

```
ip monitor [ file FILE ] [ all | OBJECT-LIST ]
```

rtmon 状态监视,命令如下:

```
# rtmon file /var/log/rtmon.log
```

ip monitor 状态监视,命令如下:

```
# ip monitor file /var/log/rtmon.log r
```

4. 查看网络接口信息

要查看网络接口信息,例如 IP 地址、子网等,可使用 ip addr show 命令,命令如下:

```
# ip addr show
```

这会显示系统上所有网络接口的信息,但是如果要查看单个网卡信息,则可以使用以下命令查看 ens33 接口的 IP 信息,命令如下:

```
# ip addr show ens33
```

启用或者禁用网络接口可以使用 ip 命令,命令如下:

```
# sudo ip link set ens33 down
```

可以看到 ens33 接口的状态变成 DOWN 了。
再启用该网络接口,命令如下:

```
# sudo ip link set ens33 up
```

为接口设置临时的 IP 地址,要分配 IP 地址以使用 ip 命令进行接口,命令如下:

```
# sudo ip addr add 192.168.43.175/255.255.255.0 dev ens33
```

可以看到 ens33 接口添加了一个新的 IP 地址。
从网络接口中删除 IP 地址,如果要从接口中删除已分配的 IP,则命令如下:

```
# sudo ip addr del 192.168.43.175/24 dev ens33
```

查看路由信息会显示数据包到达目的地所要经过的路由。要检查网络路由信息，命令如下：

```
bob@Ubuntu-20-04:~ $ ip route show
default via 192.168.43.2 dev ens33 proto dhcp metric 100
169.254.0.0/16 dev ens33 scope link metric 1000
192.168.43.0/24 dev ens33 proto Kernel scope link src 192.168.43.174 metric 100
```

在上面的输出中，可以看到所有网络接口的路由信息。还可以使用以下方式获取特定 IP 的路由信息，命令如下：

```
# ip route get to 192.168.43.2
```

查看 ARP 条目，ARP 是"地址解析协议"的缩写，用于将 IP 地址转换为 MAC 地址，并且所有 IP 及其对应的 MAC 详细信息都存储在被称为 ARP 缓存的表中。要查看 ARP 缓存中的条目可以使用的命令如下：

```
# ip neigh
```

查看网络统计，使用 ip 命令可以查看所有网络接口的网络统计信息，例如传输的字节和数据包，以及错误或丢失的数据包等。要查看网络统计信息，命令如下：

```
# ip -s link
```

5. 条件路由策略匹配

（1）fwmark：将 fwmark 作为匹配条件时，必须搭配 Netfilter 一起使用，这看起来很麻烦，却是最灵活的匹配条件。例如，某公司对外有 3 条 ADSL，希望所有 HTTP 经由第 1 条 ADSL，SMTP 及 POP3 经由第 2 条 ADSL，其余流量则经由第 3 条 ADSL。可以使用如下的命令组合来达到这样的目的：

```
iptables -t mangle -A FORWARD -i eth3 -p tcp --dport 80 -j MARK --set-mark 1
iptables -t mangle -A FORWARD -i eth3 -p tcp --dport 25 -j MARK --set-mark 2
iptables -t mangle -A FORWARD -i eth3 -p tcp --dport 110 -j MARK --set-mark 2
iptables -t mangle -A FORWARD -i eth3 -j MARK --set-mark 3
ip rule add fwmark 1 table 1
ip rule add fwmark 2 table 2
ip rule add fwmark 3 table 3
```

首先使用 Netfilter 的 mangle 机制针对特定的数据包设置 MARK 值，在此将 HTTP 数据包的 MARK 值设置为 1，将 SMTP 及 POP3 数据包的 MARK 值设置为 2，其余数据包则将 MARK 值设置为 3。接着，再根据 fwmark 条件来判断数据包的 MARK 值，如果 MARK 值为 1，则参考路由表 1 将数据包送出；如果 MARK 值为 2，则参考路由表 2 将数据包送出；最后，如果 MARK 值为 3，则参考路由表 3 将数据包送出。

以上示例只是一个概念而已，如果真要完整地体现出这个示例的所有功能，则需要注意许多细节,稍后将使用详细的示例讲解这部分内容,在此只要了解 fwmark 与 Netfilter 结合使用的概念即可。

(2) dev:使用数据包输入的接口来作为判断依据,例如,希望凡是由 eth2 接口送入的数据包都由 eth0 接口转发出去,由 eth3 接口送入的数据包都由 eth1 接口转发出去。通过以下命令组合将能满足要求:

```
ip rule add dev eth2 table 1
ip rule add dev eth3 table 3
```

(3) 优先级别:前面介绍了规则中"条件"的使用方式,接下来要讨论的是优先级别。优先级别用数字来表示,其范围可为 0~4 亿,堪称天文数字,实际上不可能在一台 PC 上设置如此庞大的路由机制。增加部分路由策略,命令如下:

```
[root@localhost ~]# ip rule show
0: from all lookup local
32766: from all lookup main
32767: from all lookup default
[root@localhost ~]#
[root@localhost ~]# ip rule add from 192.168.1.0/24 table 1
[root@localhost ~]# ip rule add from 192.168.2.0/24 table 2
[root@localhost ~]#
[root@localhost ~]# ip rule show
0: from all lookup local
32764: from 192.168.2.0/24 lookup 2
32765: from 192.168.1.0/24 lookup 1
32766: from all lookup main
32767: from all lookup default
```

如以上示例,执行 ip rule show 命令后所显示内容的第 1 个字段就是优先级别,数字越小,代表优先级别越高,也代表这条规则可以排得越靠前,如此数据包在进行条件匹配时,就会越早匹配到这条规则,从输出的数据中可知,默认优先级别 0、32766 及 32767 已被占用,因此,在添加规则时,如果没有特别设置优先级别,则优先级别默认会从 32766 开始递减,如 32765、32764……,如果需要特别设置优先级别,则可以在 ip rule add 命令的最后加上 prio XXX 参数,命令如下:

```
[root@localhost ~]# ip rule show
0: from all lookup local
32766: from all lookup main
32767: from all lookup default
[root@localhost ~]#
[root@localhost ~]# ip rule add from 192.168.1.0/24 table 1 prio 10
[root@localhost ~]# ip rule add from 192.168.2.0/24 table 2 prio 20
[root@localhost ~]#
[root@localhost ~]# ip rule show
0: from all lookup local
10: from 192.168.1.0/24 lookup 1
```

```
20: from 192.168.2.0/24 lookup 2
32766: from all lookup main
32767: from all lookup default
```

在 Linux 的基于策略的路由中,路由表用 ID 来表示,但如有必要,还可以用 ID 与名称对照表将 ID 转换成名称。

(4) 删除规则:ip 命令提供的删除规则的方式十分灵活。例如,要删除下列第 2 条规则,可以分别使用"优先级别""条件"及"路由表"当中任何一个唯一的值设置所需删除的规则,命令如下:

```
ip rule del prio 10
ip rule del from 192.168.1.0/24
ip rule del table 1
ip rule del from 192.168.1.0/24 table 1 prio 10

[root@localhost ~]# ip rule show
0: from all lookup local
10: from 192.168.1.0/24 lookup 1
20: from 192.168.2.0/24 lookup 2
32766: from all lookup main
32767: from all lookup default
[root@localhost ~]#
```

6. 路由表管理

由于 route -n 命令已经完全不适合在基于策略的路由中使用,因此,route 命令仅能操作一个特定的路由表,但在基于策略的路由中,会同时存在多个路由表,应放弃这个路由管理工具,取而代之的依然是 ip 命令。接下来将讨论如何使用 ip 命令来管理路由表。

(1) 查看路由表内容,在查看路由表之前,首先使用 ip rule show 命令来查看目前使用了哪些路由表,接着,使用 ip route show [table id | name]命令来查看路由表的内容。例如,可以使用 ip route show table main 命令来查看路由表 main 的内容,如果省略路由表名称(如 ip route show),则会默认查看路由表 main 的内容。

```
[root@localhost /]# ip rule show
0: from all lookup local
32766: from all lookup main
32767: from all lookup default
[root@localhost /]#
[root@localhost /]# ip route show table main
10.10.15.0/25 dev eth0 proto Kernel scope link src 10.10.15.46
192.168.1.0/24 dev eth1 proto Kernel scope link src 192.168.1.10
default via 10.10.15.1 dev eth0
[root@localhost /]#
```

在默认情况下,系统有 3 个路由表,这 3 个路由表的功能如下。

local:路由表 local 包含本机路由及广播信息。例如,在本机上执行 ssh 127.0.0.1 时,就会参考这份路由表的内容,在正常情况下,只要配置好网卡的网络设置,就会自动生成 local 路由表的内容,也不必修改其内容。

main:使用传统命令 route -n 所看到的路由表就是 main 的内容。Linux 系统在默认情况下使用这份路由表的内容来传输数据包,因此,其内容极为重要,在正常情况下,只要配置好网卡的网络设置,就会自动生成 main 路由表的内容。

default:最后是 default 路由表,这个路由表在默认情况下内容为空;除非有特别的要求,否则保持其内容为空即可。

在此使用路由表 main 的内容进行解释,因为在主机上有 eth0 及 eth1 两块网卡,并且为其设置的 IP 分别是 10.10.15.46/25 及 192.168.1.10/24,因此,路由表内的第 1 行即是告诉系统,如果有数据包要送到 10.10.15.0/25 这个网段,就直接将数据包由 eth0 接口送出,而本机临近这个网段的 IP 是 10.10.15.46,第 2 行则是设置到 192.168.1.0/24 的路由,其含义与第 1 行完全相同;以上这两行是只要将计算机网卡上的 IP 设置好,并在网络服务重启之后,默认就会生成的路由,无须特别设置。最后一行则指:如果数据包不是送往 10.10.15.0/25 及 192.168.1.0/24 网段,则数据包将统一转发给 10.10.15.1 主机去处理,而 10.10.15.1 就是在网络配置中所设置的"默认网关"。

```
[root@localhost /]# ip route show table main
10.10.15.0/25 dev eth0 proto Kernel scope link src 10.10.15.46
192.168.1.0/24 dev eth1 proto Kernel scope link src 192.168.1.10
default via 10.10.15.1 dev eth0
[root@localhost /]#
```

(2) 添加路由:添加路由在此还是采用 ip 命令而不是 route 命令,下例首先使用 ip route show 命令显示路由表 main 的内容,接着使用 ip route add 命令将所需的路由添加到路由表 main 中。最后使用 ip route show 命令将路由表 main 的内容打印出来,此时就可以在路由表 main 中看到刚才添加的路由了。完整的命令如下:

```
[root@localhost /]# ip route show table main
10.10.15.0/25 dev eth0 proto Kernel scope link src 10.10.15.46
192.168.1.0/24 dev eth1 proto Kernel scope link src 192.168.1.10
default via 10.10.15.1 dev eth0
[root@localhost /]#
[root@localhost /]# ip route add 192.168.2.0/24 via 10.10.15.50 table main
[root@localhost /]#
[root@localhost /]# ip route show table main
10.10.15.0/25 dev eth0 proto Kernel scope link src 10.10.15.46
192.168.2.0/24 via 10.10.15.50 dev eth0
192.168.1.0/24 dev eth1 proto Kernel scope link src 192.168.1.10
default via 10.10.15.1 dev eth0
[root@localhost /]#
```

如果要添加的路由并未出现在现有的路由表中,则该如何处理呢?在此有一个概念,单纯添加路由表并无意义,因为新增的路由表,系统默认为不会去使用,如果要将路由添加到

main 以外的路由表,则只有先添加"规则"才能确定新的路由表名称(Table ID),有了新的路由表之后,才会把路由添加到新的路由表中。

使用以下示例来说明这个过程。首先使用 ip rule show 命令来查询 RPDB 的当前状态,可以看到目前只有 3 条默认规则,接着,使用 ip rule add 命令来添加一条规则,此时系统内就多了一个有用的路由表,其路由表 ID 为 10,可以立即使用 ip route show 命令来查看这个新的路由表,其内容默认为空,接着可以在这个新路由表中添加路由,在此使用 ip route add 命令来添加路由,决定凡是来自 192.168.2.0/24 网段的数据包都从 eth1 接口将数据包送离本机,因此,必须完整编写 eth1 接口的路由。首先将临近 eth1 接口的路由填入,告诉系统本机与 192.168.1.0/24 网段的通信都通过 eth1 接口来处理,接着填入这个路由表的默认路由,最后使用 ip route show 命令显示路由表 10 的内容。完整的命令如下:

```
[root@localhost ~]# ip rule show
0: from all lookup local
32766: from all lookup main
32767: from all lookup default
[root@localhost ~]#
[root@localhost ~]# ip rule add from 192.168.2.0/24 table 10
[root@localhost ~]#
[root@localhost ~]# ip route show table 10
[root@localhost ~]#
[root@localhost ~]# ip route add 192.168.1.0/24 dev eth1 table 10
[root@localhost ~]# ip route add default via 192.168.1.254 table 10
[root@localhost ~]#
[root@localhost ~]# ip route show table 10
192.168.1.0/24 dev eth1 scope link
default via 192.168.1.254 dev eth1
[root@localhost ~]#
```

(3) 删除路由:可以使用 ip 命令来方便地删除路由,使用以下示例来说明如何删除路由。首先将路由表 10 的内容显示出来,可以看到路由表 10 中当前有两条路由,接着使用 ip route del 命令删除默认路由,在此别忘了指定所要删除的是路由表 10,否则默认会删除路由表 main 的默认路由,接着使用 ip route show 命令查看路由表 10,此时路由表 10 的默认路由已经不存在了,再次使用 ip route del 命令删除 192.168.122.0/24 的路由,最后可以看到路由表 10 中已经没有任何路由了。完整的命令如下:

```
[root@localhost ~]# ip route show table 10
192.168.1.0/24 dev virbr0 scope link
default via 192.168.1.254 dev eth1
[root@localhost ~]#
[root@localhost ~]# ip route del default table 10
[root@localhost ~]#
[root@localhost ~]# ip route show table 10
192.168.1.0/24 dev virbr0 scope link
[root@localhost ~]#
[root@localhost ~]# ip route del 192.168.1.0/24 table 10
```

```
[root@localhost ~]#
[root@localhost ~]# ip route show table 10
[root@localhost ~]#
```

ip rule 路由策略数据库管理命令,/etc/iproute2/rt_tables 中的 table id 和 table name 是对应关系,如果不使用 table name 而只使用 table id,则 rt-tables 文件应该可以不修改。

ip rule add 添加规则可以使用 priority、order 或 preference(或者三者的简写分别为 pri、ord、pref)来定义优先级,不然第 1 条 rule 的优先级为 32765。

需要注意的是 ip rule 规则是以优先级为唯一的 key,也就说只要求优先级不能一样,具体的规则内容却可以一样,这就为使用 ip rule del 命令进行删除提供了便利(删除时指定优先级即可)。

ip rule add 的 from 及 to 都是以 PREFIX 为参数的,而 PREFIX 可以是 IP 地址也可以是 IP 地址段。

3.6 高级自动化运维工具 Ansible

3.6.1 Ansible 简介

Ansible 是新出现的自动化运维工具,基于 Python 研发。结合了众多老牌运维工具的优点,实现了批量操作系统配置、批量程序部署、批量运行命令等功能。仅需要在管理工作站上安装 Ansible 程序配置被管控主机的 IP 信息,被管控的主机无客户端。Ansible 应用程序存在于 epel(第三方社区)源,依赖于很多 Python 组件,主要包括以下组件。

(1) 连接插件 connection plugins:负责和被监控端实现通信。
(2) host inventory:指定操作的主机,是一个配置文件里面定义监控的主机。
(3) 各种模块的核心模块、command 模块、自定义模块。
(4) 借助于插件完成记录日志邮件等功能。
(5) playbook:当剧本执行多个任务时,可以让节点一次性运行多个任务。

以 CentOS 7.x 系统安装 Ansible 为例,yum 安装是很常用的安装方式,需要先安装一个 epel-release 包,然后安装 Ansible,命令如下:

```
yum install epel-release -y
yum install ansible -y
```

安装目录如下(yum 安装)。
配置文件目录:/etc/ansible/。
执行文件目录:/usr/bin/。
Lib 库依赖目录:/usr/lib/pythonX.X/site-packages/ansible/。
Help 文档目录:/usr/share/doc/ansible-X.X.X/。

Man 文档目录：/usr/share/man/man1/。

3.6.2 Ansible 特性

（1）模块化设计，调用特定的模块来完成特定任务，本身是核心组件，短小精悍。
（2）基于 Python 语言实现，由 Paramiko（Python 的一个可并发连接 SSH 主机功能库）、PyYAML 和 Jinja2（模板化）共 3 个关键模块实现。
（3）部署简单，无客户端工具。
（4）主从模式工作。
（5）支持自定义模块功能。
（6）支持 playbook，连续任务按先后设置顺序完成。
（7）期望每个命令具有幂等性。
Ansible 与其他配置管理软件的对比，以及技术特性比较见表 3-5 所示。

表 3-5 配置管理软件技术特性对比

项目	Puppet	Saltstack	Ansible
开发语言	Ruby	Python	Python
是否有客户端	是	是	否
是否支持二次开发	不支持	支持	支持
服务器与远程机器是否相互验证	是	是	是
服务器与远程机器通信是否加密	是，标准 SSL 协议	是，使用 AES 加密	是，使用 OpenSSH
是否提供 Web UI	提供	提供	提供，商业版本
配置文件格式	Ruby 语法	YAML	YAML
命令行执行	不支持，但可以通过配置模块实现	支持	支持

3.6.3 Ansible 架构

Ansible 的架构如图 3-1 所示，每个模块的核心作用如下。
（1）Ansible Core：ansible 自身的核心模块。
（2）Host Inventory：主机库，定义可管控的主机列表。
（3）Connection Plugins：连接插件，一般默认基于 SSH 协议连接。
（4）Modules：Core Modules（自带模块）、Custom Modules（自定义模块）。
（5）Playbooks：剧本，按照所设定编排的顺序执行完成安排任务。

3.6.4 配置文件

Ansible 配置文件查找顺序，ansible 与其他的服务在这一点上有很大不同，这里的配置文件查找是指从多个地方查找，顺序如下：
（1）检查环境变量 ANSIBLE_CONFIG 指向的路径文件，例如 export ANSIBLE_CONFIG=/etc/ansible.cfg。

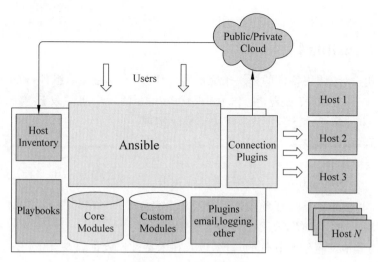

图 3-1 Ansible 的架构

(2) ~/.ansible.cfg 检查当前目录下的 ansible.cfg 配置文件。

(3) /etc/ansible.cfg 检查 etc 目录的配置文件。

Ansible 的配置文件为/etc/ansible/ansible.cfg，ansible 有许多参数，下面列出一些常见的参数：

```
inventory = /etc/ansible/hosts      #这个参数表示资源清单 inventory 文件的位置
library = /usr/share/ansible        #指向存放 Ansible 模块的目录,支持多个目录方式,只要用
                                    #冒号(:)隔开就可以
forks = 5                           #并发连接数,默认为 5
sudo_user = root                    #设置默认执行命令的用户
remote_port = 22    #指定连接被管节点的管理端口,默认为 22 端口,建议修改,能够更加安全
host_key_checking = False           #设置是否检查 SSH 主机的密钥,值为 True/False
                                    #关闭后第 1 次连接不会提示配置实例
timeout = 60                        #设置 SSH 连接的超时时间,单位为秒
log_path = /var/log/ansible.log     #指定一个存储 Ansible 日志的文件(默认不记录日志)
```

(1) ansible 应用程序的主配置文件：/etc/ansible/ansible.cfg。

(2) Host Inventory 定义管控主机：/etc/ansible/hosts。

遵循 INI 风格；中括号中的字符是组名；一个主机可同时属于多个组。

【示例 3-1】 Ungrouped hosts, specify before any groupheaders。直接在任何组的头部指定，不属于任何组的主机，内容如下：

```
green.example.com
blue.example.com
192.168.100.1
192.168.100.10
```

【示例 3-2】 A collection of hosts belonging to the 'webservers' group。一批主机属于

一个组,例如定义为 webservers 组,内容如下:

```
[webservers]
alpha.example.org
beta.example.org
192.168.1.100
192.168.1.110
```

默认为以 root 用户执行,但是基于 SSH 连接操作要多次输入密码,为了方便可以使用基于 SSH 密钥方式进行认证。

3.6.5 Ansible 应用程序命令

ansible-doc 命令用于获取模块列表,以及模块使用格式。
ansible-doc-l:获取列表。
ansible-doc-s module_name:获取指定模块的使用信息。
Ansible 命令格式:ansible < host-pattern > [-f forks] [-m module_name] [-a args] < host-pattern >。

参数含义见表 3-6 所示。

表 3-6 Ansible 程序命令参数含义

参　　数	含　　义
< host-pattern >	指明管控主机,以模式形式表示或者直接给定 IP,必须事先定义在文件中;all 表示所有
[-f forks]	指明每批管控多少主机,默认 5 个主机为一批次
[-m module_name]	使用何种模块管理操作,所有的操作都需要通过模块来指定
[-a args]	指明模块专用参数;args 一般为键-值对格式 注意:command 模块的参数不是键-值对格式,而是直接给出要执行的命令

command 模块的参数不是键-值对格式,而是直接给出要执行的命令即可。
< host-pattern >默认读取/etc/ansible/hosts,也可以指明自定义文件路径。
-iPATH,--inventory=PATH:指明使用的 host inventory 文件路径。
常用模块(module_name)如下。
(1) command:默认模块,可省略。在远程主机上操作命令,执行形式如下:

```
- a 'COMMAND'
```

command 模块的参数不是键-值对格式,直接给出要执行的命令,代码如下:

```
[root@localhost ~]# ansible all - m command - a 'ifconfig'
```

(2) user:在远程主机上操作命令,执行形式如下:

```
- a 'name = state = {present(创建)|absent(删除)} force = (是否强制操作删除家目录) system =
uid = shell = home = '
```

命令如下：

```
[root@localhost ~]#ansible all -m user -a 'name=ansible state=present'
```

(3) group：在远程主机上操作命令，执行形式如下：

-a 'name= state={present|absent} gid= system=(系统组)'

命令如下：

```
[root@localhost ~]#ansible all -m group -a 'name=mygroup state=presentsystem=true'
```

(4) cron：在远程主机上操作命令，执行形式如下：

-a 'name= state= minute= hour= day= month= weekday= job= '

命令如下：

```
[root@localhost ~]#ansible all -m cron -a 'name='Time' state=presentminute='*/5' job='/usr/sbin/ntpdate 172.168.0.1 &> /dev/null''
```

(5) ping：无参数，命令如下：

```
[root@localhost ~]#ansible all -m ping
```

(6) file：文件管理，在远程主机上操作命令，执行形式如下：

-a 'path= mode= owner= group= state={file|directory|link|hard|touch|absent} src= (link,连接至何处)'

命令如下：

```
[root@localhost ~]#ansible all -m file -a 'path=/tmp/testdirstate=directory'
[root@localhost ~]#ansible all -m file -a 'path=/tmp/test.txt \
state=touchmod=600 owner=user1'
```

(7) copy：在远程主机上操作命令，执行形式如下：

-a 'dest=(远程主机上路径) src=(本地主机路径) content=(直接指明内容) owner= group= mode= '

命令如下：

```
[root@localhosttmp]#ansible web -m copy -a \
'src=/etc/yum.repos.d/aliyun.repodest=/etc/yum.repos.d/'
```

(8) template：在远程主机上操作命令，执行形式如下：

-a 'dest= src=\'#\'" content= owner= group= mode= '

（9）yum：在远程主机上操作命令，执行形式如下：

-a 'name= conf_file=（指明配置文件）state={present|latest|absent} enablerepo= disablerepo= '

命令如下：

[root@localhost ~]#ansible all -m yum 'name=httpd state=present'

（10）service：在远程主机上操作命令，执行形式如下：

-a 'name= state={started|stopped|restarted} enabled=（是否开机时自动启动）runlevel= '

命令如下：

[root@localhost ~]#ansible all -m service -a 'name=httpd state=started'

（11）shell：在远程主机上操作命令，执行形式如下：

-a 'COMMAND' 运行 Shell 命令

命令如下：

[root@localhost ~]#ansible all -m shell -a echo "123456789" |passwd -- stdin user1'

（12）script：在远程主机上操作命令，执行形式如下：

-a '/PATH/TO/SCRIPT'运行脚本

命令如下：

[root@localhost ~]#ansible all -m script -a '/tmp/a.sh'

（13）setup：获取指定主机的 facts 变量，在远程主机上操作命令，没有参数，命令如下：

ansible 192.168.0.102 -m setup

3.6.6　Playbooks 剧本

1．Playbook 组织格式

Playbook 组织格式：YAML 语言格式。

Playbooks 是 ansible 更强大的配置管理组件，实现基于文本文件编排执行的多个任务，并且可多次重复执行。

YAML 官方介绍为 YAML Arn't Markup Language；Yet Another Markup Language。翻译过来就是，类似于半结构化数据，声明式配置；可读性较高的用来表达资料序列的格式，易于与脚本语言交互。

语法格式遵循以下规则：

（1）任何数据结构都用缩进来标识，可以嵌套。

（2）每行是一个键值数据 key：value，用冒号隔开。若想在一行标识，则需要用{ }和逗号分隔格式。

（3）列表用"-"标识。

2. inventory 参数

主机库 ssh 参数设置，ansible 基于 SSH 连接 inventory 中指定的远程主机时，将以此处的参数指定的属性进行，如表 3-7 所示。

表 3-7　ansible 进行 SSH 连接时指定参数

参　数	含　义
ansible_ssh_port	指定 SSH 端口
ansible_ssh_user	指定 SSH 用户
ansible_ssh_pass	指定 SSH 用户登录时使用的是认证密码，明文密码不安全
ansible_sudo_pass	指明 sudo 时候的密码

实例内容如下：

```
[websrvs]
192.168.0.101 ansible_ssh_port = 22 ansible_ssh_user = root
ansible_ssh_pass = root ansible_sudo_pass = root
192.168.0.102 ansible_ssh_port = 22 ansible_ssh_user = root
ansible_ssh_pass = root ansible_sudo_pass = root
```

在/etc/ansible/hosts 中直接定义连接时的密码不安全，一般建议基于 SSH 的密钥认证方式实现。

3. Playbooks

（1）核心元素包含 Tasks(任务)、Variables(变量)、Templates(模板)、Handlers(处理器)、Roles(角色)。

（2）在 playbooks 中定义任务，包含如下参数。

-name：task description 注释描述信息。

module_name：module_args 声明模块，定义 Ansible 模块参数。

举一个简单的例子，内容如图 3-2 所示。

（3）ansible-playbook 执行命令，命令格式如下：

```
ansible - playbook < filename.yml > ... [options]
```

举例运行如图 3-3 所示。

```
[root@localhost tmp]# vim 1.yml
[root@localhost tmp]# cat 1.yml
- hosts: web
  remote_user: root
  tasks:
        - name: install httpd
          yum: name=httpd state=present
        - name: install php
          yum: name=php state=present
        - name: start httpd
          service: name=httpd state=started enabled=true
[root@localhost tmp]#
```

图 3-2　Playbooks 定义任务示例

```
[root@localhost tmp]# ansible-playbook 1.yml

PLAY [web] ************************************************************

GATHERING FACTS *******************************************************
ok: [192.168.0.101]
ok: [192.168.0.103]
ok: [192.168.0.104]

TASK: [install httpd] *************************************************
```

图 3-3　ansible-playbook 执行命令

（4）Playbook 变量，变量命名：由字母、数字和下画线组成，仅能以字母开头。

变量种类如下。

① facts：由远程主机发回的主机特有的属性信息，这些信息被保存在 Ansible 变量中；无须声明，可直接调用；

② 自定义变量：通过命令行传递，例如 ansible-playbook test.yml --extra-vars "host=www user=test" 通过 roles 传递；

③ 主机变量：定义在 inventory 中的主机之后的变量；直接传递给单个主机的变量。

直接定义在主机之后，内容如下：

```
[root@localhost ~]# vim /etc/ansible/hosts
[web]
192.168.0.101 host=mail
192.168.0.102
192.168.0.103
```

组变量：定义在 inventory 中的组变量（例如在默认的文件/etc/ansible/hosts 上编辑），形式如下：

```
[group_name:vars]
var1 = value
var2 = value
```

组名要事先存在，代码如下：

```
[websrvs]
192.168.0.101
192.168.0.102
[websrvs:vars]
host = mail
```

变量使用示例,代码如下:

```
[root@localhost~]#vim useradd.yml
- hosts: websrvs
remote_user: root
vars:
username: testuser
password: xuding
tasks:
- name: add user
user: name={{ username }} state=present
- name: set password
shell: /bin/echo {{ password }} |/usr/bin/passwd --stdin {{ username }}
```

其中双花括号{{ }}用于调用变量。

变量的重新赋值,调用方法的形式如下:

```
ansible-playbook /PATH/TO/SOME_YAML_FILE { -eVARS|--extra-vars=VARS}
```

举例说明如下:

```
[root@localhost ~]#ansible-playbook useradd.yml --extra-vars "username=Ubuntu"
```

(5) playbook tasks 包含两种情况:

第1种情况为条件测试。在某 task 后面添加 when 子句即可实现条件测试功能;when 语句支持 Jinja2 语法;当使用 Red Hat 系列系统调用 yum 安装时,配置内容如下:

```
tasks:
- name: install web server package
yum: name=httpd state=present
when: ansible_os_family == "Red Hat"
```

第2种情况为迭代。在 task 中调用内置的 item 变量;在某 task 后面使用 with_items 语句来定义元素列表,编写内容如下:

```
tasks:
- name: add four users
user: name={{ item }} state=present
with_items:
- testuser1
- testuser2
```

```
    - testuser3
    - testuser4
```

迭代中,列表中的每个元素可以为字典格式,编写内容如下:

```
- name: add two users
  user: name={{ item.name }} state=present groups={{ item.groups }}
  with_items:
    - { name: 'testuser5', groups: 'wheel' }
    - { name: 'testuser6', groups: 'root' }
```

(6) playbook handlers:处理器、触发器,只有其关注的条件满足时,才会触发执行的任务。

配置文件发生改变,触发重启服务,内容如下:

```
- hosts: websrvs
  remote_user: root
  tasks:
  - name: install httpd
    yum: name=httpd state=present
  - name: install config file
    copy: src=/root/httpd.conf dest=/etc/httpd/conf/httpd.conf
    notify: restart httpd
  - name: start httpd service
    service: name=httpd state=started
  handlers:
  - name: restart httpd
    service: name=httpd state=restarted
```

4. Ansible Ad-Hoc 命令的使用

Ansible 系统由控制主机对被管节点的操作方式可分为两类,即 Ad-Hoc 和 Playbook。Ad-Hoc 模式使用单个模块,支持批量执行单条命令。

Playbook 模式是 Ansible 的主要管理方式,也是 Ansible 功能强大的关键所在,Playbook 通过多个 Task 集合完成一类功能,如 Web 服务的安装部署、数据库服务器的批量备份等,可以简单地把 Playbook 理解为通过组合多条 Ad-Hoc 操作的配置文件。

通常以命令行的形式使用 Ansible 模块,或者将 Ansible 命令嵌入脚本中执行。Ansible 自带了很多模块,可以直接使用。当不知道如何使用这些模块时,可以使用 ansible-doc 命令获取帮助,例如使用 ansible-doc-l 命令可以显示所有自带的模块和相关简介,使用"ansible-doc 模块名"命令可以显示该模块的参数及用法等内容。

(1) Ansible Ad-Hoc 命令参数,可以使用 ansible-h 命令来列出所有的命令参数,下面列举了常用的一些参数,部分参数如果不指定,则将采用 ansible.cfg 文件中的设置值,或者采用原始默认值,详细参数如表 3-8 所示。

表 3-8　Ansible Ad-Hoc 主要命令参数

参　　数	说　　明
-v	输出详细信息
-vvvv	输出 Debug 信息
-i	指定 inventory 文件，默认值为 /etc/ansible/hosts
-f	指定 fork 的进程个数，默认值为 5
--list-hosts	列出主机列表，并不会执行其他操作
--private-key=xxx	指定 SSH 连接使用的文件
-m	指定 module，默认为 command
-a	指定 module 的参数
-O	将输出内容精简至一行
-k	提示输入密码
-K	提示输入 sudo 密码，与 -sudo 一起使用
-T	设置连接超时时间
-B	设置异步运行，并设置超时时长
-P	设置异步轮询时间
-t	指定输出信息的目录路径，结果文件以远程主机命名

（2）Ansible 常用的执行命令可以采用 4 种方式，第 1 种方式是利用 Command 模块在远程主机上执行命令，但 Command 模块不支持管道命令，例如，查看某个主机的日期，命令如下：

```
ansible ip -m command -a date -o
```

值得注意的是，Ansible 默认的模块是 Command，所以上面的命令可以简化，命令如下：

```
ansible ip -a date -o
```

第 2 种方式是利用 Shell 模块，切换到某个 Shell 执行远程主机上的 Shell/Python 脚本，或者执行命令，Shell 支持管道命令，功能较 Command 更强大更灵活，举例内容如下：

```
ansible ip -m shell -a 'bash /root/test.sh' -o
ansible ip -m shell -a 'echo "123456"|passwd --stdin root'
```

第 3 种方式是利用 Raw 模块，Raw 支持管道命令。Raw 有很多地方和 Shell 类似，但是如果使用老版本 Python（低于 2.4），则无法通过 Ansible 的其他模块执行命令，此种情况需要先用 Raw 模块远程安装 Python-sim-plejson 后才能受管控；又或者受管端是路由设备，因为没有安装 Python 环境，那就更需要使用 Raw 模块去管控了，命令如下：

```
ansible ip -m raw -a "cd /tmp;pwd"
```

第 4 种方式是利用 Script 模块，将 Ansible 中控端上的 Shell/Python 脚本传输到远端主机上执行,即使远端主机没有安装 Python 也可以执行,有点类似 Raw 模块,但 Script 只能执行脚本,不能调用其他指令,并且不支持管道命令,命令如下:

```
ansible ip -m script -a '/root/test.sh' -o
```

removes 参数用来判断远端主机上是不是存在 test.sh 文件,如果存在,就执行管控机上的 test.sh 文件,如果不存在就不执行,命令如下:

```
ansible ip -m script -a 'removes=/root/test.sh /root/test.sh' -o
```

creates 用来判断远端主机上是不是存在 test.sh 文件,如果存在,就不执行,如果不存在,就执行管控机上的 test.sh 文件,命令如下:

```
ansible ip -m script -a 'creates=/root/test.sh /root/test.sh' -o
```

(3) Ansible 复制文件,常用的文件操作模块就是 copy 模块,它主要用于将本地或远程机器上的文件复制到远程主机上,其主要参数如表 3-9 所示。

表 3-9　copy 模块的主要命令参数

参　　数	说　　明
backup	指定远程主机上相同文件是否备份,yes 为备份,no 为不备份
dest	指定文件将被复制到远程主机的哪个目录中,dest 为必须参数
group	指定文件复制到远程主机后的属组
mode	指定文件复制到远程主机后的权限
owner	指定文件复制到远程主机后的属主
src	用于指定需要复制的文件或目录

将本地文件复制到远程主机,命令如下:

```
ansible ip -m copy -a 'src=/root/test.sh dest=/tmp/test.sh'
```

复制并修改文件的权限,命令如下:

```
ansible ip -m copy -a 'src=/root/test.sh dest=/tmp/test.sh mode=755'
```

复制并修改文件的属主,命令如下:

```
ansible ip -m copy -a 'src=/root/test.sh dest=/tmp/test.sh mode=755 owner=root'
```

复制文件前备份,命令如下:

```
ansible ip -m copy -a 'src=test.sh backup=yes dest=/tmp'
```

(4) Ansible 服务管理,在 Ansible Ad-Hoc 中,Service 模块可以帮助管理远程主机上的服务。例如,启动或停止远程主机中的某个服务,但是该服务本身必须能够通过操作系统的管理服务的组件所管理,例如 RHEL 6 中默认通过 SysV 进行服务管理,RHEL 7 中默认通过 systemd 管理服务,如果该服务本身都不能被操作系统的服务管理组件所管理,则不能被 service 模块管理。该模块的几个主要命令参数如表 3-10 所示。

表 3-10 service 模块的主要命令参数

参数	说明
name	用于指定需要操作的服务名称
state	用于指定服务的状态启动:started;停止:stopped;重启:restarted;重加载:reloaded
enabled	用于指定是否将服务设置为开机启动项

启动服务,命令如下:

```
ansible all -m service -a "name=sshd state=started"
```

停止服务,命令如下:

```
ansible all -m service -a "name=sshd state=stopped"
```

开启服务自启动,命令如下:

```
ansible all -m service -a "name=sshd enable=yes"
```

(5) Ansible 安装包管理,在 Ansible Ad-Hoc 中,可以通过 yum 模块实现在远程主机上通过 yum 源管理软件包,包括安装、升级、降级、删除和列出软件包等。该模块的几个主要命令参数如表 3-11 所示。

表 3-11 yum 模块的主要命令参数

参数	说明
name	用于指定需要管理的软件包
state	用于指定软件包的状态
	安装:present/installed;安装最新版:latest;删除:absent/removed
enable repo	用于指定安装软件包时临时启用的 Yum 源
disable repo	用于指定安装软件包时临时禁用的 Yum 源

安装软件包,命令如下:

```
ansible all -m yum -a 'name=nginx state=installed'
```

卸载软件包,命令如下:

```
ansible all -m yum -a 'name=nginx state=removed'
```

临时启用 local yum 源安装最新版软件包,命令如下:

```
ansible all -m yum -a 'name=nginx state=latest enablerepo=local'
```

（6）Ansible 用户管理，在 Ansible Ad-Hoc 中，可以通过 user 模块帮助管理远程主机上的用户，例如创建用户、修改用户、删除用户、为用户创建密钥对等操作。该模块的几个常用参数如表 3-12 所示。

表 3-12　user 模块的主要命令参数

参　　数	说　　明
name	用于指定需要管理的软件包
state	用于指定软件包的状态 安装：present/installed；安装最新版：latest；删除：absent/removed
enable repo	用于指定安装软件包时临时启用的 yum 源
disable repo	用于指定安装软件包时临时禁用的 yum 源

增加用户、组和密码，命令如下：

```
ansible ip - m group - a "name = testg"
ansible ip - m user - a "name = test group = testg password = 123456
home = /home/test"
```

删除用户和用户主目录，命令如下：

```
ansible ip - m user - a "name = test. state = absent remove = yes"
```

5. Ansible Facts 的使用

Facts 组件是 Ansible 用于采集被管主机设备信息的一个功能，当 Ansible 采集 Fact 时，它会收集被管主机的各种详细信息：CPU 架构、操作系统、IP 地址、内存信息、磁盘信息等，这些信息保存在被称作 Fact 的变量中。Ansible 使用一个名为 Setup 的特殊模块实现对 Fact 进行收集，在 Playbook 中默认会调用这个模块进行 Fact 收集，在命令行中可以通过 ansible ip-m setup 命令进行手动收集，整个 Facts 信息被包装在 JSON 格式的数据结构中，Ansible Facts 是最上层的值，如图 3-4 所示。

Facts 还支持通过 filter 参数来查看指定信息，例如只查看远端主机的操作系统和版本，如图 3-5 所示。

查看远端主机的 CPU 和内存大小，如图 3-6 所示。

查看远端主机的各文件系统大小和剩余容量，如图 3-7 所示。

在 Playbook 中，Facts 组件默认会收集很多主机的基础信息，可以通过前面的 Facts 缓存机制，将这些信息缓存到本地目录或者内存数据库中，在做配置管理时进行引用，也可以用来将获取的主机基础信息自动同步到 CMDB 中，实现基础信息的自动采集功能。下面通过演示，说明如何通过 ansible-cmdb 插件，实现将远端主机 CPU 自动同步至外部 CMDB 系统中。

首先，需要安装 ansible-cmdb 插件，下载链接如下：

```
https://files.pythonhosted.org/packages/37/1b/1fcff0a38a4e07d9d3f75113494
ec0b25fd271b650bda52907ae1a80cbfb/ansible - cmdb - 1.27.tar.gz
```

```
ansible X.X.X.2 -m setup
X.X.X.2 | SUCCESS => {
    "ansible_facts": {
        "ansible_all_ipv4_addresses": [
            "X.X.X.2"
        ],
        "ansible_all_ipv6_addresses": [
            "fe80::f816:3eff:fe1e:67f3"
        ],
        "ansible_apparmor": {
            "status": "disabled"
        },
        "ansible_architecture": "x86_64",
        "ansible_bios_date": "01/01/2011",
        "ansible_bios_version": "0.5.1",
        "ansible_cmdline": {
            "BOOT_IMAGE": "/vmlinuz-3.10.0-327.el7.x86_64",
            "biosdevname": "0",
            "console": "ttyS0,115200n8",
            "crashkernel": "auto",
            "net.ifnames": "0",
            "rd.lvm.lv": "rhel/root",
            "ro": true,
            "root": "/dev/mapper/rhel-root"
        },
```

图 3-4 ansible facts 采集主机信息

```
ansible X.X.X.2 -m setup -a "filter=ansible_system" -o
X.X.X.2 | SUCCESS => {"ansible_facts": {"ansible_system": "Linux"}, "changed": false}
ansible X.X.X.2 -m setup -a "filter=ansible_distribution" -o
X.X.X.2 | SUCCESS => {"ansible_facts": {"ansible_distribution": "RedHat"}, "changed": false}
ansible X.X.X.2 -m setup -a "filter=ansible_distribution_version" -o
X.X.X.2 | SUCCESS => {"ansible_facts": {"ansible_distribution_version": "7.2"}, "changed": false}
```

图 3-5 ansible facts 过滤主机操作系统信息

```
ansible X.X.X.2 -m setup -a "filter=ansible_processor_count" -o
X.X.X.2 | SUCCESS => {"ansible_facts": {"ansible_processor_count": 4}, "changed": false}
ansible X.X.X.2 -m setup -a "filter=ansible_memtotal_mb" -o
X.X.X.2 | SUCCESS => {"ansible_facts": {"ansible_memtotal_mb": 15887}, "changed": false}
```

图 3-6 ansible facts 过滤主机 CPU 和内存信息

其次，开始安装 ansible-cmdb 插件：

```
gzip -dc ansible-cmdb-1.27.tar.gz|tar -xvf -
cd ansible-cmdb-1.27
python setup.py install
```

生成所有主机的 Facts 信息并用 filter 过滤出主机 CPU 值：

```
ansible all -m setup -t /tmp/factout
ansible all -m setup -a "filter=ansible_processor_count" -t /tmp/cpu
```

通过 ansible-cmdb 插件以 CSV 或 SQL 格式输出 IP 地址和 CPU 值：

```
ansible X.X.X.2 -m setup  -a "filter=ansible_mounts"
X.X.X.2 | SUCCESS => {
    "ansible_facts": {
        "ansible_mounts": [
            {
                "device": "/dev/mapper/rhel-root",
                "fstype": "xfs",
                "mount": "/",
                "options": "rw,relatime,attr2,inode64,noquota",
                "size_available": 94723239936,
                "size_total": 106819743744,
                "uuid": "517bc764-fd26-4027-a301-6c5e29557f7c"
            },
            {
                "device": "/dev/vda1",
                "fstype": "xfs",
                "mount": "/boot",
                "options": "rw,relatime,attr2,inode64,noquota",
                "size_available": 354861056,
                "size_total": 520794112,
                "uuid": "2c98f0c5-9dbb-4cac-871c-8e15e802a173"
            },
        ]
    },
    "changed": false
}
```

图 3-7　ansible facts 过滤主机文件系统信息

```
PATH = /usr/local/bin: $ PATH
ansible-cmdb -t csv -c name,cpus /tmp/cpu >/tmp/cpu.csv
ansible-cmdb -t sql /tmp/cpu >/tmp/cpu.sql
```

以 CSV 格式或者 SQL 格式将信息导入外部 CMDB 系统中（根据支持方式灵活选用），这里以 postgres 数据库为例，通过将 CSV 格式转换为 SQL 格式导入外部 CMDB 系统，示例如图 3-8 所示。

```
cpuinfo=$(cat /tmp/cpu.csv)
for cpu_info in $cpuinfo
do
ip=$(echo "$cpu_info" |awk -F"," '{print $1}'|sed 's/"//g')
cpu=$(echo "$cpu_info" |awk -F"," '{print $2}'|sed 's/"//g')
echo "update \"VirtualMachine\" set \"VCPU\"='$cpu' where \"IP\"='$cpuip' and \"Status\"='A';"
>>/tmp/cpu_info.sql
done
su - postgres -c "export PGPASSWORD=postgres;/opt/PostgreSQL/9.3/bin/psql -d cmdbuild -f /tmp/cpu_info.sql"
```

图 3-8　将数据导入外部 CMDB 系统

当然，以上仅仅是简单的示例，可以利用 Ansible Fact 的功能，实现更加复杂的 CMDB 自动化采集功能。

6. Ansible 常用参数列表

(1) inventory 内置参数如表 3-13 所示。

表 3-13 inventory 内置参数

参　考	解　释	例　子
ansible_ssh_host	将要连接的远程主机名与想要设定的主机的别名不同,可通过此变量设置	ansible_ssh_host=192.169.1.123
ansible_ssh_port	SSH 端口号。如果不是默认的端口号,则通过此变量设置	ansible_ssh_port=5000
ansible_ssh_user	默认的 SSH 用户名	ansible_ssh_user=cxpadmin
ansible_ssh_pass	SSH 密码(这种方式并不安全,强烈建议使用 --ask-pass 或 SSH 密钥)	ansible_ssh_pass='123456'
ansible_sudo_pass	sudo 密码(这种方式并不安全,强烈建议使用 --ask-sudo-pass)	ansible_sudo_pass='123456'
ansible_sudo_exe	sudo 命令路径(适用于 1.8 及以上版本)	ansible_sudo_exe=/usr/bin/sudo
ansible_connection	与主机的连接类型。例如 local、ssh 或者 paramiko。Ansible 1.2 以前默认使用 paramiko. 1.2,以后默认使用 'smart','smart' 方式会根据是否支持 ControlPersist 来判断'ssh' 方式是否可行	ansible_connection=local
ansible_ssh_private_key_file	SSH 使用的私钥文件。适用于有多个密钥,而不想使用 SSH 代理的情况	ansible_ssh_private_key_file=/root/key
ansible_shell_type	目标系统的 Shell 类型。在默认情况下,命令的执行使用 'sh' 语法,可设置为 'csh' 或 'fish'	ansible_shell_type=zsh
ansible_python_interpreter	目标主机的 Python 路径。适用于的情况:系统中有多个 Python,或者命令路径不是"/usr/bin/python",例如*BSD,或者 /usr/bin/python 不是 2.X 版本的 Python。不使用 "/usr/bin/env" 机制,因为这要求远程用户的路径设置正确,并且要求 "python" 可执行程序名不可为 python 以外的名字(实际有可能名为 python2.6)	ansible_python_interpreter=/usr/bin/python2.6
ansible_*_interpreter	定义其他语言解释器	ansible_*_interpreter=/usr/bin/ruby
ansible_sudo	定义 sudo 用户	ansible_sudo=cxpadmin

从 Ansible 2.0 开始,ansible_ssh_user、ansible_ssh_host、ansible_ssh_port 已经改变为 ansible_user、ansible_host、ansible_port。具体可参考官网信息,网址如下:

http://docs.ansible.com/ansible/latest/intro_inventory.html

(2) copy 模块:在 Ansible 里的角色就是把 Ansible 执行机器上的文件复制到远程节

点上,是与 fetch 模块相反的操作。常用模块参数如表 3-14 所示。

表 3-14 copy 模块的主要命令参数及说明

参 数 名	说 明
src	用于定位 ansible 执行的机器上的文件,需要绝对路径。如果复制的是文件夹,则文件夹会被整体复制,如果结尾是"/",则只有文件夹内的内容会被复制过去。一切感觉很像 rsync
content	用来替代 src,用于将指定文件的内容复制到远程文件内
dest	用于定位远程节点上的文件,需要绝对路径。如果 src 指向的是文件夹,则这个参数也必须指向文件夹
backup	备份远程节点上的原始文件,在复制之前。如果发生意外,则原始文件还能使用
directory_mode	这个参数只能用于复制文件夹,这个参数设定后,文件夹内新建的文件会被复制,而老旧的文件不会被复制
follow	当复制的文件夹内有 link 时,复制过去的文件也会有 link
force	默认为 yes,会覆盖远程的内容不一样的文件(可能文件名一样)。如果是 no,就不会复制文件
group	设定一个群组拥有复制到远程节点的文件权限
mode	等同于 chmod,参数可以为"u+rwx or u=rw,g=r,o=r"
owner	设定一个用户拥有复制到远程节点的文件权限

将文件复制到测试主机,示例命令如下:

```
[root@node1 ansible]# echo "test " >> /root/install.log
[root@node1 ansible]# ansible testservers -m copy -a \
'src=/root/install.log dest=/tmp/install.log owner=testuser \
group=testgroup backup=yes'

192.168.100.132 | success >> {
"backup_file": "/tmp/install.log.2016-02-25@16:01:26~",
"changed": true,
"checksum": "b5da7af32ad02eb98f77395b28f281a965b4c1f5",
"dest": "/tmp/install.log",
"gid": 1100,
"group": "testgroup",
"md5sum": "d39956add30a18019cb5ad2381a0cd43",
"mode": "0644",
"owner": "testuser",
"size": 9464,
"src": "/root/.ansible/tmp/ansible-tmp-1456387285.87-128685659798967/source",
"state": "file",
"uid": 1000
}

192.168.100.131 | success >> {
"backup_file": "/tmp/install.log.2016-02-25@16:01:26~",
"changed": true,
"checksum": "b5da7af32ad02eb98f77395b28f281a965b4c1f5",
```

```
"dest": "/tmp/install.log",
"gid": 1100,
"group": "testgroup",
"md5sum": "d39956add30a18019cb5ad2381a0cd43",
"mode": "0644",
"owner": "testuser",
"size": 9464,
"src": "/root/.ansible/tmp/ansible-tmp-1456387285.86-134452201968647/source",
"state": "file",
"uid": 1000
}
```

如果使用复制命令将文件夹复制到目标机器，则会发现有文件的目录复制成功，空的目录没有复制过去，因为没有文件的空目录会被忽略。copy 模块常用返回值参数及含义如表 3-15 所示。

表 3-15 copy 模块的返回值参数及含义

参数名	参数说明	返回值	返回值类型	样例
src	位于 Ansible 执行机上的位置	changed	string	/home/httpd/.ansible/tmp/ansible-tmp-1423796390.97-147729857856000/source
backup_file	将原文件备份	changed and if backup=yes	string	/path/to/file.txt.2015-02-12@22:09
uid	在执行后，拥有者的 ID	success	int	100
dest	远程节点的目标目录或文件	success	string	/path/to/file.txt
checksum	复制文件后的 checksum 值	success	string	6e642bb8dd5c2e027bf21dd923337cbb4214f827
md5sum	复制文件后的 md5 checksum 值	when supported	string	2a5aeecc61dc98c4d780b14b330e3282
state	执行后的状态	success	string	file
gid	执行后拥有文件夹、文件的群组 ID	success	int	100
mode	执行后文件的权限	success	string	0644
owner	执行后文件所有者的名字	success	string	httpd
group	执行后文件所有群组的名字	success	string	httpd
size	执行后文件大小	success	int	1220

(3) shell 模块,它负责在被 Ansible 控制的节点(服务器)执行命令。shell 模块是通过/bin/sh 执行的,所以 shell 模块可以执行任何命令,就像在本机执行一样。常用参数如表 3-16 所示。

表 3-16 shell 模块的主要命令参数及说明

参　　数	说　　明
chdir	跟 command 一样,运行 shell 之前通过 cd 命令转到某个目录
creates	跟 command 一样,如果某个文件存在,则不运行 shell 模块
removes	跟 command 一样,如果某个文件不存在,则不运行 shell 模块

【示例 3-3】 让所有节点运行 somescript.sh 文件并把 log 输出到 somelog.txt 文件,命令如下:

```
$ ansible-i hosts all-m shell-a "sh somescript.sh >> somelog.txt"
```

【示例 3-4】 先进入 somedir/目录,再在 somedir/目录下让所有节点运行 somescript.sh 文件并把 log 输出到 somelog.txt 文件,命令如下:

```
$ ansible-i hosts all-m shell-a "somescript.sh >> somelog.txt" chdir=somedir/
```

【示例 3-5】 先通过 cd 命令转到某个需要编译的目录,执行 configure,然后编译及安装,命令如下:

```
$ ansible-i hosts all-m shell-a "./configure && make && make install" chdir=/xxx/yyy/
```

(4) command 模块用于运行系统命令。不支持管道符和变量符(<、>、|、& 等),如果要使用这些,则可以使用 shell 模块。在使用 Ansible 时,默认的模块是-m command,从而使模块的参数不需要填写,直接使用即可。常用的参数如表 3-17 所示。

表 3-17 command 模块的主要命令参数及说明

参　　数	说　　明
chdir	运行 command 命令前先通过 cd 命令转到这个目录
creates	如果这个参数对应的文件存在,就不运行 command
executable	将 shell 切换为 command 执行,这里的所有命令需要使用绝对路径
removes	如果这个参数对应的文件不存在,就不运行 command

【示例 3-6】 ansible 命令调用 command 进行关机,命令如下:

```
ansible-i hosts all-m command-a "/sbin/shutdown-t now"
```

ansible 命令行调用-m command-a 表示使用参数,引号内的内容为执行的 command 命令,该命令为关机,对应的节点(192.168.10.12 和 127.152.112.13)都会执行关机操作。

【示例 3-7】 利用 creates 参数,判断/path/to/database 文件是否存在,如果存在就跳过 command 命令,如果不存在就执行 command 命令,示例命令如下:

```
ansible -i hosts all -m command -a "/usr/bin/make_database.sh arg1 arg2 creates=/path/to/
database"
```

(5) raw 模块的功能与 shell 和 command 类似,但 raw 模块运行时不需要在远程主机上配置 Python 环境。

【示例 3-8】 在 10.1.1.113 节点上运行 hostname 命令,命令如下:

```
ansible 10.1.1.113 -m raw -a 'hostname|tee'
```

(6) fetch 模块,文件拉取模块主要用于将远程主机中的文件复制到本机中,和 copy 模块的作用刚刚相反,并且在保存时使用 hostname 进行保存,当文件不存在时,会出现错误,除非将选项 fail_on_missing 设置为 yes,常用的参数见表 3-18 所示。

表 3-18 fetch 模块的主要命令参数及说明

参数	说明
dest	用来存放文件的目录,例如存放目录为 backup,源文件名称为 /etc/profile,在主机 pythonserver 中,那么存放文件的目录为 /backup/pythonserver/etc/profile
fail_on_missing	当源文件不存在时,标识为失败
flat	允许覆盖默认行为从 hostname/path 到 /file 的,如果 dest 以 "/" 结尾,则它将使用源文件的基础名称
src	在远程拉取的文件,并且必须是一个文件,不能是目录
validate_checksum	当文件 fetch 之后进行 MD5 检查

【示例 3-9】 fetch 一个文件并保存,src 表示为远程主机上需要传送的文件路径,dest 表示本机上的路径,传送过来的文件是按照 IP 地址进行分类的,并且路径是源文件的路径。在拉取文件时,拉取的必须是文件,不能拉取文件夹,示例命令如下:

```
[root@ansibleserver ~]# ansible pythonserver -m fetch -a "src=/root/123 dest=/root"
SSH password:
192.168.1.60 | success >> {
    "changed": true,
    "dest": "/root/192.168.1.60/root/123",
    "md5sum": "31be5a34915d52fe0a433d9278e99cac",
    "remote_md5sum": "31be5a34915d52fe0a433d9278e99cac"
}
```

【示例 3-10】 指定路径目录进行保存。在使用参数 flat 时,如果 dest 的后缀名为 "/",就会保存在目录中,然后直接保存为文件名;当 dest 后缀不为 "/" 时,那么就会直接保存为目录 kel 的文件。主要在于 dest 是否以 "/" 结尾,从而来区分这是个目录还是路径,示例命令如下:

```
[root@ansibleserver ~]# ansible pythonserver -m fetch -a "src=/root/Ssh.py dest=/root/
kel/ flat=yes"
SSH password:
```

```
192.168.1.60 | success >> {
    "changed": true,
    "dest": "/root/kel/Ssh.py",
    "md5sum": "63f8a200d1d52d41f6258b41d7f8432c",
    "remote_md5sum": "63f8a200d1d52d41f6258b41d7f8432c"
}
```

（7）file 模块，主要用来设置文件、链接、目录的属性，或者移除文件、链接、目录，很多其他模块也会包含这种作用，例如 copy、assemble 和 template。常用的参数如表 3-19 所示。

表 3-19　file 模块的主要命令参数及说明

参　数	说　　明
follow	这个标识说明这是系统链接文件，如果存在，则应该遵循
force	在两种情况下强制创建链接：源文件不存在（过会会存在）；目标存在但是是文件（创建链接文件替代）
group	文件所属用户组
mode	文件所属权限
owner	文件所属用户
path	要控制文件的路径
recurse	当文件为目录时，是否进行递归设置权限
src	文件链接路径，只有状态为 link 时，才会设置，可以是绝对及相对不存在的路径
state	如果目录不存在，则会创建目录；如果文件不存在，则不会创建文件；如果是 link，则软链接会被创建或者修改；如果是 absent，则目录下的所有文件都会被删除，如果是 touch，则会创建不存在的目录和文件

【示例 3-11】　设置文件属性。文件路径为 path，表示文件路径，设定所属用户和所属用户组，权限为 0644。文件路径为 path，使用文件夹进行递归修改权限，使用的参数为 recurse，表示递归，示例命令如下：

```
[root@ansibleserver ~]# ansible pythonserver -m file -a "path=/root/123 owner=kel group=kel mode=0644"
SSH password:
192.168.1.60 | success >> {
    "changed": true,
    "gid": 500,
    "group": "kel",
    "mode": "0644",
    "owner": "kel",
    "path": "/root/123",
    "size": 294,
    "state": "file",
    "uid": 500
}
[root@ansibleserver ~]# ansible pythonserver -m file -a "path=/tmp/kel/ owner=kel group=kel mode=0644 recurse=yes"
SSH password:
```

```
192.168.1.60 | success >> {
    "changed": true,
    "gid": 500,
    "group": "kel",
    "mode": "0644",
    "owner": "kel",
    "path": "/tmp/kel/",
    "size": 4096,
    "state": "directory",
    "uid": 500
}
```

【示例 3-12】 创建目录。使用的参数主要是 state 为 directory, 命令如下：

```
[root@ansibleserver ~]# ansible pythonserver -m file -a "path=/tmp/kel state=directory mode=0755"
SSH password:
192.168.1.60 | success >> {
    "changed": true,
    "gid": 0,
    "group": "root",
    "mode": "0755",
    "owner": "root",
    "path": "/tmp/kel",
    "size": 4096,
    "state": "directory",
    "uid": 0
}
```

【示例 3-13】 修改权限。直接使用 mode 对权限进行修改, 命令如下：

```
[root@ansibleserver ~]# ansible pythonserver -m file -a "path=/tmp/kel mode=0444"
SSH password:
192.168.1.60 | success >> {
    "changed": true,
    "gid": 0,
    "group": "root",
    "mode": "0444",
    "owner": "root",
    "path": "/tmp/kel",
    "size": 4096,
    "state": "directory",
    "uid": 0
}
```

【示例 3-14】 创建软连接。src 表示已经存在的文件, dest 表示创建的软连接的文件名, 最后的 state 的状态为 link, 示例命令如下：

```
root@ansibleserver tmp# ansible pythonserver -m file -a "src=/tmp/1 dest=/tmp/2 owner=kel state=link"
```

```
SSH password:
192.168.1.60 | success >> {
    "changed": true,
    "dest": "/tmp/2",
    "gid": 0,
    "group": "root",
    "mode": "0777",
    "owner": "kel",
    "size": 6,
    "src": "/tmp/1",
    "state": "link",
    "uid": 500
}
```

（8）yum 模块：Yum（全称为 Yellow dog Updater，Modified）是一个在 Fedora 和 Red Hat 及 CentOS 中的 Shell 前端软件包管理器，即安装包管理模块。常用的参数如表 3-20 所示。

表 3-20 yum 模块的主要命令参数及说明

参 数 名	说 明
conf_file	设定远程 yum 执行时所依赖的 yum 配置文件
disable_gpg_check	在安装包前检查包，只会影响 state 参数为 present 或者 latest 时
list	只能由 ansible 调用，不支持 playbook
name	需要安装的包的名字，也能如此使用 name=python=2.7 安装 Python 2.7
state	用于描述安装包的最终状态，present/latest 用于安装包，absent 用于 remove 安装包
update_cache	用于在安装包前执行更新 list，只会影响 state 参数为 present/latest 时

安装 httpd 包，命令如下：

```
ansible host31 -m yum -a "name=httpd"
host31 | SUCCESS =>
"changed": true,
"msg": "",
"rc": 0,
"results": [ xxxxx ]
```

删除 httpd 包，命令如下：

```
ansible host31 -m yum -a "name=httpd state=absent"
host31 | SUCCESS =>
"changed": true,
"msg": "",
"rc": 0,
"results": [ xxxx ]
```

（9）service 模块，service 模块其实就是 Linux 下的 service 命令。用于 service 服务管

理,常用的参数如表 3-21 所示。

表 3-21　service 模块的主要命令参数及说明

参 数 名	说　　明
enabled	启动 OS 后启动对应 service 的选项。使用 service 模块时,enabled 和 state 至少要有一个被定义
name	需要进行操作的 service 名字
state	service 最终操作后的状态

启动服务,命令如下:

```
ansible host31 -m service -a "name=httpd state=started"
host31 | SUCCESS => {
"changed": true,
"name": "httpd",
"state": "started"
}
```

停止服务,命令如下:

```
ansible host31 -m service -a "name=httpd state=stopped"
host31 | SUCCESS => {
"changed": true,
"name": "httpd",
"state": "stopped"
}
```

设置服务开机自启动,命令如下:

```
[root@host31 ~]# ansible host31 -m service -a "name=httpd enabled=yes state=restarted"
host31 | SUCCESS => {
"changed": true,
"enabled": true,
"name": "httpd",
"state": "started"
}
```

(10) cron 模块,cron 模块用于管理计划任务,常用的参数如表 3-22 所示。

表 3-22　cron 模块的主要命令参数及说明

参 数 名	说　　明
backup	对远程主机上的原任务计划内容修改之前做备份
cron_file	如果指定该选项,则用该文件替换远程主机上的 cron.d 目录下用户的任务计划
day	日(1~31,*,*/2,…)
hour	小时(0~23,*,*/2,…)
minute	分钟(0~59,*,*/2,…)

续表

参 数 名	说　明
month	月（1～12，*，*/2，…）
weekday	周（0～7，*，…）
job	要执行的任务，依赖于 state＝present
name	该任务的描述
special_time	指定什么时候执行，参数：reboot、yearly、annually、monthly、weekly、daily、hourly
state	确认该任务计划是创建还是删除
user	以哪个用户的身份执行

设置定时任务，示例命令如下：

```
ansible test -m cron -a 'name="a job for reboot" special_time=reboot job="/some/job.sh"'
ansible test -m cron -a 'name="yum autoupdate" weekday="2" minute=0 hour=12 user="root"
ansible test -m cron -a 'backup="True" name="test" minute="0" hour="5,2" job="ls -alh > /dev/null"'
ansible test -m cron -a 'cron_file=ansible_yum-autoupdate state=absent'
```

（11）user 模块请求的是 useradd、userdel、usermod 指令，常用的参数如表 3-23 所示。

表 3-23　user 模块的主要命令参数及说明

参 数 名	说　明
home	指定用户的家目录，需要与 createhome 配合使用
groups	指定用户的属组
uid	指定用户的 uid
password	指定用户的密码
name	指定用户名
createhome	是否创建家目录 yes|no
system	是否为系统用户
remove	当 state＝absent 时，remove＝yes 表示连同家目录一起删除，等价于 userdel-r
state	是创建还是删除
shell	指定用户的 Shell 环境

当指定 password 参数时，不能使用明文密码，因为后面这一串密码会被直接传送到被管理主机的 /etc/shadow 文件中，所以需要先对密码字符串进行加密处理，然后将得到的字符串放到 password 中。不同的发行版默认使用的加密方式可能会有区别，具体可以查看 /etc/login.defs 文件确认，CentOS 6.5 版本使用的是 SHA512 加密算法。

在指定节点上创建一个用户名为 noLinux，组为 noLinux 的用户，示例命令如下：

```
ansible 10.1.1.113 -m user -a 'name=noLinux groups=noLinux state=present'
```

删除用户,示例命令如下:

```
ansible 10.1.1.113 -m user -a 'name=noLinux groups=noLinux state=absent remove=yes'
```

(12) group 模块:请求的是 groupadd、groupdel、groupmod 指令。

在所有节点上创建一个组名为 noLinux,gid 为 2014 的组,示例命令如下:

```
ansible all -m group -a 'gid=2014 name=noLinux'
```

(13) script 模块:将控制节点的脚本执行在被控节点上。

远程执行脚本,命令如下:

```
[root@host31 ~]#ansible host32 -m script -a /tmp/hello.sh
host32 | SUCCESS => {
"changed": true,
"rc": 0,
"stderr": "",
"stdout": "this is test from host32\r\n",
"stdout_lines": [ "this is test from host32" ->执行结果 ]
}
```

(14) get_url 模块:主要用于从 HTTP、FTP、HTTPS 服务器上下载文件,类似于 wget,常用的参数如表 3-24 所示。

表 3-24 get_url 模块的主要命令参数及说明

参 数 名	说 明
sha256sum	下载完成后进行 SHA256 检查
timeout	下载超时时间,默认为 10s
url	下载的 URL
url_password url_username	主要用于需要用户名和密码进行验证的情况
use_proxy	使用代理,代理需事先在环境变更中定义

将 http://10.1.1.116/favicon.ico 文件下载到指定节点的/tmp 目录下,示例命令如下:

```
ansible 10.1.1.113 -m get_url -a 'url=http://10.1.1.116/favicon.ico dest=/tmp'
```

(15) synchronize 模块,使用 rsync 同步文件,常用的参数如表 3-25 所示。

表 3-25 synchronize 模块的主要命令参数及说明

参 数 名	说 明
archive	归档,相当于同时开启 recursive(递归)、links、perms、times、owner、group、-D 选项,并且都为 yes,默认该项为开启
checksum	跳过检测 sum 值,默认关闭

续表

参 数 名	说 明
compress	是否开启压缩
copy_links	复制链接文件,默认为 no,注意后面还有一个 links 参数
delete	删除不存在的文件,默认为 no
dest	目录路径
dest_port	dest_port:默认目录主机上的端口,默认为 22,使用的是 SSH 协议
dirs	传输目录不进行递归,默认为 no,即进行目录递归
rsync_opts	rsync 参数部分
set_remote_user	主要用于/etc/ansible/hosts 中定义或默认使用的用户与 rsync 使用的用户不同的情况
mode	push 或 pull 模块,push 模式一般用于从本机向远程主机上传文件,而 pull 模式用于从远程主机上取文件

将主控方/root/a 目录推送到指定节点的/tmp 目录下,示例命令如下:

ansible 10.1.1.113 -m synchronize -a 'src=/root/a dest=/tmp/compress=yes'

由于模块默认都是推送 push,因此,如果在使用拉取(pull)功能时,则可以使用 mode=pull 实现,将推送模式更改为拉取模式。

将 10.1.1.113 节点的/tmp/a 目录拉取到主控节点的/root 目录下,示例命令如下:

ansible 10.1.1.113 -m synchronize -a 'mode=pull src=/tmp/a dest=/root/'

由于模块默认启用了 archive 参数,该参数默认开启了 recursive、links、perms、times、owner、group 和-D 参数。如果将该参数设置为 no,则将停止很多参数,例如会导致目的递归失败,导致无法拉取。

(16) 其他模块用得不是特别多。

mount 模块:配置挂载点;

unarchive 模块:解压文件模块。

3.7 网络设备地址租约管理 DHCP

动态主机配置协议(Dynamic Host Configuration Protocol,DHCP)是基于客户机/服务器模式的一个简化主机 IP 地址分配管理的 TCP/IP 标准协议。DHCP 服务用于向计算机自动提供 IP 地址、子网掩码和路由信息。目的在于减轻 TCP/IP 网络的规划、管理和维护的负担,解决 IP 地址空间缺乏问题。

DHCP 是一个基于广播的协议,它由 BOOTP(Bootstrap Protocol,自举协议)发展而来,分为服务器端和客户端两部分。DHCP 租约提供了自动在 TCP/IP 网络上安全地分配和租用 IP 地址的机制,实现了统一规划和管理网络中的 IP 地址,提高了 IP 地址的使用率,并方便了管理员的管理。DHCP 分配 IP 地址的过程如图 3-9 所示。

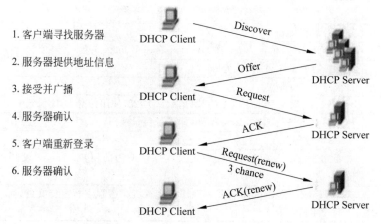

图 3-9　DHCP 分配 IP 地址的过程

3.7.1　私有网段

DHCP 服务一般配置的是私有网段，因此需要了解私有网段，现有 A、B、C 共 3 个地址段：

（1）A 类私有网段 10.0.0.0/8，可分配的 IP 地址范围为 10.0.0.0～10.255.255.255。

（2）B 类私有网段 172.16.0.0/12，可分配的 IP 地址范围为 172.16.0.0～172.31.255.255。

（3）C 类私有网段 192.168.0.0/16，可分配的 IP 地址范围为 192.168.0.0～192.168.255.255。

3.7.2　DHCP 报文种类

DHCP 一共有 8 种报文，各种类型报文种类及说明如表 3-26 所示。

表 3-26　DHCP 报文种类及说明

报文种类	说明
Discover(0x01)	DHCP 客户端在请求 IP 地址时并不知道 DHCP 服务器的位置，因此 DHCP 客户端会在本地网络内以广播的方式发送 Discover 请求报文，以发现网络中的 DHCP 服务器。所有收到 Discover 报文的 DHCP 服务器都会发送应答报文，DHCP 客户端据此可以知道网络中存在的 DHCP 服务器的位置
Offer(0x02)	DHCP 服务器收到 Discover 报文后，就会在所配置的地址池中查找一个合适的 IP 地址，加上相应的租约期限和其他配置信息（如网关、DNS 服务器等），构造一个 Offer 报文，发送给 DHCP 客户端，告知用户本服务器可以为其提供 IP 地址，但这个报文只是告诉 DHCP 客户端可以提供 IP 地址，最终还需要客户端通过 ARP 来检测该 IP 地址是否重复

续表

报文种类	说明
Request(0x03)	DHCP 客户端可能会收到很多 Offer 请求报文,所以必须在这些应答中选择一个。通常选择第 1 个 Offer 应答报文的服务器作为自己的目标服务器,并向该服务器发送一个广播的 Request 请求报文,通告选择的服务器,希望获得所分配的 IP 地址。另外,DHCP 客户端在成功获取 IP 地址后,在地址使用租期达到 50% 时,会向 DHCP 服务器发送单播 Request 请求报文请求续延租约,如果没有收到 ACK 报文,在租期达到 87.5% 时,则会再次发送广播的 Request 请求报文以请求续延租约
ACK(0x05)	DHCP 服务器收到 Request 请求报文后,根据 Request 报文中携带的用户 MAC 地址来查找有没有相应的租约记录,如果有,则发送 ACK 应答报文,通知用户可以使用分配的 IP 地址
NAK(0x06)	如果 DHCP 服务器收到 Request 请求报文后,没有发现有相应的租约记录或者由于某些原因无法正常分配 IP 地址,则会向 DHCP 客户端发送 NAK 应答报文,通知用户无法分配合适的 IP 地址
Release(0x07)	当 DHCP 客户端不再需要使用分配的 IP 地址时(一般出现在客户端关机、下线等状况)就会主动向 DHCP 服务器发送 Release 请求报文,告知服务器用户不再需要分配 IP 地址,请求 DHCP 服务器释放对应的 IP 地址
Decline(0x04)	DHCP 客户端收到 DHCP 服务器 ACK 应答报文后,通过地址冲突检测发现服务器分配的地址冲突或者由于其他原因导致不能使用,则会向 DHCP 服务器发送 Decline 请求报文,通知服务器所分配的 IP 地址不可用,以期获得新的 IP 地址
Inform(0x08)	DHCP 客户端如果需要从 DHCP 服务器端获取更为详细的配置信息,则应向 DHCP 服务器发送 Inform 请求报文;DHCP 服务器在收到该报文后,根据租约查找到相应的配置信息后,向 DHCP 客户端发送 ACK 应答报文。目前基本上不用了

DHCP 报文格式如图 3-10 所示。

OP(1字节)	Htype(1字节)	Hlen(1字节)	Hops(1字节)
Xid(4字节)			
Secs(2字节)		Flags(2字节)	
Ciaddr(4字节)			
Yiddr(4字节)			
Siaddr(4字节)			
Giaddr(4字节)			
Ghaddr(16字节)			
Sname(64字节)			
File(128字节)			
Options(可变长)			

图 3-10　DHCP 报文格式

OP：报文的操作类型。分为请求报文和响应报文。1 表示请求报文，2 表示应答报文，即客户端传送给服务器的封包，设为 1，反之为 2。

请求报文：DHCP Discover、DHCP Request、DHCP Release、DHCP Inform 和 DHCP Decline。

应答报文：DHCP Offer、DHCP ACK 和 DHCP NAK。

Htype：DHCP 客户端的 MAC 地址类型。MAC 地址类型其实是指明网络类型。当 Htype 值为 1 时表示最常见的以太网 MAC 地址类型。

Hlen：DHCP 客户端的 MAC 地址长度。以太网 MAC 地址的长度为 6 字节，即以太网时 Hlen 的值为 6。

Hops：DHCP 报文经过的 DHCP 中继的数目，默认值为 0。DHCP 请求报文每经过一个 DHCP 中继，该字段就会增加 1。当没有经过 DHCP 中继时值为 0（若数据包需经过 router 传送，则每站加 1；若在同一网内，则为 0）。

Xid：客户端通过 DHCP Discover 报文发起一次 IP 地址请求时选择的随机数，相当于请求标识。用来标识一次 IP 地址请求过程。在一次请求中所有报文的 Xid 都是一样的。

Secs：DHCP 客户端从获取 IP 地址或者续约过程开始到现在所消耗的时间，以秒为单位。在没有获得 IP 地址前该字段始终为 0（DHCP 客户端开始 DHCP 请求后所经过的时间。目前尚未使用，固定值为 0）。

Flags：标志位，只使用第 0 比特位，是广播应答标识位，用来标识 DHCP 服务器应答报文是采用单播还是广播发送，0 表示采用单播方式发送，1 表示采用广播方式发送。其余位尚未使用，即从 0~15bits，最左 1bit 为 1 时表示服务器将以广播方式将封包传送给客户端。

需要注意的是，在客户端正式分配了 IP 地址之前的第 1 次 IP 地址请求过程中，所有 DHCP 报文都是以广播方式发送的，包括客户端发送的 DHCP Discover 和 DHCP Request 报文，以及 DHCP 服务器发送的 DHCP Offer、DHCP ACK 和 DHCP NAK 报文。当然，如果是由 DHCP 中继器转的报文，则都是以单播方式发送的。另外，IP 地址续约、IP 地址释放的相关报文都是采用单播方式进行发送的。

Ciaddr：DHCP 客户端的 IP 地址。仅在 DHCP 服务器发送的 ACK 报文中显示，因为在得到 DHCP 服务器确认前，DHCP 客户端还没有分配到 IP 地址。在其他报文中均显示，只有客户端是 Bound、Renew、Rebinding 状态，并且能响应 ARP 请求时，才能被填充。

Yiaddr：DHCP 服务器分配给客户端的 IP 地址。仅在 DHCP 服务器发送的 Offer 和 ACK 报文中显示，其他报文中显示为 0。

Siaddr：下一个为 DHCP 客户端分配 IP 地址等信息的 DHCP 服务器的 IP 地址。仅在 DHCP Offer、DHCP ACK 报文中显示，在其他报文中显示为 0（用于 Bootstrap 过程中的 IP 地址）。

一般来讲是服务器的 IP 地址，但是注意，根据 OpenWrt 源码给出的注释，当报文的源地址、Siaddr、Options-> server_id 字段不一致（有经过跨子网转发）时，通常认为 options-> server_id 字段为真正的服务器 IP，Siaddr 有可能是多次路由跳转中的某个路由的 IP。

Giaddr：DHCP 客户端发出请求报文后经过的第 1 个 DHCP 中继的 IP 地址。如果没有经过 DHCP 中继，则显示为 0(转发代理(网关)IP 地址)。

Chaddr：DHCP 客户端的 MAC 地址。在每个报文中都会显示对应 DHCP 客户端的 MAC 地址。

Sname：为 DHCP 客户端分配 IP 地址的 DHCP 服务器名称(DNS 域名格式)。在 Offer 和 ACK 报文中显示发送报文的 DHCP 服务器名称，其他报文显示为 0。

File：DHCP 服务器为 DHCP 客户端指定的启动配置文件名称及路径信息。仅在 DHCP Offer 报文中显示，其他报文中显示为空。

Options：可选项字段，长度可变，格式为"代码＋长度＋数据"，如表 3-27 所示。

表 3-27 DHCP Options 可变长度及说明

代码	长度	说明
1	4 字节	子网掩码
3	长度可变，必须是 4 字节的倍数	默认网关(可以是一个路由器 IP 地址列表)
6	长度可变，必须是 4 字节的倍数	DNS 服务器(可以是一个 DNS 服务器 IP 地址列表)
15	长度可变	域名称(主 DNS 服务器名称)
42	长度可变，必须是 4 字节的倍数	NTP 服务器(可以是一个 NTP 服务器 IP 地址列表)
44	长度可变，必须是 4 字节的倍数	WINS 服务器(可以是一个 WINS 服务器 IP 地址列表)
51	4 字节	有效租约期(以秒为单位)
53	1 字节	报文类型(1～8)分别表示：Discover、Offer、Request、Decline、ACK、NAK、Release、Inform
58	4 字节	续约时间
60	长度可变	Authentication for DHCP Message，用来完成基于标准 DHCP，以在客户端输入用户名和密码的方式进行地址鉴权，主要用在按用户认证收费场合，与之对应的是 PPPOE 认证计费
255	0	标记 Options 结束

3.7.3 DHCP 工作流程

(1) IP 地址分配方式，DHCP 服务器负责接收客户端的 DHCP 请求，集中管理所有客户机的 IP 地址设定资料，并负责处理客户端的 DHCP 请求，相比于 BOOTP，DHCP 通过"租约"实现动态分配 IP 的功能，实现 IP 的时分复用，从而解决 IP 资源短缺的问题。

其地址分配方式有以下 3 种。

人工配置：由管理员对每台具体的计算机指定一个地址。

自动配置：服务器为第 1 次连接网络的计算机分配一个永久地址，DHCP 客户端第 1 次成功地从 DHCP 服务器端分配到一个 IP 地址之后，就永远使用这个地址。

动态配置：在一定的期限内将地址租给计算机，客户端第 1 次从 DHCP 服务器分配到 IP 地址后，并非永久地使用该地址，每次使用后，DHCP 客户端就得释放这个 IP 地址，并且租期结束后客户必须续租或者停用该地址,而对于路由器,经常使用的地址分配方式是动态配置。

(2) 租约表,包含静态租约表和动态租约表。

静态租约表:对应一个静态租约存储文件,服务器运行时从文件中读取静态租约表。

动态租约表:对应一个周期存储文件,服务器周期性将租约表存进该文件,在程序开始时将会读取上次存放的租约表(租约表记录了当前所有分配的租约,包括静态链接的)。

DHCP 服务器一直处在被动接受请求的状态,当有客户端请求时,服务器会读取客户端当前所在的状态及客户端的信息,并在静态租约表和动态租约表中进行检索,以便找到相应的表项,再根据客户端的状态执行不同的回复。

当收到客户端的首次请求时,DHCP 服务器先查找静态租约表;若存在请求的表项,则返回这个客户的静态 IP 地址,否则从 IP 地址池中选择可用的 IP 分配给客户,并将信息添加到动态数据库中。此外,服务器将会周期性地刷新租约表并写入文件存档,在这个过程中会顺便对动态租约表进行租期检查。

(3) 工作流程,可分为客户端流程和服务器端流程。

客户端登录网络:

客户机初始化 & 寻找 DHCP 服务器(DHCP Discover):DHCP 客户端启动时,计算机发现本机上没有任何 IP 地址设定,将以广播方式通过 UDP 67 端口发送 DHCP Discover 发现信息来寻找 DHCP 服务器,因为客户机还不知道自己属于哪一个网络,所以封包的源地址为 0.0.0.0,目的地址为 255.255.255.255,向网络发送特定的广播信息。网络上每台安装了 TCP/IP 的主机都会接收这个广播信息,但只有 DHCP 服务器才会作出响应。

DHCP Discover 的等待时间预设为 1s,也就是当客户机将第 1 个 DHCP Discover 封包送出去之后,在 1s 之内没有得到回应,就会进行第 2 次 DHCP Discover 广播。若一直没有得到回应,客户机就会将这一广播包重新发送 4 次(以 2、4、8、16s 为间隔,加上 1~1000ms 随机长度的时间)。如果都没有得到 DHCP 服务器的回应,客户机则会从 169.254.0.0/16 这个自动保留的私有 IP 地址中选用一个 IP 地址,并且每隔 5min 重新广播一次,如果收到某个服务器的响应,则继续 IP 租用过程。

分配 IP 地址 & 提供 IP 地址租用(DHCP Offer):DHCP 服务器收到客户端发出的 DHCP Discover 广播后,通过解析报文,查询 dhcpd.conf 配置文件。它会从那些还没有租出去的地址中选择最前面的空置 IP,连同其他 TCP/IP 设定,通过 UDP 68 端口响应给客户端一个 DHCP Offer 数据包(包中包含 IP 地址、子网掩码、地址租期等信息)。告诉 DHCP 客户端,该 DHCP 服务器拥有资源,可以提供 DHCP 服务。

此时还是使用广播进行通信,源 IP 地址为 DHCP 服务器的 IP 地址,目标地址为 255.255.255.255。同时,DHCP 服务器为此客户端保留它提供的 IP 地址,从而不会为其他 DHCP 客户分配此 IP 地址。

由于客户端在开始时还没有 IP 地址,所以在其 DHCP Discover 封包内会带有其 MAC 地址信息,并且有一个 XID 编号来辨别该封包,DHCP 服务器响应的 DHCP Offer 封包则会根据这些资料传递给要求租约的客户。

接受 IP 地址 & 接受 IP 租约（DHCP Request）：DHCP 客户端接收到 DHCP Offer 提供的信息后，如果客户机收到网络上多台 DHCP 服务器的响应，则一般接受最先到达的那个，然后以广播的方式回答一个 DHCP Request 数据包（包中包含客户端的 MAC 地址、接受的租约中的 IP 地址、提供此租约的 DHCP 服务器地址等）。告诉所有 DHCP 服务器它将接受哪一台服务器提供的 IP 地址，所有其他的 DHCP 服务器撤销它们提供的信息，以便将 IP 地址提供给下一次 IP 租用请求。

此时，由于还没有得到 DHCP 服务器的最后确认，所以客户端仍然使用 0.0.0.0 作为源 IP 地址，使用 255.255.255.255 作为目标地址进行广播。

事实上，并不是所有的 DHCP 客户端都会无条件地接受 DHCP 服务器的 Offer，特别是如果这些主机上安装有其他 TCP/IP 相关的客户机软件。客户端也可以用 DHCP Request 向服务器提出 DHCP 选择，这些选择会以不同的号码填写在 DHCP Option Field 里面。客户机可以保留自己的一些 TCP/IP 设定。

IP 地址分配确认 & 租约确认（DHCP ACK）：当 DHCP 服务器接收到客户机的 DHCP Request 之后，会广播返给客户机一个 DHCP ACK 消息包，表明已经接受客户机的选择，告诉 DHCP 客户端可以使用它提供的 IP 地址，并将这一 IP 地址的合法租用及其他配置信息都放入该广播包并发给客户机。

客户端在接收到 DHCP ACK 广播后，会向网络发送 3 个针对此 IP 地址的 ARP 解析请求以执行冲突检测，查询网络上有没有其他机器使用该 IP 地址；如果发现该 IP 地址已经被使用，客户机则会发出一个 DHCP Decline 数据包给 DHCP 服务器，拒绝此 IP 地址租约，并重新发送 DHCP Discover 信息。此时，在 DHCP 服务器管理控制台中，会将此 IP 地址显示为 BAD_ADDRESS。

如果网络上没有其他主机使用此 IP 地址，则客户机的 TCP/IP 会使用租约中提供的 IP 地址完成初始化，从而可以和其他网络中的主机进行通信。

客户端重新登录：以后 DHCP 客户端每次重新登录网络时，就不需要再发送 DHCP Discover 发现信息了，而是直接发送包含前一次所分配的 IP 地址的 DHCP Request 请求信息。当 DHCP 服务器收到这一信息后，它会尝试让 DHCP 客户机继续使用原来的 IP 地址，并回答一个 DHCP ACK 确认信息。如果此 IP 地址已无法再分配给原来的 DHCP 客户端使用，则 DHCP 服务器会给 DHCP 客户端回答一个 DHCP NACK 否认信息。当原来的 DHCP 客户机收到此 DHCP NACK 否认信息后，它就必须重新发送 DHCP Discover 发现信息来请求新的 IP 地址。

客户端更新租约：DHCP 服务器向 DHCP 客户机出租的 IP 地址一般有一个租借期限，期满后 DHCP 服务器便会收回出租的 IP 地址。如果 DHCP 客户机要延长其 IP 租约，则必须更新其 IP 租约。

客户端会在租期过去 50% 时，直接向为其提供 IP 地址的 DHCP 服务器发送 DHCP Request 消息包。如果客户端接收到该服务器回应的 DHCP ACK 消息包，客户端就会根据包中所提供的新的租期及其他已经更新的 TCP/IP 参数，更新自己的配置，IP 租用更新完成。如果没有收到该服务器的回复，则客户端继续使用现有的 IP 地址，因为当前租期还有 50%。

如果在租期过去 50% 时没有更新，则客户端将在租期过去 87.5% 时再次与为其提供 IP 地址的 DHCP 联系。如果还不成功，到租约的 100% 时，客户端则必须放弃这个 IP 地址，重新申请。如果此时无 DHCP 可用，客户端则会使用 169.254.0.0/16 中随机的一个地址，并且每隔 5min 再进行尝试。

服务器处理流程：

1. DHCP Offer

静态租用：首先匹配 MAC 地址，看是否能在静态租约表中找到对应的项，若能找到就把 IP 分配给它。静态表中的 IP 不能被其他客户使用。

动态租用：服务器试图分配给客户端上次分配过的 IP，在这之前检查这个 IP 是否正在使用。

当 DHCP Discover 中含有 Request IP 时，检查该 IP 是否在地址池范围，是否正在使用，是否到期，是否是静态 IP，以及网络上是否已经存在。

DHCP Discover 不含 Request IP，从地址池上寻找一个最小的可用 IP 分配。

2. DHCP ACK

根据是否含有 Request IP 和 Server IP 识别客户端现在处于 init_reboot、selecting、renewing、rebinding 中的哪种状态，并根据以下规则执行 DHCP ACK 回复：

若客户端处于 selecting 状态，则验证 Request IP 和 Server IP 是否同服务器中的匹配。

若客户端处于 init_reboot 状态，则验证 Request IP 是否符合租约记录。

若客户端处于 renewing/rebinding 状态，则验证 Client IP 是否符合租约记录。

3. DHCP NAK

请求的 IP 是静态 IP，但是 MAC 地址无法与其对应。上面 DHCP ACK 中验证失败，服务器还可能会收到其他包。

4. DHCP Decline

服务器会把租约表中相关客户端硬件地址置空，并保存这个地址一段时间。

5. DHCP Release

清空租期回收 IP。

6. DHCP Inform

回复 DHCP ACK，数据包含关于服务器的信息。

3.7.4　DHCP 配置文件

在主配置文件 dhcpd.conf 中，可以使用声明、参数、选项这 3 种类型进行配置，各自的作用和表现形式如下。

声明：用来描述 dhcpd 服务器中对网络布局的划分，是网络设置的逻辑范围。常见的声明是 subnet、host，其中 subnet 声明用来约束一个网段。host 声明用来约束一台特定主机。

参数：由配置关键字和对应的值组成，总是以"；"(分号)结束，一般位于指定的声明范围内，用来设置所在范围的运行特性(如默认租约时间、最大租约时间等)。

选项：由 option 引导，后面跟具体的配置关键字和对应的值，也是以"；"结束，用于指定分配给客户机的各种地址参数(如默认网关地址、子网掩码、DNS 服务器地址等)。

为了使配置文件的结构更加清晰、全局配置通常会放在配置文件 dhcpd.conf 的开头部分，可以是配置参数，也可以是配置选项。常用的全局配置参数和选项如下。

ddns-update-style：动态 DNS 更新模式。用来设置与 DHCP 服务相关联的 DNS 数据动态更新模式。在实际的 DHCP 应用中很少用到该参数。将值设为 none 即可。

default-lease-time：默认租约时间。单位为秒，表示客户端可以从 DHCP 服务器租用某个 IP 地址的默认时间。

max-lease-time：最大租约时间。单位为秒，表示允许 DHCP 客户端请求的最大租约时间，当客户端未请求明确的租约时间时，服务器将采用默认租约时间。

option domain-name：默认搜索区域。为客户机指定解析主机名时的默认搜索域，该配置选项将体现在客户机的 /etc/resolv.conf 配置文件中，如 search benet.com。

option domain-name-servers：DNS 服务器地址。为客户端指定解析域名时使用的 DNS 服务器地址，该配置选项同样将体现在客户机的 /etc/resolv.conf 配置文件中，如 nameserver 202.106.0.20。当需要设置多个 DNS 服务器地址时，以逗号进行分隔。

一台 DHCP 服务器可以为多个网段提供服务，因此 subnet 网段声明必须有而且可以有多个。例如，若要 DHCP 服务器为 192.168.100.0/24 网段提供服务，用于自动分配的 IP 地址范围为 192.168.100.100～192.168.100.200，如果为客户机指定默认网关地址为 192.168.100.254，则可以修改 dhcpd.conf 配置文件，参考以下内容调整 subnet 网段声明：

```
vim /etc/dhcp/dhcpd.conf <!--编辑主配置文件-->

subnet 192.168.100.0 netmask 255.255.255.0 {      <!--声明网段地址-->
    range 192.168.100.100 192.168.100.200;        <!--设置地址池,可以有多个-->
    option routers 192.168.100.254;               <!--指定默认网关地址-->
}
```

host 声明用于设置单个主机的网络属性，通常用于为网络打印机或个别服务器分配固定的 IP 地址(保留地址)，这些主机的共同特点是要求每次获取的 IP 地址相同，以确保服务的稳定性。

host 声明通过 host 关键字指定需要使用保留地址的客户机名称，并使用 hardware ethernet 参数指定该主机的 MAC 地址，使用 fixed-address 参数指定保留给该主机的 IP 地址。例如，若要为打印机 prtsvr(MAC 地址为 00：0C：29：0D：BA：6B)分配固定的 IP 地址 192.168.100.101，则可以修改 dhcpd.conf 配置文件，参考以下内容在网段声明内添加

host 主机声明。

在 Windows 系统中查看 MAC 地址,命令如下:

```
getmac

物理地址                    传输名称
===========================================================================
00 - 0C - 29 - 0D - BA - 6B  \Device\Tcpip_{92E3F48B - 40F0 - 4A0D - 9604 - 6386AAAE3233}
```

在 Linux 系统中查看 MAC 地址,命令如下:

```
ip a

1: lo: <LOOPBACK,UP,LOWER_UP> mtu 65536 qdisc noqueue state UNKNOWN group default qlen 1000
    link/loopback 00:00:00:00:00:00 brd 00:00:00:00:00:00
    inet 127.0.0.1/8 scope host lo
       valid_lft forever preferred_lft forever
    inet6 ::1/128 scope host
       valid_lft forever preferred_lft forever
2: ens33: <BROADCAST,MULTICAST,UP,LOWER_UP> mtu 1500 qdisc pfifo_fast state UP group default qlen 1000
    link/ether 00:0c:29:ea:c5:08 brd ff:ff:ff:ff:ff:ff
    inet 172.16.23.182/24 brd 172.16.23.255 scope global noprefixroute dynamic ens33
       valid_lft 1758sec preferred_lft 1758sec
    inet6 fe80::237d:375e:cce2:d817/64 scope link noprefixroute
       valid_lft forever preferred_lft forever
3: ens37: <BROADCAST,MULTICAST,UP,LOWER_UP> mtu 1500 qdisc pfifo_fast state UP group default qlen 1000
    link/ether 00:0c:29:ea:c5:12 brd ff:ff:ff:ff:ff:ff
4: ens38: <BROADCAST,MULTICAST,UP,LOWER_UP> mtu 1500 qdisc pfifo_fast state UP group default qlen 1000
    link/ether 00:0c:29:ea:c5:1c brd ff:ff:ff:ff:ff:ff
```

DHCP 配置固定 IP,命令如下:

```
vim /etc/dhcp/dhcpd.conf

host win7 {
   hardware ethernet 00:0C:29:0D:BA:6B;     <!-- 客户机的 MAC 地址 -->
   fixed-address 192.168.100.101;           <!-- 分配给客户机的 IP 地址 -->
}
```

3.7.5 启动 dhcpd 服务

在启动 dhcpd 服务之前,应确认提供 DHCP 服务器的网络接口具有静态指定的固定 IP 地址,并且至少有一个网络接口的 IP 地址与 DHCP 服务器中的一个 subnet 网段相对应,否则将无法正常启动 dhcpd 服务。例如,DHCP 服务器的 IP 地址为 192.168.100.10,用于为网段 192.168.100.0/24 内的其他客户机提供自动分配地址服务。

安装 DHCP 软件包以后,对应的系统服务脚本位于/usr/lib/systemd/system/dhcpd.service,可以使用 systemd 服务进行控制。例如,执行以下操作可以启动 dhcpd 服务,并检查 UDP 的 67 端口是否在监听,以确认 DHCP 服务器是否正常。

```
systemctl start dhcpd          <!-- 启动 dhcp 服务 -->

systemctl enable dhcpd         <!-- 将服务设置为开机自动启动 -->

netstat -anptu | grep 67       <!-- 监听 DHCP 服务器端口号 -->
udp        0      0 0.0.0.0:67        0.0.0.0:*        2102/dhcpd
udp        0      0 0.0.0.0:67        0.0.0.0:*        1064/dnsmasq
```

查看 dhcpd 服务,命令如下:

```
systemctl status dhcpd
```

停止 dhcpd 服务,命令如下:

```
systemctl stop dhcpd
```

重启 dhcpd 服务,命令如下:

```
systemctl restart dhcpd
```

查看 dhcpd 日志,命令如下:

```
tail -300f /var/log/messages
```

3.7.6 虚拟机测试 DHCP Server

Windows 系统中 VMware 有一个虚拟网络编辑器,可以直接关闭 DHCP。

Windows 获取 IP 只要到网络配置界面选择"自动获取 IP"即可,也可以使用命令进行操作,示例如下:

```
ipconfig /renew        <!-- 可以为主机重新获取新的 IP 地址 -->
ipconfig /release      <!-- 释放 IP 地址 -->
tracert IP 地址        <!-- 可以测试从当前主机到目的主机经过的网络节点 -->
route print            <!-- 查看路由表 -->
```

使用 macOS VMware Fusion 专用网络关闭 DHCP,命令如下:

```
cd /Library/Preferences/VMware\ Fusion
sudo vim networking
```

按 I 键进入编辑,修改完成后,按 Esc 键,输入":wq"退出编辑。查看内容如下:

```
VERSION = 1.0
answer VNET_1_DHCP no
answer VNET_1_DHCP_CFG_HASH D86B852E44E830A664C32C059E594C4E62E7177B
answer VNET_1_HOSTONLY_NETMASK 255.255.255.0
answer VNET_1_HOSTONLY_SUBNET 172.16.211.0
answer VNET_1_VIRTUAL_ADAPTER yes
answer VNET_8_DHCP yes
answer VNET_8_DHCP_CFG_HASH FDD8224F31C72F88211DCE6F2199B4FFE3961CF8
answer VNET_8_HOSTONLY_NETMASK 255.255.255.0
answer VNET_8_HOSTONLY_SUBNET 172.16.23.0
answer VNET_8_NAT yes
answer VNET_8_VIRTUAL_ADAPTER yes
add_bridge_mapping en0 2
add_bridge_mapping en7 3
```

把上面的 DHCP 修改为 no 就可以了。

如果不知道修改哪一个，则可直接看 VNET 后面有没有带 NAT 的那一组，没有带 NAT 的那组使用的就是专用网络，然后修改并保存后，重启 VMware 和虚拟机才能生效。

在 Linux 客户机中可以设置使用 DHCP 的方式获取地址。只需编辑对应网卡的配置文件，修改或添加 BOOTPROTO = dhcp 配置行，并重新加载配置文件或者重新启动 Network 服务。例如，执行以下操作可修改网卡配置文件，并重新加载配置以通过 DHCP 方式自动获取地址：

```
vim /etc/sysconfig/network-scripts/ifcfg-ens32

TYPE = Ethernet
PROXY_METHOD = none
BROWSER_ONLY = no
BOOTPROTO = dhcp
DEFROUTE = yes
NAME = ens32
DEVICE = ens32
ONBOOT = yes
```

重启网卡及网络，命令如下：

```
ifdown ens32 ; ifup ens32
systemctl restart network
```

在 Linux 客户机中，还可以使用 dhclient 工具来测试 DHCP 服务器。若直接执行 dhclient 命令，则 dhclient 将尝试为除回环接口 lo 以外的所有网络接口通过 DHCP 方式申请新的地址，然后自动转入后台继续运行。当然，测试时可以指定一个具体的网络接口，并结合-d 选项使其在前台运行，测试完毕后按快捷键 Ctrl+C 终止。例如，执行 dhclient -d ens32 命令后，可以为网卡 ens32 自动获取新的 IP 地址，并显示获取过程，命令如下：

```
dhclient -d ens32
```

所有网卡获取 IP，命令如下：

```
dhclient
```

指定网卡获取 IP，命令如下：

```
dhclient ens32
```

所有网卡释放 IP，命令如下：

```
dhclient -r
```

指定网卡释放 IP，命令如下：

```
dhclient -r ens32
```

ifconfig eth0 up/down 与 ifup/ifdown eth0 的区别如下：

（1）相同点：ifconfig 网络接口名 up 命令用于启动网络接口，等同于 ifup；ifconfig 网络接口名 down 命令用于停用网络接口，等同于 ifdown。

（2）不同点：ifconfig 在配置文件/etc/sysconfig/network-scripts/ifcfg-ethx 中 DEVICE＝eth0 时，使用 ifconfig eth0 up/down 才会有效，如果 DEVICE＝eth1，则再使用 ifconfig eth0 up/down 便会出现"eth0：unknown interface：没有那个设备"错误。

ifup 与 ifdown 程序其实是脚本而已，它们会直接到 /etc/sysconfig/network-scripts 目录下搜索对应的配置文件，例如 ifcfg-eth0，它会找出 ifcfg-eth0 文件的内容，然后加以设置。在 ifcfg-eth0 文件中，如果 DEVICE＝eth1，则使用 ifup/ifdown eth0 或 ifup/ifdown eth1 都能启动或关闭 eth1 网络设备。

3.8 多种开发语言的组合开发介绍

目前主流的几种开发语言能够完成开发任务，并且具有成熟的框架和生态圈，这里通过比较语言简洁性、运行平台的依赖性、框架和生态的成熟性、业务的场景，选择 Go 作为后端主要开发语言，其中 Shell Script 作为系统任务和外部服务调用的开发语言；前端采用 Vue.js 作为开发语言，其主要版本信息如表 3-28 所示。

表 3-28 开发语言选型及说明

语　　言	环　　境	版　　本	部　　署
Go	CentOS	CentOS 7.x Go 1.19	编译部署
Shell Script	CentOS	CentOS 7.x 内核 3.10+	加密部署

续表

语　　言	环　　境	版　　本	部　　署
Vue.js	Nginx	Nginx 1.12+ Vue 4.5+	编译部署

作为后端的主要开发语言 Go，也是一门比较新的开发语言，它拥有众多特性和优势，并且具有完善的生态。

(1) Go 语言官方介绍：Go 语言是由谷歌推出的一门编程语言。Go 是一个开源的编程语言，它能够让开发构造简单、可靠且高效的软件变得容易。

(2) Go 语言主要开发者：Go 语言始于 2007 年，当时只是谷歌内部的一个项目，其最初设计者是 Rebert Griesemer、UNIX 泰斗 Rob Pike 和 Ken Thompsopn。2009 年 11 月 10 日，Go 语言以一个自由的开源许可方式公开亮相。

Go 语言由其原始设计者加上 Russ Cox、Andrew Gerrand、Ian Lance Taylor 及其他许多人在内的一个谷歌团队开发。Go 语言采取一种开放的开发模式，吸引了许多来自世界各地的开发者为这门语言的发展贡献力量，其中有些开发者获得了非常好的声望，因此他们也获得了与谷歌员工一样的代码提交权限。

(3) Go 语言在最近两年比较显而易见的变化主要包含以下方面。①本身的自举：也就是说，Go 语言几乎用 Go 语言程序重写了自己，仅留有一些汇编程序。Go 语言的自举非常彻底，包括了最核心的编译器、链接器、运行时系统等。现在任何学习 Go 语言的人都可以直接读它的源代码了。此变化也使用 Go 程序的跨平台编译变得轻而易举；②运行时系统的改进：这主要体现在更高效的调度器、内存管理及垃圾回收方面。调度器已能让 goroutine 更及时地获得运行机制。运行时系统对内存的利用和控制也更加精细了。因垃圾回收而产生的调度停顿时间已经小于原来的 1%。另外，最大 P 数量的默认值由原先的 1 变为与当前计算机的 CPU 核心数相同；③标准工具的增强：在 Go 1.4 加入 go generate 之后，一个惊艳的程序调试工具 go tool trace 也被添加进来了。另外，go tool compile、go tool asm 和 go tool link 等工具也已到位；一旦安装好 Go，就可以直接使用它们。同时，绝大多数的标准库工具和命令得到了不同程度的改进；④访问控制的细化：这种细化始于 Go 1.4，正式支持始于 Go 1.5，至今已被广泛应用。经过细化，对于 Go 程序中的程序实体，除了原先的两种访问控制级别（公开和包级私有）之外，又多了一种模块级私有。这是通过把名称首字母大写的程序实体放入 internal 代码包实现的；⑤vendor 机制的支持：自 Go 1.5 之后，一个特殊的目录 vendor 被逐渐启用。它用于存放其父目录中的代码包所依赖的那些代码包。在程序被编译时，编译器会优先引用存于其中的代码包，这为固化程序的依赖代码迈出了很重要的一步。在 Go 1.7 中，vendor 目录及其背后的机制被正式支持。

当然，上述变化并不是全部。它的标准库也经历了超多的功能和性能改进。

(4) Go 语言的发展方向主要为网络编程语言、区块链开发领域、高性能分布式系统领域。

(5) Go 语言特性包含以下方面。①开放源代码：这显示了 Go 作者开放的态度及营造语言生态的决心。顺便说一句,Go 本身就是主要用 Go 语言编写的;②静态类型和编译型:在 Go 中,每个变量或常量都必须在声明时指定类型,并且不可改变。另外,程序必须通过编译生成归档文件或可执行文件,而后才能被使用或执行。不过,其语法非常简单,就像一些解释性脚本语言那样,易学易用;③跨平台:这主要是指跨计算架构和操作系统。目前,它支持绝大部分主流的计算架构和操作系统,并且这个范围还在不断扩大。只要下载与之对应的 Go 语言安装包,并且经过简单的安装和设置,就可以使用 Go 了。除此之外,在编写 Go 语言程序的过程中,几乎感觉不到不同平台的差异;④自动垃圾回收:程序在运行过程中的垃圾回收工作一般由 Go 运行时系统全权负责。不过,Go 也允许对此项工作进行干预;⑤原生的并发编程:拥有自己的并发编程模型,其主要组成部分有 goroutine(也可称为 Go 例程)和 channel(也可称为通道)。另外,还拥有一个特殊的关键字 go;⑥完善的构建工具:它自带了很多强大的命令和工具,通过它们,可以很轻松地完成 Go 程序的获取、编译、测试、安装、运行、分析等一系列工作;⑦多编程范式:Go 支持函数式编程。函数类型为第一等类型,可以方便地传递和赋值。此外,它还支持面向对象编程,有接口类型与实现类型的概念,但使用嵌入替代了继承;⑧代码风格强制统一:Go 安装包中有一个自己的代码格式化工具,可以用来统一程序的编码风格;⑨高效的编程和运行:Go 简单,直接的语法可以快速编写程序。加之它拥有更强大的运行时系统,程序可以充分利用计算环境飞快运行;⑩丰富的标准库:Go 是通用的编程语言,其标准库中有很多开箱即用的 API。尤其是在编写系统级程序、Web 程序和分布式程序时,几乎无须依赖第三方库。

3.9 匿名链路的测试节点信息配置

链路节点的核心作用是承载真实用户的流量,并充当真实用户访问服务请求,可以避免真实用户直接暴露在外面,同时有些服务在用户所在地区无法直接访问,亦可通过节点流量转发进行实现。节点服务器本身不需要太高的配置,也不参与 IO 计算,主要作用是充当路由器,本书测试所采用的测试节点信息如表 3-29 所示,为了避免操作系统本身的漏洞,节点系统需支持多种,本书支持了 3 种主流的操作系统,分别是 CentOS、Ubuntu、Debian。

表 3-29 测试节点信息

云服务商	国家/地区	数量	配置	时间	价格	系统
阿里云	华北	2	1H1G20G	6个月	53元/月	CentOS 7.9
阿里云	香港	2	2H1G20G	6个月	71元/月	CentOS 7.9
阿里云	硅谷	2	2H1G20G	6个月	59元/月	CentOS 7.9
腾讯云	上海	1	2H2G50G	6个月	77元/月	CentOS 7.9
华为云	新加坡	1	1H1G40G	6个月	98元/月	CentOS 7.9
亚马逊云	北京	1	1H1G20G	6个月	37元/月	CentOS 7.9
合计		9		6个月	3468元	

第 4 章 完整的项目开发设计方案

对于一个有生命力的产品而言,它从诞生到成长再到成熟,其生命周期是一个非常复杂且漫长的过程。在项目工作中需要投入大量资金和人力进行前期准备和规划,如果不能有效地利用资源去开展项目研发工作,则往往会造成资金和人力的浪费。那么在产品研发及管理中有哪些重要的流程呢?可以将这个流程分为需求分析、产品设计、产品研发及运营迭代 4 个阶段,如图 4-1 所示。

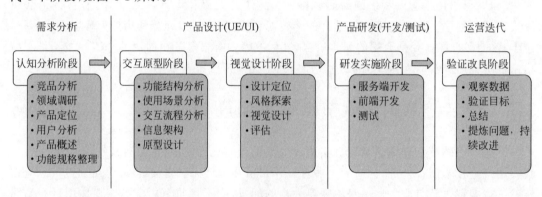

图 4-1　产品研发管理流程

介绍两个比较好用的画图工具,可以帮助构建各种需要表达的项目相关的图形。

ProcessOn 是一个在线作图工具的聚合平台,它可以在线画流程图、思维导图、UI 原型图、UML、网络拓扑图、组织结构图等,而无须担心下载和更新的问题,不管是 Mac 还是 Windows 系统,一个浏览器就可以随时随地地发挥创意,规划工作;可以把作品分享给团队成员或好友,无论何时何地大家都可以对作品进行编辑、阅读和评论;ProcessOn 不仅汇聚了强大的作图工具,这里还有着海量的图形化知识资源并可对有价值的知识进行梳理,传递到用户的眼前。

draw.io 在线绘图工具是由英格兰一家公司开发的,该公司的信条:为每个人提供免费、高质量的绘图软件。支持网页版使用(网页版可以自己部署一套)及客户端使用(支持 Windows、macOS 及 Linux)。这款工具无须注册登录,安全、开源、使用广泛且基于浏览器,免安装。可绘制流程图、思维导图、组织结构图、文氏图、信息图、楼宇平面图、网络图、架构图、电气工程图、UML图等。

4.1 总体流程设计

为了实现匿名化网络访问,核心步骤是,终端设备不直接连接到互联网进行上网,因为直接连接到互联网可以通过公网 IP 反向查找定位到用户。在本系统中,用户终端设备先连接到网络路由设备,网络路由设备负责接受和处理用户的数据流量,网络路由设备本身也不直接访问目标网站,而是通过加密隧道传输到第 1 跳带有公网 IP 的节点,第 1 跳节点通过加密隧道传输到第 2 跳带有公网 IP 的节点,此时客户端访问的源地址 IP 变为了第 1 跳节点的公网 IP,以此类推,通过混淆和修改源地址 IP 来间接访问目标网站,在目标网站进行反向追踪查询真实的客户端 IP 和定位访问区域将变得非常困难,从而达到匿名链路访问目标网站的目的,总体流程如图 4-2 所示。

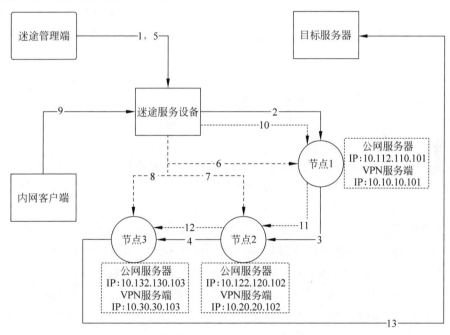

图 4-2 匿名化网络访问总体流程

详细的使用步骤如下:

(1)其中一个终端计算机连接到网络路由设备,对网络路由设备进行配置,如部署节点、建立链路、配置转发、配置策略等。

(2)网络路由设备在接受终端设备流量后通过加密隧道转发到第 1 跳节点,修改源地址 IP 后,把数据流量通过加密隧道转发到第 2 跳节点,修改源地址 IP 后,把数据流量通过加密隧道转发到第 3 跳节点，最后通过互联网把数据流量转发到目标网站。

（3）最后请求数据通过反向传输并转发到源终端设备。

4.2 主要功能设计

1. 入网管理

网络路由设备接入网络的方式，例如通过网线或 USB 连接上网，网线又可以分为 DHCP、拨号上网、静态 IP 方式，USB 可以通过连接手机或者移动 WiFi 上网设备以 DHCP 方式上网，支持自动网口和网络识别，以及自动锁定出网路径。

2. 证书校验

通过在系统启动过程中校验证书是否合法、是否有效等信息，保证一个设备一个证书，防止系统被乱用或者盗用。

3. 服务初始化

通过自动初始化相关的服务，例如自动构建 DHCP 服务，保证连接到网络路由设备的终端设备都可以分配到 IP 地址进行网络连接；建立的链路、配置的转发规则、分流策略可以自动进行恢复。

4. 个人中心

（1）修改密码：支持对个人账号进行密码对修改。

（2）退出登录：支持退出当前账号，消除相关的 token 和个人信息。

5. 首页统计

用动态图形化的方式展示系统配置了几条链路，每条链路的经过地域，例如一个 3 跳的链路从上海到东京再到新加坡进行出网；每条链路由哪些节点组成，分别展示链路和节点的简要信息，以及使用的数据流量、链路、节点、终端设备信息。

6. 节点管理

（1）节点管理：用表格的形式显示用户已经部署的节点，并提供编辑和删除操作；节点的创建提供手动部署和自动部署两种方式，手动部署即用户通过文档说明把一个节点搭建为符合系统规则的节点，其中节点使用的网段需要是系统统一分配的子网，通过任何方式搭建完成后把节点的 IP 和连接证书等信息手动录入系统；自动部署即用户提供节点的 IP 信息及账号和密码等远程连接信息，系统通过异步任务远程自动化部署相关的服务，自动配置系统分配的子网，搭建完成后自动将相关的连接证书拉取到本地并记录到系统。

（2）节点子网：负责用户节点和系统内置节点子网的分配和管理，提供自动分配、智能搜索、删除等操作。

（3）节点统计：负责按照当前节点、本年节点、本月节点、当天节点进行统计展示。

（4）节点分布：负责按照地区分布展示节点数量。

7．链路管理

(1) 链路管理：负责查看链路的状态、流量、时延、链路类型、链路跳数等详细信息，提供链路的部署、搜索、编辑、删除、默认链路、查看链路详情等操作。链路部署主要通过不同节点的连接证书及节点层级，依次建立与节点的连接，并配置相关的网络路由和数据转发规则。异步任务实时检测链路的状态、统计流量和时延等信息。

(2) 转发配置：负责提供终端设备与虚拟链路的关联关系，提供终端设备通过虚拟链路出网，以及新增转发、编辑、删除、启动、停止、搜索等操作。

(3) 链路统计：负责按照分类统计链路信息，按照明细统计当前链路和使用的数据流量信息。

8．分流策略

实现终端设备的不同目标网站、不同链路的分流策略，提供新增策略、搜索、编辑、删除、启动、停止等操作。

9．出网白名单

提供硬件设备不通过虚拟链路直接出网的功能，支持白名单新增、编辑、删除、搜索等操作。

10．终端设备

(1) 终端设备：负责提供终端设备的搜索、分配 IP、连接时间、使用时间等信息。

(2) 终端统计：负责提供在线设备、所有设备、数据传输最多设备统计，每个设备等传输流量统计。

11．日志管理

(1) 登录日志：负责每个账号的登录日志，包括用户名称、登录 IP、使用的浏览器、操作系统、登录时间等信息，支持搜索查询。

(2) 操作日志：负责记录每个用户在系统中进行的操作，包括操作的页面、执行的动作、操作内容等信息，支持搜索查询。

(3) 节点日志：负责对节点的增、删、改、查操作，各种原因引起的节点状态变化，以及节点部署异常信息日志等，提供搜索查询。

(4) 链路日志：对链路进行增、删、改、查操作，各种原因引起的链路状态变化，以及系统监测链路异常连接和部署异常信息日志等，支持搜索查询。

12．用户管理

提供用户登录校验、用户新增、状态管理、密码重置、用户信息查看、用户信息编辑、用户信息删除、高级搜索等。

13．系统管理

(1) 升级管理：负责提供离线升级、升级并重启、升级信息高级搜索等功能。

(2) 系统服务：负责提供系统重启、系统自检、设备网络状态、恢复出厂设置等功能。

4.3 核心交互设计

描述系统的核心交互流程有多种方式,例如可以使用时序图、活动图、状态图、协作图进行描述,不同种类的图所表达的方式和反映的作用各有不同。

4.3.1 时序图

时序图用于描述对象之间的传递消息的时间顺序,即用例中的行为顺序。当执行一个用例时,时序图中的每条消息对应了一个类操作或者引起转换的触发事件。

在 UML 中,时序图表示为一个二维的关系图,其中,纵轴是时间轴,时间延竖线向下延伸。横轴代表在协作中各个独立的对象。当对象存时,生命线用一条虚线表示,消息用从一个对象的生命线到另一个对象的生命线的箭头表示。箭头以时间的顺序在图中上下排列。

时序图中的基本概念如下。

(1) 对象:时序图中对象使用矩形表示,并且对象名称下有下画线,将对象置于时序图的顶部说明在交互开始时对象就已经存在了。如果对象的位置不在顶部,则表示对象是在交互的过程中被创建的。

(2) 生命线:生命线是一条垂直的虚线,表示时序图中的对象在一段生命周期内存在。每个对象底部中心的位置都带有生命线。

(3) 消息:两个对象之间的单路通信,从发送方指向接收方,在时序图中很少使用返回消息。

(4) 激活:时序图可以描述对象的激活和钝化,激活表示该对象被占用以完成某个任务,钝化指对象处于空闲状态,等待消息。在 UML 中,对象激活时将对象的生命线拓宽为矩形来表示,矩形称为计划条或控制期。对象就是在激活条的顶部被激活的,对象在完成自己的工作后被钝化。

(5) 对象的创建和销毁:在时序图中,对象的默认位置是在图的顶部。这说明对象在交互开始之前就已经存在了。如果对象是在交互过程中创建的,就应该将对象放到中间部分。如果要撤销一个对象,则可在其生命线终止点处放置 X 符号。

4.3.2 活动图

在 UML 中,活动图本质上就是流程图,它用于描述系统的活动、判定点和分支等。

(1) 动作状态:原子的不可中断的动作,并在此动作完成之后向另一个动作转变。在 UML 中动作状态用圆角矩形表示,动作状态所表示的动作写在圆角矩形的内部。

(2) 分支与合并:分支在软件系统中很常见,一般用于表示对象类所具有的条件行为。

用一个布尔型表达式的真假来判定动作的流向。条件行为用分支和合并表达。在活动图中,分支用空心小菱形表示,分支包括一个入转换和两个带条件的出转换,出转换的条件应该是互斥的,需要保证只有一条出转换能够被触发。合并包含两个带条件的入转换和一个出转换。

4.3.3 状态图

状态图通过建立对象的生存周期模型来描述对象随时间变化的动态行为。

(1) 状态:用圆角矩形表示。状态名称表示状态的名字,通常用字符串表示。一种状态的名称在状态图所在的上下文中应该是唯一的。

(2) 转换:用带箭头的直线表示。一端连着源状态,另一端连着目标状态。

(3) 初始状态:每种状态图都有一个初始状态。此状态代表状态图的起始位置。初始状态只能作为转换的源,不能作为转换的目标,并且在状态图中只能有一个。初始状态用一个实心圆表示。

(4) 终止状态:模型元素的最后状态,是一种状态图的终止点。终止状态在一种状态图中可以有多个。

4.3.4 协作图

协作图(也叫合作图)是一种交互图。时序图主要侧重于对象间消息传递在时间上的先后关系,而协作图用于表达对象间的交互过程及对象间的关联关系。

时序图(Sequence Diagram),又名序列图、循序图,是一种 UML 交互图。它通过描述对象之间发送消息的时间顺序显示多个对象之间的动态协作。时序图的使用场景非常广泛,大部分行业可以使用。一般的软件开发是为了支撑某个具体的业务。有时业务的流程会比较复杂,涉及多种角色,这时就可以使用时序图来梳理业务逻辑,如图 4-3 所示的银行收款简要时序图。

在画时序图时会涉及下面 7 种元素:角色(Actor)、对象(Object)、生命线(Lifeline)、控制焦点(Activation)、消息(Message)、自关联消息、组合片段。

其中前 6 种是比较常用和重要的元素,最后的组合片段元素不是很常用,但是比较复杂。先介绍前 6 种元素,再单独介绍组合片段元素。

(1) 角色:系统角色,可以是人或者其他系统和子系统。以一个小人图标表示。

(2) 对象:对象位于时序图的顶部,以一个矩形表示。对象的命名方式一般有 3 种:

对象名和类名。例如,华为手机:手机、loginServiceObject:LoginService;

只显示类名,不显示对象,即为一个匿名类。例如,:手机、:LoginService;

只显示对象名,不显示类名。例如,华为手机:、loginServiceObject:。

(3) 生命线:时序图中每个对象和底部中心都有一条垂直的虚线,这就是对象的生命线(对象的时间线)。以一条垂直的虚线表示。

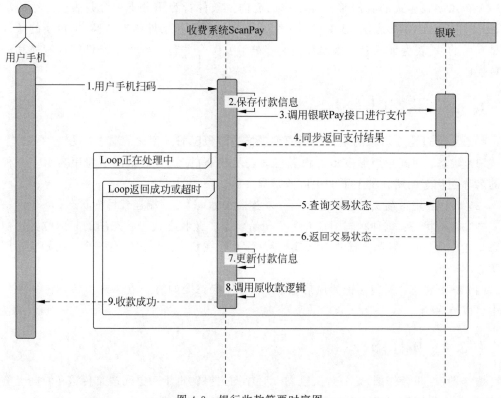

图 4-3 银行收款简要时序图

（4）控制焦点：控制焦点代表时序图中在对象时间线上某段时期执行的操作。以一个很窄的矩形表示。

（5）消息：表示对象之间发送的信息。消息分为 3 种类型。

同步消息（Synchronous Message）：消息的发送者把控制传递给消息的接收者，然后停止活动，等待消息的接收者放弃或者返回控制。用来表示同步的意义。以一条实线和实心箭头表示。

异步消息（Asynchronous Message）：消息发送者通过消息把信号传递给消息的接收者，然后继续自己的活动，不等待接受者返回消息或者控制。异步消息的接收者和发送者是并发工作的。以一条实线和大于号表示。

返回消息（Return Message）：返回消息表示从过程调用返回。以小于号和虚线表示。

（6）自关联消息：表示方法的自身调用或者一个对象内的一种方法调用另一种方法。以一个半闭合的长方形＋下方实心箭头表示。

下面是一个时序图的例子，如图 4-4 所示，看上面几种元素具体的使用方式。

（7）组合片段：用来解决交互执行的条件和方式，它允许在序列图中直接表示逻辑组件，用于通过指定条件或子进程的应用区域，为任何生命线的任何部分定义特殊条件和子进程。组合片段共有 13 种，名称及含义如表 4-1 所示。

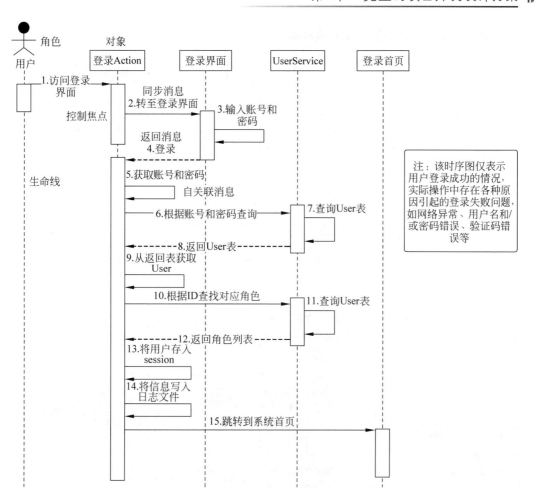

图 4-4 用户登录系统简要时序图

表 4-1 组合片段名称及含义

名　　称	含　　义
ref	引用其他地方定义的组合片段
alt	在一组行为中根据特定的条件选择某个交互
opt	表示一个可选的行为
break	提供了和编程语言中的 break 类似的机制
par	支持交互片段的并发执行
seq	强迫交互按照特定的顺序执行
strict	明确定义了一组交互片段的执行顺序
neg	用来标志不应该发生的交互
region	标志在组合片段中先于其他交互片段发生的交互
ignore	明确定义了交互片段不应该响应的消息
consider	明确标志了应该被处理的消息
assert	标志了在交互片段中作为事件唯一的合法继承者的操作数
loop	说明交互片段会被重复执行

本书匿名链路系统中核心交互流程如图 4-5 所示。

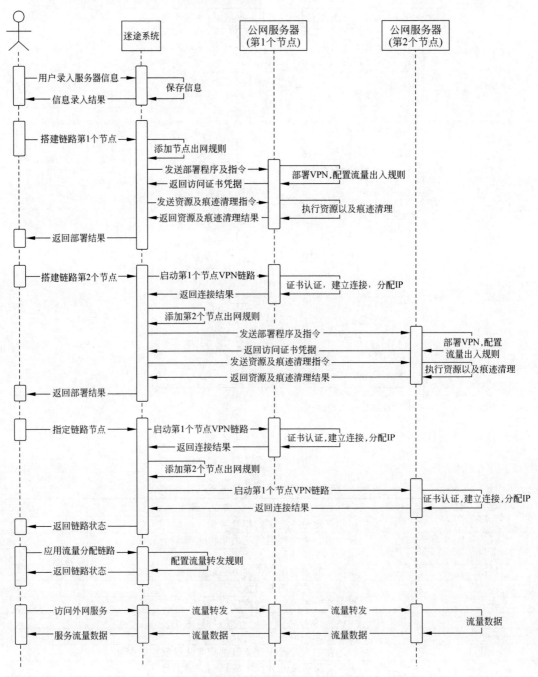

图 4-5　匿名链路系统中核心交互流程

4.4 项目管理设计

经过几十年的实践，人们认识到项目管理是一种针对特殊任务的特殊管理方法，其有许多不可替代的价值和作用。对于一个应用了它的组织，项目管理保证可用的资源能以最有效的方式被运用，项目管理使上级领导能够在他们的单位内部了解到"正在发生什么"和"事物会发展到哪儿"。世界上的许多公司和组织，如 NASA、IBM、AT&T、Siemens、Chiyoda Corporation、Pricewaterhouse Coopers、新加坡计算机协会，以及美国一些州政府都在创新过程中使用项目管理，计划、组织与控制战略的开始，监测企业的绩效，分析重要的偏差并预测这些偏差对组织和项目的影响。

美国学者 David Cleland 认为，在应付全球化的市场变动中，战略管理和项目管理将起到关键性的作用。美国著名的《财富》杂志预测项目经理将成为 21 世纪年轻人首选的职业。

今天，项目管理已经用在许多行业，从建筑、信息系统到健康保健、财务服务、教育与培训都在应用项目管理。随着应用范围的不断扩大，现在领导项目的人拥有各种各样的背景，并在项目管理专业的实际工作中把各种经验带到他们的职位上。今天，项目管理已在全球被拥有几十亿人口的国家、公司、政府和小型非营利组织采用。项目管理的能力已成为一种广受欢迎的技能，在按时按预算完成新项目和业务开发的全球竞争需要中发挥着重要作用。

实施项目管理会给组织带来明显的价值。这一结论是 The Center for Business Practices，The research arm of the consulting and training organization，PM Solutions，Inc. 在对 100 多位高级项目管理人员做了调查之后得到的。超过 94% 的回答者表示项目管理提高了他们组织的价值。这些组织从财务标准、用户标准、项目/过程标准及学习和成长标准证明了自身的重要进步。

调查表明，被调查的组织平均改进按顺序排列为项目/过程执行改进 50%，财务绩效方面改进 54%，用户满意方面改进 36%，雇员满意方面改进 30%。那些不实行项目管理的组织与实行的组织相比将处于竞争的劣势。CBP 还调查了对所在组织的项目管理实践和其组织业务成果有所掌握的高级项目管理人员，结果显示，由于率先实行项目管理，组织确有明显进步：

(1) 有更好的工作能见度和更注重结果。
(2) 对不同的工作任务可改进协调和控制。
(3) 项目成员有较高的工作热情和较明确的任务方向。
(4) 广泛的项目职责能够加速管理人员的成长。
(5) 能够缩短产品开发时间。
(6) 能够减少总计划费用，提高利润率。
(7) 项目的安全控制较好。

4.4.1 什么是项目管理

项目管理的主要原理之一是把一个时间有限和预算有限的事业委托给一个人，即项目负责人,他有权独立进行计划、资源分配、指挥和控制。项目负责人的位置是由特殊需要形成的,因为他行使着大部分传统职能组织以外的职能。项目负责人必须能够了解、利用和管理项目的技术逻辑方面的复杂性,必须能够综合各种不同专业观点来考虑问题,但只有这些技术知识和专业知识仍是不够的,成功的管理还取决于预测和控制人的行为的能力,因此项目负责人还必须通过人的因素来熟练地运用技术因素,以达到项目目标。也就是说项目负责人必须使他的组织成员成为一支真正的队伍,一个工作配合默契、具有积极性和责任心的高效率群体。

4.4.2 项目管理在组织中的作用

(1) 合理安排项目的进度,有效控制项目成本。通过项目管理中的工作分解结构 WBS、网络图和关键路径 PDM、资源平衡、资源优化等一系列项目管理方法和技术的使用,可以尽早地制定出项目的任务组成,并合理安排各项任务的先后顺序,有效安排资源的使用,特别是项目中的关键资源和重点资源,从而保证项目的顺利实施,并有效降低项目成本。如果不采用项目管理方法,则通常会盲目地启动一个项目,将所有资源均安排在项目中,可能会有人员、任务瓶颈,同时也会造成资源闲置,这样势必会造成资源和时间的浪费。

(2) 加强项目的团队合作,提高项目团队的工作效率。项目管理的方法提供了一系列的人力资源管理、沟通管理方法,如人力资源的管理理论、激励理论、团队合作方法等。通过这些方法,可以增强团队合作精神,提高项目组成员的工作士气和效率。

(3) 降低项目风险,提高成功率。项目管理中重要的一部分是风险管理,通过风险管理可以有效降低项目的不确定因素对项目的影响。其实,这些工作是在传统的项目实施过程中最容易被忽略的,也是会对项目产生毁灭性后果的因素之一。

(4) 有效控制项目范围,增强项目的可操控性。在项目实施过程中,需求的变更是经常发生的。如果没有一种好的方法进行控制,则势必会对项目产生很多不良的影响,而项目管理中强调范围控制,变更控制委员会(CCB)和变更控制系统的设立,能有效降低项目范围变更对项目的影响,保证项目顺利实施。

(5) 可以尽早地发现项目实施中的问题,有效地进行项目控制。项目计划、执行状况的检查及 PDCA 工作环的应用,能够及早地发现项目实施中存在的问题和隐含的问题,这样项目就能顺利执行。

(6) 可以有效地进行项目的经验积累。在传统的项目实施中,经常在项目实施完成时,项目就戛然而止,对于项目的实施总结及技术积累都是一种空谈,但目前知名的跨国公司之所以能够运作很成功,除了有规范的制度外,还有一个因素就是有比较好的知识积累。在项目管理中强调在项目结束时需要进行项目总结,这样就能将更多的公司项目经验转换为公司的财富。总体来讲,项目管理可以使项目的实施顺利,降低项目的风险,最大限度地达到预期的目标。

4.4.3 项目管理的过程

项目由过程组成,过程是"带来某个结果的一系列行动"。项目过程是由人执行的,一般可以分成两类：

项目管理过程是关于描述和组织项目工作的过程。项目管理过程在大多数时候可以用于大多数项目，本书介绍的就是这样的过程。

面向产品的过程是关于规定和创造项目产品的过程，它其实就是项目自身的过程。面向产品的过程通常由项目寿命周期定义，它随专业领域而改变。项目管理过程与项目过程在项目期间存在交叉和交互。

项目管理过程可以分成以下 5 个阶段。

（1）启动过程(Initiating Processes)：认定一个项目或阶段应当开始并保证去做。

（2）计划过程(Planning Processes)：为了实现承担项目所致力的商业需要而做出并维持一个可操作的系统的计划。

（3）执行过程(Executing Processes)：为了执行计划而协调人和其他资源。

（4）控制过程(Controlling Processes)：通过监测和测量进展并在必要时采取纠正行动，以便确保项目目标得到满足。

（5）结束过程(Closing Processes)：项目或阶段的正式接受并使其有序地结束。

4.4.4　项目管理知识的层次

提到项目管理，人们也许会想到许多不同的内容，可能是网络技术、项目经理、项目管理软件、项目管理知识体系、项目寿命周期等。的确，这些内容都属于项目管理的知识范围，但它们在项目管理知识范围中基本上不属于同一层次。为了完整准确地表述项目管理知识的范围，需要清楚项目管理知识的结构。

项目管理知识结构是一种层次结构。项目管理知识与实践就是多数人和权威机构公认的项目管理特有的核心知识的范围，一般管理知识与实践是项目管理的理论基础，应用领域知识与实践同项目管理的对象(项目)相关。按照知识的完整程度，项目管理知识可以分为不同的层次。

4.4.5　项目管理理论体系

项目管理理论体系是指在理论上和实践中发现和使用的项目管理全部知识内容。这个概念在理论上有较大的意义，它的提出是为了给项目管理专业划定一个界线，使项目管理专业能区别于其他学科、专业。这个界线概念是十分必要的，如果没有它，项目管理就不能成为一个独立的学科、专业；建立这样一个项目管理知识边界也是有根据的，人们在项目管理方面研究和实践的所有成果就是这个体系的全部，但其实这个界线是模糊的、可变的，因为项目管理学科的许多知识是通过实证的方法得到的，或者说是从实践中来的，因此随着项目管理实践的发展，会不断有新的知识被补充到这个体系中。其次，项目管理学科与相关学科存在大量的交叉，所以在研究和实践中很难确定项目管理知识的边界。另外，项目管理是一个发展中的学科，人们对项目管理中的理论和实际问题还有许多不同的认识和做法，这就使项目管理理论体系必然是开放的。

人们可以通过所有有关项目管理的著作、论文、应用报告等文献了解项目管理理论体系的内容和范围。虽然项目管理理论体系并不十分确定,但它给项目管理专业划定了一个大致的范围,使人们有了沟通的共同基础,也确立了项目管理学科的独立地位。

4.4.6 项目管理案例

项目管理是指在项目活动中运用专门的知识、技能、工具和方法,使项目能够在限定的资源条件和计划的时间内高质量、高效率地满足甚至超过项目需求与目标的过程。

(1) 启动阶段:这是项目管理的开始阶段,是识别、开始一个新项目的初始步骤。在这个阶段,最关键的是确定项目的价值及可行性。通常情况下,在项目获得批准或被拒绝之前,需要给利益相关方提供以下材料。

商业案例:证明项目的必要性,分析投资回报。

可行性研究:概述项目的目标和需求,预估项目完成所需的资源和成本,以及项目是否具有财务和商业意义。

多人实时编辑,展开讨论。

(2) 规划阶段:项目获批后,可以开始对项目进行规划,以确保在管理之下,项目能在规定的时间和有限的预算内达到预期目标。这一阶段又可以分为6个主要的部分。

范围说明:明确业务需求、项目目标和可交付成果,确定项目管理的范畴。

工作分解:通过工作分解结构(Work Breakdown Structure,WBS)将任务细分为多个小步骤,并确定任务的优先级及关联性,以便管理。

进度计划:估算任务的持续时间,制订进度计划,利用甘特图将所有任务和截止日期以时间轴的格式直观地展示出来,在重要的时间节点设置里程碑与交付物。

成本管理:预估每项工作所需的成本,制定预算表,制定成本管理方案。

沟通计划:确定任务进行中负责人和成员之间的沟通计划,制定高效的沟通方式,并确定好项目的例会制度。

风险管理计划:识别项目进行过程中可能遇到的风险,并对其进行分析以确定风险等级,制定相应的应对方案。

使用 ONES Project 中的甘特图规划项目进程。

(3) 执行阶段:规划完成后,就可以着手推进项目了。虽然已经在规划阶段做了很多准备工作,但是这并不意味着前方会一路平坦,执行阶段还需要注意很多问题。

知识沉淀:任务进行中,会积累下丰富的经验,这些都是宝贵的财富,需要对其进行管理,同时,也要注意对任务的执行质量进行管理。

团队管理:项目的最终成果取决于每个小任务的完成情况,而团队中每位成员的工作决定了任务的总体质量,所以需要切实地建设和管理团队的沟通方式,确保每位成员都能高效、积极地工作。

风险管控:项目在执行过程中如果遇到风险,则要及时实施风险应对策略以确保项目正常进行。

ONES Project 中的看板视图帮助团队快速同步信息、沟通进度。

（4）监控阶段：为了能确保项目计划的顺利实施，必须时刻对项目的各方面进行监控和评估，并及时做出必要的调整，其中5个主要的监控维度为①监控项目的整体进度，掌握可能导致项目延期的情况，以及时调整进度表；②监控相关方需求的变化、市场的变化，并及时处理变更；③监控资源使用和成本使用，确保资源合理分配，以及时维护成本基准；④监控沟通效果，确保成员之间、成员和相关方之间的沟通是高效的；⑤监控风险并识别新的风险，以及时更新风险管理方法，评估风险管理效果。

使用 ONES Project 中的燃尽图追踪项目进度，ONES Project 提供多维度报表跟踪项目进度。

（5）收尾阶段：现在，已经达到了项目的目标，并产出了一个可交付的成果，但这并不意味着项目已经结束了。还需要进入项目管理的最后一个阶段，即收尾阶段。

在这个阶段，首先要审查项目的实现情况，确定达到评估要求后，将项目成果移交给相关方，同时还要总结项目的经验得失并完成信息归档，以便持续改进，不断进步。

① 使用 ONES Wiki 完成信息归档。总体来讲，项目管理是一个极其复杂的过程，但借助项目管理软件能更有效、更高效、更便捷地统筹项目资源，把控项目进度，确保项目顺利落地，以及任务按时实施。

流程就是做事情的顺序，是一个或者一系列连续有规律的行动，这些行动已确定的方式发生或执行导致特定结果的实现。从本质上讲，项目管理的流程就是由一系列的先后顺序且相互关联的活动所组成的项目管理过程。

② 审批流程，流程管理的基础。虽然不同专家对流程定义不同，但其本质是一致的。ISO 9000 对流程的定义：业务流程是一组将输入转换为输出相互关联或相互作用的活动。业务流程管理简称 BPM，是将生产流程、业务流程、各类行政流程、财务审批流程、人事处理流程、质量控制及客服流程等 70% 以上需要两人以上协作实施的任务，全部或部分由计算机处理并使其简单化及自动化的业务过程，BPM 是一种以规范的构造端到端的卓越业务流程，是以持续地提高组织绩效为目的系统方法。流程管理基础包括流程的要素、流程的特点、流程管理的过程及流程管理的层次。

③ 项目管理流程的分析、设计、实施与评估。

流程的分析：

业务流程分析的目的是了解各个业务流程的过程，明确各个部门之间的业务关系和每个业务处理的意义，为业务流程的合理化改造提供建议，为系统数据流程化变化提供依据。

业务流程分析的步骤主要有以下几步，第1步，通过调查掌握基本情况；第2步，描述现有业务流程；第3步，确认现有业务流程；第4步，对业务流程进行分析；第5步，发现问题并提出解决方案；第6步，提出优化后的业务流程。

业务流程的分析方法主要有以下几种：第1种，价值链分析法；第2种，客户关系分析法；第3种，供应链分析法；第4种，基于ERP分析法；第5种，业务流程重构。

业务流程设计：

系统处理流程，对于现实世界中真实业务流程，通过对业务流程的设计，可以对其进行建模,以便使用信息系统来取代传统的手工处理,提高处理的效率和准确性,降低业务处理成本。

业务流程的实施:

业务流程的分析、设计、实施是一个不断创新的过程,其背后的决定因素是人,由于人的思维模式决定了业务流程设计的品质,导入的接受程度,以及后续的执行成效,因此,企业业务流程的设计与实施应建立在一个良好的企业文化及价值观上,这样才能取得明显的绩效。

业务流程的实施,主要分为以下 4 个步骤:第 1 步,对现有业务流程进行全面的功能分析和能效分析,以便发现存在的问题;第 2 步,设计流程改进方案并进行评估;第 3 步,制定与业务流程改造相配套的组织结构,人力资源配置和业务规范等方面的规划,形成系统的业务流程实施方案;第 4 步,组织实施与持续改善。

本书匿名链路系统项目开发流程设计如图 4-6 所示,项目管理共分为 4 个阶段。每个阶段详细描述了需要完成的工作及需要解决的问题。

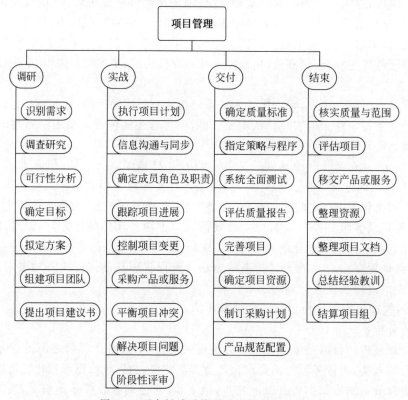

图 4-6　匿名链路系统项目开发流程设计

4.5　技术框架设计

在软件研发领域,大部分程序员的终极目标是想成为一名合格的架构师,负责架构的设计,构建类似如图 4-7 所示的架构,然而梦想很美好,但现实却很曲折。

在实际工作中,程序员会分很多种,有的擅长编码实现,有的擅长底层原理,有的擅长逻辑实现等,在各自的领域都表现不俗、担当核心角色,然而,当面临更高层架构设计时,很多优秀的程序员却折戟沙场,未能完成华丽转身。

架构的真谛是什么呢?架构真的如此难把控吗?难道真的只有天资聪慧、天赋异禀的程序员才能驾驭架构吗?

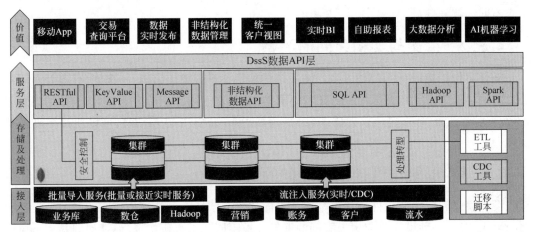

图 4-7 项目架构设计

不要气馁,保持平常心,其实人人都是架构师,可能做的任意一件事已无形中用到了架构。

架构,又名软件架构,是有关软件整体结构与组件的抽象描述,用于指导大型软件系统各方面的设计,通俗一点讲就是"构建一个架子"。

4.5.1 软件体系结构和框架的定义

软件体系结构的英文单词是 Architecture。Architecture 的基本词义是建筑、建筑学、建筑风格。

软件体系结构虽然根植于软件工程,但还处于一个研究发展的阶段,迄今为止还没有一个为大家所公认的定义。

《设计模式》中对框架的定义:框架就是一组相互协作的类,对于特定的一类软件,框架构成了一种可重用的设计。

软件框架是项目软件在开发过程中提取特定领域软件的共性部分形成的体系结构,不同领域的软件项目有着不同的框架类型。框架的作用在于:由于提取了特定领域软件的共性部分,因此在此领域内新项目的开发过程中代码不需要从头编写,只需在框架的基础上进行一些开发和调整便可满足要求;对于开发过程而言,这样做会提高软件的质量,降低成本,缩短开发时间,使开发越做越轻松,效益越做越好,形成一种良性循环。

框架不是现成可用的应用系统,而是一个半成品,需要后来的开发人员进行二次开发,以便实现具体功能。框架不是"平台",平台的概念比较模糊,可以是一种操作系统,一种应用服务器，一种数据库软件，一种通信中间件等，因此应用平台主要指提供特定服务的系统软件，而框架更侧重于设计及开发过程，或者说，框架通过调用平台提供的服务而起作用。

框架不是工具包或者类库，调用 API 并不就是在使用框架开发，仅仅使用 API，开发者完成系统的主题部分，并不时地调用类库实现特定任务，而框架构成了通用的、具有一般性的系统主体部分，二次开发人员只是像做填空题一样，根据具体业务，完成特定应用系统中与众不同的特殊部分。

4.5.2 框架与架构之间的关系

框架不是构架（软件体系机构）。体系结构确定了系统整体结构、层次划分，以及不同部分之间的协作等设计考虑。框架比架构更具体，更偏重于技术。确定框架后，软件体系结构也随之确定了，而对于同一软件体系结构（例如 Web 开发中的 MVC），可以通过多种框架实现。

4.5.3 框架与设计模式之间的关系

设计模式和框架在软件设计中是两个不同的研究领域。设计模式研究的是一个设计问题的解决方法，一种模式可应用于不同的框架和被不同的语言所实现，而框架则是一个应用的体系结构，是一种或多种设计模式和代码的混合体，虽然它们有所不同，但却共同致力于使人们的设计可以被重用，在思想上存在着统一性的特点，因而设计模式的思想可以在框架设计中进行应用。

框架和设计模式存在着显著的区别，主要表现在二者提供的内容和致力应用的领域。

（1）从应用领域上分：框架给出的是整个应用的体系结构，而设计模式则给出了单一设计问题的解决方案，并且这个方案可在不同的应用程序或者框架中进行应用。

（2）从内容上分：设计模式仅是一个单纯的设计，这个设计可被不同语言以不用方式实现，而框架则是设计和代码的一个混合体，编程者可以用各种方式对框架进行扩展，进而形成完整的不同的应用。

（3）以第 2 条为基础：可以得出设计模式比框架更容易移植：框架一旦设计成形，虽然还没有构成一个完整的应用，但是以其为基础进行应用开发显然要受制于框架的实现环境，而设计模式与语言无关，所以可以在更广泛的异构环境中进行应用。

一个架构是系统的基本结构，它由多个组件及它们彼此间的关系组成，并且在一定环境和原则下进行设计和演变。

当谈到架构时，一般指两种类型的架构：业务架构和 IT 架构。业务架构关注于业务侧，而 IT 架构关注于技术侧。IT 架构和技术架构必须紧密联系，通过业务架构来指导 IT 架构的设计，IT 架构最终也必须服务于业务。本书对业务架构和 IT 架构，以及 IT 架构中常用的应用架构、数据架构、技术架构、基础设施架构等内容给出具体的设计方法和示例，架构设计类别的划分如图 4-8 所示。

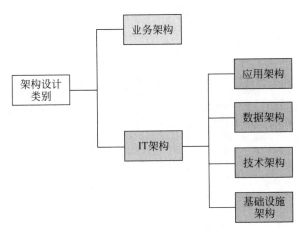

图 4-8　架构设计类别的划分

4.5.4　业务架构

业务架构用于定义商业策略、管理、组织和关键业务流程,它可以用来告诉业务人员系统可以支持哪些业务,也可以用来指导技术人员针对这些业务设计出相应的技术方案。业务架构包括业务规划、业务模块、业务流程,对业务进行拆分,对领域模型进行设计,最后把现实的业务抽象出来。

因此设计一个良好的业务架构不但能够减少业务人员和技术人员之间的沟通成本,还能够让业务人员大致了解到未进行大的业务变更时需要付出的成本,在需求侧进行更加合理的规划。

如何设计?通常可以使用一套方法论(如 DDD 领域驱动模型)对项目需求进行业务边界划分,总体原则是对业务进行拆分、划分出业务边界,例如做一个电商网站,需要把商品、订单、会员、仓库、采购、支付等业务边界很清晰地划分出来,然后规划出这些业务的周边支持。另外,在设计业务架构时不需要考虑技术方案的实现,诸如使用什么技术栈、怎样划分微服务、如何搭建基础设施等。

一个虚构的电商平台业务架构如图 4-9 所示,包含的主要模块有"运维基础设施""第三方服务依赖""基础服务""核心业务""运营支持"和"销售平台",其中"核心业务"是重点,需要对业务进行拆分、划分出业务边界。

4.5.5　IT 架构

IT 架构是支持企业业务运营的一整套信息系统的架构,用于指导 IT 投资和设计框架,因此它不是特定的一种架构,而是一整套架构的集合。IT 架构包含的内容很多,一般在项目中常用的有应用架构、数据架构、技术架构、基础设施架构,通过这些不同维度、不同层次的架构展现出整个 IT 系统的设计框架。

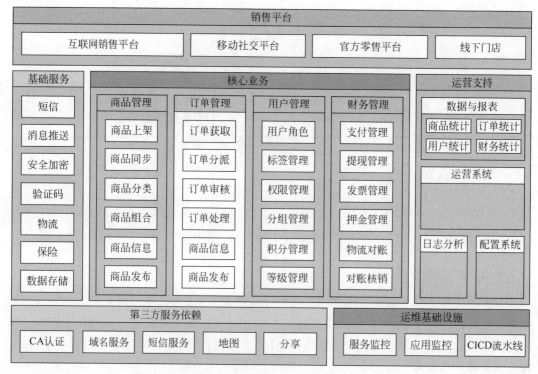

图 4-9 电商平台业务架构

4.5.6 应用架构

应用架构描述了设计和构建应用的模式与技术，体现了 IT 系统功能和技术实现的内容。应用架构包含前端和后端服务，前端开发事关应用的用户体验，而后端开发则侧重于提供对数据、服务及其他现有系统的访问，以确保应用正常工作。应用架构细分下来也有很多种，这里介绍 4 种比较常用的架构：单体架构、微服务架构、事件驱动架构和 SOA 架构。

单体架构：很多遗留系统的架构模式，一个应用中包含所有功能，属于紧耦合的，更新或扩展单体式应用的某一方面会对整个应用及其底层的基础架构产生影响，对应用代码的任何更改都需要重新发布整个应用。

微服务架构：此架构是现在采用较多的一种架构模式，微服务采用分布式、松耦合结构，它们之间不会相互影响，可以按需扩展或部署单个服务，也可以让不同的开发团队各自维护自己的服务，而不是更新整个应用，从而减少开发时间和提高发布频率。

事件驱动架构（EDA）：一种以事件为媒介，实现组件或服务之间最大松耦合的方式。事件驱动不同于传统的面向接口编程，调用者和被调用者不需要知道对方，两者只和中间消息队列耦合，在很多项目中其实都使用了消息中间件（如 RabbitMQ、Kafka）实现事件驱动。

SOA 架构：一种粗粒度、松耦合服务架构，将应用构建为可重复使用的离散型服务，这些服务会通过企业服务总线（ESB）进行通信，微服务其实本质上也属于 SOA 架构。

如何设计？在设计新项目的应用架构或评估遗留项目的应用架构时，首先要确定企业或产品的战略目标，然后设计支持该目标的应用架构，而不是先选择应用架构再尝试适应它，另外还需要考虑应用的发布频率、开发团队和运维团队的结构等客观因素。应用架构的设计并不只是一个单纯的技术问题，以微服务为例，自从微服务架构开始流行之后，单体架构似乎就不太受人待见了，好像"单体"就比较低级，而"微服务"就显得高大上，但试想一下，在一个只有3~5个人员的开发团队中开发一个中小型应用时，如果只是为了追求技术先进而选择微服务架构，带来的问题可能远多于收获，如系统复杂度更高、开发测试成本更高、运维要求更高等，不能"为了微服务而微服务"。

可以尝试通过一种通用的表达方式来描绘应用的架构，既能用来指导设计微服务架构，在单体架构下也能更好地拆分各个模块、理解各个功能之间的关联，这种通用的方式可以使用分层模型实现，通过各个层次的内容来描绘整个应用，一般可分为基础设施层、数据存储、中间件、基础服务层、业务服务层、UI层。

一个虚构的电商平台应用架构如图4-10所示，通过"基础设施""数据存储""中间件""基础服务层""业务服务层"和"UI层"等不同的层次，描绘IT系统功能和技术实现的内容。

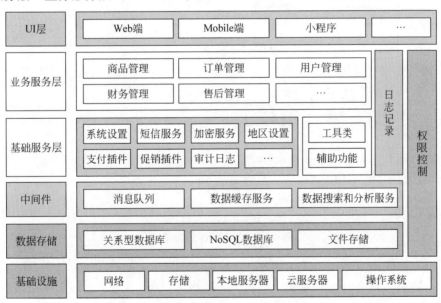

图4-10　电商平台应用架构

4.5.7　数据架构

在大数据时代，数据的地位越来越重要，数据成了很多企业的核心资产，数据架构也应运而生。数据架构是对存储数据（资源）的架构，在设计时需要考虑系统的业务场景，需要根据不同的业务场景对数据进行异构设计、数据库读写分离、分布式数据存储策略等。数据架构包含的元素有数据源、数据集成、数据存储、计算和调度等。

如何设计？数据架构的设计可参考以下原则：

（1）统一数据视图，保证数据的及时性、一致性、准确性和完整性。

（2）数据和应用分离，应用系统只依赖逻辑数据库，不直接访问其他应用的数据库，只能通过接口访问。

（3）数据异构，在源数据和目标数据内容相同时做索引异构，在商品库不同维度的内容不同时（如订单数据中的买家库和卖家库）做数据库异构。

（4）数据库读写分离，对访问量大的数据库进行读写分离，对数据量大的数据库进行分库分表，对不同业务域的数据库进行分区隔离，设置主从数据库备份，合理使用 NoSQL 数据库。

一个虚构的电商平台数据架构如图 4-11 所示，展示了不同业务系统中数据的不同存储方式和应用场景。

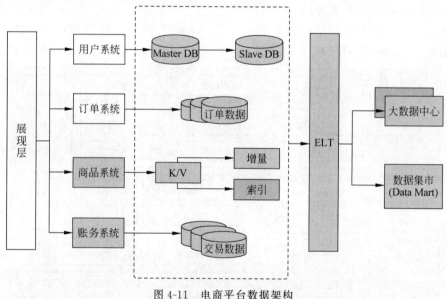

图 4-11 电商平台数据架构

ETL 的全称为 Extract Transform Load，用来描述将数据从来源端经过抽取（Extract）、转换（Transform）、加载（Load）至目的端的过程，常用于数据仓库中。数据集市是数据层仓库的一个子集，是为了满足特定的部门或者用户需求，按照多维的方式进行存储，包括定义维度、需要计算的指标、维度的层次等，生成面向决策分析需求的数据立方体。

4.5.8 技术架构

技术架构简单来讲就是从技术的视角来描述整个系统，列举出实现整个系统所需要用到的主要技术框架，包含开发语言、平台、组件、依赖库、开源或商用软件等。

如何设计？技术架构的边界相对来讲比较模糊，详细程度也不尽相同，在设计时可以参考应用架构的方式，通过分层模型（如持久层、数据层、业务逻辑层、应用层、表现层等），列举出每层用到的主要技术框架（如 Spring Boot、JPA、Postgres、Redis、Kafka 等），确保在设计阶段对技术选型有一个整体的把控。另外，针对在开发阶段和运维阶段所需要使用的工具和框架也可以体现在技术架构的设计中。

一个虚构的电商平台技术架构如图 4-12 所示，展现了"基础设施""数据存储""基础服务""业务服务""网关"和"UI"层等用到的具体技术和服务，也包含了从"开发平台"到"运维平台"用到的各种技术和工具。

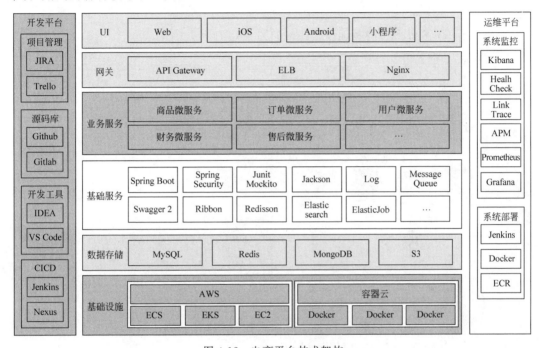

图 4-12　电商平台技术架构

4.5.9　基础设施架构

基础设施架构是指运行和管理企业 IT 环境所需的组件，可以部署在云计算系统中，也可以部署在企业自己的本地服务器中，这些组件包括硬件、软件、网络组件、操作系统（OS）和数据存储，它们共同提供了各种 IT 服务和解决方案。基础设施架构可以分为传统基础设施架构和云基础设施架构。

传统基础设施架构：在遗留系统采用较多，所有组件（如数据中心、数据存储及其他设备）由企业自己所有和管理，运行成本相对较高，并且需要大量的硬件（如服务器、网络设备）及相应的物理空间。

云基础设施架构：在现代应用中采用较多，可以使用专有资源来自行构建私有云，也可以通过云提供商（如华为、阿里巴巴、Amazon、谷歌或 Microsoft）提供的服务来使用公有云，还可以创建混合云。

普通的开发人员可能对传统的基础设施架构接触较少，但得益于现在越来越多的项目部署在云上，团队中的技术人员都可以去了解项目中的云基础设施架构，在一些小型项目上可能没有专门的 devOps，基础设施的架构直接由 dev 来负责，进行云基础设施的架构设计和部署。

如何设计？良好的基础设施架构需要考虑到高性能存储、低网络延迟、安全性、高可用和高并发等重要的非功能性需求，在网络、网关、服务器和数据库等多个层级/维度进行设计。

一个基于 AWS 云平台的基础设施架构如图 4-13 所示。

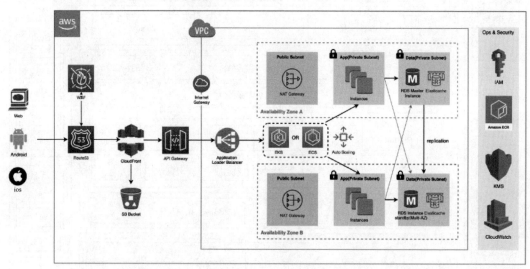

图 4-13　基于 AWS 云平台的基础设施架构

对图 4-13 中各个 AWS 组件的说明如下。

Route53：Amazon Route 53 是一种高度可用且可扩展的云域名系统（DNS）Web 服务，用于将终用户端路由到因特网应用程序。

WAF：Web 应用程序防火墙服务，可根据指定的条件来允许或阻止 Web 请求，帮助保护 Web 应用程序免遭常见的 Web 漏洞攻击，这些漏洞会影响应用程序可用性、降低安全性或占用过多资源。

S3 Bucket：Amazon Simple Storage Service（Amazon S3）是一种对象存储服务，可提供行业领先的可扩展性、数据可用性、安全性和性能。在上述示例中用于托管前端静态代码。

CloudFront：Amazon CloudFront 是一项快速的 CDN 服务，可以低延迟、高传输速率安全地向全球客户交付数据、视频、应用程序和 API。在上述示例中通过 CloudFront 访问托管在 S3 上的前端静态页面。

VPC：Virtual Private Cloud，它是仅适用于个人专属 AWS 账户的虚拟网络。

Internet Gateway：因特网网关是一种横向扩展、冗余且高度可用的 VPC 组件，支持在 VPC 和因特网之间进行通信。因特网网关有两个用途，一个是在 VPC 路由表中为因特网可路由流量提供目标，另一个是为已经分配了公有 IPv4 地址的实例执行网络地址转换（NAT）。

API Gateway：一项完全托管服务，使开发人员能够轻松地创建、发布、维护、监控和保护任何规模的 APIs。

Application Loader Balancer：一项 Web 服务，它可将传入流量分布到两个或多个 EC2 实例，以提高应用程序的可用性。ALB 最适合 HTTP 和 HTTPS 流量的负载平衡，并提供针对现代应用程序体系结构交付的高级请求路由，包括微服务和容器。Application Load Balancer 根据请求的内容将流量路由到 Amazon VPC 内的目标。

Availability Zone：可用区，一般可以将应用程序部署在多个可用区，当一个可用区发生故障时自动将流量切到另一个可用区，提高系统的可用性。

Public Subnet：公有子网，该子网有通向因特网网关的路由，流量能够被路由到因特网网关。

Private Subnet：私有子网，该子网没有通向因特网网关的路由，流量不能被路由到因特网网关。

NAT Gateway：网络地址转换网关，NAT 网关允许私有子网中的实例连接到因特网或其他 AWS 服务，但阻止因特网发起与这些实例的连接。

Auto Scalling：弹性伸缩，一项完全托管的服务，可以快速查找作为指定应用程序一部分的可扩展 AWS 资源并配置动态扩展。

ECS：Elastic Container Service 是一项完全托管的容器编排服务。

EKS：Elastic Kubernetes 服务可以灵活地在 AWS 云或本地中启动，运行和扩展 Kubernetes 应用程序。

RDS：Relational Database Service 关系型数据库服务可以轻松在云上设置、操作和调整关系型数据库的规格大小，同时可自动执行耗时的管理任务，例如硬件供应、数据库设置、修补和备份。它使开发者可以将精力集中在应用程序上，从而为它们提供所需的高性能、高可用性、安全性和兼容性，提供了 6 种数据库引擎：Amazon Aurora、PostgreSQL、MySQL、MariaDB、Oracle Database 和 SQL Server。

ElasticCache：Amazon ElasticCache 允许无缝设置、运行和扩展开源的缓存数据库（如 Redis、Memcached），通过从高吞吐量和低延迟的内存数据存储中检索数据，构建数据密集型应用程序或提高现有数据库的性能。

通过从业务架构到 IT 架构，以及 IT 架构下的应用架构、数据架构、技术架构和基础设施架构的介绍，配合一些示例的展示，描绘了架构设计中一般包含哪些内容。有些架构可能在某种程度上有重叠的部分，例如技术架构和应用架构，但它们的差异点也很明显：技术架构在设计时会考虑到具体的技术选型，需要列出用到的技术栈和框架，提供具体的技术实现方案；应用架构介于业务架构和技术架构之间，不需要列出具体用到的某个技术栈，主要职责在于描绘出系统的功能。

上面介绍的这些常用的架构类型都是以方块的形式描述的，相对简单明了，还有一种方式是使用带有连接线和方向的形式来描述,如用于软件架构的 C4 模型。除此之外还会有一些其他的架构类型,如微前端架构、Service Mesh 架构、Hadoop 架构等,可以根据项目的实际情况按需使用。另外需要强调的是,架构的设计应该在满足业务的基础上尽可能简单明了,追求小而美,而非大而全,避免过度设计。

诚然,就像"世界上没有完全相同的两片树叶"一样,也很难有完全一样的业务和用户,所以很难在不同的系统间套用完全一样的架构,更多的是套用通用的架构设计方法和思想。

此外,架构虽然是在项目初期设计的,但并不意味着无法改变,没有一劳永逸的架构设计,架构也需要根据业务规模、技术迭代、组织架构的变化而不断演进,正如"这个世界一直在变,唯一不变的就是变化"。

4.5.10 设计模式、框架、架构、平台的区别

设计模式＜框架＜架构＜平台,从复用角度讲,设计模式是代码级复用、框架是模块级复用、架构是系统级复用、平台是企业应用级复用。

(1) 设计模式:为什么要先讲设计模式?因为设计模式在这些概念中是最基本的,而且也比较简单。那么什么是设计模式呢?说得直白点,设计模式就是对特定问题如何组织类、对象和接口之间的关系,是前人总结的经验。例如要在代码中实现一个全局唯一的配置类,那么就可使用 Singleton 模式。设计模式在实际编码工作和设计框架时会被用到,而更高层的架构和平台则不会太关注它。

(2) 框架:在做 Web 开发时接触到最多的框架可数 ORM 框架,ORM 框架只是所有数据关系映射框架的统称,如 NHibernate、ActiveRecord 等,框架是为了解决特定问题而存在的,其他诸如模板框架、缓存框架,框架不能直接使用,需要二次开发。

(3) 架构:从大的层面来讲,例如针对公司业务的 B2C 网站系统架构,里面可能会用到多种解决各方面问题的框架,关注的是技术整合、扩展、可维护性。换个角度,在框架中也涉及架构问题,例如开发 NHibernate 框架,也需要考虑如何进行设计。

(4) 平台:平台的概念类似框架,但又结合了架构,它是更高层面上的"框架",准确地说是一种应用。它是针对企业用户,为解决企业业务而形成的产品。

架构模式是一个系统的高层次策略,涉及大尺度的组件及整体性质和力学。架构模式的好坏可以影响到总体布局和框架性结构。设计模式是中等尺度的结构策略。这些中等尺度的结构实现了一些大尺度组件的行为和它们之间的关系。模式的好坏不会影响到系统的总体布局和总体框架。设计模式定义了子系统或组件的微观结构。代码模式(或成例)是特定的范例和与特定语言有关的编程技巧。代码模式的好坏会影响到一个中等尺度组件的内部、外部的结构或行为的底层细节,但不会影响到一个部件或子系统的中等尺度的结构,更不会影响到系统的总体布局和大尺度框架。

4.5.11 各种模式举例及应用

(1) 代码模式或成例(Coding Pattern 或 Idiom)：代码模式(或成例)是较低层次的模式，并与编程语言密切相关。代码模式用于描述怎样利用一个特定的编程语言的特点实现一个组件的某些特定的方面或关系。

较为著名的代码模式包括双检锁(Double-Check Locking)模式等。

(2) 设计模式(Design Pattern)：一个设计模式提供一种提炼子系统或软件系统中的组件，或者它们之间的关系的纲要设计。设计模式用于描述普遍存在的在相互通信组件中重复出现的结构，这种结构解决在一定的背景中具有一般性的设计问题。

设计模式常常被划分成不同的种类，常见的种类如下。

① 创建型设计模式：如工厂方法(Factory Method)模式、抽象工厂(Abstract Factory)模式、原型(Prototype)模式、单例(Singleton)模式、建造(Builder)模式等。

② 结构型设计模式：如合成(Composite)模式、装饰(Decorator)模式、代理(Proxy)模式、享元(Flyweight)模式、门面(Facade)模式、桥梁(Bridge)模式等。

③ 行为型模式：如模板方法(Template Method)模式、观察者(Observer)模式、迭代子(Iterator)模式、责任链(Chain of Responsibility)模式、备忘录(Memento)模式、命令(Command)模式、状态(State)模式、访问者(Visitor)模式等。

以上是3种经典类型，实际上还有很多其他的类型，例如 Fundamental 型、Partition 型、Relation 型等。

设计模式在特定的编程语言中实现时，常常会用到代码模式。例如单例模式的实现常常涉及双检锁模式等。

(3) 架构模式(Architectural Pattern)：一个架构模式用于描述软件系统里的基本的结构组织或纲要。架构模式提供一些事先定义好的子系统，指定它们的责任，并给出把它们组织在一起的法则和指南。有些作者把这种架构模式叫作系统模式。

一个架构模式常常可以分解成很多个设计模式的联合使用。显然，MVC 模式属于这种模式。MVC 模式常常包括调停者(Mediator)模式、策略(Strategy)模式、合成(Composite)模式、观察者(Observer)模式等。

此外，常见的架构模式还有 Layers(分层)模式，有时也称 Tiers 模式；Blackboard(黑板)模式；Broker(中介)模式；Distributed Process(分散过程)模式；Microkernel(微核)模式。

架构模式常常被划分成如下的几种。

① From Mud to Structure 型：帮助架构师将系统合理划分，避免形成一个对象的海洋(A sea of objects)，包括 Layers(分层)模式、Blackboard(黑板)模式、Pipes/Filters(管道/过滤器)模式等。

② 分散系统(Distributed Systems)型：为分散式系统提供完整的架构设计，包括 Broker(中介)模式等。

③ 交互式(Interactive Systems)型：支持包含人机互动界面的系统的架构设计，包括 MVC(Model View Controller)模式、PAC(Presentation Abstraction Control)模式等。

④ Adaptable Systems 型：支持应用系统适应技术的变化、软件功能需求的变化，如 Reflection(反射)模式、Microkernel(微核)模式等。

4.5.12 为什么要用模式或框架

(1) 模式即 Pattern，其实就是解决某类问题的方法论。把解决某类问题的方法总结归纳到理论高度，那就是模式。

Alexander 给出的经典定义是：每个模式都描述了一个在环境中不断出现的问题，然后描述了该问题的解决方案的核心。通过这种方式，可以无数次地使用那些已有的解决方案，无须重复相同的工作。

模式有不同的领域，建筑领域有建筑模式，软件设计领域也有设计模式。当一个领域逐渐成熟时，自然会出现很多模式。

(2) 框架即 Framework，其实就是某种应用的半成品，即一组组件，用来选用完成业务功能的系统。简单来讲就是使用搭好的舞台，来做表演，而且框架一般是成熟的，是不断升级的软件。

(3) 为什么要用模式？因为模式是一种指导，在一个良好的指导下，有助于完成任务，有助于做出一个优良的设计方案，达到事半功倍的效果，而且会得到解决问题的最佳办法。

(4) 为什么要用框架？因为软件系统发展到今天已经很复杂了，特别是服务器端软件，涉及的知识、内容、问题太多。在某些方面使用成熟的框架，就相当于完成一些基础工作，只需集中精力完成系统的业务逻辑设计，而且框架一般是成熟的、稳健的，它可以处理系统的很多细节问题，例如，事物处理、安全性、数据流控制等问题。此外，框架一般经过很多人使用，所以结构很好，扩展性也很好，而且它是不断升级的，可以直接享受升级代码带来的好处。

框架一般是处在低层应用平台(如 J2EE)和高层业务逻辑之间的中间层。

架构师是软件行业中一种新兴职业，工作职责是在一个软件项目的开发过程中，将客户的需求转换为规范的开发计划及文本，并制定这个项目的总体架构，指导整个开发团队完成这个计划。架构设计是软件设计过程的早期阶段，它把需求分析和设计流程连接在一起。架构师的主要任务不是从事具体的软件程序的编写，而是从事更高层次的开发构架工作。架构师必须对开发技术非常了解，并且需要有良好的组织管理能力。可以这样说，一个架构师工作的好坏决定了整个软件开发项目的成败。

通过对项目需求的分析结合开发实现的需要，遵循网络路由设备轻量级开发原则，本书匿名链路系统项目选用的技术栈及技术框架如图 4-14 所示。

主要技术选型的作用，详细考量如下。

CentOS 7.x：多年以来被应用到服务器上作为主流操作系统，在稳定性和软件应用生态有良好的保障。

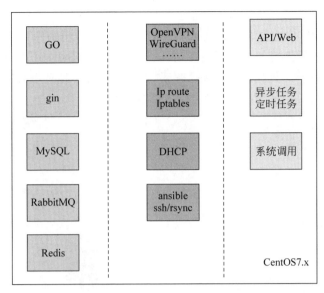

图 4-14 匿名链路系统项目选用的技术栈及技术框架

Go：作为一种比较新的语言，拥有众多优势，例如支持跨平台、编译包为二进制文件、运行不需要依赖于软件环境、天然支持语言层面并发等。

gin：作为一个 Go 生态中非常流行的 Web 开发轻量级开发框架，拥有成熟的生态和丰富的特性，很容易上手。

MySQL：作为一个成熟的关系型数据库，经过了多年的检验，保障数据的读写与持久化存储。

gocron：一个轻量级定时任务集中调度和管理系统。

4.6 运行环境设计

根据实际需要，将同一个项目(或同一套代码)按照一定方法进行区分，并将所需资源和项目本身部署到不同的机器上。不同环境的项目可以有不同的行为，并且能够同时存在，互不影响。

需要注意的是，项目环境也不是区分得越多越好。一方面是搭建多环境需要额外的工作量；另一方面是项目依赖的资源越多，成本就越高，而且维护起来也更麻烦。

因此，企业中常用的环境也就那么几种，不同团队区分环境的方式可能不同。

1. 本地环境

一般用 local 标识，是指前端或后端独立开发、自主测试的环境。通常就是让项目和依赖在本地的计算机上运行，例如数据库、缓存、队列等各种服务，可能需要在本地搭建，如图 4-15 所示。

2. 开发环境

一般用 dev 标识,是指前端和后端(或者多个程序员)一起协作开发、联调的环境。通常将项目和依赖放在员工计算机可以直接访问的开发机上,不用自己搭建,直接运行项目,提高开发和协作效率。对规模不大的团队来讲,开发环境和本地环境其实有一套就足够了,毕竟本地也可以连接公用的数据库等服务,如图 4-16 所示。

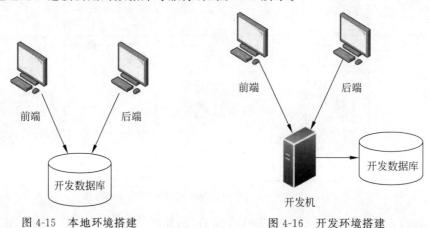

图 4-15　本地环境搭建　　　　　图 4-16　开发环境搭建

3. 测试环境

一般用 test 标识,是指前端和后端开发和联调完成,做出完整的新功能后,交给测试人员去找 Bug 的环境,如图 4-17 所示。通常在测试环境需要有独立的测试数据库和其他服务,让测试人员大显身手。每次修改完 Bug 后,也都要再次将项目发布到测试环境,让测试人员重新验证。

4. 预发布环境

一般用 pre 标识,这是和线上项目最接近的环境,一般在测试验证通过、产品经理体验过后才能将项目发布到这个环境,如图 4-18 所示。实际上,预发布环境的项目调用的后端接

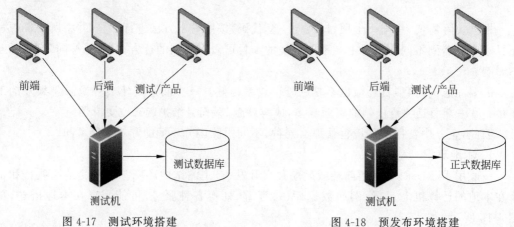

图 4-17　测试环境搭建　　　　　图 4-18　预发布环境搭建

口、连接的数据库、服务等都和线上项目一致,和线上唯一的区别就是前端访问的域名不同。正因如此,预发布环境看到的都是真实的用户数据,可以发现更多测试环境因为数据不足而没查出来的 Bug。

5. 生产环境

一般用 prod 标识,又叫线上环境,是给所有真实用户使用的环境,如图 4-19 所示,因此不能随意修改,并且在将项目发布到该环境时必须格外小心。线上的数据库、机器等资源一般也是由专业的运维人员来负责的,想要登录机器、修改配置都需要经过严格审批。

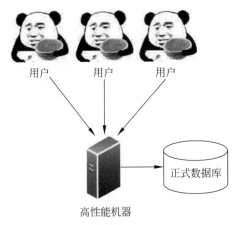

图 4-19 生产环境搭建

为了方便项目的开发及节省资源,分别对项目的运行环境进行构建,满足开发、测试、生产环境中不同的需要,分别对不同环境进行设计。项目主要考虑在 Linux 环境中运行,有些脚本也依赖于 Linux 环境。如果在资源充裕的情况下,则可以把三套环境都设计为和生产环境一样,可以减少不同环境的差异带来部署和运行上的可能存在的 Bug。

本书匿名链路系统的开发,主要设计了三套环境进行开发。

(1) 开发环境设计:主要在个人计算机上通过虚拟机模拟正式环境,在个人计算机上用编辑器正常地开发项目,创建第 1 台 Linux 虚拟机,通过虚拟机映射外面磁盘文件,把项目代码映射到虚拟机里进行执行。创建第 2 台 Linux 虚拟机作为第 1 跳出网节点,创建第 3 台虚拟机作为第 2 跳出网节点。环境搭建设计如图 4-20 所示。

(2) 测试环境设计:测试环境为了进行全面真实测试,需要用真实物理设备和公网服务器节点进行测试。主要用到 2 台个人计算机,用于平台的管理配置和目标网站访问流量通过的链路测试,1 个迷途硬件路由设备用于部署项目,2 个公网服务器出网节点用于组建链路。环境搭建设计如图 4-21 所示。

(3) 生产环境设计:在网络路由设备上,可以通过打包好的产品镜像进行自动化无人值守安装和配置,操作系统和程序安装完成以后,可以进行终端设备连接访问和管理配置。生产环境主要供用户真实使用,需要的资源更多,需要考虑的安全因素也更多。网络路由设备可以和多个终端设备进行连接,网络路由设备上可以配置多条链路,为不同的终端设备设置不同的上网策略。同时,网络设备的使用需要通过设备证书管理校验,保证系统不被恶意使用。环境搭建设计如图 4-22 所示。

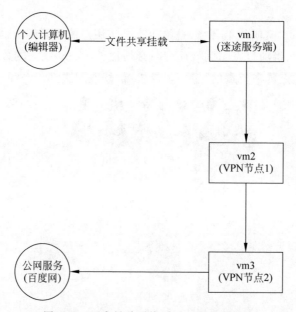

图 4-20　匿名链路系统项目开发环境设计

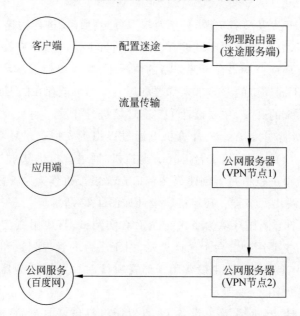

图 4-21　匿名链路系统项目测试环境设计

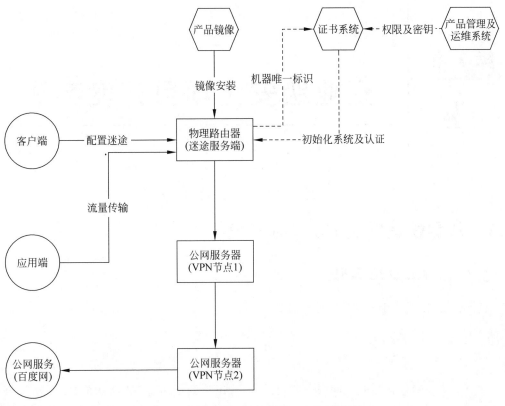

图 4-22 匿名链路系统项目生产环境设计

第 5 章 企业级安全项目开发实践

5.1 从零快速掌握 Go 基础开发

5.1.1 Go 环境安装

（1）下载 Go 的安装包，下载网址如下：

```
https://studyGo.com/dl
https://Go.org/dl
```

其中第 1 个网址在国内访问快一些，打开时会出现类似如图 5-1 所示的页面，随着版本的更新，看到的版本信息可能不一样。选择一个稳定版本下载并安装，或者根据业务的需要，选择版本进行安装，除了最新版本，历史版本在页面上也是可以查看的。

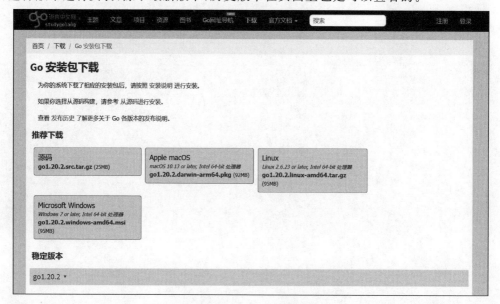

图 5-1　Go 安装包下载页面

（2）根据自己的计算机操作系统类型选择对应的安装包，下载安装包后双击进行安装，安装路径中不要出现中文或者空格。

如图 5-2 所示，Go 环境安装成功后，对应安装目录还有很多文件夹和文件，下面简要说明其中主要文件夹的功用。

名称	修改日期	类型	大小
api	2023/4/4 7:06	文件夹	
bin	2023/4/4 7:06	文件夹	
doc	2023/4/4 7:06	文件夹	
lib	2023/4/4 7:05	文件夹	
misc	2023/4/4 7:06	文件夹	
pkg	2023/4/4 7:05	文件夹	
src	2023/4/4 7:06	文件夹	
test	2023/4/4 7:06	文件夹	
codereview.cfg	2023/3/3 18:19	CFG 文件	1 KB
CONTRIBUTING.md	2023/3/3 18:19	Markdown File	2 KB
LICENSE	2023/3/3 18:19	文件	2 KB
PATENTS	2023/3/3 18:19	文件	2 KB
README.md	2023/3/3 18:19	Markdown File	2 KB
SECURITY.md	2023/3/3 18:19	Markdown File	1 KB
VERSION	2023/3/3 18:19	文件	1 KB

图 5-2　Go 安装目录文件

api 文件夹：用于存放依照 Go 版本顺序的 API 增量列表文件。这里所讲的 API 包含公开的变量、常量、函数等。这些 API 增量列表文件用于 Go 语言 API 检查。

bin 文件夹：用于存放主要的标准命令文件，包括 go、godoc 和 gofmt。

blog 文件夹：用于存放官方博客中的所有文章，这些文章都是 Markdown 格式的。

doc 文件夹：用于存放标准库的 HTML 格式的程序文档。可以通过 godoc 命令启动一个 Web 程序展现这些文档。

lib 文件夹：用于存放一些特殊的库文件。

misc 文件夹：用于存放一些辅助类的说明和工具。

pkg 文件夹：用于存放安装 Go 标准库后的所有归档文件。如果是 Windows 操作系统，则会发现其中有名称为 windows_amd64 的文件夹，称为平台相关目录。可以看到，这类文件夹的名称由对应的操作系统和计算架构的名称组合而成。通过 go install 命令，Go 程序（这里指标准库中的程序）会编译成平台相关的归档文件并存放到其中。另外，pkg/tool/windows_adm64 文件夹存放了使用 Go 制作软件时用到的很多强大命令和工具。

src 文件夹：用于存放 Go 自身，如 Go 标准工具及标准库的所有源码文件。深入探究 Go，就靠它了。

test 文件夹：存放用来测试和验证 Go 本身的所有相关文件。

（3）检查 Go 环境安装是否成功，在命令行中输入命令，命令如下：

```
go env
```

如果出现类似如图 5-3 所示的信息,则表示安装成功。

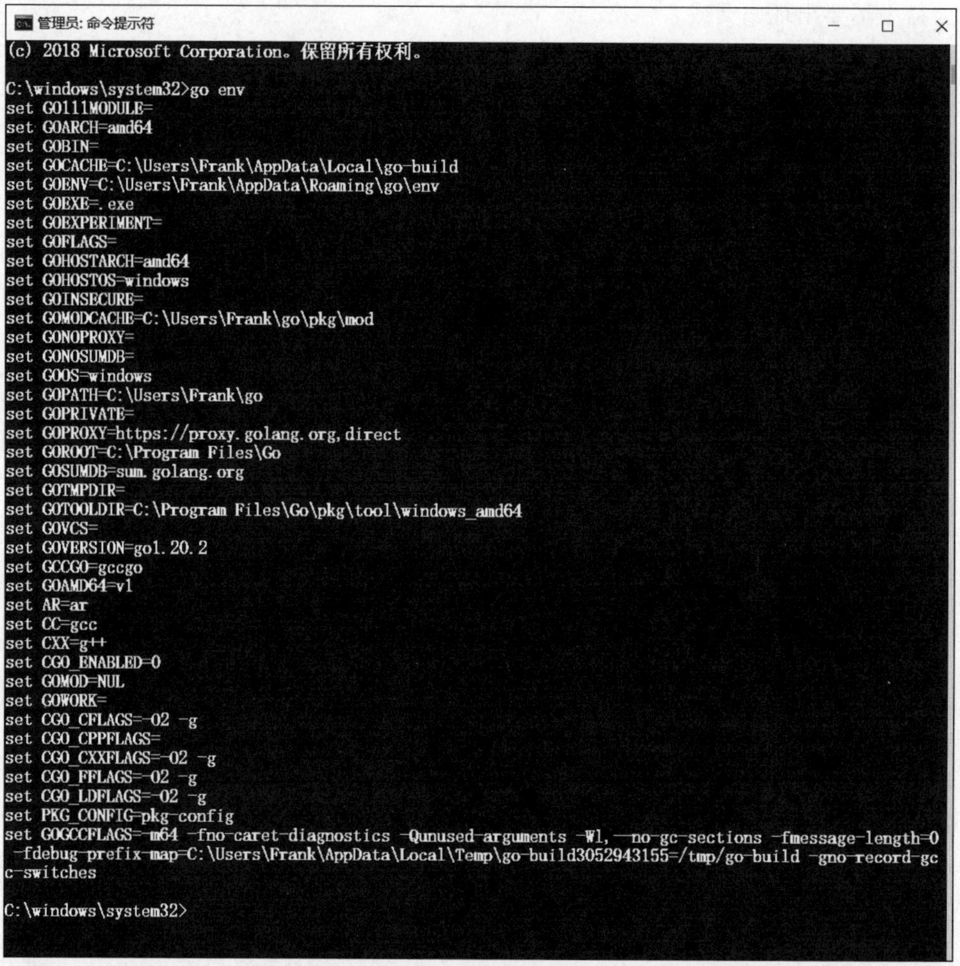

```
管理员: 命令提示符
(c) 2018 Microsoft Corporation。保留所有权利。

C:\windows\system32>go env
set GO111MODULE=
set GOARCH=amd64
set GOBIN=
set GOCACHE=C:\Users\Frank\AppData\Local\go-build
set GOENV=C:\Users\Frank\AppData\Roaming\go\env
set GOEXE=.exe
set GOEXPERIMENT=
set GOFLAGS=
set GOHOSTARCH=amd64
set GOHOSTOS=windows
set GOINSECURE=
set GOMODCACHE=C:\Users\Frank\go\pkg\mod
set GONOPROXY=
set GONOSUMDB=
set GOOS=windows
set GOPATH=C:\Users\Frank\go
set GOPRIVATE=
set GOPROXY=https://proxy.golang.org,direct
set GOROOT=C:\Program Files\Go
set GOSUMDB=sum.golang.org
set GOTMPDIR=
set GOTOOLDIR=C:\Program Files\Go\pkg\tool\windows_amd64
set GOVCS=
set GOVERSION=go1.20.2
set GCCGO=gccgo
set GOAMD64=v1
set AR=ar
set CC=gcc
set CXX=g++
set CGO_ENABLED=0
set GOMOD=NUL
set GOWORK=
set CGO_CFLAGS=-O2 -g
set CGO_CPPFLAGS=
set CGO_CXXFLAGS=-O2 -g
set CGO_FFLAGS=-O2 -g
set CGO_LDFLAGS=-O2 -g
set PKG_CONFIG=pkg-config
set GOGCCFLAGS=-m64 -fno-caret-diagnostics -Qunused-arguments -Wl,--no-gc-sections -fmessage-length=0
 -fdebug-prefix-map=C:\Users\Frank\AppData\Local\Temp\go-build3052943155=/tmp/go-build -gno-record-gc
c-switches

C:\windows\system32>
```

图 5-3 Go 环境检测

5.1.2 Go 开发环境安装

1. 选择 Go 的开发工具下载并安装

GoLand：GoLand 是 Jetbrains 家族的 Go 语言收费版的 IDE,有 30 天的免费试用期。

LiteIDE：LiteIDE 是一款开源、跨平台的轻量级 Go 语言集成开发环境(IDE)。

其他开发工具虽然集成了 Go 语言开发环境,但并没有以上两者专业,例如 Eclipse、VS Code 等。

2. 配置 Go 的工作区 GOPATH

GOROOT：GOROOT 的值应该是安装 Go 的根目录。

GOPATH：需要将工作区的目录路径添加到环境变量 GOPATH 中。否则即使处于同一个工作区(事实上,未被加入 GOPATH 中的目录不应该称为工作区),代码之间也无法通过绝对代码包路径调用。

在实际开发环境中,工作区可以只有一个,也可以有多个,这些工作区的目的路径都需要添加到 GOPATH 中。与 GOROOT 意义相同,应该确保 GOPATH 一直有效。GOPATH 中不要包含 Go 语言的根目录(GOROOT),以便将 Go 语言本身的工作区与用户工作区严格分开。

通过 Go 工具中的代码获取命令 go get,可将指定项目的源码下载到在 GOPATH 中设定的第 1 个工作区中,并在其中完成编译和安装。

3. 以 GoLand 为例,创建工作区目录

需要注意的是,只有被加入 GOPATH 环境变量中的目录才能被称为 Go 的工作区目录,如图 5-4 所示,创建项目选择的工作目录需要和 GOPATH 系统配置的一致。一般情况下,Go 源码文件必须放在工作区中,但是对于命名源码文件来讲,这不是必需的。工作区其实就是一个对应于特定工厂的目录,它应该包含 3 个子目录,即 src 目录、pkg 目录和 bin 目录。

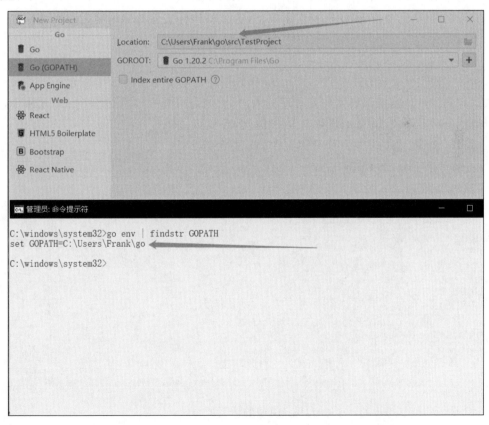

图 5-4　Go 工作区目录

接下来对 GOPATH 指定的工作目录的 3 个子目录功能分别进行说明。

src 目录：用于以代码包的形式组织并保存 Go 源码文件，这里的代码包与 src 下的子目录一一对应。例如，若一个源码文件被声明属于代码包 log，那么它就应当保存在 src/log 目录中。当然，也可以把 Go 源码文件直接存放在 src 目录下，但这样 Go 源码文件就只能被声明属于 main 代码包了。除非用于临时测试或演示，一般还是建议把 Go 源码文件放入特定的代码中。

pkg 目录：用于存放通过 go install 命令安装后的代码包的归档文件，前提是代码包中必须包含 Go 库源码文件。另外，归档文件是指那些名称以.a 结尾的文件。该目录与 GOROOT 目录下的 pkg 目录功能类似。区别在于，工作区中的 pkg 目录专门用来存放用户代码的归档文件。编译和安装用户代码的过程一般会以代码包为单位进行。例如 log 包被编译安装后，将生成一个名为 log.a 的归档文件，并存放在当前工作区的 pkg 目录下的平台相关目录中。

bin 目录：与 pkg 目录类似，在通过 go install 命令完成安装后，保存由 Go 命令源码文件生成的可执行文件。在类 UNIX 操作系统下，这个可执行文件一般来讲名称与源码文件的主文件名相同，而在 Windows 操作系统下，这个可执行文件的名称则是源码文件主文件名加.exe 后缀。

Go 语言的命令源码文件和库源码文件的区别如下。

命名源码文件：指的是声明属于 main 代码包并且包含无参数声明和结果声明的 main 函数的源码文件。这类源码文件是程序的入口，它们可以独立运行（使用 go run 命令），也可以通过 go build 或 go install 命令得到相应的可执行文件。

库源码文件：指的是在某个代码包中的普通源码文件。

4. 编写第 1 个 Go 程序

程序代码如下：

```go
//anonymous-link\example\chapter5\helloworld.go
package main                        //命令行源码文件必须在这里声明自己属于 main 包
/*
    使用 import 关键字导入包,建议每导入一个包占用一行,看起来比较美观
*/
import (
    "fmt"
)

func main() {
    fmt.Println("hello world")      //打印字符串并换行
}
```

运行程序，如图 5-5 所示，可打印出预期的内容。

5. 命令行运行 Go 程序

如图 5-6 所示，单击 Terminal 选项，可以在命令行中运行程序，命令如下：

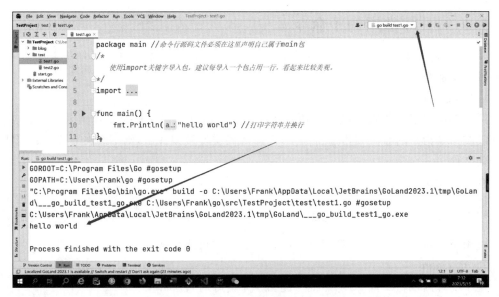

图 5-5　用 GoLand 编写第 1 个 Go 程序

```
go run .\test\test1.go
```

或者先编译，后运行，命令如下：

```
go build .\test\test1.go
```

```
.\test1.exe
```

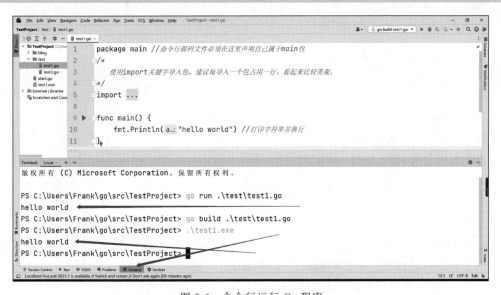

图 5-6　命令行运行 Go 程序

5.1.3　Go 常用的子命令

Go 本身包含了大量用于处理 Go 程序的命令和工具。go 命令就是其中最常见的一个，它有许多子命令。

1. go build

用于编译指定的代码，包括 Go 语言源码文件。命令源码文件会编译生成可执行文件，并存放在命令指令的目录或指定目录下，而库源码文件被编译后，则不会在非临时目录中留下任何文件。

查看帮助信息，命令如下：

```
go help build
```

使用场景主要用于将 go 源码文件编译为二进制可执行文件。

2. go clean

用于清理因执行其他 go 命令而一路留下来的临时目录和文件。

查看帮助信息，命令如下：

```
go help clean
```

使用场景主要用于清理以前编译生成的程序文件。

3. go doc

用于显示 Go 语言代码包及程序实体的文档。

查看帮助信息，命令如下：

```
go help doc
```

如查看 bufio 的使用文档，命令如下：

```
go doc bufio
```

4. go env

用于打印与 Go 语言相关的环境信息。

查看帮助信息，命令如下：

```
go help env
```

使用场景用于查看当前 Go 环境变量的一些配置。

5. go fix

用于修正指定代码包中的源码文件中包含的过时语法和代码调用。这使在升级 Go 语言版本时，可以非常方便地同步升级程序。

查看帮助信息，命令如下：

```
go help fix
```

6. go fmt

用于格式化指定代码包中的 Go 源码文件。实际上,它是通过执行 go fmt 命令实现功能的。

查看帮助信息,命令如下:

```
go help fmt
```

7. go generate

用于识别指定代码中源文件中的 go：generate 注解,并执行其携带的任意命令。该命令独立于 Go 语言标准的编译和安装体系。如果有需要解析的 go：generate 注解,就单独运行它。这个命令非常有用,可以用它自动生成或改动源码文件。

查看帮助信息,命令如下:

```
go help generate
```

test2.go 文件的内容如下:

```go
//anonymous-link\example\chapter5\generate.go
package main

import (
    "fmt"
)

//go:generate go run test2.go
func main() {
    fmt.Println("博客地址：https://blog.csdn.net/u014374009/")
}
```

执行命令,结果如图 5-7 所示。

8. go get

用于下载,编译并安装指定的代码包及其依赖包。当需要从代码中转站或第三方代码库上自动拉取代码时,就全靠它了。

查看帮助信息,命令如下:

```
go help get
```

使用举例,将 beego 开源库下载到本地,使用该命令的前提是操作系统已安装好了 git 环境,命令如下:

```
go get github.com/astaxie/beego
```

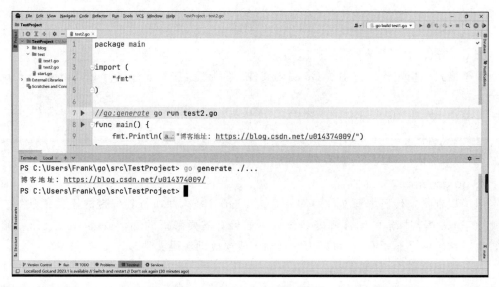

图 5-7 go generate 使用举例

9. go install

用于编译并安装指定的代码包及其依赖包。安装包命令源码文件后,代码包所在(GOPATH 环境变量中定义)的工作区目录的 bin 子目录或者当前环境变量 GOBIN 指向的目录中会生成相应的可执行文件,而安装库源码文件后,会在代码包所在的工作目录的 pkg 子目录生成相应的归档文件。

查看帮助信息,命令如下:

```
go help install
```

10. go list

用于显示指定代码包的信息,它可谓是代码分析的一大便捷工具。利用 Go 语言标准代码库代码包 text/template 中规定的模板语法,可以非常灵活地控制输出信息。

查看帮助信息,命令如下:

```
go help list
```

11. go run

用于编译并允许指定命令源码文件。当不想生成可执行文件而直接运行命令源码文件时,就需要使用它。

查看帮助信息,命令如下:

```
go help run
```

12. go test

用于测试指定的代码包,前提是该代码包目录中必须存在测试源码文件。

查看帮助信息,命令如下:

```
go help test
```

13. go tool

用于运行一些特殊的 Go 语言工具,直接执行 go tool 命令,可以看到这些特殊工具。它们有的是其他 Go 标准命令的底层支持,有的是可以独当一面的利器,其中有两个值得特别介绍,即 pprof 和 trace。

pprof:用于以交互的方式访问一些性能概要文件。命令将会分析给定的概要文件,并根据要求提供高可读性的输出信息。这个工具可以分析概要文件,包括 CPU 概要文件、内存概要文件和程序阻塞概要文件。这些包含 Go 程序运行信息的概要文件,可以通过标准代码库代码包 runtime 和 runtime/pprof 中的程序来生成。

trace:用于读取 Go 程序的踪迹文件,并以图形化的方式展现出来。它能够让用户深入了解 Go 程序在运行过程中的内部情况。例如,当前进程中堆的大小及使用情况。再例如,程序的多个 goroutine 是怎样被调度的,以及它们在某个时刻被调度的原因。Go 程序踪迹文件可以通过标准库代码包 runtime/trace 和 net/http/pprof 中的程序来生成。

上述两个特殊工具对于 Go 程序调优非常有用,如果想要探究程序运行的过程,或者想要让程序运行得更快,更稳定,则这两个工具是必知必会的。另外,这两个工具都被 go test 命令直接支持,因此可以很方便地把它们融入程序测试环境中。

查看帮助信息,命令如下:

```
go help tool
```

14. go vet

用于检查指定代码包中的 Go 语言源码,并报告发现的可疑代码问题。该命令提供了除编译以外的一个程序检查方法,可用于找到程序中的潜在错误。

查看帮助信息,命令如下:

```
go help vet
```

使用案例,如检查 test2.go 文件代码是否有问题,命令如下:

```
go vet .\test\test1.go
```

15. go version

用于显示当前安装的 Go 语言的版本及计算环境。

查看帮助信息,命令如下:

```
go help version
```

16. go 命令通用的标记

当执行上述命令时,可以通过附加一些额外的标记来定制命令的执行过程。下面是比较通用的标记。

-a:用于强行重写编译所涉及的 Go 语言代码包,包括 Go 语言标准库中的代码包(即使它们已经是最新的了)。该标记可以让用户有机会通过改动更底层的代码包来做一些试验。

-n:使命令仅打印其在执行过程中用到的所有命令,而不真正执行它们。如果只想查看或验证命令的执行过程,而不想改变任何东西,则使用它正合适。

-race:用于检测并报告指定 Go 语言程序中存在的数据竞争问题。当用 Go 语言编写并发程序时,这是很重要的检测手段之一。

-v:用于打印命令在执行过程中涉及的代码包。这一定包含用户指定的目标代码包,并且有时还会包括该代码直接或间接依赖的那些代码包,也会知道哪些代码包被命令行处理过了。

-work:用于打印命令执行时生成和使用的临时工作目录的名字,并且命令执行完成后不删除它。这个目录下的文件可能有用,也可以从侧面了解命令的执行过程。如果不添加此标记,则临时工作目录会在命令执行完毕前删除。

-x:使命令打印其执行过程用到的所有命令,同时执行它们。

这些标记看作命令的特殊参数,它们都可以添加到命令名称和命名的真正参数中。用于编译、安装、运行和测试 Go 语言代码包或源码文件的命令都支持它们。

5.1.4 Go 的标识符命名规则

(1) Go 语言的 25 个关键字如下:

break、default、func、interface、select、case、defer、go、map、struct、chan、else、goto、package、switch、const、fallthrough、if、range、type、continue、for、import、return、var

(2) Go 语言关键字的用途及解释如下。

var 和 const:用于变量和常量的声明。

package 和 import:用于包导入。

func:用于定义函数和方法。

return:用于从函数返回。

defer:用于在函数退出之前执行。

go:用于并行。

select:用于选择不同类型的通信。

interface:用于定义接口。

struct:用于定义抽象数据类型。

break、case、continue、for、fallthrough、else、if、switch、goto、default:用于流程控制。

chan:用于 channel 通信。

type：用于声明自定义类型。
map：用于声明 map 类型数据。
range：用于读取 slice、map、channel 数据。
(3) Go 语言有 36 个预定义的名字。

在 Go 语言中有很多预定义的名字，基本在内建的常量、类型和函数中，这些内部预定义的名字并不是关键字，它们是可以重新定义的。

Go 语言 36 个预定义的名字如下：

```
append,bool,byte,cap,close,complex,complex64,complex128,uintptr,copy,false,true,float32,
float64,imag,iota,int,uint,int8,uint8,int16,uint16,int32,uint32,int64,uint64,new,len,
make,panic,nil,print,println,real,recover,string
```

(4) Go 语言命名规则，标识符的命名规则如下：
① 允许使用字母、数字、下画线。
② 不允许使用 Go 语言关键字。
③ 不允许使用数字开头。
④ 区分大小写。

满足上面的 Go 编译器的要求后，生产环境中推荐的命名规则如下。
① 见名知义：自定义的变量名称最好能见名知义，增加代码的可读性，如果定义了一堆变量却不知道写的是什么意思，不方便调试，并且阅读非常困难。
② 驼峰命名法：

小驼峰式命名法(Lower Camel Case)：第 1 个单词以小写字母开始，从第 2 个单词开始首字母大写，例如 myNginxPort。

大驼峰式命名法(Upper Camel Case)：每个单词的首字母都采用大写字母，例如 FirstName、LastName。

③ 下画线命名法：每个单词都小写，各单词之间使用下画线进行分隔，例如 my_cluster。

命令规范案例，代码如下：

```
//anonymous-link\example\chapter5\naming.go
package main

import (
    "fmt"
)

func main() {

    /*
        标识符的命名规则如下：
            (1)允许使用字母、数字、下画线
            (2)不允许使用 Go 语言关键字
```

```
         (3)不允许使用数字开头
         (4)区分大小写

    满足上面的 Go 编译器的要求后,在生产环境中推荐的命名规则:
         (1)见名知义
         (2)驼峰命名法
             小驼峰式命名法:
                 第 1 个单词以小写字母开始,从第 2 个单词开始首字母大写,例如 myNginxPort
             大驼峰式命名法:
                 每个单字的首字母都采用大写字母,例如 FirstName、LastName
         (3)下画线命名法
                 每个单词都小写,各单词之间使用下画线进行分隔,例如 my_cluster
*/

//小驼峰命名
myNginxPort := "node101.test.org.cn:80"
fmt.Println(myNginxPort)

//大驼峰命名
FirstName := "yang"
LastName := ""
fmt.Println(FirstName)
fmt.Println(LastName)

//下画线命名
my_cluster := "yangyi_cluster"
fmt.Println(my_cluster)

}
```

5.1.5 Go 编程的工程管理

1. 工作区概述

GOROOT:GOROOT 的值应该是安装 Go 的根目录。

GOPATH:需要将工作区的目录路径添加到环境变量 GOPATH 中。否则即使处于同一个工作区(事实上,未被加入 GOPATH 中的目录不应该称为工作区),代码之间也无法通过绝对代码包路径调用。

在实际开发环境中,工作区可以只有一个,也可以有多个,这些工作区的目的路径都需要添加到 GOPATH 中。与 GOROOT 一致,应该确保 GOPATH 一直有效。

GOPATH 中不要包含 Go 语言的根目录(GOROOT),以便将 Go 语言本身的工作区与用户工作区严格分开。

通过 Go 工具中的代码获取命令 go get,可将指定项目的源码下载到 GOPATH 中设定的第 1 个工作区中,并在其中完成编译和安装。

一般情况下,Go 源码文件必须放在工作区中,但是对于命名源码文件来讲,这不是必需的。工作区其实就是一个对应于特定工厂的目录,它应该包含 3 个子目录,即 src 目录、pkg

目录和 bin 目录。

接下来对 GOPATH 指定的工作目录的 3 个子目录的功能分别进行说明。

(1) src 目录：用于以代码包的形式组织并保存 Go 源码文件，这里的代码包与 src 下的子目录一一对应。例如，若一个源码文件被声明属于代码包 log，那么它就应当被保存在 src/log 目录中。

当然，也可以把 Go 源码文件直接放在 src 目录下，但这样 Go 源码文件就只能被声明属于 main 代码包了。除非用于临时测试或演示，一般还是建议把 Go 源码文件放入特定的代码中。

(2) pkg 目录：用于存放通过 go install 命令安装后的代码包的归档文件，前提是代码包中必须包含 Go 库源码文件。另外，归档文件是指那些名称以.a 结尾的文件。该目录与 GOROOT 目录下的 pkg 目录功能类似。区别在于，工作区中的 pkg 目录专门用来存放用户代码的归档文件。

编译和安装用户代码的过程一般会以代码包为单位。例如 log 包被编译安装后，将生成一个名为 log.a 的归档文件，并存放在当前工作区的 pkg 目录下与平台相关的目录中。

(3) bin 目录：与 pkg 目录类似，在通过 go install 命令完成安装后，保存由 Go 命令源码文件生成的可执行文件。在类 UNIX 操作系统下，这个可执行文件一般来讲名称与源码文件的主文件名相同，而在 Windows 操作系统下，这个可执行文件的名称则是源码文件主文件名加.exe 后缀。目录 src 用于包含所有的源代码，是 Go 命令行工具的一个强制的规则，而 pkg 和 bin 则无须手动创建，如果必要，则 Go 命令行工具在构建过程中会自动创建这些目录。

(4) 命名源码文件：指的是声明属于 main 代码包并且包含无参数声明和结果声明的 main 函数的源码文件。这类源码文件是程序的入口，它们可以独立运行(使用 go run 命令)，也可以通过 go build 或 go install 命令得到相应的可执行文件。

综上所述，可以总结为如果一个源码文件被声明属于 main 代码包，并且该文件中包含无参数声明和结果声明的 main 函数，则它就是命名源码文件。命名源码文件可通过 go run 命令直接运行。

(1) 库源码文件：指的是在某个代码包中的普通源码文件。

通常，库源码文件声明的包名会与它直接所述的代码包(目录)名一致，并且库源码文件中不包含无参数声明和无结果声明的 main 函数。

(2) 测试源码文件：测试源码文件是一种特殊的库文件，可以通过 go test 命令运行当前代码包下的所有测试源码文件。成为测试源码文件的充分条件有以下两个：

① 文件名需要以_test.go 结尾。

② 文件中需要至少包含一个名称以 Test 开头或 Benchmark 开头且拥有一种类型为 *testing.T 或 *testing.B 的参数的函数(testing.T 和 testing.B 是两种结构体类型，而 *testing.T 和 *testing.B 则分别为前两者的指针类型。它们分别是功能测试和基准测试所需的)；Go 代码的文本文件需要以 UTF-8 编码存储。如果源码文件中出现了非 UTF-8

编码的字符,则在运行、编译或安装时,Go 命令会抛出 illegal UTF-8 sequence 错误提示。

2. 多文件编程

blog 包中的 login.go 文件,代码如下:

```
//anonymous-link\example\chapter5\blog\login.go
package blog

import (
    "fmt"
)
/*
    函数名称首字母大写,可以被其他包访问
*/
func Login() {
    fmt.Println("login successful")
}
/*
函数名称首字母小写,不可以被其他包访问
*/
func sayHello() {
    fmt.Println("Hi")
}
/*
    函数名称首字母大写,可以被其他包访问 */
func SayHello() {
    fmt.Println("Hello")
}
```

start.go 文件中的代码如下:

```
//anonymous-link\example\chapter5\blog\login.go
package main

import (
    "blog"
)

func main() {
    blog.Login()
    blog.SayHello()
}
```

调用关系及运行效果如图 5-8 所示。

3. Go 函数-嵌套函数应用案例:递归函数

嵌套函数的定义,代码如下:

```
//anonymous-link\example\chapter5\nested.go
package main
```

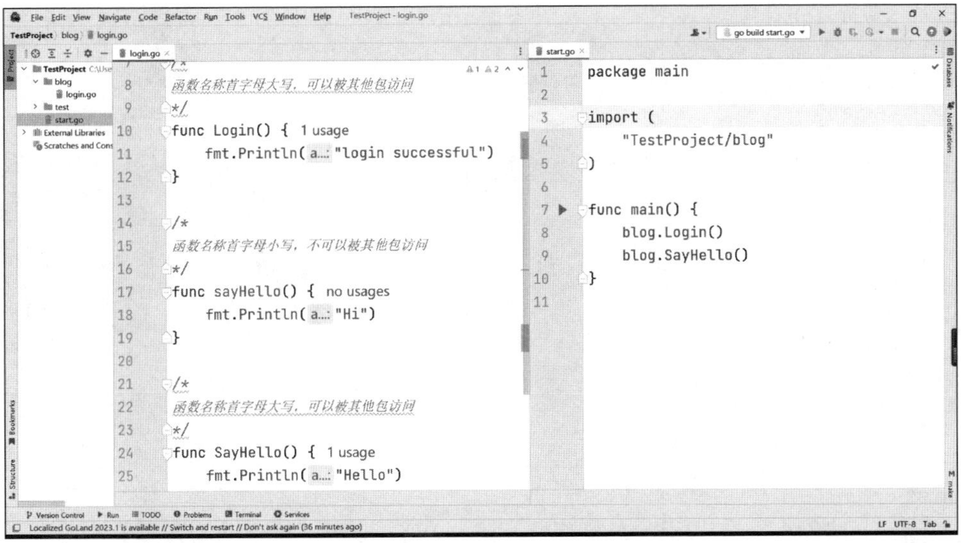

图 5-8 Go 多文件编程举例

```go
import (
    "fmt"
)

func add1(x int, y int) int {
    fmt.Println("in add1...")
    return x + y
}
/*
    什么是嵌套函数：其实就是在一个函数中调用另外的函数
*/
func add2(x int, y int) int {
    fmt.Println("in add2...")
    return add1(x, y)
}

func main() {

    res := add2(100, 20)

    fmt.Println(res)
}
```

4. 嵌套函数的应用场景：递归函数
阶乘，代码如下：

```go
//anonymous-link\example\chapter5\factorial.go
package main

import (
```

```
    "fmt"
)
/*
什么是递归函数：
如果一个函数在内部不调用其他函数，而是调用自己，则这个函数就是递归函数

递归函数的应用场景：
电商网站中的商品类别菜单的应用
查找某个目录下的文件

定义递归函数的注意事项：
(1)函数嵌套调用函数本身
(2)使用 return 指定函数出口
*/

var total = 1

func factorial(num int) {
    /*
递归函数需要定义递归函数的结束条件，否则会出现死递归的现象，如果出现死递归情况，程序就会
自动抛出"fatal error: stack overflow"异常
    */
    if num == 0 {
        return
    }
    total *= num

    /*
如果在函数内部自己调用自己，则这个函数就是递归函数
    */
    factorial(num - 1)
}

func main() {

    factorial(5)

    fmt.Printf("5 的阶乘是[%d]\n", total)
}
```

自我提升研究，上 100 层楼梯案例。

场景描述：一层楼有 100 个台阶，一个人上楼时他可以随机跨越 1~3 个台阶，那么问题来了，这个人从第 1 个台阶到第 100 个台阶总共有多少种走法？用递归方式实现。

还是基于上面的场景，假设这栋楼有 100 层，每层有 100 个台阶，这个人依旧只能随机跨越 1~3 个台阶，那么问题来了，这个人从第 1 层上到第 100 层楼共有多少种走法？用递归实现。

5.1.6 Go 函数：不定参数列表和多返回值函数

1. 不定参数列表

不定参数的产生背景是在定义函数时根据需求指定参数的个数和类型，但是有时如果无法确定参数的个数，此时就可以通过"不定参数列表"来解决这个问题，Go 语言的不定参数列表和 Python 中的 *args 有着异曲同工之妙。

Go 语言使用不定参数列表的语法格式如下：

```
func 函数名(数据集合 ...数据类型)
```

不定参数的案例，代码如下：

```go
//anonymous-link\example\chapter5\indefinite.go
package main

import (
    "fmt"
)
/*
    不定参函数的定义：
    计算 N 个整型数据的和
*/
func sum(arr ...int) int {
    value := 0
    /*
        使用数组下标进行遍历
    */
    //for index := 0; index < len(arr); index++{
    //value += arr[index]
    //}

    /*
        使用 range 关键字进行范围遍历，range 会从集合中返回两个数：
            第 1 个是对应的坐标，赋值给了匿名变量"_"
            第 2 个对应的是值，赋值给了变量"data"
    */
    for _, data := range arr {
        value += data
    }
    return value
}

func main() {
    /*
        在调用函数时可以指定函数参数的个数不尽相同
    */
    fmt.Println(sum(1, 2, 3))
    fmt.Println(sum(1, 2, 3, 4, 5))
```

```
        fmt.Println(sum(1, 2, 3, 4, 5, 6, 7, 8, 9, 10))
}
```

2. 多返回值函数

函数返回多个值，代码如下：

```
//anonymous-link\example\chapter5\multiple.go
package main

import (
    "fmt"
)
/*
    函数的返回值是通过函数中的 return 语句获得的，return 后面的值也可以是一个表达式，只要
    返回值类型和定义的返回值列表所匹配即可
Go 语言支持多个返回值
*/
func test() (x int, y float64, z string) {

    return 18, 3.14, "Frank"
}

func main() {

    /*
        如果函数定义了多个返回值，就需要使用多个变量来接收这些返回值
        可以使用匿名变量("_")来接收不使用的变量的值，因此无法将匿名变量的值取出来
    */
    a, _, c := test()
    fmt.Println(a)
    fmt.Println(c)

}
```

5.1.7　Go 函数中的匿名函数应用案例：回调函数和闭包函数

1. 匿名函数

什么是匿名函数？顾名思义，就是没有函数名，而只有函数体的函数，函数可以作为一种类型被赋值给函数类型的变量，匿名函数往往以变量方式被传递。Go 语言支持匿名函数，即在需要使用函数时再定义函数。

Go 域名函数定义就是没有名字的普通函数，定义格式如下：

```
func (参数列表) (返回值列表){
    函数体
}
```

定义匿名函数时直接调用，示例代码如下：

```go
//anonymous-link\example\chapter5\anonymous1.go
package main

import (
    "fmt"
)

func main() {

    /*
        定义匿名函数时直接调用
    */
    res := func(x int, y int) (z int) {
        z = x + y
        return z
    }(100, 20)

    fmt.Printf("res 的类型为[%T],res 的值为[%d]\n", res, res)
}
```

先声明匿名函数,再调用匿名函数,示例代码如下:

```go
//anonymous-link\example\chapter5\anonymous2.go
package main

import (
    "fmt"
)

func main() {

    /*
        定义匿名函数,此时 add 是一个函数类型,只不过它是一个匿名函数
    */
    add := func(x int, y int) (z int) {
        z = x + y
        return z
    }
    fmt.Printf("add 的类型为[%T]\n", add)

    /*
        可以通过函数类型 add 多次调用匿名函数
    */
    res1 := add(100, 200)
    res2 := add(300, 500)
    fmt.Printf("res1 的类型为[%T],res1 的值为[%d]\n", res1, res1)
    fmt.Printf("res2 的类型为[%T],res2 的值为[%d]\n", res2, res2)
}
```

匿名函数可以作为返回值被多次调用,示例代码如下:

```go
//anonymous-link\example\chapter5\anonymous3.go
package main

import (
    "fmt"
)
//使用 type 定义一个匿名函数类型
type FUNCTYPE func(int, int) int

func demo() FUNCTYPE {
    /*
        demo 的返回值为上面定义的匿名函数类型
    */
    return func(x int, y int) int {
        res := x + y
        return res
    }
}

func main() {
    /*
        add 的类型为(匿名)函数类型
    */
    add := demo()
    fmt.Printf("add 的类型为[%T],add 匿名函数的内存地址是[%X]\n", add, add)

    /*
        可以通过函数类型 add 多次调用匿名函数
    */
    res1 := add(100, 200)
    res2 := add(300, 500)
    fmt.Printf("res1 的类型为[%T],res1 的值为[%d]\n", res1, res1)
    fmt.Printf("res2 的类型为[%T],res2 的值为[%d]\n", res2, res2)
}
```

2. 匿名函数的应用场景

匿名函数经常被用于实现回调函数、闭包等。

（1）回调函数的代码如下：

```go
//anonymous-link\example\chapter5\anonymous4.go
package main

import (
    "fmt"
)
/*
    函数回调：
        简称回调，英文名为 Callback,即 call then back,被主函数调用运算后会返回主函数
        是指通过函数参数传递到其他代码的某一块可执行代码的引用
```

匿名函数作为回调函数的设计在 Go 语言的系统包中是很常见的,例如 strings 包中又有着实现,代码如下:
```
        func TrimFunc(s string, f func(rune) bool) string{
            return TrimRightFunc(TrimLeftFunc(s,f),f)
        }
*/
func callback(f func(int, int) int) int {
    return f(10, 20)
}

func add(x int, y int) int {
    return x + y
}

func main() {
    /*
        匿名函数(函数名本身是代码区的一个地址)的用途非常广泛,匿名函数本身是一种值,可以方便地保存在各种容器中实现回调函数和操作封装
    */
    fmt.Println(add)

    /*
        函数回调操作
    */
    fmt.Println(callback(add))
}
```

(2)闭包函数的代码如下:

```
//anonymous-link\example\chapter5\anonymous5.go
package main

import (
    "fmt"
)
/*
    什么是闭包函数?
        闭包:闭是封闭(函数内部函数),包是包含(该内部函数对外部作用域而非全局作用域的变量的引用)
        闭包指的是:函数内部函数对外部作用域而非全局作用域的引用

    Go 语言支持匿名函数作为闭包。匿名函数是一个内联语句或表达式
在下面的实例中,创建了函数 getSequence(),返回另外一个匿名函数 func() int。该函数的目的在闭包中递增 number 变量
*/
func getSequence() func() int {
    number := 100
    return func() int {
        /*
            匿名函数的优越性在于可以直接使用函数内的变量,而不必声明
```

```go
            */
            number += 1
            return number
    }
}

func main() {
    /*
        f1 为一个空参匿名函数类型,number 变量的值依旧为 100
    */
    f1 := getSequence()

    /*
        调用 f1 函数,number 变量自增 1 并返回
    */
    fmt.Println(f1())
    fmt.Println(f1())
    fmt.Println(f1())

    fmt.Println(" ===== 分隔线 ===== ")
    /*
        创建新的匿名函数 f2,并查看结果
    */
    f2 := getSequence()
    fmt.Println(f2())
    fmt.Println(f2())
}
```

5.1.8　Go 的面向对象编程

Go 的面向对象之所以与 C++、Java 及(较小程度上的)Python 这些语言不同,是因为它不支持继承,而仅支持聚合(也叫组合)和嵌入。接下来了解 Go 语言的面向对象编程。

1. 面向对象编程思想

面向对象编程刚流行时,继承是它首先被吹捧的最大优点之一,但是历经几十载的实践之后,事实证明该特性也有些明显的缺点,特别是当用于维护大系统时。Go 语言建议采用的是面向接口编程。

常见的编程方式:

(1) 面向过程(面向函数式编程):典型代表为 C 语言。

优点:流程清晰,代码易读。

缺点:耦合度太高,不利于项目迭代。

(2) 面向对象编程:典型代表为 C++、Java、Python、Go 等。

优点:解耦。

缺点:代码抽象度过高,不易读。

面向对象三要素:

(1) 封装。

组装：将数据和操作组装到一起。

隐藏数据：对外只暴露一些接口，通过接口访问对象。例如驾驶员使用汽车，不需要了解汽车的构造细节，只需知道使用什么部件怎么驾驶就行，踩了油门就能跑，可以不了解其中的机动原理。

(2) 继承。

多复用，继承来的就不用自己写了。

多继承少修改（Open-Closed Principle，OCP），使用继承来改变，来体现个性。

(3) 多态。

面向对象编程最灵活的地方，即动态绑定。

与其他大部分使用聚合和继承的面向对象语言不同的是，Go 语言只支持聚合（也叫作组合）和嵌入。

(1) 结构体的定义及初始化，示例代码如下：

```go
//anonymous-link\example\chapter5\struct.go
package main

import (
    "fmt"
)

type Person struct {
    Name string
    Age int
    Gender string
}

type Student struct {
Person //通过匿名组合的方式嵌入了 Person 的属性
    Score float64
}

type Teacher struct {
    Person //通过匿名组合的方式嵌入了 Person 的属性
    Course string
}

type Schoolmaster struct {
    Person            //通过匿名组合的方式嵌入了 Person 的属性
    CarBrand string
}

func main() {
    /**
    第1种初始化方式:先定义后赋值
    */
```

```go
    s1 := Student{}
    s1.Name = "Jason Yin"
    fmt.Println(s1)
    fmt.Printf("% + v\n\n", s1) // + v 表示打印结构体的各个字段

    /**
    第 2 种初始化方式:直接初始化
    */
    s2 := Teacher{Person{"张三", 18, "boy"}, "Go 并发编程"}
    fmt.Println(s2)
    fmt.Printf("% + v\n\n", s2)

    /**
    第 3 种赋值方式:初始化赋值部分字段
    */
    s3 := Schoolmaster{CarBrand: "丰田", Person: Person{Name: "JasonYin 最强王者"}}
    fmt.Println(s3)
    fmt.Printf("% + v\n", s3)
}
```

(2) 结构体的属性继承及变量赋值,示例代码如下:

```go
//anonymous-link\example\chapter5\inherit.go
package main

import (
    "fmt"
)

type Animal struct {
    Age int
}

type People struct {
    Animal
    Name    string
    Age     int
    Gender  string
}

type IdentityCard struct {
    IdCardNO      int
    Nationality   string
    Address       string
    Age           int
}
/*
    此时的 Students 采用了多重继承 */
type Students struct {
    IdentityCard
```

```go
        People //多层继承
        Age int
        Score int
}

func main() {
    /**
    如果子类和父类存在同名的属性,则以就近原则为准
    */
    s1 := Students{
        Score: 150,
        IdentityCard: IdentityCard{
            IdCardNO: 110105199003072872,
            Nationality: "中华人民共和国",
            Address: "北京市朝阳区望京 SOHO",
            Age: 8,
        },
        People: People{Name: "Jason Yin", Age: 18, Animal: Animal{Age: 20}},
        Age: 27,
    }

    /**
    如果子类和父类存在同名的属性(如果父类还继承了其他类型,则称为多层继承),就以就近原
    则为准
    但是如果一个子类继承自多个父类(称为多重继承)且每个字段中都有相同的字段,则此时无法
    直接在子类调用该属性
    */
    fmt.Printf("学生的年龄是:[%d]\n", s1.Age)
    s1.Age = 21
    fmt.Printf("学生的年龄是:[%d]\n\n", s1.Age)

    //给 People 类的 Age 赋值
    fmt.Printf("People 的年龄是:[%d]\n", s1.People.Age)
    s1.People.Age = 5000
    fmt.Printf("People 的年龄是:[%d]\n\n", s1.People.Age)

    //给 IdentityCard 类的 Age 赋值
    fmt.Printf("IdentityCard 的年龄是:[%d]\n", s1.IdentityCard.Age)
    s1.IdentityCard.Age = 80
    fmt.Printf("IdentityCard 的年龄是:[%d]\n", s1.IdentityCard.Age)
}
```

(3)匿名组合对象指针,示例代码如下:

```go
//anonymous - link\example\chapter5\combination.go
package main

import (
    "fmt"
    "time"
```

```go
)
type Vehicle struct {
    Brand string
    Wheel Byte
}

type Car struct {
    Vehicle
    Colour string
}

type Driver struct {
    *Car
    DrivingTime time.Time
}

func main() {
    /**
    对象指针匿名组合的第 1 种初始化方式:
        定义时直接初始化赋值
    */
    d1 := Driver{&Car{
        Vehicle: Vehicle{
            Brand: "丰田",
            Wheel: 4,
        },
        Colour: "红色",
    }, time.Now(),
    }
    //打印结构体的详细信息,注意观察指针对象
    fmt.Printf("%+v\n", d1)
    //可以直接调用对象的属性
    fmt.Printf("品牌:%s,颜色:%s\n", d1.Brand, d1.Colour)
    fmt.Printf("驾驶时间:%+v\n\n", d1.DrivingTime)
    time.Sleep(1000000000 * 3)

    /**
    对象指针匿名组合的第 2 种初始化方式:
        先声明,后赋值。遇到指针的情况一定要避免空(nil)指针,未初始化的指针的默认值为 nil,可以考虑使用 new 函数解决
    */
    var d2 Driver
    /**
    由于 Driver 结构体中有一个对象指针匿名组合 Car,因此需要使用 new 函数申请空间
    */
    d2.Car = new(Car)
    d2.Brand = "奔驰"
    d2.Colour = "黄色"
    d2.DrivingTime = time.Now()
    fmt.Printf("%+v\n", d2)
    fmt.Printf("品牌:%s,颜色:%s\n", d2.Brand, d2.Colour)
    fmt.Printf("驾驶时间:%+v\n", d1.DrivingTime)
}
```

（4）结构体成员方法，示例代码如下：

```go
//anonymous-link\example\chapter5\member.go
package main

import (
    "fmt"
)
//定义一个结构体
type Lecturer struct {
    Name string
    Age uint8
}
//为 Lecturer 结构体封装 Init 成员方法
func (l *Lecturer) Init() {
    l.Name = "Jason Yin"
    l.Age = 20
}
/**
为 Lecturer 结构体起一个别名
可以为 Instructor 类型添加成员方法
通过别名和成员方法为原有类型赋值新的操作
*/

type Instructor Lecturer

/**
    (1)为一个结构体创建成员方法时,如果成员方法有接收者,则需要考虑以下两种情况:
        如果这个接收者是对象,则是值传递;
        如果这个接收者是对象指针,则是引用传递。
    (2)只要函数接收者不同,哪怕函数名称相同,也不算同一个函数。
    (3)不管接收者变量名称是否相同,只要类型一致(包括对象和对象指针),那么就认为接收者是
相同的,这时不允许出现相同名称函数。
    (4)给指针添加方法时,不允许给指针类型添加操作(因为 Go 语言中指针类型是只读的)
*/
func (i *Instructor) Init() {
    i.Name = "张三"
    i.Age = 18
}

func main() {

    var (
        l Lecturer
        i Instructor
    )

//可以使用对象调用成员方法
    i.Init()
    fmt.Printf("% + v\n\n", i)
```

```go
    //可以用对象指针调用成员方法
    (&l).Init()
    fmt.Printf("% + v\n", l)
}
```

(5) 结构体的方法继承和重写,示例代码如下:

```go
//anonymous-link\example\chapter5\overwrite.go
package main

import (
    "fmt"
)

type Father struct {
    Name string
    Age  int
}

func (f *Father) Init() {
    f.Name = "成龙"
    f.Age = 66
}
//定义父类的 Eat 成员方法
func (f *Father) Eat() {
    fmt.Println("Jackie Chan is eating...")
}
//重写父类的 Eat 成员方法
func (s *Son) Eat() {
    fmt.Println("FangZuming is eating...")
}
//让 Son 类继承 Father 父类
type Son struct {
    Father //匿名组合能够继承父类的属性和方法
    Score int
}

func main() {
    var s Son
    s.Init()
    fmt.Printf("% + v\n", s)
    s.Eat()
    s.Name = "房祖名"
    s.Age = 38
    s.Score = 100
    fmt.Printf("% + v\n", s)
}
```

(6) 方法值和方法表达式,示例代码如下:

```go
//anonymous-link\example\chapter5\expression.go
package main
```

```go
import (
    "fmt"
)
/**
    定义函数,函数的返回值是函数类型
*/
func CallBack(a int) func(b int) int {
    return func(c int) int {
        fmt.Println("调用了 CallBack 回调函数...")
        return a + c
    }
}

type BigData struct {
    Name string
}

func (this *BigData) Init() {
    this.Name = "Hadoop"
}

func (this *BigData) PrinfInfo() {
    fmt.Printf("%v 是大数据生态圈的基石。\n", this.Name)
}

func (this BigData) SetInfoValue() {
    fmt.Printf("SetInfoValue : %p, %v\n", &this, this)
}

func (this *BigData) SetInfoPointer() {
    fmt.Printf("SetInfoPointer : %p, %v\n", this, this)
}

func main() {

    /**
        调用回调函数的返回值为函数类型
    */
    result := CallBack(10)
    fmt.Printf("result 的类型是:[%T],result 的值是:[%v]\n", result, result)
    res1 := result(20)           //对返回的函数再次进行调用
    fmt.Printf("res1 的类型是:[%T],res1 的值是:[%d]\n\n", res1, res1)

    var hadoop BigData
    hadoop.Init()                //调用 Hadoop 的初始化方法
    info := hadoop.PrinfInfo     //可以声明一个函数变量 info,称为方法表达式

    /**
        对 info 函数变量进行调用,这样可以起到隐藏调用者 hadoop 对象的效果(类似于回调函数的
        调用效果)
        方法值可以隐藏调用者,称为隐式调用
```

```go
    */
    info()

    /**
        方法表达式可以显式调用,必须传递方法调用者对象,在实际开发中很少使用这种方式,了
    解即可
    */

    elk := BigData{"Elastic Stack"}
    fmt.Printf("main:%p,%v\n\n", &elk, elk)
    s1 := (*BigData).SetInfoPointer
    s1(&elk) //显式地把接收者传递过去
    s2 := (BigData).SetInfoValue
    s2(elk) //显式地把接收者传递过去
}
```

(7) 面向接口编程,举一个多态案例。

接口概述:Go 语言的接口类型用于定义一组行为,其中每个行为都由一种方法声明表示。接口类型中的方法声明只有方法签名而没有方法体,而方法签名包括且仅包括方法的名称、参数列表和结果返回列表。在 Go 语言中,接口是一个自定义类型,它声明了一种或者多种方法签名。接口是完全抽象的,因此不能将其实例化,然而,可以创建一个类型为接口的变量,它可以被赋值为任何满足该接口类型的实际类型的值。

计算器案例(多态案例),示例代码如下:

```go
//anonymous-link\example\chapter5\polymorphic.go
package main

import (
    "fmt"
)
//实现面向对象版本包含加减法的计算器
type Parents struct {
    x int
    y int
}
//实现加法类
type Addition struct {
    Parents
}
//实现减法类
type Subtraction struct {
    Parents
}
//实现乘法类
type multiplication struct {
    Parents
}
```

```go
//实现除法类
type Division struct {
    Parents
}

func (this * Addition) Operation() int {
    return this.x + this.y
}

func (this * Subtraction) Operation() int {
    return this.x - this.y
}

func (this * multiplication) Operation() int {
    return this.x * this.y
}

func (this * Division) Operation() int {
    return this.x / this.y
}
/**
实现接口版本包含加减法的计算器
接口就是一种规范标准,接口中不实现函数,只定义函数格式
面向接口编程(也称为面向协议编程)降低了代码的耦合度,方便后期代码的维护和扩充,这种实现
方法称为多态

多态三要素:
    (1)父类是接口。
    (2)子类实现所有接口中定义的函数。
    (3)有一个父类接口对应子类对象指针
*/
type MyCalculator interface {
Operation() int          //实现接口的结构体中必须包含Operation函数名且返回值为int类型
}

func Calculation(c MyCalculator) int {
    return c.Operation()
}

func main() {
    //调用加法
    a := Addition{Parents{100, 20}}
    sum := a.Operation()
    fmt.Println(sum)

    //调用减法
    b := Subtraction{Parents{100, 20}}
    sub := b.Operation()
    fmt.Println(sub)

    //调用乘法
```

```go
        c := multiplication{Parents{100, 20}}
        mul := c.Operation()
        fmt.Println(mul)

        //调用除法
        d := Division{Parents{100, 20}}
        div := d.Operation()
        fmt.Println(div)

        fmt.Println(" ===== 分隔线 ===== ")

        //调用接口,需要传入对象指针,与上面面向对象的方法相比,接口表现了面向接口三要素中的
        //多态特征
        fmt.Println(Calculation(&a))
        fmt.Println(Calculation(&b))
        fmt.Println(Calculation(&c))
        fmt.Println(Calculation(&d))
}
```

空接口和类型断言,示例代码如下:

```go
//anonymous-link\example\chapter5\assertion.go
package main

import (
    "fmt"
    "reflect"
)
/**
空接口(interface{})不包含任何方法,正因为如此,所有的类型都实现了空接口,因此空接口可以存
储任意类型的数值
如下所示,为空接口起了一个别名
*/
type MyInterface interface{}

func MyPrint(input MyInterface) {
    /**
    使用断言语法获取传输过来的数据类型,类似于类型强转
    断言语法格式如下:
        接口类型变量(断言的类型)
    如果不确定 interface 具体是什么类型,则在断言之前最好先进行判断
    */
    output, ok := input.(int)
    if ok {
        output = input.(int) + 100 //通过断言语法可以判断数据类型
        fmt.Println(output)
    } else {
        fmt.Println(input)
    }

    inputType := reflect.TypeOf(input) //通过反射也可以判断类型
```

```go
    fmt.Printf("用户传入的是:[%v],其对应的类型是[%v]\n\n", input, inputType)
}

func main() {
    m1 := true
    MyPrint(m1)

    m2 := "Jason Yin"
    MyPrint(m2)

    m3 := 2020
    MyPrint(m3)

}
```

5.1.9 Go 的高级数据类型实例:字典

Go 中的字典(map)和数组与切片一样,都用来保存一组相同的数据类型。可以通过 key 键获取 value 值,map 为映射关系容器,采用散列(hash)实现。

如果数据存在频繁删除操作,则应尽量不要使用切片,map 删除数据效率要比切片高,如果数据需要排序,则切片和数组比 map 好,因为 map 是无序的。

(1) 字典的定义,示例代码如下:

```go
//anonymous-link\example\chapter5\map_define.go
package main

import (
    "fmt"
)

func main() {
    /*
        声明字典结构语法如下:
            var 字典 map[键类型]值类型
        定义字典结构使用 map 关键字,"[]"中指定的是键(key)的类型,后面紧跟着的是值(value)的类型
        map 中的 key 值除了切片、函数、复数(complex)及包含切片的结构体都可以,换句话说,使用这些类型会造成编译错误
        map 在使用前也需要使用 make 函数进行初始化
        map 没有容量属性,map 只有长度属性,长度表示的是 map 中 key 和 value 有多少对
        map 满足集合的特性,即 key 是不能重复的
    */

    //声明一个字典类型
    var m1 map[string]string
    //map 在使用前必须初始化空间,和切片类似的是 map 自身也没有空间
    m1 = make(map[string]string)
    //注意,key 和 value 都是字符串类型
```

```go
    m1["Name"] = "Jason Yin"
    //注意,上一行已经定义"Name"这个 key 名称了,再次使用同名 key 会将上一个 key 对应的
    //value 覆盖
    m1["Name"] = "张三"
    fmt.Printf("m1 的数据类型是:%T,对应的长度是:%d\n", m1, len(m1))
    fmt.Println("m1 的数据是:", m1)

    //使用自动推导的类型并初始化空间
    m2 := make(map[string]int)
    //注意 key 是字符串类型,而 value 是 int 类型
    m2["Age"] = 18
    fmt.Printf("m2 的数据类型是:%T,对应的长度是:%d\n", m2, len(m2))
    fmt.Println("m2 的数据是:", m2)

    //直接初始化空间并赋初始值
    m3 := map[string]rune{"first": '周', "second": '杰', "third": '伦'}
    fmt.Printf("m3 的数据类型是:%T,对应的长度是:%d\n", m3, len(m3))
    fmt.Println("m3 的数据是:", m3)
}
```

(2) 字典的基本操作,主要包含以下几种操作。

字典的访问方式(查询),示例代码如下:

```go
//anonymous-link\example\chapter5\map_find.go
package main

import (
    "fmt"
)

func main() {
    m1 := map[string]rune{"first": '周', "second": '杰', "third": '伦'}

    //第 1 种访问方式,可以通过 key 值访问
    fmt.Println(" ===== 第 1 种访问方式 ===== ")
    fmt.Println(m1["first"])

    //第 2 种访问方式,可以通过变量名访问所有数据
    fmt.Println(" ===== 第 2 种访问方式 ===== ")
    fmt.Println(m1)

    //第 3 种访问方式,同时获得 key 和 value
    fmt.Println(" ===== 第 3 种访问方式 ===== ")
    for key, value := range m1 {
        fmt.Println("key 值是:", key, ",value 值是:", value)
    }

    //第 4 种访问方式,只获得 key,基于 key 范围获取对应的 value
    fmt.Println(" ===== 第 4 种访问方式 ===== ")
    for key := range m1 {
```

```go
        fmt.Println("key 值是:", key, ",value 值是:", m1[key])
    }

    //第 5 种访问方式,判断一个 map 是否有 key,基于返回的 bool 值执行相应的操作
    fmt.Println(" ===== 第 5 种访问方式 ===== ")
    value, flag := m1["first"]
    if flag {
        fmt.Println("key 的值为:", value)
    }
}
```

字典的增、删、改操作,示例代码如下:

```go
//anonymous-link\example\chapter5\map_operator.go
package main

import (
    "fmt"
)

func main() {
    m1 := map[string]rune{"first": '周', "second": '杰', "third": '伦'}

    //增加 map 键值
    fmt.Println("增加 key 之前:", m1)
    m1["test"] = 666666
    fmt.Println("增加 key 之后:", m1)

    //更新键值
    m1["test"] = 88888888
    fmt.Println("更新 key 之后:", m1)

    //删除键值,Go 语言中 delete 函数只有删除 map 中元素的作用
    delete(m1, "test")
    fmt.Println("删除 key 之后:", m1)
}
```

字典的嵌套,示例代码如下:

```go
//anonymous-link\example\chapter5\map_nest.go
package main

import (
    "fmt"
)

func main() {

    m1 := map[string]rune{"first": '广', "second": '东', "third": '省'}
```

```go
/*
    定义一个嵌套数据类型
*/
m2 := make(map[string]map[string]int32)

//可以为嵌套类型赋值
m2["name"] = m1
fmt.Println("m1 的数据为:", m1)
fmt.Println("m2 的数据为:", m2)

}
```

(3) 字典作为函数参数,示例代码如下:

```go
//anonymous-link\example\chapter5\map_args.go
package main

import (
    "fmt"
)

func Rename(m map[string]string) {
    //为传递进来的 map 增加一个 key
    m["name"] = "Jason Yin"
    fmt.Printf("Rename 函数中的 m 地址为:%p\n", m)
}

func main() {
    /*
        在 Go 语言中,数组作为参数进行传递是值传递,而切片作为参数进行传递是引用传递
            值传递:
                方法调用时,实参把它的值传递给对应的形式参数,方法执行中形式参数值的改变不会影响实际参数的值
            引用传递(也称为传地址):
                函数调用时,实际参数的引用(地址,而不是参数的值)被传递给函数中相对应的形式参数(实际参数与形式参数指向了同一块存储区域)
                在函数执行时,对形式参数的操作实际上就是对实际参数的操作,方法执行中形式参数值的改变会影响实际参数的值
                    map 作为函数参数传递实际上和切片传递一样,传递的是地址,也就是常说的引用传递
                    (1)要先使用 make 进行初始化操作再使用类型,在函数传递时基本上是引用传递
                    (2)在日常开发中,常见引用传递的高级数据类型有切片、字典和管道
    */
    m1 := make(map[string]string)

    fmt.Println("调用前的 m1 数据为:", m1)
    fmt.Printf("main 函数中的 m1 地址为:%p\n", m1)

    Rename(m1)

    fmt.Println("调用后的 m1 数据为:", m1)
}
```

5.1.10　Go 的文本文件处理：文件操作常见的 API

（1）打开文件相关操作，主要包含如下方法。

如果文件不存在，就创建文件，如果文件存在，就清空文件内容并打开（Create 方法），示例代码如下：

```go
//anonymous-link\example\chapter5\file_open1.go
package main

import (
    "errors"
    "fmt"
    "os"
)

func main() {

    /**
    创建文件的 API 函数，签名如下：
        func Create(name string) (*File, error)
    下面是对 API 参数的解释说明：
        name 指的是文件名称，可以是相对路径，也可以是绝对路径
        *File 指的是文件指针，使用完文件后要记得释放该文件指针资源
        error 指的是创建文件的报错信息，例如，如果指定的文件父目录不存在就会报错"The system cannot find the path specified."
    注意事项：
        根据提供的文件名创建新的文件，返回一个文件对象，返回的文件对象是可读写的
        创建文件时，如果存在重名的文件就会覆盖原来的文件。换句话说，如果文件存在，就清空文件内容并打开新文件，如果文件不存在，则创建新文件并打开
    */
    f, err := os.Create("E:\\frank\\input\\kafka.txt")

    /**
    一旦文件报错就执行 return 语句，下面的 defer 语句就不会被执行
    注意事项：
        不要将下面的 defer 语句和判断错误的语句互换位置，因为判断错误的语句是确保文件是否创建成功的
        如果有错误，则意味着文件没有被成功创建，换句话说，如果文件创建失败，则文件指针为空，此时如果执行关闭文件操作，则会报错
        如果没有错误就意味着文件创建成功，即在执行关闭文件操作时可确保不会报错
    */
    if err != nil {
        fmt.Println(errors.New("报错提示:" + err.Error()))
        return
    } else {
        fmt.Println("文件创建成功...")
    }

    /**
```

```
    文件成功创建之后一直处于打开状态,因此使用完之后一定要关闭文件,当然关闭文件之前一
定要确保文件已经创建成功
    */
    defer f.Close()
}
```

以只读方式打开文件(Open 方法),示例代码如下:

```go
//anonymous-link\example\chapter5\file_open2.go
package main

import (
    "errors"
    "fmt"
    "os"
)

func main() {

    /**
    打开文件的 API 函数,很明显它是基于 OpenFile 实现的
        func Open(name string) (*File, error) {
            return OpenFile(name, O_RDONLY, 0)
        }
    下面是对 API 参数的解释说明:
        name 指的是文件名称,可以是相对路径,也可以是绝对路径
        *File 指的是文件指针,使用完文件后要记得释放该文件指针资源
        error 指的是创建文件的报错信息,例如,如果指定的文件不存在就会报错"The system
cannot find the file specified."
    注意事项:
        Open()是以只读权限打开文件名为 name 的文件,得到的文件指针 file 只能用来对文件进
行读操作。
        如果有写文件的需求,就需要借助 Openfile 函数来打开了
    */

    f, err := os.Open("E:\\frank\\input\\kafka.txt")

    /**
    一旦文件报错就执行 return 语句,下面的 defer 语句就不会被执行
    不要将下面的 defer 语句和判断错误的语句互换位置,因为判断错误的语句用来判断文件是否
创建成功
    如果有错误,则意味着文件没有被成功创建,换句话说,如果文件创建失败,则文件指针为空,此
时如果执行关闭文件,则会报错
    如果没有错误就意味着文件创建成功,即在执行关闭文件的操作时不会报错
    */
    if err != nil {
        fmt.Println(errors.New("报错提示:" + err.Error()))
        return
    } else {
        fmt.Println("文件打开成功...")
    }
```

```
    /**
     文件成功创建之后一直处于打开状态,因此使用完之后一定要关闭文件,当然关闭文件之前一
定要确保文件已经创建成功
    */
    defer f.Close()
}
```

自定义文件的打开方式(OpenFile 方法),示例代码如下:

```
//anonymous-link\example\chapter5\file_open3.go
package main

import (
    "errors"
    "fmt"
    "os"
)

func main() {
    /**
      创建文件的 API 函数,签名如下:
            func OpenFile(name string, flag int, perm FileMode) (*File, error)
      下面是对 API 参数的解释说明:
            name 指的是文件名称,可以是相对路径,也可以是绝对路径
            flag 表示读写模式,常见的模式有:O_RDONLY(只读模式)、O_WRONLY(只写模式)和 O_RDWR
(可读可写模式)
            perm 表示打开权限。来源于 Linux 系统调用中的 open 函数,当参数为 O_CREATE 时,可创
建新文件
                权限取值是八进制,即 0~7
                    0:没有任何权限
                    1:执行权限(如果是可执行文件,则可以运行)
                    2:写权限
                    3:写权限与执行权限
                    4:读权限
                    5:读权限与执行权限
                    6:读权限与写权限
                    7:读权限、写权限与执行权限
            *File 指的是文件指针,使用完文件后要记得释放该文件指针资源
            error 指的是创建文件的报错信息,例如,如果指定的文件父目录不存在就会报错"The
system cannot find the path specified."

      使用 OpenFile 打开的文件,默认写时是从文件开头开始写入数据,这样会将原来的数据
覆盖
      如果不想以覆盖的方式写入,而想使用追加的方式写入,则具体的代码如下(当然也可以使
用 Seek 函数实现)
    */
    f, err := os.OpenFile("E:\\frank\\input\\kafka.txt", os.O_RDWR|os.O_APPEND, 0666)

    /**
      一旦文件报错就执行 return 语句,下面的 defer 语句就不会被执行
```

```
            注意事项：
                不要将下面的 defer 语句和判断错误的语句互换位置，因为判断错误的语句用来判断文
件是否创建成功
                如果有错误，则意味着文件没有被成功创建，换句话说，如果文件创建失败，则文件指针
为空，此时如果执行关闭文件操作，则会报错
                如果没有错误就意味着文件创建成功，即在执行关闭文件操作时不会报错
    */
    if err != nil {
        fmt.Println(errors.New("报错提示:" + err.Error()))
        return
    } else {
        fmt.Println("文件创建成功...")
    }

    /**
        文件成功创建之后一直处于打开状态，因此使用完之后一定要关闭文件，当然关闭文件之前
一定要确保文件已经创建成功
    */
    defer f.Close()
}
```

（2）写文件相关操作，主要包含以下几种方法。

Write 方法，示例代码如下：

```
//anonymous-link\example\chapter5\file_write1.go
package main

import (
    "errors"
    "fmt"
    "os"
)

func main() {

    f, err := os.Create("E:\\frank\\input\\kafka.txt")
    if err != nil {
        fmt.Println(errors.New("报错提示:" + err.Error()))
        return
    } else {
        fmt.Println("文件创建成功...")
    }

    /**
        文件成功创建之后一直处于打开状态，因此使用完之后一定要关闭文件，当然关闭文件之前一
定要确保文件已经创建成功
    */
    defer f.Close()

    /**
```

```
写入字节切片到文件中,Write 的函数签名如下:
    func (f *File) Write(b []Byte) (n int, err error)
如上所示,传入需要写入的字节切片即可将内容写到操作系统对应的文件中
*/
f.Write([]Byte("Kafka 是一个吞吐量高的消息队列\n"))

}
```

WriteString 方法,示例代码如下:

```
//anonymous - link\example\chapter5\file_write2.go
package main

import (
    "errors"
    "fmt"
    "os"
)

func main() {

    f, err := os.Create("E:\\frank\\input\\kafka.txt")
    if err != nil {
        fmt.Println(errors.New("报错提示:" + err.Error()))
        return
    } else {
        fmt.Println("文件创建成功...")
    }

    /**
    文件成功创建之后一直处于打开状态,因此使用完之后一定要关闭文件,当然关闭文件之前一
定要确保文件已经创建成功
    */
    defer f.Close()

    /**
    将字符串写入文件,其函数实现如下,很明显,WriteString 底层调用的依旧是 Write 方法
        func (f *File) WriteString(s string) (n int, err error) {
            return f.Write([]Byte(s))
        }
    如上所示,传入需要写入的字符串即可将内容写到操作系统对应的文件中
    */
    f.WriteString("Kafka 是一个消息队列")

}
```

WriteAt 方法,示例代码如下:

```
//anonymous - link\example\chapter5\file_write3.go
package main
```

```go
import (
    "errors"
    "fmt"
    "os"
)

func main() {

    f, err := os.Create("E:\\frank\\input\\kafka.txt")
    if err != nil {
        fmt.Println(errors.New("报错提示:" + err.Error()))
        return
    } else {
        fmt.Println("文件创建成功...")
    }

    /**
    文件成功创建之后一直处于打开状态,因此使用完之后一定要关闭文件,当然关闭文件之前一
    定要确保文件已经创建成功
    */
    defer f.Close()

    /**
    WriteAt 以带偏移量的方式写入数据,偏移量从文件起始位置开始,WriteAt 的函数签名如下:
        func (f *File) WriteAt(b []Byte, off int64) (n int, err error)
    以下是对函数签名相关参数的说明:
        b 表示待写入的数据内容
        off 表示偏移量(通常是 Seek 函数的返回值)
    */
    f.WriteAt([]Byte("Kafka"), 10)

}
```

Seek 方法,示例代码如下:

```go
//anonymous-link\example\chapter5\file_write4.go
package main

import (
    "fmt"
    "os"
    "syscall"
)
const (
    //Exactly one of O_RDONLY, O_WRONLY, or O_RDWR must be specified.
    O_RDONLY int = syscall.O_RDONLY        //open the file read-only.
    O_WRONLY int = syscall.O_WRONLY        //open the file write-only.
    O_RDWR   int = syscall.O_RDWR          //open the file read-write.
    //The remaining values may be or'ed in to control behavior.
    O_APPEND int = syscall.O_APPEND        //append data to the file when writing.
```

```go
    O_CREATE int = syscall.O_CREAT        //create a new file if none exists.
    O_EXCEL  int = syscall.O_EXCEL        //used with O_CREATE, file must not exist.
    O_SYNC   int = syscall.O_SYNC         //open for synchronous I/O.
    O_TRUNC  int = syscall.O_TRUNC        //truncate regular writable file when opened.
)

func main() {
    f, err := os.OpenFile("E:\\frank\\input\\flume.txt", O_RDWR|O_CREATE|O_TRUNC, 0666)
    if err != nil {
        fmt.Println("err = ", err)
        return
    }
    defer f.Close()

    f.Write([]Byte("Flume 是一个文本日志收集工具。\n"))
    f.WriteString("Flume 是一种分布式、可靠且可用的服务,用于有效地收集、聚合和移动大量日志数据。")
    f.WriteAt([]Byte("Flume 具有基于流数据流的简单灵活的体系结构。"), 60)//可以指定偏移
                                                                      //量写入

    /**
    Seek 的函数签名如下:
            func (f *File) Seek(offset int64, whence int) (ret int64, err error)
    以下是对函数签名相关参数的说明:
            offset 指定偏移量,如果是正数,则表示向文件尾偏移;如果是负数,则表示向文件头偏移
            whence 指定偏移量的起始位置
                    io.SeekStart:文件起始位置,对应常量整型 0
                    io.SeekCurrent:文件当前位置,对应常量整型 1
                    io.SeekEnd:文件结尾位置,对应常量整型 2
            返回值:
                    表示从文件起始位置到当前文件读写指针位置的偏移量
    */
    f.Seek(10, 2)

    f.WriteString("Flume 具有可调整的可靠性机制及许多故障转移和恢复机制,具有强大的功能和容错能力。")
}
```

(3) 读文件相关操作,主要包含以下几种方法。

Read 方法,示例代码如下:

```go
//anonymous - link\example\chapter5\file_read1.go
package main

import (
    "fmt"
    "os"
)

func main() {
```

```go
    f, err := os.OpenFile("E:\\frank\\input\\flume.txt", os.O_RDWR|os.O_APPEND, 0666)
    if err != nil {
        fmt.Println("文件打开失败：", err)
        return
    }
    defer f.Close()
    /**
    切片在使用前要申请内存空间，如果不知道文件的大小，则可尽量多给点空间，最好是 4K 的倍数
    如果在读取大文件的情况下，则应该循环读取
    */
    temp := make([]Byte, 1024 * 4)

    f.Read(temp)

    fmt.Println(string(temp))
}
```

ReadAt 方法，示例代码如下：

```go
//anonymous-link\example\chapter5\file_read2.go
package main

import (
    "fmt"
    "os"
)

func main() {
    f, err := os.OpenFile("E:\\frank\\input\\flume.txt", os.O_RDWR|os.O_APPEND, 0666)
    if err != nil {
        fmt.Println("文件打开失败：", err)
        return
    }
    defer f.Close()

    temp := make([]Byte, 1024 * 4)

    f.ReadAt(temp, 5) //以带偏移量的方式获取数据，从文件头开始，当然使用 Seek 函数也能实现
                     //该功能
    fmt.Println(string(temp))
}
```

按行读取，示例代码如下：

```go
//anonymous-link\example\chapter5\file_read3.go
package main

import (
    "bufio"
    "Bytes"
```

```go
    "fmt"
    "os"
)

func main() {
    f, err := os.OpenFile("E:\\frank\\input\\flume.txt", os.O_RDWR|os.O_APPEND, 0666)
    if err != nil {
        fmt.Println("文件打开失败：", err)
        return
    }
    defer f.Close()

    buf := make([]Byte, 1024 * 4)
    f.Read(buf)       //一定要将数据读到切片中，否则在执行下面的操作时会读取不到数据
    reader := bufio.NewReader(Bytes.NewReader(buf))    //初始化一个阅读器
    line, _ := reader.ReadString('\n')
    //为阅读器将分隔符指定为换行符("\n")，即每次只读取一行
    fmt.Println(line)
}
```

（4）删除文件，示例代码如下：

```go
//anonymous-link\example\chapter5\file_delete.go
package main

import (
    "os"
)

func main() {

    os.Remove("E:\\frank\\input\\kafka.txt")      //删除文件
}
```

（5）大文件复制，示例代码如下：

```go
//anonymous-link\example\chapter5\file_copy.go
package main

import (
    "fmt"
    "io"
    "os"
)

func main() {
    args := os.Args                          //获取命令行参数，并判断输入是否合法

    if args == nil || len(args) != 3 {
```

```go
        fmt.Println("useage : xxx srcFile dstFile")
        return
    }

    srcPath := args[1]                              //获取源文件路径
    dstPath := args[2]                              //获取目标文件路径
    fmt.Printf("srcPath = %s, dstPath = %s\n", srcPath, dstPath)

    if srcPath == dstPath {
        fmt.Println("error:源文件名与目的文件名相同")
        return
    }

    srcFile, err1 := os.Open(srcPath)               //打开源文件
    if err1 != nil {
        fmt.Println(err1)
        return
    }

    dstFile, err2 := os.Create(dstPath)             //创建目标文件
    if err2 != nil {
        fmt.Println(err2)
        return
    }

    buf := make([]Byte, 1024)                       //切片缓冲区
    for {
        //从源文件读取内容,n为读取文件内容的长度
        n, err := srcFile.Read(buf)
        if err != nil && err != io.EOF {
            fmt.Println(err)
            break
        }

        if n == 0 {
            fmt.Println("文件处理完毕")
            break
        }

        //切片截取
        tmp := buf[:n]

        //把读取的内容写入目的文件
        dstFile.Write(tmp)
    }

    //关闭文件
    srcFile.Close()
    dstFile.Close()
}
```

5.1.11　Go 的文本文件处理：目录操作常见的 API

（1）读取目录内容，示例代码如下：

```go
//anonymous-link\example\chapter5\dir_read.go
package main

import (
    "fmt"
    "os"
)

func main() {

    /**
    如下所示，打开目录和打开文件的函数是同一个函数：
        func OpenFile(name string, flag int, perm FileMode) (*File, error)

    函数签名各个参数的解释如下：
        name 表示要打开的目录名称。使用绝对路径较多
        flag 表示打开目录的读写模式，通常传 O_RDONLY(只读模式)
        perm 表示打开权限，但对于目录来讲略有不同，通常传 os.ModeDir
        返回值：
            由于是操作目录，所以 file 是指向目录的文件指针(*File)
            在 error 中保存错误信息
    */
    f, err := os.OpenFile("E:\\frank\\input", os.O_RDONLY, os.ModeDir)

    if err != nil {
        fmt.Println("目录打开失败：", err)
        return
    }
    defer f.Close()

    /**
    Readdir 函数的函数签名如下：
        func (f *File) Readdir(n int) ([]FileInfo, error)
    函数签名各个参数的解释如下。
        n:
            Readdir 读取与文件关联的目录的内容，并按目录顺序返回由 Lstat 返回的最多 n 个 FileInfo 值组成的片段。对同一文件的后续调用将产生更多的文件信息
            如果 n>0, Readdir 最多返回 n 个 FileInfo 结构。在这种情况下，如果 Readdir 返回一个空片段，它将返回一个非 nil 错误来解释原因。在目录的末尾，错误是 io.EOF
            如果 n<=0, Readdir 将在一个切片中返回目录中的所有文件信息。在这种情况下，如果 Readdir 成功(一直读取到目录的末尾)，则返回切片和 nil 错误。如果在目录结束之前遇到错误，Readdir 将返回在该点之前读取的 FileInfo 和非 nil 错误
        返回值：
            返回两个值，一个是读取的文件信息切片对象("[]FileInfo")，另一个是错误信息("error")
            FileInfo 中可以获取文件的名称、大小、权限、修改时间、是否是目录等。
    */
```

```go
    files, err := f.Readdir(-100)
    if err != nil {
        fmt.Println("错误信息：", err)
        return
    }

    for _, file := range files {
        fmt.Printf("文件名称是：%s,文件大小是:%d,是否是目录:%t\n", file.Name(), file.Size(), file.IsDir())
    }
}
```

(2) 修改当前工作目录，示例代码如下：

```go
//anonymous-link\example\chapter5\dir_chg.go
package main

import (
    "fmt"
    "os"
)

func main() {

    /**
    修改当前工作目录，类似于 Linux 操作系统中的 cd 命令
    */
    os.Chdir("E:\\frank\\input")

    /**
    "."表示将路径指定为当前路径，".."表示将路径指定为当前路径的上级路径
    */
    f, err := os.OpenFile("..", os.O_RDONLY, os.ModeDir)

    if err != nil {
        fmt.Println("目录打开失败：", err)
        return
    }
    defer f.Close()

    files, err := f.Readdir(-100)
    if err != nil {
        fmt.Println("错误信息：", err)
        return
    }

    for _, file := range files {
        fmt.Printf("文件名称是：%s,文件大小是:%d,是否是目录:%t\n", file.Name(), file.Size(), file.IsDir())
    }
}
```

(3) 获取当前路径,示例代码如下:

```go
//anonymous-link\example\chapter5\dir_cur.go
package main

import (
    "fmt"
    "os"
)

func main() {

    /**
    获取当前工作路径
    */
    pwd, _ := os.Getwd()
    fmt.Println(pwd)

    /**
    修改当前工作目录,类似于Linux操作系统中的cd命令
    */
    os.Chdir("E:\\frank\\input")

    pwd, _ = os.Getwd()
    fmt.Println(pwd)
}
```

(4) 创建目录,示例代码如下:

```go
//anonymous-link\example\chapter5\dir_create.go
package main

import (
    "os"
)

func main() {

    /**
    切换工作路径
    */
    os.Chdir("E:\\frank\\input")

    /**
    切换到指定的工作路径后创建bigdata目录
    */
    os.Mkdir("bigdata", 0755)

}
```

(5) 其他常用目录操作推荐通过以下网站进行阅读:

```
https://studyGo.com/pkgdoc
https://studyGo.com/static/pkgdoc/pkg/os.htm
```

5.1.12 Go 并发编程实例：Goroutine

1. 并行和并发概述

(1) 什么是并行(Parallel)？并行如图 5-9 所示，指在同一时刻，有多条指令在多个处理器上同时执行。

(2) 什么是并发(Concurrency)？并发如图 5-10 所示，指在同一时刻只能有一条指令执行，但多个进程指令被快速地轮换执行，使在宏观上达到具有多个进程同时执行的效果，但在微观上并不是同时执行的，只是把时间分成若干段，通过 CPU 时间片轮转使多个进程快速交替地执行。

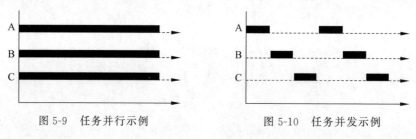

图 5-9 任务并行示例　　　　图 5-10 任务并发示例

(3) 并行和并发的区别：并行是两个队列同时使用两个 CPU 核(真正的多任务)，并发是两个队列交替使用 1 个 CPU 核(假的多任务)。

2. 常见的并发编程技术

(1) 进程并发的概念及特性主要如下。

程序：指编译好的二进制文件，保存在磁盘上，不占用系统资源。

进程：一个抽象的概念，与操作系统原理联系紧密。进程是活跃的程序，占用系统资源，在内存中执行。换句话说，程序运行起来，产生一个进程。

进程状态：进程基本的状态有 5 种。分别为初始态、就绪态(等待 CPU 分配时间片)、运行态(占用 CPU)、挂起态(等待除 CPU 以外的其他资源主动放弃 CPU)与终止态，其中初始态为进程准备阶段，常与就绪态结合来看。

在使用进程实现并发时会出现什么问题呢？

① 系统开销比较大，占用资源比较多，开启进程数量比较少。

② 在 UNIX/Linux 系统下，还会产生"孤儿进程"和"僵尸进程"。

孤儿进程：如果父进程先于子进程结束，则子进程称为孤儿进程，子进程的父进程称为 init 进程，init 进程领养孤儿进程。

僵尸进程：进程终止，父进程尚未回收，子进程残留资源(PCB)存放于内核中，变成僵尸(Zombie)进程。

在操作系统的运行过程中，可以产生很多进程。在 UNIX/Linux 系统中，正常情况下，子进程是通过父进程 fork 创建的,子进程再创建新的进程,并且父进程永远无法预测子进程到底什么时候结束。当一个进程完成它的工作并终止之后,它的父进程需要调用系统,以便取得子进程的终止状态。

Windows 系统下的进程和 Linux 下的进程是不一样的,它比较懒惰,从来不执行任何任务,只是为线程提供执行环境,然后由线程负责执行包含在进程地址空间中的代码。当创建一个进程时,操作系统会自动创建这个进程的第 1 个线程,称为主线程。

(2) 线程并发的概念及特性主要如下。

线程:线程是轻量级的进程(Light Weight Process)本质上仍是进程(Linux 下)。

进程:独立地址空间,拥有 PCB(进程控制块)。

线程:有独立的 PCB(进程控制块),但没有独立的地址空间(和其所在的进程共享用户空间)。

线程同步:指一个线程发出某一功能调用时,在没有得到结果之前,该调用不返回。同时其他线程为了保证数据的一致性,不能调用该功能。同步的目的是为了避免数据混乱,解决与时间有关的错误。实际上,不仅线程间需要同步,进程间、信号间等都需要同步机制,因此,所有多个控制流,共同操作一个共享资源的情况都需要同步。

常见锁的应用如下。

① 互斥量(mutex):Linux 中提供了一把互斥锁 mutex(也称为互斥量)。每个线程在对资源操作前都尝试先加锁,成功加锁才能操作,操作结束后解锁。资源还是共享的,线程间也还是竞争的,但通过锁就将资源的访问变成互斥操作,而后与时间有关的错误也不会产生了,但应注意同一时刻只能有一个线程持有该锁。

举个例子:当 A 线程对某个全局变量加锁访问时,如果 B 在访问前尝试加锁,则拿不到锁,B 阻塞。C 线程不去加锁,而直接访问该全局变量,依然能够访问,但会出现数据混乱问题。

综上所述,互斥锁实际上是操作系统提供的一把建议锁(又称协同锁),建议程序中有多线程访问共享资源时使用该机制,但并没有强制限定,因此,即使有了 mutex,如果有线程不按规则访问数据,则依然会造成数据混乱问题。

② 读写锁:与互斥量类似,但读写锁允许更高的并行性。其特性为写独占,读共享。

读写锁状态:读写锁只有一把,但其具备两种状态,即读模式下加锁状态(读锁)和写模式下加锁状态(写锁)。

读写锁特性:当读写锁处于写模式加锁时,在解锁前所有对该锁加锁的线程都会被阻塞。当读写锁处于读模式加锁时,如果线程以读模式对其加锁,则会成功;如果线程以写模式加锁,则会阻塞。当读写锁处于读模式加锁时,既有试图以写模式加锁的线程,也有试图以读模式加锁的线程。那么读写锁会阻塞随后的读模式锁请求。优先满足写模式锁。读锁、写锁并行阻塞,写锁优先级高。读写锁也叫共享独占锁。当读写锁以读模式锁住时,它是以共享模式锁住的;当它以写模式锁住时,它是以独占模式锁住的。写独占、读共享。读写锁非常适合于对数据结构读的次数远大于写的情况。

（3）进程和线程的区别及特性主要如下。

进程：并发执行的程序在执行过程中分配和管理资源的基本单位。

线程：进程的一个执行单元，是比进程还要小的独立运行的基本单位。一个程序至少有一个进程，一个进程至少有一个线程。

进程和线程的主要区别如下。

根本区别：进程是资源分配的最小单位，线程是程序执行的最小单位。计算机在执行程序时，会为程序创建相应的进程，在进行资源分配时，以进程为单位进行相应分配。每个进程都有相应的线程，在执行程序时，实际上执行的是相应的一系列线程。

地址空间：进程有自己独立的地址空间，每启动一个进程，系统都会为其分配地址空间，建立数据表来维护代码段、堆栈段和数据段；线程没有独立的地址空间，同一进程的线程共享本进程的地址空间。

资源拥有进程之间的资源是独立的；同一进程内的线程共享本进程的资源。

执行过程：每个独立的进程有一个程序运行的入口、顺序执行序列和程序入口，但是线程不能独立执行，必须依存在应用程序中，由应用程序提供多个线程执行控制。

调度单位：线程是处理器调度的基本单位，但是进程不是。由于程序执行的过程其实执行的是具体的线程，处理器处理的也是程序的相应线程，所以处理器调度的基本单位是线程。Windows系统下，可以直接忽略进程的概念，只谈线程。因为线程是最小的执行单位，是被系统独立调度和分派的基本单位，而进程只是给线程提供执行环境。

系统开销：进程执行开销大，线程执行开销小。

（4）协程并发的概念及主要特性如下。

协程：coroutine，也叫轻量级线程。与传统的系统级线程和进程相比，协程最大的优势在于轻量级。可以轻松创建上万个而不会导致系统资源衰竭，而线程和进程通常很难超过1万个。这也是协程被称为轻量级线程的原因。

一个线程中可以有任意多个协程，但某一时刻只能有一个协程在运行，多个协程分享该线程分配到的计算机资源。

协程不是被操作系统内核所管理的，而完全是由程序所控制的（也就是在用户态执行），这样带来的好处就是性能可以得到很大提升，不会像线程切换那样消耗资源。

综上所述，协程是一种用户态的轻量级线程，协程的调度完全由用户控制。协程拥有自己的寄存器上下文和栈。协程在调度切换时，将寄存器上下文和栈保存到其他地方，再切回来时，恢复先前保存的寄存器上下文和栈，直接操作栈则基本没有内核切换的开销，可以用不加锁的方式访问全局变量，所以上下文的切换非常快。

子程序调用：或者称为函数，在所有语言中都是层级调用，例如A调用B，B在执行过程中又调用了C，C执行完毕后返回，B执行完毕后返回，最后是A执行完毕，所以子程序调用是通过栈实现的，一个线程就执行一个子程序。子程序调用总是一个入口，一次返回，调用顺序是明确的，而协程的调用和子程序不同。

协程在子程序内部是可中断的，然后转而执行别的子程序，在适当时再返回来接着执行。

多数语言在语法层面并不直接支持协程,而是通过库的方式支持,但用库的方式支持的功能也并不完整,例如,仅仅提供协程的创建、销毁与切换等能力。关于协程调度的实现理论上分为以下三类模型。

一对多:即用户态中的多个协程对应内核态的一个线程。如果在这样的轻量级线程中调用一个同步 IO 操作(例如网络通信、本地文件读写)都会阻塞其他的并发执行轻量级线程,从而无法真正达到轻量级线程本身期望达到的目标。

一对一:即用户态中的一个协程对应内核态的一个线程。虽然解决了一对多的阻塞问题,但是本质上还是线程之间的切换。

多对多:即用户态中的多个协程对应内核态的多个线程。相比一对多方案解决了阻塞问题,现在的协程调度器都使用类似的模型。

在协程中,调用一个任务就像调用一个函数一样,消耗的系统资源最少,但能达到进程、线程并发相同的效果。

在一次并发任务中,进程、线程、协程均可以实现。从系统资源消耗的角度来看,进程相当多,线程次之,协程最少。

(5) Go 并发的主要实现及特性如下:

Go 在语言级别支持协程,叫作 goroutine。Go 语言标准库提供的所有系统调用操作(包括所有同步 I/O 操作)都会将 CPU 出让给其他 goroutine。这让轻量级线程的切换管理不依赖于系统的线程和进程,也不需要依赖于 CPU 的核心数量。

有人把 Go 比作 21 世纪的 C 语言。第一是因为 Go 语言设计简单,第二是因为 21 世纪最重要的就是并行程序设计,而 Go 从语言层面就支持并发。同时,并发程序的内存管理有时是非常复杂的,而 Go 语言提供了自动垃圾回收机制。

Go 语言为并发编程而内置的上层 API 基于顺序通信进程(Communicating Sequential Processes,CSP)模型。这就意味着显式锁都是可以避免的,因为 Go 通过相对安全的通道发送和接收数据以实现同步,这大大地简化了并发程序的编写。

Go 语言中的并发程序主要使用两种手段实现,即 goroutine 和 channel。

goroutine 早期调度算法:

早期 goroutine 调度存在频繁加锁解锁问题,最好的情况就是哪个线程创建的协程就由哪个线程执行。

早期的协程调度存在资源复制的弊端,频繁地在线程间切换会增加系统开销。

goroutine 新版调度器算法(MPG):

M:os 线程(操作系统内核提供的线程)。

G:goroutine,其包含了调度一个协程所需要的堆栈及 Instruction Pointer(IP 指令指针),以及其他一些重要的调度信息。

P:M 与 P 的中介,是实现 m:n 调度模型的关键,M 必须获得 P 才能对 G 进行调度,P 其实限定了 Go 调度的最大并发度。

P 默认和 CPU 核数相等,可按需设置。

M 要去抢占 P,如果抢到了 P,就去领取 G,如果没有任务就会从其他的 P 或者全局的任务队列获取 G。

3. goroutine 实战案例

(1) 什么是 goroutine? goroutine 是 Go 语言并行设计的核心,有人称为 go 程。goroutine 从量级上看很像协程,但它比线程更小,十几个 goroutine 可能体现在底层就是五六个线程,Go 语言内部实现了这些 goroutine 之间的内存共享。执行 goroutine 只需极少的栈内存(大概需要 4~5KB),当然会根据相应的数据伸缩。也正因为如此,可同时运行成千上万个并发任务。goroutine 比 thread 更易用、更高效、更轻便。一般情况下,一个普通计算机运行几十个线程就有点负载过大了,但是同样的计算机却可以轻松地让成百上千个 goroutine 进行资源竞争。

(2) 创建 goroutine,代码如下:

```go
//anonymous-link\example\chapter5\go_create.go
package main

import (
    "fmt"
    "time"
)

func Task(start int, end int, desc string) {
    for index := start; index <= end; index += 2 {
        fmt.Printf("%s %d\n", desc, index)
        time.Sleep(1 * time.Second)
    }
}

func main() {
    /**
    创建 goroutine:
        只需在函数调用语句前添加 Go 关键字,就可创建并发执行单元。开发人员无须了解任何执行细节,调度器会自动将其安排到合适的系统线程上执行
        在并发编程中,通常想将一个过程切分成几块,然后让每个 goroutine 各自负责一块工作,当一个程序启动时,主函数在一个单独的 goroutine 中运行,叫作 main goroutine。新的 goroutine 会用 Go 语句来创建,而 Go 语言的并发设计很轻松就可以达到这一目的

    goroutine 的特性:
        为了避免类似孤儿进程的存在,如果 main 协程挂掉,则所有协程都会挂掉
        换句话说,主 goroutine 退出后,其他的工作 goroutine 也会自动退出
    */
    go Task(10, 30, "Task Func Say: index = ")

    Task(11, 30, "Main Say: index = ")
}
```

(3) Goexit 函数的代码如下:

```go
//anonymous-link\example\chapter5\go_exit.go
package main

import (
    "fmt"
    "runtime"
    "time"
)

func main() {
    go func() {
        defer fmt.Println("Goroutine 666666")

        func() {
            defer fmt.Println("Goroutine 88888888")

            /**
            return、Goexit() 和 os.Exit()的区别:
                return:
                    一般用于函数的返回,只能结束当前所在的函数
                Goexit():
                    一般用于协程的退出
                    具有击穿特性,能结束当前所在的 goroutine,无论存在几层函数调用
                os.Exit():
                    主动退出主 goroutine,换句话说,直接终止整个程序的运行
             */
            runtime.Goexit() //终止当前 goroutine
            //return
            //os.Exit(100)
            fmt.Println("AAAA")
        }()

        fmt.Println("CCCCC")
    }()

    //主 goroutine 会运行 15s,有充足的时间使上面的子 go 程代码执行完毕
    for index := 1; index <= 30; index += 2 {
        fmt.Printf("Main Say: index = %d\n", index)
        time.Sleep(1 * time.Second)
    }
}
```

5.1.13　Go 并发编程实例：channel

1. channel 的基本特性

(1) channel 是 Go 语言中的一个核心类型,可以把它看成管道,并发核心单元通过它就可以发送或者接收数据进行通信,这在一定程度上又进一步降低了编程的难度。channel 是一个数据类型,主要用来解决 go 程的同步问题及 go 程之间数据共享(数据传递)的问题。goroutine 运行在相同的地址空间,因此访问共享内存必须做好同步。goroutine 奉行通过

通信来共享内存,而不是以共享内存来通信,如图 5-11 所示。引用类型 channel 可用于多个 goroutine 通信。其内部实现了同步,确保并发安全。

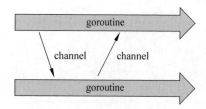

图 5-11 goroutine 通过 channel 通信示例

(2) 无缓冲的 channel 是指在接收前没有能力保存任何数据值的通道。这种类型的通道要求发送 goroutine 和接收 goroutine 同时准备好,这样才能完成发送和接收操作。否则通道会导致先执行发送或接收操作的 goroutine 阻塞等待。这种对通道进行发送和接收的交互行为本身就是同步的,其中任意一个操作都无法离开另一个操作单独存在。

阻塞:由于某种原因数据没有到达,当前 go 程(线程)持续处于等待状态,直到条件满足,才解除阻塞。

同步:在两个或多个 go 程(线程)间,保持数据内容一致性的机制。

图 5-12 展示了两个 goroutine 如何利用无缓冲的通道来共享一个值,步骤如下:

第 1 步,两个 goroutine 都到达通道,但哪个都没有开始执行发送或者接收操作。

第 2 步,左侧的 goroutine 将它的手伸进了通道,这模拟了向通道发送数据的行为。这时,这个 goroutine 会在通道中被锁住,直到交换完成。

第 3 步,右侧的 goroutine 将它的手放入通道,这模拟了从通道里接收数据的行为。这个 goroutine 也会在通道中被锁住,直到交换完成。

第 4 步和第 5 步,进行交换,并最终在第 6 步,两个 goroutine 都将它们的手从通道里拿出来,这模拟了被锁住的 goroutine 得到释放。两个 goroutine 现在都可以去做其他事情了。

无缓冲的 channel,创建格式如下:

```
make(chan Type) //等价于"make(chan Type, 0)",如果没有指定缓冲区容量,则该通道就是同步的,
//因此会阻塞到发送者准备好发送和接收者准备好接收
```

(3) 有缓冲的 channel 是一种在被接收前能存储一个或者多个数据值的通道。这种类型的通道并不强制要求 goroutine 之间必须同时完成发送和接收操作。通道阻塞发送和接收动作的条件也不同。只有通道中没有要接收的值时,接收动作才会被阻塞。只有通道没有可用缓冲区容纳被发送的值时,发送动作才会被阻塞。这导致有缓冲的通道和无缓冲的通道之间的一个很大的不同:无缓冲的通道保证进行发送和接收的 goroutine 会在同一时间进行数据交换;有缓冲的通道没有这种保证。示例如图 5-13 所示,步骤如下:

第 1 步,右侧的 goroutine 正在从通道接收一个值。

第 2 步,右侧的这个 goroutine 独立完成了接收值的动作,而左侧的 goroutine 正在将一个新值发送到通道里。

第 3 步,左侧的 goroutine 还在向通道发送新值,而右侧的 goroutine 正在从通道接收另外一个值。这个步骤里的两个操作既不是同步的,也不会互相阻塞。

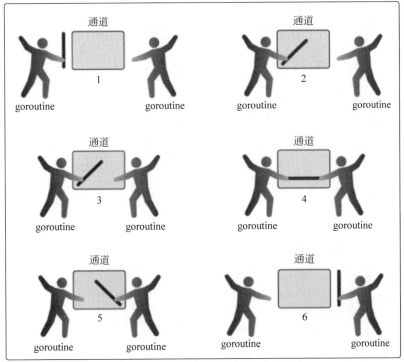

使用无缓冲的通道在goroutine之间同步

图 5-12　无缓冲 channel 共享数据

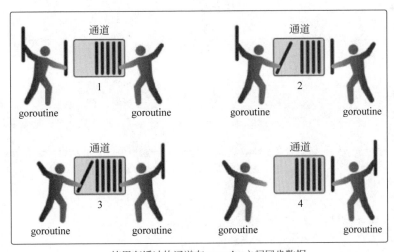

使用有缓冲的通道在goroutine之间同步数据

图 5-13　有缓冲 channel 共享数据

在第 4 步，所有的发送和接收都完成，而通道里还有几个值，也有一些空间可以存更多的值。

有缓冲的 channel,创建格式如下:

> make(chan Type, capacity) //如果给定了一个缓冲区容量,通道就是异步的。只要缓冲区有未使用
> //空间用于发送数据,或还包含可以接收的数据,那么其通信就会无阻塞地进行。借助函数 len(ch)
> //求取缓冲区中剩余元素的个数,cap(ch)可求取缓冲区元素容量的大小

2. channel 的基本使用

(1)定义有缓冲区管道,代码如下:

```
//anonymous-link\example\chapter5\channel_buffer.go
package main

import "fmt"

func main() {
    /**
    和 map 类似,channel 也是一个对应 make 创建的底层数据结构的引用,创建 channel 的语法格式
如下:
        make(chan Type,capacity)

    以下是相关的参数说明:
        chan 是创建 channel 所需使用的关键字
        Type 是指定 channel 收发数据的类型
        capacity 是指定 channel 的大小
            当参数"capacity = 0"时,channel 是无缓冲阻塞读写的,即该 channel 无容量
            当参数"capacity > 0"时,channel 有缓冲,是非阻塞的,直到写满 capacity 个元素才阻
塞写入
    */
    s1 := make(chan int, 3) //定义一个有缓冲区的 channel

    //向 channel 写入数据
    s1 <- 110
    s1 <- 119
    s1 <- 120

    /**
    由于上面已经写了 3 个数据,此时 s1 这个 channel 的容量已经达到 3 个容量上限,即该 channel
已满
    如果 channel 已满,继续往该 channel 写入数据则会抛出异常:"fatal error: all goroutines are
asleep - deadlock!"
    */
    //s1 <- 114

    //从 channel 读取数据
    fmt.Println(<-s1)
    fmt.Println(<-s1, <-s1)

    /**
    上面的代码已经对 channel 各进行了三次读写,此时该 channel 中并没有数据
```

```
   如果channel无数据,从该channel读取数据时也会抛出异常:"fatal error: all goroutines are
asleep - deadlock!"
    */
    //fmt.Println(<-s1)
}
```

(2) 定义无缓冲区管道,代码如下:

```
//anonymous-link\example\chapter5\channel_unbuffer.go
package main

import (
    "fmt"
    "time"
)

func Read(s chan int) {
    defer fmt.Println("读端结束~~~")
    for index := 0; index < 3; index++ {
        fmt.Printf("读取到channel的数据是:%d\n", <-s)
    }
}

func Write(s chan int, value int) {
    defer fmt.Println("写端结束...")
    for index := 100; index < value; index++ {
        s <- index
    }
}

func main() {
    /**
    无缓冲区channel特性:
        只有在写端和读端同时准备就绪的情况下才能运行
    */
    s1 := make(chan int)              //定义一个无缓冲区的channel
    //s1 := make(chan int, 10)        //定义一个有缓冲区的channel,其容量为10
    go Read(s1)

    go Write(s1, 110)

    /**
    为了让主goroutine阻塞,写个死循环即可
    */
    for {
        time.Sleep(1 * time.Second)
    }
}
```

(3) 关闭channel,代码如下:

```go
//anonymous-link\example\chapter5\channel_close.go
package main

import (
    "fmt"
    "runtime"
    "time"
)

func ReadChannel(s chan int) {
    defer fmt.Println("读端结束～～～")
    for index := 0; index < 5; index++ {
        if index == 103 {
            /**
            程序结束时,清理掉 channel 占用的空间,只影响写入,而不影响读取
            */
            close(s)
        }

        /**
        从 channel 中接收数据,并赋值给 value,同时检查通道是否已关闭或者是否为空
        */
        value, ok := <-s
        if !ok { //等效于"ok != true"
            fmt.Println("channel 已关闭或者管道中没有数据")
            runtime.Goexit()
        } else {
            fmt.Printf("读取到 channel 的数据是：%d\n", value)
        }
    }
}

func WriteChannel(s chan int, value int) {
    defer fmt.Println("写端结束...")
    for index := 100; index < value; index++ {
        if index == 103 {
            /**
            程序结束时,清理掉 channel 占用的空间,只影响写入,而不影响读取
            */
            close(s)
        }
        s <- index
    }
}

func main() {

    s1 := make(chan int) //定义一个有缓冲区的 channel,其容量为 10
    go ReadChannel(s1)

    go WriteChannel(s1, 110)
    for {
```

```
        time.Sleep(1 * time.Second)
    }
}
```

3. 单向 channel

(1) 单向 channel：在默认情况下，通道 channel 是双向的，也就是说，既可以往里面发送数据也可以从里面接收数据，但是，经常见到一个通道作为参数进行传递而只希望对方是单向使用的，要么只让它发送数据，要么只让它接收数据，这时可以指定通道的方向。

一般情况下，创建管道都是双向的，在向函数传入数据时，可以是单向的。只读的管道不能传递给只写的管道，同理，只写的管道也不能传递给只读的管道，但是双向的管道可以传递给任意单向的管道。

(2) 单向管道，示例代码如下：

```
//anonymous-link\example\chapter5\channel_one.go
package main

import (
    "fmt"
    "time"
)
/**
s 的类型说明：
    "chan<- int"表示传入只写的管道
*/
func Send(s chan<- int, value int) {
    s <- value
}
/**
r 的类型说明：
    "<-chan int"表示传入只读的管道
*/
func Receive(r <-chan int) {
    fmt.Printf("管道中的数据为：%d\n", <-r)
}

func main() {

    //创建管道
    s1 := make(chan int, 5)

    go Receive(s1)

    go Send(s1, 110)

    for {
        time.Sleep(1 * time.Second)
    }
}
```

4．单向 channel 应用案例：生产者消费者模型

（1）什么是生产者消费者模型？ 单向 channel 最典型的应用是生产者消费者模型。

生产者消费者模型是指某个模块（函数等）负责产生数据，这些数据由另一个模块来负责处理（此处的模块是广义的，可以是类、函数、go 程、线程、进程等）。产生数据的模块就形象地被称为生产者，而处理数据的模块就被称为消费者。

仅仅抽象出生产者和消费者，还不是生产者/消费者模型。该模式还需要有一个缓冲区处于生产者和消费者之间，作为一个中介。生产者把数据放入缓冲区，而消费者从缓冲区取出数据。

举一个寄信的例子来辅助理解，假设要寄一封平信，大致过程为①把信写好——相当于生产者制造数据；②把信放入邮筒——相当于生产者把数据放入缓冲区；③邮递员把信从邮筒取出——相当于消费者把数据取出缓冲区；④邮递员把信拿去邮局做相应的处理——相当于消费者处理数据。

那么，这个缓冲区有什么用呢？ 为什么不让生产者直接调用消费者的某个函数，直接把数据传递过去，而画蛇添足般地设置一个缓冲区呢？ 缓冲区的好处大概如下。

解耦：

假设生产者和消费者分别是两个类。如果让生产者直接调用消费者的某种方法，则生产者对于消费者就会产生依赖（也就是耦合）。将来如果消费者的代码发生变化，则可能会直接影响到生产者，而如果两者都依赖于某个缓冲区，则两者之间不直接依赖，耦合度也就相应地降低了。

接着上述的例子，如果不使用邮筒（缓冲区），需要把信直接交给邮递员。那就必须认识谁是邮递员。这就产生了和邮递员之间的依赖（相当于生产者和消费者的强耦合）。万一哪天邮递员换人了，还要重新认识下一个邮递员（相当于消费者变化导致修改生产者代码），而邮筒相对来讲比较固定，依赖它的成本也比较低（相当于和缓冲区之间的弱耦合）。

处理并发：

生产者直接调用消费者的某种方法还有另一个弊端。由于函数调用是同步的（或者叫阻塞），在消费者的方法没有返回之前，生产者只好一直等在那边。万一消费者处理数据很慢，生产者只能无端地浪费时间。

使用了生产者消费者模式之后，生产者和消费者可以是两个独立的并发主体。生产者把制造出来的数据往缓冲区一丢，就可以再去生产下一个数据了。基本上不用依赖消费者的处理速度。

其实当初这个生产者消费者模式主要用来处理并发问题。

从寄信的例子来看，如果没有邮筒，就得拿着信傻站在路口等邮递员过来收（相当于生产者阻塞）；又或者邮递员得挨家挨户问，谁要寄信（相当于消费者轮询）。

缓存（异步处理）：

如果生产者制造数据的速度时快时慢，缓冲区的好处就体现出来了。当数据制造得快时，消费者来不及处理，未处理的数据可以暂时存在缓冲区中。等生产者的制造速度慢下

来，消费者再慢慢处理掉。

假设邮递员一次只能带走1000封信。万一某次碰上情人节送贺卡，需要寄出去的信超过1000封，这时邮筒这个缓冲区就派上用场了。邮递员把来不及带走的信暂存在邮筒中，等下次过来时再拿走。

（2）生产者消费者模型的代码如下：

```go
//anonymous-link\example\chapter5\channel_queue.go
package main

import (
    "fmt"
    "strconv"
    "time"
)
//定义生产者,假设生产者不消费
func Producer(p chan<- string) {
    defer fmt.Println("生产蛋糕结束")
    for index := 1; index <= 10; index++ {
        p <- "生产了" + strconv.Itoa(index) + "个蛋糕。"
    }
}
//定义消费者,假设消费者不生产
func Consumer(c <-chan string) {
    defer fmt.Println("吃饱了")
    for index := 1; index <= 8; index++ {
        fmt.Println(<-c)
    }
}

func main() {
    s1 := make(chan string, 10)

    go Producer(s1)

    go Consumer(s1)

    for {
        time.Sleep(1 * time.Second)
    }
}
```

5. channel应用案例：定时器

Go语言自带time包，包里面定义了定时器的结构，代码如下：

```go
type Timer struct {
    C <-chan Time
    r runtimeTimer
}
```

在定时时间到达之前,没有数据会写入 C,如果这时读 C,则会一直阻塞,当时间到了以后系统会向 time.c 文件中写入当前时间,此时阻塞解除。

5.1.14　Go 并发编程实例:select

1. select 概述

Go 里面提供了一个关键字 select,通过 select 可以监听 channel 上的数据流动。有时希望能够借助 channel 发送或接收数据,并避免因为发送或者接收导致的阻塞,尤其是当 channel 没有准备好写或者读时,select 语句就可以实现这样的功能。select 的用法与 switch 语言非常类似,由 select 开始一个新的选择块,每个选择条件由 case 语句来描述。与 switch 语句相比,select 有比较多的限制,其中最大的一条限制就是每个 case 语句里必须有一个 I/O 操作。

2. select 的应用案例

(1) select 的示例代码如下:

```go
//anonymous-link\example\chapter5\select_usage.go
package main

import (
    "fmt"
    "time"
)

func main() {

    s1 := make(chan int, 1)
    //s1 := make(chan int, 0) //无缓冲的 channel
    number := 1

    for {
        /**
        使用 select 关键字来监听指定 channel 的读写情况
        */
        select {
        case s1 <- number:
            fmt.Println("奇数:", number)
            number++
            time.Sleep(time.Second * 1)

        case <-s1:
            fmt.Println("偶数:", number)
            number++
            time.Sleep(time.Second * 1)

            /**
            当读取和写入(I/O 操作)都不满足的情况下,就会执行默认的条件,需要将 channel 的容量设置为 0,这样就可以看到效率了
```

```
            */
        default:
            fmt.Println(" ====== ")
            time.Sleep(time.Second * 1)
        }
    }
}
```

(2) select 实现斐波那契数列,示例代码如下:

```go
//anonymous - link\example\chapter5\select_fibo.go
package main

import (
    "fmt"
    "time"
)

func FibonacciSeriesWrite(fib chan int) {
    a, b := 1, 1
    fmt.Printf("%d\n%d\n", a, b)
    for {
        select {
        case fib <- a + b:                    //写入数据
            a, b = b, a+b
        }
    }
}

func FibonacciSeriesRead(fib chan int) {
    for {
        fmt.Println(<-fib)                    //读取数据
        time.Sleep(time.Second)
    }
}

func main() {
    //初始化 channel
    s1 := make(chan int)

    go FibonacciSeriesWrite(s1)

    go FibonacciSeriesRead(s1)

    for {
        time.Sleep(time.Second)
    }
}
```

(3) select 实现超时,示例代码如下:

```go
//anonymous-link\example\chapter5\select_timeout.go
package main

import (
    "fmt"
    "os"
    "time"
)

func main() {
    s1 := make(chan int, 1)

    go func() {
        for {
            select {
            case s1 <- 110:
                fmt.Println("写入channel数据")
                fmt.Println("当前时间为:", time.Now())
            /**
            设置定时器,当channel中的数据在30s内没有被消费时就会退出程序
            */
            case <-time.After(time.Second * 30):
                fmt.Println("程序响应超过30s,程序已退出!")
                fmt.Println("当前时间为:", time.Now())
                os.Exit(100)
            }
        }
    }()

    /**
    设置一次性定时器,仅消费一次数据
    */
    time.AfterFunc(
        time.Second*3,
        func() {
            fmt.Printf("获取channel中的数据为：%d\n", <-s1)
        })

    for {
        time.Sleep(time.Second)
    }
}
```

5.1.15 Go并发编程：传统的同步工具锁

1. 传统的同步工具锁

（1）锁的作用：锁就是某个go程（线程）在访问某个资源时先锁住，防止其他go程的访问，等访问完毕解锁后其他go程再来加锁进行访问。这和生活中加锁使用公共资源相似，

例如公共卫生间。锁的作用是为了在并发编程时让数据一致。

(2) 死锁问题：死锁是指两个或两个以上的进程在执行过程中，由于竞争资源或者由于彼此通信而造成的一种阻塞的现象，若无外力作用，则它们都将无法推进下去。此时称系统处于死锁状态或系统产生了死锁。在使用锁的过程中，很容易造成死锁，在开发中应该尽量避免死锁，死锁的示例代码如下：

```go
//anonymous-link\example\chapter5\deadlock_create.go
package main

import (
    "fmt"
)

func main() {

    //注意，无缓冲区 channel 在读端和写端都准备就绪时不阻塞
    s1 := make(chan int)

    /**
    主线程写入：
        主 go 程在写入数据时，但此时读端并没有准备就绪，因此代码会在该行阻塞，称之为死锁
        在开发中一定要使用锁机制时需要注意避免死锁现象
    */
    s1 <- 5

    /**
    子线程读取：
        通过上面的解释，相信大家心里也清楚，代码在上一行已经阻塞了，没有机会执行到当前行，即没有开启子 go 程
    */
    go func() {
        fmt.Println(<-s1)
    }()
}
```

(3) 死锁案例解决方案，示例代码如下：

```go
//anonymous-link\example\chapter5\deadlock_solve.go
package main

import (
    "fmt"
    "time"
)

func main() {

    //注意，无缓冲区 channel 在读端和写端都准备就绪时不阻塞
    s1 := make(chan int)
```

```
/**
子线程读取：
    先开启一个子 go 程用于读取无缓冲 channel 中的数据,此时由于写端未就绪,因此子 go 程
会处于阻塞状态,但并不会影响主 go 程,因此代码可以继续向下执行
*/
go func() {
    fmt.Println(<- s1)
}()

/**
主线程写入：
    此时读端(子 go 程)处于阻塞状态并正在准备读取数据,主 go 程在写入数据时子 go 程会立
即执行
*/
s1 <- 5

for {
    time.Sleep(time.Second)
}
```

2. 互斥锁

（1）什么是互斥锁？每个资源都对应于一个可称为互斥锁的标记,这个标记用来保证在任意时刻,只能有一个 go 程访问该资源。其他的 go 程只能等待。互斥锁是传统并发编程对共享资源进行访问控制的主要手段,它由标准库 sync 中的 Mutex 结构体类型表示。sync.Mutex 类型只有两个公开的指针方法,即 Lock 和 Unlock。Lock 用于锁定当前的共享资源,Unlock 用于进行解锁。在使用互斥锁时,一定要注意：对资源操作完成后,一定要解锁,否则会出现流程执行异常、死锁等问题。通常借助 defer 锁定后,立即使用 defer 语句保证互斥锁及时解锁。

（2）互斥锁的示例代码如下：

```
//anonymous - link\example\chapter5\lock_mutex.go
package main

import (
    "fmt"
    "sync"
    "time"
)
var mutex sync.Mutex                        //定义互斥锁
func MyPrint(data string) {
    mutex.Lock()                            //添加互斥锁
    defer mutex.Unlock()                    //使用结束时自动解锁

    for _, value : = range data {           //迭代字符串的每个字符并打印
        fmt.Printf(" % c", value)
        time.Sleep(time.Second)             //模拟 go 程在执行任务
    }
```

```go
    fmt.Println()
}

func Show01(s1 string) {
    MyPrint(s1)
}

func Show02() {
    MyPrint("Jason Yin")
}

func main() {
    /**
    虽然在主 go 中开启了两个子 go 程,但由于两个子 go 程有互斥锁的存在,因此一次只能运行一
个 go 程
    */
    go Show01("张三")
    go Show02()
    //主 go 程设置充足的时间让所有子 go 程执行完毕,因为主 go 程结束会将所有的子 go 程杀死
    time.Sleep(time.Second * 30)
}
```

3. 读写锁

(1) 什么是读写锁? 互斥锁的本质是当一个 goroutine 访问时,其他 goroutine 都不能访问。这样在资源同步及避免竞争的同时也降低了程序的并发性能。程序由原来的并行执行变成了串行执行。其实,当对一个不会变化的数据只做读操作时,是不存在资源竞争问题的。因为数据是不变的,不管怎么读取,多少 goroutine 同时读取都是可以的,所以问题不是出在"读"上,主要出在修改上,也就是"写"。修改的数据要同步,这样其他 goroutine 才可以感知到,所以真正的互斥应该是读取和修改、修改和修改之间,读和读之间是没有互斥操作的必要的,因此,衍生出另外一种锁,叫作读写锁。

读写锁可以让多个读操作并发,即同时读取,但是对于写操作是完全互斥的。也就是说,当一个 goroutine 进行写操作时,其他 goroutine 既不能进行读操作,也不能进行写操作。

Go 中的读写锁由结构体类型 sync.RWMutex 表示。在此类型的方法集合中包含两组方法:

一组是对写操作的锁定和解锁,简称写锁定和写解锁:

```go
func (*RWMutex)Lock()
func (*RWMutex)Unlock()
```

另一组表示对读操作的锁定和解锁,简称读锁定与读解锁:

```go
func (*RWMutex)RLock()
func (*RWMutex)RUnlock()
```

（2）读写锁的示例代码如下：

```go
//anonymous-link\example\chapter5\lock_rwmutex.go
package main

import (
    "fmt"
    "math/rand"
    "sync"
    "time"
)

var (
    number int
    rwlock sync.RWMutex            //定义读写锁
)

func MyRead(n int) {
    rwlock.RLock()                 //添加读锁
    defer rwlock.RUnlock()         //使用结束时自动解锁
    fmt.Printf("[%d] Goroutine 读取的数据为：%d\n", n, number)
}

func MyWrite(n int) {
    rwlock.Lock()                  //添加写锁
    defer rwlock.Unlock()          //使用结束时自动解锁
    number = rand.Intn(100)
    fmt.Printf("%d Goroutine 写入的数据为：%d\n", n, number)
}

func main() {

    //创建写端
    for index := 201; index <= 205; index++ {
        go MyWrite(index)
    }

    //创建读端
    for index := 110; index <= 130; index++ {
        go MyRead(index)
    }

    for {
        time.Sleep(time.Second)
    }
}
```

4. 条件变量

（1）什么是条件变量？条件变量的作用并不能保证在同一时刻仅有一个 go 程访问某个共享的数据资源，而是在对应的共享数据的状态发生变化时，通知阻塞在某个条件上的

go程。条件变量不是锁,在并发中不能达到同步的目的,因此条件变量总是与锁一起使用。

Go标准库中的sync.Cond类型代表了条件变量。条件变量要与锁(互斥锁,或者读写锁)一起使用。成员变量L代表与条件变量搭配使用的锁。

(2) 条件变量的案例,示例代码如下:

```go
//anonymous-link\example\chapter5\cond.go
package main

import (
    "fmt"
    "runtime"

    "math/rand"
    "sync"
    "time"
)

/*
*
创建全局条件变量
*/
var cond sync.Cond

//生产者
func producer(out chan<- int, idx int) {
    for {
        /**
          条件变量对应互斥锁加锁,即在生产数据时得加锁
        */
        cond.L.Lock()

        /**
          产品区满3个就等待消费者消费
        */
        for len(out) == 3 {
            /**
              挂起当前go程,等待条件变量满足,被消费者唤醒,该函数的作用可归纳为以下三点:
              (1)阻塞等待条件变量满足
              (2)释放已掌握的互斥锁,相当于cond.L.Unlock()。注意:两步为一个原子操作
              (3)当被唤醒,Wait()函数返回时,解除阻塞并重新获取互斥锁相当于cond.L.Lock()
            */
            cond.Wait()
        }

        /**
          产生一个随机数,写入channel中(模拟生产者)
        */
        num := rand.Intn(1000)
        out <- num
```

```go
        fmt.Printf("%dth 生产者,产生数据 %3d,公共区剩余 %d个数据\n", idx, num, len(out))

        /**
        单发通知,给一个正等待(阻塞)在该条件变量上的goroutine(go程)发送通知。换句话说,
唤醒阻塞的消费者
        */
        //cond.Signal()

        /**
        广播通知,给正在等待(阻塞)在该条件变量上的所有goroutine(线程)发送通知
        */
        cond.Broadcast()

        /**
        生产结束,解锁互斥锁
        */
        cond.L.Unlock()

        /**
        生产完休息一会,给其他go程执行的机会
        */
        time.Sleep(time.Second)
    }
}

//消费者
func consumer(in <-chan int, idx int) {
    for {
        /**
        条件变量对应互斥锁加锁(与生产者是同一个)
        */
        cond.L.Lock()

        /**
        产品区为空,等待生产者生产
        */
        for len(in) == 0 {
            /**
            挂起当前go程,等待条件变量满足,被生产者唤醒
            */
            cond.Wait()
        }

        /**
        将channel中的数据读走(模拟消费数据)
        */
        num := <-in
        fmt.Printf("[%dth]消费者,消费数据 %3d,公共区剩余 %d个数据\n", idx, num, len(in))
        /**
        唤醒阻塞的生产者
        */
```

```
            cond.Signal()
            /**
               消费结束,解锁互斥锁
            */
            cond.L.Unlock()

            /**
               消费完休息一会,给其他 go 程执行的机会
            */
            time.Sleep(time.Millisecond * 500)
        }
    }

func main() {

        /**
           设置随机数种子
        */
        rand.Seed(time.Now().UNIXNano())

        /**
           产品区(公共区)使用 channel 模拟
        */
        product := make(chan int, 3)

        /**
           创建互斥锁和条件变量(申请内存空间)
        */
        cond.L = new(sync.Mutex)

        /**
           创建 3 个生产者
        */
        for i := 101; i < 103; i++ {
            go producer(product, i)
        }

        /**
           创建 5 个消费者
        */
        for i := 211; i < 215; i++ {
            go consumer(product, i)
        }
        for {
            //主 go 程阻塞,不结束
            runtime.GC()
        }
    }
```

5. WaitGroup

(1) 什么是 WaitGroup？WaitGroup 用于等待一组 go 程的结束。父线程调用 Add 方法来设定应等待的 go 程的数量。每个被等待的 go 程在结束时应调用 Done 方法。同时,

主 go 程里可以调用 Wait 方法阻塞至所有 go 程结束。大致步骤如下。

① 创建 WaitGroup 对象,命令如下:

```
var wg sync.WaitGroup
```

② 添加主 go 程等待的子 go 程个数,命令如下:

```
wg.Add(数量)
```

③ 在各个子 go 程结束时,调用 defer wg.Done()。将主 go 等待的数量-1。注意:实名子 go 程需传地址。

④ 在主 go 程中等待,命令如下:

```
wg.wait()
```

(2) WaitGroup 的示例代码如下:

```
//anonymous-link\example\chapter5\waitgroup.go
package main

import (
    "fmt"
    "sync"
    "time"
)

func son1(group * sync.WaitGroup) {
    /**
    在各个子 go 程结束时一定要调用 Done 方法,它会通知 WaitGroup 该子 go 程执行完毕
    */
    defer group.Done()
    time.Sleep(time.Second * 3)
    fmt.Println("son1 子 go 程结束...")
}

func son2(group * sync.WaitGroup) {
    /**
    在各个子 go 程结束时一定要调用 Done 方法,它会通知 WaitGroup 该子 go 程执行完毕
    */
    defer group.Done()
    time.Sleep(time.Second * 5)
    fmt.Println("son2 子 go 程结束")
}

func son3(group * sync.WaitGroup) {
    /**
    在各个子 go 程结束时一定要调用 Done 方法,它会通知 WaitGroup 该子 go 程执行完毕
    */
```

```
    defer group.Done()
    time.Sleep(time.Second * 1)
    fmt.Println("son3 子 go 程结束～～～")
}

func main() {
    /**
    创建 WaitGroup 对象
    */
    var wg sync.WaitGroup

    /**
    添加主 go 程等待的子 go 程个数,该数量有 3 种情况:
    1.当主 go 程添加的子 go 程个数和实际子 go 程数量相等时,需要等待所有的子 go 程执行完毕
    后主 go 程才能正常退出。
    2.当主 go 程添加的子 go 程个数和实际子 go 程数量不等时有以下两种情况:
        (1)小于的情况:只需等待指定的子 go 程数量执行完毕后主 go 程就会退出,尽管还有其他的子
    go 程没有运行完成。
        (2)大于的情况:最终会抛出异常 fatal error: all goroutines are asleep deadlock!
    */
    wg.Add(2)

    /**
    执行子 go 程
    */
    go son1(&wg)
    go son2(&wg)
    go son3(&wg)

    /**
    在主 go 程中等待,即主 go 程为阻塞状态
    */
    wg.Wait()
}
```

5.1.16　Go 网络编程:套接字

1. 套接字(Socket)网络概述

(1) 什么是协议?从应用的角度出发,协议可理解为规则,是数据传输和数据解释的规则。假设,A、B 双方欲传输文件。规定如下:

第 1 次,传输文件名,接收方接收到文件名,应答 OK 给传输方。

第 2 次,发送文件的尺寸,接收方接收到该数据再次应答一个 OK。

第 3 次,传输文件内容。同样,接收方完成接收数据后应答 OK 表示文件内容接收成功。

由此,无论 A、B 之间传递何种文件都是通过三次数据传输来完成的。A、B 之间形成了一个最简单的数据传输规则。双方都按此规则发送、接收数据。A、B 之间达成的这个相互

遵守的规则即为协议。

这种仅在 A、B 之间被遵守的协议称为原始协议。

此协议被更多的人采用，不断地增加、改进、维护、完善。最终形成一个稳定的、完整的文件传输协议，被广泛地应用于各种文件传输过程中。该协议就成为一个标准协议。最早的 FTP 就是由此衍生而来的。

典型协议：

应用层：常见的协议有 HTTP 和 FTP。超文本传输协议（Hyper Text Transfer Protocol，HTTP）是互联网上应用最为广泛的一种网络协议。FTP 为文件传输协议（File Transfer Protocol）。

传输层：常见协议有 TCP/UDP。传输控制协议（Transmission Control Protocol，TCP）是一种面向连接的、可靠的、基于字节流的传输层通信协议。用户数据报文协议（User Datagram Protocol，UDP）是 OSI 参考模型中的一种无连接的传输层协议，提供面向事务的简单不可靠信息传送服务。

网络层：常见协议有 IP、ICMP、IGMP。IP 是因特网互联协议（Internet Protocol）。ICMP 是因特网控制报文协议（Internet Control Message Protocol），它是 TCP/IP 协议簇的一个子协议，用于在 IP 主机、路由器之间传递控制消息。IGMP 是因特网组管理协议（Internet Group Management Protocol），是因特网协议家族中的一个组播协议。该协议运行在主机和组播路由器之间。

链路层：常见协议有 ARP、RARP。ARP 是正向地址解析协议（Address Resolution Protocol），通过已知的 IP，寻找对应主机的 MAC 地址。RARP 是反向地址转换协议，通过 MAC 地址确定 IP 地址。

（2）什么是 Socket？Socket 的英文含义是插座、插孔，一般称为套接字，用于描述 IP 地址和端口。可以实现不同程序间的数据通信。

Socket 起源于 UNIX，而 UNIX 的基本哲学之一就是"一切皆文件"，即文件都可以用"打开"→"读写"→"关闭"模式来操作。

Socket 就是该模式的一个实现，网络的 Socket 数据传输是一种特殊的 I/O，Socket 也是一种文件描述符。Socket 也具有一个类似于打开文件的函数调用：Socket()，该函数返回一个整型的 Socket 描述符，随后的连接建立、数据传输等操作都是通过该 Socket 实现的。

在 TCP/IP 中，"IP 地址＋TCP 或 UDP 端口号"唯一标识网络通信中的一个进程。"IP 地址＋端口号"就对应一个 Socket。欲建立连接的两个进程各自有一个 Socket 来标识，那么这两个 Socket 组成的 Socket Pair 就唯一标识一个连接，因此可以用 Socket 来描述网络连接的一对一关系。

常用的 Socket 类型有两种：

流式 Socket（SOCK_STREAM）：流式是一种面向连接的 Socket，针对面向连接的 TCP 服务应用。

数据报文式 Socket(SOCK_DGRAM)：数据报文式 Socket 是一种无连接的 Socket，对应无连接的 UDP 服务应用。

套接字的内核实现较为复杂，简化的结构如图 5-14 所示。

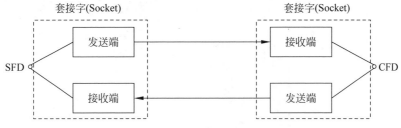

图 5-14　套接字简化的结构

（3）网络应用程序设计模式及优缺点如下。

C/S 模式：传统的网络应用设计模式，客户端(Client)/服务器(Server)模式。需要在通信两端各自部署客户机和服务器来完成数据通信。

优点：①客户端位于目标主机上，可以保证性能，将数据缓存至客户端本地，从而提高数据传输效率；②一般来讲客户端和服务器端程序由一个开发团队创作，所以它们之间所采用的协议相对灵活。可以在标准协议的基础上根据需求裁剪及定制。例如，腾讯所采用的通信协议，即为 FTP 的修改剪裁版。

因此，传统的网络应用程序及较大型的网络应用程序都首选 C/S 模式进行开发。如知名的网络游戏《魔兽世界》。三维画面，数据量庞大，使用 C/S 模式可以提前在本地进行大量数据的缓存处理，从而提高观感。

缺点：①由于客户端和服务器端都需要有一个开发团队来完成开发，所以工作量将成倍提升，开发周期较长；②从用户角度出发，需要将客户端安装至用户主机上，对用户主机的安全性构成威胁。这也是很多用户不愿使用 C/S 模式应用程序的重要原因。

B/S 模式：浏览器(Browser)/服务器(Server)模式。只需在一端部署服务器，而另外一端使用每台计算机都默认配置的浏览器即可完成数据的传输。

优点：①B/S 模式相比 C/S 模式而言，由于它没有独立的客户端，使用标准浏览器作为客户端，其开发工作量较小，只需开发服务器端；②另外由于其采用浏览器显示数据，因此移植性非常好，不受平台限制。如早期的偷菜游戏，在各个平台上都可以完美运行。

缺点：①B/S 模式的缺点也较明显。由于使用第三方浏览器，因此网络应用支持受限；②没有将客户端放到对方主机上，缓存数据不尽如人意，从而使传输数据量受到限制。应用的观感大打折扣；③必须与浏览器一样，采用标准 HTTP 进行通信，协议选择不灵活。

综上所述，在开发过程中，模式的选择由上述各自的特点决定。应根据实际需求选择应用程序设计模式。

2．TCP 的 Socket 编程实战案例

（1）简单 C/S 模型通信，结构如图 5-15 所示。

网络攻防中的匿名链路设计与实现

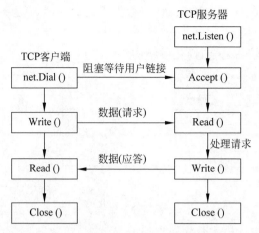

图 5-15　简单 C/S 模型通信结构

服务器端使用 Listen 函数创建监听 Socket，代码如下：

```go
//anonymous-link\example\chapter5\socket_server.go
package main

import (
    "fmt"
    "net"
)

func main() {

    /**
    使用 Listen 函数创建监听 Socket，其函数签名如下：
        func Listen(network, address string) (Listener, error)
    以下是对函数签名的参数说明：
        network 用于指定服务器端 Socket 的协议，如 tcp/udp，注意此处是小写字母
        address 用于指定服务器端监听的 IP 地址和端口号，如果不指定地址，则默认监听当前服务器的所有 IP 地址
    */
    socket, err := net.Listen("tcp", "127.0.0.1:8888")
    if err != nil {
        fmt.Println("开启监听失败,错误原因: ", err)
        return
    }
    defer socket.Close()
    fmt.Println("开启监听...")
    for {
        /**
        等待客户端连接请求
        */
        conn, err := socket.Accept()
        if err != nil {
            fmt.Println("建立连接失败,错误原因: ", err)
```

```go
            return
        }
        defer conn.Close()
        fmt.Println("建立连接成功,客户端地址是:", conn.RemoteAddr())

        /**
        接收客户端数据
        */
        buf := make([]Byte, 1024)
        conn.Read(buf)
        fmt.Printf("读取到客户端的数据为:%s\n", string(buf))

        /**
        将数据发送给客户端
        */
        tmp := "Blog地址:https://blog.csdn.net/u014374009"
        conn.Write([]Byte(tmp))
    }
}
```

客户端使用 Dial 函数链接服务器端,代码如下:

```go
//anonymous-link\example\chapter5\socket_client.go
package main

import (
    "fmt"
    "net"
)

func main() {

    /**
    使用 Dial 函数连接服务器端,其函数签名如下:
        func Dial(network, address string) (Conn, error)
    以下是对函数签名的各参数说明:
        network 用于指定客户端 Socket 的协议,如 tcp/udp,该协议应该和需要连接服务器端的协
议一致
        address 用于指定客户端需要连接服务器端的 Socket 信息,即指定服务器端的 IP 地址和
端口
    */
    conn, err := net.Dial("tcp", "127.0.0.1:8888")
    if err != nil {
        fmt.Println("连接服务器端出错,错误原因:", err)
        return
    }
    defer conn.Close()
    fmt.Println("与服务器端连接建立成功...")
    /**
    给服务器端发送数据
```

```go
    */
    conn.Write([]Byte("服务器端,请问博客地址的 URL 是多少呢?"))

    /**
    获取服务器的应答
    */
    var buf = make([]Byte, 1024)
    conn.Read(buf)
    fmt.Printf("从服务器端获取的数据为:%s\n", string(buf))
}
```

(2) 并发 C/S 模型通信,示例代码如下:

```go
//anonymous - link\example\chapter5\socket_concurrency_server.go
package main

import (
    "fmt"
    "net"
    "strings"
)

func HandleConn(conn net.Conn) {
    //函数调用完毕,自动关闭 conn
    defer conn.Close()

    //获取客户端的网络地址信息
    addr := conn.RemoteAddr().String()
    fmt.Println(addr, " connect successful")

    buf := make([]Byte, 2048)

    for {
        //读取用户数据
        n, err := conn.Read(buf)
        if err != nil {
            fmt.Println("err = ", err)
            return
        }
        fmt.Printf("[%s]: %s\n", addr, string(buf[:n]))
        fmt.Println("len = ", len(string(buf[:n])))

        //if "exit" == string(buf[:n-1]) { //nc 测试,发送时只有 \n
        if "exit" == string(buf[:n-2]) {    //自己写的客户端测试,发送时多了两个字
                                            //符,即"\r\n"
            fmt.Println(addr, " exit")
            return
        }

        //把数据转换为大写,再给用户发送
```

```go
        conn.Write([]Byte(strings.ToUpper(string(buf[:n]))))
    }
}

func main() {
    /**
      使用 Listen 函数创建监听 Socket,其函数签名如下:
          func Listen(network, address string) (Listener, error)
      以下是对函数签名的参数说明:
          network 用于指定服务器端 Socket 的协议,如 tcp/udp,注意此处是小写字母
          address 用于指定服务器端监听的 IP 地址和端口号,如果不指定地址,则默认监听当前服务器的所有 IP 地址
    */
    socket, err := net.Listen("tcp", "127.0.0.1:8888")
    if err != nil {
        fmt.Println("开启监听失败,错误原因: ", err)
        return
    }
    defer socket.Close()
    fmt.Println("开启监听...")

    //接收多个用户
    for {
        /**
            等待客户端连接请求
        */
        conn, err := socket.Accept()
        if err != nil {
            fmt.Println("建立连接失败,错误原因: ", err)
            return
        }

        //处理用户请求,新建一个 go 程
        go HandleConn(conn)
    }
}
```

客户端使用 Dial 函数连接服务器端,代码如下:

```go
//anonymous-link\example\chapter5\socket_concurrency_client.go
package main

import (
    "fmt"
    "net"
    "strconv"
)

func main() {
```

```go
/**
使用 Dial 函数连接服务器端,其函数签名如下:
    func Dial(network, address string) (Conn, error)
以下是对函数签名的各参数说明:
    network 用于指定客户端 Socket 的协议,如 tcp/udp,该协议应该和需要连接服务器端的协议一致
    address 用于指定客户端需要连接服务器端的 Socket 信息,即指定服务器端的 IP 地址和端口
*/
conn, err := net.Dial("tcp", "127.0.0.1:8888")
if err != nil {
    fmt.Println("连接服务器端出错,错误原因: ", err)
    return
}
defer conn.Close()
fmt.Println("与服务器端建立连接成功...")

/**
定义需要发送的数据,第 1 次给服务器端发送要发的长度
*/
data := []Byte("服务器端,请问博客地址的 URL 是多少呢?")
lenData := len(data)

/**
给服务器端发送数据的长度
*/
conn.Write([]Byte(strconv.Itoa(lenData)))

/**
获取服务器的应答
*/
var buf = make([]Byte, 1024)
conn.Read(buf)
fmt.Printf("从服务器端获取的数据为:%s\n", string(buf))

/**
第 2 次给服务器发送数据
*/
conn.Write(data)
conn.Read(buf)
fmt.Printf("获取的数据为:%s\n", string(buf))
}
```

3. UDP 的 Socket 编程实战案例

(1) UDP 与 TCP 的主要区别为①TCP 是面向连接的,而 UDP 是面向无连接的,TCP 在建立端口连接时分别要进行三次握手和四次挥手,所以说 TCP 是可靠的连接,而 UDP 是不可靠的连接;②TCP 是流式传输,可能会出现粘包问题,UDP 是数据报文传输,UDP 可能会出现丢包问题。粘包问题可以通过发送数据包的长度解决,丢包问题可以通过为每个数据报文添加标识位解决;③TCP 要求系统资源较多,UDP 要求系统资源较少,TCP 需要

创建连接再进行通信,所以效率要比 UDP 低;④TCP 程序结构较复杂,UDP 程序结构较简单;⑤TCP 可以保证数据的准确性,而 UDP 则不能保证数据的准确性。

各自的应用场景如下。

TCP 的应用场景:例如文件传输、重要数据传输等。

UDP 的应用常见:例如打电话、直播等。

(2) 简单 C/S 模型通信,示例代码如下:

```go
//anonymous-link\example\chapter5\udp_server.go
package main

import (
    "fmt"
    "net"
)

func main() {
    /**
    创建监听的地址,并且指定 UDP
    */
    udp_addr, err := net.ResolveUDPAddr("udp", "127.0.0.1:9999")
    if err != nil {
        fmt.Println("获取监听地址失败,错误原因:", err)
        return
    }

    /**
    创建数据通信 Socket
    */
    conn, err := net.ListenUDP("udp", udp_addr)
    if err != nil {
        fmt.Println("开启 UDP 监听失败,错误原因:", err)
        return
    }
    defer conn.Close()

    fmt.Println("开启监听...")

    buf := make([]Byte, 1024)

    /**
    通过 ReadFromUDP 可以读取数据,可以返回如下 3 个参数。
        dataLength:数据的长度
        raddr:远程的客户端地址
        err:错误信息
    */
    dataLength, raddr, err := conn.ReadFromUDP(buf)
    if err != nil {
        fmt.Println("获取客户端传递数据失败,错误原因:", err)
```

```go
        return
    }
    fmt.Println("获取客户端的数据为:", string(buf[:dataLength]))

    /**
    写回数据
    */
    conn.WriteToUDP([]Byte("服务器端已经收到数据"), raddr)
}
```

客户端使用 Dial 函数连接服务器端,示例代码如下:

```go
//anonymous-link\example\chapter5\udp_client.go
package main

import (
    "fmt"
    "net"
)

func main() {
    /**
    使用 Dial 函数连接服务器端,其函数签名如下:
        func Dial(network, address string) (Conn, error)
    以下是对函数签名的各参数说明:
        network 用于指定客户端 Socket 的协议,如 tcp/udp,该协议应该和需要连接服务器端的协议一致
        address 用于指定客户端需要连接服务器端的 Socket 信息,即指定服务器端的 IP 地址和端口
    */
    conn, err := net.Dial("udp", "127.0.0.1:9999")
    if err != nil {
        fmt.Println("连接服务器端出错,错误原因:", err)
        return
    }
    defer conn.Close()
    fmt.Println("与服务器端建立连接成功...")

    /**
    给服务器端发送数据
    */
    conn.Write([]Byte("Hi,My name is Jason Yin."))

    /**
    读取服务器端返回的数据
    */
    tmp := make([]Byte, 1024)
    n, _ := conn.Read(tmp)
    fmt.Println("获取服务器端返回的数据为:", string(tmp[:n]))
}
```

5.1.17 Go 网络编程实例：HTTP 编程

1. 网络编程中的 HTTP 概述

一个 Web 服务器也被称为 HTTP 服务器，它通过超文本传输协议（Hyper Text Transfer Protocol，HTTP）与客户端通信。这个客户端通常指的是 Web 浏览器（其实手机端客户端内部也是由浏览器实现的）。

Web 服务器的工作原理可以简单地归纳为：

（1）客户机通过 TCP/IP 建立到服务器的 TCP 连接。

（2）客户端向服务器发送 HTTP 请求包，请求服务器里的资源文档。

（3）服务器向客户机发送 HTTP 应答包，如果请求的资源包含动态语言内容，则服务器会调用动态语言的解释引擎负责处理"动态内容"，并将处理后的数据返回客户端。

（4）客户机与服务器断开。由客户端解释 HTML 文档，在客户端屏幕上渲染图形结果。

2. 网络编程中的 HTTP

HTTP 是互联网上应用最为广泛的一种网络协议，它详细规定了浏览器和万维网服务器之间互相通信的规则，通过因特网传送万维网文档的数据传送协议。

HTTP 通常承载于 TCP 之上，有时也承载于 TLS 或 SSL 协议层之上，这时就成了常说的 HTTPS，如图 5-16 所示。

图 5-16 HTTP 层次结构

3. HTTP 请求报文格式

HTTP 请求报文由请求行、请求头部、空行、请求包体 4 部分组成，如图 5-17 所示。

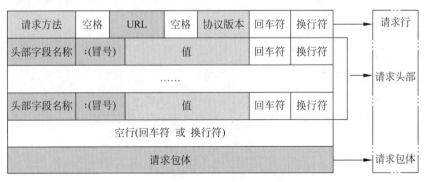

图 5-17 HTTP 请求报文格式

请求行：请求行由方法字段、URL 字段 和 HTTP 版本字段 3 部分组成，它们之间使用空格隔开。常用的 HTTP 请求方法有 GET、POST。

GET：当客户端要从服务器中读取某个资源时，使用 GET 方法。GET 方法要求服务器将 URL 定位的资源放在响应报文的数据部分，回送给客户端，即向服务器请求某个资源。使用 GET 方法时,请求参数和对应的值附加在 URL 后面,利用一个问号(?)代表 URL 的结尾与请求参数的开始,传递参数的长度受限制,因此 GET 方法不适合用于上传数据。通过 GET 方法获取网页时,参数会显示在浏览器网址栏上,因此保密性很差。

POST:当客户端给服务器端提供信息较多时可以使用 POST 方法,POST 方法向服务器提交数据,例如完成表单数据的提交,将数据提交给服务器处理。

GET 一般用于获取/查询资源信息,POST 会附带用户数据,一般用于更新资源信息。POST 方法将请求参数封装在 HTTP 请求数据中,而且长度没有限制,因为 POST 携带的数据在 HTTP 的请求正文中,以名称/值的形式出现,可以传输大量数据。

请求头部:请求头部为请求报文添加了一些附加信息,由名称/值对组成,每行一对,名和值之间使用冒号分隔。请求头部通知服务器端有关于客户端请求的信息,典型的请求头如下。

User-Agent:请求的浏览器类型。

Accept:客户端可识别的响应内容类型列表,星号(*)用于按范围将类型分组,用 */* 指示可接受全部类型,用 type/* 指示可接受 type 类型的所有子类型。

Accept-Language:客户端可接受的自然语言。

Accept-Encoding:客户端可接受的编码压缩格式。

Accept-Charset:可接受的应答的字符集。

Host:请求的主机名,允许多个域名同处一个 IP 地址,即虚拟主机。

connection:连接方式(close 或 keepalive)。

Cookie:存储于客户端扩展字段,向同一域名的服务器端发送属于该域的 Cookie。

空行:最后一个请求头之后是一个空行,发送回车符和换行符,通知服务器以下不再有请求头。

请求包体:请求包体不在 GET 方法中使用,而在 POST 方法中使用。POST 方法适用于需要客户填写表单的场合。与请求包体相关的最常使用的是包体类型 Content-Type 和包体长度 Content-Length。

4. HTTP 响应报文说明

HTTP 响应报文由状态行、响应头部、空行、响应包体 4 部分组成,如图 5-18 所示。

状态行:状态行由 HTTP 版本字段、状态码和状态码的描述文本 3 部分组成,它们之间使用空格隔开。

状态码:状态码由 3 位数字组成,第 1 位数字表示响应的类型,常用的状态码有 5 大类。

1xx:表示服务器已接收了客户端请求,客户端可继续发送请求。

2xx:表示服务器已成功接收到请求并进行处理。

3xx:表示服务器要求客户端重定向。

4xx:表示客户端的请求有非法内容。

5xx:表示服务器未能正常处理客户端的请求而出现意外错误。

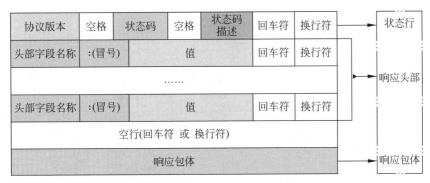

图 5-18　HTTP 响应报文格式

常见的状态码举例如下。

200：表示 OK，即客户端请求成功。

400：表示 Bad Request，即请求报文有语法错误。

401：表示 Unauthorized，即未授权。

403：表示 Forbidden，即服务器拒绝服务。

404：表示 Not Found，即请求的资源不存在。

500：表示 Internal Server Error，即服务器内部错误。

503：表示 Server Unavailable，即服务器临时不能处理客户端请求(稍后可能可以)。

响应头部，响应头可能包括以下几种信息。

Location：响应报头域用于将接受者重定向到一个新的位置。

Server：响应报头域包含了服务器用来处理请求的软件信息及其版本。

Vary：指示不可缓存的请求头列表。

Connection：连接方式。

空行：最后一个响应头部之后是一个空行，发送回车符和换行符，通知服务器以下不再有响应头部。

响应包体：服务器返回客户端的文本信息。

5．编写简单的 Web 服务器

使用 Go 编写一个简单的 Web 服务器(生产环境建议初学者使用开源的 Web 框架，例如 Beego、Gin 等)，示例代码如下：

```
//anonymous-link\example\chapter5\web_server.go
package main

import (
    "fmt"
    "net/http"
)
```

```go
func UserResp(resp http.ResponseWriter, req * http.Request) {
    fmt.Printf("请求方法：%s\n", req.Method)
    fmt.Printf("浏览器发送请求文件路径：%s\n", req.url)
    fmt.Printf("请求头：%s\n", req.Header)
    fmt.Printf("请求包体：%s\n", req.Body)
    fmt.Printf("客户端网络地址：%s\n", req.RemoteAddr)
    fmt.Printf("客户端Agent：%s\n", req.UserAgent())

    /**
    给客户端回复数据
    */
    resp.Write([]Byte("User response"))
}

func IndexResp(resp http.ResponseWriter, req * http.Request) {
    resp.Write([]Byte("Index response"))
}

func main() {
    /**
    为不同的请求注册不同的函数
    */
    http.HandleFunc("/user", UserResp)
    http.HandleFunc("/index", IndexResp)

    //开启服务器，监听客户端的请求
    http.ListenAndServe("127.0.0.1:8080", nil)

}
```

6. 编写简单的客户端

使用 Go 发起 HTTP 请求，示例代码如下：

```go
//anonymous-link\example\chapter5\web_client.go
package main

import (
    "fmt"
    "net/http"
)

func main() {

    /**
    该 URL 是刚刚编写的简单的 Web 服务器对应的资源
    */
    url := "http://127.0.0.1:8080/user"

    resp, err := http.Get(url)
    if err != nil {
```

```go
        fmt.Println("获取数据失败,错误原因: ", err)
        return
    }
    defer resp.Body.Close()

    /**
    获取从服务器端读到的数据
    */
    fmt.Printf("状态: %s\n", resp.Status)
    fmt.Printf("状态码: %v\n", resp.StatusCode)
    fmt.Printf("响应头部: %s\n", resp.Header)
    fmt.Println("响应包体: ", resp.Body)

    /**
    定义切片缓冲区,临时存储读到的数据,并将每次读到的结果拼接到 data 中
    */
    buf := make([]Byte, 4096)
    var data string

    for {
        n, _ := resp.Body.Read(buf)
        if n == 0 {
            fmt.Println("数据读取完毕...")
            break
        }
        if err != nil {
            fmt.Println("数据读取失败,错误原因: ", err)
            return
        }
        data += string(buf[:n])
    }

    fmt.Printf("从服务器端获取的内容是:[%s]\n", data)
}
```

5.1.18　Go 的序列化

1. 什么是序列化

数据在网络传输前后要进行序列化和反序列化。目的是将复杂的数据类型按照统一、简单且高效的形式转储,以达到网络传输的目的。除了在网络传输,有的数据存储到本地也是为了其他语言使用方便,通常也会使用相对较为通用的数据格式来存储,这就是常说的序列化,反序列化就是将数据按照规定的语法格式进行解析的过程。

2. 什么是 JSON

JSON 采用完全独立于语言的文本格式,但是也具有类似于 C 语言家族的特性(包括 C、C++、C♯、Java、JavaScript、Perl、Python、Go 等)。这些特性使 JSON 成为理想的数据交换格式。易于人阅读和编写,同时也易于机器解析和生成(一般用于提升网络传输速率)。

目前，JSON 已经成为主流的数据格式。

JSON 的特性：①JSON 解析器和 JSON 库支持许多不同的编程语言；②JSON 文本格式在语法上与创建 JavaScript 对象的代码相同。由于这种相似性，无需解析器，JavaScript 程序能够使用内建的 eval() 函数，用 JSON 数据来生成原生的 JavaScript 对象；③JSON 是存储和交换文本信息的语法，比 XML 更小、更快，更易解析；④JSON 具有自我描述性，语法简洁，易于理解；⑤JSON 数据主要有两种数据结构，一种是键/值，另一种是以数组的形式来表示。

3. JSON 序列化案例

(1) 结构体序列化通过 MarshalIndent 方法实现，示例代码如下：

```go
//anonymous-link\example\chapter5\struct_json1.go
package main

import (
    "encoding/json"
    "fmt"
)
/**
定义需要的结构体
*/
type Teacher struct {
    Name string
    ID int
    Age int
    Address string
}

func main() {
    s1 := Teacher{
        Name: "Frank",
        ID: 1001,
        Age: 18,
        Address: "北京",
    }

    /**
    使用 encoding/json 包的 Marshal 函数进行序列化操作,其函数签名如下：
        func Marshal(v interface{}) ([]Byte, error)
    以下是对 Marshal 函数参数的相关说明
        v:该参数是空接口类型。意味着任何数据类型(int、float、map 结构体等)都可以使用该函数进行序列化
        返回值：很明显返回值是字节切片和错误信息
    */
    //data, err := json.Marshal(&s1)

    /**
    Go 语言标准库的 encoding/json 包还提供了另外一种方法:MarshalIndent
```

该方法的作用与 Marshal 的作用相同，只是可以通过方法参数设置前缀、缩进等，对 JSON 多了一些格式处理，打印出来比较好看
```go
*/
data, err := json.MarshalIndent(s1, "\t", "")
if err != nil {
    fmt.Println("序列化出错,错误原因：", err)
    return
}

/**
查看序列化后的 JSON 字符串
*/
fmt.Println("序列化之后的数据为：", string(data))
}
```

结构体序列化通过 Marshal 方法实现，示例代码如下：

```go
//anonymous-link\example\chapter5\struct_json2.go
package main

import (
    "encoding/json"
    "fmt"
)
/**
定义需要的结构体
*/
type Teacher struct {
    Name string
    ID int
    Age int
    Address string
}

func main() {
    s1 := Teacher{
        Name: "Frank",
        ID: 1002,
        Age: 18,
        Address: "北京",
    }

    /**
    使用 encoding/json 包的 Marshal 函数进行序列化操作，其函数签名如下：
        func Marshal(v interface{}) ([]Byte, error)
    以下是对 Marshal 函数参数的相关说明
        v：该参数是空接口类型。意味着任何数据类型（int、float、map 结构体等）都可以使用该函数进行序列化
        返回值：很明显返回值是字节切片和错误信息
    */
```

```go
    data, err := json.Marshal(&s1)        //注意,这里传递的是引用地址
    if err != nil {
        fmt.Println("序列化出错,错误原因: ", err)
        return
    }

    /**
    查看序列化后的 JSON 字符串
    */
    fmt.Println("序列化之后的数据为: ", string(data))
}
```

(2) map 序列化,示例代码如下:

```go
//anonymous-link\example\chapter5\map_json.go
package main

import (
    "encoding/json"
    "fmt"
)

func main() {

    var s1 map[string]interface{}

    /**
    使用 make 函数初始化 map 以开辟内存空间
    */
    s1 = make(map[string]interface{})

    /**
    map 赋值操作
    */
    s1["name"] = "Jason Yin"
    s1["age"] = 20
    s1["address"] = [2]string{"北京", "陕西"}

    /**
    将 map 使用 Marshal() 函数进行序列化
    */
    data, err := json.Marshal(s1)
    if err != nil {
        fmt.Println("Marshal err: ", err)
        return
    }

    /**
    查看序列化后的 JSON 字符串
    */
```

```go
        fmt.Println("序列化之后的数据为：", string(data))
}
```

（3）切片序列化，示例代码如下：

```go
//anonymous - link\example\chapter5\slice_json.go
package main

import (
    "encoding/json"
    "fmt"
)

func main() {
    /**
    创建一个类似于map[string]interface{}的切片
    */
    var s1 []map[string]interface{}

    /**
    使用make函数初始化map以开辟内存空间
    */
    m1 := make(map[string]interface{})

    /**
    为map进行赋值操作
    */
    m1["name"] = "李白"
    m1["role"] = "打野"

    m2 := make(map[string]interface{})
    m2["name"] = "王昭君"
    m2["role"] = "中单"

    m3 := make(map[string]interface{})
    m3["name"] = "程咬金"
    m3["role"] = "上单"

    /**
    将map追加到切片中
    */
    s1 = append(s1, m3, m2, m1)

    data, err := json.Marshal(s1)
    if err != nil {
        fmt.Println("序列化出错,错误原因：", err)
        return
    }
```

```go
    /**
    查看序列化后的数据
    */
    fmt.Println(string(data))
}
```

(4) 数组序列化,示例代码如下:

```go
//anonymous-link\example\chapter5\array_json.go
package main

import (
    "encoding/json"
    "fmt"
)

func main() {
    /**
    定义数组
    */
    var s1 = [5]int{9, 5, 2, 7, 5200}
    /**
    将数组使用 Marshal 函数进行序列化
    */
    data, err := json.Marshal(s1)
    if err != nil {
        fmt.Println("序列化错误:", err)
        return
    }
    /**
    查看序列化后的 JSON 字符串
    */
    fmt.Println("数组序列化后的数据为:", string(data))
}
```

(5) 基础数据类型序列化,示例代码如下:

```go
//anonymous-link\example\chapter5\basic_json.go
package main

import (
    "encoding/json"
    "fmt"
)

func main() {
    /**
    定义基础数据类型数据
    */
    var (
```

```go
        Surname = '周'
        Name = "周杰伦"
        Age = 18
        Temperature = 35.6
        HubeiProvince = false
    )

    /**
    对基础数据类型进行序列化操作
    */
    surname, _ := json.Marshal(Surname)
    name, _ := json.Marshal(Name)
    age, _ := json.Marshal(Age)
    temperature, _ := json.Marshal(Temperature)
    hubeiProvince, _ := json.Marshal(HubeiProvince)

    /**
    查看序列化后的 JSON 字符串
    */
    fmt.Println("Surname 序列化后的数据为:", string(surname))
    fmt.Println("Name 序列化后的数据为:", string(name))
    fmt.Println("Age 序列化后的数据为:", string(age))
    fmt.Println("Temperature 序列化后的数据为:", string(temperature))
    fmt.Println("HubeiProvince 序列化后的数据为:", string(hubeiProvince))
}
```

4. JSON 反序列化案例

(1) 结构体反序列化,示例代码如下:

```go
//anonymous-link\example\chapter5\json_struct.go
package main

import (
    "encoding/json"
    "fmt"
)

type People struct {
    Name    string
    Age     int
    Address string
}

func main() {
    /**
    以 JSON 数据为例,接下来要对该数据进行反序列化操作
    */
    p1 := `{"Name":"Jason Yin","Age":18,"Address":"北京"}`

    var s1 People
```

```go
        fmt.Printf("反序列化之前：\n\ts1 = %v \n\ts1.Name = %s\n\n", s1, s1.Name)

        /**
        使用encoding/json包中的Unmarshal()函数进行反序列化操作，其函数签名如下：
            func Unmarshal(data []Byte, v interface{}) error
        以下是对函数签名的参数说明
            data：待解析的JSON编码字符串
            v：解析后传出的结果，即用来容纳待解析的JSON数据容器
        */
        err := json.Unmarshal([]Byte(p1), &s1)
        if err != nil {
            fmt.Println("反序列化失败：", err)
            return
        }

        /**
        查看反序列化后的结果
        */
        fmt.Printf("反序列化之后：\n\ts1 = %v \n\ts1.Name = %s\n", s1, s1.Name)

}
```

(2) map反序列化，示例代码如下：

```go
//anonymous-link\example\chapter5\json_map.go
package main

import (
    "encoding/json"
    "fmt"
)

func main() {

    m1 := `{"address":["北京","陕西"],"age":20,"name":"Jason Yin"}`

    /**
    定义map变量，类型必须与之前序列化的类型完全一致
    */
    var s1 map[string]interface{}
    fmt.Println("反序列化之前：s1 = ", s1)

    /**
    注意事项：
        不需要使用make函数初始化m1，开辟空间。这是因为在反序列化函数Unmarshal()中会判断传入的参数2，如果是map类型数据，则会自动开辟空间。相当于Unmarshal()函数可以帮助做make操作
        但传参时需要注意，Unmarshal的第2个参数被用作传出，并返回结果，因此必须传m1的地址值
    */
```

```go
    err := json.Unmarshal([]Byte(m1), &s1)
    if err != nil {
        fmt.Println("反序列化失败,错误原因：", err)
        return
    }

    fmt.Println("反序列化之后:s1 = ", s1)
}
```

(3) 切片反序列化,示例代码如下：

```go
//anonymous-link\example\chapter5\json_slice.go
package main

import (
    "encoding/json"
    "fmt"
)

func main() {
    s1 := `[{"name":"王昭君","role":"中单"},{"name":"李白","role":"打野"}]`

    var slice []map[string]interface{}
    fmt.Println("反序列化之前:slice = ", slice)

    /**
    实现思路与前面两种完全一致,这里不再赘述
    注意事项：
        反序列化 JSON 字符串时,确保反序列化传出的数据类型与之前序列化的数据类型完全一致
    */
    err := json.Unmarshal([]Byte(s1), &slice)
    if err != nil {
        fmt.Println("反序列化失败,错误原因：", err)
        return
    }

    fmt.Println("反序列化之后:slice = ", slice)
}
```

5. 结构体标签序列化

结构体标签序列化,示例代码如下：

```go
//anonymous-link\example\chapter5\tag_json.go
package main

import (
    "encoding/json"
    "fmt"
)
/**
```

```go
结构体的字段除了名字和类型外,还可以有一个可选的标签,它是一个附属于字段的字符串,可以是
文档,也可以是其他的重要标记
例如在解析 JSON 或生成 JSON 文件时,常用到 encoding/json 包,它提供了一些默认标签
定义结构体时,可以通过这些默认标签来设定结构体成员变量,使之在序列化后得到特殊的输出
*/
type Student struct {
    /**
    "-"标签的作用是不进行序列化,效果和将结构体字段首字母写成小写一样
    */
    Name string `json:"-"`

    /**
    string 标签:在以这种方式生成的 JSON 对象中,ID 的类型转换为字符串
    */
    ID int `json:"id,string"`

    /**
    omitempty 标签:可以在序列化时忽略 0 值或者空值
    */
    Age int `json:"AGE,omitempty"`

    /**
    可以对字段名称进行重命名操作:例如下面的案例就是将"Address"字段重命名为"HomeAddress"
    */
    Address string `json:"HomeAddress"`

    /**
    由于该字段首字母是小写,因此该字段不参与序列化
    */
    score int
    Hobby string
}

func main() {
    s1 := Student{
        Name: "Jason Yin",
        ID: 001,
        //Age: 18,
        Address: "北京",
        score: 100,
        Hobby: "中国象棋",
    }

    data, err := json.Marshal(s1)
    if err != nil {
        fmt.Println("序列化出错,错误原因: ", err)
        return
    }
    fmt.Println("序列化结果: ", string(data))
}
```

6. gob 序列化和反序列化

和 Python 的 pickle 模块类似，Go 语言自带的序列化方式是 gob，一些 Go 语言自带的包使用的序列化方式也是 gob。接下来查看一下 gob 的使用方式。

（1）gob 序列化，示例代码如下：

```go
//anonymous-link\example\chapter5\gob_serialize.go
package main

import (
    "Bytes"
    "encoding/gob"
    "fmt"
)

type People struct {
    Name string
    Age  int
}

func main() {
    p := People{
        Name: "Jason Yin",
        Age: 18,
    }

    /**
    定义一字节容器，其结构体如下：
        type Buffer struct {
            buf      []Byte    //contents are the Bytes buf[off : len(buf)]
            off      int       //read at &buf[off], write at &buf[len(buf)]
            lastRead readOp    //last read operation, so that Unread* can work correctly
        }
    */
    buf := Bytes.Buffer{}

    /**
    初始化编码器，其函数签名如下：
        func NewEncoder(w io.Writer) *Encoder
    以下是函数签名的参数说明
        w:一个 io.Writer 对象，可以传递"Bytes.Buffer{}"的引用地址
        返回值:NewEncoder 返回将在 io.Writer 上传输的新编码器
    */
    encoder := gob.NewEncoder(&buf)

    /**
    编码操作
    */
    err := encoder.Encode(p)
    if err != nil {
```

```go
        fmt.Println("编码失败,错误原因:", err)
        return
    }

    /**
    查看编码后的数据(gob 序列化其实是二进制数据)
    */
    fmt.Println(string(buf.Bytes()))
}
```

(2) gob 反序列化,示例代码如下:

```go
//anonymous-link\example\chapter5\gob_deserialize.go
package main

import (
    "Bytes"
    "encoding/gob"
    "fmt"
)

type Student struct {
    Name string
    Age  int
}

func main() {

    s1 := Student{
        Name: "Jason Yin",
        Age:  18,
    }

    buf := Bytes.Buffer{}

    /**
    初始化编码器
    */
    encoder := gob.NewEncoder(&buf)

    /**
    编码操作,相当于序列化过程
    */
    err := encoder.Encode(s1)
    if err != nil {
        fmt.Println("编码失败,错误原因:", err)
        return
    }

    /**
    查看编码后的数据(gob 序列化其实是二进制数据)
```

```
     */
     //fmt.Println(string(buf.Bytes()))

     /**
     初始化解码器,其函数签名如下:
         func NewDecoder(r io.Reader) * Decoder
     以下是函数签名的参数说明
         r:一个 io.Reader 对象,其函数签名如下
             func NewReader(b []Byte) * Reader
             综上所述,可以将编码后的字节数组传递给该解码器
         返回值:new decoder 返回从 io.Reader 读取的新解码器
             如果 r 不同时实现 io.ByteReader,则将被包装在 bufio.Reader 中
     */
     decoder := gob.NewDecoder(Bytes.NewReader(buf.Bytes()))

     var s2 Student
     fmt.Println("解码之前 s2 = ", s2)

     /**
     进行解码操作,相当于反序列化过程
     */
     decoder.Decode(&s2)
     fmt.Println("解码之前 s2 = ", s2)
}
```

5.1.19　Go 的序列化:ProtoBuf

1. ProtoBuf 概述

ProtoBuf 是 Protocol Buffers 的简称,它是谷歌公司用 C 语言(因此很多语法借鉴了 C 语法的特性)开发的一种数据描述语言,是一种轻便高效的结构化数据存储格式,可以用于结构化数据串行化,或者序列化。

它很适合做数据存储或 RPC 数据交换格式。

可用于通信协议、数据存储等与语言无关、与平台无关、可扩展的序列化结构数据格式。目前提供了 C++、Java、Python 这 3 种语言的 API,其他语言需要安装相关插件才能使用。

ProtoBuf 刚开源时的定位类似于 XML、JSON 等数据描述语言,通过附带工具生成代码并实现将结构化数据序列化的功能。

这里更关注的是 ProtoBuf 作为接口规范的描述语言,可以作为设计安全的跨语言 RPC 接口的基础工具,主要有以下特性:

(1) ProtoBuf 是类似于 JSON 的数据描述语言(数据格式)。

(2) ProtoBuf 非常适合 RPC 数据交换格式。

ProtoBuf 的优势和劣势。

优势:

(1) 序列化后体积比 JSON 和 XML 小,适合网络传输。

(2) 支持跨平台多语言。
(3) 消息格式升级和兼容性好。
(4) 序列化和反序列化的速度很快,快于 JSON 的处理速度。
劣势:
(1) 相比 XML 和 JSON,应用不够广。
(2) 二进制格式导致可读性差。
(3) 缺乏自描述。
更详细的特性和使用推荐阅读官方文档。

2. ProtoBuf 安装

(1) 下载 ProtoBuf 软件包,命令如下:

```
https://github.com/protocolbuffers/protobuf/releases
```

(2) 配置环境变量,即把下载后的文件解压后得到的目录路径追加到系统变量中,可通过如下命令进行验证:

```
protoc --version
```

(3) 安装 Go 的编译插件,执行以下命令安装插件:

```
go get -u github.com/Go/protobuf/protoc-gen-go
```

安装成功后会在%GOPATH%\bin 目录生成一个编译工具 protoc-gen-go.exe。

3. ProtoBuf 的简单语法

(1) 参考文档资料 https://developers.google.com/protocol-buffers/docs/reference/go-generated。

(2) 编写简单的 ProtoBuf 案例,需要注意的是,文件名后缀以 .proto 结尾,示例代码如下:

```
//anonymous-link\example\chapter5\protobuf_example.proto

//ProtoBuf 默认支持的版本是 2.x,现在一般使用 3.x 版本,所以需要手动指定版本号。如果不这样
//做,则协议缓冲区编译器将假定正在使用 proto 2。这也必须是文件的第 1 个非空的非注释行
syntax = "proto3";
//指定包名,package 关键字指明当前 mypb 包生成 Go 文件之后和 Go 的包名保持一致,但是如果定义
//了"option go_package"参数,则 package 的参数自动失效
package mypb;
//.proto 文件应包含一个 go_package 选项,用于指定包含所生成代码的 Go 软件包的完整导入路径
//(最后一次"bar"就是生成 Go 文件的包名),官方在未来的发行版本会支持
option go_package = "example.com/foo/bar";
/*
通过 message 关键定义传输数据的格式,类似于 Go 语言中的结构体,是包含一系列类型数据的集合
许多标准的简单数据类型可以作为字段类型,包括 bool、int32、float、double 和 string。也可以使
用其他 message 类型作为字段类型
```

```
 */
message People{
    /*
        这里的"1"表示字段是 1,类似于数据库中表的主键 id 等于 1,主键不能重复,标识位数据不
    能重复。该成员编码时用 1 代替名字
        在 JSON 中是通过成员的名字来绑定对应的数据,但是 ProtoBuf 编码通过成员的唯一编号
    来绑定对应的数据
        综上所述,ProtoBuf 编码后数据的体积会比较小,能够快速传输,但缺点是不利于阅读
    */
    string name = 1;

    //需要注意的是标识位不能使用 19 000~19 999(系统预留位)
    int32 age = 2;

    //结构体嵌套,例如嵌套一个 Student 结构体
    Student s = 3;

    //使用数组
    repeated string phone = 4;
}
/*
    message 的格式说明如下:
        消息由至少一个字段组合而成,类似于 Go 语言中的结构体,每个字段都有一定的格式
        (字段修饰符)数据类型 字段名称 = 唯一的编号标签值;
    唯一的编号标签:
        代表每个字段的一个唯一的编号标签,在同一条消息里不可以重复。这些编号标签用于在消
    息二进制格式中标识的字段,并且消息一旦定义就不能更改。需要说明的是,标签在 1~15 采用一字
    节进行编码,所以通常将标签 1~15 用于频繁发生的消息字段
        编号标签大小的范围是 1~2^29。19 000~19 999 是官方预留的值,不能使用
    注释格式:向.proto 文件添加注释,可以使用 C/C++/Java/Go 风格的双斜杠或者段落注释语法
格式
    message 常见的数据类型与 Go 中类型对比:
        .proto 类型    Go 类型    介绍
        double         float64    64 位浮点数
        float          float32    32 位浮点数
        int32          int32      使用可变长度编码。编码负数效率低下,如果字段可能有负值,则
                                  应改用 sint32
        int64          int64      使用可变长度编码。编码负数效率低下,如果字段可能有负值,则
                                  应改用 sint64
        uint32         uint32     使用可变长度编码
        uint64         uint64     使用可变长度编码
        sint32         int32      使用可变长度编码。符号整型值。这些比常规 int32s 编码负数
                                  更有效
        sint64         int64      使用可变长度编码。符号整型值。这些比常规 int64s 编码负数
                                  更有效
        fixed32        uint32     总是 4 字节。如果值通常大于 228,则比 uint 32 更有效
        fixed64        uint64     总是 8 字节。如果值通常大于 256,则比 uint64 更有效
        sfixed32       int32      总是 4 字节
        sfixed64       int64      总是 8 字节
        bool           bool       布尔类型
        string         string     字符串必须始终包含 UTF-8 编码或 7 位 ASCII 文本
        Bytes          []Byte     可以包含任意字节序列
```

```
*/
message Student{
    string name = 1;
    int32 age = 5;
}
```

(3) 基于 ProtoBuf 文件进行编译生成对应的 Go 文件,命令如下:

```
protoc -- go_out = . demo.proto
```

生成文件的内容如下:

```
//anonymous-link\example\chapter5\protobuf_example.go

//ProtoBuf 默认支持的版本是 2.x,现在一般使用 3.x 版本,所以需要手动指定版本号,如果不这样
//做,则协议缓冲区编译器将假定正在使用 proto 2。这也必须是文件的第 1 个非空的非注释行
//Code generated by protoc-gen-go. DO NOT EDIT.
//versions:
//protoc-gen-go v1.21.0
//protoc         v3.11.4
//source: demo.proto
//指定包名,package 关键字指明当前 mypb 包生成 Go 文件之后和 Go 的包名保持一致,但是如果定义
//了"option go_package"参数,则 package 的参数失效

package bar

import (
    proto "github.com/Go/protobuf/proto"
    protoreflect "google.Go.org/protobuf/reflect/protoreflect"
    protoimpl "google.Go.org/protobuf/runtime/protoimpl"
    reflect "reflect"
    sync "sync"
)
const (
    //Verify that this generated code is sufficiently up-to-date.
    _ = protoimpl.EnforceVersion(20 - protoimpl.MinVersion)
    //Verify that runtime/protoimpl is sufficiently up-to-date.
    _ = protoimpl.EnforceVersion(protoimpl.MaxVersion - 20)
)
//This is a compile-time assertion that a sufficiently up-to-date version
//of the legacy proto package is being used. const _ = proto.ProtoPackageIsVersion4
//通过 message 关键字定义传输数据的格式,类似于 Go 语言中的结构体,是包含一系列类型数据的集合
//许多标准的简单数据类型可以作为字段类型,包括 bool、int32、float、double 和 string,也可以
//使用其他 message 类型作为字段类型
type People struct {
    state         protoimpl.MessageState
    sizeCache     protoimpl.SizeCache
    unknownFields protoimpl.UnknownFields

    //注意,这里的"1"表示字段是 1,类似于数据库中表的主键 id 等于 1,主键不能重复,标识位数
```

```go
        //据不能重复。该成员编码时用1代替名字
        //在JSON中通过成员的名字来绑定对应的数据,但是ProtoBuf编码却通过成员的唯一编号来
        //绑定对应的数据
        //综上所述,ProtoBuf编码后数据的体积会比较小,能够快速传输,但缺点是不利于阅读
        Name string `protobuf:"Bytes,1,opt,name=name,proto3" json:"name,omitempty"`
        //需要注意的是标识位不能使用19 000~19 999(系统预留位)
        Age int32 `protobuf:"varint,2,opt,name=age,proto3" json:"age,omitempty"`
        //结构体嵌套,例如嵌套一个Student结构体
        S *Student `protobuf:"Bytes,3,opt,name=s,proto3" json:"s,omitempty"`
        //使用数组
        Phone []string `protobuf:"Bytes,4,rep,name=phone,proto3" json:"phone,omitempty"`
}

func (x *People) Reset() {
    *x = People{}
    if protoimpl.UnsafeEnabled {
        mi := &file_demo_proto_msgTypes[0]
        ms := protoimpl.X.MessageStateOf(protoimpl.Pointer(x))
        ms.StoreMessageInfo(mi)
    }
}

func (x *People) String() string {
    return protoimpl.X.MessageStringOf(x)
}

func (*People) ProtoMessage() {}

func (x *People) ProtoReflect() protoreflect.Message {
    mi := &file_demo_proto_msgTypes[0]
    if protoimpl.UnsafeEnabled && x != nil {
        ms := protoimpl.X.MessageStateOf(protoimpl.Pointer(x))
        if ms.LoadMessageInfo() == nil {
            ms.StoreMessageInfo(mi)
        }
        return ms
    }
    return mi.MessageOf(x)
}
//Deprecated: Use People.ProtoReflect.Descriptor instead
func (*People) Descriptor() ([]Byte, []int) {
    return file_demo_proto_rawDescGZIP(), []int{0}
}

func (x *People) GetName() string {
    if x != nil {
        return x.Name
    }
    return ""
}
```

```go
func (x *People) GetAge() int32 {
    if x != nil {
        return x.Age
    }
    return 0
}

func (x *People) GetS() *Student {
    if x != nil {
        return x.S
    }
    return nil
}

func (x *People) GetPhone() []string {
    if x != nil {
        return x.Phone
    }
    return nil
}
//message 的格式说明如下
//消息由至少一个字段组合而成,类似于 Go 语言中的结构体,每个字段都有一定的格式
//(字段修饰符)数据类型 字段名称 = 唯一的编号标签值
//唯一的编号标签
//代表每个字段的一个唯一的编号标签,在同一条消息里不可以重复。这些编号标签用于在消息二
//进制格式中标识的字段,并且消息一旦定义就不能更改。需要说明的是标签在 1~15 采用一字节
//进行编码,所以通常将标签 1~15 用于频繁发生的消息字段。
//编号标签大小的范围是 1~2²⁹。19 000~19 999 是官方预留的值,不能使用
//注释格式
//向 .proto 文件添加注释,可以使用 C/C++/Java/Go 风格的双斜杠或者段落注释语法格式
//message 常见的数据类型与 Go 中类型的对比
//.proto 类型   Go 类型    介绍
//double       float64    64 位浮点数
//float        float32    32 位浮点数
//int32        int32      使用可变长度编码。编码负数效率低下,如果字段可能有负值,则应改用
//                        sint32
//int64        int64      使用可变长度编码。编码负数效率低下,如果字段可能有负值,则应改用
//                        sint64
//uint32       uint32     使用可变长度编码
//uint64       uint64     使用可变长度编码
//sint32       int32      使用可变长度编码。符号整型值。这些比常规 int32s 编码负数更有效
//sint64       int64      使用可变长度编码。符号整型值。这些比常规 int64s 编码负数更有效
//fixed32      uint32     总是 4 字节。如果值通常大于 228,则比 uint 32 更有效
//fixed64      uint64     总是 8 字节。如果值通常大于 256,则比 uint64 更有效
//sfixed32     int32      总是 4 字节
//sfixed64     int64      总是 8 字节
//bool         bool       布尔类型
//string       string     字符串必须始终包含 UTF-8 编码或 7 位 ASCII 文本
//Bytes        []Byte     可以包含任意字节序列

type Student struct {
```

```go
    state         protoimpl.MessageState
    sizeCache     protoimpl.SizeCache
    unknownFields protoimpl.UnknownFields

    Name string `protobuf:"Bytes,1,opt,name = name,proto3" json:"name,omitempty"`
    Age  int32  `protobuf:"varint,5,opt,name = age,proto3" json:"age,omitempty"`
}

func (x * Student) Reset() {
    * x = Student{}
    if protoimpl.UnsafeEnabled {
        mi := &file_demo_proto_msgTypes[1]
        ms := protoimpl.X.MessageStateOf(protoimpl.Pointer(x))
        ms.StoreMessageInfo(mi)
    }
}

func (x * Student) String() string {
    return protoimpl.X.MessageStringOf(x)
}

func ( * Student) ProtoMessage() {}

func (x * Student) ProtoReflect() protoreflect.Message {
    mi := &file_demo_proto_msgTypes[1]
    if protoimpl.UnsafeEnabled && x != nil {
        ms := protoimpl.X.MessageStateOf(protoimpl.Pointer(x))
        if ms.LoadMessageInfo() == nil {
            ms.StoreMessageInfo(mi)
        }
        return ms
    }
    return mi.MessageOf(x)
}
//Deprecated: Use Student.ProtoReflect.Descriptor instead
func ( * Student) Descriptor() ([]Byte, []int) {
    return file_demo_proto_rawDescGZIP(), []int{1}
}

func (x * Student) GetName() string {
    if x != nil {
        return x.Name
    }
    return ""
}

func (x * Student) GetAge() int32 {
    if x != nil {
        return x.Age
    }
    return 0
```

```
}
var File_demo_proto protoreflect.FileDescriptor
var file_demo_proto_rawDesc = []Byte{
    0x0a, 0x0a, 0x64, 0x65, 0x6d, 0x6f, 0x2e, 0x70, 0x72, 0x6f, 0x74, 0x6f, 0x12, 0x04, 0x6d, 0x79,
    0x70, 0x62, 0x22, 0x61, 0x0a, 0x06, 0x50, 0x65, 0x6f, 0x70, 0x6c, 0x65, 0x12, 0x12, 0x0a, 0x04,
    0x6e, 0x61, 0x6d, 0x65, 0x18, 0x01, 0x20, 0x01, 0x28, 0x09, 0x52, 0x04, 0x6e, 0x61, 0x6d, 0x65,
    0x12, 0x10, 0x0a, 0x03, 0x61, 0x67, 0x65, 0x18, 0x02, 0x20, 0x01, 0x28, 0x05, 0x52, 0x03, 0x61,
    0x67, 0x65, 0x12, 0x1b, 0x0a, 0x01, 0x73, 0x18, 0x03, 0x20, 0x01, 0x28, 0x0b, 0x32, 0x0d, 0x2e,
    0x6d, 0x79, 0x70, 0x62, 0x2e, 0x53, 0x74, 0x75, 0x64, 0x65, 0x6e, 0x74, 0x52, 0x01, 0x73, 0x12,
    0x14, 0x0a, 0x05, 0x70, 0x68, 0x6f, 0x6e, 0x65, 0x18, 0x04, 0x20, 0x03, 0x28, 0x09, 0x52, 0x05,
    0x70, 0x68, 0x6f, 0x6e, 0x65, 0x22, 0x2f, 0x0a, 0x07, 0x53, 0x74, 0x75, 0x64, 0x65, 0x6e, 0x74,
    0x12, 0x12, 0x0a, 0x04, 0x6e, 0x61, 0x6d, 0x65, 0x18, 0x01, 0x20, 0x01, 0x28, 0x09, 0x52, 0x04,
    0x6e, 0x61, 0x6d, 0x65, 0x12, 0x10, 0x0a, 0x03, 0x61, 0x67, 0x65, 0x18, 0x05, 0x20, 0x01, 0x28,
    0x05, 0x52, 0x03, 0x61, 0x67, 0x65, 0x42, 0x15, 0x5a, 0x13, 0x65, 0x78, 0x61, 0x6d, 0x70, 0x6c,
    0x65, 0x2e, 0x63, 0x6f, 0x6d, 0x2f, 0x66, 0x6f, 0x6f, 0x2f, 0x62, 0x61, 0x72, 0x62, 0x06, 0x70,
    0x72, 0x6f, 0x74, 0x6f, 0x33,
}
var (
    file_demo_proto_rawDescOnce sync.Once
    file_demo_proto_rawDescData = file_demo_proto_rawDesc
)

func file_demo_proto_rawDescGZIP() []Byte {
    file_demo_proto_rawDescOnce.Do(func() {
        file_demo_proto_rawDescData = protoimpl.X.CompressGZIP(file_demo_proto_rawDescData)
    })
    return file_demo_proto_rawDescData
}
var file_demo_proto_msgTypes = make([]protoimpl.MessageInfo, 2)var file_demo_proto_goTypes = []interface{}{
    (*People)(nil),  //0: mypb.People
    (*Student)(nil), //1: mypb.Student}var file_demo_proto_depIdxs = []int32{
    1, //0: mypb.People.s:type_name -> mypb.Student
    1, //[1:1] is the sub-list for method output_type
    1, //[1:1] is the sub-list for method input_type
    1, //[1:1] is the sub-list for extension type_name
    1, //[1:1] is the sub-list for extension extendee
    0, //[0:1] is the sub-list for field type_name}
```

```go
func init() { file_demo_proto_init() }
func file_demo_proto_init() {
    if File_demo_proto != nil {
        return
    }
    if ! protoimpl.UnsafeEnabled {
        file_demo_proto_msgTypes[0].Exporter = func(v interface{}, i int) interface{} {
            switch v := v.(*People); i {
            case 0:
                return &v.state
            case 1:
                return &v.sizeCache
            case 2:
                return &v.unknownFields
            default:
                return nil
            }
        }
        file_demo_proto_msgTypes[1].Exporter = func(v interface{}, i int) interface{} {
            switch v := v.(*Student); i {
            case 0:
                return &v.state
            case 1:
                return &v.sizeCache
            case 2:
                return &v.unknownFields
            default:
                return nil
            }
        }
    }
    type x struct{}
    out := protoimpl.TypeBuilder{
        File: protoimpl.DescBuilder{
            GoPackagePath: reflect.TypeOf(x{}).PkgPath(),
            RawDescriptor: file_demo_proto_rawDesc,
            NumEnums:      0,
            NumMessages:   2,
            NumExtensions: 0,
            NumServices:   0,
        },
        GoTypes:           file_demo_proto_goTypes,
        DependencyIndexes: file_demo_proto_depIdxs,
        MessageInfos:      file_demo_proto_msgTypes,
    }.Build()
    File_demo_proto = out.File
    file_demo_proto_rawDesc = nil
    file_demo_proto_goTypes = nil
    file_demo_proto_depIdxs = nil
}
```

4. ProtoBuf 的高级用法

(1) message 嵌套,示例代码如下:

```
//anonymous-link\example\chapter5\protobuf_message.proto

//ProtoBuf 默认支持的版本是 2.x,现在一般使用 3.x 版本,所以需要手动指定版本号,如果不这样
//做,则协议缓冲区编译器将假定正在使用 proto 2。这也必须是文件的第 1 个非空的非注释行
syntax = "proto3";
//.proto 文件应包含一个 go_package 选项,用于指定包含所生成代码的 Go 软件包的完整导入路径
//(最后一次"bar"就是生成 go 文件的包名),官方在未来的发行版本会支持
option go_package = "example.com/foo/bar";

message Teacher{
    //姓名
    string name = 1;

    //年龄
    int32 age = 2;

    //地址
    string address = 3;

    //定义一个 message
    message PhoneNumber{
        string number = 1;
        int64 type = 2;
    }

    //使用定义的 message
    PhoneNumber phone = 4;
}
```

使用命令 protoc --go_out=. demo2.proto 生成对应的 Go 代码,代码如下:

```
//anonymous-link\example\chapter5\protobuf_message.go

//ProtoBuf 默认支持的版本是 2.x,现在一般使用 3.x 版本,所以需要手动指定版本号,如果不这样
//做,则协议缓冲区编译器将假定正在使用 proto 2。这也必须是文件的第 1 个非空的非注释行

//Code generated by protoc-gen-go. DO NOT EDIT.
//versions:
//protoc-gen-go   v1.21.0
//protoc          v3.11.4
//source: demo2.proto

package bar

import (
    proto "github.com/Go/protobuf/proto"
    protoreflect "google.Go.org/protobuf/reflect/protoreflect"
```

```go
    protoimpl "google.Go.org/protobuf/runtime/protoimpl"
    reflect "reflect"
    sync "sync"
)

const (
    //Verify that this generated code is sufficiently up-to-date.
    _ = protoimpl.EnforceVersion(20 - protoimpl.MinVersion)
    //Verify that runtime/protoimpl is sufficiently up-to-date.
    _ = protoimpl.EnforceVersion(protoimpl.MaxVersion - 20)
)

//This is a compile-time assertion that a sufficiently up-to-date version
//of the legacy proto package is being used
const _ = proto.ProtoPackageIsVersion4

type Teacher struct {
    state         protoimpl.MessageState
    sizeCache     protoimpl.SizeCache
    unknownFields protoimpl.UnknownFields

    //姓名
    Name string `protobuf:"Bytes,1,opt,name=name,proto3" json:"name,omitempty"`
    //年龄
    Age int32 `protobuf:"varint,2,opt,name=age,proto3" json:"age,omitempty"`
    //地址
    Address string `protobuf:"Bytes,3,opt,name=address,proto3" json:"address,omitempty"`
    //使用定义的message
    Phone *Teacher_PhoneNumber `protobuf:"Bytes,4,opt,name=phone,proto3" json:"phone,omitempty"`
}

func (x *Teacher) Reset() {
    *x = Teacher{}
    if protoimpl.UnsafeEnabled {
        mi := &file_demo2_proto_msgTypes[0]
        ms := protoimpl.X.MessageStateOf(protoimpl.Pointer(x))
        ms.StoreMessageInfo(mi)
    }
}

func (x *Teacher) String() string {
    return protoimpl.X.MessageStringOf(x)
}

func (*Teacher) ProtoMessage() {}

func (x *Teacher) ProtoReflect() protoreflect.Message {
    mi := &file_demo2_proto_msgTypes[0]
    if protoimpl.UnsafeEnabled && x != nil {
        ms := protoimpl.X.MessageStateOf(protoimpl.Pointer(x))
```

```go
        if ms.LoadMessageInfo() == nil {
            ms.StoreMessageInfo(mi)
        }
        return ms
    }
    return mi.MessageOf(x)
}

//Deprecated: Use Teacher.ProtoReflect.Descriptor instead
func (*Teacher) Descriptor() ([]Byte, []int) {
    return file_demo2_proto_rawDescGZIP(), []int{0}
}

func (x *Teacher) GetName() string {
    if x != nil {
        return x.Name
    }
    return ""
}

func (x *Teacher) GetAge() int32 {
    if x != nil {
        return x.Age
    }
    return 0
}

func (x *Teacher) GetAddress() string {
    if x != nil {
        return x.Address
    }
    return ""
}

func (x *Teacher) GetPhone() *Teacher_PhoneNumber {
    if x != nil {
        return x.Phone
    }
    return nil
}

//定义一个message
type Teacher_PhoneNumber struct {
    state          protoimpl.MessageState
    sizeCache      protoimpl.SizeCache
    unknownFields  protoimpl.UnknownFields

    Number string `protobuf:"Bytes,1,opt,name=number,proto3" json:"number,omitempty"`
    Type   int64  `protobuf:"varint,2,opt,name=type,proto3" json:"type,omitempty"`
}
```

```go
func (x *Teacher_PhoneNumber) Reset() {
    *x = Teacher_PhoneNumber{}
    if protoimpl.UnsafeEnabled {
        mi := &file_demo2_proto_msgTypes[1]
        ms := protoimpl.X.MessageStateOf(protoimpl.Pointer(x))
        ms.StoreMessageInfo(mi)
    }
}

func (x *Teacher_PhoneNumber) String() string {
    return protoimpl.X.MessageStringOf(x)
}

func (*Teacher_PhoneNumber) ProtoMessage() {}

func (x *Teacher_PhoneNumber) ProtoReflect() protoreflect.Message {
    mi := &file_demo2_proto_msgTypes[1]
    if protoimpl.UnsafeEnabled && x != nil {
        ms := protoimpl.X.MessageStateOf(protoimpl.Pointer(x))
        if ms.LoadMessageInfo() == nil {
            ms.StoreMessageInfo(mi)
        }
        return ms
    }
    return mi.MessageOf(x)
}

//Deprecated: Use Teacher_PhoneNumber.ProtoReflect.Descriptor instead
func (*Teacher_PhoneNumber) Descriptor() ([]Byte, []int) {
    return file_demo2_proto_rawDescGZIP(), []int{0, 0}
}

func (x *Teacher_PhoneNumber) GetNumber() string {
    if x != nil {
        return x.Number
    }
    return ""
}

func (x *Teacher_PhoneNumber) GetType() int64 {
    if x != nil {
        return x.Type
    }
    return 0
}

var File_demo2_proto protoreflect.FileDescriptor

var file_demo2_proto_rawDesc = []Byte{
    0x0a, 0x0b, 0x64, 0x65, 0x6d, 0x6f, 0x32, 0x2e, 0x70, 0x72, 0x6f, 0x74, 0x6f, 0x22, 0xb0,
0x01,
```

```
        0x0a, 0x07, 0x54, 0x65, 0x61, 0x63, 0x68, 0x65, 0x72, 0x12, 0x12, 0x0a, 0x04, 0x6e, 0x61,
0x6d,
        0x65, 0x18, 0x01, 0x20, 0x01, 0x28, 0x09, 0x52, 0x04, 0x6e, 0x61, 0x6d, 0x65, 0x12, 0x10,
0x0a,
        0x03, 0x61, 0x67, 0x65, 0x18, 0x02, 0x20, 0x01, 0x28, 0x05, 0x52, 0x03, 0x61, 0x67, 0x65,
0x12,
        0x18, 0x0a, 0x07, 0x61, 0x64, 0x64, 0x72, 0x65, 0x73, 0x73, 0x18, 0x03, 0x20, 0x01, 0x28,
0x09,
        0x52, 0x07, 0x61, 0x64, 0x64, 0x72, 0x65, 0x73, 0x73, 0x12, 0x2a, 0x0a, 0x05, 0x70, 0x68,
0x6f,
        0x6e, 0x65, 0x18, 0x04, 0x20, 0x01, 0x28, 0x0b, 0x32, 0x14, 0x2e, 0x54, 0x65, 0x61, 0x63,
0x68,
        0x65, 0x72, 0x2e, 0x50, 0x68, 0x6f, 0x6e, 0x65, 0x4e, 0x75, 0x6d, 0x62, 0x65, 0x72, 0x52,
0x05,
        0x70, 0x68, 0x6f, 0x6e, 0x65, 0x1a, 0x39, 0x0a, 0x0b, 0x50, 0x68, 0x6f, 0x6e, 0x65, 0x4e,
0x75,
        0x6d, 0x62, 0x65, 0x72, 0x12, 0x16, 0x0a, 0x06, 0x6e, 0x75, 0x6d, 0x62, 0x65, 0x72, 0x18,
0x01,
        0x20, 0x01, 0x28, 0x09, 0x52, 0x06, 0x6e, 0x75, 0x6d, 0x62, 0x65, 0x72, 0x12, 0x12, 0x0a,
0x04,
        0x74, 0x79, 0x70, 0x65, 0x18, 0x02, 0x20, 0x01, 0x28, 0x03, 0x52, 0x04, 0x74, 0x79, 0x70,
0x65,
        0x42, 0x15, 0x5a, 0x13, 0x65, 0x78, 0x61, 0x6d, 0x70, 0x6c, 0x65, 0x2e, 0x63, 0x6f, 0x6d,
0x2f,
        0x66, 0x6f, 0x6f, 0x2f, 0x62, 0x61, 0x72, 0x2e, 0x06, 0x70, 0x72, 0x6f, 0x74, 0x6f, 0x33,
}

var (
    file_demo2_proto_rawDescOnce sync.Once
    file_demo2_proto_rawDescData = file_demo2_proto_rawDesc
)

func file_demo2_proto_rawDescGZIP() []Byte {
    file_demo2_proto_rawDescOnce.Do(func() {
        file_demo2_proto_rawDescData = protoimpl.X.CompressGZIP(file_demo2_proto_rawDescData)
    })
    return file_demo2_proto_rawDescData
}

var file_demo2_proto_msgTypes = make([]protoimpl.MessageInfo, 2)
var file_demo2_proto_goTypes = []interface{}{
    (*Teacher)(nil),                //0: Teacher
    (*Teacher_PhoneNumber)(nil),    //1: Teacher.PhoneNumber
}
var file_demo2_proto_depIdxs = []int32{
    1, //0: Teacher.phone:type_name -> Teacher.PhoneNumber
    1, //[1:1] is the sub-list for method output_type
    1, //[1:1] is the sub-list for method input_type
    1, //[1:1] is the sub-list for extension type_name
    1, //[1:1] is the sub-list for extension extendee
    0, //[0:1] is the sub-list for field type_name
```

```go
}
func init() { file_demo2_proto_init() }
func file_demo2_proto_init() {
    if File_demo2_proto != nil {
        return
    }
    if !protoimpl.UnsafeEnabled {
        file_demo2_proto_msgTypes[0].Exporter = func(v interface{}, i int) interface{} {
            switch v := v.(*Teacher); i {
            case 0:
                return &v.state
            case 1:
                return &v.sizeCache
            case 2:
                return &v.unknownFields
            default:
                return nil
            }
        }
        file_demo2_proto_msgTypes[1].Exporter = func(v interface{}, i int) interface{} {
            switch v := v.(*Teacher_PhoneNumber); i {
            case 0:
                return &v.state
            case 1:
                return &v.sizeCache
            case 2:
                return &v.unknownFields
            default:
                return nil
            }
        }
    }
    type x struct{}
    out := protoimpl.TypeBuilder{
        File: protoimpl.DescBuilder{
            GoPackagePath: reflect.TypeOf(x{}).PkgPath(),
            RawDescriptor: file_demo2_proto_rawDesc,
            NumEnums:      0,
            NumMessages:   2,
            NumExtensions: 0,
            NumServices:   0,
        },
        GoTypes:           file_demo2_proto_goTypes,
        DependencyIndexes: file_demo2_proto_depIdxs,
        MessageInfos:      file_demo2_proto_msgTypes,
    }.Build()
    File_demo2_proto = out.File
    file_demo2_proto_rawDesc = nil
    file_demo2_proto_goTypes = nil
    file_demo2_proto_depIdxs = nil
}
```

(2) repeated 关键字,示例代码如下:

```
//anonymous-link\example\chapter5\protobuf_repeated.proto

//ProtoBuf 默认支持的版本是 2.x,现在一般使用 3.x 版本,所以需要手动指定版本号,如果不这样
//做,则协议缓冲区编译器将假定正在使用 proto 2。这也必须是文件的第 1 个非空的非注释行
syntax = "proto3";
//.proto 文件应包含一个 go_package 选项,用于指定包含所生成代码的 Go 软件包的完整导入路径
//(最后一次"bar"就是生成 go 文件的包名),官方在未来的发行版本会支持
option go_package = "example.com/foo/bar";

message Teacher{
    //姓名
    string name = 1;

    //年龄
    int32 age = 2;

    //地址
    string address = 3;

    //定义一个 message
    message PhoneNumber{
        string number = 1;
        int64 type = 2;
    }

    //repeated 关键字类似于 Go 中的切片,编译之后对应的也是 Go 的切片
    repeated PhoneNumber phone = 4;
}
```

使用命令 protoc --go_out=. demo3.proto 生成对应的 Go 代码,代码如下:

```
//anonymous-link\example\chapter5\protobuf_repeated.go
//ProtoBuf 默认支持的版本是 2.x,现在一般使用 3.x 版本,所以需要手动指定版本号,如果不这样
//做,则协议缓冲区编译器将假定正在使用 proto 2。这也必须是文件的第 1 个非空的非注释行

//Code generated by protoc-gen-go. DO NOT EDIT.
//versions:
//protoc-gen-go v1.21.0
//protoc         v3.11.4
//source: demo3.proto

package bar

import (
    proto "github.com/Go/protobuf/proto"
    protoreflect "google.Go.org/protobuf/reflect/protoreflect"
    protoimpl "google.Go.org/protobuf/runtime/protoimpl"
    reflect "reflect"
    sync "sync"
)
```

```go
const (
    //Verify that this generated code is sufficiently up-to-date.
    _ = protoimpl.EnforceVersion(20 - protoimpl.MinVersion)
    //Verify that runtime/protoimpl is sufficiently up-to-date.
    _ = protoimpl.EnforceVersion(protoimpl.MaxVersion - 20)
)

//This is a compile-time assertion that a sufficiently up-to-date version
//of the legacy proto package is being used
const _ = proto.ProtoPackageIsVersion4

type Teacher struct {
    state         protoimpl.MessageState
    sizeCache     protoimpl.SizeCache
    unknownFields protoimpl.UnknownFields

    //姓名
    Name string `protobuf:"Bytes,1,opt,name=name,proto3" json:"name,omitempty"`
    //年龄
    Age int32 `protobuf:"varint,2,opt,name=age,proto3" json:"age,omitempty"`
    //地址
    Address string `protobuf:"Bytes,3,opt,name=address,proto3" json:"address,omitempty"`
    //repeated 关键字类似于 Go 中的切片,编译之后对应的也是 Go 的切片
    Phone [] * Teacher_PhoneNumber `protobuf:"Bytes,4,rep,name=phone,proto3" json:"phone,omitempty"`
}

func (x * Teacher) Reset() {
    *x = Teacher{}
    if protoimpl.UnsafeEnabled {
        mi := &file_demo3_proto_msgTypes[0]
        ms := protoimpl.X.MessageStateOf(protoimpl.Pointer(x))
        ms.StoreMessageInfo(mi)
    }
}

func (x * Teacher) String() string {
    return protoimpl.X.MessageStringOf(x)
}

func ( * Teacher) ProtoMessage() {}

func (x * Teacher) ProtoReflect() protoreflect.Message {
    mi := &file_demo3_proto_msgTypes[0]
    if protoimpl.UnsafeEnabled && x != nil {
        ms := protoimpl.X.MessageStateOf(protoimpl.Pointer(x))
        if ms.LoadMessageInfo() == nil {
            ms.StoreMessageInfo(mi)
        }
        return ms
    }
```

```go
        return mi.MessageOf(x)
}

//Deprecated: Use Teacher.ProtoReflect.Descriptor instead
func (*Teacher) Descriptor() ([]Byte, []int) {
        return file_demo3_proto_rawDescGZIP(), []int{0}
}

func (x *Teacher) GetName() string {
        if x != nil {
                return x.Name
        }
        return ""
}

func (x *Teacher) GetAge() int32 {
        if x != nil {
                return x.Age
        }
        return 0
}

func (x *Teacher) GetAddress() string {
        if x != nil {
                return x.Address
        }
        return ""
}

func (x *Teacher) GetPhone() []*Teacher_PhoneNumber {
        if x != nil {
                return x.Phone
        }
        return nil
}

//定义一个message
type Teacher_PhoneNumber struct {
        state         protoimpl.MessageState
        sizeCache     protoimpl.SizeCache
        unknownFields protoimpl.UnknownFields

        Number string `protobuf:"Bytes,1,opt,name=number,proto3" json:"number,omitempty"`
        Type   int64  `protobuf:"varint,2,opt,name=type,proto3" json:"type,omitempty"`
}

func (x *Teacher_PhoneNumber) Reset() {
        *x = Teacher_PhoneNumber{}
        if protoimpl.UnsafeEnabled {
                mi := &file_demo3_proto_msgTypes[1]
                ms := protoimpl.X.MessageStateOf(protoimpl.Pointer(x))
                ms.StoreMessageInfo(mi)
```

```go
    }
}

func (x *Teacher_PhoneNumber) String() string {
    return protoimpl.X.MessageStringOf(x)
}

func (*Teacher_PhoneNumber) ProtoMessage() {}

func (x *Teacher_PhoneNumber) ProtoReflect() protoreflect.Message {
    mi := &file_demo3_proto_msgTypes[1]
    if protoimpl.UnsafeEnabled && x != nil {
        ms := protoimpl.X.MessageStateOf(protoimpl.Pointer(x))
        if ms.LoadMessageInfo() == nil {
            ms.StoreMessageInfo(mi)
        }
        return ms
    }
    return mi.MessageOf(x)
}

//Deprecated: Use Teacher_PhoneNumber.ProtoReflect.Descriptor instead.
func (*Teacher_PhoneNumber) Descriptor() ([]Byte, []int) {
    return file_demo3_proto_rawDescGZIP(), []int{0, 0}
}

func (x *Teacher_PhoneNumber) GetNumber() string {
    if x != nil {
        return x.Number
    }
    return ""
}

func (x *Teacher_PhoneNumber) GetType() int64 {
    if x != nil {
        return x.Type
    }
    return 0
}

var File_demo3_proto protoreflect.FileDescriptor

var file_demo3_proto_rawDesc = []Byte{
    0x0a, 0x0b, 0x64, 0x65, 0x6d, 0x6f, 0x33, 0x2e, 0x70, 0x72, 0x6f, 0x74, 0x6f, 0x22, 0xb0,
0x01,
    0x0a, 0x07, 0x54, 0x65, 0x61, 0x63, 0x68, 0x65, 0x72, 0x12, 0x12, 0x0a, 0x04, 0x6e, 0x61,
0x6d,
    0x65, 0x18, 0x01, 0x20, 0x01, 0x28, 0x09, 0x52, 0x04, 0x6e, 0x61, 0x6d, 0x65, 0x12, 0x10,
0x0a,
    0x03, 0x61, 0x67, 0x65, 0x18, 0x02, 0x20, 0x01, 0x28, 0x05, 0x52, 0x03, 0x61, 0x67, 0x65,
0x12,
```

```
    0x18, 0x0a, 0x07, 0x61, 0x64, 0x64, 0x72, 0x65, 0x73, 0x73, 0x18, 0x03, 0x20, 0x01, 0x28,
0x09,
    0x52, 0x07, 0x61, 0x64, 0x64, 0x72, 0x65, 0x73, 0x73, 0x12, 0x2a, 0x0a, 0x05, 0x70, 0x68,
0x6f,
    0x6e, 0x65, 0x18, 0x04, 0x20, 0x03, 0x28, 0x0b, 0x32, 0x14, 0x2e, 0x54, 0x65, 0x61, 0x63,
0x68,
    0x65, 0x72, 0x2e, 0x50, 0x68, 0x6f, 0x6e, 0x65, 0x4e, 0x75, 0x6d, 0x62, 0x65, 0x72, 0x52,
0x05,
    0x70, 0x68, 0x6f, 0x6e, 0x65, 0x1a, 0x39, 0x0a, 0x0b, 0x50, 0x68, 0x6f, 0x6e, 0x65, 0x4e,
0x75,
    0x6d, 0x62, 0x65, 0x72, 0x12, 0x16, 0x0a, 0x06, 0x6e, 0x75, 0x6d, 0x62, 0x65, 0x72, 0x18,
0x01,
    0x20, 0x01, 0x28, 0x09, 0x52, 0x06, 0x6e, 0x75, 0x6d, 0x62, 0x65, 0x72, 0x12, 0x12, 0x0a,
0x04,
    0x74, 0x79, 0x70, 0x65, 0x18, 0x02, 0x20, 0x01, 0x28, 0x03, 0x52, 0x04, 0x74, 0x79, 0x70,
0x65,
    0x42, 0x15, 0x5a, 0x13, 0x65, 0x78, 0x61, 0x6d, 0x70, 0x6c, 0x65, 0x2e, 0x63, 0x6f, 0x6d,
0x2f,
    0x66, 0x6f, 0x6f, 0x2f, 0x62, 0x61, 0x72, 0x62, 0x06, 0x70, 0x72, 0x6f, 0x74, 0x6f, 0x33,
}

var (
    file_demo3_proto_rawDescOnce sync.Once
    file_demo3_proto_rawDescData = file_demo3_proto_rawDesc
)

func file_demo3_proto_rawDescGZIP() []Byte {
    file_demo3_proto_rawDescOnce.Do(func() {
        file_demo3_proto_rawDescData = protoimpl.X.CompressGZIP(file_demo3_proto_rawDescData)
    })
    return file_demo3_proto_rawDescData
}

var file_demo3_proto_msgTypes = make([]protoimpl.MessageInfo, 2)
var file_demo3_proto_goTypes = []interface{}{
    (*Teacher)(nil),                //0: Teacher
    (*Teacher_PhoneNumber)(nil),    //1: Teacher.PhoneNumber
}
var file_demo3_proto_depIdxs = []int32{
    1, //0: Teacher.phone:type_name -> Teacher.PhoneNumber
    1, //[1:1] is the sub-list for method output_type
    1, //[1:1] is the sub-list for method input_type
    1, //[1:1] is the sub-list for extension type_name
    1, //[1:1] is the sub-list for extension extendee
    0, //[0:1] is the sub-list for field type_name
}

func init() { file_demo3_proto_init() }
func file_demo3_proto_init() {
    if File_demo3_proto != nil {
```

```go
            return
        }
        if !protoimpl.UnsafeEnabled {
            file_demo3_proto_msgTypes[0].Exporter = func(v interface{}, i int) interface{} {
                switch v := v.(*Teacher); i {
                case 0:
                    return &v.state
                case 1:
                    return &v.sizeCache
                case 2:
                    return &v.unknownFields
                default:
                    return nil
                }
            }
            file_demo3_proto_msgTypes[1].Exporter = func(v interface{}, i int) interface{} {
                switch v := v.(*Teacher_PhoneNumber); i {
                case 0:
                    return &v.state
                case 1:
                    return &v.sizeCache
                case 2:
                    return &v.unknownFields
                default:
                    return nil
                }
            }
        }
        type x struct{}
        out := protoimpl.TypeBuilder{
            File: protoimpl.DescBuilder{
                GoPackagePath: reflect.TypeOf(x{}).PkgPath(),
                RawDescriptor: file_demo3_proto_rawDesc,
                NumEnums:      0,
                NumMessages:   2,
                NumExtensions: 0,
                NumServices:   0,
            },
            GoTypes:           file_demo3_proto_goTypes,
            DependencyIndexes: file_demo3_proto_depIdxs,
            MessageInfos:      file_demo3_proto_msgTypes,
        }.Build()
        File_demo3_proto = out.File
        file_demo3_proto_rawDesc = nil
        file_demo3_proto_goTypes = nil
        file_demo3_proto_depIdxs = nil
}
```

(3) enum 关键字,示例代码如下:

```
//anonymous-link\example\chapter5\protobuf_enum.proto
```

```protobuf
//ProtoBuf 默认支持的版本是 2.x,现在一般使用 3.x 版本,所以需要手动指定版本号,如果不这样
//做,则协议缓冲区编译器将假定正在使用 proto 2。这也必须是文件的第 1 个非空的非注释行
syntax = "proto3";
//.proto 文件应包含一个 go_package 选项,用于指定包含所生成代码的 Go 软件包的完整导入路径
//(最后一次"bar"就是生成 Go 文件的包名),官方在未来的发行版本会支持
option go_package = "example.com/foo/bar";

message Teacher{
    //姓名
    string name = 1;

    //年龄
    int32 age = 2 ;

    //地址
    string address = 3;

    //定义一个 message
    message PhoneNumber{
        string number = 1;
        PhoneType type = 2;
    }

    //repeated 关键字类似于 Go 中的切片,编译之后对应的也是 Go 的切片
    repeated PhoneNumber phone = 4 ;
}
//enum 为关键字,作用为定义一种枚举类型
    enum PhoneType {
    /*
        enum 还可以为不同的枚举常量指定相同的值来定义别名
        如果想要使用这个功能,则必须将 allow_alias 选项设置为 true,否则编译器将报错
    */
    option allow_alias = true;

    /*
        如下所示 enum 的第 1 个常量映射为 0,每个枚举定义必须包含一个映射到 0 的常量作为其
第 1 个元素
        这是因为必须有一个零值,以便可以使用 0 作为数字默认值
        零值必须是第 1 个元素,以便与 proto 2 语义兼容,其中第 1 个枚举值始终是默认值
        解析数据时,如果编码的消息不包含特定的单数元素,则解析对象中的相应字段将设置为
该字段的默认值
                不同类型的默认值不同,具体如下:
                    对于字符串,默认值为空字符串
                    对于字节,默认值为空字节
                    对于 bools,默认值为 false
                    对于数字类型,默认值为 0
                    对于枚举,默认值为第 1 个定义的枚举值,该值必须为 0
                    repeated 字段的默认值为空列表
                    message 字段的默认值为空对象
    */
    MOBILE = 0;
```

```
    HOME = 1;
    WORK = 2;
    Personal = 2;
}
```

使用命令 protoc--go_out=. demo4.proto 生成对应的 Go 代码,代码如下:

```
//anonymous-link\example\chapter5\protobuf_enum.go

//ProtoBuf 默认支持的版本是 2.x,现在一般使用 3.x 版本,所以需要手动指定版本号,如果不这样
//做,则协议缓冲区编译器将假定正在使用 proto 2。这也必须是文件的第 1 个非空的非注释行
//Code generated by protoc-gen-go. DO NOT EDIT.//versions://protoc-gen-go v1.21.0//
protoc v3.11.4//source: demo4.proto
package bar

import (
    proto "github.com/Go/protobuf/proto"
    protoreflect "google.Go.org/protobuf/reflect/protoreflect"
    protoimpl "google.Go.org/protobuf/runtime/protoimpl"
    reflect "reflect"
    sync "sync"
)
const (
    //Verify that this generated code is sufficiently up-to-date
    _ = protoimpl.EnforceVersion(20 - protoimpl.MinVersion)
    //Verify that runtime/protoimpl is sufficiently up-to-date
    _ = protoimpl.EnforceVersion(protoimpl.MaxVersion - 20)
)
//This is a compile-time assertion that a sufficiently up-to-date version of the legacy
//proto package is being used.const _ = proto.ProtoPackageIsVersion4
//enum 为关键字,作用为定义一种枚举类型
type PhoneType int32 const (
    //如下所示,enum 的第 1 个常量映射为 0,每个枚举定义必须包含一个映射到 0 的常量作为其第
    //1 个元素
    //这是因为必须有一个 0 值,以便可以使用 0 作为数字默认值
    //0 值必须是第 1 个元素,以便与 proto 2 语义兼容,其中第 1 个枚举值始终是默认值
    //默认值
    //解析数据时,如果编码的消息不包含特定的单数元素,则解析对象中的相应字段将设置为该
    //字段的默认值
    //不同类型的默认值不同,具体如下
    //对于字符串,默认值为空字符串
    //对于字节,默认值为空字节
    //对于 bools,默认值为 false
    //对于数字类型,默认值为 0
    //对于枚举,默认值为第 1 个定义的枚举值,该值必须为 0
    //repeated 字段的默认值为空列表
    //message 字段的默认值为空对象
    PhoneType_MOBILE    PhoneType = 0
    PhoneType_HOME      PhoneType = 1
    PhoneType_WORK      PhoneType = 2
```

```go
        PhoneType_Personal      PhoneType = 2
)
//Enum value maps for PhoneType
    var (
    PhoneType_name = map[int32]string{
        0: "MOBILE",
        1: "HOME",
        2: "WORK",
        //Duplicate value
    2: "Personal",
    }
    PhoneType_value = map[string]int32{
        "MOBILE": 0,
        "HOME": 1,
        "WORK": 2,
        "Personal": 2,
    }
)

func (x PhoneType) Enum() *PhoneType {
    p := new(PhoneType)
    *p = x
    return p
}

func (x PhoneType) String() string {
    return protoimpl.X.EnumStringOf(x.Descriptor(), protoreflect.EnumNumber(x))
}

func (PhoneType) Descriptor() protoreflect.EnumDescriptor {
    return file_demo4_proto_enumTypes[0].Descriptor()
}

func (PhoneType) Type() protoreflect.EnumType {
    return &file_demo4_proto_enumTypes[0]
}

func (x PhoneType) Number() protoreflect.EnumNumber {
    return protoreflect.EnumNumber(x)
}
//Deprecated: Use PhoneType.Descriptor instead
func (PhoneType) EnumDescriptor() ([]Byte, []int) {
    return file_demo4_proto_rawDescGZIP(), []int{0}
}

type Teacher struct {
    state         protoimpl.MessageState
    sizeCache     protoimpl.SizeCache
    unknownFields protoimpl.UnknownFields

    //姓名
```

```go
    Name string `protobuf:"Bytes,1,opt,name=name,proto3" json:"name,omitempty"`
    //年龄
    Age int32 `protobuf:"varint,2,opt,name=age,proto3" json:"age,omitempty"`
    //地址
    Address string `protobuf:"Bytes,3,opt,name=address,proto3" json:"address,omitempty"`
    //repeated 关键字类似于 Go 中的切片,编译之后对应的也是 Go 的切片
    Phone []*Teacher_PhoneNumber `protobuf:"Bytes,4,rep,name=phone,proto3" json:"phone,omitempty"`
}

func (x *Teacher) Reset() {
    *x = Teacher{}
    if protoimpl.UnsafeEnabled {
        mi := &file_demo4_proto_msgTypes[0]
        ms := protoimpl.X.MessageStateOf(protoimpl.Pointer(x))
        ms.StoreMessageInfo(mi)
    }
}

func (x *Teacher) String() string {
    return protoimpl.X.MessageStringOf(x)
}

func (*Teacher) ProtoMessage() {}

func (x *Teacher) ProtoReflect() protoreflect.Message {
    mi := &file_demo4_proto_msgTypes[0]
    if protoimpl.UnsafeEnabled && x != nil {
        ms := protoimpl.X.MessageStateOf(protoimpl.Pointer(x))
        if ms.LoadMessageInfo() == nil {
            ms.StoreMessageInfo(mi)
        }
        return ms
    }
    return mi.MessageOf(x)
}

//Deprecated: Use Teacher.ProtoReflect.Descriptor instead
func (*Teacher) Descriptor() ([]Byte, []int) {
    return file_demo4_proto_rawDescGZIP(), []int{0}
}

func (x *Teacher) GetName() string {
    if x != nil {
        return x.Name
    }
    return ""
}

func (x *Teacher) GetAge() int32 {
    if x != nil {
        return x.Age
```

```go
    }
    return 0
}

func (x *Teacher) GetAddress() string {
    if x != nil {
        return x.Address
    }
    return ""
}

func (x *Teacher) GetPhone() []*Teacher_PhoneNumber {
    if x != nil {
        return x.Phone
    }
    return nil
}
//定义一个 message
type Teacher_PhoneNumber struct {
    state         protoimpl.MessageState
    sizeCache     protoimpl.SizeCache
    unknownFields protoimpl.UnknownFields

    Number string `protobuf:"Bytes,1,opt,name = number,proto3" json:"number,omitempty"`
    Type PhoneType `protobuf:"varint,2,opt,name = type,proto3,enum = PhoneType" json:"type,omitempty"`
}

func (x *Teacher_PhoneNumber) Reset() {
    *x = Teacher_PhoneNumber{}
    if protoimpl.UnsafeEnabled {
        mi := &file_demo4_proto_msgTypes[1]
        ms := protoimpl.X.MessageStateOf(protoimpl.Pointer(x))
        ms.StoreMessageInfo(mi)
    }
}

func (x *Teacher_PhoneNumber) String() string {
    return protoimpl.X.MessageStringOf(x)
}

func (*Teacher_PhoneNumber) ProtoMessage() {}

func (x *Teacher_PhoneNumber) ProtoReflect() protoreflect.Message {
    mi := &file_demo4_proto_msgTypes[1]
    if protoimpl.UnsafeEnabled && x != nil {
        ms := protoimpl.X.MessageStateOf(protoimpl.Pointer(x))
        if ms.LoadMessageInfo() == nil {
            ms.StoreMessageInfo(mi)
        }
        return ms
```

```go
    }
    return mi.MessageOf(x)
}
//Deprecated: Use Teacher_PhoneNumber.ProtoReflect.Descriptor instead
func (*Teacher_PhoneNumber) Descriptor() ([]Byte, []int) {
    return file_demo4_proto_rawDescGZIP(), []int{0, 0}
}

func (x *Teacher_PhoneNumber) GetNumber() string {
    if x != nil {
        return x.Number
    }
    return ""
}

func (x *Teacher_PhoneNumber) GetType() PhoneType {
    if x != nil {
        return x.Type
    }
    return PhoneType_MOBILE
}
var File_demo4_proto protoreflect.FileDescriptor
var file_demo4_proto_rawDesc = []Byte{
    0x0a, 0x0b, 0x64, 0x65, 0x6d, 0x6f, 0x34, 0x2e, 0x70, 0x72, 0x6f, 0x74, 0x6f, 0x22, 0xbc, 0x01,
    0x0a, 0x07, 0x54, 0x65, 0x61, 0x63, 0x68, 0x65, 0x72, 0x12, 0x12, 0x0a, 0x04, 0x6e, 0x61, 0x6d,
    0x65, 0x18, 0x01, 0x20, 0x01, 0x28, 0x09, 0x52, 0x04, 0x6e, 0x61, 0x6d, 0x65, 0x12, 0x10, 0x0a,
    0x03, 0x61, 0x67, 0x65, 0x18, 0x02, 0x20, 0x01, 0x28, 0x05, 0x52, 0x03, 0x61, 0x67, 0x65, 0x12,
    0x18, 0x0a, 0x07, 0x61, 0x64, 0x64, 0x72, 0x65, 0x73, 0x73, 0x18, 0x03, 0x20, 0x01, 0x28, 0x09,
    0x52, 0x07, 0x61, 0x64, 0x64, 0x72, 0x65, 0x73, 0x73, 0x12, 0x2a, 0x0a, 0x05, 0x70, 0x68, 0x6f,
    0x6e, 0x65, 0x18, 0x04, 0x20, 0x03, 0x28, 0x0b, 0x32, 0x14, 0x2e, 0x54, 0x65, 0x61, 0x63, 0x68,
    0x65, 0x72, 0x2e, 0x50, 0x68, 0x6f, 0x6e, 0x65, 0x4e, 0x75, 0x6d, 0x62, 0x65, 0x72, 0x52, 0x05,
    0x70, 0x68, 0x6f, 0x6e, 0x65, 0x1a, 0x45, 0x0a, 0x0b, 0x50, 0x68, 0x6f, 0x6e, 0x65, 0x4e, 0x75,
    0x6d, 0x62, 0x65, 0x72, 0x12, 0x16, 0x0a, 0x06, 0x6e, 0x75, 0x6d, 0x62, 0x65, 0x72, 0x18, 0x01,
    0x20, 0x01, 0x28, 0x09, 0x52, 0x06, 0x6e, 0x75, 0x6d, 0x62, 0x65, 0x72, 0x12, 0x1e, 0x0a, 0x04,
    0x74, 0x79, 0x70, 0x65, 0x18, 0x02, 0x20, 0x01, 0x28, 0x0e, 0x32, 0x0a, 0x2e, 0x50, 0x68, 0x6f,
    0x6e, 0x65, 0x54, 0x79, 0x70, 0x65, 0x52, 0x04, 0x74, 0x79, 0x70, 0x65, 0x2a, 0x3d, 0x0a, 0x09,
    0x50, 0x68, 0x6f, 0x6e, 0x65, 0x54, 0x79, 0x70, 0x65, 0x12, 0x0a, 0x0a, 0x06, 0x4d, 0x4f, 0x42,
```

```
        0x49, 0x4c, 0x45, 0x10, 0x00, 0x12, 0x08, 0x0a, 0x04, 0x48, 0x4f, 0x4d, 0x45, 0x10, 0x01,
    0x12,
        0x08, 0x0a, 0x04, 0x57, 0x4f, 0x52, 0x4b, 0x10, 0x02, 0x12, 0x0c, 0x0a, 0x08, 0x50, 0x65,
    0x72,
        0x73, 0x6f, 0x6e, 0x61, 0x6c, 0x10, 0x02, 0x1a, 0x02, 0x10, 0x01, 0x42, 0x15, 0x5a, 0x13,
    0x65,
        0x78, 0x61, 0x6d, 0x70, 0x6c, 0x65, 0x2e, 0x63, 0x6f, 0x6d, 0x2f, 0x66, 0x6f, 0x6f, 0x2f,
    0x62,
        0x61, 0x72, 0x62, 0x06, 0x70, 0x72, 0x6f, 0x74, 0x6f, 0x33,
}
var (
    file_demo4_proto_rawDescOnce sync.Once
    file_demo4_proto_rawDescData = file_demo4_proto_rawDesc
)

func file_demo4_proto_rawDescGZIP() []Byte {
    file_demo4_proto_rawDescOnce.Do(func() {
        file_demo4_proto_rawDescData = protoimpl.X.CompressGZIP(file_demo4_proto_rawDescData)
    })
    return file_demo4_proto_rawDescData
}
var file_demo4_proto_enumTypes = make([]protoimpl.EnumInfo, 1) var file_demo4_proto_msgTypes = make([]protoimpl.MessageInfo, 2)var file_demo4_proto_goTypes = []interface{}{
    (PhoneType)(0),              //0: PhoneType
    (*Teacher)(nil),             //1: Teacher
    (*Teacher_PhoneNumber)(nil), //2: Teacher.PhoneNumber
}
var file_demo4_proto_depIdxs = []int32{
    2, //0: Teacher.phone:type_name -> Teacher.PhoneNumber
    0, //1: Teacher.PhoneNumber.type:type_name -> PhoneType
    2, //[2:2] is the sub-list for method output_type
    2, //[2:2] is the sub-list for method input_type
    2, //[2:2] is the sub-list for extension type_name
    2, //[2:2] is the sub-list for extension extendee
    0, //[0:2] is the sub-list for field type_name
}

func init() { file_demo4_proto_init() }
func file_demo4_proto_init() {
    if File_demo4_proto != nil {
        return
    }
    if !protoimpl.UnsafeEnabled {
        file_demo4_proto_msgTypes[0].Exporter = func(v interface{}, i int) interface{} {
            switch v := v.(*Teacher); i {
            case 0:
                return &v.state
            case 1:
                return &v.sizeCache
            case 2:
```

```go
                return &v.unknownFields
            default:
                return nil
            }
        }
        file_demo4_proto_msgTypes[1].Exporter = func(v interface{}, i int) interface{} {
            switch v := v.(*Teacher_PhoneNumber); i {
            case 0:
                return &v.state
            case 1:
                return &v.sizeCache
            case 2:
                return &v.unknownFields
            default:
                return nil
            }
        }
    }
    type x struct{}
    out := protoimpl.TypeBuilder{
        File: protoimpl.DescBuilder{
            GoPackagePath: reflect.TypeOf(x{}).PkgPath(),
            RawDescriptor: file_demo4_proto_rawDesc,
            NumEnums:      1,
            NumMessages:   2,
            NumExtensions: 0,
            NumServices:   0,
        },
        GoTypes:           file_demo4_proto_goTypes,
        DependencyIndexes: file_demo4_proto_depIdxs,
        EnumInfos:         file_demo4_proto_enumTypes,
        MessageInfos:      file_demo4_proto_msgTypes,
    }.Build()
    File_demo4_proto = out.File
    file_demo4_proto_rawDesc = nil
    file_demo4_proto_goTypes = nil
    file_demo4_proto_depIdxs = nil
}
```

（4）oneof 关键字（C 语言中的联合体），示例代码如下：

```
//anonymous-link\example\chapter5\protobuf_oneof.proto

//ProtoBuf 默认支持的版本是 2.x，现在一般使用 3.x 版本，所以需要手动指定版本号，如果不这样
//做，则协议缓冲区编译器将假定正在使用 proto 2。这也必须是文件的第 1 个非空的非注释行
syntax = "proto3";
//.proto 文件应包含一个 go_package 选项，用于指定包含所生成代码的 Go 软件包的完整导入路径
//（最后一次"bar"就是生成 Go 文件的包名），官方在未来的发行版本会支持
option go_package = "example.com/foo/bar";
message Teacher{
```

```
    //姓名
    string name = 1;

    //年龄
    int32 age = 2 ;

    //地址
    string address = 3;

    //定义一个 message
    message PhoneNumber{
        string number = 1;
        PhoneType type = 2;
    }

    //repeated 关键字类似于 Go 中的切片,编译之后对应的也是 Go 的切片
    repeated PhoneNumber phone = 4 ;

    //如果有一个包含许多字段的消息,并且最多只能同时设置其中的一个字段,则可以使用 oneof 功能
    oneof data{
        string school = 5;
        int32 score = 6;
    }
}
//enum 为关键字,作用为定义一种枚举类型
    enum PhoneType {
    /*
        enum 还可以为不同的枚举常量指定相同的值来定义别名。
        如果想要使用这个功能必须将 allow_alias 选项设置为 true,负责编译器将报错
    */
    option allow_alias = true;

    /*
        如下所示,enum 的第 1 个常量映射为 0,每个枚举定义必须包含一个映射到 0 的常量作为其第 1 个元素。
            这是因为必须有一个 0 值,以便可以使用 0 作为数字默认值
            0 值必须是第 1 个元素,以便与 proto 2 语义兼容,其中第 1 个枚举值始终是默认值

        默认值
            解析数据时,如果编码的消息不包含特定的单数元素,则解析对象中的相应字段将设置为该字段的默认值
                不同类型的默认值不同,具体如下:
                    对于字符串,默认值为空字符串
                    对于字节,默认值为空字节
                    对于 bools,默认值为 false
                    对于数字类型,默认值为 0
                    对于枚举,默认值为第 1 个定义的枚举值,该值必须为 0
                    repeated 字段的默认值为空列表
                    message 字段的默认值为空对象
    */
    MOBILE = 0;
    HOME = 1;
```

```
    WORK = 2;
    Personal = 2;
}
```

使用命令 protoc--go_out=. demo5.proto 生成对应的 Go 代码,代码如下:

```
//anonymous-link\example\chapter5\protobuf_oneof.go

//ProtoBuf 默认支持的版本是 2.x,现在一般使用 3.x 版本,所以需要手动指定版本号,如果不这样
//做,则协议缓冲区编译器将假定正在使用 proto 2。这也必须是文件的第 1 个非空的非注释行
//Code generated by protoc-gen-go. DO NOT EDIT
//versions:
//protoc-gen-go v1.21.0
//protoc          v3.11.4
//source: demo5.proto
package bar

import (
    proto "github.com/Go/protobuf/proto"
    protoreflect "google.Go.org/protobuf/reflect/protoreflect"
    protoimpl "google.Go.org/protobuf/runtime/protoimpl"
    reflect "reflect"
    sync "sync"
)
const (
    //Verify that this generated code is sufficiently up-to-date
    _ = protoimpl.EnforceVersion(20 - protoimpl.MinVersion)
    //Verify that runtime/protoimpl is sufficiently up-to-date
    _ = protoimpl.EnforceVersion(protoimpl.MaxVersion - 20)
)
//This is a compile-time assertion that a sufficiently up-to-date
//version of the legacy proto package is being used
const _ = proto.ProtoPackageIsVersion4
//enum 为关键字,作用为定义一种枚举类型
enumPhoneType {
/*
enum 还可以为不同的枚举常量指定相同的值来定义别名。
如果想要使用这个功能,则必须将 allow_alias 选项设置为 true,否则编译器将报错
*/
option allow_alias = true;
    //如下所示,enum 的第 1 个常量映射为 0,每个枚举定义必须包含一个映射到 0 的常量作为其第
    //1 个元素
    //这是因为必须有一个 0 值,以便可以使用 0 作为数字默认值
    //0 值必须是第 1 个元素,以便与 proto 2 语义兼容,其中第 1 个枚举值始终是默认值
    //
    //默认值
    //解析数据时,如果编码的消息不包含特定的单数元素,则解析对象中的相应字段将设置为该
    //字段的默认值
    //不同类型的默认值不同,具体如下
    //对于字符串,默认值为空字符串
```

```go
        //对于字节,默认值为空字节
        //对于bools,默认值为false
        //对于数字类型,默认值为0
        //对于枚举,默认值为第1个定义的枚举值,该值必须为0
        //repeated 字段的默认值为空列表
        //message 字段的默认值为空对象
    PhoneType_MOBILE        PhoneType = 0
    PhoneType_HOME          PhoneType = 1
    PhoneType_WORK          PhoneType = 2
    PhoneType_Personal      PhoneType = 2
)
//Enum value maps for PhoneType
    var (
    PhoneType_name = map[int32]string{
        0: "MOBILE",
        1: "HOME",
        2: "WORK",
        //Duplicate value
    2: "Personal",
    }
    PhoneType_value = map[string]int32{
        "MOBILE":    0,
        "HOME":      1,
        "WORK":      2,
        "Personal": 2,
    }
)

func (x PhoneType) Enum() *PhoneType {
    p := new(PhoneType)
    *p = x
    return p
}

func (x PhoneType) String() string {
    return protoimpl.X.EnumStringOf(x.Descriptor(), protoreflect.EnumNumber(x))
}

func (PhoneType) Descriptor() protoreflect.EnumDescriptor {
    return file_demo5_proto_enumTypes[0].Descriptor()
}

func (PhoneType) Type() protoreflect.EnumType {
    return &file_demo5_proto_enumTypes[0]
}

func (x PhoneType) Number() protoreflect.EnumNumber {
    return protoreflect.EnumNumber(x)
}
//Deprecated: Use PhoneType.Descriptor instead
func (PhoneType) EnumDescriptor() ([]Byte, []int) {
```

```go
        return file_demo5_proto_rawDescGZIP(), []int{0}
}

type Teacher struct {
    state         protoimpl.MessageState
    sizeCache     protoimpl.SizeCache
    unknownFields protoimpl.UnknownFields

    //姓名
    Name string `protobuf:"Bytes,1,opt,name = name,proto3" json:"name,omitempty"`
    //年龄
    Age int32 `protobuf:"varint,2,opt,name = age,proto3" json:"age,omitempty"`
    //地址
    Address string `protobuf:"Bytes,3,opt,name = address,proto3" json:"address,omitempty"`
    //repeated 关键字类似于 Go 中的切片,编译之后对应的也是 Go 的切片
    Phone [] * Teacher_PhoneNumber `protobuf:"Bytes,4,rep,name = phone,proto3" json:"phone,omitempty"`
    //如果有一个包含许多字段的消息,并且最多只能同时设置其中的一个字段,则可以使用 oneof
    //功能
    //
    //Types that are assignable to Data:
    //  * Teacher_School
    //  * Teacher_Score
    Data isTeacher_Data `protobuf_oneof:"data"`
}

func (x * Teacher) Reset() {
    * x = Teacher{}
    if protoimpl.UnsafeEnabled {
        mi := &file_demo5_proto_msgTypes[0]
        ms := protoimpl.X.MessageStateOf(protoimpl.Pointer(x))
        ms.StoreMessageInfo(mi)
    }
}

func (x * Teacher) String() string {
    return protoimpl.X.MessageStringOf(x)
}

func ( * Teacher) ProtoMessage() {}

func (x * Teacher) ProtoReflect() protoreflect.Message {
    mi := &file_demo5_proto_msgTypes[0]
    if protoimpl.UnsafeEnabled && x != nil {
        ms := protoimpl.X.MessageStateOf(protoimpl.Pointer(x))
        if ms.LoadMessageInfo() == nil {
            ms.StoreMessageInfo(mi)
        }
        return ms
    }
    return mi.MessageOf(x)
```

```go
}
//Deprecated: Use Teacher.ProtoReflect.Descriptor instead
func (*Teacher) Descriptor() ([]Byte, []int) {
    return file_demo5_proto_rawDescGZIP(), []int{0}
}

func (x *Teacher) GetName() string {
    if x != nil {
        return x.Name
    }
    return ""
}

func (x *Teacher) GetAge() int32 {
    if x != nil {
        return x.Age
    }
    return 0
}

func (x *Teacher) GetAddress() string {
    if x != nil {
        return x.Address
    }
    return ""
}

func (x *Teacher) GetPhone() []*Teacher_PhoneNumber {
    if x != nil {
        return x.Phone
    }
    return nil
}

func (m *Teacher) GetData() isTeacher_Data {
    if m != nil {
        return m.Data
    }
    return nil
}

func (x *Teacher) GetSchool() string {
    if x, ok := x.GetData().(*Teacher_School); ok {
        return x.School
    }
    return ""
}

func (x *Teacher) GetScore() int32 {
    if x, ok := x.GetData().(*Teacher_Score); ok {
        return x.Score
```

```go
    }
    return 0
}

type isTeacher_Data interface {
    isTeacher_Data()
}

type Teacher_School struct {
    School string `protobuf:"Bytes,5,opt,name = school,proto3,oneof"`
}

type Teacher_Score struct {
    Score int32 `protobuf:"varint,6,opt,name = score,proto3,oneof"`
}

func ( * Teacher_School) isTeacher_Data() {}

func ( * Teacher_Score) isTeacher_Data() {}
//定义一个 message
type Teacher_PhoneNumber struct {
    state         protoimpl.MessageState
    sizeCache     protoimpl.SizeCache
    unknownFields protoimpl.UnknownFields

    Number string `protobuf:"Bytes,1,opt,name = number,proto3" json:"number,omitempty"`
    Type PhoneType `protobuf:"varint,2,opt,name = type,proto3,enum = PhoneType" json:"type,omitempty"`
}

func (x * Teacher_PhoneNumber) Reset() {
    * x = Teacher_PhoneNumber{}
    if protoimpl.UnsafeEnabled {
        mi := &file_demo5_proto_msgTypes[1]
        ms := protoimpl.X.MessageStateOf(protoimpl.Pointer(x))
        ms.StoreMessageInfo(mi)
    }
}

func (x * Teacher_PhoneNumber) String() string {
    return protoimpl.X.MessageStringOf(x)
}

func ( * Teacher_PhoneNumber) ProtoMessage() {}

func (x * Teacher_PhoneNumber) ProtoReflect() protoreflect.Message {
    mi := &file_demo5_proto_msgTypes[1]
    if protoimpl.UnsafeEnabled && x != nil {
        ms := protoimpl.X.MessageStateOf(protoimpl.Pointer(x))
        if ms.LoadMessageInfo() == nil {
            ms.StoreMessageInfo(mi)
```

```go
        }
        return ms
    }
    return mi.MessageOf(x)
}
//Deprecated: Use Teacher_PhoneNumber.ProtoReflect.Descriptor instead
func (*Teacher_PhoneNumber) Descriptor() ([]Byte, []int) {
    return file_demo5_proto_rawDescGZIP(), []int{0, 0}
}

func (x *Teacher_PhoneNumber) GetNumber() string {
    if x != nil {
        return x.Number
    }
    return ""
}

func (x *Teacher_PhoneNumber) GetType() PhoneType {
    if x != nil {
        return x.Type
    }
    return PhoneType_MOBILE
}
var File_demo5_proto protoreflect.FileDescriptor
var file_demo5_proto_rawDesc = []Byte{
    0x0a, 0x0b, 0x64, 0x65, 0x6d, 0x6f, 0x35, 0x2e, 0x70, 0x72, 0x6f, 0x74, 0x6f, 0x22, 0xf6,
0x01,
    0x0a, 0x07, 0x54, 0x65, 0x61, 0x63, 0x68, 0x65, 0x72, 0x12, 0x12, 0x0a, 0x04, 0x6e, 0x61,
0x6d,
    0x65, 0x18, 0x01, 0x20, 0x01, 0x28, 0x09, 0x52, 0x04, 0x6e, 0x61, 0x6d, 0x65, 0x12, 0x10,
0x0a,
    0x03, 0x61, 0x67, 0x65, 0x18, 0x02, 0x20, 0x01, 0x28, 0x05, 0x52, 0x03, 0x61, 0x67, 0x65,
0x12,
    0x18, 0x0a, 0x07, 0x61, 0x64, 0x64, 0x72, 0x65, 0x73, 0x73, 0x18, 0x03, 0x20, 0x01, 0x28,
0x09,
    0x52, 0x07, 0x61, 0x64, 0x64, 0x72, 0x65, 0x73, 0x73, 0x12, 0x2a, 0x0a, 0x05, 0x70, 0x68,
0x6f,
    0x6e, 0x65, 0x18, 0x04, 0x20, 0x03, 0x28, 0x0b, 0x32, 0x14, 0x2e, 0x54, 0x65, 0x61, 0x63,
0x68,
    0x65, 0x72, 0x2e, 0x50, 0x68, 0x6f, 0x6e, 0x65, 0x4e, 0x75, 0x6d, 0x62, 0x65, 0x72, 0x52,
0x05,
    0x70, 0x68, 0x6f, 0x6e, 0x65, 0x12, 0x18, 0x0a, 0x06, 0x73, 0x63, 0x68, 0x6f, 0x6f, 0x6c,
0x18,
    0x05, 0x20, 0x01, 0x28, 0x09, 0x48, 0x00, 0x52, 0x06, 0x73, 0x63, 0x68, 0x6f, 0x6f, 0x6c,
0x12,
    0x16, 0x0a, 0x05, 0x73, 0x63, 0x6f, 0x72, 0x65, 0x18, 0x06, 0x20, 0x01, 0x28, 0x05, 0x48,
0x00,
    0x52, 0x05, 0x73, 0x63, 0x6f, 0x72, 0x65, 0x1a, 0x45, 0x0a, 0x0b, 0x50, 0x68, 0x6f, 0x6e,
0x65,
    0x4e, 0x75, 0x6d, 0x62, 0x65, 0x72, 0x12, 0x16, 0x0a, 0x06, 0x6e, 0x75, 0x6d, 0x62, 0x65,
0x72,
```

```
    0x18, 0x01, 0x20, 0x01, 0x28, 0x09, 0x52, 0x06, 0x6e, 0x75, 0x6d, 0x62, 0x65, 0x72, 0x12,
0x1e,
    0x0a, 0x04, 0x74, 0x79, 0x70, 0x65, 0x18, 0x02, 0x20, 0x01, 0x28, 0x0e, 0x32, 0x0a, 0x2e,
0x50,
    0x68, 0x6f, 0x6e, 0x65, 0x54, 0x79, 0x70, 0x65, 0x52, 0x04, 0x74, 0x79, 0x70, 0x65, 0x42,
0x06,
    0x0a, 0x04, 0x64, 0x61, 0x74, 0x61, 0x2a, 0x3d, 0x0a, 0x09, 0x50, 0x68, 0x6f, 0x6e, 0x65,
0x54,
    0x79, 0x70, 0x65, 0x12, 0x0a, 0x0a, 0x06, 0x4d, 0x4f, 0x42, 0x49, 0x4c, 0x45, 0x10, 0x00,
0x12,
    0x08, 0x0a, 0x04, 0x48, 0x4f, 0x4d, 0x45, 0x10, 0x01, 0x12, 0x08, 0x0a, 0x04, 0x57, 0x4f,
0x52,
    0x4b, 0x10, 0x02, 0x12, 0x0c, 0x0a, 0x08, 0x50, 0x65, 0x72, 0x73, 0x6f, 0x6e, 0x61, 0x6c,
0x10,
    0x02, 0x1a, 0x02, 0x10, 0x01, 0x42, 0x15, 0x5a, 0x13, 0x65, 0x78, 0x61, 0x6d, 0x70, 0x6c,
0x65,
    0x2e, 0x63, 0x6f, 0x6d, 0x2f, 0x66, 0x6f, 0x6f, 0x2f, 0x62, 0x61, 0x72, 0x62, 0x06, 0x70,
0x72,
    0x6f, 0x74, 0x6f, 0x33,
}
var (
    file_demo5_proto_rawDescOnce sync.Once
    file_demo5_proto_rawDescData = file_demo5_proto_rawDesc
)

func file_demo5_proto_rawDescGZIP() []Byte {
    file_demo5_proto_rawDescOnce.Do(func() {
        file_demo5_proto_rawDescData = protoimpl.X.CompressGZIP(file_demo5_proto_
rawDescData)
    })
    return file_demo5_proto_rawDescData
}
var file_demo5_proto_enumTypes = make([]protoimpl.EnumInfo, 1) var file_demo5_proto_
msgTypes = make([]protoimpl.MessageInfo, 2)var file_demo5_proto_goTypes = []interface{}{
    (PhoneType)(0),               //0: PhoneType
    (*Teacher)(nil),              //1: Teacher
    (*Teacher_PhoneNumber)(nil),  //2: Teacher.PhoneNumber
}
var file_demo5_proto_depIdxs = []int32{
    2, //0: Teacher.phone:type_name -> Teacher.PhoneNumber
    0, //1: Teacher.PhoneNumber.type:type_name -> PhoneType
    2, //[2:2] is the sub-list for method output_type
    2, //[2:2] is the sub-list for method input_type
    2, //[2:2] is the sub-list for extension type_name
    2, //[2:2] is the sub-list for extension extendee
    0, //[0:2] is the sub-list for field type_name
}

func init() { file_demo5_proto_init() }
func file_demo5_proto_init() {
    if File_demo5_proto != = nil {
        return
```

```go
    }
    if ! protoimpl.UnsafeEnabled {
        file_demo5_proto_msgTypes[0].Exporter = func(v interface{}, i int) interface{} {
            switch v := v.(*Teacher); i {
            case 0:
                return &v.state
            case 1:
                return &v.sizeCache
            case 2:
                return &v.unknownFields
            default:
                return nil
            }
        }
        file_demo5_proto_msgTypes[1].Exporter = func(v interface{}, i int) interface{} {
            switch v := v.(*Teacher_PhoneNumber); i {
            case 0:
                return &v.state
            case 1:
                return &v.sizeCache
            case 2:
                return &v.unknownFields
            default:
                return nil
            }
        }
    }
    file_demo5_proto_msgTypes[0].OneofWrappers = []interface{}{
        (*Teacher_School)(nil),
        (*Teacher_Score)(nil),
    }
    type x struct{}
    out := protoimpl.TypeBuilder{
        File: protoimpl.DescBuilder{
            GoPackagePath: reflect.TypeOf(x{}).PkgPath(),
            RawDescriptor: file_demo5_proto_rawDesc,
            NumEnums:      1,
            NumMessages:   2,
            NumExtensions: 0,
            NumServices:   0,
        },
        GoTypes:           file_demo5_proto_goTypes,
        DependencyIndexes: file_demo5_proto_depIdxs,
        EnumInfos:         file_demo5_proto_enumTypes,
        MessageInfos:      file_demo5_proto_msgTypes,
    }.Build()
    File_demo5_proto = out.File
    file_demo5_proto_rawDesc = nil
    file_demo5_proto_goTypes = nil
    file_demo5_proto_depIdxs = nil
}
```

(5) 定义 RPC 服务,示例代码如下:

```
//anonymous-link\example\chapter5\protobuf_rpc.proto

//ProtoBuf 默认支持的版本是 2.x,现在一般使用 3.x 版本,所以需要手动指定版本号,如果不这样
//做,则协议缓冲区编译器将假定正在使用 proto 2。这也必须是文件的第 1 个非空的非注释行
syntax = "proto3";

//.proto 文件应包含一个 go_package 选项,用于指定包含所生成代码的 Go 软件包的完整导入路径
//(最后一次 bar 就是生成 Go 文件的包名),官方在未来的发行版本会支持
option go_package = "example.com/foo/bar";

message Teacher{
    //姓名
    string name = 1;
    //年龄
    int32 age = 2 ;
    //地址
    string address = 3;
}

/*
    如果需要将 message 与 RPC 一起使用,则可以在 .proto 文件中定义 RPC 服务接口,ProtoBuf 编
译器将根据选择的语言生成 RPC 接口代码
    通过定义服务,然后借助框架帮助实现部分的 RPC 代码
*/
service HelloService {
    //传入和传输的 Teacher 是上面定义的 message 对象
    rpc World (Teacher)returns (Teacher);
}
```

使用命令 protoc --go_out=plugins=grpc:. demo6.proto 生成对应的 Go 代码,代码如下:

```
//anonymous-link\example\chapter5\protobuf_rpc.go

//ProtoBuf 默认支持的版本是 2.x,现在一般使用 3.x 版本,所以需要手动指定版本号,如果不这样
//做,则协议缓冲区编译器将假定正在使用 proto 2。这也必须是文件的第 1 个非空的非注释行

//Code generated by protoc-gen-go. DO NOT EDIT.
//versions:
//protoc-gen-go v1.21.0
//protoc           v3.11.4
//source: demo6.proto

package bar

import (
    context "context"
    proto "github.com/Go/protobuf/proto"
```

```go
        grpc "google.Go.org/grpc"
        codes "google.Go.org/grpc/codes"
        status "google.Go.org/grpc/status"
        protoreflect "google.Go.org/protobuf/reflect/protoreflect"
        protoimpl "google.Go.org/protobuf/runtime/protoimpl"
        reflect "reflect"
        sync "sync"
)

const (
        //Verify that this generated code is sufficiently up-to-date
        _ = protoimpl.EnforceVersion(20 - protoimpl.MinVersion)
        //Verify that runtime/protoimpl is sufficiently up-to-date
        _ = protoimpl.EnforceVersion(protoimpl.MaxVersion - 20)
)

//This is a compile-time assertion that a sufficiently up-to-date version
//of the legacy proto package is being used
const _ = proto.ProtoPackageIsVersion4

type Teacher struct {
        state         protoimpl.MessageState
        sizeCache     protoimpl.SizeCache
        unknownFields protoimpl.UnknownFields

        //姓名
        Name string `protobuf:"Bytes,1,opt,name=name,proto3" json:"name,omitempty"`
        //年龄
        Age int32 `protobuf:"varint,2,opt,name=age,proto3" json:"age,omitempty"`
        //地址
        Address string `protobuf:"Bytes,3,opt,name=address,proto3" json:"address,omitempty"`
}

func (x *Teacher) Reset() {
        *x = Teacher{}
        if protoimpl.UnsafeEnabled {
                mi := &file_demo6_proto_msgTypes[0]
                ms := protoimpl.X.MessageStateOf(protoimpl.Pointer(x))
                ms.StoreMessageInfo(mi)
        }
}

func (x *Teacher) String() string {
        return protoimpl.X.MessageStringOf(x)
}

func (*Teacher) ProtoMessage() {}

func (x *Teacher) ProtoReflect() protoreflect.Message {
        mi := &file_demo6_proto_msgTypes[0]
        if protoimpl.UnsafeEnabled && x != nil {
```

```go
        ms := protoimpl.X.MessageStateOf(protoimpl.Pointer(x))
        if ms.LoadMessageInfo() == nil {
            ms.StoreMessageInfo(mi)
        }
        return ms
    }
    return mi.MessageOf(x)
}

//Deprecated: Use Teacher.ProtoReflect.Descriptor instead
func (*Teacher) Descriptor() ([]Byte, []int) {
    return file_demo6_proto_rawDescGZIP(), []int{0}
}

func (x *Teacher) GetName() string {
    if x != nil {
        return x.Name
    }
    return ""
}

func (x *Teacher) GetAge() int32 {
    if x != nil {
        return x.Age
    }
    return 0
}

func (x *Teacher) GetAddress() string {
    if x != nil {
        return x.Address
    }
    return ""
}

var File_demo6_proto protoreflect.FileDescriptor

var file_demo6_proto_rawDesc = []Byte{
    0x0a, 0x0b, 0x64, 0x65, 0x6d, 0x6f, 0x36, 0x2e, 0x70, 0x72, 0x6f, 0x74, 0x6f, 0x22, 0x49,
    0x0a,
    0x07, 0x54, 0x65, 0x61, 0x63, 0x68, 0x65, 0x72, 0x12, 0x12, 0x0a, 0x04, 0x6e, 0x61, 0x6d,
    0x65,
    0x18, 0x01, 0x20, 0x01, 0x28, 0x09, 0x52, 0x04, 0x6e, 0x61, 0x6d, 0x65, 0x12, 0x10, 0x0a,
    0x03,
    0x61, 0x67, 0x65, 0x18, 0x02, 0x20, 0x01, 0x28, 0x05, 0x52, 0x03, 0x61, 0x67, 0x65, 0x12,
    0x18,
    0x0a, 0x07, 0x61, 0x64, 0x64, 0x72, 0x65, 0x73, 0x73, 0x18, 0x03, 0x20, 0x01, 0x28, 0x09,
    0x52,
    0x07, 0x61, 0x64, 0x64, 0x72, 0x65, 0x73, 0x73, 0x32, 0x2b, 0x0a, 0x0c, 0x48, 0x65, 0x6c,
    0x6c,
    0x6f, 0x53, 0x65, 0x72, 0x76, 0x69, 0x63, 0x65, 0x12, 0x1b, 0x0a, 0x05, 0x57, 0x6f, 0x72,
    0x6c,
```

```go
        0x64, 0x12, 0x08, 0x2e, 0x54, 0x65, 0x61, 0x63, 0x68, 0x65, 0x72, 0x1a, 0x08, 0x2e, 0x54,
0x65,
        0x61, 0x63, 0x68, 0x65, 0x72, 0x42, 0x15, 0x5a, 0x13, 0x65, 0x78, 0x61, 0x6d, 0x70, 0x6c,
0x65,
        0x2e, 0x63, 0x6f, 0x6d, 0x2f, 0x66, 0x6f, 0x6f, 0x2f, 0x62, 0x61, 0x72, 0x62, 0x06, 0x70,
0x72,
        0x6f, 0x74, 0x6f, 0x33,
}

var (
    file_demo6_proto_rawDescOnce sync.Once
    file_demo6_proto_rawDescData = file_demo6_proto_rawDesc
)

func file_demo6_proto_rawDescGZIP() []Byte {
    file_demo6_proto_rawDescOnce.Do(func() {
        file_demo6_proto_rawDescData = protoimpl.X.CompressGZIP(file_demo6_proto_rawDescData)
    })
    return file_demo6_proto_rawDescData
}

var file_demo6_proto_msgTypes = make([]protoimpl.MessageInfo, 1)
var file_demo6_proto_goTypes = []interface{}{
    (*Teacher)(nil), //0: Teacher
}
var file_demo6_proto_depIdxs = []int32{
    0, //0: HelloService.World:input_type -> Teacher
    0, //1: HelloService.World:output_type -> Teacher
    1, //[1:2] is the sub-list for method output_type
    0, //[0:1] is the sub-list for method input_type
    0, //[0:0] is the sub-list for extension type_name
    0, //[0:0] is the sub-list for extension extendee
    0, //[0:0] is the sub-list for field type_name
}

func init() { file_demo6_proto_init() }
func file_demo6_proto_init() {
    if File_demo6_proto != nil {
        return
    }
    if !protoimpl.UnsafeEnabled {
        file_demo6_proto_msgTypes[0].Exporter = func(v interface{}, i int) interface{} {
            switch v := v.(*Teacher); i {
            case 0:
                return &v.state
            case 1:
                return &v.sizeCache
            case 2:
                return &v.unknownFields
            default:
                return nil
```

```go
            }
        }
    }
    type x struct{}
    out := protoimpl.TypeBuilder{
        File: protoimpl.DescBuilder{
            GoPackagePath: reflect.TypeOf(x{}).PkgPath(),
            RawDescriptor: file_demo6_proto_rawDesc,
            NumEnums:      0,
            NumMessages:   1,
            NumExtensions: 0,
            NumServices:   1,
        },
        GoTypes:           file_demo6_proto_goTypes,
        DependencyIndexes: file_demo6_proto_depIdxs,
        MessageInfos:      file_demo6_proto_msgTypes,
    }.Build()
    File_demo6_proto = out.File
    file_demo6_proto_rawDesc = nil
    file_demo6_proto_goTypes = nil
    file_demo6_proto_depIdxs = nil
}

//Reference imports to suppress errors if they are not otherwise used
var _ context.Context
var _ grpc.ClientConnInterface

//This is a compile-time assertion to ensure that this generated file
//is compatible with the grpc package it is being compiled against
const _ = grpc.SupportPackageIsVersion6

//HelloServiceClient is the client API for HelloService service
//
//For semantics around ctx use and closing/ending streaming RPCs, please refer to https://godoc.
//org/google.Go.org/grpc#ClientConn.NewStream
type HelloServiceClient interface {
    World(ctx context.Context, in *Teacher, opts ...grpc.CallOption) (*Teacher, error)
}

type helloServiceClient struct {
    cc grpc.ClientConnInterface
}

func NewHelloServiceClient(cc grpc.ClientConnInterface) HelloServiceClient {
    return &helloServiceClient{cc}
}

func (c *helloServiceClient) World(ctx context.Context, in *Teacher, opts ...grpc.CallOption) (*Teacher, error) {
    out := new(Teacher)
    err := c.cc.Invoke(ctx, "/HelloService/World", in, out, opts...)
    if err != nil {
```

```go
        return nil, err
    }
    return out, nil
}

//HelloServiceServer is the server API for HelloService service
type HelloServiceServer interface {
    World(context.Context, *Teacher) (*Teacher, error)
}

//UnimplementedHelloServiceServer can be embedded to have forward compatible implementations
type UnimplementedHelloServiceServer struct {
}

func (*UnimplementedHelloServiceServer) World(context.Context, *Teacher) (*Teacher, error) {
    return nil, status.Errorf(codes.Unimplemented, "method World not implemented")
}

func RegisterHelloServiceServer(s *grpc.Server, srv HelloServiceServer) {
    s.RegisterService(&_HelloService_serviceDesc, srv)
}

func _HelloService_World_Handler(srv interface{}, ctx context.Context, dec func(interface{}) error, interceptor grpc.UnaryServerInterceptor) (interface{}, error) {
    in := new(Teacher)
    if err := dec(in); err != nil {
        return nil, err
    }
    if interceptor == nil {
        return srv.(HelloServiceServer).World(ctx, in)
    }
    info := &grpc.UnaryServerInfo{
        Server: srv,
        FullMethod: "/HelloService/World",
    }
    handler := func(ctx context.Context, req interface{}) (interface{}, error) {
        return srv.(HelloServiceServer).World(ctx, req.(*Teacher))
    }
    return interceptor(ctx, in, info, handler)
}

var _HelloService_serviceDesc = grpc.ServiceDesc{
    ServiceName: "HelloService",
    HandlerType: (*HelloServiceServer)(nil),
    Methods: []grpc.MethodDesc{
        {
            MethodName: "World",
            Handler: _HelloService_World_Handler,
        },
    },
```

```
        Streams: []grpc.StreamDesc{},
        Metadata: "demo6.proto",
}
```

5. 报错问题记录

(1) Could not make proto path relative：protobuffer 案例.proto：No such file or directory。

现象描述：明明文件是存在的,但是在生成 Go 代码时总是提示找不到文件。

解决方案：这是由文件名称是中文导致的,将该文件名中的中文部分去掉就能解决该问题。

(2) --go_out：protoc-gen-go：Plugin failed with status code 1。

现象描述：提示 protoc-gen-go 不是内部命令,因此需要安装该工具。

解决方案：查看%GOPATH%\bin 目录是否有 protoc-gen-go 命令。如果没有,就直接执行以下命令。

```
go get -u github.com/Go/protobuf/protoc-gen-go
```

执行上述命令后会在%GOPATH%\bin 目录下生成一个 protoc-gen-go 命令。

(3) https fetch：Get https://google.Go.org/protobuf/types/descriptorpb? go-get=1：dial tcp 216.239.37.1：443：connectex：A connection attempt failed because the connected party did not properly respond after a period of time, or established connection failed because connected host has failed to respond.

现象描述：提示远程连接失败,因为它访问的是谷歌公司的公网地址,由于国内政策原因,无法直接访问国外的一些特定的网站。

解决方案有两种方法：①自行 FQ；②配置代理。

推荐使用第 2 种解决方案,设置完下面几个环境变量后,go 命令将从公共代理镜像中快速拉取所需的依赖代码。设置代理后就可以下载所需要的工具,代码如下：

```
go env -w GO111MODULE=on
go env -w GOPROXY=https://goproxy.io,direct
#设置不从 proxy 的私有仓库拉取依赖,多个用逗号相隔(可选)
go env -w GOPRIVATE=*.corp.example.com
```

推荐阅读资料 https://goproxy.io/zh/ 和 https://goproxy.io/zh/docs/goproxyio-private.html。

5.1.20 Go 的序列化：RPC 和 GRPC

1. RPC 概述

(1) 什么是 RPC?RPC(Remote Procedure Call)是远程过程调用的缩写,通俗地说就是调用远处(一般指不同的主机)的一个函数。

（2）为什么微服务需要 RPC？使用微服务的一个好处就是，不限定服务的提供方使用什么技术选型，能够实现公司跨团队的技术解耦。

如果没有统一的服务框架、RPC 框架，各个团队的服务提供方就需要各自实现一套序列化、反序列化、网络框架、连接池、收发线程、超时处理、状态机等业务之外的重复技术劳动，造成整体低效，所以统一 RPC 框架把上述业务之外的技术劳动统一处理，是服务化首要解决的问题。

2. RPC 入门案例

在互联网时代，RPC 已经和 IPC（进程间通信）一样成为一个不可或缺的基础构件，因此 Go 语言的标准库也提供了一个简单的 RPC 实现，将以此为入口学习 RPC 的常见用法。

（1）RPC 的服务器端，示例代码如下：

```go
//anonymous-link\example\chapter5\rpc_server.go
package main

import (
    "fmt"
    "net"
    "net/rpc"
)

type Zabbix struct{}
/**
定义成员方法：
    第 1 个参数是传入参数
    第 2 个参数必须是传出参数（引用类型）
Go 语言的 RPC 规则
方法只能有两个可序列化的参数，其中第 2 个参数是指针类型，并且返回一个 error 类型，同时必须是公开的方法
当调用远程函数之后，如果返回的错误不为空，则传出参数为空
*/
func (Zabbix) MonitorHosts(name string, response *string) error {
    *response = name + "主机监控中…"
    return nil
}

func main() {
    /**
    进程间交互有很多种方式，例如基于信号、共享内存、管道、套接字等方式

    (1)RPC 基于 TCP，因此需要先开启监听端口
    */
    listener, err := net.Listen("tcp", ":8888")
    if err != nil {
        fmt.Println("开启监听器失败,错误原因：", err)
        return
    }
    defer listener.Close()
```

```go
        fmt.Println("服务启动成功...")

        /**
        (2)接受链接,即接受传输的数据
        */
        conn, err := listener.Accept()
        if err != nil {
            fmt.Println("建立连接失败...")
            return
        }
        defer conn.Close()
        fmt.Println("建立连接:", conn.RemoteAddr())
        /**
        (3)注册 RPC 服务,维护一个哈希表,key 值是服务名称,value 值是服务的地址。服务器有很多
函数,希望被调用的函数需要注册到 RPC 上
            以下是 RegisterName 的函数签名:
                func RegisterName(name string, rcvr interface{}) error
            以下是对函数签名相关参数的说明:
                name 指的是服务名称
                rcvr 指的是结构体对象(这个结构体必须含有成员方法)
        */
        rpc.RegisterName("zabbix", new(Zabbix))

        /**
        (4)链接的处理交给 RCP 框架处理,即 RPC 调用,并返回执行后的数据,其工作原理大致分为 3 个
步骤:①read,获取服务名称和方法名,获取请求数据;②调用对应服务里面的方法,获取传出数据;
③write,把数据返回给 client
        */
        rpc.ServeConn(conn)
}
```

(2) RPC 的客户端,示例代码如下:

```go
//anonymous-link\example\chapter5\rpc_client.go
package main

import (
    "fmt"
    "net"
    "net/rpc"
)

func main() {
    /**
    (1)首先通过 rpc.Dial 拨号 RPC 服务
默认数据传输过程中编码方式是 gob,可以选择 JSON
    */
    conn, err := net.Dial("tcp", "127.0.0.1:8888")
    if err != nil {
        fmt.Println("链接服务器失败")
```

```go
        return
    }
    defer conn.Close()
    /**
    (2)把 conn 和 rpc 进行绑定
    */
    client := rpc.NewClient(conn)

    /**
    (3)通过 client.Call 调用具体的 RPC 方法,其中 Call 函数的签名如下:
           func (client * Client) Call(serviceMethod string, args interface{}, reply interface{}) error
        以下是对函数签名的相关参数进行补充说明
           serviceMethod:用点号(.)链接的 RPC 服务名字和方法名字
           args:指定输入参数
           reply:指定输出参数
    */
    var data string
    err = client.Call("zabbix.MonitorHosts", "Nginx", &data)
    if err != nil {
        fmt.Println("远程接口调用失败,错误原因:", err)
        return
    }
    fmt.Println(data)
}
```

3. 跨语言的 RPC

标准库的 RPC 默认采用 Go 语言特有的 gob 编码,因此从其他语言调用 Go 语言实现的 RPC 服务将比较困难。跨语言是互联网时代 RPC 的一个首要条件,这里再实现一个跨语言的 RPC。得益于 RPC 的框架设计,Go 语言的 RPC 其实也是很容易实现跨语言支持的。这里将尝试通过官方自带的 net/rpc/jsonrpc 扩展实现一个跨语言 RPC。

(1) RPC 的服务器端,示例代码如下:

```go
//anonymous-link\example\chapter5\cross_rpc_server.go
package main

import (
    "fmt"
    "net"
    "net/rpc"
    "net/rpc/jsonrpc"
)

type OpenFalcon struct{}
/**
定义成员方法:
    第 1 个参数是传入参数
    第 2 个参数必须是传出参数(引用类型)
```

```go
Go 语言的 RPC 规则
    方法只能有两个可序列化的参数,其中第 2 个参数是指针类型,并且返回一个 error 类型,同时
必须是公开的方法
当调用远程函数后,如果返回的错误不为空,则传出的参数为空
*/
func (OpenFalcon) MonitorHosts(name string, response * string) error {
    * response = name + "主机监控中..."
    return nil
}

func main() {
    /**
    进程间交互有很多种,例如基于信号、共享内存、管道、套接字等方式
    (1)RPC 基于是 TCP 的,因此需要先开启监听端口
    */
    listener, err := net.Listen("tcp", ":8888")
    if err != nil {
        fmt.Println("开启监听器失败,错误原因: ", err)
        return
    }
    defer listener.Close()
    fmt.Println("服务启动成功...")

    /**
    (2)接受链接,即接受传输的数据
    */
    conn, err := listener.Accept()
    if err != nil {
        fmt.Println("建立连接失败...")
        return
    }
    defer conn.Close()
    fmt.Println("建立连接: ", conn.RemoteAddr())
    /**
    (3)注册 RPC 服务,维护一个哈希表,key 值是服务名称,value 值是服务的地址。服务器有很多
函数,希望被调用的函数需要注册到 RPC 上
    以下是 RegisterName 的函数签名:
        func RegisterName(name string, rcvr interface{}) error
    以下是对函数签名相关参数的说明:
        name 指的是服务名称
        rcvr 指的是结构体对象(这个结构体必须含有成员方法)
    */
    rpc.RegisterName("open_falcon", new(OpenFalcon))

    /**
    (4)链接的处理交给 RCP 框架处理,即 RPC 调用,并返回执行后的数据,其工作原理大致分为 3 个
步骤:①read,获取服务名称和方法名,获取请求数据;②调用对应服务里面的方法,获取传出数据;
③write,把数据返给 client
    */
    jsonrpc.ServeConn(conn)
}
```

(2) RPC 的客户端,示例代码如下:

```go
//anonymous-link\example\chapter5\cross_rpc_client.go
package main

import (
    "fmt"
    "net/rpc/jsonrpc"
)

func main(){
    /**
        首先通过 rpc.Dial 拨号 RPC 服务
    默认数据传输过程中的编码方式是 gob,可以选择 JSON,需要导入 net/rpc/jsonrpc 包
    */
    conn, err := jsonrpc.Dial("tcp", "127.0.0.1:8888")
    if err != nil {
        fmt.Println("链接服务器失败")
        return
    }
    defer conn.Close()

    var data string

    /**
    其中 Call 函数的签名如下:
            func (client * Client) Call(serviceMethod string, args interface{}, reply interface{}) error
    以下对函数签名的相关参数进行补充说明:
        serviceMethod 表示用点号(.)链接的 RPC 服务名字和方法名字
        args 用于指定输入参数
        reply 用于指定输出参数
    */
    err = conn.Call("open_falcon.MonitorHosts", "Httpd", &data)
    if err != nil {
        fmt.Println("远程接口调用失败,错误原因: ", err)
        return
    }
    fmt.Println(data)
}
```

4. GRPC 框架

(1) 什么是 GRPC? GRPC 是谷歌公司基于 ProtoBuf 开发的跨语言的开源 RPC 框架。GRPC 是一个高性能、开源和通用的 RPC 框架,面向移动和 HTTP/2 设计。目前提供 C、Java 和 Go 语言版本,分别是 GRPC、GRPC-Java、GRPC-Go,其中 C 版本支持 C、C++、Node.js、Python、Ruby、Objective-C、PHP 和 C#。

GRPC 基于 HTTP/2 标准设计,带来诸如双向流、流控、头部压缩、单 TCP 连接上的多复用请求等特性。这些特性使其在移动设备上表现更好、更省电和更节省空间占用。

详细特性和使用推荐阅读 GRPC 官方文档中文版 http://doc.oschina.net/grpc?t=60133 和 GRPC 官网 https://grpc.io。

(2) 安装 GRPC 环境。

安装 GRPC 环境的命令如下：

```
go get -u -v google.Go.org/grpc
```

(3) 基于 ProtoBuf 编写 GRPC 服务，示例代码如下：

```
//anonymous-link\example\chapter5\protobuf_grpc.proto

//ProtoBuf 默认支持的版本是 2.0，现在一般使用 3.0 版本，所以需要手动指定版本号
//C 语言的编程风格
syntax = "proto3";
//指定包名 package pb;
//定义传输数据的格式
    message People{
    string name = 1; //1 表示数据库中表的主键 id 等于 1，主键不能重复，标示位数据不能重复
    //标示位不能使用 19 000 ~19 999(系统预留位)
    int32 age = 2;

    //结构体嵌套
    student s = 3;
    //使用数组/切片
    repeated string phone = 4;

    //oneof 的作用是多选一
    oneof data{
        int32 score = 5;
        string city = 6;
        bool good = 7;
    }
}
//oneof C 语言中的联合体
message student{
    string name = 1;
    int32 age = 6;
}
//通过先定义服务，然后借助框架，帮助实现部分的 RPC 代码
    service Hello{
    rpc World(student)returns(student);
}
```

命令行执行 protoc --go_out=plugins=grpc:. grpc.proto 生成 grpc.pb.go 文件，示例代码如下：

```
//anonymous-link\example\chapter5\protobuf_grpc.go

//ProtoBuf 默认支持的版本是 2.0，现在一般使用 3.0 版本，所以需要手动指定版本号
```

```go
//C语言的编程风格
//Code generated by protoc-gen-go. DO NOT EDIT
//versions:
//protoc-gen-go v1.21.0
//protoc         v3.11.4
//source: grpc.proto
//指定包名
package pb

import (
    context "context"
    proto "github.com/Go/protobuf/proto"
    grpc "google.Go.org/grpc"
    codes "google.Go.org/grpc/codes"
    status "google.Go.org/grpc/status"
    protoreflect "google.Go.org/protobuf/reflect/protoreflect"
    protoimpl "google.Go.org/protobuf/runtime/protoimpl"
    reflect "reflect"
    sync "sync"
)
const (
    //Verify that this generated code is sufficiently up-to-date.
    _ = protoimpl.EnforceVersion(20 - protoimpl.MinVersion)
    //Verify that runtime/protoimpl is sufficiently up-to-date.
    _ = protoimpl.EnforceVersion(protoimpl.MaxVersion - 20)
)
//This is a compile-time assertion that a sufficiently up-to-date version
//of the legacy proto package is being used.
const _ = proto.ProtoPackageIsVersion4
//定义传输数据的格式
type People struct {
    state         protoimpl.MessageState
    sizeCache     protoimpl.SizeCache
    unknownFields protoimpl.UnknownFields


    Name string `protobuf:"Bytes,1,opt,name=name,proto3" json:"name,omitempty"`
    //1表示表示字段是1,数据库中表的主键id等于1,主键不能重复,标示位数据不能重复
        //标示位不能使用19 000～19 999(系统预留位)
    Age int32 `protobuf:"varint,2,opt,name=age,proto3" json:"age,omitempty"`
    //结构体嵌套
    S *Student `protobuf:"Bytes,3,opt,name=s,proto3" json:"s,omitempty"`
    //使用数组/切片
    Phone []string `protobuf:"Bytes,4,rep,name=phone,proto3" json:"phone,omitempty"`
    //oneof的作用是多选一
    //
    //Types that are assignable to Data
    //    *People_Score
    //    *People_City
    //    *People_Good
    Data isPeople_Data `protobuf_oneof:"data"`
}
```

```go
func (x *People) Reset() {
    *x = People{}
    if protoimpl.UnsafeEnabled {
        mi := &file_grpc_proto_msgTypes[0]
        ms := protoimpl.X.MessageStateOf(protoimpl.Pointer(x))
        ms.StoreMessageInfo(mi)
    }
}

func (x *People) String() string {
    return protoimpl.X.MessageStringOf(x)
}

func (*People) ProtoMessage() {}

func (x *People) ProtoReflect() protoreflect.Message {
    mi := &file_grpc_proto_msgTypes[0]
    if protoimpl.UnsafeEnabled && x != nil {
        ms := protoimpl.X.MessageStateOf(protoimpl.Pointer(x))
        if ms.LoadMessageInfo() == nil {
            ms.StoreMessageInfo(mi)
        }
        return ms
    }
    return mi.MessageOf(x)
}
//Deprecated: Use People.ProtoReflect.Descriptor instead
func (*People) Descriptor() ([]Byte, []int) {
    return file_grpc_proto_rawDescGZIP(), []int{0}
}

func (x *People) GetName() string {
    if x != nil {
        return x.Name
    }
    return ""
}

func (x *People) GetAge() int32 {
    if x != nil {
        return x.Age
    }
    return 0
}

func (x *People) GetS() *Student {
    if x != nil {
        return x.S
    }
    return nil
}
```

```go
func (x * People) GetPhone() []string {
    if x ! = nil {
        return x.Phone
    }
    return nil
}

func (m * People) GetData() isPeople_Data {
    if m ! = nil {
        return m.Data
    }
    return nil
}

func (x * People) GetScore() int32 {
    if x, ok : = x.GetData().( * People_Score); ok {
        return x.Score
    }
    return 0
}

func (x * People) GetCity() string {
    if x, ok : = x.GetData().( * People_City); ok {
        return x.City
    }
    return ""
}

func (x * People) GetGood() bool {
    if x, ok : = x.GetData().( * People_Good); ok {
        return x.Good
    }
    return false
}

type isPeople_Data interface {
    isPeople_Data()
}

type People_Score struct {
    Score int32 `protobuf:"varint,5,opt,name = score,proto3,oneof"`
}

type People_City struct {
    City string `protobuf:"Bytes,6,opt,name = city,proto3,oneof"`
}

type People_Good struct {
    Good bool `protobuf:"varint,7,opt,name = good,proto3,oneof"`
}
```

```go
func (*People_Score) isPeople_Data() {}

func (*People_City) isPeople_Data() {}

func (*People_Good) isPeople_Data() {}

type Student struct {
    state         protoimpl.MessageState
    sizeCache     protoimpl.SizeCache
    unknownFields protoimpl.UnknownFields

    Name string `protobuf:"Bytes,1,opt,name=name,proto3" json:"name,omitempty"`
    Age  int32  `protobuf:"varint,6,opt,name=age,proto3" json:"age,omitempty"`
}

func (x *Student) Reset() {
    *x = Student{}
    if protoimpl.UnsafeEnabled {
        mi := &file_grpc_proto_msgTypes[1]
        ms := protoimpl.X.MessageStateOf(protoimpl.Pointer(x))
        ms.StoreMessageInfo(mi)
    }
}

func (x *Student) String() string {
    return protoimpl.X.MessageStringOf(x)
}

func (*Student) ProtoMessage() {}

func (x *Student) ProtoReflect() protoreflect.Message {
    mi := &file_grpc_proto_msgTypes[1]
    if protoimpl.UnsafeEnabled && x != nil {
        ms := protoimpl.X.MessageStateOf(protoimpl.Pointer(x))
        if ms.LoadMessageInfo() == nil {
            ms.StoreMessageInfo(mi)
        }
        return ms
    }
    return mi.MessageOf(x)
}
//Deprecated: Use Student.ProtoReflect.Descriptor instead
func (*Student) Descriptor() ([]Byte, []int) {
    return file_grpc_proto_rawDescGZIP(), []int{1}
}

func (x *Student) GetName() string {
    if x != nil {
        return x.Name
    }
    return ""
```

```go
}

func (x *Student) GetAge() int32 {
    if x != nil {
        return x.Age
    }
    return 0
}
var File_grpc_proto protoreflect.FileDescriptor
var file_grpc_proto_rawDesc = []Byte{
    0x0a, 0x0a, 0x67, 0x72, 0x70, 0x63, 0x2e, 0x70, 0x72, 0x6f, 0x74, 0x6f, 0x12, 0x02, 0x70,
    0x62,
    0x22, 0xab, 0x01, 0x0a, 0x06, 0x50, 0x65, 0x6f, 0x70, 0x6c, 0x65, 0x12, 0x12, 0x0a, 0x04,
    0x6e,
    0x61, 0x6d, 0x65, 0x18, 0x01, 0x20, 0x01, 0x28, 0x09, 0x52, 0x04, 0x6e, 0x61, 0x6d, 0x65,
    0x12,
    0x10, 0x0a, 0x03, 0x61, 0x67, 0x65, 0x18, 0x02, 0x20, 0x01, 0x28, 0x05, 0x52, 0x03, 0x61,
    0x67,
    0x65, 0x12, 0x19, 0x0a, 0x01, 0x73, 0x18, 0x03, 0x20, 0x01, 0x28, 0x0b, 0x32, 0x0b, 0x2e,
    0x70,
    0x62, 0x2e, 0x73, 0x74, 0x75, 0x64, 0x65, 0x6e, 0x74, 0x52, 0x01, 0x73, 0x12, 0x14, 0x0a,
    0x05,
    0x70, 0x68, 0x6f, 0x6e, 0x65, 0x18, 0x04, 0x20, 0x03, 0x28, 0x09, 0x52, 0x05, 0x70, 0x68,
    0x6f,
    0x6e, 0x65, 0x12, 0x16, 0x0a, 0x05, 0x73, 0x63, 0x6f, 0x72, 0x65, 0x18, 0x05, 0x20, 0x01,
    0x28,
    0x05, 0x48, 0x00, 0x52, 0x05, 0x73, 0x63, 0x6f, 0x72, 0x65, 0x12, 0x14, 0x0a, 0x04, 0x63,
    0x69,
    0x74, 0x79, 0x18, 0x06, 0x20, 0x01, 0x28, 0x09, 0x48, 0x00, 0x52, 0x04, 0x63, 0x69, 0x74,
    0x79,
    0x12, 0x14, 0x0a, 0x04, 0x67, 0x6f, 0x6f, 0x64, 0x18, 0x07, 0x20, 0x01, 0x28, 0x08, 0x48,
    0x00,
    0x52, 0x04, 0x67, 0x6f, 0x6f, 0x64, 0x42, 0x06, 0x0a, 0x04, 0x64, 0x61, 0x74, 0x61, 0x22,
    0x2f,
    0x0a, 0x07, 0x73, 0x74, 0x75, 0x64, 0x65, 0x6e, 0x74, 0x12, 0x12, 0x0a, 0x04, 0x6e, 0x61,
    0x6d,
    0x65, 0x18, 0x01, 0x20, 0x01, 0x28, 0x09, 0x52, 0x04, 0x6e, 0x61, 0x6d, 0x65, 0x12, 0x10,
    0x0a,
    0x03, 0x61, 0x67, 0x65, 0x18, 0x06, 0x20, 0x01, 0x28, 0x05, 0x52, 0x03, 0x61, 0x67, 0x65,
    0x32,
    0x2a, 0x0a, 0x05, 0x48, 0x65, 0x6c, 0x6c, 0x6f, 0x12, 0x21, 0x0a, 0x05, 0x57, 0x6f, 0x72,
    0x6c,
    0x64, 0x12, 0x0b, 0x2e, 0x70, 0x62, 0x2e, 0x73, 0x74, 0x75, 0x64, 0x65, 0x6e, 0x74, 0x1a,
    0x0b,
    0x2e, 0x70, 0x62, 0x2e, 0x73, 0x74, 0x75, 0x64, 0x65, 0x6e, 0x74, 0x62, 0x06, 0x70, 0x72,
    0x6f,
    0x74, 0x6f, 0x33,
}
var (
    file_grpc_proto_rawDescOnce sync.Once
    file_grpc_proto_rawDescData = file_grpc_proto_rawDesc
```

```go
)
func file_grpc_proto_rawDescGZIP() []Byte {
    file_grpc_proto_rawDescOnce.Do(func() {
        file_grpc_proto_rawDescData = protoimpl.X.CompressGZIP(file_grpc_proto_rawDescData)
    })
    return file_grpc_proto_rawDescData
}
var file_grpc_proto_msgTypes = make([]protoimpl.MessageInfo, 2)var file_grpc_proto_goTypes = []interface{}{
    (*People)(nil),  //0: pb.People
    (*Student)(nil), //1: pb.student
}
var file_grpc_proto_depIdxs = []int32{
    1, //0: pb.People.s:type_name -> pb.student
    1, //1: pb.Hello.World:input_type -> pb.student
    1, //2: pb.Hello.World:output_type -> pb.student
    2, //[2:3] is the sub-list for method output_type
    1, //[1:2] is the sub-list for method input_type
    1, //[1:1] is the sub-list for extension type_name
    1, //[1:1] is the sub-list for extension extendee
    0, //[0:1] is the sub-list for field type_name
}

func init() { file_grpc_proto_init() }
func file_grpc_proto_init() {
    if File_grpc_proto != nil {
        return
    }
    if !protoimpl.UnsafeEnabled {
        file_grpc_proto_msgTypes[0].Exporter = func(v interface{}, i int) interface{} {
            switch v := v.(*People); i {
            case 0:
                return &v.state
            case 1:
                return &v.sizeCache
            case 2:
                return &v.unknownFields
            default:
                return nil
            }
        }
        file_grpc_proto_msgTypes[1].Exporter = func(v interface{}, i int) interface{} {
            switch v := v.(*Student); i {
            case 0:
                return &v.state
            case 1:
                return &v.sizeCache
            case 2:
                return &v.unknownFields
```

```go
            default:
                return nil
            }
        }
        file_grpc_proto_msgTypes[0].OneofWrappers = []interface{}{
            (*People_Score)(nil),
            (*People_City)(nil),
            (*People_Good)(nil),
        }
        type x struct{}
        out := protoimpl.TypeBuilder{
            File: protoimpl.DescBuilder{
                GoPackagePath: reflect.TypeOf(x{}).PkgPath(),
                RawDescriptor: file_grpc_proto_rawDesc,
                NumEnums:      0,
                NumMessages:   2,
                NumExtensions: 0,
                NumServices:   1,
            },
            GoTypes:           file_grpc_proto_goTypes,
            DependencyIndexes: file_grpc_proto_depIdxs,
            MessageInfos:      file_grpc_proto_msgTypes,
        }.Build()
        File_grpc_proto = out.File
        file_grpc_proto_rawDesc = nil
        file_grpc_proto_goTypes = nil
        file_grpc_proto_depIdxs = nil
}
//Reference imports to suppress errors if they are not otherwise used
var _ context.Contextvar _ grpc.ClientConnInterface
//This is a compile-time assertion to ensure that this generated file
//is compatible with the grpc package it is being compiled against
const _ = grpc.SupportPackageIsVersion6
//HelloClient is the client API for Hello service
//For semantics around ctx use and closing/ending streaming RPCs, please refer to
//https://godoc.org/google.Go.org/grpc#ClientConn.NewStream
type HelloClient interface {
    World(ctx context.Context, in *Student, opts ...grpc.CallOption) (*Student, error)
}

type helloClient struct {
    cc grpc.ClientConnInterface
}

func NewHelloClient(cc grpc.ClientConnInterface) HelloClient {
    return &helloClient{cc}
}

func (c *helloClient) World(ctx context.Context, in *Student, opts ...grpc.CallOption) (*Student, error) {
```

```go
        out := new(Student)
        err := c.cc.Invoke(ctx, "/pb.Hello/World", in, out, opts...)
        if err != nil {
            return nil, err
        }
        return out, nil
}
//HelloServer is the server API for Hello service
type HelloServer interface {
    World(context.Context, *Student) (*Student, error)
}
//UnimplementedHelloServer can be embedded to have forward compatible implementations
type UnimplementedHelloServer struct {
}

func (*UnimplementedHelloServer) World(context.Context, *Student) (*Student, error) {
    return nil, status.Errorf(codes.Unimplemented, "method World not implemented")
}

func RegisterHelloServer(s *grpc.Server, srv HelloServer) {
    s.RegisterService(&_Hello_serviceDesc, srv)
}

func _Hello_World_Handler(srv interface{}, ctx context.Context, dec func(interface{}) error, interceptor grpc.UnaryServerInterceptor) (interface{}, error) {
    in := new(Student)
    if err := dec(in); err != nil {
        return nil, err
    }
    if interceptor == nil {
        return srv.(HelloServer).World(ctx, in)
    }
    info := &grpc.UnaryServerInfo{
        Server: srv,
        FullMethod: "/pb.Hello/World",
    }
    handler := func(ctx context.Context, req interface{}) (interface{}, error) {
        return srv.(HelloServer).World(ctx, req.(*Student))
    }
    return interceptor(ctx, in, info, handler)
}
var _Hello_serviceDesc = grpc.ServiceDesc{
    ServiceName: "pb.Hello",
    HandlerType: (*HelloServer)(nil),
    Methods: []grpc.MethodDesc{
        {
            MethodName: "World",
            Handler: _Hello_World_Handler,
        },
    },
    Streams: []grpc.StreamDesc{},
    Metadata: "grpc.proto",
}
```

(4) 服务器端 grpcServer.go 文件,代码如下:

```go
//anonymous-link\example\chapter5\grpc_server.go
package main

import (
    "context"
    "google.Go.org/grpc"
    "net"
    "frank/pb"
)

//定义一个结构体,继承自 HelloServer 接口(该接口是通过 ProtoBuf 代码生成的)
type HelloService struct {}

func (HelloService)World(ctx context.Context, req * pb.Student) ( * pb.Student, error){
    req.Name += " nihao"
    req.Age += 10
    return req,nil
}


func main() {
    //先获取 GRPC 对象
    grpcServer := grpc.NewServer()

    //注册服务
    pb.RegisterHelloServer(grpcServer,new(HelloService))

    //开启监听
    lis,err := net.Listen("tcp",":8888")
    if err != nil {
        return
    }
    defer lis.Close()

    //先获取 GRPC 服务器端对象
    grpcServer.Serve(lis)
}
```

(5) 客户端 grpcClient.go 文件,代码如下:

```go
//anonymous-link\example\chapter5\grpc_client.go
package main

import (
    "google.Go.org/grpc"
    "context"
    "fmt"
    "frank/pb"
)
```

```go
func main() {
    //和 GRPC 服务器端建立连接
    grpcCnn ,err := grpc.Dial("127.0.0.1:8888",grpc.WithInsecure())
    if err != nil {
        fmt.Println(err)
        return
    }
    defer grpcCnn.Close()

    //得到一个客户端对象
    client := pb.NewHelloClient(grpcCnn)

    var s pb.Student
    s.Name = "Jason Yin"
    s.Age = 20

    resp,err := client.World(context.TODO(),&s)
    fmt.Println(resp,err)
}
```

5.2 能够快速上手的流行 Web 框架

5.2.1 Web 框架概述

Web 应用框架(Web Application Framework)是一种开发框架,用来支持动态网站、网络应用程序及网络服务的开发。其类型有基于请求的框架和基于组件的框架。Web 应用框架有助于减轻网页开发时共通性活动的工作负荷,例如许多框架提供数据库访问接口、标准样板及会话管理等,可提升代码的可再用性。主要架构有 MVC 和 CMS。

基于请求的框架较早出现,它用以描述一个 Web 应用程序结构的概念,与传统的静态因特网站点一样,是将其机制扩展到动态内容的延伸。对一个提供 HTML 和图片等静态内容的网站,网络另一端的浏览器发出以 URI 形式指定的资源的请求,Web 服务器解读请求,检查该资源是否存在于本地,如果是,则返回该静态内容,否则通知浏览器没有找到。Web 应用升级到动态内容领域后,这个模型只需做一点修改。那就是 Web 服务器收到一个 URL 请求(相较于静态情况下的资源,动态情况下更接近于对一种服务的请求和调用)后,判断该请求的类型,如果是静态资源,则按照上面所述处理;如果是动态内容,则通过某种机制(CGI、调用常驻内存的模块、递送给另一个进程,如 Java 容器)运行该动态内容对应的程序,最后由程序给出响应,返回浏览器。在这样一个直接与 Web 底层机制交流的模型中,服务器端程序要收集客户端及 GET 或 POST 方式提交的数据、转换、校验,然后以这些数据作为输入,以便运行业务逻辑后生成动态的内容,包括 HTML、JavaScript、CSS、图片等。

基于组件的框架采取了另一种思路,它把长久以来软件开发应用的组件思想引入 Web 开发。服务器返回的原本文档形式的网页被视为由一个个可独立工作、重复使用的组件构成。每个组件都能接受用户的输入,负责自己的显示。上面提到的服务器端程序所做的数据收集、转换、校验工作都被下放给各个组件。现代 Web 框架基本采用了模型、视图、控制器相分离的 MVC 架构,基于请求和基于组件两种类型大都会有一个控制器将用户的请求分派给负责业务逻辑的模型,运算的结果再以某个视图表现出来,所以两大分类框架的区别主要在视图部分,基于请求的框架仍然把视图也就是网页看作一个整体,程序员要用 HTML、JavaScript 和 CSS 这些底层的代码来写"文档",而基于组件的框架则把视图看作由积木一样的构件拼成,积木的显示不用程序员操心(当然它们也是由另一些程序员开发出来的),只要设置好它绑定的数据和调整它的属性,把他们从编写 HTML、JavaScript 和 CSS 这些界面的工作中解放出来。

Web 框架是一种开发框架,用来支持动态网站、网络应用程序及网络服务的开发。主要交互流程如图 5-19 所示。

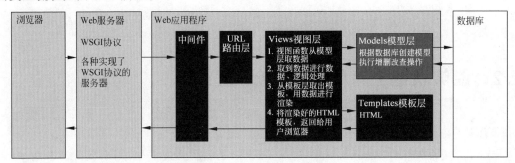

图 5-19　Web 框架交互流程

1. Go 语言的 Web 框架概述

框架就是别人写好的代码可以直接使用,这个代码是专门针对一个开发方向定制的。例如,要做一个网站,利用框架就能非常快地完成网站的开发,如果没有框架,则每个细节都需要处理,开发效率会大大降低。

Go 语言常见的 Web 框架有 Beego、Gin、Echo、Iris 等。值得一提的是,Beego 框架是由咱们国人谢孟军开发的,其地位和 Python 的 Django 有点类似,而 Gin 框架的地位和 Python 的 Flask 有点类似。

综上所述,如果做带有前端页面的 Web 开发,则推荐使用 Beego,如果仅仅是为了写一些后端 API 或者前后端分离项目,则推荐使用 Gin 框架,本书主要使用 Gin 框架进行研究和学习。

Beego 框架官网:https://beego.me/。

Gin 框架项目:https://github.com/gin-gonic/gin。

2. Gin 框架概述

Gin 是使用 Go 开发的 Web 框架,其简单易用,高性能(性能是 httprouter 的 40 倍),适用于生产环境。

Gin 的特点如下。

（1）快：路由使用基数树，低内存，不使用反射。

（2）中间件注册：一个请求可以被一系列中间件和最后的 action 处理。

（3）崩溃处理：Gin 可以捕获 panic 使应用程序可用。

（4）JSON 校验：将请求的数据转换为 JSON 并校验。

（5）路由组：更好的组织路由的方式，无限制嵌套而不影响性能。

（6）错误管理：可以收集所有的错误。

（7）内建渲染方式：JSON、XML 和 HTML 渲染方式。

（8）可继承：简单地去创建中间件。

3．Gin 框架运行原理

MVC 模型包括以下几部分。

（1）模型（Model）：数据库管理与设计。

（2）控制器（Controller）：处理用户输入的信息，负责从视图读取数据，控制用户输入，并向模型发送数据源，是应用程序中处理用户交互的部分，负责管理与用户交互控制。

（3）视图（View）：将信息显示给用户。

Gin 框架的运行流程如图 5-20 所示。

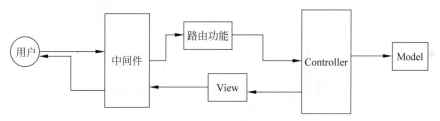

图 5-20 Gin 框架的运行流程

4．Gin 和 Beego 框架的对比

MVC：Gin 框架不完全支持，而 Beego 完全支持。

Web 功能：Gin 框架支持得不全面，例如 Gin 框架不支持正则路由，也不支持 session，而 Beego 支持得很全面。

使用场景：Gin 适合使用在封装 API 方面，而 Beego 适合做带有前端页面的 Web 项目。

5．安装 Gin 组件

安装 Gin 组件非常简单，命令如下：

```
go get github.com/gin-gonic/gin
```

6．Hello World 案例

利用 Gin 组件编写一个简单的 API，返回 JSON 数据，代码如下：

```go
//anonymous-link\example\chapter5\gin\helloworld.go
package main

import "github.com/gin-gonic/gin"

func main() {
    /**
    所有的接口都要由路由进行管理
            Gin 的路由支持 GET、POST、PUT、DELETE、PATCH、HEAD、OPTIONS 等请求
            同时还有一个 Any 函数,可以同时支持以上所有请求
    创建路由(router)并引入默认中间件
            在源码中,首先通过 New 创建一个 engine,紧接着通过 Use 方法传入了 Logger()和 Recovery()
    这两个中间件
            其中 Logger 用于对日志进行记录,而 Recovery 用于对有 painc 时进行 500 的错误处理
    创建路由(router)无中间件
        router := gin.New()
    */
    router := gin.Default()

    //定义路由的 GET 方法及响应的处理函数
    router.GET("/hello", func(c *gin.Context) {
        //将发送的消息封装成 JSON 并发送给浏览器
        c.json(200, gin.H{
            //定义的数据
            "message": "Hello World!",
        })
    })

    //启动路由并指定监听的地址及端口,若不指定,则默认监听 0.0.0.0:8080
    router.Run("127.0.0.1:9000")
}
```

启动程序运行之后,在浏览器访问对应的地址和路径,即 http://127.0.0.1:9000/hello,便可查看返回的 JSON 数据。

5.2.2 实例:Gin 框架快速入门

(1) 路由分组,示例代码如下:

```go
//anonymous-link\example\chapter5\gin\router_group.go
package main

import (
    "github.com/gin-gonic/gin"
    "net/http"
)

func main() {
    /**
    所有的接口都要由路由进行管理
```

```
        Gin 的路由支持 GET、POST、PUT、DELETE、PATCH、HEAD、OPTIONS 等请求
        同时还有一个 Any 函数,可以同时支持以上所有请求
    创建路由(router)并引入默认中间件
        在源码中,首先通过 New 创建一个 engine,紧接着通过 Use 方法传入了 Logger()和 Recovery()
这两个中间件
        其中 Logger 用于对日志进行记录,而 Recovery 用于对有 painc 时进行 500 的错误处理
    创建路由无中间件
        router := gin.New()
    */
    router := gin.Default()

    /**
    路由分组:
        在大型项目中,会经常用到路由分组技术
        路由分组有点类似于 Django 创建各种 App,其目的是将项目有组织地划分成多个模块
    */
    //定义 group1 路由组
    group1 := router.Group("group1")
    {
        group1.GET("/login", func(context *gin.Context) {
            context.String(http.StatusOK, "<h1>Login successful</h1>")
        })
    }

    //定义 group2 路由组
    group2 := router.Group("group2")
    {
        group2.GET("/logout", func(context *gin.Context) {
            context.String(http.StatusOK, "<h3>Logout</h3>")
        })
    }

    //启动路由并指定监听的地址及端口,若不指定,则默认监听 0.0.0.0:8080
    router.Run("127.0.0.1:9000")
}
```

(2) 获取 GET 方法参数,示例代码如下:

```
//anonymous-link\example\chapter5\gin\get_args.go
package main

import (
    "fmt"
    "github.com/gin-gonic/gin"
    "net/http"
)

func main() {
    /**
    所有的接口都要由路由进行管理
```

```
        Gin 的路由支持 GET、POST、PUT、DELETE、PATCH、HEAD、OPTIONS 等请求
        同时还有一个 Any 函数,可以同时支持以上所有请求
    创建路由并引入默认中间件
        在源码中,首先通过 New 创建一个 engine,紧接着通过 Use 方法传入了 Logger()和 Recovery()
这两个中间件
        其中 Logger 用于对日志进行记录,而 Recovery 用于对有 painc 时进行 500 的错误处理
    创建路由无中间件
        router := gin.New()
 */
    router := gin.Default()

    router.GET("/blog", func(context * gin.Context) {
        //获取 GET 方法参数
        user := context.Query("user")
        //获取 GET 方法带默认值的参数,如果没有,则返回默认值"frank"
        passwd := context.DefaultQuery("passwd", "123456")
        //将获取的数据返回客户端
        context.String(http.StatusOK, fmt.Sprintf("%s:%s\n", user, passwd))
    })

    //启动路由并指定监听的地址及端口,若不指定,则默认监听 0.0.0.0:8080
    router.Run("172.30.100.101:9000")
}
```

(3) 获取路径中的参数,示例代码如下:

```
//anonymous-link\example\chapter5\gin\path_args.go
package main

import (
    "fmt"
    "github.com/gin-gonic/gin"
    "net/http"
)

func main() {
    /**
    所有的接口都要由路由进行管理
        Gin 的路由支持 GET、POST、PUT、DELETE、PATCH、HEAD、OPTIONS 等请求
        同时还有一个 Any 函数,可以同时支持以上所有请求

    创建路由并引入默认中间件
        在源码中,首先通过 New 创建一个 engine,紧接着通过 Use 方法传入了 Logger()和 Recovery()
这两个中间件
        其中 Logger 用于对日志进行记录,而 Recovery 用于对有 painc 时进行 500 的错误处理
    创建路由无中间件
        router := gin.New()
 */
    router := gin.Default()
```

```go
/**
":user"表示 user 字段必须存在,否则会报错 404
"*passwd"表示 action 字段可以存在,也可以不存在
*/
router.GET("/blog/:user/*passwd", func(context *gin.Context) {
    //获取路径中的参数
    user := context.Param("user")
    passwd := context.Param("passwd")
    //将获取的数据返回客户端
    context.String(http.StatusOK, fmt.Sprintf("%s:%s\n", user, passwd))
})

//启动路由并指定监听的地址及端口,若不指定,则默认监听 0.0.0.0:8080
router.Run("172.30.100.101:9000")
}
```

(4)获取 POST 方法参数,示例代码如下:

```go
//anonymous-link\example\chapter5\gin\post_args.go
package main

import (
    "github.com/gin-gonic/gin"
    "net/http"
)

func main() {
    /**
    所有的接口都要由路由进行管理
        Gin 的路由支持 GET、POST、PUT、DELETE、PATCH、HEAD、OPTIONS 等请求
        同时还有一个 Any 函数,可以同时支持以上所有请求
    创建路由并引入默认中间件
        在源码中,首先通过 New 创建一个 engine,紧接着通过 Use 方法传入了 Logger()和 Recovery()
这两个中间件
        其中 Logger 用于对日志进行记录,而 Recovery 用于对有 painc 时进行 500 的错误处理
    创建路由无中间件
        router := gin.New()
    */
    router := gin.Default()

    router.POST("/blog", func(context *gin.Context) {
        //从 POST 方法获取参数
        user := context.PostForm("user")
        //获取 POST 方法带默认值的参数,如果没有,则返回默认值"frank"
        passwd := context.DefaultPostForm("passwd", "frank")
        //将获取的数据返回客户端
        context.json(http.StatusOK, gin.H{
            "status": "POST",
            "USER":   user,
            "PASSWD": passwd,
```

```go
        })
    })

    //启动路由并指定监听的地址及端口,若不指定,则默认监听 0.0.0.0:8080
    router.Run("172.30.100.101:9000")

    /**
    使用 curl 命令测试:
            [root@frank.com ~]# curl -X POST http://172.30.100.101:9000/blog -d 'user=frank&passwd=123456'

    */
}
```

(5) 单文件上传,示例代码如下:

```go
//anonymous-link\example\chapter5\gin\single_file_upload.go
package main

import (
    "fmt"
    "github.com/gin-gonic/gin"
    "log"
    "net/http"
)

func main() {
    /**
    所有的接口都要由路由进行管理
            Gin 的路由支持 GET、POST、PUT、DELETE、PATCH、HEAD、OPTIONS 等请求
                同时还有一个 Any 函数,可以同时支持以上所有请求
    创建路由(router)并引入默认中间件
            在源码中,首先通过 New 创建一个 engine,紧接着通过 Use 方法传入了 Logger()和 Recovery()这两个中间件
            其中 Logger 用于对日志进行记录,而 Recovery 用于对有 painc 时进行 500 的错误处理
    创建路由(router)无中间件
        router := gin.New()
    */
    router := gin.Default()

    //给表单限制上传大小(默认 32 MiB)
    //router.MaxMultipartMemory = 8 << 20 //配置 8MiB
    router.POST("/upload", func(c *gin.Context) {
        //单文件
        file, _ := c.FormFile("file")
        log.Println(file.Filename)

        //底层采用流复制(io.Copy)技术,将文件上传到指定的路径
        //c.SaveUploadedFile(file, dst)
```

```go
        c.String(http.StatusOK, fmt.Sprintf("'%s' uploaded!", file.Filename))
    })

    //启动路由并指定监听的地址及端口,若不指定,则默认监听 0.0.0.0:8080
    router.Run("172.30.100.101:9000")

    /**
    使用 curl 命令测试:
        [root@frank.com ~]# curl -X POST http://172.30.100.101:9000/upload -F "file=@/root/dpt" -H "Content-Type: multipart/form-data"

    */
}
```

(6) 多文件上传,示例代码如下:

```go
//anonymous-link\example\chapter5\gin\muti_file_upload.go
package main

import (
    "fmt"
    "github.com/gin-gonic/gin"
    "log"
    "net/http"
)

func main() {
    /**
    所有的接口都要由路由进行管理
        Gin 的路由支持 GET、POST、PUT、DELETE、PATCH、HEAD、OPTIONS 等请求
        同时还有一个 Any 函数,可以同时支持以上所有请求
    创建路由(router)并引入默认中间件
        在源码中,首先通过 New 创建一个 engine,紧接着通过 Use 方法传入了 Logger()和 Recovery()这两个中间件
        其中 Logger 用于对日志进行记录,而 Recovery 用于对有 painc 时进行 500 的错误处理
    创建路由(router)无中间件
        router := gin.New()
    */
    router := gin.Default()

    //给表单限制上传大小(默认 32 MiB)
    //router.MaxMultipartMemory = 8 << 20 //配置 8MiB
    router.POST("/upload", func(c *gin.Context) {
        //多文件
        form, _ := c.MultipartForm()
        files := form.File["upload[]"]

        for _, file := range files {
            log.Println(file.Filename)
            //底层采用流复制(io.Copy)技术,将文件上传到指定的路径
```

```go
            //c.SaveUploadedFile(file, dst)
        }
        c.String(http.StatusOK, fmt.Sprintf("%d files uploaded!", len(files)))
    })

    //启动路由并指定监听的地址及端口,若不指定,则默认监听0.0.0.0:8080
    router.Run("172.30.100.101:9000")

    /**
    使用curl命令测试:
        [root@localhost]#curl -X POST http://172.30.100.101:9000/upload -F "upload[]=
@/etc/issue" -F "upload[]=@/etc/passwd" -H "Content-Type:multipart/form-data"
    */
}
```

(7) 模型绑定,示例代码如下:

```go
//anonymous-link\example\chapter5\gin\model_bind.go
package main

import (
    "github.com/gin-gonic/gin"
    "net/http"
)

type Login struct {
    /**
    模型绑定:
        若要将请求主体绑定到结构体中,应使用模型绑定,目前支持JSON、XML、YAML和标准表单值
(foo=bar&boo=baz)的绑定
        需要在绑定的字段上设置tag,例如,绑定格式为JSON,需要这样设置json:"fieldname"
        可以给字段指定特定规则的修饰符,如果一个字段用binding:"required"修饰,并且在绑定
时该字段的值为空,则将返回一个错
        程序通过tag区分传递参数的数据格式,从而自动解析相关参数
    */
    User    string `form:"user" json:"user" xml:"user" binding:"required"`
    Passwd  string `form:"passwd" json:"passwd" xml:"passwd" binding:"required"`
}

func main() {
    /**
    所有的接口都要由路由进行管理
        Gin的路由支持GET、POST、PUT、DELETE、PATCH、HEAD、OPTIONS等请求
        同时还有一个Any函数,可以同时支持以上所有请求
    创建路由并引入默认中间件
        在源码中,首先创建New一个engine,紧接着通过Use方法传入了Logger()和Recovery()这
两个中间件
        其中Logger用于对日志进行记录,而Recovery用于对有painc时进行500的错误处理
    创建路由无中间件
        router := gin.New()
    */
    router := gin.Default()
```

```go
router.POST("/login", func(context *gin.Context) {
    //定义接受请求的数据
    var login_user Login

    /**
    Gin 还提供了两套绑定方法
        Must bind:
            Methods - Bind、BindJSON、BindXML、BindQuery、BindYAML Behavior:
            这些方法底层使用 MustBindWith,如果存在绑定错误,则请求将被以下指令中止
    c.AbortWithError(400, err).SetType(ErrorTypeBind)
                响应状态码会被设置为 400,请求头 Content-Type 会被设置为 text/plain;
    charset=utf-8
                注意,如果试图在此之后设置响应代码,将会发出一个警告 [GIN-Debug]
    [WARNING] Headers were already written. Wanted to override status code 400 with 422
                如果希望更好地控制行为,应使用 ShouldBind 相关的方法
        Should bind
            Methods - ShouldBind, ShouldBindJSON, ShouldBindXML, ShouldBindQuery,
    ShouldBindYAML Behavior:
                这些方法底层使用 ShouldBindWith,如果存在绑定错误,则返回错误,开发人员可
    以正确地处理请求和错误
                当使用绑定方法时,Gin 会根据 Content-Type 推断出使用哪种绑定器,如果确定
    绑定的是什么,则可以使用 MustBindWith 或者 BindingWith
    */
    err := context.ShouldBind(&login_user)
    //如果绑定出错了就将错误信息直接发送给前端页面
    if err != nil {
        context.json(http.StatusBadRequest, gin.H{
            "Error": err.Error(),
        })
    }
    //将结构体绑定后,如果没有报错就可以解析到相应数据,此时验证用户名和密码,如果验
    证成功,则返回 200 状态码,如果验证失败,则返回 401 状态码
    if login_user.User == "frank" && login_user.Passwd == "123" {
        context.json(http.StatusOK, gin.H{
            "Status": "Login successful\n",
        })
    } else {
        context.json(http.StatusUnauthorized, gin.H{
            "Status": "Login failed\n",
        })
    }
})

//启动路由并指定监听的地址及端口,若不指定,则默认监听 0.0.0.0:8080
router.Run("172.30.100.101:9000")

/**
使用 curl 命令进行测试:
    [root@localhost]# curl -X POST http://172.30.100.101:9000/login -H 'content-type: application/json' -d '{ "user":"frank","passwd":"123456"}'

*/
}
```

5.2.3　response 及中间件

(1) 什么是 Context？Context 作为一个数据结构在中间件中传递本次请求的各种数据、管理流程，以及进行响应。在请求来到服务器后，Context 对象会生成串流程，其主要字段构成如图 5-21 所示。

(2) 响应 (Response) 周期，ResponseWriter 的主要字段构成如图 5-22 所示。

```
type Context struct {
    // ServeHTTP的第2个参数: req
    Request    *http.Request

    // 用来响应
    Writer     ResponseWriter
    writermem  responseWriter

    // URL里面的参数，例如：/xx/:i
    Params     Params
    // 参与的处理者（中间件 + 请求处
    handlers   HandlersChain
    // 当前处理到的handler的下标
    index      int8

    // Engine单例
    engine     *Engine

    // 在Context可以设置的值
    Keys       map[string]interface{}

    // 一系列的错误
    Errors     errorMsgs

    // Accepted defines a list
    Accepted   []string
}
```

```
// response_writer.go:20
type ResponseWriter interface {
    http.ResponseWriter  //嵌入接口
    http.Hijacker        //嵌入接口
    http.Flusher         //嵌入接口
    http.CloseNotifier   //嵌入接口

    // 返回当前请求的 response status co
    Status() int

    // 返回写入 http body的字节数
    Size() int

    // 写string
    WriteString(string) (int, error)

    //是否写出
    Written() bool

    // 强制写htp header (状态码 + header
    WriteHeaderNow()
}

// response_writer.go:40
// 实现 ResponseWriter 接口
type responseWriter struct {
    http.ResponseWriter
    size    int
    status  int
}
```

图 5-21　Context 主要字段构成　　　　图 5-22　ResponseWriter 的主要字段构成

整个响应周期的步骤为①路由：找到处理函数 (Handle)；②将请求和响应用 Context 包装起来供业务代码使用；③依次调用中间件和处理函数；④输出结果。

因为 Go 原生为 Web 而生，提供了完善的功能，用户需要关注的东西大多数是业务逻辑本身。

Gin 能做的事情是把 ServeHTTP(ResponseWriter, *Request) 做得高效、友好。一个请求来到服务器后 ServeHTTP 会被调用。

(3) 设置返回数据，返回数据的方式有多种并可以选择，主要方式如图 5-23 所示。

(4) 自定义中间件，示例代码如下：

```
Render(code int, r render.Render)                    // 数据渲染
HTML(code int, name string, obj interface{})         //HTML
JSON(code int, obj interface{})                      //JSON
IndentedJSON(code int, obj interface{})
SecureJSON(code int, obj interface{})
JSONP(code int, obj interface{})                     //jsonp
XML(code int, obj interface{})                       //XML
YAML(code int, obj interface{})                      //YAML
String(code int, format string, values ...interface{})  //string
Redirect(code int, location string)                  // 重定向
Data(code int, contentType string, data []byte)      // []byte
File(filepath string)                                // file
SSEvent(name string, message interface{})            // Server-Sent Event
Stream(step func(w io.Writer) bool)                  // stream
```

图 5-23　数据返回方式

```go
//anonymous-link\example\chapter5\gin\middleware_example.go
package main

import (
    "github.com/gin-gonic/gin"
    "net/http"
)

/**
自定义一个中间件功能：
    返回的包头（header）信息有自定义的包头信息
*/
func ResponseHeaders() gin.HandlerFunc {
    return func(context *gin.Context) {
        //自定义包头信息
        context.Header("Access-Control-Allow-Origin", "*")
        context.Header("Access-Control-Allow-Headers", "Content-Type,AccessToken,X-CRSF-Token,Authorization,Token")
        context.Header("Access-Control-Allow-Methods", "POST,GET,DELETE,OPTIONS")
        context.Header("Access-Control-Expose-Headers", "Content-Length,Access-Control-Allow-Origin,Access-Control-Allow-Headers,Content-Type")
        context.Header("Access-Control-Allow-Credentials", "true")
        //使用 context.Next()表示继续调用其他的内置中间件,也可以立即终止调用其他的中间
        //件,即使用 context.Abort()
        context.Next()
    }
}

func main() {
    /**
    所有的接口都要由路由进行管理
        Gin 的路由支持 GET、POST、PUT、DELETE、PATCH、HEAD、OPTIONS 等请求
        同时还有一个 Any 函数,可以同时支持以上所有请求
```

创建路由并引入默认中间件
        在源码中,首先通过 New 创建一个 engine,紧接着通过 Use 方法传入了 Logger()和 Recovery()这两个中间件
        其中 Logger 用于对日志进行记录,而 Recovery 用于对有 painc 时进行 500 的错误处理

    创建路由无中间件
        router := gin.New()
*/
router := gin.Default()

//绑定自己定义的中间件
router.Use(ResponseHeaders())
router.GET("/middle", func(context *gin.Context) {
    context.String(http.StatusOK, "Response OK\n")
})

//启动路由并指定监听的地址及端口,若不指定,则默认监听 0.0.0.0:8080
router.Run("172.30.100.101:9000")

/**
使用 curl 命令测试:
    curl -v http://172.30.100.101:9000/middle
*/
}
```

（5）自定义日志中间件,示例代码如下：

```
//anonymous-link\example\chapter5\gin\middleware_log.go
package main

import (
    "fmt"
    "github.com/gin-gonic/gin"
    "io"
    "net/http"
    "os"
    "time"
)

func main() {
    /**
    所有的接口都要由路由进行管理
        Gin 的路由支持 GET、POST、PUT、DELETE、PATCH、HEAD、OPTIONS 等请求
        同时还有一个 Any 函数,可以同时支持以上所有请求

    创建路由并引入默认中间件
        router := gin.Default()
        在源码中,首先通过 New 创建一个 engine,紧接着通过 Use 方法传入了 Logger()和 Recovery()这两个中间件
        其中 Logger 用于对日志进行记录,而 Recovery 用于对有 painc 时进行 500 的错误处理
```
```

```go
创建路由无中间件
    router := gin.New()
*/
router := gin.New()

//创建一个日志文件
f, _ := os.Create("gin.log")

//默认数据写入终端控制台(os.Stdout),需要将日志写到刚刚创建的日志文件中
gin.DefaultWriter = io.MultiWriter(f)

//自定义日志格式
logger := func(params gin.LogFormatterParams) string {
    return fmt.Sprintf("%s - [%s] \"%s %s %s %d %s \"%s\" %s\"\n",
        //客户端IP
        params.ClientIP,
        //请求时间
        params.TimeStamp.Format(time.RFC1123),
        //请求方法
        params.Method,
        //请求路径
        params.Path,
        //请求协议
        params.Request.Proto,
        //请求的状态码
        params.StatusCode,
        //请求延迟(耗时)
        params.Latency,
        //请求的客户端类型
        params.Request.UserAgent(),
        //请求的错误信息
        params.ErrorMessage,
    )
}

//LoggerWithFormatter 中间件会将日志写入 gin.DefaultWriter
router.Use(gin.LoggerWithFormatter(logger))

router.GET("/log", func(context *gin.Context) {
    context.String(http.StatusOK, "自定义日志中间件\n")
})

//启动路由并指定监听的地址及端口,若不指定,则默认监听 0.0.0.0:8080
router.Run("172.30.100.101:9000")

}
```

生成的文件日志信息内容类似如下:

```
[GIN-Debug] GET /log --> main.main.func2 (2 handlers)
[GIN-Debug] Listening and serving HTTP on 172.30.100.101:9000
```

```
"172.30.100.101 - [Fri, 15 May 2020 06:23:42 CST] "GET /log HTTP/1.1 200 0s "curl/7.29.0"
"172.30.100.101 - [Fri, 15 May 2020 06:23:43 CST] "GET /log HTTP/1.1 200 0s "curl/7.29.0"
"172.30.100.101 - [Fri, 15 May 2020 06:23:46 CST] "GET /log HTTP/1.1 200 0s "curl/7.29.0"
"172.30.100.101 - [Fri, 15 May 2020 06:23:47 CST] "GET /log HTTP/1.1 200 0s "curl/7.29.0"
"172.30.100.101 - [Fri, 15 May 2020 06:23:48 CST] "GET /log HTTP/1.1 200 0s "curl/7.29.0"
```

5.2.4 实例：Gin 框架的模板渲染

渲染指的是获得数据,塞到模板里,最终生成 HTML 文本,返回浏览器,跟浏览器的渲染不是一回事。

加载模板文件：可以使用 LoadHTMLGlob 和 LoadHTMLFiles 两种方法对模板进行加载,其中 LoadHTMLGlob 方法可以对一个目录下的所有模板进行加载,而 LoadHTMLFiles 只会加载一个文件,它的参数为可变长参数,需要手动一个一个地填写模板文件,代码如下：

```
router.LoadHTMLGlob("templates/*")
```

加载静态资源,代码如下：

```
router.Static("/statics","./statics")
```

在项目根路径下新建 templates 文件夹,在文件夹内写模板文件,如 index.html 文件,内容如下：

```
<!DOCTYPE html>
<html lang="en">
<head>
    <meta charset="UTF-8">
    <title>第 1 个模板文件</title>
</head>
<body>
传输的名字是:{{.name}}
<br>
传输的年龄是:{{.age}}
</body>
</html>
```

Gin 框架中使用 c.html 文件可以渲染模板,渲染模板前需要使用 LoadHTMLGlob() 或者 LoadHTMLFiles() 方法加载模板,代码如下：

```
package main

import (
    "github.com/gin-gonic/gin"
)
```

```go
func main() {
    router := gin.Default()
    //加载整个文件夹
    //router.LoadHTMLGlob("templates/*")
    //加载单个文件
    router.LoadHTMLFiles("templates/index.html", "templates/index2.html")
    router.GET("/index", func(c *gin.Context) {

        c.html(200, "index.html", gin.H{"name": "张无忌", "age": 19})

    })
    router.Run(":8000")
}
```

模板文件放在不同文件夹下,示例内容如下:

```
//Gin 框架中如果不同目录下面有同名模板,则需要使用下面方法加载模板
//一旦 templates 文件夹下还有文件夹,一定要给每个都定义名字
//注意:定义模板时需要通过 define 定义名称,例如 templates/admin/index.html
{{ define "admin/index.html" }}
HTML 内容
{{end}}
```

如果模板在多级目录里面,则需要这样配置 r.LoadHTMLGlob("templates/**/**/*"),其中/** 表示目录。LoadHTMLGlob 只能加载同一层级的文件,例如使用 router.LoadHTMLFile("/templates/**/*")就只能加载/templates/admin/或者/templates/order/下面的文件。解决办法就是通过 filepath.Walk 来搜索/templates 下的以.html 结尾的文件,把这些 HTML 文件都加载一个数组中,然后用 LoadHTMLFiles 加载,代码如下:

```go
var files []string
filepath.Walk("./templates", func(path string, info os.FileInfo, err error) error {
    if strings.HasSuffix(path, ".html") {
        files = append(files, path)
    }
    return nil
})
router.LoadHTMLFiles(files...)
```

启动文件 main.go 的内容如下:

```go
package main

import (
    "github.com/gin-gonic/gin"
)

func main() {
    router := gin.Default()
```

```go
    //注意此处的导入路径
    router.LoadHTMLGlob("templates/**/*")
    router.GET("/index", func(c *gin.Context) {
        //模板名为新定义的模板名字
        c.html(200, "admin/index.tpl", gin.H{"title": "这是后台模板"})

    })
    router.Run(":8000")
}
```

模板文件 admin/index.tmpl 的内容如下：

```
{{ define "admin/index.tmpl" }}
<!DOCTYPE html>
<html lang="en">
<head>
    <meta charset="UTF-8">
    <title>后台管理首页</title>
</head>
<body>
<h1>{{.title}}</h1>
</body>
</html>

{{end}}
```

主要的模板语法：

(1) {{.}} 渲染变量，有两个常用的传入变量的类型。一个是 struct，在模板内可以读取该 struct 的字段(对外暴露的属性)进行渲染。还有一个是 map[string]interface{}，在模板内可以使用 key 获取对应的 value 进行渲染。

main.go 文件的内容如下：

```go
package main

import (
    "github.com/gin-gonic/gin"
    "os"
    "path/filepath"
    "strings"
)

func main() {
    router := gin.Default()

    var files []string
    filepath.Walk("./templates", func(path string, info os.FileInfo, err error) error {
        if strings.HasSuffix(path, ".html") {
            files = append(files, path)
        }
```

```go
        return nil
    })
    router.LoadHTMLFiles(files...)

    router.GET("/index", func(c *gin.Context) {
        type Book struct {
            Name string
            price int
        }
        c.html(200, "order.html", gin.H{
            "age": 10,
            "name": "姚明",
            "hobby": [3]string{"抽烟","喝酒","烫头"},
            "wife": []string{"张三","李四","王五"},
            "info": map[string]interface{}{"height": 180, "gender":"男"},
            "book": Book{"红楼梦", 99},
        })

    })
    router.Run(":8000")
}
```

模板文件 order.html 的内容如下：

```html
<!DOCTYPE html>
<html lang="en">
<head>
    <meta charset="UTF-8">
    <title>订单页面</title>
</head>
<body>
<h1>渲染字符串,数字,数组,切片,maps,结构体</h1>
<p>年龄:{{.age}}</p>
<p>姓名:{{.name}}</p>
<p>爱好:{{.hobby}}</p>
<p>wife:{{.wife}}</p>
<p>信息:{{.info}} ---->{{.info.gender}}</p>
<p>图书:{{.book}} ---->{{.book.Name}}</p>
</body>
</html>
```

(2) 注释的主要用法如下：

```
{{/* a comment */}}
//注释,执行时会被忽略,可以有多行。注释不能嵌套,并且必须紧贴分界符始止
<p>图书不显示,注释了:{{/* .book */}}</p>
```

(3) 声明变量的主要用法如下：

```
<h1>声明变量</h1>
<p>{{$obj := .book.Name}}</p>
<p>{{$obj}}</p>
```

(4) 移除空格，在{{符号的后面加上短横线并保留一个或多个空格来去除它前面的空白(包括换行符、制表符、空格等)，即{{-xxxx。在}}的前面加上一个或多个空格及一个短横线来去除它后面的空白，即 xxxx-}}，代码如下：

```
<p>{{ 20 }} < {{ 40 }} ---> 20 < 40</p>
<p>{{ 20 -}} < {{- 40 }} --> 20 < 40</p>
```

(5) 比较函数，布尔函数会将任何类型的零值视为假，将其余值视为真。下面是定义为函数的二元比较运算的集合。

  eq：如果 arg1 == arg2，则返回真。
  ne：如果 arg1 != arg2，则返回真。
  lt：如果 arg1 < arg2，则返回真。
  le：如果 arg1 <= arg2，则返回真。
  gt：如果 arg1 > arg2，则返回真。
  ge：如果 arg1 >= arg2，则返回真。

使用方式如下：

```
<h1>比较函数</h1>
<p>{{gt 11 13}}</p>
<p>{{lt 11 13}}</p>
<p>{{eq 11 11}}</p>
```

(6) 条件判断的主要实现方式如下。

方式一：

```
{{if pipeline}} T1 {{end}}
```

方式二：

```
{{if pipeline}} T1 {{else}} T0 {{end}}
```

方式三：

```
{{if pipeline}} T1 {{else if pipeline}} T0 {{end}}
```

```
<h1>条件判断</h1>
<br>//案例一
{{if .show}}
展示信息
{{end}}

<br>//案例二
{{if gt .age 18}}
成年人
{{else}}
```

```
未成年人
{{end}}

<br>//案例三
{{if gt .score 90}}
优秀
{{else if gt .score 60}}
及格
{{else}}
不及格
{{end}}
```

(7) range 循环的主要实现方式如下。

方式一：

```
{{ range pipeline }} T1 {{ end }}
```

方式二：

```
//如果 pipeline 的长度为 0,则输出 else 中的内容
{{ range pipeline }} T1 {{ else }} T2 {{ end }}
```

range 可以遍历 slice、数组、map 或 channel。遍历时，会设置为当前正在遍历的元素。
对于第 1 个表达式，当遍历对象的值为 0 值时，range 直接跳过，就像 if 一样。对于第 2 个表达式，则在遍历到 0 值时执行 else。

range 的参数部分是 pipeline，所以在迭代的过程中是可以进行赋值的，但有两种赋值情况：

```
{{ range $ value : = pipeline }} T1 {{ end }}
{{ range $ key, $ value : = pipeline }} T1 {{ end }}
```

如果 range 中只赋值给一个变量，则这个变量是当前正在遍历元素的值。如果赋值给两个变量，则第 1 个变量是索引值(array/slice 是数值，map 是 key)，第 2 个变量是当前正在遍历元素的值，代码如下：

```
<h1>range 循环</h1>
<h2>循环数组</h2>
{{range $ index, $ value: = .wife}}
<p>{{ $ index}} --- {{ $ value}}</p>
{{end}}
<h2>循环 map</h2>
{{range $ key, $ value: = .info}}
<p>{{ $ key}} --- {{ $ value}}</p>
{{end}}
<h2>循环空 -->"girls":map[string]interface{}{}</h2>
{{range $ value: = .girls}}
```

```
<p>{{ $ value}}</p>
{{else}}
没有女孩
{{end}}
```

（8）with…end 的主要实现方式如下。

方式一：

```
{{ with pipeline }} T1 {{ end }}
```

方式二：

```
{{ with pipeline }} T1 {{ else }} T0 {{ end }}
```

对于第 1 种格式，当 pipeline 不为 0 值时，将 T1 设置为 pipeline 运算的值，否则跳过。

对于第 2 种格式，当 pipeline 为 0 值时，执行 else 语句块 T0，否则设置为 pipeline 运算的值，并执行 T1。

示例代码如下：

```
<h1>with ... end</h1>
<h2>不使用 with</h2>
<p>{{.book.Name}}</p>
<p>{{.book.Price}}</p>
<h2>使用 with</h2>
{{with .book}}
<p>{{.Name}}</p>
<p>{{.Price}}</p>
{{end}}
```

（9）函数：Go 的模板功能其实很有限，很多复杂的逻辑无法直接使用模板语法来表达，所以只能使用模板函数实现。

首先，template 包在创建新的模板时，支持 .Funcs 方法来将自定义的函数集合导入该模板中，后续通过该模板渲染的文件均支持直接调用这些函数。

该函数集合的定义如下：

```
type FuncMap map[string]interface{}
```

key 为方法的名字，value 则为函数。这里函数的参数的个数没有限制，但是对于返回值有所限制。有两种选择，一种是只有一个返回值，还有一种是有两个返回值，但是第 2 个返回值必须是 error 类型的。这两种函数的区别是第 2 个函数在模板中被调用时，假设模板函数的第 2 个参数的返回不为空，则该渲染步骤将会被打断并报错。

内置函数，示例代码如下：

```
var builtins = FuncMap{
    //返回第1个为空的参数或最后一个参数。可以有任意多个参数
    //"and x y"等价于"if x then y else x"
    "and": and,
    //显式调用函数。第1个参数必须是函数类型,并且不是template中的函数,而是外部函数
    //例如一个struct中的某个字段是func类型的
    //"call .X.Y 1 2"表示调用dot.X.Y(1, 2),Y必须是func类型,函数参数是1和2
    //函数必须只能有一个或两个返回值,如果有第2个返回值,则必须为error类型
    "call": call,
    //返回与其参数的文本表示形式等效地转义HTML
    //这个函数在html/template中不可用
    "html": HTMLEscaper,
    //对可索引对象进行索引取值。第1个参数是索引对象,后面的参数是索引位
    //"index x 1 2 3"代表的是x[1][2][3]。
    //可索引对象包括map、slice、array
    "index": index,
    //返回与其参数的文本表示形式等效地转义JavaScript
    "js": JSEscaper,
    //返回参数的length
    "len": length,
    //布尔取反,只能有一个参数
    "not": not,
    //返回第1个不为空的参数或最后一个参数,可以有任意多个参数
    //"or x y"等价于"if x then x else y"
    "or": or,
    "print": fmt.Sprint,
    "printf": fmt.Sprintf,
    "println": fmt.Sprintln,
    //以适合嵌入网址查询中的形式返回其参数的文本表示的转义值
    //这个函数在html/template中不可用
    "urlquery": URLQueryEscaper,
}
<h1>内置函数</h1>
<p>{{len .name}}-->字节数</p>
```

自定义函数,示例代码如下:

```
//第1步:定义一个函数
func parserTime(t int64) string {
    return time.UNIX(t, 0).Format("2006年1月2日 15点04分05s")
}
//第2步:在加载模板之前执行
router := gin.Default()
    router.SetFuncMap(template.FuncMap{
        "parserTime": parserTime,
    })
//第3步:在模板中使用-->"date": time.Now().UNIX(),
<h1>自定义模板函数</h1>
<p>不使用自定义模板函数:{{.date}}</p>
<p>使用自定义模板函数:{{parserTime .date}}</p>
</body>
```

(10) 模板嵌套的主要实现方式如下。

define 可以直接在待解析内容中定义一个模板，代码如下：

```
//定义名称为 name 的 template
{{ define "name" }} T {{ end }}
```

使用 template 来执行模板，代码如下：

```
//执行名为 name 的 template
{{ template "name" }}        //不加点,不能使用当前页面的变量渲染 define 定义的模板
{{ template "name" . }}      //加入点,可以使用当前页面的变量渲染 define 定义的模板
```

完整的案例代码如下。
header.html 文件的内容如下：

```
{{define "header.html"}}
<style>
    h1{
        background: pink;
        color: aqua;
        text-align: center;
    }
</style>
<h1>这是一个头部--{{.header}}</h1>
{{end}}
```

footer.html 文件的内容如下：

```
{{define "footer.html"}}
<style>
    h1 {
        background: pink;
        color: aqua;
        text-align: center;
    }
</style>
<h1>这是一个尾部--{{.footer}}</h1>
{{end}}
```

index.html 文件的内容如下：

```
<!DOCTYPE html>
<html lang="en">
<head>
    <meta charset="UTF-8">
    <title>第1个模板文件</title>
</head>
<body>
{{ template "header.html" .}}
```

```
<br><br><br><br><br><br><br><br><br><br><br><br><br><br><br><br><br>
<br><br><br><br><br><br><br>
{{ template "footer.html" . }}
</body>
</html>
```

main.go 文件的内容如下：

```
router.GET("/index", func(c *gin.Context) {
    c.html(200, "index.html", gin.H{
        "header": "头部头部",
        "footer": "尾部尾部",
    })
})
```

（11）模板继承的主要实现方式。

通过 block、define、template 实现模板继承。block 的使用方式如下：

```
{{ block "name" pipeline }} T {{ end }}
```

block 等价于 define 定义一个名为 name 的模板，并在"有需要"的地方执行这个模板，执行时将"."设置为 pipeline 的值。等价于：先执行 {{ define "name" }} T {{ end }} 再执行 {{ template "name" pipeline }}。

完整案例的代码如下。

base.html 文件的内容如下：

```
<!DOCTYPE html>
<html lang="en">
<head>
    <meta charset="UTF-8">
    <meta name="viewport" content="width=device-width, initial-scale=1.0">
    <title>Document</title>
    <style>
        .head {
            height: 50px;
            background-color: red;
            width: 100%;
            text-align: center;
        }
        .main {
            width: 100%;
        }
        .main .left {
            width: 30%;
            height: 1000px;
            float: left;
            background-color: violet;
            text-align: center;
```

```html
            }
            .main .right {
                width: 70%;
                float: left;
                text-align: center;
                height: 1000px;
                background-color:yellowgreen;
            }
        </style>
    </head>
    <body>
        <div class="head">
            <h1>顶部标题部分</h1>
        </div>
        <div class="main">
            <div class="left">
                <h1>左侧侧边栏</h1>
            </div>
            <div class="right">
                {{ block "content" . }}
                <h1>默认显示内容</h1>
                {{ end }}
            </div>
        </div>
    </body>
</html>
```

home.html 文件的内容如下：

```
{{ template "base.html" . }}

{{ define "content" }}
<h1>{{.s}}</h1>

{{ end }}
```

goods.html 文件的内容如下：

```
{{ template "base.html" . }}

{{ define "content" }}
<h1>{{.s}}</h1>
{{ end }}
```

main.go 文件的内容如下：

```go
router.GET("/goods", func(c *gin.Context) {
    c.html(200, "goods.html", gin.H{
        "s":"这是商品 goods 页面",
```

```
    })
})
router.GET("/home", func(c *gin.Context) {
    c.html(200, "home.html", gin.H{
        "s":"这是首页,home",
    })
})
```

(12) 修改默认标识符: Go 标准库的模板引擎使用花括号{{和}}作为标识,而许多前端框架(如 Vue 和 AngularJS)也使用{{和}}作为标识符,所以当同时使用 Go 语言模板引擎和以上前端框架时就会出现冲突,这时需要修改标识符,即修改前端的或者修改 Go 语言的。这里演示如何修改 Go 语言模板引擎默认的标识符:

```
router.Delims("[[","]]")
```

(13) XSS 攻击,代码如下:

```
//定义函数
func safe (str string) template.html {
    return template.html(str)
}
//注册函数
router.SetFuncMap(template.FuncMap{
    "parserTime": parserTime,
    "safe": safe,
})

//模板中使用
<h1>XSS 攻击</h1>
<p>{{.str1}}</p>
<p>{{safe .str1 }}</p>
```

5.2.5 实例: Gin 框架的 Cookie 与 Session

1. Cookie 和 Session 的产生背景

由于 HTTP 是无状态的,服务器无法确定这次请求和上次请求是否来自同一个客户端。解决此问题给客户端颁发一个通行证,每个客户端拥有一个通行证,无论通过哪个客户端访问都必须携带自己的通行证。这样服务器就能从通行证上确认客户身份了。这就是 Cookie 的工作原理。

利用 Session 和 Cookie 可以让服务器知道不同的请求是否来自同一个客户端。

Cookie 与 Session 的区别:

(1) 什么是 Cookie?

Cookie 原意为甜饼,是由 W3C 组织提出的,是最早由 Netscape 社区发展的一种机制。目前 Cookie 已经成为标准,所有的主流浏览器(如 IE、Netscape、Firefox、Opera 等)都支持

Cookie。

Cookie 实际上是一小段文本信息。当客户端请求服务器时,如果服务器需要记录该用户的状态,就使用 response 向客户端浏览器颁发一个 Cookie。

客户端浏览器会把 Cookie 保存起来。当浏览器再请求该网站时,浏览器会把请求的网址连同该 Cookie 一同提交给服务器。服务器检查该 Cookie,以此来辨认用户状态。服务器还可以根据需要修改 Cookie 的内容。

(2) 什么是 Session?

除了使用 Cookie,Web 应用程序中还经常使用 Session 来记录客户端状态。Session 是服务器端使用的一种记录客户端状态的机制,使用上比 Cookie 简单一些,但相应地也增加了服务器的存储压力。

Session 是另一种记录客户状态的机制,不同的是 Cookie 保存在客户端浏览器中,而 Session 保存在服务器上。

客户端浏览器访问服务器时,服务器把客户端信息以某种形式记录在服务器上。这就是 Session。客户端浏览器再次访问时只需从该 Session 中查找该客户的状态就可以了。

(3) Cookie 和 Session 的区别:①Cookie 数据存放在客户的浏览器上,Session 数据放在服务器上(可以放在文件、数据库或者内存);②Cookie 不是很安全,别人可以分析存放在本地的 Cookie 并进行 Cookie 欺骗,考虑到安全应当使用 Session;③两者最大的区别在于生存周期,一个是从 IE 启动到 IE 关闭(浏览器页面一关,Session 就消失了),一个是预先设置的生存周期,或永久地保存于本地的文件(Cookie);④Session 会在一定时间内保存在服务器上。当访问增多时会比较占用服务器的资源,考虑到减轻服务器压力,应当使用 Cookie;⑤单个 Cookie 保存的数据不能超过 4KB,很多浏览器限制一个站点最多保存 20 个 Cookie(Session 对象没有对存储的数据量进行限制,其中可以保存更为复杂的数据类型)。

综上所述,如果说 Cookie 机制是通过检查客户身上的"通行证"来确定客户身份,则 Session 机制就是通过检查服务器上的客户明细表来确认客户身份。Session 相当于程序在服务器上建立的一份客户档案,客户来访时只需查询客户档案表就可以了。

Session 信息存放在 Server 端,但 Session ID 存放在 Client Cookie。

2. 安装 Session 插件

安装 Session 组件的方式很简单,默认安装最新版本,代码如下:

```
go get github.com/gin-contrib/sessions
```

3. Cookie 与 Session 案例

(1) Cookie 案例,示例代码如下:

```
//anonymous-link\example\chapter5\gin\Cookie_example.go
package main

import (
    "fmt"
```

```go
    "github.com/gin-gonic/gin"
)

func main() {
    /**
    所有的接口都要由路由进行管理。
        Gin 的路由支持 GET、POST、PUT、DELETE、PATCH、HEAD、OPTIONS 等请求
        同时还有一个 Any 函数,可以同时支持以上所有请求
    创建路由并引入默认中间件
        router := gin.Default()
        在源码中,首先通过 New 创建一个 engine,紧接着通过 Use 方法传入了 Logger()和 Recovery()
这两个中间件
        其中 Logger 用于对日志进行记录,而 Recovery 用于对有 painc 时进行 500 的错误处理

    创建路由无中间件
        router := gin.New()
    */
    router := gin.Default()

    router.GET("/Cookie", func(context *gin.Context) {
        //获取 Cookie
        Cookie, err := context.cookie("gin_Cookie")
        if err != nil {
            Cookie = "NotSet"
            //设置 Cookie
            context.SetCookie("gin_Cookie", "test", 3600, "/", "localhost", false, true)
        }
        fmt.Println("Cookie value: ", Cookie)
    })

    //启动路由并指定监听的地址及端口,若不指定,则默认监听 0.0.0.0:8080
    router.Run("172.30.100.101:9000")


    /**
    使用 curl 命令测试:
        curl -v http://172.30.100.101:9000/Cookie

    */
}
```

(2) Session 案例,示例代码如下:

```go
//anonymous-link\example\chapter5\gin\session_example.go
package main

import (
    "github.com/gin-contrib/sessions"
    "github.com/gin-contrib/sessions/Cookie"
    "github.com/gin-gonic/gin"
```

```go
    "net/http"
)

func main() {
    /**
    所有的接口都要由路由进行管理
        Gin 的路由支持 GET、POST、PUT、DELETE、PATCH、HEAD、OPTIONS 等请求
        同时还有一个 Any 函数,可以同时支持以上所有请求
    创建路由并引入默认中间件
        router := gin.Default()
        在源码中,首先通过 New 创建一个 engine,紧接着通过 Use 方法传入了 Logger()和 Recovery()这两个中间件
        其中 Logger 用于对日志进行记录,而 Recovery 用于对有 painc 时进行 500 的错误处理
    创建路由无中间件
        router := gin.New()
    */
    router := gin.Default()

    //定义加密
    store := Cookie.NewStore([]Byte("secret"))

    //绑定 Session 中间件
    router.Use(sessions.Sessions("mysession", store))

    //定义 GET 方法
    router.GET("/session", func(context *gin.Context) {
        //初始化 Session 对象
        session := sessions.Default(context)

        //如果浏览器第 1 次访问时返回状态码 401,则第 2 次访问时返回状态码 200
        if session.Get("user") != "frank" {
            session.Set("user", "frank")
            session.Save()
            context.json(http.StatusUnauthorized, gin.H{"user": session.Get("user")})
        } else {
            context.String(http.StatusOK, "Successful second visit")
        }

    })

    //启动路由并指定监听的地址及端口,若不指定,则默认监听 0.0.0.0:8080
    router.Run("172.30.100.101:9000")

    /**
    测试工具建议使用浏览器访问 http://172.30.100.101:9000/session,不推荐使用 curl 命令
        因为 curl 工具无法缓存,而浏览器有缓存,所以可以很明显地看到测试效果
    */
}
```

(3) 将 Session 存储在 Redis 服务器,示例代码如下:

```go
//anonymous-link\example\chapter5\gin\session_redis.go
package main

import (
    "github.com/gin-contrib/sessions"
    "github.com/gin-contrib/sessions/redis"
    "github.com/gin-gonic/gin"
    "net/http"
)

func main() {
    /**
    所有的接口都要由路由进行管理
        Gin 的路由支持 GET、POST、PUT、DELETE、PATCH、HEAD、OPTIONS 等请求
        同时还有一个 Any 函数,可以同时支持以上所有请求

    创建路由并引入默认中间件
        router := gin.Default()
        在源码中,首先通过 New 创建一个 engine,紧接着通过 Use 方法传入了 Logger()和 Recovery()这两个中间件
        其中 Logger 用于对日志进行记录,而 Recovery 用于对有 painc 时进行 500 的错误处理

    创建路由无中间件
        router := gin.New()
    */
    router := gin.Default()

    //定义加密(将 Session 信息存储在 Redis 服务器)
    store, _ := redis.NewStore(10, "tcp", "172.200.1.254:6379", "", []Byte("secret"))

    //绑定 Session 中间件
    router.Use(sessions.Sessions("mySession", store))

    //定义 GET 方法
    router.GET("/session", func(context *gin.Context) {
        //初始化 Session 对象
        session := sessions.Default(context)

        //如果浏览器第 1 次访问时返回状态码 401,则第 2 次访问时返回状态码 200
        if session.Get("user") != "frank" {
            session.Set("user", "frank")
            session.Save()
            context.json(http.StatusUnauthorized, gin.H{"user": session.Get("user")})
        } else {
            context.String(http.StatusOK, "Successful second visit")
        }

    })

    //启动路由并指定监听的地址及端口,若不指定,则默认监听 0.0.0.0:8080
    router.Run("172.30.100.101:9000")

}
```

5.2.6 Gin 框架的 JSON Web Token

1．JSON Web Token 概述

JSON Web Token(JWT)是为了在网络应用环境间传递声明而执行的一种基于 JSON 的开放标准(RFC 7519)。该 Token 被设计为紧凑且安全的,特别适用于分布式站点的单点登录(SSO)场景。

JWT 的声明一般被用来在身份提供者和服务提供者间传递被认证的用户身份信息,以便于从资源服务器获取资源,也可以增加一些额外的其他业务逻辑所必需的声明信息,该 Token 也可直接被用于认证,也可被加密。

2．JWT 的组成

Header：承载两部分信息。第 1 部分声明类型,这里是 JWT,第 2 部分声明加密的算法,通常直接使用 HMAC SHA256。

Playload：载荷就是存放有效信息的地方。iss：签发者；sub：面向的用户；aud：接收方；exp：过期时间；nbf：生效时间；iat：签发时间；jti：唯一身份标识。

Signature：签证信息,这个签证信息由 Header（base64 后的）、Payload（base64 后的）、Secret 三部分组成。

3．JWT 实现的单点登录流程

JWT 实现的单点登录流程如图 5-24 所示。

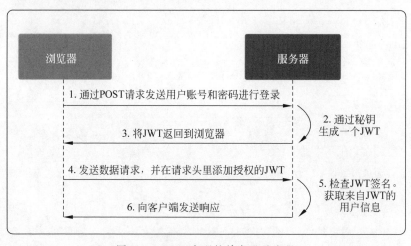

图 5-24 JWT 实现的单点登录流程

5.2.7 实例：Go 语言的 ORM 库 xorm

xorm 是一个简单而强大的 Go 语言 ORM 库,通过它可以使数据库操作变得非常简便。

1. 数据库及相关依赖组件安装

安装数据库服务,以 CentOS 7.x 系统为例,命令如下:

```
[root@localhost]# yum -y install mariadb-server
```

启动数据库服务,以 CentOS 7.x 系统为例,命令如下:

```
systemctl start mariadb
```

设置数据库服务开机自动启动,以 CentOS 7.x 系统为例,命令如下:

```
systemctl enable mariadb
Created symlink from /etc/systemd/system/multi-
user.target.wants/mariadb.service to
/usr/lib/systemd/system/mariadb.service.
```

进入 MySQL 并创建数据库,命令如下:

```
mysql
Welcome to the MariaDB monitor.  Commands end with ; or \g
Your MariaDB connection id is 2
Server version: 5.5.65-MariaDB MariaDB Server

Copyright (c) 2000, 2018, Oracle, MariaDB Corporation Ab and others

Type 'help;' or '\h' for help. Type '\c' to clear the current input statement

MariaDB [(none)]>
MariaDB [(none)]> create database Go CHARACTER SET utf8mb4;
Query OK, 1 row affected (0.03 sec)

MariaDB [(none)]>
MariaDB [(none)]> CREATE USER jason@'%' IDENTIFIED BY 'frank';
Query OK, 0 rows affected (0.00 sec)

MariaDB [(none)]>
MariaDB [(none)]> GRANT ALL ON Go.* TO jason@'%';
Query OK, 0 rows affected (0.00 sec)

MariaDB [(none)]>
MariaDB [(none)]> quit
Bye
```

官方 xorm 驱动,GitHub 地址如下:

```
https://github.com/go-xorm/xorm
```

安装 xorm 驱动,命令如下:

```
go get github.com/go-xorm/xorm
```

安装 Go 语言的 MySQL 驱动，命令如下：

```
go get github.com/go-sql-driver/mysql
```

2. CRUD 增、删、改、查操作

（1）查询所有数据，代码如下：

```go
//anonymous-link\example\chapter5\xorm\find1.go
package main

import (
    "fmt"
    _ "github.com/go-sql-driver/mysql"
    "github.com/go-xorm/xorm"
    "log"
)

//结构体字段对应数据库中的表字段
type User struct {
    Id      int64
    Name    string  `xorm:"name"`
    Age     int     `xorm:"age"`
    Phone   string  `xorm:"phone"`
    Address string  `xorm:"address"`
}

func main() {
    /**
        配置连接数据库信息，格式如下
            用户名:密码@tcp(数据库服务器地址:端口)/数据库名称?charset=字符集
     */
    cmd := fmt.Sprintf("jason:frank@tcp(172.200.1.254:3306)/Go?charset=utf8mb4")

    //使用上面的配置信息连接数据库,但要指定数据库的类型(这里指 MySQL)
    db_conn, err := xorm.NewEngine("mysql", cmd)
    if err != nil {
        log.Fatal(err)
    }

    //释放资源
    defer db_conn.Close()

    users := make([]User, 0) //等效于"var users []User"

    //获取所有资源
    err = db_conn.Find(&users)
    if err != nil {
        log.Println(err)
    } else {
        for _, user := range users {
```

```go
            log.Println(user.Id, user.Name, user.Age, user.Address)
        }
    }
}
```

(2) 过滤查询数据，代码如下：

```go
//anonymous-link\example\chapter5\xorm\find2.go
package main

import (
    "fmt"
    _ "github.com/go-sql-driver/mysql"
    "github.com/go-xorm/xorm"
    "log"
)
//结构体字段对应数据库中的表字段
type User struct {
    Id      int64
    Name    string  `xorm:"name"`
    Age     int     `xorm:"age"`
    Phone   string  `xorm:"phone"`
    Address string  `xorm:"address"`
}

func main() {
    /**
    配置连接数据库信息，格式如下
        用户名:密码@tcp(数据库服务器地址:端口)/数据库名称? charset=字符集
    */
    cmd := fmt.Sprintf("jason:frank@tcp(172.200.1.254:3306)/Go? charset=utf8mb4")

    //使用上面的配置信息连接数据库，但要指定数据库的类型(这里指 MySQL)
    db_conn, err := xorm.NewEngine("mysql", cmd)
    if err != nil {
        log.Fatal(err)
    }

    //释放资源
    defer db_conn.Close()

    var users []User //等效于"users := make([]User, 0)"

    //过滤数据(年龄为 19~25 岁)
    err = db_conn.Where("age > ? and age < ?", 19, 25).Find(&users)
    if err != nil {
        log.Println(err)
    } else {
        for _, user := range users {
```

```go
        log.Println(user.Id, user.Name, user.Age, user.Address)
    }
}
```

(3) 插入操作,代码如下:

```go
//anonymous-link\example\chapter5\xorm\insert.go
package main

import (
    "fmt"
    _ "github.com/go-sql-driver/mysql"
    "github.com/go-xorm/xorm"
    "log"
)
//结构体字段对应数据库中的表字段
type User struct {
    Id      int64
    Name    string  `xorm:"name"`
    Age     int     `xorm:"age"`
    Phone   string  `xorm:"phone"`
    Address string  `xorm:"address"`
}

func main() {
    /**
    配置连接数据库信息,格式如下
        用户名:密码@tcp(数据库服务器地址:端口)/数据库名称? charset=字符集
    */
    cmd := fmt.Sprintf("jason:frank@tcp(172.200.1.254:3306)/Go? charset=utf8mb4")

    //使用上面的配置信息连接数据库,但要指定数据库的类型(这里指 MySQL)
    db_conn, err := xorm.NewEngine("mysql", cmd)
    if err != nil {
        log.Fatal(err)
    }

    //释放资源
    defer db_conn.Close()

    //定义待插入用户的数据
    new_user := User{
        Id:      3,
        Name:    "诡术妖姬",
        Age:     25,
        Phone:   "1000001",
        Address: "艾欧尼亚",
    }
```

```go
    n, err := db_conn.Insert(new_user)
    fmt.Printf("成功插入了[%d]条数据! \n", n)
}
```

（4）删除操作，代码如下：

```go
//anonymous-link\example\chapter5\xorm\delete.go
package main

import (
    "fmt"
    _ "github.com/go-sql-driver/mysql"
    "github.com/go-xorm/xorm"
    "log"
)
//结构体字段对应数据库中的表字段
type User struct {
    Id      int64
    Name    string  `xorm:"name"`
    Age     int     `xorm:"age"`
    Phone   string  `xorm:"phone"`
    Address string  `xorm:"address"`
}

func main() {
    /**
    配置连接数据库信息，格式如下
        用户名:密码@tcp(数据库服务器地址:端口)/数据库名称?charset=字符集
    */
    cmd := fmt.Sprintf("jason:frank@tcp(172.200.1.254:3306)/Go?charset=utf8mb4")

    //使用上面的配置信息连接数据库，但要指定数据库的类型（这里指 MySQL）
    db_conn, err := xorm.NewEngine("mysql", cmd)
    if err != nil {
        log.Fatal(err)
    }

    //释放资源
    defer db_conn.Close()

    user := User{}

    //定义删除 name 字段为"诡术妖姬"的数据
    n, err := db_conn.Where("name = ?", "诡术妖姬").Delete(user)
    if err != nil {
        log.Println(err)
    }
    fmt.Printf("成功删除了[%d]条数据! \n", n)
}
```

（5）更新操作，代码如下：

```go
//anonymous-link\example\chapter5\xorm\update.go
package main

import (
    "fmt"
    "log"

    _ "github.com/go-sql-driver/mysql"
    "github.com/go-xorm/xorm"
)

//结构体字段对应数据库中的表字段
type User struct {
    Id      int64
    Name    string `xorm:"name"`
    Age     int    `xorm:"age"`
    Phone   string `xorm:"phone"`
    Address string `xorm:"address"`
}

func main() {
    /**
        配置连接数据库信息,格式如下
            用户名:密码@tcp(数据库服务器地址:端口)/数据库名称? charset = 字符集
    */
    cmd := fmt.Sprintf("jason:frank@tcp(172.200.1.254:3306)/Go? charset = utf8mb4")

    //使用上面的配置信息连接数据库,但要指定数据库的类型(这里指 MySQL)
    db_conn, err := xorm.NewEngine("mysql", cmd)
    if err != nil {
        log.Fatal(err)
    }

    //释放资源
    defer db_conn.Close()

    //定义待更新的字段内容
    user := User{Age: 27}

    //定义删除 name 字段为"诡术妖姬"的数据
    n, err := db_conn.Where("id = ?", 1).Update(user)
    if err != nil {
        log.Println(err)
    }
    fmt.Printf("成功更新了[%d]条数据!\n", n)
}
```

5.2.8　实例：Go 语言解析 YAML 配置文件

（1）YAML 配置文件,内容如下：

```yaml
#anonymous-link\example\chapter5\analysis\config_file.yaml

###############Configuration Example###############

# ===================== General ================================
general:
    #使用的 CPU 核数,默认使用操作系统的所有 CPU
    max_procs_enable: true
    #log 文件路径
    log_path: /etc/springboardMchine/seelog.xml
    #Debug 模式
    Debug: true
# ========================== HTTP API ==========================
#用来以 HTTP Server 的形式提供对外的 API
api:
    host: 0.0.0.0
    port: 8080
# ========================== MySQL ==============================
#MySQL 配置
mysql:
    host: 172.200.1.254
    port: 3306
    name: jumpserver
    user: jason
    password: frank

#Cache 配置
cache:
    host: 172.200.1.254
    port: 6379
    password: frank
    db: 0
# ========== RPC ============
#RPC 配置
rpc:
    host: 0.0.0.0
    port: 8888
```

(2) 自定义解析包,代码如下:

```go
//anonymous-link\example\chapter5\analysis\manual_resolve.go
package config

import (
    "errors"
    "fmt"
    "github.com/toolkits/file"
    "gopkg.in/yaml.v1"
)

//根据配置文件定义与之对应的结构体字段
```

```go
type GeneralConfig struct {
    LogPath         string  `yaml:"log_path"`
    Debug           bool    `yaml:"Debug"`
    MaxProcsEnable  bool    `yaml:max_procs_enable`
}

//根据定义的结构体,将配置文件的数据手动生成一个结构体对象
func newGeneralConfig() * GeneralConfig {
    return &GeneralConfig{
        LogPath:        "/etc/springboardMchine/seelog.xml",
        Debug:          true,
        MaxProcsEnable: true,
    }
}

type APIConfig struct {
    Host string   `yaml:"host"`
    Port int      `yaml:port`
}

func newAPIConfig() * APIConfig {
    return &APIConfig{
        Host: "0.0.0.0",
        Port: 8080,
    }
}

type MysqlConfig struct {
    Host     string   `yaml:"host"`
    Name     string   `yaml:"name"`
    Port     int      `yaml:"port"`
    Password string   `yaml:"password"`
    User     string   `yaml:"user"`
}

func newMysqlConfig() * MysqlConfig {
    return &MysqlConfig{
        Host:     "172.200.1.254",
        Name:     "jumpserver",
        Port:     3306,
        User:     "jason",
        Password: "frank",
    }
}

type CacheConfig struct {
    Host     string  `yaml:""host`
    Port     int     `yaml:"port"`
    Password string  `yaml:"password"`
    Db       int     `yaml:"db"`
}
```

```go
func newCacheConfig() *CacheConfig {
    return &CacheConfig{
        Host:     "172.200.1.254",
        Port:     6379,
        Db:       0,
        Password: "frank",
    }
}

type RpcConfig struct {
    Host string `yaml:"host"`
    Port int    `yaml:"port"`
}

func newRpcConfig() *RpcConfig {
    return &RpcConfig{
        Host: "0.0.0.0",
        Port: 8888,
    }
}

//定义一个结构体,对上述定义的结构体进行封装
type ConfigYaml struct {
    Mysql     *MysqlConfig   `yaml:"mysql"`
    API       *APIConfig     `yaml:"api"`
    RpcClient *RpcConfig     `yaml:"rpc"`
    Cache     *CacheConfig   `yaml:"cache"`
    General   *GeneralConfig `yaml:"general"`
}

//使用封装后的结构体进行实例化
var (
    Config *ConfigYaml = &ConfigYaml{
        Mysql:     newMysqlConfig(),
        API:       newAPIConfig(),
        RpcClient: newRpcConfig(),
        Cache:     newCacheConfig(),
        General:   newGeneralConfig(),
    }
)

//定义连接数据库的函数
func DatabaseDialString() string {
    return fmt.Sprintf("%s:%s@%s(%s:%d)/%s?charset=%s",
        Config.Mysql.User,
        Config.Mysql.Password,
        "tcp",
        Config.Mysql.Host,
        Config.Mysql.Port,
        Config.Mysql.Name,
        "utf8mb4",
```

```go
    )
}

func Parse(configFile string) error {
    //判断文件是否存在,如果不存在,就返回错误
    if ! file.IsExist(configFile) {
        return errors.New("config file " + configFile + " is not exist")
    }

    //读取配置文件信息(读取到的数据实际上是字符串),如果读取失败,则会返回错误
    configContent, err := file.ToTrimString(configFile)
    if err != nil {
        return err
    }

    //使用YAML格式对上一步读取到的字符串进行解析
    err = yaml.Unmarshal([]Byte(configContent), &Config)
    if err != nil {
        return err
    }
    return nil
}
```

(3) 调用解析包,代码如下:

```go
//anonymous-link\example\chapter5\analysis\auto_resolve.go
package main

import (
    "config"
    "flag"
    "fmt"
    "log"
    "os"
)

func main() {
    /**
    flag 的 string 方法的源代码如下:
        func String(name string, value string, usage string) * string {
            return CommandLine.String(name, value, usage)
        }
    下面对 flag 的 string 方法进行解释说明
        name 用于指定自定义名称,即用来标识该 flag 是用来干什么的
        value 用于指定默认值
        usage 是当前的 flag 的一个描述信息
        * string 指返回值是存储标志值的字符串变量的地址(指针变量)
    */
    configFile := flag.String("c", "/etc/springboardMchine/seelog.xml", "yaml config file")
    /*
    flag 下面的这种写法和上面的作用是一样的,只不过上面的写法更简便,推荐使用上面的写法
```

```go
    var mode string
    flag.StringVar(&mode,"m", "client", "mode[client|server|jump|audit]")
    version := flag.Bool("v", false, "show version")
    */
    //开始进行解析,会将解析的结果复制给上述的configFile、version、mode这3个指针变量
    flag.Parse()

    //判断配置文件的长度
    if len(*configFile) == 0 {
        log.Println("not have config file.")
        os.Exit(0)
    }

    //解析配置文件,利用手动解析封装的方法,如果在不同的包下,则注意引入包
    err := config.Parse(*configFile)
    if err != nil {
        log.Println("parse config file error:", err)
        os.Exit(0)
    }

    //打印解析的参数,利用手动解析封装的方法,如果在不同的包下,则注意引入包
    fmt.Println(config.Config.Mysql.Host, config.Config.Mysql.Name, config.Config.Mysql.Port)
}
```

(4) 数据结构相互转换。

JSON 转 Map,示例代码如下:

```go
//anonymous-link\example\chapter5\analysis\json_map.go
package main

import (
    "encoding/json"
    "fmt"
)

func main() {
    jsonStr := `
        {
            "name": "张三",
            "age": 18
        }
        `

    var mapResult map[string]interface{}
    err := json.Unmarshal([]byte(jsonStr), &mapResult)
    if err != nil {
        fmt.Println(err)
        return
    }
```

```go
        fmt.Println(mapResult)
}
```

JSON 转 Struct,示例代码如下:

```go
//anonymous-link\example\chapter5\analysis\json_struct.go
package main

import (
    "encoding/json"
    "fmt"
)

type People1 struct {
    Name string   `json:"name"`
    Age  int      `json:"age"`
}

func main() {
    jsonStr := `
        {
            "name": "张三",
            "age": 12
        }
        `
    var people People1
    err := json.Unmarshal([]byte(jsonStr), &people)
    if err != nil {
        fmt.Println(err)
        return
    }

    fmt.Println(people)
}
```

Map 转 JSON,示例代码如下:

```go
//anonymous-link\example\chapter5\analysis\map_json.go
package main

import (
    "encoding/json"
    "fmt"
)

func main() {
    var mapInstances []map[string]interface{}
    instance1 := map[string]interface{}{"name": "张三", "age": 18}
    instance2 := map[string]interface{}{"name": "李四", "age": 35}
    mapInstances = append(mapInstances, instance1, instance2)
```

```go
    jsonStr, err := json.Marshal(mapInstances)
    if err != nil {
        fmt.Println(err)
        return
    }

    fmt.Println(string(jsonStr))
}
```

Map 转 Struct 的步骤如下。

安装插件，命令如下：

```
go get github.com/goinggo/mapstructure
```

使用示例，代码如下：

```go
//anonymous-link\example\chapter5\analysis\map_struct.go
package main

import (
    "fmt"
    "github.com/goinggo/mapstructure"
)

type People3 struct {
    Name string      `json:"name"`
    Age  int         `json:"age"`
}

//go get github.com/goinggo/mapstructure
func main() {
    mapInstance := make(map[string]interface{})
    mapInstance["Name"] = "张三"
    mapInstance["Age"] = 18

    var people People3
    err := mapstructure.Decode(mapInstance, &people)
    if err != nil {
        fmt.Println(err)
        return
    }

    fmt.Println(people)
}
```

Struct 转 JSON，示例代码如下：

```go
//anonymous-link\example\chapter5\analysis\struct_json.go
package main
```

```go
import (
    "encoding/json"
    "fmt"
)

type People2 struct {
    Name string    `json:"name"`
    Age  int       `json:"age"`
}

func main() {
    p := People2{
        Name: "张三",
        Age:  18,
    }

    jsonBytes, err := json.Marshal(p)
    if err != nil {
        fmt.Println(err)
        return
    }

    fmt.Println(string(jsonBytes))
}
```

Struct 转 Map,示例代码如下:

```go
//anonymous-link\example\chapter5\analysis\struct_map.go
package main

import (
    "fmt"
    "reflect"
)

type People4 struct {
    Name string    `json:"name"`
    Age  int       `json:"age"`
}

func main() {
    people := People4{"张三", 18}

    obj1 := reflect.TypeOf(people)
    obj2 := reflect.ValueOf(people)

    var data = make(map[string]interface{})
    for i := 0; i < obj1.NumField(); i++ {
        data[obj1.Field(i).Name] = obj2.Field(i).Interface()
    }

    fmt.Println(data)
}
```

5.2.9 实例：Go 使用 Gin 文件上传/下载及 swagger 配置

1. form 表单上传文件

(1) 单文件上传，前端示例代码如下：

```html
<form action = "/upload2" method = "post" enctype = "multipart/form-data">
    <input type = "file" name = "file">
    <input type = "submit" value = "提交">
</form>
```

需要注意的是设置 enctype 属性参数。

后端代码如下：

```go
func Upload2(context *gin.Context) {
    fmt.Println("+++++++++++++ +")
    file,_ := context.FormFile("file")           //获取文件
    fmt.Println(file.Filename)

    file_path := "upload/" + file.Filename
    //设置保存文件的路径,不要忘了后面的文件名

    context.SaveUploadedFile(file, file_path)    //保存文件

    context.String(http.StatusOK,"上传成功")
}
```

防止文件名冲突，使用时间戳命名，示例代码如下：

```go
unix_int := time.Now().UNIX()                    //时间戳,int 类型
time_unix_str := strconv.FormatInt(unix_int,10)
//将 int 类型转换为 string 类型,方便拼接,使用 sprinf 也可以

file_path := "upload/" + time_unix_str + file.Filename
//设置保存文件的路径,不要忘了后面的文件名
context.SaveUploadedFile(file, file_path)        //保存文件
```

(2) 多文件上传，前端代码如下：

```html
<form action = "/upload2" method = "post" enctype = "multipart/form-data">
    <input type = "file" name = "file">
    <input type = "file" name = "file">
    <input type = "submit" value = "提交">
</form>
```

需要注意的是不要忘了 enctype 属性参数。

后端代码如下：

```go
func Upload2(context *gin.Context) {
    form,_ := context.MultipartForm()
    files := form.File["file"]

    for _,file := range files {                           //循环
        fmt.Println(file.Filename)
        unix_int := time.Now().UNIX()                     //时间戳,int类型
        time_unix_str := strconv.FormatInt(unix_int,10)
        //将int类型转换为string类型,方便拼接,使用sprinf也可以

        file_path := "upload/" + time_unix_str + file.Filename
        //设置保存文件的路径,不要忘了后面的文件名
        context.SaveUploadedFile(file, file_path)         //保存文件
    }

    context.String(http.StatusOK,"上传成功")
}
```

需要注意的是form.File["file"]使用的是方括号,而不是圆括号。

2. AJAX方式上传文件

后端代码和上面使用的form表单方式是一样的。

(1) 单文件,前端代码如下:

```html
<script src="/static/js/jquery.min.js"></script>
<form>
    {{/*<input type="file" name="file">*/}}
    用户名:<input type="test" id="name"><br>
    <input type="file" id="file">
    <input type="button" value="提交" id="btn_add">
</form>


<script>
    var btn_add = document.getElementById("btn_add");
    btn_add.onclick = function (ev) {
        var name = document.getElementById("name").value;
        var file = $("#file")[0].files[0];

        var form_data = new FormData();
        form_data.append("name",name);
        form_data.append("file",file);


        $.ajax({
            url:"/upload2",
            type:"POST",
            data:form_data,
            contentType:false,
```

```
            processData:false,
            success:function (data) {
                console.log(data);
            },
            fail:function (data) {
                console.log(data);
            }
        })
    }
</script>
```

需要注意的点：①引入 jquery.min.js 文件；②在 AJAX 中需要加两个参数：contentType:false 和 processData:false。processData:false 的默认值为 true,当设置为 true 时,jQuery AJAX 提交时不会序列化 data,而是直接使用 data。contentType:false 不使用默认的 application/x-www-form-urlencoded 这种 contentType。

分界符：目的是防止上传文件中出现分界符导致服务器无法正确识别文件的起始位置,在 AJAX 中将 contentType 设置为 false 是为了避免 jQuery 对其操作,从而失去分界符。

（2）多文件,需要理解的是如果 name 名称不相同,则表示个单文件上传,如果 name 名称相同,则表示多个文件上传。前端代码如下：

```
<script>
    var btn_add = document.getElementById("btn_add");
    btn_add.onclick = function (ev) {
        var name = document.getElementById("name").value;
        console.log( $(".file"));
        var files_tag = $(".file");
        var form_data = new FormData();

        for(var i = 0;i < files_tag.length;i++){
            var file = files_tag[i].files[0];
            form_data.append("file",file);

        }
        console.log(files);
        form_data.append("name",name);

        $.ajax({
            url:"/upload2",
            type:"POST",
            data:form_data,
            contentType:false,
            processData:false,
            success:function (data) {
                console.log(data);
```

```
            },
            fail:function (data) {
                console.log(data);
            }
        })


    }
</script>
```

3. Go 文件上传和下载及 swagger 配置

文件上传,示例代码如下:

```go
//@Summary 上传文件
//@Description
//@Tags file
//@Accept multipart/form-data
//@Param file formData file true "file"
//@Produce json
//@Success 200 {object} filters.Response {"code":200,"data":nil,"msg":""}
//@Router /upload [post]
func UploadFile(ctx *gin.Context) {
    file, header, err := ctx.Request.FormFile("file")
    if err != nil {
        returnMsg(ctx, configs.ERROR_PARAMS, "", err.Error())
        return
    }
    //获取文件名
    filename := header.Filename
    //写入文件
    out, err := os.Create("./static/" + filename)
    if err != nil {
        returnMsg(ctx, configs.ERROR_SERVERE, "", err.Error())
        return
    }
    defer out.Close()
    _, err = io.Copy(out, file)
    if err != nil {
        log.Fatal(err)

    }
    returnMsg(ctx, 200, "", "success")
}
```

文件下载,示例代码如下:

```go
//@Summary 下载文件
//@Description
//@Tags file
```

```
//@Param filename query string true "file name"
//@Success 200 {object} gin.Context
//@Router /download [get]
func DownloadFile(ctx * gin.Context){
    filename : = ctx.DefaultQuery("filename", "")
    //fmt.Sprintf("attachment; filename = % s", filename)对下载的文件重命名
    ctx.Writer.Header().Add("Content - Disposition", fmt.Sprintf("attachment; filename = % s", filename))
    ctx.Writer.Header().Add("Content - Type", "application/octet - stream")
    ctx.File("./static/a.txt")
}
```

5.3 理解并掌握 MVC 分层开发规范

MVC 实际是一种软件构件模式。它被设计的目的是降低程序开发中代码业务的耦合度,并且实现高重用性,以此增加代码复用率。部署快,并且生命周期内成本低,可维护性高也是 MVC 模式的特点。

开发 Web 应用程序主要使用 MVC 模式,使用分层开发模式能在大型项目中让开发人员更好地协同工作。MVC 是 Model(模型)、View(视图)、Controller(控制器)的简写,其交互流程如图 5-25 所示。

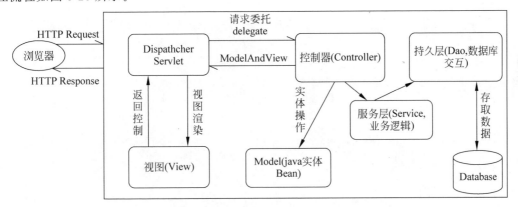

图 5-25　MVC 模式交互流程

Model:其作用是在内存中暂时存储数据,并在数据变化时更新控制器(如果要持久化,则需要把它写入数据库或者磁盘文件中),负责数据库操作和业务逻辑操作。

View:主要用来解析、处理、显示内容,并进行模板的渲染。

Controller:主要用来处理视图中的响应。它执行如何调用 Model(模型)的实体 Bean、如何调用业务层的数据增加、删除、修改和查询等业务操作,以及如何将结果返给视图进行渲染。建议在控制器中尽量不要放逻辑代码。

这样分层的好处是:将应用程序的用户界面和业务逻辑分离,使代码具备良好的可扩展性、可复用性、可维护性和灵活性。

在实际的项目开发中，基本上采用前后端分离的方式进行项目开发，这里以后端开发为例进行说明，其主要分层结构和包目录如图 5-26 所示。

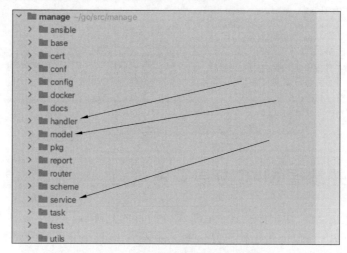

图 5-26　项目开发分层结构和包目录

以实际开发一个模块举例：

（1）首先定义一个模型，即 Model，表明数据库和实体的映射关系，并封装相关的数据操作方法，示例如图 5-27 所示。

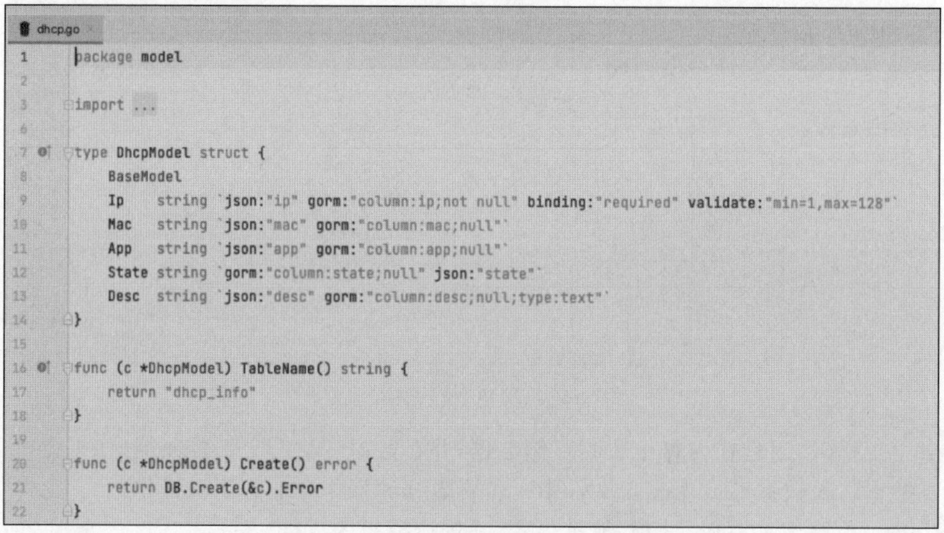

```
dhcp.go
 1    package model
 2
 3    import ...
 6
 7    type DhcpModel struct {
 8        BaseModel
 9        Ip     string `json:"ip" gorm:"column:ip;not null" binding:"required" validate:"min=1,max=128"`
10        Mac    string `json:"mac" gorm:"column:mac;null"`
11        App    string `json:"app" gorm:"column:app;null"`
12        State  string `gorm:"column:state;null" json:"state"`
13        Desc   string `json:"desc" gorm:"column:desc;null;type:text"`
14    }
15
16    func (c *DhcpModel) TableName() string {
17        return "dhcp_info"
18    }
19
20    func (c *DhcpModel) Create() error {
21        return DB.Create(&c).Error
22    }
```

图 5-27　MVC 模式下的 Model 示例

（2）编写 Service 层，主要实现具体的执行业务的方法及调用 Model 层的数据操作，示例如图 5-28 所示。

（3）Handler 层主要实现对客户端请求进行处理，负责接收客户端请求参数，并调用 Service 层相关的方法进行数据处理，并把结果返回，示例如图 5-29 所示。

```go
dhcp_manage.go
package service

import ...

func ConnectIPs() (error, map[string]map[string]string) {
    shellPath := utils.GetCurrentAbPathByCaller() + "/../ansible/script/info/app_ips.sh"
    cmd := exec.Command( name: "sh",  arg...: "-c", shellPath)
    var stdout bytes.Buffer
    cmd.Stdout = &stdout
    err := cmd.Run()
    if err != nil : err, nil ↗
    info := string(stdout.Bytes())
    infos := strings.Split(info,  sep: "\n")
    allIPs := make(map[string]map[string]string)
    for i := 0; i+2 < len(infos); i += 3 {
        ipInfo := map[string]string{"mac": infos[i+1], "state": infos[i+2]}
        allIPs[infos[i]] = ipInfo
    }
    for k, v := range allIPs {
        dhcpModel := model.DhcpModel{
            Ip:    k,
            Mac:   v["mac"],
            State: v["state"],
        }
        err := dhcpModel.Create()
        if err != nil : err, nil ↗
    }
    return err, allIPs
}
```

图 5-28 MVC 模式下的 Service 示例

```go
dhcp_manage.go
package handler

import ...

// GetDhcpIps
// @Summary 查看分配IP
// @Description 查看分配对IP、Mac、状态
// @Tags DHCP服务
// @schemes http https
// @Accept json
// @Produce json
// @Security ApiKeyAuth
// @Response 200 {object} handler.Response
// @Router /dhcp/ips [get]
func GetDhcpIps(c *base.Context) {

    err, data := service.ConnectIPs()
    if err != nil {
        SendResponse(c, err,  data: nil)
        return
    } else {
        SendResponse(c,  err: nil, data)
        return
    }
}
```

图 5-29 MVC 模式下的 Handler 示例

Router 包主要负责把 Handler 对应的客户端处理方法映射到具体的路由和 API 请求路径及请求方法,提供对外的 HTTP 访问,示例如图 5-30 所示。

```
apiv1 := c.Group( relativePath: "/api/v1")
{
    //node
    apiv1.POST( relativePath: "/node/create/first", handler.CreateFirstNode)
    apiv1.POST( relativePath: "/node/create/other", handler.CreateOtherNode)
    apiv1.PUT( relativePath: "/node/update", handler.UpdateNode)
    apiv1.DELETE( relativePath: "/node/delete/:id", handler.DeleteNode)
    apiv1.PUT( relativePath: "/node/start/:id", handler.StartOpenvpn)
    apiv1.GET( relativePath: "/node/subnet", handler.GetSubnet)
    apiv1.GET( relativePath: "/node/list", handler.ListNode)

    //link
    apiv1.POST( relativePath: "/link/create", handler.CreateLink)
    apiv1.GET( relativePath: "/link/check/:id", handler.CheckLink)
    apiv1.DELETE( relativePath: "/link/delete/:id", handler.DeleteLink)
    apiv1.GET( relativePath: "/link/list", handler.ListLink)

    //account
    apiv1.GET( relativePath: "/account/vericode", handler.AccountVeriCode)
    apiv1.POST( relativePath: "/account/login", handler.AccountLogin)
    apiv1.POST( relativePath: "/account/create", handler.AccountCreate)
    apiv1.PUT( relativePath: "/account/update", handler.AccountUpdate)
    apiv1.DELETE( relativePath: "/account/delete/:id", handler.AccountDelete)
    apiv1.GET( relativePath: "/account/list", handler.AccountList)

    //dhcp
    apiv1.GET( relativePath: "/dhcp/ips", handler.GetDhcpIps)
    apiv1.GET( relativePath: "/ip/search/:ip", handler.GetIpInfo)

    //upgrade
    apiv1.POST( relativePath: "/upgrade/offline", handler.UpgradeOffline)
```

图 5-30 MVC 模式下的 Router 示例

5.4 省时省力的 API 智能文档生成工具

在前后端分离的项目开发过程中,如果后端开发人员能够提供一份清晰明了的接口文档,就能极大地提高大家的沟通效率和开发效率。如何维护接口文档历来都是令人头疼的问题,感觉很浪费精力,而且后续接口文档的维护也十分耗费精力。在很多年以前,也流行用 Word 等工具写接口文档,这里面的问题很多,如格式不统一、后端人员消费精力大、文档的时效性也无法保障。针对这类问题,最好是有一种方案能够既满足输出文档的需要又能随代码的变更自动更新,Swagger 正是能帮助解决接口文档问题的工具。

RESTful 是这些年的高频词汇,各大互联网公司也都纷纷推出了自己的 RESTful

API，其实 RESTful 和 Thrift、GRPC 类似，都是一种协议，但是这种协议有点特殊，即使用 HTTP 接口，返回的对象一般是 JSON 格式，这样有个好处，就是可以供前端的 JS 直接调用，使用非常方便，但 HTTP 本身并不是一个高效的协议，后端的内部通信还是使用 GRPC 或者 Thrift，这样可以获得更高的性能。其实如果只是要用 HTTP 返回 JSON 本身并不是一件很难的事情，不用任何框架，Go 本身也能很方便地做到，但是当有很多个 API 时，这些 API 的维护和管理就会变得很复杂，自己都无法记住这些 API 应该填什么参数，以及返回什么，当然花很多时间去维护一份接口文档，这样不仅耗时而且很难保证文档的即时性、准确性及一致性。

Swagger 有一整套规范来定义一个接口文件，类似于 Thrift 和 Proto 文件，定义了服务的请求内容和返回内容，同样也有工具可以生成各种不同语言的框架代码，在 Go 语言里使用 go-swagger 工具，这个工具还提供了额外的功能，可以可视化显示这个接口，方便阅读。Swagger 是基于标准的 OpenAPI 规范进行设计的，本质上是一种使用 JSON 表示 RESTful API 接口的描述语言，只要照着这套规范去编写注解或通过扫描代码去生成注解，就能生成统一标准的接口文档和一系列 Swagger 工具。Swagger 包括自动文档、代码生成和测试用例生成。

go-swagger 参考文档如下：

官方文档：https://swagger.io/docs/specification/about/。

使用指南：https://github.com/swaggo/swag/blob/master/README_zh-CN.md。

想要使用 go-swagger 为代码自动生成接口文档，一般需要下面几个步骤：

(1) 安装 swag 工具。

(2) 按照 Swagger 的要求给接口代码添加声明式注释，具体可参照声明式注释格式。

(3) 使用 swag 工具扫描代码自动生成 API 文档数据。

(4) 使用 gin-swagger 渲染在线接口文档页面。

安装 Go 对应的开源 Swagger 相关联的库，在项目的根目录下执行的安装命令如下：

```
$ go get -u github.com/swaggo/swag/cmd/swag
$ go get -u github.com/swaggo/gin-swagger
$ go get -u github.com/swaggo/files
$ go get -u github.com/alecthomas/template
```

验证是否安装成功，命令如下：

```
$ swag -v
swag version v1.6.5
```

go get 命令分两步：第 1 步如同 git clone 拉取 GitHub 上的依赖并下载，第 2 步就是会采用 go install 编译，这个 Swagger 包比较特殊，go install 编译会编译出可执行文件，然后放在 GOBIN，因此 GOBIN 的目录选择一定要选在可读可写权限目录下，如果放在只读文件夹下，则会安装不了 Swagger 的可执行文件，并且会报错：access denied 提醒权限不够。

写入注解，在完成了 Swagger 关联库的安装后，需要针对项目里的 API 接口进行注解的编写，以便于后续在进行生成时能够正确地运行，接下来将用到如下注解：

注解	描述
@Summary	摘要
@Produce	API 可以产生的 MIME 类型的列表，MIME 类型可以简单地理解为响应类型，例如 JSON、XML、HTML 等
@Param	参数格式，从左到右分别为参数名、入参类型、数据类型、是否必填、注释。入参类型，可以有的值是 formData、query、path、body、header，formData 表示是 post 请求的数据，query 表示带在 url 之后的参数，path 表示请求路径上得参数，例如上面例子里面的 key，body 表示是一个 raw 数据请求，header 表示带在 header 信息中获得参数。
@Success	响应成功，从左到右分别为状态码、参数类型、数据类型、注释
@Failure	响应失败，从左到右分别为状态码、参数类型、数据类型、注释
@Router	路由，从左到右分别为路由地址和 HTTP 方法

添加 API 注解，切换到项目目录下的 handler 目录，打开对应的 Go 文件，写入如下注解，如查询、新增、更新、删除，示例代码分别如下：

```go
//@Summary 获取多个标签
//@Produce JSON
//@Param name query string false "标签名称" maxlength(100)
//@Param state query int false "状态" Enums(0, 1) default(1)
//@Param page query int false "页码"
//@Param page_size query int false "每页数量"
//@Success 200 {object} model.Tag "成功"
//@Failure 400 {object} errcode.Error "请求错误"
//@Failure 500 {object} errcode.Error "内部错误"
//@Router /api/v1/tags [get]
func (t Tag) List(c * gin.Context) {}

//@Summary 新增标签
//@Produce JSON
//@Param name body string true "标签名称" minlength(3) maxlength(100)
//@Param state body int false "状态" Enums(0, 1) default(1)
//@Param created_by body string true "创建者" minlength(3) maxlength(100)
//@Success 200 {object} model.Tag "成功"
//@Failure 400 {object} errcode.Error "请求错误"
//@Failure 500 {object} errcode.Error "内部错误"
//@Router /api/v1/tags [post]
func (t Tag) Create(c * gin.Context) {}

//@Summary 更新标签
//@Produce JSON
//@Param id path int true "标签 ID"
//@Param name body string false "标签名称" minlength(3) maxlength(100)
//@Param state body int false "状态" Enums(0, 1) default(1)
//@Param modified_by body string true "修改者" minlength(3) maxlength(100)
//@Success 200 {array} model.Tag "成功"
//@Failure 400 {object} errcode.Error "请求错误"
//@Failure 500 {object} errcode.Error "内部错误"
```

```
//@Router /api/v1/tags/{id} [put]
func (t Tag) Update(c *gin.Context) {}

//@Summary 删除标签
//@Produce JSON
//@Param id path int true "标签 ID"
//@Success 200 {string} string "成功"
//@Failure 400 {object} errcode.Error "请求错误"
//@Failure 500 {object} errcode.Error "内部错误"
//@Router /api/v1/tags/{id} [delete]
func (t Tag) Delete(c *gin.Context) {}
```

在这里只展示了标签模块的接口注解编写，接下来应当按照注解的含义和上述接口注解，完成文章模块接口注解的编写。

main 注解：在接口方法本身有了注解以后，针对这个项目能不能写注解呢？万一有很多个项目，又该怎么办呢？实际上是可以识别出来的，只要针对 main 方法写入如下注解：

```
//@title 匿名链路系统
//@version 1.0
//@description 网络攻防中的匿名链路系统，提供目标完整的匿名访问
//@termsOfService https://blog.csdn.net/u014374009
func main() {
    ...
}
```

生成文档，在完成了所有的注解编写后，回到项目根目录下，执行的命令如下：

```
swag init
```

在执行完命令后，会发现在 docs 文件夹生成了 docs.go、swagger.json、swagger.yaml 共 3 个文件。

路由：在注解编写完后通过 swag init 把 Swagger API 所需要的文件都生成了，那接下来怎么访问接口文档呢？其实很简单，只需在 routers 中进行默认初始化和注册对应的路由就可以了，打开项目目录下的 internal/routers 目录中的 router.go 文件，新增代码如下：

```
import (
    ...
    _ "github.com/go-programming-tour-book/blog-service/docs"
    //_ 表示执行 init 函数时调用该包，需要将这个替换为自己本地的 docs 目录路径。这个路径
    //是 GitHub 上别人的 docs，此处只是用来测试
    //此处应该这样写：_ "swagger_demo/docs"
    //上面的 swagger_demo 为本项目名称，docs 就是由 swag init 自动生成的目录，用于存放 docs.go、
    //swagger.json、swagger.yaml 文件
    ginSwagger "github.com/swaggo/gin-swagger"
    "github.com/swaggo/gin-swagger/swaggerFiles"
)
```

```
func NewRouter() * gin.Engine {
    r := gin.New()
    r.Use(gin.Logger())
    r.Use(gin.Recovery())
    r.GET("/swagger/*any", ginSwagger.WrapHandler(swaggerFiles.Handler))
    ...
    return r
}
```

从表面上来看，主要做了两件事情，分别是初始化 docs 包和注册一个针对 Swagger 的路由，而在初始化 docs 包后，其 swagger.json 将会默认指向当前应用所启动的域名下的 swagger/doc.json 路径，如果有额外需求，则可进行手动指定，代码如下：

```
url := ginSwagger.url("http://127.0.0.1:8000/swagger/doc.json")
r.GET("/swagger/*any", ginSwagger.WrapHandler(swaggerFiles.Handler, url))
```

查看接口文档，在完成了上述的设置后，重新启动服务器端，在浏览器中访问 Swagger 的地址 http://127.0.0.1:8000/swagger/index.html，这样就可以看到上述图片中的 Swagger 文档展示，其主要分为 3 部分，分别是项目主体信息、接口路由信息、模型信息，这 3 部分共同组成了主体内容。

对 Swagger 生成的 API 文档进行查看和举例，整体接口文档按照分组进行展示，如图 5-31 和图 5-32 所示。每个接口的请求参数都有相关的数据类型和说明。每个 API 都可以进行在线调试，如图 5-33 所示。

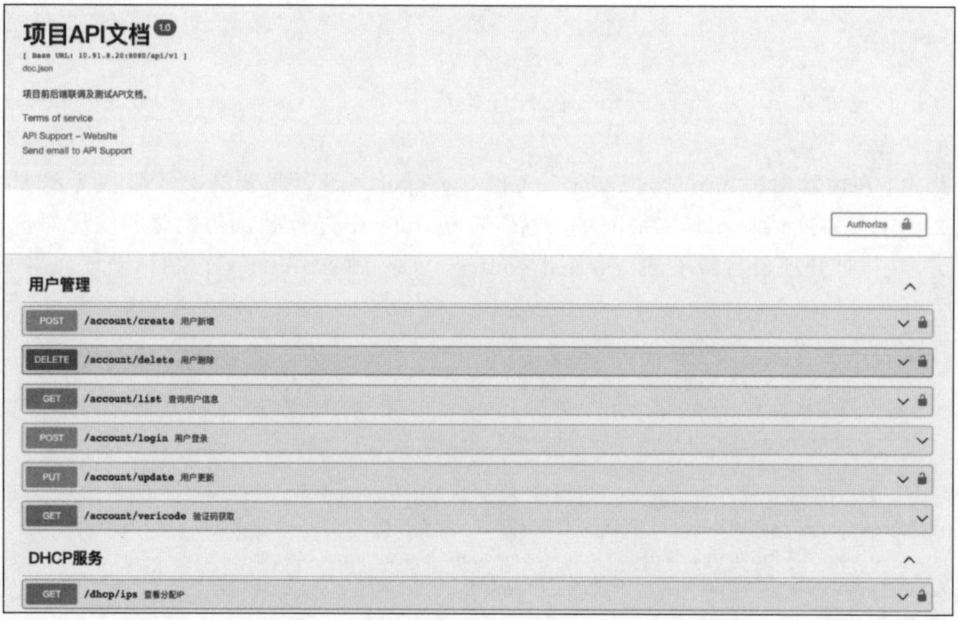

图 5-31　Swagger 生成的 API 文档示例 1

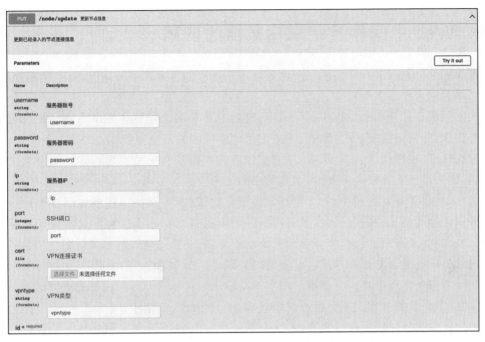

图 5-32　Swagger 生成的 API 文档示例 2

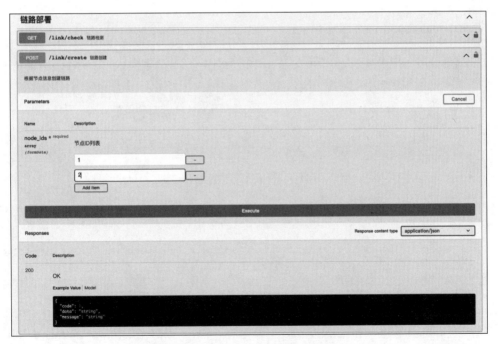

图 5-33　Swagger 在线 API 文档调试

5.5　Web 中间件及请求拦截器的使用

在 Web 应用服务中，完整的一个业务处理在技术上包含客户端操作、服务器端处理、将处理结果返回客户端 3 个步骤。

在实际的业务开发和处理中，会有更负责的业务和需求场景。一个完整的系统可能包含对鉴权认证、权限管理、安全检查、日志记录等多维度的系统支持。

鉴权认证、权限管理、安全检查、日志记录等这些保障和支持系统业务属于全系统的业务，和具体的系统业务没有关联，对于系统中的所有业务都适用。

由此，在业务开发过程中，为了更好地梳理系统架构，可以将上述描述所涉及的一些通用业务单独抽离出来并进行开发，然后以插件的形式进行对接。这种方式既保证了系统功能的完整，同时又有效地将具体业务和系统功能解耦，并且还可以达到灵活配置的目的。

这种通用业务独立开发并灵活配置使用的组件一般被称为"中间件"，因为其位于服务器和实际业务处理程序之间。其含义相当于在请求和具体的业务逻辑处理之间增加某些操作，这种以额外添加的方式不会影响编码效率，也不会侵入框架中。

中间件也叫拦截器或者过滤器，本质上都是在一个 HTTP 请求被处理之前执行的一段代码，Gin 的中间件是一个函数，函数签名和 Gin 的路由处理函数一致，即都是 func(* Context)类型。

一些比较流行的中间件框架如下：

```
+ [RestGate](https://github.com/pjebs/restgate) - Secure authentication for REST API endpoints

+ [staticbin](https://github.com/olebedev/staticbin) - middleware/handler for serving static files from binary data

+ [gin-cors](https://github.com/gin-contrib/cors) - Official CORS gin's middleware

+ [gin-csrf](https://github.com/utrack/gin-csrf) - CSRF protection

+ [gin-health](https://github.com/utrack/gin-health) - middleware that simplifies stat reporting via [gocraft/health](https://github.com/gocraft/health)

+ [gin-merry](https://github.com/utrack/gin-merry) - middleware for pretty-printing [merry](https://github.com/ansel1/merry) errors with context

+ [gin-revision](https://github.com/appleboy/gin-revision-middleware) - Revision middleware for Gin framework

+ [gin-jwt](https://github.com/appleboy/gin-jwt) - JWT Middleware for Gin Framework

+ [gin-sessions](https://github.com/kimiazhu/ginweb-contrib/tree/master/sessions) - session middleware based on MongoDB and mysql
```

+ [gin-location](https://github.com/drone/gin-location) - middleware for exposing the server's hostname and scheme

+ [gin-nice-recovery](https://github.com/ekyoung/gin-nice-recovery) - panic recovery middleware that lets you build a nicer user experience

+ [gin-limiter](https://github.com/davidleitw/gin-limiter) - A simple gin middleware for ip limiter based on redis.

+ [gin-limit](https://github.com/aviddiviner/gin-limit) - limits simultaneous requests; can help with high traffic load

+ [gin-limit-by-key](https://github.com/yangxikun/gin-limit-by-key) - An in-memory middleware to limit access rate by custom key and rate.

+ [ez-gin-template](https://github.com/michelloworld/ez-gin-template) - easy template wrap for gin

+ [gin-hydra](https://github.com/janekolszak/gin-hydra) - [Hydra](https://github.com/ory-am/hydra) middleware for Gin

+ [gin-glog](https://github.com/zalando/gin-glog) - meant as drop-in replacement for Gin's default logger

+ [gin-gomonitor](https://github.com/zalando/gin-gomonitor) - for exposing metrics with Go-Monitor

+ [gin-oauth2](https://github.com/zalando/gin-oauth2) - for working with OAuth2

+ [static](https://github.com/hyperboloide/static) An alternative static assets handler for the gin framework.

+ [xss-mw](https://github.com/dvwright/xss-mw) - XssMw is a middleware designed to "auto remove XSS" from user submitted input

+ [gin-helmet](https://github.com/danielkov/gin-helmet) - Collection of simple security middleware.

+ [gin-jwt-session](https://github.com/ScottHuangZL/gin-jwt-session) - middleware to provide JWT/Session/Flashes, easy to use while also provide options for adjust if necessary. Provide sample too.

+ [gin-template](https://github.com/foolin/gin-template) - Easy and simple to use html/template for gin framework.

+ [gin-redis-ip-limiter](https://github.com/Salvatore-Giordano/gin-redis-ip-limiter) - Request limiter based on ip address. It works with redis and with a sliding-window mechanism.

+ [gin-method-override](https://github.com/bu/gin-method-override) - Method override by POST form param `_method`, inspired by Ruby's same name rack

+ [gin-access-limit](https://github.com/bu/gin-access-limit) - An access-control middleware by specifying allowed source CIDR notations.

+ [gin-session](https://github.com/go-session/gin-session) - Session middleware for Gin

+ [gin-stats](https://github.com/semihalev/gin-stats) - Lightweight and useful request metrics middleware

+ [gin-statsd](https://github.com/amalfra/gin-statsd) - A Gin middleware for reporting to statsd deamon

+ [gin-health-check](https://github.com/RaMin0/gin-health-check) - A health check middleware for Gin

+ [gin-session-middleware](https://github.com/go-session/gin-session) - A efficient, safely and easy-to-use session library for Go.

+ [ginception](https://github.com/kubastick/ginception) - Nice looking exception page

+ [gin-inspector](https://github.com/fatihkahveci/gin-inspector) - Gin middleware for investigating http request.

+ [gin-dump](https://github.com/tpkeeper/gin-dump) - Gin middleware/handler to dump header/body of request and response. Very helpful for Debugging your applications.

+ [go-gin-prometheus](https://github.com/zsais/go-gin-prometheus) - Gin Prometheus metrics exporter

+ [ginprom](https://github.com/chenjiandongx/ginprom) - Prometheus metrics exporter for Gin

+ [gin-go-metrics](https://github.com/bmc-toolbox/gin-go-metrics) - Gin middleware to gather and store metrics using [rcrowley/go-metrics](https://github.com/rcrowley/go-metrics)

+ [ginrpc](https://github.com/xxjwxc/ginrpc) - Gin middleware/handler auto binding tools. support object register by annotated route like beego

+ [goscope](https://github.com/averageflow/goscope) - Watch incoming requests, outgoing responses and logs of your Gin application with this plug and play middleware inspired by Laravel Telescope.

+ [gin-nocache](https://github.com/alexander-melentyev/gin-nocache) - NoCache is a simple piece of middleware that sets a number of HTTP headers to prevent a router (or subrouter) from being cached by an upstream proxy and/or client.

+ [logging](https://github.com/axiaoxin-com/logging#gin-middleware-ginlogger) - logging provide GinLogger uses zap to log detailed access logs in JSON or text format with trace id, supports flexible and rich configuration, and supports automatic reporting of log events above error level to sentry

```
+ [ratelimiter](https://github.com/axiaoxin-com/ratelimiter) - Gin middleware for token
bucket ratelimiter.

+ [servefiles](https://github.com/rickb777/servefiles) - serving static files with
performance-enhancing cache control headers; also handles gzip & brotli compressed files
```

在 Gin 框架中,中间件(Middleware)指的是可以拦截 HTTP 请求-响应生命周期的特殊函数,在请求-响应生命周期中可以注册多个中间件,每个中间件提供不同的功能,一个中间执行完再轮到下一个中间件执行。

中间件的作用如下。

(1) 在请求到达 HTTP 请求处理方法之前拦截请求:①认证;②权限校验;③限流;④数据过滤;⑤IP 白名单。

(2) 处理完请求后,拦截响应,并进行相应处理:①统一添加响应头;②数据过滤;③中间件加的位置;④全局加;⑤路由组加;⑥路由明细加。

Gin 中的默认中间件:

(1) 默认使用了 Logger() 和 Recovery(),全局作用了这两个中间件,方法如下:

```
r := gin.Default()

func Default() * Engine {
    DebugPrintWARNINGDefault()
    engine := New()
    engine.Use(Logger(), Recovery())
    return engine
}
```

(2) Gin 默认自带了一些中间件,函数如下:

```
func BasicAuth(accounts Accounts) HandlerFunc
func BasicAuthForRealm(accounts Accounts, realm string) HandlerFunc
func Bind(val interface{}) HandlerFunc                          //拦截请求参数并进行绑定
func ErrorLogger() HandlerFunc                                  //错误日志处理
func ErrorLoggerT(typ ErrorType) HandlerFunc                    //自定义类型的错误日志处理
func Logger() HandlerFunc                                       //日志记录
func LoggerWithConfig(conf LoggerConfig) HandlerFunc
func LoggerWithFormatter(f LogFormatter) HandlerFunc
func LoggerWithWriter(out io.Writer, notlogged ...string) HandlerFunc
func Recovery() HandlerFunc
func RecoveryWithWriter(out io.Writer) HandlerFunc
func WrapF(f http.HandlerFunc) HandlerFunc                      //将 http.HandlerFunc 包装成中间件
func WrapH(h http.Handler) HandlerFunc                          //将 http.Handler 包装成中间件
```

如何去除默认中间件,以及如何去除默认全局中间件,代码如下:

```
r := gin.New()//不带中间件
```

如何添加全局中间件,代码如下:

```go
func main() {
    r := gin.Default()

    r.Use(func(c *gin.Context) {
        fmt.Println("hello start")
    })

    r.GET("/", func(c *gin.Context) {
        c.json(200, gin.H{"name": "m1"})
    })

    r.Run()
}
```

或者实现代码如下:

```go
func M1(c *gin.Context) {
    fmt.Println("hello start")
}

func main() {
    r := gin.Default()

    r.Use(M1)

    r.GET("/", func(c *gin.Context) {
        c.json(200, gin.H{"name": "m1"})
    })

    r.Run()
}
```

如何在路由分组中使用中间件,代码如下:

```go
func main() {
    r := gin.Default()
    v1 := r.Group("/v1", gin.Logger(), gin.Recovery())
    {
        v1.GET("/", func(c *gin.Context) {
            c.json(200, gin.H{"name": "m1"})
        })
        v1.GET("/test", func(c *gin.Context) {
            c.json(200, gin.H{"name": "m1 test"})
        })
    }

    r.Run()
}
```

单个路由使用中间件,代码如下:

```go
func main() {
    r := gin.Default()
    r.GET("/", gin.Recovery(), gin.Logger(), func(c *gin.Context) {
        c.json(200, gin.H{"name": "m1"})
    })
    r.Run()
}
```

自定义中间件,代码如下:

```go
func MyMiddleware(c *gin.Context) {
    //中间件逻辑
    fmt.Println("hello")
}

func main() {
    r := gin.Default()

    r.Use(MyMiddleware)

    r.GET("/", func(c *gin.Context) {
        c.json(200, gin.H{"name": "m1"})
    })
    r.Run()
}
```

拦截器主要实现逻辑,代码如下:

```go
func MyMiddleware(c *gin.Context){
    //请求前逻辑
    c.Next()
    //请求后逻辑
}
```

Gin 内置的几个中断用户请求的方法:返回 200,但 body 里没有数据,函数如下:

```go
func (c *Context) Abort()
func (c *Context) AbortWithError(code int, err error) *Error
func (c *Context) AbortWithStatus(code int)

func (c *Context) AbortWithStatusJSON(code int, jsonObj interface{}) //中断请求后,返回JSON
//格式的数据
```

中断用户请求,示例代码如下:

```go
func MyMiddleware(c *gin.Context) {
    c.Set("key", 1000)                    //请求前
    c.Next()
```

```go
        c.json(http.StatusOK, c.GetInt("key"))        //请求后
}
func main() {
    r := gin.New()
    r.GET("test", MyMiddleware, func(c * gin.Context) {
        k := c.GetInt("key")
        c.Set("key", k + 2000)
    })
    r.Run()
}
```

实现自定义中间件的步骤如下。

方法1：自定义中间件逻辑处理不返回数据，示例代码如下：

```go
func MyMiddleware(c * gin.Context) {
    //中间件逻辑
    fmt.Println("hello")
}

func main() {
    r := gin.Default()

    r.Use(MyMiddleware)

    r.GET("/", func(c * gin.Context) {
        c.json(200, gin.H{"name": "m1"})
    })
    r.Run()
}
```

方法2：返回一个中间件函数，示例代码如下：

```go
//Gin 框架自带的中间件方法都返回 HandlerFunc 类型
type HandlerFunc func( * Context)

func MyMiddleware() func(c * gin.Context) {
    //自定义逻辑
    fmt.Println("requesting...")        //中间件不打印
    //返回中间件
    return func(c * gin.Context) {
        //中间件逻辑
        fmt.Println("test2")
    }
}


func main() {
    r := gin.Default()
```

```
    r.Use(MyMiddleware())                //加括号
    r.GET("/", func(c *gin.Context) {
        c.json(200, gin.H{"name": "m1"})
    })
    r.Run()
}
```

中间件实现数据的传递,示例代码如下:

```
func MyMiddleware(c *gin.Context) {
    c.Set("mykey", 10)
    c.Set("mykey2", "m1")
}
func main() {
    //自定义中间件
    r := gin.New()
    r.GET("", MyMiddleware, func(c *gin.Context) {
        mykey := c.GetInt("mykey")    //知道设置的是整型,所以使用GetInt方法获取
        mykey2 := c.GetString("mykey2")
        c.json(200, gin.H{
            "mykey": mykey,
            "mykey2": mykey2,
        })
    })
    r.Run()
}
```

Gin 框架中间件中 set 和 get 用于存取参数,主要的函数如下:

```
func (c *Context) Set(key string, value interface{})
//判断 key 是否存在 c.Get
func (c *Context) Get(key string) (value interface{}, exists bool)
func (c *Context) GetBool(key string) (b bool)
func (c *Context) GetDuration(key string) (d time.Duration)
func (c *Context) GetFloat64(key string) (f64 float64)
func (c *Context) GetInt(key string) (i int)
func (c *Context) GetInt64(key string) (i64 int64)
func (c *Context) GetString(key string) (s string)
func (c *Context) GetStringMap(key string) (sm map[string]interface{})
func (c *Context) GetStringMapString(key string) (sms map[string]string)
func (c *Context) GetStringMapStringSlice(key string) (smss map[string][]string)
func (c *Context) GetStringSlice(key string) (ss []string)
func (c *Context) GetTime(key string) (t time.Time)
func (c *Context) MustGet(key string) interface{} //必须有,否则会 panic
```

使用 gin.BasicAuth 中间件,示例代码如下:

```
//anonymous-link\example\chapter5\web\basic_auth.go
package main
```

```go
import (
    "github.com/gin-gonic/gin"
    "net/http"
)

//type HandlerFunc func(*Context)

//模拟一些私人数据
var secrets = gin.H{
    "foo":    gin.H{"email": "foo@bar.com", "phone": "123433"},
    "austin": gin.H{"email": "austin@example.com", "phone": "666"},
    "lena":   gin.H{"email": "lena@guapa.com", "phone": "523443"},
}

func main() {

    r := gin.Default()

    r.GET("/", func(c *gin.Context) {
        c.json(200, secrets)
        //c.String(200, "index")
    })
    //为/admin 路由组设置 auth
    //路由组使用 gin.BasicAuth() 中间件
    //gin.Accounts 是 map[string]string 的一种快捷方式
    authorized := r.Group("/admin", gin.BasicAuth(gin.Accounts{
        "foo":    "bar",
        "austin": "1234",
        "lena":   "hello2",
        "manu":   "4321",
    }))

    //admin/secrets 端点
    //触发 localhost:8080/admin/secrets
    authorized.GET("/secrets", func(c *gin.Context) {
        //获取用户,它是由 BasicAuth 中间件设置的
        user := c.MustGet(gin.AuthUserKey).(string)
        if secret, ok := secrets[user]; ok {
            c.json(http.StatusOK, gin.H{"user": user, "secret": secret})
        } else {
            c.json(http.StatusOK, gin.H{"user": user, "secret": "NO SECRET :("})
        }
    })

    //监听并在 0.0.0.0:8080 上启动服务
    r.Run(":8080")
}
```

5.6 快速实现应用及接口的请求鉴权

JWT 的原理和 Session 有点相像,其目的是解决 RESTful API 中无状态性。因为 RESTful 接口,需要权限校验,但是又不能让每个请求都把用户名和密码传入,因此产生了

这个 Token 的方法。

流程如下：

(1) 用户访问 auth 接口，获取 Token。服务器校验用户传入的用户名和密码等信息，确认无误后，产生一个 Token。这个 Token 其实类似于 map 的数据结构（JWT 数据结构）中的 key。

其本质就是 Token 中其实保存了用户的信息，只是被加密过了。就算服务器重启了 Token 还能使用，就是这个原因，因为数据被保存在 Token 这条长长的字符串中。

(2) 用户访问需要权限验证的接口，并传入 Token。

(3) 服务器验证 Token：根据自己的 Token 密钥判断 Token 是否正确（是否被别人篡改），正确后才从 Token 中解析出 Token 中的信息，可能会把解析出的信息保存在 context 中。

基于证书和 JWT 验证示例如图 5-34 和图 5-35 所示。

```go
var WhitelistAPI = map[string]bool{
    "/api/v1/account/login":    true,
    "/api/v1/account/vericode": true,
}

func Validate() gin.HandlerFunc {
    return func(c *gin.Context) {
        // 签名校验
        err, checkSign := utils.DecodeLicenseV1(license: "", projectKey: "", guid: "")
        if !checkSign {
            c.Abort()
            c.JSON(http.StatusInternalServerError, gin.H{
                "code":    2,
                "message": "无效的证书",
                "data":    err,
            })
            return
        }

        //Token校验
        if !WhitelistAPI[c.Request.RequestURI] {
            err := jwtVerify(c)
            if err != nil {
                c.Set(key: "account_info", value: nil)
                c.Abort()
                c.JSON(http.StatusInternalServerError, gin.H{
                    "code":    3,
                    "message": "无效的Token",
                    "data":    err,
                })
                return
            }
        }
        c.Next()
    }
}
```

图 5-34　Gin 中证书和 Token 校验流程示例

```go
//验证Token
func jwtVerify(c *gin.Context) error {
    token := c.GetHeader("token")
    if token == "" : fmt.Errorf("token not exist")

    //验证Token，并存储在请求中
    return parseToken(token, c)
}

// 解析Token
func parseToken(token string, c *gin.Context) error {
    data, err := utils.DecryptByAes(token)
    if err != nil : fmt.Errorf("invalid token")
    var account model.AccountModel
    err = json.Unmarshal(data, &account)
    if err != nil : fmt.Errorf("invalid token")
    c.Set("account_info", account)
    if time.Now().Unix()-account.UpdatedAt.Unix() > 30*60 {
        c.Header("token", "")
    } else if time.Now().Unix()-account.UpdatedAt.Unix() > 20*60 : refreshToken(c)
    return nil
}

// 更新Token
func refreshToken(c *gin.Context) error {
    user, exists := c.Get("account_info")
    if !exists : fmt.Errorf("invalid token")
    account := user.(model.AccountModel)
    err, result := service.AccountLogin(account.Username, account.Password)
    if err != nil : fmt.Errorf("invalid token")
    c.Header("token", result)
    return nil
}
```

图 5-35　Gin 中 Token 校验及自动更新

5.7　封装统一的参数传输及异常处理

Gin 框架中接受 Web 请求中的参数，有多种方式可以获取异常处理，为了统一格式和处理异常，基于 Gin 的 Context 方法属性扩展将函数请求参数的处理封装为一个通用的中间件，核心方法的示例代码如下：

```go
//anonymous-link\example\chapter5\web\args_deal.go
package base

import (
    "github.com/gin-gonic/gin"
)

func Args() gin.HandlerFunc {
    return func(c *gin.Context) {
```

```go
var requestParams = make(map[string]interface{})
form, err := c.MultipartForm()
if err == nil {
    file := form.File
    for k, v := range file {
        var names []string
        for _, f := range v {
            names = append(names, f.Filename)
        }
        c.Set(k, names)
        requestParams[k] = names
    }
}
Bytes, err := ioutil.ReadAll(c.Request.Body)
if err == nil && Bytes != nil {
    maps := make(map[string]interface{})
    err = json.Unmarshal(Bytes, &maps)
    if err == nil {
        for k, v := range maps {
            c.Set(k, v)
            requestParams[k] = v
        }
    } else {
        params := strings.Split(string(Bytes), "&")
        for _, param := range params {
            if strings.Contains(param, "=") {
                arr := strings.Split(param, "=")
                key, _ := url.QueryUnescape(arr[0])
                val, _ := url.QueryUnescape(arr[1])
                c.Set(key, val)
                requestParams[key] = val
            }
        }
    }
}
query := c.Request.Form.Encode()
if len(query) > 1 {
    params := strings.Split(query, "&")
    for _, param := range params {
        if len(param) > 1 && strings.Contains(param, "=") {
            arr := strings.Split(param, "=")
            key, _ := url.QueryUnescape(arr[0])
            val, _ := url.QueryUnescape(arr[1])
            c.Set(key, val)
            requestParams[key] = val
        }
    }
}
pathArr := c.Params
for i := 0; i < len(pathArr); i++ {
    c.Set(pathArr[i].Key, pathArr[i].Value)
```

```go
            requestParams[pathArr[i].Key] = pathArr[i].Value
        }
        c.Request.ParseForm()
        for k, v := range c.Request.PostForm {
            val := strings.Join(v, ",")
            c.Set(k, val)
            requestParams[k] = val
        }

        if !CheckPageParam(c) {
            c.Abort()
            c.json(http.StatusOK, gin.H{
                "code": 5,
                "message": "查询参数不合法",
                "data": "the query parameter is not legal",
            })
            return
        }

        c.Set("request_params", requestParams)
        c.Next()
    }
}

func CheckPageParam(c *gin.Context) bool {
    data, exists := c.Get("page_no")
    if exists && data != nil {
        result, e := strconv.ParseUint(fmt.Sprint(data), 10, 64)
        if e == nil {
            if result < 1 {
                return false
            }
        } else {
            return false
        }
    }
    data, exists = c.Get("page_size")
    if exists && data != nil {
        result, e := strconv.ParseUint(fmt.Sprint(data), 10, 64)
        if e == nil {
            if result < 1 || result > 1000 {
                return false
            }
        } else {
            return false
        }
    }
    return true
}
```

完整代码可查看以下目录文件：

```
anonymous-link\code\base\auth.go
anonymous-link\code\base\context.go
```

在 handler 中使用封装的中间件对参数进行获取,核心方法的示例代码如下:

```go
//anonymous-link\example\chapter5\web\handler_demo.go
package handler

import (
    "base"
    "service"
    "time"
    "utils"
)

//AccountCreate
//@Summary 用户新增
//@Description 添加用户信息
//@Tags 用户管理
//@schemes http https
//@Accept json
//@Produce json
//@Security ApiKeyAuth
//@Response 200 {object} config.Response
//@Param username formData string true "用户账号"
//@Param nickname formData string true "用户名称"
//@Param password formData string true "用户密码"
//@Param status formData string true "用户状态"
//@Router /account/create [post]
func AccountCreate(c *base.Context) {
    username := c.ArgsString("username")
    password := c.ArgsString("password")
    nickname := c.ArgsString("nickname")
    status := c.ArgsUint("status")
    if err := service.CheckUsername(username); err != nil {
        SendResponse(c, err, nil)
        return
    }
    if err := service.CheckPassword(password); err != nil {
        SendResponse(c, err, nil)
        return
    }
    nickname, err := service.CheckNickname(nickname)
    if err != nil {
        SendResponse(c, err, nil)
        return
    }
    account := model.AccountModel{
        Username: username,
        Nickname: nickname,
```

```go
        Password: utils.String2Md5(password),
        Status:   status,
        Role:     1,
        LastLogin: time.Now(),
    }
    account.CreatedAt = time.Now()
    account.UpdatedAt = time.Now()
    err, data := account.Create()
    if err != nil {
        SendResponse(c, err, nil)
        return
    }
    SendResponse(c, nil, data)
    return
}
```

完整代码可查看以下目录及文件:

```
anonymous-link\code\handler\account_manage.go
anonymous-link\code\service\account_manage.go
anonymous-link\code\utils\
```

5.8 自定义中间件实现 AOP 式日志记录

为记录程序的操作记录及日志追踪，通过 Gin 的 Context 编写扩展中间件，做成一个 AOP 式的非侵入式的通用模块，结合并发异步任务通过 channel 传输数据，以及并发日志记录，核心方法的示例代码如下：

```go
func LogAop() gin.HandlerFunc {
    return func(c *gin.Context) {
        startTime := time.Now()
        blw := &bodyLogWriter{body: Bytes.NewBufferString(""), ResponseWriter: c.Writer}
        c.Writer = blw
        c.Next()
        endTime := time.Now()

        var logInfo = make(map[string]interface{})
        logInfo["method"] = c.Request.Method
        logInfo["execute_time"] = time.Now()
        logInfo["content_length"] = c.Request.ContentLength
        logInfo["content_type"] = c.ContentType()
        logInfo["cost_time"] = endTime.Sub(startTime).Milliseconds()
        logInfo["request_url"] = c.Request.RequestURI
        logInfo["status_code"] = c.Writer.Status()
        logInfo["request_host"] = c.Request.Host
        logInfo["user_agent"] = c.Request.UserAgent()
        //ip, _ := c.RemoteIP()
```

```go
        ip := c.Request.Header.Get("X-Real-IP")
        logInfo["remote_ip"] = ip
        logInfo["remote_addr"] = c.Request.RemoteAddr
        apipath := strings.Split(c.FullPath(), "/:")[0]
        logInfo["api_path"] = apipath
        logInfo["referer"] = c.Request.Referer()
        data := blw.body.String()
        if len(data) > 5000 {
            data = data[:5000]
        }
        logInfo["response_data"] = data
        accountInfo, _ := c.Get("account_info")
        account, _ := json.Marshal(accountInfo)
        logInfo["account_info"] = string(account)
        requestParams, _ := c.Get("request_params")
        params, _ := json.Marshal(requestParams)
        logInfo["request_params"] = string(params)
        logInfo["api_desc"] = ApiDesc[apipath]

        logData := config.LogData{
            LogInfo:       logInfo,
            RequestParams: requestParams,
            AccountInfo:   accountInfo,
        }
        config.LogSyncChan <- logData
    }
}
```

以上日志数据没有被保存到数据,而是写入了 channel,这样可以再起一个协程操作,即把日志并发保存到数据,在 config 包下定义了一个全局的 channel,代码如下:

```go
LogSyncChan = make(chan interface{}, 100)
```

为了便于阅读和展示,可以在保存日志的过程中,对日志的数据进行富化处理,例如对相关的操作状态和数据进行适当翻译,核心方法的示例代码如下:

```go
func ApiLog(apipath string, params map[string]interface{}) map[string]string {
    accountMap := map[string]model.AccountModel{}
    whitelistMap := map[string]model.WhitelistModel{}
    nodeMap := map[string]model.NodeModel{}
    subnetMap := map[string]model.SubnetModel{}
    linkMap := map[string]model.LinkModel{}
    strategyMap := map[string]model.StrategyModel{}

    if strings.HasPrefix(apipath, "/api/v1/account") {
        accountList, _, _ := model.SearchAccount(0, 0, "", "id desc")
        for _, account := range accountList {
            accountMap[fmt.Sprint(account.Id)] = account
        }
    }
```

```go
        if strings.HasPrefix(apipath, "/api/v1/node/subnet") {
            infoList, _, _ := model.SearchSubnet(0, 0, "", "id desc")
            for _, info := range infoList {
                subnetMap[fmt.Sprint(info.Id)] = info
            }
        } else if strings.HasPrefix(apipath, "/api/v1/node") {
            infoList, _, _ := model.SearchNode(0, 0, "", "id desc")
            for _, info := range infoList {
                nodeMap[fmt.Sprint(info.Id)] = info
            }
        }

        if strings.HasPrefix(apipath, "/api/v1/link") {
            infoList, _, _ := model.SearchLink(0, 0, "", "id desc")
            for _, info := range infoList {
                linkMap[fmt.Sprint(info.Id)] = info
            }
        }

        if strings.HasPrefix(apipath, "/api/v1/whitelist") {
            whiteList, _, _ := model.SearchWhitelist(0, 0, "", "id desc")
            for _, white := range whiteList {
                whitelistMap[fmt.Sprint(white.Id)] = white
            }
        }

        if strings.HasPrefix(apipath, "/api/v1/strategy") {
            strategyList, _ := model.SearchStrategy(0, 0, "")
            for _, strate := range strategyList {
                strategyMap[fmt.Sprint(strate.Id)] = strate
            }
        }

        apiFunc := map[string]map[string]string{
            //用户管理
            "/api/v1/account/create": {"page": "用户管理", "type": "创建", "remark": fmt.Sprintf("创建了账号:%s", params["username"])},
            "/api/v1/account/vericode": {"page": "用户管理", "type": "查询", "remark": fmt.Sprintf("查询了验证码")},
            "/api/v1/account/login": {"page": "用户管理", "type": "查询", "remark": fmt.Sprintf("登录了账号,用户名:%s", params["username"])},
            "/api/v1/account/password": {"page": "用户管理", "type": "修改", "remark": fmt.Sprintf("修改了密码")},
            "/api/v1/account/update": {"page": "用户管理", "type": "修改", "remark": fmt.Sprintf("修改了用户信息,")},
            "/api/v1/account/generate/username": {"page": "用户管理", "type": "查询", "remark": fmt.Sprintf("生成了随机用户账号")},
            "/api/v1/account/delete": {"page": "用户管理", "type": "删除", "remark": fmt.Sprintf("删除了账号 ID 为%s,名称为%s", getString(params["id"]), accountMap[fmt.Sprint(params["id"])].Username)},
            "/api/v1/account/list": {"page": "用户管理", "type": "查询", "remark": fmt.Sprintf("查询了用户列表信息")},
```

```go
            "/api/v1/account/generate/password": {"page": "用户管理", "type": "查询",
"remark": fmt.Sprintf("获得了随机用户密码")},
            "/api/v1/account/status": {"page": "用户管理", "type": "修改", "remark": fmt.
Sprintf("修改了用户状态,用户:%s", accountMap[fmt.Sprint(params["id"])].Username)},
            "/api/v1/account/logout": {"page": "用户管理", "type": "修改", "remark": fmt.
Sprintf("登出了账号")},
            "/api/v1/account/field": {"page": "用户管理", "type": "查询", "remark": fmt.
Sprintf("查询了表字段注释")},
        }
        return apiFunc[apipath]
}

type bodyLogWriter struct {
    gin.ResponseWriter
    body *Bytes.Buffer
}

func (w bodyLogWriter) Write(b []Byte) (int, error) {
    w.body.Write(b)
    return w.ResponseWriter.Write(b)
}

func getString(s interface{}) string {
    if s != nil {
        return fmt.Sprint(s)
    } else {
        return ""
    }
}

func getStatus(s interface{}) string {
    result, e := strconv.Atoi(fmt.Sprint(s))
    if e == nil {
        if result == 0 {
            return "停用"
        } else {
            return "启用"
        }
    }
    return "未知"
}

func getAnyString(desc string, keys ...interface{}) string {
    var result []string
    for _, key := range keys {
        if key != nil {
            result = append(result, fmt.Sprint(key))
        }
    }
    if len(result) > 0 {
        return fmt.Sprintf(",%s%s", desc, strings.Join(result, ","))
```

```go
        } else {
            return ""
        }
    }

    func getKeyword(keys ...interface{}) string {
        var result []string
        for _, key := range keys {
            if key != nil {
                result = append(result, fmt.Sprint(key))
            }
        }
        if len(result) > 0 {
            return fmt.Sprintf(",关键词为%s", strings.Join(result, "、"))
        } else {
            return ""
        }
    }

    func getJoinString(ss ...interface{}) string {
        var result []string
        for _, s := range ss {
            if s != nil {
                result = append(result, fmt.Sprint(s))
            }
        }
        if len(result) > 0 {
            return strings.Join(result, "、")
        } else {
            return "空"
        }
    }
```

在 main.go 启动文件中定义一个接受 channel 数据的函数,并保存到数据库,示例代码如下:

```go
    func main() {
        go task.SyncLogData()

        gin.SetMode(mode)
        //Create the Gin engine.
        //g := gin.New()
        g := base.NewServer()
        g.Engine.GET("/swagger/*any", ginSwagger.WrapHandler(swaggerFiles.Handler))
        //Routes.
        router.Load(
            g,
            base.Cors(),
            base.Args(),
```

```
            base.Validate(),
            base.LogAop(),
    )
    go func() {
            zap.L().Info(http.ListenAndServe(addr, g).Error())
    }()
    <-exitChan
}


func SyncLogData() {
    for {
            select {
            case data, ok := <-config.LogSyncChan:
                    if ok {
                            logData := data.(config.LogData)
                            base.SaveLog(logData.LogInfo, logData.RequestParams, logData.AccountInfo)
                    }

            default:
                    time.Sleep(1 * time.Second)
            }
    }
}
```

完整代码可查看以下目录及文件：

```
anonymous-link\code\base\log.go
anonymous-link\code\main.go
```

程序启动之后，随机地访问一些 API，打开数据库，发现已经自动记录了相关的请求及参数，如图 5-36 和图 5-37 所示。

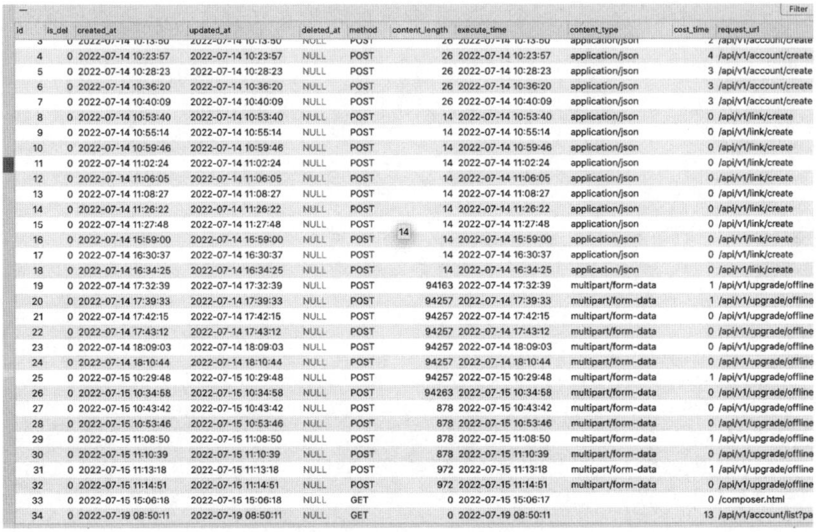

id	is_del	created_at	updated_at	deleted_at	method	content_length	execute_time	content_type	cost_time	request_url
3	0	2022-07-14 10:13:50	2022-07-14 10:13:50	NULL	POST	26	2022-07-14 10:13:50	application/json	2	/api/v1/account/create
4	0	2022-07-14 10:23:57	2022-07-14 10:23:57	NULL	POST	26	2022-07-14 10:23:57	application/json	4	/api/v1/account/create
5	0	2022-07-14 10:28:23	2022-07-14 10:28:23	NULL	POST	26	2022-07-14 10:28:23	application/json	3	/api/v1/account/create
6	0	2022-07-14 10:36:20	2022-07-14 10:36:20	NULL	POST	26	2022-07-14 10:36:20	application/json	3	/api/v1/account/create
7	0	2022-07-14 10:40:09	2022-07-14 10:40:09	NULL	POST	26	2022-07-14 10:40:09	application/json	3	/api/v1/account/create
8	0	2022-07-14 10:53:40	2022-07-14 10:53:40	NULL	POST	14	2022-07-14 10:53:40	application/json	0	/api/v1/link/create
9	0	2022-07-14 10:55:14	2022-07-14 10:55:14	NULL	POST	14	2022-07-14 10:55:14	application/json	0	/api/v1/link/create
10	0	2022-07-14 10:59:46	2022-07-14 10:59:46	NULL	POST	14	2022-07-14 10:59:46	application/json	0	/api/v1/link/create
11	0	2022-07-14 11:02:24	2022-07-14 11:02:24	NULL	POST	14	2022-07-14 11:02:24	application/json	0	/api/v1/link/create
12	0	2022-07-14 11:06:05	2022-07-14 11:06:05	NULL	POST	14	2022-07-14 11:06:05	application/json	0	/api/v1/link/create
13	0	2022-07-14 11:08:27	2022-07-14 11:08:27	NULL	POST	14	2022-07-14 11:08:27	application/json	0	/api/v1/link/create
14	0	2022-07-14 11:26:22	2022-07-14 11:26:22	NULL	POST	14	2022-07-14 11:26:22	application/json	0	/api/v1/link/create
15	0	2022-07-14 11:27:48	2022-07-14 11:27:48	NULL	POST	14	2022-07-14 11:27:48	application/json	0	/api/v1/link/create
16	0	2022-07-14 15:59:00	2022-07-14 15:59:00	NULL	POST	14	2022-07-14 15:59:00	application/json	0	/api/v1/link/create
17	0	2022-07-14 16:30:37	2022-07-14 16:30:37	NULL	POST	14	2022-07-14 16:30:37	application/json	0	/api/v1/link/create
18	0	2022-07-14 16:34:25	2022-07-14 16:34:25	NULL	POST	14	2022-07-14 16:34:25	application/json	0	/api/v1/link/create
19	0	2022-07-14 17:32:39	2022-07-14 17:32:39	NULL	POST	94163	2022-07-14 17:32:39	multipart/form-data	1	/api/v1/upgrade/offline
20	0	2022-07-14 17:39:33	2022-07-14 17:39:33	NULL	POST	94257	2022-07-14 17:39:33	multipart/form-data	1	/api/v1/upgrade/offline
21	0	2022-07-14 17:42:15	2022-07-14 17:42:15	NULL	POST	94257	2022-07-14 17:42:15	multipart/form-data	0	/api/v1/upgrade/offline
22	0	2022-07-14 17:43:12	2022-07-14 17:43:12	NULL	POST	94257	2022-07-14 17:43:12	multipart/form-data	0	/api/v1/upgrade/offline
23	0	2022-07-14 18:09:03	2022-07-14 18:09:03	NULL	POST	94257	2022-07-14 18:09:03	multipart/form-data	0	/api/v1/upgrade/offline
24	0	2022-07-14 18:10:44	2022-07-14 18:10:44	NULL	POST	94257	2022-07-14 18:10:44	multipart/form-data	0	/api/v1/upgrade/offline
25	0	2022-07-15 10:29:48	2022-07-15 10:29:48	NULL	POST	94257	2022-07-15 10:29:48	multipart/form-data	1	/api/v1/upgrade/offline
26	0	2022-07-15 10:34:58	2022-07-15 10:34:58	NULL	POST	94263	2022-07-15 10:34:58	multipart/form-data	0	/api/v1/upgrade/offline
27	0	2022-07-15 10:43:42	2022-07-15 10:43:42	NULL	POST	878	2022-07-15 10:43:42	multipart/form-data	0	/api/v1/upgrade/offline
28	0	2022-07-15 10:53:46	2022-07-15 10:53:46	NULL	POST	878	2022-07-15 10:53:46	multipart/form-data	0	/api/v1/upgrade/offline
29	0	2022-07-15 11:08:50	2022-07-15 11:08:50	NULL	POST	878	2022-07-15 11:08:50	multipart/form-data	1	/api/v1/upgrade/offline
30	0	2022-07-15 11:10:39	2022-07-15 11:10:39	NULL	POST	878	2022-07-15 11:10:39	multipart/form-data	0	/api/v1/upgrade/offline
31	0	2022-07-15 11:13:18	2022-07-15 11:13:18	NULL	POST	972	2022-07-15 11:13:18	multipart/form-data	1	/api/v1/upgrade/offline
32	0	2022-07-15 11:14:51	2022-07-15 11:14:51	NULL	POST	972	2022-07-15 11:14:51	multipart/form-data	0	/api/v1/upgrade/offline
33	0	2022-07-15 15:06:18	2022-07-15 15:06:18	NULL	GET	0	2022-07-15 15:06:17		0	/composer.html
34	0	2022-07-19 08:50:11	2022-07-19 08:50:11	NULL	GET	0	2022-07-19 08:50:11		13	/api/v1/account/list?pa

图 5-36　API 请求日志记录示例 1

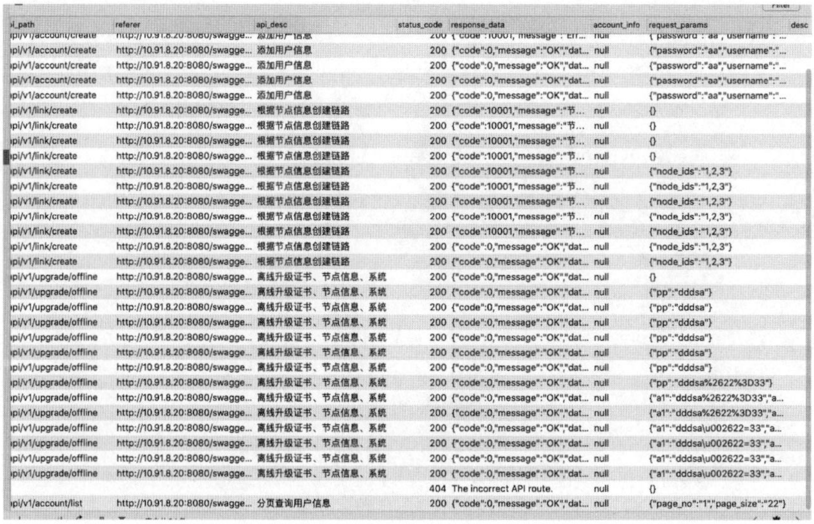

i_path	referer	api_desc	status_code	response_data	account_info	request_params	desc
pi/v1/account/create	http://10.91.8.20:8080/swagge...	添加用户信息	200	{"code":10001,"message":"Err...	null	{"password":"aa","username":"...	
pi/v1/account/create	http://10.91.8.20:8080/swagge...	添加用户信息	200	{"code":0,"message":"OK","dat...	null	{"password":"aa","username":"...	
pi/v1/account/create	http://10.91.8.20:8080/swagge...	添加用户信息	200	{"code":0,"message":"OK","dat...	null	{"password":"aa","username":"...	
pi/v1/account/create	http://10.91.8.20:8080/swagge...	添加用户信息	200	{"code":0,"message":"OK","dat...	null	{"password":"aa","username":"...	
pi/v1/account/create	http://10.91.8.20:8080/swagge...	添加用户信息	200	{"code":0,"message":"OK","dat...	null	{"password":"aa","username":"...	
pi/v1/link/create	http://10.91.8.20:8080/swagge...	根据节点信息创建链路	200	{"code":10001,"message":"节...	null	{}	
pi/v1/link/create	http://10.91.8.20:8080/swagge...	根据节点信息创建链路	200	{"code":10001,"message":"节...	null	{}	
pi/v1/link/create	http://10.91.8.20:8080/swagge...	根据节点信息创建链路	200	{"code":10001,"message":"节...	null	{}	
pi/v1/link/create	http://10.91.8.20:8080/swagge...	根据节点信息创建链路	200	{"code":10001,"message":"节...	null	{}	
pi/v1/link/create	http://10.91.8.20:8080/swagge...	根据节点信息创建链路	200	{"code":10001,"message":"节...	null	{"node_ids":"1,2,3"}	
pi/v1/link/create	http://10.91.8.20:8080/swagge...	根据节点信息创建链路	200	{"code":10001,"message":"节...	null	{"node_ids":"1,2,3"}	
pi/v1/link/create	http://10.91.8.20:8080/swagge...	根据节点信息创建链路	200	{"code":10001,"message":"节...	null	{"node_ids":"1,2,3"}	
pi/v1/link/create	http://10.91.8.20:8080/swagge...	根据节点信息创建链路	200	{"code":10001,"message":"节...	null	{"node_ids":"1,2,3"}	
pi/v1/link/create	http://10.91.8.20:8080/swagge...	根据节点信息创建链路	200	{"code":10001,"message":"节...	null	{"node_ids":"1,2,3"}	
pi/v1/link/create	http://10.91.8.20:8080/swagge...	根据节点信息创建链路	200	{"code":0,"message":"OK","dat...	null	{"node_ids":"1,2,3"}	
pi/v1/link/create	http://10.91.8.20:8080/swagge...	根据节点信息创建链路	200	{"code":0,"message":"OK","dat...	null	{"node_ids":"1,2,3"}	
pi/v1/upgrade/offline	http://10.91.8.20:8080/swagge...	离线升级证书、节点信息、系统	200	{"code":0,"message":"OK","dat...	null	{}	
pi/v1/upgrade/offline	http://10.91.8.20:8080/swagge...	离线升级证书、节点信息、系统	200	{"code":0,"message":"OK","dat...	null	{"pp":"dddsa"}	
pi/v1/upgrade/offline	http://10.91.8.20:8080/swagge...	离线升级证书、节点信息、系统	200	{"code":0,"message":"OK","dat...	null	{"pp":"dddsa"}	
pi/v1/upgrade/offline	http://10.91.8.20:8080/swagge...	离线升级证书、节点信息、系统	200	{"code":0,"message":"OK","dat...	null	{"pp":"dddsa"}	
pi/v1/upgrade/offline	http://10.91.8.20:8080/swagge...	离线升级证书、节点信息、系统	200	{"code":0,"message":"OK","dat...	null	{"pp":"dddsa"}	
pi/v1/upgrade/offline	http://10.91.8.20:8080/swagge...	离线升级证书、节点信息、系统	200	{"code":0,"message":"OK","dat...	null	{"pp":"dddsa"}	
pi/v1/upgrade/offline	http://10.91.8.20:8080/swagge...	离线升级证书、节点信息、系统	200	{"code":0,"message":"OK","dat...	null	{"pp":"dddsa"}	
pi/v1/upgrade/offline	http://10.91.8.20:8080/swagge...	离线升级证书、节点信息、系统	200	{"code":0,"message":"OK","dat...	null	{"pp":"dddsa%2622%3D33"}	
pi/v1/upgrade/offline	http://10.91.8.20:8080/swagge...	离线升级证书、节点信息、系统	200	{"code":0,"message":"OK","dat...	null	{"a1":"dddsa%2622%3D33","a...	
pi/v1/upgrade/offline	http://10.91.8.20:8080/swagge...	离线升级证书、节点信息、系统	200	{"code":0,"message":"OK","dat...	null	{"a1":"dddsa%2622%3D33","a...	
pi/v1/upgrade/offline	http://10.91.8.20:8080/swagge...	离线升级证书、节点信息、系统	200	{"code":0,"message":"OK","dat...	null	{"a1":"dddsa\u002622=33","a...	
pi/v1/upgrade/offline	http://10.91.8.20:8080/swagge...	离线升级证书、节点信息、系统	200	{"code":0,"message":"OK","dat...	null	{"a1":"dddsa\u002622=33","a...	
pi/v1/upgrade/offline	http://10.91.8.20:8080/swagge...	离线升级证书、节点信息、系统	200	{"code":0,"message":"OK","dat...	null	{"a1":"dddsa\u002622=33","a...	
pi/v1/upgrade/offline	http://10.91.8.20:8080/swagge...	离线升级证书、节点信息、系统	200	{"code":0,"message":"OK","dat...	null	{"a1":"dddsa\u002622=33","a...	
			404	The incorrect API route.	null	{}	
pi/v1/account/list	http://10.91.8.20:8080/swagge...	分页查询用户信息	200	{"code":0,"message":"OK","dat...	null	{"page_no":"1","page_size":"22"}	

图 5-37　API 请求日志记录示例 2

5.9 使用 Go 调用外部命令的多种方式

在 Go 中用于执行命令的库是 os/exec，exec.Command 函数返回一个 Cmd 对象，根据不同的需求，可以将命令的执行分为以下 3 种情况：

(1) 只执行命令，不获取结果。

(2) 执行命令，并获取结果(不区分 stdout 和 stderr)。

(3) 执行命令，并获取结果(区分 stdout 和 stderr)。

第 1 种：只执行命令，不获取结果。

直接调用 Cmd 对象的 Run 函数，返回的只有成功和失败，无法获取任何输出的结果，示例代码如下：

```
//anonymous - link\example\chapter5\cmd\cmd1.go
package main

import (
    "log"
    "os/exec"
)

func main() {
    cmd := exec.Command("ls", "-l", "/var/log/")
    err := cmd.Run()
    if err != nil {
        log.Fatalf("cmd.Run() failed with %sn", err)
    }
}
```

第 2 种：执行命令，并获取结果，有时执行一个命令就是想要获取输出结果，此时可以调用 Cmd 的 CombinedOutput 函数，示例代码如下：

```go
//anonymous-link\example\chapter5\cmd\cmd2.go
package main

import (
"fmt"
"log"
"os/exec"
)

func main() {
    cmd := exec.Command("ls", "-l", "/var/log/")
    out, err := cmd.CombinedOutput()
    if err != nil {
        fmt.Printf("combined out:n%sn", string(out))
        log.Fatalf("cmd.Run() failed with %sn", err)
    }
    fmt.Printf("combined out:n%sn", string(out))
}
```

CombinedOutput 函数，只返回 out，并不区分 stdout 和 stderr，结果示例如下：

```
$ go run demo.go

combined out:
total 11540876
-rw-r--r--    2 root    root    4096 Oct 29 2018 yum.log
drwx------    2 root    root    94 Nov 6 05:56 audit
-rw-r--r--    1 root    root    185249234 Nov 28 2019 message
-rw-r--r--    2 root    root    16374 Aug 28 10:13 boot.log
```

需要注意的是 Shell 命令能执行，并不代表 exec 也能执行。

例如想查看 /var/log/ 目录下带有 log 后缀名的文件，有点 Linux 基础的人都会尝试用下面这个命令进行查看：

```
$ ls -l /var/log/*.log
total 11540
-rw-r--r--    2 root    root    4096 Oct 29 2018 /var/log/yum.log
-rw-r--r--    2 root    root    16374 Aug 28 10:13 /var/log/boot.log
```

按照这个写法将它放入 exec.Command，示例命令如下：

```go
//anonymous-link\example\chapter5\cmd\cmd3.go
package main

import (
"fmt"
```

```go
    "log"
    "os/exec"
)

func main() {
    cmd := exec.Command("ls", "-l", "/var/log/*.log")
    out, err := cmd.CombinedOutput()
    if err != nil {
        fmt.Printf("combined out:\n%s\n", string(out))
        log.Fatalf("cmd.Run() failed with %s\n", err)
    }
    fmt.Printf("combined out:\n%s\n", string(out))
}
```

运行时出现报错情况,结果类似如下:

```
$ go run demo.go
combined out:
ls: cannot access /var/log/*.log: No such file or directory

2020/11/11 19:46:00 cmd.Run() failed with exit status 2
exit status 1
```

为什么会报错呢?Shell 明明没有问题。其实很简单,原来 ls -l /var/log/*.log 并不等价于下面这段代码:

```
exec.Command("ls", "-l", "/var/log/*.log")
```

上面这段代码对应的 Shell 命令应该是下面这样,如果这样写,ls 就会把参数里的内容当成具体的文件名,而忽略通配符 *,对应的 Shell 代码如下:

```
$ ls -l "/var/log/*.log"
ls: cannot access /var/log/*.log: No such file or directory
```

第3种:执行命令,并区分 stdout 和 stderr,示例代码如下:

```go
//anonymous-link\example\chapter5\cmd\cmd4.go
package main

import (
    "Bytes"
    "fmt"
    "log"
    "os/exec"
)

func main() {
    cmd := exec.Command("ls", "-l", "/var/log/*.log")
    var stdout, stderr Bytes.Buffer
    cmd.Stdout = &stdout      //标准输出
```

```
    cmd.Stderr = &stderr        //标准错误
    err := cmd.Run()
    outStr, errStr := string(stdout.Bytes()), string(stderr.Bytes())
    fmt.Printf("out:\n%s\nerr:\n%s\n", outStr, errStr)
    if err != nil {
        log.Fatalf("cmd.Run() failed with %s\n", err)
    }
}
```

运行之后可以看到前面的报错内容被归入标准错误里,结果如下:

```
$ go run demo.go
out:

err:
ls: cannot access /var/log/*.log: No such file or directory

2020/11/11 19:59:31 cmd.Run() failed with exit status 2
exit status 1
```

第4种:多条命令组合,使用管道。将上一条命令的执行结果,作为下一条命令的参数。在 Shell 中可以使用管道符实现。

例如统计 message 日志中 ERROR 日志的数量,Shell 代码如下:

```
$ grep ERROR /var/log/messages | wc -l
19
```

类似地,在 Go 中也有类似的实现,代码如下:

```
//anonymous-link\example\chapter5\cmd\cmd5.go
package main
import (
    "os"
    "os/exec"
)
func main() {
    c1 := exec.Command("grep", "ERROR", "/var/log/messages")
    c2 := exec.Command("wc", "-l")
    c2.Stdin, _ = c1.StdoutPipe()
    c2.Stdout = os.Stdout
    _ = c2.Start()
    _ = c1.Run()
    _ = c2.Wait()
}
```

输出如下:

```
$ go run demo.go
19
```

第 5 种：设置命令级别的环境变量。使用 os 库的 Setenv 函数设置的环境变量，其作用于整个进程的生命周期，代码如下：

```go
//anonymous-link\example\chapter5\cmd\cmd6.go
package main
import (
    "fmt"
    "log"
    "os"
    "os/exec"
)
func main() {
    os.Setenv("NAME", "wangbm")
    cmd := exec.Command("echo", os.ExpandEnv("$NAME"))
    out, err := cmd.CombinedOutput()
    if err != nil {
        log.Fatalf("cmd.Run() failed with %sn", err)
    }
    fmt.Printf("%s", out)
}
```

只要在这个进程里，NAME 变量的值都会是 wangbm，无论执行多少次命令，执行的结果都如下：

```
$ go run demo.go
wangbm
```

如果想把环境变量的作用范围再缩小到命令级别，则也是有办法的。
为了方便验证，新建个 Shell 脚本，内容如下：

```
$ cat /home/wangbm/demo.sh
echo $NAME

$ bash /home/wangbm/demo.sh  #由于全局环境变量中没有 NAME，所以无输出
```

另外，demo.go 文件里的代码如下：

```go
//anonymous-link\example\chapter5\cmd\cmd7.go
package main
import (
    "fmt"
    "os"
    "os/exec"
)


func ChangeYourCmdEnvironment(cmd *exec.Cmd) error {
    env := os.Environ()
    cmdEnv := []string{}
```

```
    for _, e := range env {
        cmdEnv = append(cmdEnv, e)
    }
    cmdEnv = append(cmdEnv, "NAME=wangbm")
    cmd.Env = cmdEnv

    return nil
}
func main() {
    cmd1 := exec.Command("bash", "/home/wangbm/demo.sh")
    ChangeYourCmdEnvironment(cmd1) //将环境变量添加到 cmd1 命令：NAME=wangbm
    out1, _ := cmd1.CombinedOutput()
    fmt.Printf("output: %s", out1)

    cmd2 := exec.Command("bash", "/home/wangbm/demo.sh")
    out2, _ := cmd2.CombinedOutput()
    fmt.Printf("output: %s", out2)
}
```

执行后，可以看到第 2 次执行的命令却没有输出 NAME 的变量值，运行结果如下：

```
$ go run demo.go
output: wangbm
output:
```

5.10 打造高级路由器改写 DHCP 服务

DHCP 服务器是为客户端设备自动提供和分配 IP 地址、默认网关等网络参数的网络服务器，会自动发送客户端所需的网络参数，使客户端能够在网络中正常通信。

在路由硬件设备上需要安装 DHCP 服务，让其他的应用设备可以连接到路由设备进行流量数据转发，路由硬件上的 DHCP 服务需要实现以下功能：

(1) 支持网线盲插，入网、出网支持随意插入网口。
(2) 自动化网桥配置、网卡配置。
(3) 自动 IP 分配，以及状态监测。

1. DHCP 服务安装

安装过程比较简单，以 CentOS 7 系统为例，安装命令如下：

```
yum install -y dhcp*
```

查看主机是否已安装 DHCP 包，命令如下：

```
rpm -qa | grep dhcpd
```

2. DHCP 服务配置

DHCP 服务配置的文件路径如下：

```
vim /etc/dhcp/dhcpd.conf
```

配置文件的内容如下：

```
#dhcpd.conf
option domain-name "example.com";
option domain-name-servers 114.114.114.114;
default-lease-time 600;      #默认租约时间,默认单位为秒
max-lease-time 7200;         #最大租约时间,客户端超过租约但尚未更新 IP 时,最长可以使用该
                             #IP 的时间
log-facility local7;         #本地日志设施
subnet 192.168.1.0 netmask 255.255.255.0 {  #IP 地址范围
    range 192.168.1.10 192.168.1.100;       #分配的 IP 地址范围
    option routers 192.168.1.2;             #配置网关
}
```

DHCP 在配置文件中的参数表明如何执行任务，以及是否执行任务，或将哪些网络配置选项发送给客户。主要参数及含义如下：

ddns-update-style	#配置 DHCP-DNS 互动更新模式
default-lease-time	#指定缺省租赁时间的长度,单位为秒
max-lease-time	#指定最大租赁时间长度,单位为秒
hardware	#指定网卡接口类型和 MAC 地址
server-name	#通知 DHCP 客户服务器名称
get-lease-hostnames flag	#检查客户端使用的 IP 地址
fixed-address ip	#分配给客户端一个固定的地址
authritative	#拒绝不正确的 IP 地址的要求

DHCP 在配置文件中的声明用来描述网络布局、提供客户的 IP 地址等。主要声明及含义如下：

shared-network	#用来告知是否一些子网络分享相同网络
subnet	#描述一个 IP 地址是否属于该子网
range	#为起始 IP 和终止 IP 提供动态分配 IP 的范围
host 主机名称	#参考特别的主机

group	# 为一组参数提供声明
allow unknown-clients；deny unknown-client	# 是否将 IP 动态地分配给未知的使用者
allow bootp;deny bootp	# 是否响应激活查询
allow booting；deny booting	# 是否响应使用者查询
filename	# 开始启动文件的名称,应用于无盘工作站
next-server	# 设置服务器从引导文件中装主机名,应用于无盘工作站

DHCP 在配置文件中的选项用来配置 DHCP 可选参数,全部用 option 关键字作为开始。主要选项及含义如下:

subnet-mask	# 为客户端设定子网掩码
domain-name	# 为客户端指明 DNS 名字
domain-name-servers	# 为客户端指明 DNS 服务器 IP 地址
host-name	# 为客户端指定主机名称
routers	# 为客户端设定默认网关
broadcast-address	# 为客户端设定广播地址
ntp-server	# 为客户端设定网络时间服务器 IP 地址
time-offset	# 为客户端设定和格林尼治时间的偏移时间,单位为秒

```
# --- default gateway 关于网关的配置

option routers 192.168.23.1;              # 设置客户端默认网关

option subnet-mask 255.255.255.0;         # 设置客户端子网掩码

option domain-name "domain.org";          # 设置域名

option domain-name-servers 192.168.23.128;   # 设置网络内部 DNS 服务器的 IP 地址

option time-offset -18000;                # Eastern Standard Time

range dynamic-bootp 192.168.23.129 192.168.23.254; # 定义 DHCP 地址池的服务范围,需排除静态地址

default-lease-time 21600;                 # 设置默认租约时间

max-lease-time 43200;                     # 设置最大租约时间
```

```
host ns {    #设置静态 IP 地址,用于网络内固定服务器 IP,不要置于定义好的 DHCP 地址池范围内,否
             #则会引起 IP 冲突

hardware ethernet 00:0C:29:00:5B:78;      #设置静态主机的 MAC 地址,与 IP 进行绑定

fixed-address 192.168.23.128;             #固定的地址
}
```

在配置文件规范中"#"号为注释,除括号一行外,每行都应以";"结尾。DHCP 的 IP 分为静态 IP 和动态 IP,如果要设置静态 IP,则需要知道要设置主机的 MAC 地址。

3. DHCP 服务启动

配置文件修改完成后,启动 DHCPD 服务,命令如下:

```
systemctl start dhcpd           #启动 DHCPD 服务
systemctl enable dhcpd          #设置 DHCPD 服务开机自启动
```

如有错误,则会将错误信息显示在屏幕上。可以通过 netstat -unlt|grep 67 查看 DHCP 的信息,也可以通过/var/log.messages 查看 DHCP 的日志信息。

4. DHCP 客户端

配置网卡,设置为以 DHCP 方式获取 IP 地址,然后重启网卡并获取 IP 地址,在服务器端可以查看/var/log/messages 日志信息,以便确认客户端是否在向 DHCP 客户端申请 IP 地址,可以通过/var/db/dhcp.leases 查看租约申请记录。

/var/log/messages 服务器端日志查看 DHCP 客户端申请 IP 地址的过程。

DHCP 服务器和客户端租约建立的启动和到期时间的记录文件,路径如下:

```
/var/lib/dhcpd/dhcpd.leases
```

查看记录文件,命令如下:

```
cat /var/db/dhcpd.leases
```

DHCP 服务器和客户端租约建立的启动和到期时间的记录文件,仅在客户端申请 IP 地址之后才会有。lease 开始租约时间和 lease 结束租约时间是格林尼治标准时间(GMT),不是本地时间。

DHCP 客户端重新获取 IP 地址,命令如下:

```
dhclient -r              #终止旧客户端进程

dhclient eth0            #重新获取某块网卡的 IP

dhclient                 #重新获取 IP
```

5. 网桥及网口配置

为了方便路由硬件设备上的其他网口可以连接到客户端,需要把除了出网的网口的其

他网口都聚合到一起，配置网关。这需要借助网桥实现，把所有物理网口挂载到虚拟网桥上。

创建网桥，命令如下：

```
brctl addbr $brName
```

将物理网口挂载到网桥，命令如下：

```
brctl addif $brName $devName
```

为网桥设置 IP，命令如下：

```
ifconfig $brName 192.168.10.1/24
```

6. 流量转发配置

配置流量转发，让网桥进来的流量都可以通过出网的网口出去，命令如下：

```
echo 1 > /proc/sys/net/ipv4/ip_forward
echo net.ipv4.ip_forward=1 >> /etc/sysctl.conf
sysctl -p

iptables -A FORWARD -i $brName -o $outName -j ACCEPT
iptables -t nat -A POSTROUTING -o $outName -j MASQUERADE
```

7. 自动化配置脚本

完整的自动化配置脚本如下：

```
#anonymous-link\code\ansible\script\start\init_dhcp.sh

#!/bin/bash

destIP="8.8.8.8"
dhcpPath="/etc/dhcp/dhcpd.conf"

function init_dhcp() {
  receive=$(ping -n -c 5 $destIP | grep received | awk -F"," '{print $2}' | awk '{print $1}')
  if [ $receive -gt 2 ]; then
#   outName=$(ip route get $destIP | awk -F 'dev' '{print $NF}' | awk '{print $1}' | awk 'NR==1{print}')
#   outIP=$(ip route get $destIP | awk -F 'via' '{print $NF}' | awk '{print $1}' | awk 'NR==1{print}')
#   ip route add $destIP dev $outName via $outIP
#   echo $outName > /etc/dhcp/default.dev
#   echo $outIP > /etc/dhcp/default.ip
    outName=$(cat /etc/dhcp/default.dev)
    outIP=$(cat /etc/dhcp/default.ip)
#   ip route del default dev $outName
  else
```

```
      echo "There are currently no routes detected that are connected to the Internet."
      exit 2
   fi

   netFilePath = "/etc/sysconfig/network-scripts/"
   number = 0
   brName = "br10"
   nicNames = ( $ (brctl show $ brName | awk 'NR > 1 {print $ NF}'))
   for nic in $ {nicNames[@]}; do
      if [ -z $ nic ]; then
         continue
      fi
      brctl delif $ brName $ nic
   done
   brctl delbr $ brName
   brctl addbr $ brName
   for devEnum in $ (ip link show | grep ^[0-9]\\+: | awk -F ''{'print $ 2'}); do
      devName = $ {devEnum%:}
      devName = $ {devName%@*}
      nicPath = $ {netFilePath}ifcfg- $ devName
      if [ $ devName != "$ outName" ] && [[ $ devName == e* ]] && [ -f $ nicPath ]; then
         ifconfig $ devName 0
         brctl addif $ brName $ devName
         let number++
      fi

   done

   if [ $ number -lt 1 ]; then
      echo "The network configuration is wrong, please check the system and network card condition."
      exit 2
   fi

   ifconfig $ brName 192.168.10.1/24

   cat > $ dhcpPath << EOF
#
# DHCP Server Configuration file
# see /usr/share/doc/dhcp*/dhcpd.conf.example
# see dhcpd.conf(5) man page
#
subnet 192.168.10.0 netmask 255.255.255.0 {
          range 192.168.10.10 192.168.10.200;
          option domain-name-servers 8.8.8.8;
# option domain-name "dns.mitu.cn";
          option routers 192.168.10.1;
          option broadcast-address 192.168.10.255;
          default-lease-time 6000;
          max-lease-time 72000;
}
```

```
EOF
systemctl restart dhcpd
rule_ids=($(iptables -L INPUT -nv --line-number | grep icmp-host-prohibited | awk '{print $1}'))
for ((i=${#rule_ids[@]}-1; i>=0; i--)); do
    iptables -D INPUT ${rule_ids[i]}
done
rule_ids=($(iptables -L FORWARD -nv --line-number | grep icmp-host-prohibited | awk '{print $1}'))
for ((i=${#rule_ids[@]}-1; i>=0; i--)); do
    iptables -D FORWARD ${rule_ids[i]}
done
count=$(iptables -L FORWARD -nv | awk '{print $6$7}' | grep "$brName$outName" | wc -l)
if [ $count -lt 1 ]; then
    iptables -A FORWARD -i $brName -o $outName -j ACCEPT
fi
count=$(iptables -t nat -L POSTROUTING -nv | awk '{print $6$7}' | grep "*$outName" | wc -l)
if [ $count -lt 1 ]; then
    iptables -t nat -A POSTROUTING -o $outName -j MASQUERADE
fi

sysPath="/etc/sysctl.conf"
count=$(cat $sysPath | grep -i "net.ipv4.ip_forward" | wc -l)
if [ $count -gt 0 ]; then
    sed -i 's/net.ipv4.ip_forward.*/net.ipv4.ip_forward=1/g' $sysPath
else
    echo "net.ipv4.ip_forward=1" >> $sysPath
fi
sysctl -p
echo "dhcp success"
}
init_dhcp
```

思考：上面的配置可以为客户端分配IP,并把客户端的流量通过路由设备的出网转发到公网,但是如果想访问路由设备本身的服务应该怎么做？

5.11 节点自动化部署

5.11.1 节点部署流程

为了实现节点自动化部署,主要包含以下步骤：
(1) 配置要出网的路由,包含节点的连接及配置。

（2）获取目标服务器 root 账号及密码后，通过 ansible 把自动化部署脚本上传至目标服务器。

（3）通过 ansible 远程传入参数并执行目标服务器上的脚本，完成节点服务器的部署，生成相关的连接证书。

（4）通过 ansible 远程将目标服务器上的连接证书复制到本地保存。

（5）通过 ansible 远程清理目标服务器上的使用痕迹和相关文件。

（6）释放相关的节点连接，删除相关的出网路由。

5.11.2 实例：节点部署

以部署 openconnect 为例，openconnect 自动部署脚本的内容如下：

```sh
#anonymous-link\code\ansible\script\openconnect\install.sh

#!/bin/sh

destIP="8.8.8.8"

check_os() {
  os_type=CentOS
  rh_file="/etc/redhat-release"
  if grep -qs "Red Hat" "$rh_file"; then
    os_type=rhel
  fi
  if grep -qs "release 7" "$rh_file"; then
    os_ver=7
  elif grep -qs "release 8" "$rh_file"; then
    os_ver=8
    grep -qi stream "$rh_file" && os_ver=8s
    grep -qi rocky "$rh_file" && os_type=rocky
    grep -qi alma "$rh_file" && os_type=alma
  elif grep -qs "Amazon Linux release 2" /etc/system-release; then
    os_type=amzn
    os_ver=2
  else
    os_type=$(lsb_release -si 2>/dev/null)
    [ -z "$os_type" ] && [ -f /etc/os-release ] && os_type=$(. /etc/os-release && printf '%s' "$ID")
    case $os_type in
    [Uu]buntu)
      os_type=Ubuntu
      ;;
    [Dd]ebian)
      os_type=debian
      ;;
    [Rr]aspbian)
```

```
            os_type=raspbian
            ;;
        *)
            exiterr "This script only supports Ubuntu, Debian, CentOS/RHEL 7/8 and Amazon Linux 2."
            ;;
    esac
    os_ver=$(sed 's/\..*//' /etc/debian_version | tr -dc 'A-Za-z0-9')
    if [ "$os_ver" = "8" ] || [ "$os_ver" = "jessiesid" ]; then
        exiterr "Debian 8 or Ubuntu < 16.04 is not supported."
    fi
    if { [ "$os_ver" = "10" ] || [ "$os_ver" = "11" ]; } && [ ! -e /dev/ppp ]; then
        exiterr "/dev/ppp is missing. Debian 11 or 10 users, see: https://git.io/vpndebian10"
    fi
 fi
}
install_vpn() {
    systemctl stop openvpn-server
    systemctl disable openvpn-server
    systemctl stop openvpn@server
    systemctl disable openvpn@server
    systemctl stop strongswan
    systemctl disable strongswan
    systemctl stop wg-quick@wg0
    systemctl disable wg-quick@wg0
    systemctl stop ocserv
    systemctl disable ocserv

    if [ "$os_type" = "debian" ] || [ "$os_type" = "raspbian" ]; then
        install_vpn_debian $1 $2
    elif [ "$os_type" = "Ubuntu" ]; then
        install_vpn_Ubuntu $1 $2
    else
        install_vpn_CentOS $1 $2
    fi
}
install_vpn_CentOS(){
    yum install -y epel-release
    yum install -y ocserv rsync
    yum install -y curl iptables-services
    local_ip=$2
    cd /etc/pki/ocserv
    rm -rf ca-key.pem
    rm -rf ca-cert.pem
    rm -rf server-key.pem
    rm -rf server-cert.pem
    rm -rf client-key.pem
    rm -rf client-cert.pem
    rm -rf cacerts/*
    rm -rf private/*
    rm -rf public/*
```

```
    systemctl enable iptables.service
    systemctl start iptables.service

    cat > ca.tmpl << EOF
    cn = "localhost CA"
    expiration_days = 9999
    serial = 1
    ca
    cert_signing_key
EOF

    cat > server.tmpl << EOF
    cn = "$local_ip"
    serial = 2
    expiration_days = 9999
    signing_key
    encryption_key
EOF

    cat > client.tmpl << EOF
    dn = "cn = com,O = myvpn,UID = client"
    expiration_days = 3650
    signing_key
    tls_www_client
EOF

    certtool -- generate-privkey -- outfile ca-key.pem
    certtool -- generate-self-signed -- load-privkey ca-key.pem -- template ca.tmpl -- outfile ca-cert.pem
    certtool -- generate-privkey -- outfile server-key.pem
    certtool -- generate-certificate -- load-privkey server-key.pem -- load-ca-certificate ca-cert.pem -- load-ca-privkey ca-key.pem -- template server.tmpl -- outfile server-cert.pem
    certtool -- generate-privkey -- outfile client-key.pem
    certtool -- generate-certificate -- load-privkey client-key.pem -- load-ca-certificate ca-cert.pem -- load-ca-privkey ca-key.pem -- template client.tmpl -- outfile client-cert.pem

    cat >/etc/ocserv/ocserv.conf << EOF
auth = "certificate"
listen-host = 0.0.0.0
listen-host-is-dyndns = true
tcp-port = 1194
udp-port = 1194
run-as-user = ocserv
run-as-group = ocserv
socket-file = ocserv.sock
chroot-dir = /var/lib/ocserv
isolate-workers = false
max-clients = 16
```

```
max-same-clients = 2
rate-limit-ms = 100
keepalive = 32400
dpd = 90
mobile-dpd = 1800
switch-to-tcp-timeout = 25
try-mtu-discovery = false
server-cert = /etc/pki/ocserv/public/server-cert.pem
server-key = /etc/pki/ocserv/private/server-key.pem
ca-cert = /etc/pki/ocserv/cacerts/ca-cert.pem
cert-user-oid = 0.9.2342.19200300.100.1.1
tls-priorities = "NORMAL:%SERVER_PRECEDENCE:%COMPAT:-VERS-SSL3.0"
auth-timeout = 240
min-reauth-time = 300
max-ban-score = 50
ban-reset-time = 300
Cookie-timeout = 300
deny-roaming = false
rekey-time = 172800
rekey-method = ssl
use-occtl = true
pid-file = /var/run/ocserv.pid
device = vpns
predictable-ips = true
default-domain = example.com
ipv4-network = $1
ipv4-netmask = 255.255.255.0
ping-leases = false
route = $1/255.255.255.0
cisco-client-compat = true
dtls-legacy = true
user-profile = profile.xml
EOF

  iptables -F
  iptables -t nat -F
  count=$(cat /etc/sysctl.conf | grep "^net.ipv4.ip_forward" | wc -l)
  if [ $count -gt 0 ]; then
    sed -i 's/net.ipv4.ip_forward.*/net.ipv4.ip_forward=1/g' /etc/sysctl.conf
    sysctl -p
  else
    echo "net.ipv4.ip_forward=1" >> /etc/sysctl.conf
    sysctl -p
  fi

  systemctl stop firewalld
  systemctl disable firewalld

  nicName=$(ip route get $destIP | awk -F 'dev' '{print $NF}' | awk '{print $1}' | awk 'NR==1{print}')
```

```
iptables -t nat -A POSTROUTING -s $1/24 -o $nicName -j MASQUERADE
iptables -I INPUT -p tcp --dport 1194 -j ACCEPT
iptables -I INPUT -p udp --dport 1194 -j ACCEPT
iptables -I FORWARD -s $1/24 -j ACCEPT
iptables -A OUTPUT -p all -j ACCEPT
iptables -A INPUT -m state --state RELATED,ESTABLISHED -j ACCEPT
current_path="/etc/pki/ocserv"
client_info=${current_path}/client_info
cd $current_path
rm -rf client_info*
cp ca-cert.pem cacerts
cp ca-key.pem private
cp server-key.pem private
cp server-cert.pem public
chmod -R 777 private
chmod -R 777 public
mkdir -p client_info
cp client-* client_info
cp ca-cert.pem client_info
chmod -R 777 client_info/
tar -zcvf $client_info.tar.gz -C $current_path client_info/
mkdir -p /home/openconnect
cp -rf client_info /home/openconnect
chmod 777 /home/openconnect/*
iptables-save
service iptables save
systemctl restart ocserv
systemctl enable ocserv

  echo
"================================================================================================================"
  echo 'The vpn server has been installed, you can view the vpn client connection information in the "client_info" directory in the current directory.'
  echo
"================================================================================================================"
}
install_vpn_Ubuntu(){
  apt-get install -y ocserv
  apt-get install -y gnutls-bin
  apt-get install -y curl rsync iptables

  local_ip=$2
  mkdir -p /etc/pki/ocserv
  cd /etc/pki/ocserv
  cat > ca.tmpl << EOF
  cn="localhost CA"
  expiration_days=9999
  serial=1
  ca
  cert_signing_key
EOF
```

```
    cat > server.tmpl << EOF
  cn = "$local_ip"
  serial = 2
  expiration_days = 9999
  signing_key
  encryption_key
EOF
    cat > client.tmpl << EOF
  dn = "cn = com,O = myvpn,UID = client"
  expiration_days = 3650
  signing_key
  tls_www_client
EOF
  rm -rf ca-key.pem
  rm -rf ca-cert.pem
  rm -rf server-key.pem
  rm -rf server-cert.pem
  rm -rf client-key.pem
  rm -rf client-cert.pem
  rm -rf client_*
  rm -rf cacerts/*
  rm -rf private/*
  rm -rf public/*
  certtool --generate-privkey --outfile ca-key.pem
  certtool --generate-self-signed --load-privkey ca-key.pem --template ca.tmpl --outfile ca-cert.pem
  certtool --generate-privkey --outfile server-key.pem
  certtool --generate-certificate --load-privkey server-key.pem --load-ca-certificate ca-cert.pem --load-ca-privkey ca-key.pem --template server.tmpl --outfile server-cert.pem
  certtool --generate-privkey --outfile client-key.pem
  certtool --generate-certificate --load-privkey client-key.pem --load-ca-certificate ca-cert.pem --load-ca-privkey ca-key.pem --template client.tmpl --outfile client-cert.pem
  cat >/etc/ocserv/ocserv.conf << EOF
auth = "certificate"
listen-host = 0.0.0.0
listen-host-is-dyndns = true
tcp-port = 1194
udp-port = 1194
socket-file = ocserv.sock
isolate-workers = false
max-clients = 16
max-same-clients = 2
rate-limit-ms = 100
keepalive = 32400
dpd = 90
mobile-dpd = 1800
switch-to-tcp-timeout = 25
try-mtu-discovery = false
server-cert = /etc/pki/ocserv/public/server-cert.pem
```

```
server-key = /etc/pki/ocserv/private/server-key.pem
ca-cert = /etc/pki/ocserv/cacerts/ca-cert.pem
cert-user-oid = 0.9.2342.19200300.100.1.1
tls-priorities = "NORMAL:%SERVER_PRECEDENCE:%COMPAT:-VERS-SSL3.0"
auth-timeout = 240
min-reauth-time = 300
max-ban-score = 50
ban-reset-time = 300
Cookie-timeout = 300
deny-roaming = false
rekey-time = 172800
rekey-method = ssl
use-occtl = true
pid-file = /var/run/ocserv.pid
device = vpns
predictable-ips = true
default-domain = example.com
ipv4-network = $1
ipv4-netmask = 255.255.255.0
ping-leases = false
route = $1/255.255.255.0
cisco-client-compat = true
dtls-legacy = true
EOF

  systemctl enable iptables.service
  systemctl start iptables.service
  systemctl stop firewalld
  systemctl disable firewalld
  iptables -F
  iptables -t nat -F
  count = $(cat /etc/sysctl.conf | grep "^net.ipv4.ip_forward" | wc -l)
  if [ $count -gt 0 ]; then
    sed -i 's/net.ipv4.ip_forward.*/net.ipv4.ip_forward=1/g' /etc/sysctl.conf
    sysctl -p
  else
    echo "net.ipv4.ip_forward=1" >> /etc/sysctl.conf
    sysctl -p
  fi

  nicName = $(ip route get $destIP | awk -F 'dev' '{print $NF}' | awk '{print $1}' | awk 'NR==1{print}')
  iptables -t nat -A POSTROUTING -s $1/24 -o $nicName -j MASQUERADE
  iptables -I INPUT -p tcp --dport 1194 -j ACCEPT
  iptables -I INPUT -p udp --dport 1194 -j ACCEPT
  iptables -I FORWARD -s $1/24 -j ACCEPT
  iptables -A OUTPUT -p all -j ACCEPT
  iptables -A INPUT -m state --state RELATED,ESTABLISHED -j ACCEPT


  mkdir /etc/iptables
```

```
    chmod 777 /etc/iptables/*
    iptables-save > /etc/iptables/iptables.rules
    cat > /etc/iptables/startup.sh << EOF
#!/bin/sh
iptables-restore < /etc/iptables/iptables.rules
EOF
    cat > /etc/iptables/reload.sh << EOF
#!/bin/sh
iptables -F
iptables-restore < /etc/iptables/iptables.rules
EOF
    cat > /etc/systemd/system/myiptables.service << EOF
[Unit]
Description=Reload iptables rules
[Service]
Type=oneshot
ExecStart=/bin/sh -c /etc/iptables/startup.sh
ExecReload=/bin/sh -c /etc/iptables/reload.sh
ExecStop=/bin/true
[Install]
WantedBy=multi-user.target
EOF

    chmod -R 777 /etc/iptables
    systemctl daemon-reload
    systemctl enable myiptables.service


    current_path="/etc/pki/ocserv"
    client_info=${current_path}/client_info
    cd $current_path
    rm -rf client_info*
    mkdir -p client_info
    mkdir -p cacerts
    mkdir -p private
    mkdir -p public
    chmod -R 777 private
    chmod -R 777 public
    chmod -R 777 cacerts
    cp ca-cert.pem cacerts
    cp ca-key.pem private
    cp server-key.pem private
    cp server-cert.pem public
    cp client-* client_info
    cp ca-cert.pem client_info
    chmod -R 777 client_info/
    tar -zcvf $client_info.tar.gz -C $current_path client_info/
    mkdir -p /home/openconnect
    cp -rf client_info /home/openconnect
    chmod 777 /home/openconnect/*
```

```bash
    systemctl restart ocserv
    systemctl enable ocserv

    echo "================================================================================================================================"
    echo 'The vpn server has been installed, you can view the vpn client connection information in the "client_info" directory in the current directory.'
    echo "================================================================================================================================"
}
install_vpn_debian(){
    apt-get install -y ocserv
    apt-get install -y gnutls-bin
    apt-get install -y curl rsync iptables
    local_ip=$2
    mkdir -p /etc/pki/ocserv
    cd /etc/pki/ocserv
    cat > ca.tmpl << EOF
cn = "localhost CA"
expiration_days = 9999
serial = 1
ca
cert_signing_key
EOF
    cat > server.tmpl << EOF
cn = "$local_ip"
serial = 2
expiration_days = 9999
signing_key
encryption_key
EOF
    cat > client.tmpl << EOF
dn = "cn = com,O = myvpn,UID = client"
expiration_days = 3650
signing_key
tls_www_client
EOF
    rm -rf ca-key.pem
    rm -rf ca-cert.pem
    rm -rf server-key.pem
    rm -rf server-cert.pem
    rm -rf client-key.pem
    rm -rf client-cert.pem
    rm -rf client_*
    rm -rf cacerts/*
    rm -rf private/*
    rm -rf public/*
    certtool --generate-privkey --outfile ca-key.pem
    certtool --generate-self-signed --load-privkey ca-key.pem --template ca.tmpl --outfile ca-cert.pem
    certtool --generate-privkey --outfile server-key.pem
```

```
certtool --generate-certificate --load-privkey server-key.pem --load-ca-
certificate ca-cert.pem --load-ca-privkey ca-key.pem --template server.tmpl --
outfile server-cert.pem
    certtool --generate-privkey --outfile client-key.pem
    certtool --generate-certificate --load-privkey client-key.pem --load-ca-
certificate ca-cert.pem --load-ca-privkey ca-key.pem --template client.tmpl --
outfile client-cert.pem
    cat >/etc/ocserv/ocserv.conf << EOF
auth = "certificate"
listen-host = 0.0.0.0
listen-host-is-dyndns = true
tcp-port = 1194
udp-port = 1194
socket-file = ocserv.sock
isolate-workers = false
max-clients = 16
max-same-clients = 2
rate-limit-ms = 100
keepalive = 32400
dpd = 90
mobile-dpd = 1800
switch-to-tcp-timeout = 25
try-mtu-discovery = false
server-cert = /etc/pki/ocserv/public/server-cert.pem
server-key = /etc/pki/ocserv/private/server-key.pem
ca-cert = /etc/pki/ocserv/cacerts/ca-cert.pem
cert-user-oid = 0.9.2342.19200300.100.1.1
tls-priorities = "NORMAL:%SERVER_PRECEDENCE:%COMPAT:-VERS-SSL3.0"
auth-timeout = 240
min-reauth-time = 300
max-ban-score = 50
ban-reset-time = 300
Cookie-timeout = 300
deny-roaming = false
rekey-time = 172800
rekey-method = ssl
use-occtl = true
pid-file = /var/run/ocserv.pid
device = vpns
predictable-ips = true
default-domain = example.com
ipv4-network = $1
ipv4-netmask = 255.255.255.0
ping-leases = false
route = $1/255.255.255.0
cisco-client-compat = true
dtls-legacy = true
EOF

    systemctl enable iptables.service
    systemctl start iptables.service
```

```
systemctl stop firewalld
systemctl disable firewalld
iptables -F
iptables -t nat -F
count=$(cat /etc/sysctl.conf | grep "^net.ipv4.ip_forward" | wc -l)
if [ $count -gt 0 ]; then
  sed -i 's/net.ipv4.ip_forward.*/net.ipv4.ip_forward=1/g' /etc/sysctl.conf
  sudo sysctl -p
else
  echo "net.ipv4.ip_forward=1" >> /etc/sysctl.conf
  sudo sysctl -p
fi

nicName=$(ip route get $destIP | awk -F 'dev' '{print $NF}' | awk '{print $1}' | awk 'NR==1{print}')
sudo iptables -t nat -A POSTROUTING -s $1/24 -o $nicName -j MASQUERADE
sudo iptables -I INPUT -p tcp --dport 1194 -j ACCEPT
sudo iptables -I INPUT -p udp --dport 1194 -j ACCEPT
sudo iptables -I FORWARD -s $1/24 -j ACCEPT
sudo iptables -A OUTPUT -p all -j ACCEPT
sudo iptables -A INPUT -m state --state RELATED,ESTABLISHED -j ACCEPT

mkdir /etc/iptables/
iptables-save > /etc/iptables/iptables.rules
cat > /etc/iptables/startup.sh << EOF
#!/bin/sh
iptables-restore < /etc/iptables/iptables.rules
EOF
cat > /etc/iptables/reload.sh << EOF
#!/bin/sh
iptables -F
iptables-restore < /etc/iptables/iptables.rules
EOF
cat > /etc/systemd/system/myiptables.service << EOF
[Unit]
Description=Reload iptables rules
[Service]
Type=oneshot
ExecStart=/bin/sh -c /etc/iptables/startup.sh
ExecReload=/bin/sh -c /etc/iptables/reload.sh
ExecStop=/bin/true
[Install]
WantedBy=multi-user.target
EOF

chmod -R 777 /etc/iptables
systemctl daemon-reload
systemctl enable myiptables.service


current_path="/etc/pki/ocserv"
```

```
client_info=${current_path}/client_info
cd $current_path
rm -rf client_info*
mkdir -p client_info
mkdir -p cacerts
mkdir -p private
mkdir -p public
chmod -R 777 private
chmod -R 777 public
chmod -R 777 cacerts
cp ca-cert.pem cacerts
cp ca-key.pem private
cp server-key.pem private
cp server-cert.pem public
cp client-* client_info
cp ca-cert.pem client_info
chmod -R 777 client_info/
tar -zcvf $client_info.tar.gz -C $current_path client_info/
mkdir -p /home/openconnect
cp -rf client_info /home/openconnect
chmod 777 /home/openconnect/*
systemctl restart ocserv
systemctl enable ocserv

echo "============================================================================================"
echo 'The vpn server has been installed, you can view the vpn client connection information in the "client_info" directory in the current directory.'
echo "============================================================================================"
}
check_os
install_vpn $1 $2
```

编写调用函数,集成 4 种 VPN 节点部署方案,Go 使用 ansible 自动部署节点通用函数的代码如下:

```
//anonymous-link\code\service\node_manage.go
func CreateFirstNode(username string, password string, ip string, port uint, netmask string, vpnType string) (error, string) {
    cmd := exec.Command("ssh", username+"@"+ip, "-p", strconv.Itoa(int(port)))
    groupName := uuid.New().String()
    groupName = strings.ReplaceAll(groupName, "-", "")
    md5Value := md5.New()
    md5Value.Write([]Byte(ip))
    hostName := hex.EncodeToString(md5Value.Sum(nil))
    hostName = groupName
    hostPath := "/root/ansible/" + hostName

    conInfo := "echo \"[" + groupName + "]\n" + ip + " ansible_ssh_user=" + username + " ansible_ssh_pass=" +
```

```go
                password + " ansible_sudo_pass=" + password + " ansible_ssh_port=" + strconv.
Itoa(int(port)) + "\" >> " + hostPath
        cmd = exec.Command("sh", "-c", conInfo)
        cmd.Stdout = os.Stdout
        err := cmd.Run()
        if err != nil {
            return err, ""
        }

        parentPath := ""
        for j := 0; j < 5; j++ {
            netmask = strings.Split(netmask, "/")[0]
            parentPath = "/home/"
            if vpnType == model.VpnType().OpenVpn {
                dirPath := "/root/ansible/script/openvpn"
                cmd = exec.Command("sh", "-c", "ansible -i " + hostPath + " " + groupName + "
-m copy -a \"src=" + dirPath +
                    " dest=" + parentPath + " force=yes backup=yes\"")
                cmd.Stdout = os.Stdout
                err = cmd.Run()
                if err != nil {
                    return err, ""
                }
                parentPath += "openvpn/"
                shellPath := "install.sh"
                cmd = exec.Command("sh", "-c", "ansible -i " + hostPath + " " + groupName + "
-m shell -a \"chdir=" +
                    parentPath + " sh " + shellPath + " " + netmask + " > result.log\"")
                cmd.Stdout = os.Stdout
                err = cmd.Run()
                if err != nil {
                    return err, ""
                }

            } else if vpnType == model.VpnType().Wireguard {
                dirPath := "/root/ansible/script/wireguard"
                cmd = exec.Command("sh", "-c", "ansible -i " + hostPath + " " + groupName + "
-m copy -a \"src=" + dirPath +
                    " dest=" + parentPath + " force=yes backup=yes\"")
                cmd.Stdout = os.Stdout
                err = cmd.Run()
                if err != nil {
                    return err, ""
                }
                parentPath += "wireguard/"
                shellPath := "install.sh"
                cmd = exec.Command("sh", "-c", "ansible -i " + hostPath + " " + groupName + "
-m shell -a \"chdir=" +
                    parentPath + " sh " + shellPath + " " + netmask + " " + ip + " > result.log\"")
                cmd.Stdout = os.Stdout
                err = cmd.Run()
```

```go
            if err != nil {
                return err, ""
            }
        } else if vpnType == model.VpnType().StrongSwan {
            dirPath := "/root/ansible/script/strongswan"
            cmd = exec.Command("sh", "-c", "ansible -i " + hostPath + " " + groupName + " -m copy -a \"src=" + dirPath +
                " dest=" + parentPath + " force=yes backup=yes\"")
            cmd.Stdout = os.Stdout
            err = cmd.Run()
            if err != nil {
                continue
            }
            parentPath += "strongswan/"
            shellPath := "install.sh"
            cmd = exec.Command("sh", "-c", "ansible -i " + hostPath + " " + groupName + " -m shell -a \"chdir=" +
                parentPath + " sh " + shellPath + " " + netmask + " " + ip + " > result.log\"")
            cmd.Stdout = os.Stdout
            err = cmd.Run()
            if err != nil {
                continue
            }
        } else if vpnType == model.VpnType().OpenConnect {
            dirPath := "/root/ansible/script/openconnect"
            cmd = exec.Command("sh", "-c", "ansible -i " + hostPath + " " + groupName + " -m copy -a \"src=" + dirPath +
                " dest=" + parentPath + " force=yes backup=yes\"")
            cmd.Stdout = os.Stdout
            err = cmd.Run()
            if err != nil {
                continue
            }
            parentPath += "openconnect/"
            shellPath := "install.sh"
            cmd = exec.Command("sh", "-c", "ansible -i " + hostPath + " " + groupName + " -m shell -a \"chdir=" +
                parentPath + " sh " + shellPath + " " + netmask + " " + ip + " > result.log\"")
            cmd.Stdout = os.Stdout
            err = cmd.Run()
            if err != nil {
                continue
            }
        } else {
            err = fmt.Errorf("the vpn type '%s' is error", vpnType)
        }
        if err == nil {
            break
        }
    }
```

```go
        if err != nil {
            return err, ""
        }

        key := uuid.New().String()
        key = strings.ReplaceAll(key, "-", "")
        certPath := "/root/cert/" + key + "/"
        err = os.MkdirAll(certPath, os.ModePerm)
        if err != nil {
            return err, ""
        }
        cmd = exec.Command("sh", "-c", "ansible -i " + hostPath + " " +
            groupName + " -m synchronize -a \"mode=pull dest=" + certPath + " src=" + parentPath + "client_info/\"")
        cmd.Stdout = os.Stdout
        err = cmd.Run()
        if err != nil {
            return err, ""
        }

        cmd = exec.Command("sh", "-c", "ansible -i " + hostPath + " " + groupName + " -m shell -a \"rm -rf " + parentPath + "\"")
        cmd.Stdout = os.Stdout
        err = cmd.Run()
        if err != nil {
            return err, ""
        }

        cmd = exec.Command("sh", "-c", "ansible -i " + hostPath + " " + groupName + " -m shell -a \"reboot\"")
        cmd.Stdout = os.Stdout
        cmd.Run()

        err = os.Remove(hostPath)
        if err != nil {
            return err, ""
        }

        return err, key
}
```

调用函数,传入节点相关的信息,返回相关的节点连接凭证,即可完成自动化部署,一个新的节点就搭建完成了。

5.12 链路自动化搭建

5.12.1 链路部署流程

为了实现链路自动化部署,以部署 3 跳节点链路为例,主要包含以下步骤:

(1) 在路由设备上通过节点连接凭证启动第 1 跳连接,成功建立后会有新的虚拟网卡和 IP。

（2）在路由设备上配置第 2 跳出网路由，使它通过第 1 跳虚拟网卡和 IP 出网。

（3）在路由设备上通过节点连接凭证启动第 2 跳连接，成功建立后会有新的虚拟网卡和 IP。

（4）在路由设备上配置第 3 跳出网路由，使它通过第 2 跳虚拟网卡和 IP 出网。

（5）在路由设备上通过节点连接凭证启动第 3 跳连接，成功建立后会有新的虚拟网卡和 IP。

（6）在路由设备上配置相关客户端流量的出网规则并通过第 3 跳虚拟网卡和 IP 出网。

通过叠加节点，建立虚拟链路，数据包通过加解密传输，最后让客户端数据流量包通过链路的第 1 跳节点入，通过链路的第 3 跳节点出。

5.12.2 实例：节点连接

以启动 openconnect 连接为例，openconnect 自动启动脚本的内容如下：

```sh
# anonymous-link\code\ansible\script\start\openconnect.sh

#!/bin/sh
function config_vpn_client() {
  openconnect -c $1 -k $2 --cafile=$3 https://$4:1194 --background --interface=tun-$5

  for ((i = 0; i < 20; i++)); do
    vpn_ip=$(ip a | grep $6 | awk '{print $2}')
    if [ -z $vpn_ip ]; then
      sleep 2
    else
      break
    fi
  done

  if [ -z $vpn_ip ]; then
    exit 2
  fi
}
#1.服务器 IP 2.client-cert.pem 3.client-key.pem 4.ca-cert.pem 5.节点虚拟子网掩码 6.虚
# 拟网卡的 UUID
config_vpn_client $2 $3 $4 $1 $6 $5
```

编写调用函数，调用脚本实现节点连接，代码如下：

```go
//anonymous-link\code\service\node_manage.go
func StartOpenConnect(vpnServer string, netMask string, certName string) (error, string) {
    certPath := utils.GetCurrentAbPathByCaller() + "/../cert/" + certName + "/"
    shellPath := utils.GetCurrentAbPathByCaller() + "/../ansible/script/start/openconnect.sh"
```

```
    clientName := uuid.New().String()
    clientName = strings.ReplaceAll(clientName, "-", "")[:10]
    netMask = netMask[:strings.LastIndex(netMask, ".")+1]
    startVpn := fmt.Sprintf("sh %s %s %s %s %s %s %s", shellPath, vpnServer, certPath
+ "client-cert.pem",
        certPath + "client-key.pem", certPath + "ca-cert.pem", netMask, clientName)
    cmd := exec.Command("sh", "-c", startVpn)
    cmd.Stdout = os.Stdout
    err := cmd.Run()
    if err != nil {
        return err, ""
    }
    return nil, "tun-" + clientName
}
```

5.12.3 创建链路

通过多个节点创建一条链路,完整的创建链路函数的代码如下:

```
//anonymous-link\code\service\link_manage.go
func CreateLink(nodes []model.NodeModel, linkId uint64) (error, *model.LinkModel) {
    link, err := model.GetLink(linkId)
    if err != nil {
        return err, nil
    }
    linkLog := model.LinkLogModel{
        LinkId:      linkId,
        LinkName:    link.LinkName,
        LogType:     model.LinkLogType().Deploy,
        AccountId:   link.AccountId,
        AccountName: link.AccountName,
    }
    var nodeInfo []string
    for i, node := range nodes {
        nodeInfo = append(nodeInfo, fmt.Sprint(node.Id))
        var data string
        var err error
        if node.VpnType == model.VpnType().OpenVpn {
            err, data = StartOpenVPN(node.ServerIP, node.Netmask, node.CertName)
        } else if node.VpnType == model.VpnType().Wireguard {
            err, data = StartWireguard(node.ServerIP, node.Netmask, node.CertName)
        } else if node.VpnType == model.VpnType().StrongSwan {
            err, data = StartStrongSwan(node.ServerIP, node.Netmask, node.CertName)
        } else if node.VpnType == model.VpnType().OpenConnect {
            err, data = StartOpenConnect(node.ServerIP, node.Netmask, node.CertName)
        } else {
            return config.ErrVpnOrCertFile, nil
        }
        if err != nil {
            linkLog.Content = err.Error()
```

```go
            linkLog.Create()
            link.Status = model.LinkStatus().DeployFailed
            model.UpdateLink(link)
            return err, nil
        }

        node.ClientName = data
        node.Status = model.NodeStatus().Inuse
        if i + 1 < len(nodes) {
            node.NextNode = nodes[i + 1].ServerIP
        } else {
            node.NextNode = ""
        }
        w := fmt.Sprintf("id = % d", node.Id)
        uds := map[string]interface{}{"client_name": node.ClientName, "status": node.Status, "next_node": node.NextNode}
        if err = model.UpdateNodeByWhere(w, uds); err != nil {
            linkLog.Content = err.Error()
            linkLog.Create()
            link.Status = model.LinkStatus().DeployFailed
            model.UpdateLink(link)
            return err, nil
        }
        if len(node.NextNode) > 1 {
            if err = AddNextHopRoute(node.Netmask, node.NextNode); err != nil {
                linkLog.Content = err.Error()
                linkLog.Create()
                link.Status = model.LinkStatus().DeployFailed
                model.UpdateLink(link)
                return err, nil
            }
            for count := 5; count > 0; count-- {
                err = CheckNode(node.NextNode)
                if err != nil {
                    time.Sleep(5 * time.Second)
                }
            }
        }
    }

    data, _ := json.Marshal(nodeInfo)
    link.NodeInfo = string(data)
    link.Status = model.LinkStatus().Free
    err, _ = model.UpdateLink(link)
    if err != nil {
        return err, nil
    }
    return nil, link
}
```

传入相关的节点模型信息，调用相关的 VPN 服务创建链路，返回链路模型。

5.13 路由控制及实现

为了拥有灵活多变的路由和流量控制策略，可以通过以下方式实现：
(1) 利用 route 和 iptables 进行路由设置及转发。
(2) 白名单、入网、出网规则控制。
(3) VPN 多链路建立及数据流量转发。

5.13.1 配置默认链路出网策略

为路由设备配置默认链路出网，如果有其他终端连接到路由设备，则可以通过默认链路出网。默认路由转发规则的脚本内容如下：

```sh
#anonymous-link\code\ansible\script\forward\add-default.sh

#!/bin/sh

count=$(ip route | grep "default dev $1" | wc -l)
if [ $count -gt 0 ]; then
    ip route del default dev $1
fi

if [ -z $2 ]; then
    ip route add default dev $1
else
    ip route add default dev $1 metric $2
fi

count=$(iptables -t nat -L POSTROUTING -nv | grep $4 | wc -l)
if [ $count -gt 0 ]; then
    rule_ids=($(iptables -t nat -L POSTROUTING -nv --line-number | grep $4 | awk '{print $1}'))
    for ((i=${#rule_ids[@]}-1; i>=0; i--)); do
        iptables -t nat -D POSTROUTING ${rule_ids[i]}
    done
fi

count=$(iptables -L FORWARD -nv | grep $4 | wc -l)
if [ $count -gt 0 ]; then
    rule_ids=($(iptables -L FORWARD -nv --line-number | grep $4 | awk '{print $1}'))
    for ((i=${#rule_ids[@]}-1; i>=0; i--)); do
        iptables -D FORWARD ${rule_ids[i]}
    done
fi

iptables -A FORWARD -s $3 -o $1 -j ACCEPT -m comment --comment $4
iptables -t nat -A POSTROUTING -s $3 -o $1 -j MASQUERADE -m comment --comment $4
```

通过封装函数进行调用，实现 API 的调用和前端界面操作的控制，实现函数如下：

```go
func SetDefaultRouteLink(id uint64) error {
    link, err := model.GetLink(id)
    if err != nil {
        return err
    }
    var nodes []string
    err = json.Unmarshal([]Byte(link.NodeInfo), &nodes)
    if err != nil || len(nodes) < 1 {
        return err
    }
    nodeId, err := strconv.ParseUint(nodes[len(nodes)-1], 10, 64)
    if err != nil {
        return err
    }
    node, err := model.GetNode(nodeId)
    if err != nil {
        return err
    }
    shellPath := utils.GetCurrentAbPathByCaller() + "/../ansible/script/forward/add-default.sh"
    op := fmt.Sprintf("sh %s %s %d %s %s", shellPath, node.ClientName, config.DefaultLinkRouteMetric,
        config.DefaultLinkSubnet, config.DefaultLinkUid)
    cmd := exec.Command("sh", "-c", op)
    cmd.Stdout = os.Stdout
    err = cmd.Run()
    return err
}
```

5.13.2 按源 IP 分流出网策略

根据连接到路由设备的终端 IP，为每个终端制定不同的出网策略。配置指定终端 IP 出网策略的脚本内容如下：

```bash
#anonymous-link\code\ansible\script\strategy\connect.sh

#!/bin/bash

iptables -A FORWARD -s $1 -o $2 -j ACCEPT -m comment --comment $3
iptables -t nat -A POSTROUTING -s $1 -o $2 -j MASQUERADE -m comment --comment $3
proxy_ip=$(ifconfig | grep $2 -A 2 | grep netmask | awk '{print $2}')
ip route add $6 via $proxy_ip dev $2 metric $5 table $4
if [ -z $7 ]; then
  ip rule add from $1 table $4
else
  ip rule add from $1 table $4 prio $7
fi
```

通过封装函数进行调用,实现 API 的调用和前端界面操作的控制,实现函数如下:

```go
//anonymous-link\code\service\socket_manage.go
func AddStrategyRule(sourceIp, nicName, uniqueLabel, desIp string, routeTable, metric uint) error {
    shellPath := utils.GetCurrentAbPathByCaller() + "/../ansible/script/strategy/connect.sh"
    op := fmt.Sprintf("sh %s %s %s %s %d %d %s %d", shellPath, sourceIp, nicName,
uniqueLabel, routeTable,
        metric, desIp, config.DefaultStrategyPriority+metric)
    cmd := exec.Command("sh", "-c", op)
    cmd.Stdout = os.Stdout
    err := cmd.Run()
    return err
}
```

5.13.3 按源 IP 范围分流策略

根据连接到路由设备的终端 IP,为每个终端制定不同的出网策略。配置按源 IP 范围分流策略的脚本内容跟按源 IP 分流策略出网一样,不同的是传入的参数控制源 IP。

通过封装函数进行调用,实现 API 的调用和前端界面操作的控制,实现函数如下:

```go
//anonymous-link\code\service\socket_manage.go
func AddStrategyRuleSourceIpRange (startIp, endIp string, linkId uint64, metric uint,
strategyId uint64) error {
    //暂时只支持前三位相同的 IP 范围
    IpSplitStart := strings.Split(startIp, ".")
    IpSplitEnd := strings.Split(endIp, ".")
    ipS := IpSplitStart[len(IpSplitStart)-1]
    ipFront := startIp[:len(startIp)-len(ipS)]
    ipList := make([]string, 0)
    ipNumS, err := strconv.Atoi(ipS)
    if err != nil {
        panic(err)
    }
    ipE := IpSplitEnd[len(IpSplitEnd)-1]
    ipNumE, err := strconv.Atoi(ipE)
    if err != nil {
        panic(err)
    }
    for ipNumS <= ipNumE {
        mip := ipFront + strconv.Itoa(ipNumS)
        ipList = append(ipList, mip)
        ipNumS++
    }
    //查出 db 中所有源 IP 类型的策略,排除 db 中已存在的
    sql := "SELECT DISTINCT device_ip as ip FROM strategy_info where s_type = 1"
    ipInfo, err := model.RawSql(sql)
```

```go
    if err != nil {
        return err
    }
    ipDbMap := make(map[string]string, 0)
    for _, ip := range ipInfo {
        ipDbMap[ip["ip"].(string)] = ip["ip"].(string)
    }

    for _, ip := range ipList {
        if _, ok := ipDbMap[ip]; !ok {
            err = AddStrategyRuleNotRange(ip, "default", linkId, metric, strategyId)
            if err != nil {
                return err
            }
        }
    }
    return nil
}

func AddStrategyRuleNotRange(deviceIp, desIp string, linkId uint64, metric uint, strategyId uint64) error {

    node, err := GetStrategyLinkNode(linkId)
    if err != nil {
        return err
    }
    err, routeTable := GetStrategyRouteTable()
    if err != nil {
        return err
    }

    key := uuid.New().String()
    key = strings.ReplaceAll(key, "-", "")

    err = AddStrategyRule(deviceIp, node.ClientName, key, desIp, routeTable, metric)
    if err != nil {
        return err
    }

    strategyUuid := model.StrategyUuidModel{
        StrategyId: strategyId,
        Uuid:       key,
        TableId:    routeTable,
    }
    err, _ = strategyUuid.Create()
    if err != nil {
        return err
    }

    return nil
}
```

5.13.4 按目标 IP 分流出网策略

根据连接到路由设备的终端 IP，为每个终端制定不同的出网策略。配置按目标 IP 分流出网策略的脚本内容跟按源 IP 分流策略出网一样，不同的是传入的参数控制目标 IP。

5.13.5 按目标网段分流出网策略

根据连接到路由设备的终端 IP，为每个终端制定不同的出网策略。配置按目标网段分流出网策略的脚本内容跟按源 IP 分流策略出网一样，不同的是传入的参数控制目标网段。

不同分流出网策略在调用时，传入的参数不一样，分流策略调用函数的内容如下：

```go
//anonymous-link\code\handler\strategy_manage.go

//AddStrategy
//@Summary 新增分流策略
//@Description 新增分流策略
//@Tags 分流策略管理
//@schemes http https
//@Accept json
//@Produce json
//@Response 200 {object} config.Response
//@Param rule query string true "策略名称"
//@Param link_id query int true "链路 ID"
//@Param link_name query string true "链路名称"
//@Param strategy_type query int true "策略类型"
//@Param device_ip query string false "设备 IP"
//@Param start_ip query string false "起始 IP"
//@Param end_ip query string false "结束 IP"
//@Param des_ip query string false "目的 IP"
//@Param des_subnet query string false "目的网段"
//@Param priority query int true "优先级"
//@Param status query int true "策略状态"
//@Router /strategy/create [post]
func AddStrategy(c * base.Context) {
    //策略条件说明：
    //(1)按照源 IP 分流，下拉列表选择设备 IP
    //(2)按照源 IP 范围，两个输入框一排，分别代表开始和结束，校验输入的 IP
    //(3)按照目标 IP，下拉列表选择设备 IP，并且输入目标 IP 地址，校验公网 IP
    //(4)按照目标网段，下拉列表选择设备 IP，并且输入目标网段，校验网段
    rule := c.ArgsString("rule")
    linkId := c.ArgsUint("link_id")
    linkName := c.ArgsString("link_name")
    strategyType := c.ArgsUint("strategy_type")
    deviceIp := c.ArgsStringDefault("device_ip", "")
    startIp := c.ArgsStringDefault("start_ip", "")
    EndIp := c.ArgsStringDefault("end_ip", "")
    desIp := c.ArgsStringDefault("des_ip", "")
    desSubnet := c.ArgsStringDefault("des_subnet", "")
    priority := c.ArgsUint("priority")
```

```go
status := c.ArgsUint("status")
user, _ := c.Get("account_info")
ac := user.(model.AccountModel)
if strategyType == model.StrategyType().SourceIpRange {
    deviceIp = "empty"
}
err := service.CheckStrategyInfo(rule, priority, status)
if err != nil {
    SendResponse(c, err, nil)
    return
}

strategy := model.StrategyModel{
    Rule:        rule,
    LinkId:      uint64(linkId),
    LinkName:    linkName,
    Priority:    priority,
    Status:      status,
    AccountId:   ac.Id,
    AccountName: ac.Username,
    SType:       strategyType,
}

switch strategyType {
case model.StrategyType().SourceIp:
    err = service.CheckSourceIpStrategy(deviceIp, linkId)
    if err != nil {
        SendResponse(c, err, nil)
        return
    }
    strategy.DeviceIp = deviceIp
case model.StrategyType().SourceIpRange:
    err = service.CheckSourceIpRangeStrategy(startIp, EndIp, linkId)
    if err != nil {
        SendResponse(c, err, nil)
        return
    }
    strategy.StartIp = startIp
    strategy.EndIp = EndIp
case model.StrategyType().DesIp:
    err = service.CheckDesIpStrategy(desIp, deviceIp, linkId)
    if err != nil {
        SendResponse(c, err, nil)
        return
    }
    strategy.DesIp = desIp
    strategy.DeviceIp = deviceIp
case model.StrategyType().DesSubnet:
    err = service.CheckDesSubnetStrategy(desSubnet, deviceIp, linkId)
    if err != nil {
        SendResponse(c, err, nil)
```

```go
            return
        }
        strategy.DesSubnet = desSubnet
        strategy.DeviceIp = deviceIp
    }

    err, strateId := strategy.Create()

    if err != nil {
        SendResponse(c, err, nil)
        return
    }

    //如果创建时处于启用状态,则直接下发 ip route 命令
    if status == model.StrategyStatus().Inuse {
        switch strategyType {
        case model.StrategyType().SourceIp:
            err = service.AddStrategyRuleNotRange(deviceIp, "default", uint64(linkId), priority, strateId)
            if err != nil {
                SendResponse(c, err, nil)
                return
            }
        case model.StrategyType().SourceIpRange:
            err = service.AddStrategyRuleSourceIpRange(startIp, EndIp, uint64(linkId), priority, strateId)
            if err != nil {
                SendResponse(c, err, nil)
                return
            }
        case model.StrategyType().DesIp:
            err = service.AddStrategyRuleNotRange(deviceIp, desIp, uint64(linkId), priority, strateId)
            if err != nil {
                SendResponse(c, err, nil)
                return
            }
        case model.StrategyType().DesSubnet:
            err = service.AddStrategyRuleNotRange(deviceIp, desSubnet, uint64(linkId), priority, strateId)
            if err != nil {
                SendResponse(c, err, nil)
                return
            }
        }
    }

    SendResponse(c, nil, strateId)
    return
}
```

5.14 离线自动化升级

考虑到每个用户购买软件后的使用时间不一样,需要生成不一样的使用证书,而且每个用户内置的节点和链路不一样;也为了运营平台的匿名性和安全性,不采用集中在线升级的方式,而采用离线加密的方式进行升级。

1. 离线升级流程

离线升级流程如下:

(1) 解压升级文件。
(2) 用私钥解密节点连接凭证文件。
(3) 用私钥解密程序配置文件。
(4) 用私钥解密程序数据文件。
(5) 用私钥解密自动化脚本文件。
(6) 将相关文件复制并替换到程序设定的相关目录。
(7) 删除相关的文件。
(8) 重启服务,完成升级。

2. 代码实现

主要实现代码如下:

```go
//anonymous-link\code\service\upgrade_offline.go
func UpgradeOffline(filePath, destDir, comFile string) error {
    err := DecompressFile(filePath, destDir)
    if err != nil {
        return err
    }
    fileName := CompressFileName(comFile)
    fileDir := destDir + fileName
    files, err := ioutil.ReadDir(fileDir)
    if err != nil {
        return err
    }
    for _, file := range files {
        if file.IsDir() {
            if file.Name() == "cert" {
                certDir := fmt.Sprintf("%s/%s/", fileDir, file.Name())
                fs, _ := ioutil.ReadDir(certDir)
                for _, f := range fs {
                    if f.IsDir() {
                        cfDir := fmt.Sprintf("%s%s/", certDir, f.Name())
                        cfs, _ := ioutil.ReadDir(cfDir)
```

```go
                    for _, c := range cfs {
                        if !c.IsDir() {
                            sf := cfDir + c.Name()
                            df := cfDir + c.Name() + ".bak"
                            err = utils.DecryptFile(sf, df)
                            if err != nil {
                                return err
                            }
                            os.Remove(sf)
                            os.Rename(df, sf)
                        }
                    }
                }
            }
        } else if file.Name() == "conf" || file.Name() == "scheme" {
            fDir := fmt.Sprintf("%s/%s/", fileDir, file.Name())
            fs, _ := ioutil.ReadDir(fDir)
            for _, f := range fs {
                if !f.IsDir() {
                    sf := fDir + f.Name()
                    df := fDir + f.Name() + ".bak"
                    err = utils.DecryptFile(sf, df)
                    if err != nil {
                        return err
                    }
                    os.Remove(sf)
                    os.Rename(df, sf)
                }
            }
        } else if file.Name() == "ansible" {
            ansibleDir := fmt.Sprintf("%s/%s/", fileDir, file.Name())
            fs, _ := ioutil.ReadDir(ansibleDir)
            for _, f := range fs {
                if f.IsDir() {
                    cfDir := fmt.Sprintf("%s%s/", ansibleDir, f.Name())
                    cfs, _ := ioutil.ReadDir(cfDir)
                    for _, c := range cfs {
                        if c.IsDir() {
                            scDir := fmt.Sprintf("%s%s/", cfDir, c.Name())
                            sfs, _ := ioutil.ReadDir(scDir)
                            for _, s := range sfs {
                                if !s.IsDir() {
                                    sf := scDir + s.Name()
                                    df := scDir + s.Name() + ".bak"
                                    err = utils.DecryptFile(sf, df)
                                    if err != nil {
                                        return err
                                    }
                                    os.Remove(sf)
                                    os.Rename(df, sf)
                                }
```

```go
                    }
                }
            }
        } else if file.Name() == "html" {
            op := fmt.Sprintf("/bin/cp -rf %s/html/* %s/html/ && rm -rf %s/html", fileDir, config.FrontendDir, fileDir)
            cmd := exec.Command("sh", "-c", op)
            cmd.Stdout = os.Stdout
            err = cmd.Run()
            if err != nil {
                return err
            }
        } else if file.Name() == "license" {
            licenseDir := config.LicenseFile[:strings.LastIndex(config.LicenseFile, "/")+1]
            op := fmt.Sprintf("mkdir -p %s;/bin/cp -rf %s/license/* %s && rm -rf %s/license", licenseDir, fileDir, licenseDir, fileDir)
            cmd := exec.Command("sh", "-c", op)
            cmd.Stdout = os.Stdout
            err = cmd.Run()
            if err != nil {
                return err
            }
        }
    }
}

files, err = ioutil.ReadDir(fileDir)
if err != nil {
    return err
}

if len(files) > 0 {
    op := fmt.Sprintf("/bin/cp -rf %s/* %s", fileDir, config.ProgramDir)
    cmd := exec.Command("sh", "-c", op)
    cmd.Stdout = os.Stdout
    err = cmd.Run()
    if err != nil {
        return err
    }
}

op := fmt.Sprintf("rm -rf %s", destDir)
cmd := exec.Command("sh", "-c", op)
cmd.Stdout = os.Stdout
err = cmd.Run()
return err
}
```

5.15　IP 全球定位系统

　　IP 定位系统主要根据世界城市数据库、多语言数据库、IP 数据库、地图数据库等确定所在位置。IP 地理定位 API 提供 IP 地址的位置信息，如国家、地区、城市、邮政编码等。IP 地理位置是一种查找访问者地理位置信息的技术，例如国家、地区、城市、邮政编码、纬度、经度、域名、ISP、区号、移动数据、天气数据、使用类型、代理数据、海拔等，通过 IP 地址实现。该 IP 查找数据源可以以各种形式找到，例如，数据库、文件和网络服务，以供用户构建地理定位解决方案。该技术被广泛用于防火墙、域名服务器、广告服务器、路由、邮件系统、网站及地理定位等可能有用的其他自动化系统。

　　W3C 地理查询 API 是由 W3C 创新研究和研发的，用来探测客户端的地理位置信息，而最常见的来源不外是 IP 地址、WiFi 和蓝牙 MAC 地址、无线射频识别（RFID）、WiFi 连接的位置、全球定位系统（GPS）和 GSM / CDMA 蜂窝小区 ID。精确的数据回传有赖于最佳位置信息的位置来源。

　　地理编码与地理位置是息息相关的。查询过程当中需要通过其他地理数据，如城市或街道地址等，探讨相关联的地理坐标（纬度和经度），再回传到地理数据系统。也可以通过相关的地理坐标而获取世界各大主要城市列表。

　　IP2Location Geolocation API 使用举例：

```
$ curl
"https://api.ip2location.com/v2/? ip = 220.181.41.72&key = {YOUR_API_KEY}&pack
age = WS25"
```

返回结果如下：

```
{
    "country_code":"CN",
    "country_name":"China",
    "region_name":"Beijing",
    "city_name":"Beijing",
    "latitude":"39.9075",
    "longitude":"116.39723",
    "zip_code":"100006",
    "time_zone":" + 08:00",
    "isp":"ChinaNet Beijing Province Network",
    "domain":"chinatelecom.com.cn",
    "net_speed":"DSL",
    "idd_code":"86",
    "area_code":"010",
    "weather_station_code":"CHXX0008",
    "weather_station_name":"Beijing",
    "mcc":"460",
    "mnc":"03/11",
    "mobile_brand":"China Telecom",
```

```
    "elevation":"49",
    "usage_type":"ISP/MOB",
    "address_type":"U",
    "category":"IAB19-18",
    "category_name":"Internet Technology",
    "credits_consumed":20
}
```

IP2Proxy Geolocation API 使用举例，代码如下：

```
$ curl
"https://api.ip2proxy.com/?key={YOUR_API_KEY}&ip=220.181.41.72&package=PX11&format=json"
```

返回结果如下：

```
{
    "response":"OK",
    "countryCode":"CN",
    "countryName":"China",
    "regionName":"Beijing",
    "cityName":"Beijing",
    "isp":"ChinaNet Beijing Province Network",
    "domain":"chinatelecom.com.cn",
    "usageType":"ISP/MOB",
    "asn":"-",
    "lastSeen":"-",
    "proxyType":"-",
    "threat":"-",
    "isProxy":"NO",
    "provider":"-"
}
```

数据库文件下载网页网址为 http://dev.maxmind.com/geoip/geoip2/geolite2/。

打开下载页面，如图 5-38 所示，可以根据业务需要选择下载不同种类的数据库文件，结合代码进行使用。

Downloads

Database	MaxMind DB binary, gzipped	CSV format, zipped
GeoLite2 City	Download (md5 checksum)	Download (md5 checksum)
GeoLite2 Country	Download (md5 checksum)	Download (md5 checksum)
GeoLite2 ASN (Autonomous System Number)	Download (md5 checksum)	Download (md5 checksum)

The GeoLite2 databases may also be downloaded and updated with our GeoIP Update program.

图 5-38　IP 地理位置数据库下载页面

国家地理 IP 数据库的下载网址为 http://geolite.maxmind.com/download/geoip/database/GeoLite2-City.tar.gz。

城市地理 IP 数据库的下载网址为 http://geolite.maxmind.com/download/geoip/database/GeoLite2-Country.tar.gz。

服务运营商地理 IP 数据库的下载网址为 http://geolite.maxmind.com/download/geoip/database/GeoLite2-ASN.tar.gz。

自动更新数据库程序的网址为 https://dev.maxmind.com/geoip/geoipupdate/。

源码 GitHub 的网址为 https://github.com/maxmind/geoipupdate。

数据操作 API 库资源网址为 https://dev.maxmind.com/geoip/geoip2/downloadable/#MaxMind_APIs。

官方 C 操作库源码 GitHub 的网址为 https://github.com/maxmind/libmaxminddb。

文档参考网址为 http://maxmind.github.io/libmaxminddb/。

非官方 C++ 操作库下载网址为 https://www.ccoderun.ca/GeoLite2PP/download/?C=M;O=D。

API 文档参考网址为 https://www.ccoderun.ca/GeoLite2++/api/。

GeoIP 库在很多系统里支持以软件的形式安装，这里以 CentOS 系统为例，安装命令如下：

```
yum install -y GeoIP GeoIP-devel GeoIP-data
```

GeoIP 数据库文件一般保存在 /usr/share/GeoIP/ 目录下，因为 IP 信息是经常变动的，所以需要经常更新数据库文件，查询 IP 所在位置，以 8.210.174.64 为例，命令如下：

```
geoiplookup -f /usr/share/GeoIP/GeoIP.dat 8.210.174.64
```

把 GeoIP 封装为函数，供系统调用查询，代码如下：

```go
//anonymous-link\code\service\dhcp_manage.go
func SearchIPInfo(ip string) (error, map[string]map[string]string) {
    cmd := exec.Command("geoiplookup", ip)
    var stdout Bytes.Buffer
    cmd.Stdout = &stdout
    err := cmd.Run()
    if err != nil {
        return err, nil
    }
    info := string(stdout.Bytes())
    infos := strings.Split(info, "\n")
    if len(infos) < 3 {
        return fmt.Errorf(info), nil
    }
    allIPs := make(map[string]map[string]string)
    ipInfo := map[string]string{
        "country": strings.Split(infos[0], ":")[1],
        "city":    strings.Split(infos[1], ":")[1],
        "asnum":   strings.Split(infos[2], ":")[1],
```

```
    }
    for k, v := range ipInfo {
        if strings.Contains(v, "not found") || strings.Contains(v, "can't") {
            ipInfo[k] = ""
        }
    }

    allIPs[ip] = ipInfo
    return err, allIPs
}
```

5.16 网络联通状态监测

因特网控制消息协议(Internet Control Message Protocol，ICMP)是 TCP/IP 协议簇的一个子协议，用于在 IP 主机、路由器之间传递控制消息。

ping(Packet Internet Groper)为因特网包探索器，是一种用于测试网络连接量的程序。ping 发送一个 ICMP；回声请求消息给目的地并报告是否收到所希望的 ICMP echo(ICMP 回声应答)。它是用来检查网络是否通畅或者检测网络连接速度的命令。

ping 是 Windows、UNIX 和 Linux 系统下的一个命令。ping 也属于一种通信协议，是 TCP/IP 的一部分。利用 ping 命令可以检查网络是否连通，可以很好地帮助用户分析和判定网络故障。基于 LCMP。

1. 命令格式

命令格式如下：

```
ping [参数] [主机名或 IP 地址]
```

2. 主要参数

常用参数-q 表示不显示任何传送封包的信息，只显示最后的结果。

-n：只输出数值。
-R：记录路由过程。
-c：在发送指定数目的包后停止。
-i：设定间隔几秒将一个网络封包发送给一台机器，预设值是一秒发送一次。
-t：设置存活数值 TTL 的大小。
-s：指定发送的数据字节数，预设值是 56。
加上 8 字节的 ICMP 头，一共是 64ICMP 数据字节。

3. 使用案例

（1）百度网站联通测试，代码如下：

```
ping www.baidu.com
```

按快捷键 Ctrl+C 终止。

（2）指定 ping 命令执行的次数，代码如下：

```
ping -c 5 www.baidu.com
```

发送完 5 个包后终止。

（3）指定 0.5s 发一个包，代码如下：

```
ping -c 10 -i 0.5 www.baidu.com
```

（4）指定包大小为 1024，代码如下：

```
ping -c 10 -i 0.5 -s 1024 www.baidu.com
```

在系统中利用 ping 检测网络联通性，需要考虑到 ping 有时会丢包，同时要考虑程序的通用性，把网络检测功能写成一个脚本，代码如下：

```sh
#anonymous-link\code\ansible\script\route\ping.sh

#!/bin/sh
function check_net() {
  receive = $(ping -n -c 5 $1 | grep received | awk -F"," '{print $2}' | awk '{print $1}')
  if [ $receive -gt 2 ]; then
    exit 0
  else
    exit 2
  fi
}

check_net $1
```

把脚本封装为函数，供系统调用，代码如下：

```go
//anonymous-link\code\service\node_manage.go
func CheckNode(serverIp string) error {
    shellPath := utils.GetCurrentAbPathByCaller() + "/../ansible/script/route/ping.sh"
    op := fmt.Sprintf("sh %s %s", shellPath, serverIp)
    cmd := exec.Command("sh", "-c", op)
    cmd.Stdout = os.Stdout
    err := cmd.Run()
    return err
}
```

5.17 构建虚拟环境开发

因为系统深度依赖于 Linux 内核，所以在开发过程中需要有 Linux 系统环境，这里以 VMware 虚拟机安装开发环境为例，安装完 Linux 系统之后，把主机上的代码目录共享到虚拟机内部进行运行，这样就实现了在主机上通过原有的代码编辑器进行系统开发，运行环境在虚拟机内部，可以查看运行结果。

配置虚拟机共享代码目录开发环境，步骤如下：

（1）单击"虚拟机"→"安装 VMware Tools"→"确定挂载对应的 CD/ROM 设备"。

（2）在虚拟机系统里查看对应的设备：lsblk。

（3）在虚拟机系统里挂载对应的设备：mkdir /root/tool && mount /dev/sr0 /root/tool。

（4）在虚拟机系统里解压对应的文件：cd /root/tool/ && tar-C /root/-zxvf VMwareTools-10.3.21-14772444.tar.gz。

（5）在虚拟机系统里安装程序依赖环境：yum-y install kernel-headers kernel-devel kernel gcc gcc-c++ perl make。

（6）在虚拟机系统里安装对应的程序：cd /root/vmware-tools-distrib/ && ./vmware-install.pl。

安装过程如下：

```
Do you still want to proceed with this installation? [no] yes

In which directory do you want to install the binary files?
[/usr/bin] 按 Enter 键

What is the directory that contains the init directories (rc0.d/ to rc6.d/)?
[/etc/rc.d] 按 Enter 键

What is the directory that contains the init scripts?
[/etc/rc.d/init.d] 按 Enter 键

In which directory do you want to install the daemon files?
[/usr/sbin] 按 Enter 键

In which directory do you want to install the library files?
[/usr/lib/vmware-tools] 按 Enter 键

The path "/usr/lib/vmware-tools" does not exist currently. This program is
going to create it, including needed parent directories. Is this what you want?
[yes] 按 Enter 键

In which directory do you want to install the common agent library files?
[/usr/lib] 按 Enter 键

In which directory do you want to install the common agent transient files?
[/var/lib] 按 Enter 键

In which directory do you want to install the documentation files?
```

> [/usr/share/doc/vmware-tools] 按 Enter 键
>
> The path "/usr/share/doc/vmware-tools" does not exist currently. This program is going to create it, including needed parent directories. Is this what you want? [yes] 按 Enter 键
>
> Before running VMware Tools for the first time, you need to configure it by invoking the following command: "/usr/bin/vmware-config-tools.pl". Do you want this program to invoke the command for you now? [yes] 按 Enter 键
>
> The VMware Host-Guest Filesystem allows for shared folders between the host OS and the guest OS in a Fusion or Workstation virtual environment. Do you wish to enable this feature? [yes] 按 Enter 键
>
> The path "/bin/gcc" appears to be a valid path to the gcc binary.
> Would you like to change it? [no] 按 Enter 键
>
> The path "" is not a valid path to the 3.10.0-862.el7.x86_64 Kernel headers.
> Would you like to change it? [yes] no
>
> - This program could not find a valid path to the Kernel headers of the running Kernel. Please ensure that the header files for the running Kernel are installed on this system.
> [Press Enter key to continue] 按 Enter 键
>
> If you wish to have the shared folders feature, you can install the driver by running vmware-config-tools.pl again after making sure that gcc, binutils, make and the Kernel sources for your running Kernel are installed on your machine. These packages are available on your distribution's installation CD.
> [Press Enter key to continue] 按 Enter 键
>
> The vmblock enables dragging or copying files between host and guest in a Fusion or Workstation virtual environment. Do you wish to enable this feature? [yes] 按 Enter 键
>
> Do you want to enable Guest Authentication (vgauth)? Enabling vgauth is needed if you want to enable Common Agent (caf). [yes] 按 Enter 键
>
> Do you want to enable Common Agent (caf)? [no] 按 Enter 键

关闭虚拟机系统。

(7) 选择"虚拟机"→"设置"→"共享",单击"+"按钮添加对应的文件夹路径,并勾选"启用共享文件夹"。

(8) 在虚拟机系统里进入项目目录,查看共享文件夹。

(9) 安装相关的系统开发依赖包,该项目运行安装依赖的命令如下:

```
go mod tidy
```

(10) 启动系统进行测试,命令如下:

```
sh start.sh
```

5.18 熟练使用 Linux 磁盘工具

Linux 系统下支持很多种磁盘格式，每种磁盘格式有不同的优势，也有不同的用法，常见的磁盘格式类型及参数如下。

5.18.1 ext4 磁盘格式

ext4 磁盘格式选项及属性如下：

```
mount -o options device directory
        Option:Description
        async:容许文件系统异步地输入与输出
        auto:Allows the file system to be mounted automatically using the mount -a command.
        defaults:Provides an alias for async,auto,dev,exec,nouser,rw,suid.
        exec:容许二进制文件执行
        loop:把镜像文件回环设备挂载
        noauto:Default behavior disallows the automatic mount of the file system using the
mount -a command.
        noexec:不容许二进制文件执行
        nouser:禁止普通用户 mount 与 umount
        remount:重新挂载
        ro:只读
        rw:容许读写
        user: 容许普通用户 mount 与 umount
        acl:访问控制列表
        commit = nsec 文件系统 Cache 刷新时间
        stripe = 条带大小(以 block 为单位)
        delalloc 开启延时块分配
        nodelalloc 禁止延时块分配
        barrier 开启 write barrier
        nobarrier 禁止 write barrier
        journal_dev = devnum (外部日志设备的设备号,由主次设备号组成)
```

模式如下：

```
data = writeback 性能,高；写回模式,先写 metadata(表明日志),后写 data
data = ordered 性能,中,命令模式,[先写 data,后写 metadata] == 事务,最后写 metadata journal
data = journal 性能,低,日志模式,先日志(metadata journal,data journal),后数据(metadata,
data)
```

挂载操作系统镜像举例，命令如下：

```
mount -o ro,loop Fedora-14-x86_64-Live-Desktop.iso /media/cdrom
```

磁盘操作属性如下：

```
mkfs.ext4 -b block-size 块大小(1k,2k,4k)
          -c 坏块测试
          -l filename 从文件读取坏块列表
          -C cluster-size 簇大小(大块分配特性)
          -D 使用 direct I/O
          -E 扩展属性
                mmp_update_interval = MMP 更新时间间隔,必须小于 300s
                stride = 条块大小(RAID 组中每个条带单元 chunk 的大小)
                stripe_width = 条带大小(单位为 block),在数据确定时,块分配器尽量地防止产
生 read-modify-write
                resize = 保留在线调整时的空间大小
                lazy_itable_init = 0/1 inode 表不彻底初始化(挂载时由内核在后台初始化)
//40TG mount 后 50M 写初始化 55min(格式化时:20s,强制初始化时:7min)( mkfs.ext4 -E lazy_
itable_init = 0,lazy_journal_init = 0 )
                lazy_journal_init = 0/1 日志 inode 表不彻底清零
                test_fs 设置文件系统体验标志

          -F(force 强制)
          -f fragment-size 指定片段大小
          -g blocks-per-group 指定每个块组内块的数量
          -G number-of-groups 指定块组数量(在元数据负载重时能够提升元数据性能)
          -i Bytes-per-inode 指定 Bytes/inode 比率
          -I inode-size 指定 inode 大小
          -j 建立一个 ext3 日志。默认建立合适大小的日志区
          -J 建立指定属性的日志。逗号分隔(size = 1024 块 内部日志大小,device = 外部日
志设备)
                size = journal-size 内部日志大小,单位为 M,最小为 1024 个文件系统块,
最大为 10 240 000 个文件系统块或文件系统的一半
                device = external-journal 外部日志块设备(设备名、标签、UUID)
                    外部日志必须先建立:mke2fs -b 4096 -O journal_dev external-
journal (/dev/ramhda)
                            mkfs.ext4 -J device = external-journal (/dev/ramhda) -F /dev/
mapper/vggxxxxxxx
          -L 设置 volume 标签,最长为 16 字节
          -m 指定保留空间百分比,为 root 用户
          -M 设置最后挂载目录
          -n 不真正建立文件系统,只是显示建立的信息
          -S 只写超级块和块组描述符(当超级块和备份超级块错误后,能够用来恢复数据,这
是由于它不会 touching inode 表和 bitmap)
          -O feature 指定建立文件系统时的特性(/etc/mke2fs.conf)
                bigalloc 使能大块分配(cluster-size)
                dir_index 使用哈希 B 树加速目录查找
                extents 使用 extents 替代间接块
                filetype 在目录项中存储文件类型信息
                flex_bg 容许为每个块组元数据(分配 bitmap 和 inode 表)存放在任何位置
                has_journal 建立 ext3 日志(-j)
                journal_dev 在给定的设备上建立外部 ext3 日志
                large_file 支持>2GB 的文件(现代内核会自动打开)
                quota 建立 quota inodes(inode#3 为用户配额,inode#4 为组配额),并在
超级块中设置
                            (挂载后本身启用 quota)
```

```
            resize_inode 保留空间以便将来块组描述表增加,用于 resize2fs
            sparse_super 建立少许的超缓块复制
            uninit_bg 建立文件系统时不初始化全部的块组,加速建立时间,和 e2fsck
时间
            - O^has_journal 不启用日志
```

在/proc/fs/ext4/设备的/options 中查看已挂载文件系统的属性:

```
rw 文件系统挂载时的读写策略
    delalloc 开启延时块分配
    barrier 开启 write barrier(提供写顺序)
    user_xattr
    acl
    resuid = 0 可使用保留块的用户 ID
    resgid = 0 可使用保留块的组 ID
    errors = continue 文件系统出错时动作
    commit = 5 文件系统刷 cache 的时间间隔
    max_batch_time = 15000us 最大的等待合并一块儿提交的时间,默认为 15ms
    min_batch_time = 0us 最小的等待合并一块儿提交的时间,0μs
    stripe = 0 多块分配时和对齐的块数,对于 raid5/6,大小为数据磁盘数 * chunk 大小
    data = ordered 文件系统挂载模式
    inode_readahead_blks = 32 先行读入缓冲器缓存(buffer cache)的 inode 表块(table block)数
的最大值
    init_itable = 10
    max_dir_size_kb = n 目录大小限制

    mb_order2_req = 2 对于大于该值(2 的幂)的块,要求使用 Buddy 检索
    lifetime_write_kBytes 文件系统生成后写入的数据量(KB)
    mb_stats 指定收集(1)或不收集(0)多块分配的相关统计信息。统计信息在卸载时显示 0(禁用)
    max_writeback_mb_bump 进行下一次 inode 处理前尝试写入磁盘的数据量的最大值(MB) 128
    mb_stream_req = 0 块数小于该值的文件群被集中写入磁盘上相近的区域
    mb_group_prealloc 未指定挂载选项的 stripe 参数时,以该值的倍数为单位确保块的分配(512)
    session_write_kBytes 挂载后写入文件系统的数据量(KB)
```

在/sys/fs/ext4/设备中查看:

```
    mb_stream_req = 16 块数小于该值的文件群被集中写入磁盘上相邻的区域
    inode_readahead_blks = 32 控制进行预读的 inode 表的数量
    inode_goal 下一个要分配的 inode 编号(调试用) 0(禁用)
    delayed_allocation_blocks 等待延迟分配的块数
    max_writeback_mb_bump = 128 进行下一次 inode 处理前尝试写入磁盘数据量的最大值(MB)
    mb_group_prealloc = 512 未指定 stripe 参数时,以该值的倍数为单位确保块的分配
    mb_max_to_scan = 200 分配多块时为找出最佳 extent 而搜索的最大 extent 数
    mb_min_to_scan = 10 分配多块时为找出最佳 extent 而搜索的最小 extent 数
    mb_order2_req = 2 对于大于该值的块(2 的幂),要用 buddy 算法
    mb_stats = 0 指定收集 1,与不收集 0 多块分配的相关统计信息,统计信息会在卸载时显示
    reserved_clusters
    lifetime_write_kBytes 只读,记录已经写入文件系统的数据量(KB)
    session_write_kBytes 只读,记录此记挂载以来已写入的数据(KB)
```

ext2/ext3/ext4 扩大文件系统：

```
resize2fs
```

使用 fsadm 检查或调整大小的文件系统工具。支持 ext2/ext3/ext4/ ReiserFS/XFS，命令如下：

```
fsadm [options] check device 检查设备
fsadm [options] resize device [new_size[BKMGTEP]]
        options 选项有
                -e 在调整大小前先卸载 ext2/ext3/ext4 文件系统
                -f force 绕过一些检查
                -h 显示帮助信息
                -n 只打印命令，不执行
                -v 打印更多信息
                -y yes 对任何提示均回答 yes
```

示例代码如下：

```
fsadm -e -y resize /dev/vg/test 1000M
```

5.18.2　ext4 外部日志设备

1. 日志设备丢失

移除不可用的日志，代码如下：

```
tune2fs -O ^has_journal /dev/ext4-device
```

检查修复文件系统，代码如下：

```
fsck/repair
```

建立内部日志，代码如下：

```
tune2fs -O has_journal /dev/ext4-device
```

2. 建立 ext4 外部日志

格式化日志设备，代码如下：

```
mke2fs -b 4096 -O journal_dev /dev/ext4-journal-device
```

建立一个新的文件系统，代码如下：

```
mkfs.ext4 -J device=/dev/ext4-journal-device /dev/ext4-device
```

添加给已存在的文件系统，代码如下：

```
tune2fs -O journal_dev -J device=/dev/ext4-journal-device /dev/ext4-device
```

外部日志设备大小,当日志太大时,会增长 crash 后文件系统检验 fsck 的时间。

文件系统的一般配置参数如下:

```
< 32768 block logdev = 1024 block 4k (<128M,4M)
< 262144 block logdev = 4096 block   (<1G,16M)
> 262144 block logdev = 8192 block   (>1G,32M)
```

3. fdtree:测试工具

问题 1:日志设备的永久性。当有多个硬盘设备时,Linux 是随机地指定名称的。不能确保/dev/sdb 重启后还会映射到同一设备。

除非加入一个自定义的 udev 规定。ext4 不理解 UUID,因此外部日志设备必须是一个持久性设备,而且重启后不会改变。

问题 2:当有外部日志设备时,默认日志挂载选项不支持,必须指定 journal_async_commit。不然操作一小时或有大量 IO 时很快就会变为只读。显然,外部日志不能使用同步更新,由于日志提交错误会提交或延后使 ext4 文件系统变为只读。

5.18.3 XFS 磁盘格式

XFS 格式化:块设备分割成 8 个或以上相等的线性区域(region 或块 chunk)称为分配组。分配组是唯一的,独立管理本身的 inode 节点和空闲空间(相似文件子系统,使用高效的 B+树来跟踪主要数据),分配组机制给 XFS 提供了可伸缩和并行特性(多个线程和进程能够同时在同一个文件系统上执行 I/O 操作)。

XFS:数据段(数据,元数据),日志段,实时段(默认在 mkfs.xfs 下:实时段不存在,日志段包含在数据段中)。

(1)磁盘格式选项属性如下:

```
mkfs.xfs -b block_size(块大小) options
    -d data_section_options(数据属性)(sunit/swidth(单位为 512Byte)= su/sw 条带大小/宽度)
mkfs.xfs -d su = 4k(条块 chunk 大小),sw = 16(数据盘个数) /dev/sdb
mkfs.xfs -d sunit = 128,swidth = sunit * 数据盘个数      /dev/sdd
  数据属性有
        agvount = value 指定分配组(并发小文件系统(16MB~1TB))
        agsize = value 与上条属性相似,指定分配组大小
        name = 指定文件系统内指定文件的名称。此时,日志段必须指定在内部(指定大小)
        file[=value]指定上面要命名的是常规文件(默认为 1,能够为 0)
        size = value 指定数据段大小,需要 -d file = 1
        sunit = value 指定条带单元大小(chunk,单位为 512)
        su = value 指定条带单元(chunk,单位为 Byte,如 64KB,必须为文件系统块大小的倍数)
        swidth = value 指定条带宽度(单位为 512,为 sunit 的数据盘个数的倍数)
        sw = value 条带宽度(一般为数据盘个数)
        noalign 忽略自动对齐(磁盘几何形状探测,文件不用几何对齐)
      -i inode_options 节点选项(xfs inode 包含两部分:固定部分和可变部分)
```

这些选项会影响可变部分，包括目录数据、属性数据、符号链接数据，以及文件 extent 列表和文件 extent 描述性根树
  选项有：
    size = value | log = value | perblock = value 指定 inode 大小(256～2048)
    maxpct = value 指定 inode 全部空间的百分比(默认为:< 1TB = 25%,< 50TB = 5% > 50TB = 1%)
    align [= value] 指定分配 inode 时是否对齐。默认为 1,对齐
    attr = value 指定属性版本号,默认为 2
    projid32 位 [= value] 是否使能 32 位配额项目标识符。默认为 1
  - f 强制(force)
  - l log_section_options (日志属性)(internal/logdev)
    选项有
      internal [= value] 指定日志段是否作为数据段的一部分,默认为 1
      logdev = device 指定日志位于一个独立的设备上(最小为 10MB,2560 个 4KB 块)
      建立：mkfs.xfs - l logdev = /dev/ramhdb - f /dev/mapper/vggxxxxx
      挂载：mount - o logdev = /dev/ramhdb /dev/mapper/vggxxxxx
        size = value 指定日志段的大小
        version = value 指定日志的版本,默认为 2
        sunit = value 指定日志对齐,单位为 512
        su = value 指定日志条带单元,单位为 Byte
        lazy - count = value 是否延迟计数,默认为 1,更改超级块中各类连续计数器的记录方法。在值为 1 时,不会在计数器每次变化时更新超级块
  - n naming_options 命名空间(目录参数)
    选项有
      size = value | log = value 块大小,不能小于文件系统 block,并且是 2 的幂版本 2 默认为 4096(若是文件系统 block > 4096,则为 block)
      version = value 命名空间的版本,默认为 2 或 'ci'
      ftype 和 value 容许 inode 类型存储在目录结构中,以便 readdir 和 getdents 不需要查找 inode 就可知道 inode 类型。默认为 0,不存在目录结构中(使能 crc: - m crc = 1 时,此选项会使能)
  - p protofile
  - r realtime_section_options (实时数据属性)(rtdev/size)
    实时段选项：
      rtdev = device 指定外部实时设备名
      extsize = value 指定实时段中块的大小,必须为文件系统块大小的倍数最小为(max(文件系统块大小,4KB))。默认大小为条带宽度(条带卷),或 64KB(非条带卷),最大为 1GB
      size = value 指定实时段的大小,noalign 此选项禁止条带大小探测,强制实时设备没有几何条带
  - s sector size(扇区大小),最小为 512,最大为 32768 (32KB),不能大于文件系统块大小
  - L label 指定文件系统标签,最多为 12 个字符
  - q(quiet 不打印) - f(Force 强制)
  - N 只打印信息,不执行实际的建立

(2) 元数据日志能够独立存放 XFS 外部日志设备,命令如下：

mkfs.xfs - l logdev = /dev/sdb1,size = 10000b /dev/sda1

日志大小为 10 000block,存放在 sdb1 上。

外部日志设备的大小：与事务 transaction 的速率和大小相关,与文件系统的大小无关。大的 block size 会致使大的 transaction,日志事务 transaction 来源于目录更新(建立/删除/修改),如 mkdir、rmdir、create()、unlink()系统调用会产生日志数据。最小日志大小为最大

的 transaction 大小(取决于文件系统和目录块大小),最小为 10MB。目录块大小:mkfs. xfs-n;默认为 4KB,当文件系统 blocksize 大于 4KB 时,默认为 blocksize。提升大量小文件的性能,提升了目录查找的性能,由于树存储索引信息有较大的块和较小的深度,所以最大日志大小为 64k 个 blocks 和 128MB 中的最小值。日志太大会增长 crash 后文件系统的 mount 时间。

(3) mount-o 选项的用法如下:

```
allocsize = 延时分配时,预分配 buffered 的大小
    sunit = /swidth = 使用指定的条带单元与宽度(单位为 512Byte),优先级高于 mkfs 时指定的
barrier write barrier
    swalloc 根据条带宽度的边界调整数据分配
discard 块设备自动回收空间
    dmapi 使能 Data Management API 事件
mtpt = mountpoint
    inode64 建立 inode 节点位置不受限制
inode32 inode 节点号不超过 32 位(为了兼容)
    largeio 大块分配,先 swidth,后 allocsize
    nolargeio 尽可能小块分配
    noalign 数据分配时不用条带大小对齐
noatime 读取文件时不更新访问时间
    norecovery 挂载时不运行日志恢复(只读挂载)
logbufs = 在内存中的日志缓存区数量
    logbsize = 内存中每个日志缓存区的大小
logdev = /rtdev = 指定日志设备或实时设备,XFS 文件系统能够分为 3 部分:数据、日志和实时(可选)

sysctls:/proc/sys/fs/xfs/
         stats_clear:(Min: 0 Default: 0 Max: 1) 清除状态信息(/proc/fs/sys/xfs/stat)
         xfssyncd_centisecs:(Min: 100 Default: 3000 Max: 720000)xfssyncd 刷新元数据时间间
隔(写到磁盘,默认为 30s)
         xfsbufd_centisecs:(Min: 50 Default: 100 Max: 3000)xfsbufd 扫描脏 buffer 的时间间隔
         age_buffer_centisecs:(Min: 100 Default: 1500 Max: 720000)xfsbufd 刷新脏 buffer 到
磁盘的时间
         irix_symlink_mode:(Min: 0 Default: 0 Max: 1)控制符号连接的模式是否是 0777
         inherit_nosymlinks:(Min: 0 Default: 1 Max: 1)xfs_io 下 chattr 命令设置 nosymlinks
标志
         inherit_sync:(Min: 0 Default: 1 Max: 1)xfs_io 下 chattr 命令设置 sync 标志
         inherit_nodump:(Min: 0 Default: 1 Max: 1)xfs_io 下 chattr 命令设置 nodump 标志
         inherit_noatime:(Min: 0 Default: 1 Max: 1)xfs_io 下 chattr 命令设置 noatime 标志
         rotorstep:(Min: 1 Default: 1 Max: 256)inode32 模式下
         error_level:(Min: 0 Default: 3 Max: 11)文件系统出错时会显示详细信息
                XFS_ERRLEVEL_OFF:0
                XFS_ERRLEVEL_LOW:1
                XFS_ERRLEVEL_HIGH:5
         panic_mask:(Min: 0 Default: 0 Max: 127)遇到指定的错误时调用 Bug()(调试时用)
                XFS_NO_PTAG              0
                XFS_PTAG_IFLUSH          0x00000001
                XFS_PTAG_LOGRES          0x00000002
                XFS_PTAG_AILDELETE       0x00000004
                XFS_PTAG_ERROR_REPORT    0x00000008
```

XFS_PTAG_SHUTDOWN_CORRUPT	0x00000010
XFS_PTAG_SHUTDOWN_IOERROR	0x00000020
XFS_PTAG_SHUTDOWN_LOGERROR	0x00000040

5.18.4 XFS 工具

XFS 工具的命令如下：

```
mkfs.xfs：建立 XFS 文件系统
xfs_admin：调整 XFS 文件系统的各类参数
xfs_copy：将 XFS 文件系统的内容复制到一个或多个目标系统（并行方式）
xfs_db：调试或检测 XFS 文件系统（查看文件系统碎片 xfs_db -c frs -r /dev/sdh 等）
xfs_check：检测 XFS 文件系统的完整性
xfs_bmap：查看一个文件的块映射 --> xfs_io -r -p xfs_bmap -c bmap "OPT" file
xfs_repair：尝试修复受损的 XFS 文件系统 xfs_repair -n 仅报告问题,不修复
xfs_fsr：碎片整理（xfs_fsr /dev/sdh）
xfs_quota：管理 XFS 文件系统的磁盘配额
xfs_metadump：将 XFS 文件系统的元数据（metadata）复制到一个文件中
xfs_mdrestore：从一个文件中将元数据恢复到 XFS 文件系统
xfsdump：增量备份 XFS 文件系统
xfsrestore：恢复 XFS 文件系统
xfs_growfs：调整一个 XFS 文件系统的大小（只能扩展）
xfs_freeze：暂停（-f）和恢复（-u）XFS 文件系统
xfs_info：查询 XFS 文件系统信息
xfs_estimate：评估 XFS 文件系统的空间
xfs_repair：修复 XFS 文件系统
xfs_mkfile：建立 XFS 文件系统
xfs_rtcp：XFS 实时复制命令
xfs_ncheck：从 i 节点号生成路径
xfs_io：调试 XFS I/O 路径
xfs_logprint：打印 XFS 文件系统日志
```

检查文件系统：先确保 umount,命令如下：

```
xfs_check /dev/sdd(盘符); echo $?
```

如果返回 0,则表示正常。

修复文件系统,命令如下：

```
xfs_repair /dev/sdd (ext 系列工具为 fsck)
```

根据打印消息,修复失败时先执行 xfs_repair-L /dev/sdd（清空日志,会丢失文件）,再执行 xfs_repair /dev/sdd,然后执行 xfs_check /dev/sdd 检查文件系统是否修复成功。

增大 XFS 文件系统：先用 lvextend 扩大 XFS 所在的 LUN,示例命令如下：

```
lvextend -L +5G /dev/mapper/lun5
xfs_growfs /demo（lun5 在扩大以前已经被格式化为 XFS 并挂载在/demo 下）
df -h #查看文件系统的变化
```

在由 5 个盘组成的 raid5 下建立 lun；chunk＝64k；此时格式化命令如下：

```
mkfs.ext4 -E stride=16(64K/4k block) lun 设备
mount -o stripe=64 (16*4个数据盘)

mkfs.xfs -d sunit=128 (64KB/扇区) swidth=512 (128*4个数据盘)
mount -o sunit= swidth=
```

5.18.5 项目实践

以 CentOS 系统为例，需要将 U 盘挂载到系统进行文件操作，需要依赖于一些库，支持 exfat 格式的 U 盘需要安装 epel 库和 Nux Dextop 库，再安装 fuse-exfat 和 exfat-utils 包，即可识别 exfat 格式。

Nux Dextop 是类似 CentOS、RHEL、ScientificLinux 的第三方 RPM 仓库，例如 Ardour、Shutter 等。目前，Nux Dextop 对 CentOS/RHEL 6|7 可用。Nux Dextop 库依赖于 EPEL 库，所有要先安装 EPEL 库(需要管理员权限)。

安装 EPEL 库，命令如下：

```
yum -y install epel-release
```

对于 RHEL 6/CentOS 6，命令如下：

```
rpm -Uvh http://li.nux.ro/download/nux/dextop/el6/x86_64/nux-dextop-release-0-2.el6.nux.noarch.rpm
```

对于 RHEL/CentOS 7，命令如下：

```
rpm -Uvh http://li.nux.ro/download/nux/dextop/el7/x86_64/nux-dextop-release-0-5.el7.nux.noarch.rpm
```

检查 Nux Dextop 是否安装成功，命令如下：

```
yum repolist
```

如果仓库列表中有 Nux Dextop，则表示安装成功。

由于 Nux Dextop 仓库可能会与其他第三方库有冲突，例如(Repoforge 和 ATrpms)，所以建议在默认情况下不启用 Nux Dextop 仓库。

打开/etc/yum.repos.d/nux-dextop.repo，将 enabled＝1 修改为 enabled＝0：

```
sed -i 's/enabled=1/enabled=0/' /etc/yum.repos.d/nux-dextop.repo
```

安装 exfat 支持库文件，命令如下：

```
yum --enablerepo=nux-dextop install fuse-exfat exfat-utils
```

安装完成以后,将 exfat 格式的 U 盘挂载到系统,就可以识别对应的磁盘格式,然后便可以进行文件的读写操作。

5.19 离线打包外部应用依赖

项目依赖于很多第三方库或系统软件,如果要打包部署,则需要把相关的系统依赖包下载整理,这里以 CentOS 系统作为运行环境为例,举例说明如何下载相关的系统依赖包及关联包,以及下载之后的离线安装系统包的方法。

yum-downloadonly 用于下载所需要的软件包而并不真正地安装,下载好的软件包方便在没有网络的情况下使用。

方法一:downloadonly 插件。

有一个 yum 的插件叫作 downloadonly,顾名思义,就是只下载而不安装的意思。

(1) 安装插件,命令如下:

```
yum install yum-download
```

(2) 下载依赖包,以 httpd 为例,命令如下:

```
yum update httpd -y -downloadonly
```

这样 httpd 的 RPM 就被下载到/var/cache/yum/中去了。

也可以指定一个目录存放下载的文件,命令如下:

```
yum update httpd -y -downloadonly -downloaddir=/opt
```

值得注意的是,downloadonly 插件不但适用于 yum update,也适用于 yum install。

推荐方法二,有些系统版本用方法一安装不了。

方法二:yum-utils 中的 yumdownloader。

yum-utils 包含着一系列的 yum 的工具,例如 Debuginfo-install、package-cleanup、repoclosure、repodiff、repo-graph、repomanage、repoquery、repo-rss、reposync、repotrack、verifytree、yum-builddep、yum-complete-transaction、yumdownloader、yum-Debug-dump 和 yum-groups-manager。

(1) 安装 yum-utils,命令如下:

```
yum -y install yum-utils
```

(2) 使用 yumdownloader 下载依赖包,以 httpd 为例,命令如下:

```
yumdownloader httpd
```

方法三:利用 yum 的缓存功能。

用 yum 安装了某个工具后,想要这个工具的包,在 yum 安装的过程中其实已经把包下载了,只是没有保持而已,所以需要做的是将其缓存功能打开。

(1) 编辑 yum 配置文件,命令如下:

```
vi /etc/yum.conf
```

将其中的 keepcache=0 改为 keepcache=1,保存后退出。

(2) 重启对应的服务,命令如下:

```
/etc/init.d/yum-updatesd restart
```

(3) 安装 httpd 服务,命令如下:

```
yum install httpd
```

(4) 查看缓存文件保存的位置,命令如下:

```
cat /etc/yum.conf |grep cachedir
cachedir = /var/cache/yum
```

(5) 进入上述目录,命令如下:

```
cd cachedir = /var/cache/yum && tree ./
```

(6) 这时的目录树中应该可以找到需要的安装包了,命令如下:

```
ls -lh
```

查看 cat /etc/yum/pluginconf.d/downloadonly.conf,确保插件已被启用,代码如下:

```
[main]
enabled = 1
```

例如下载 Apache 软件包,并放在"/"下,命令如下:

```
yum install httpd -y --downloadonly --downloaddir=/usr/src
```

使用 rpm 命令进行安装,命令如下:

```
rpm -Uvh --force --nodeps /opt/soft/*.rpm
yum localinstall *.rpm -y
```

方法四:reposync 工具。

通过 yum 命令的 reposync 命令下载某个 repo 源的所有 RPM 软件包,命令如下:

```
reposync -r repo源的名称 + -p + 指定下载的路径(可选)
```

默认会将软件包下载到当前目录下（自动生成 repo 源的目录及 Packages），命令如下：

```
mkdir repo_test
cd repo_rest
reposync -r base
```

也可以通过-p 来指定位置，软件包将被下载到此目录，命令如下：

```
reposync -r base -p root/repo2/
```

查看依赖包可以使用 yum deplist 命令进行查找，命令如下：

```
yum deplist nginx
```

使用 repotrack 命令下载所需依赖，命令如下：

```
yum -y install yum-utils
repotrack nginx
```

使用 yumdownloader 命令下载软件依赖，命令如下：

```
yumdownloader --resolve --destdir=/tmp ansible
```

只会下载当前系统环境下所需的依赖包。
使用 yum 自带的 downloadonly 插件下载 nginx，示例命令如下：

```
yum -y install nginx --downloadonly --downloaddir=/tmp/
```

5.20　多功能的定时任务使用

在项目中，因为日志文件越累积越多，所以需要定期清理，并且节点状态和链路状态需要进行监测，流量也需要定时统计等。这就需要用到定时任务去完成，定时任务有很多实现方案，这里选用 goCron 框架。

goCron 是一个 Go 作业调度工具，可以使用简单的语法定期执行 go 函数。
goCron 支持 Cron 表达式，示例如下：

```
"0 0 0 * * *" 每天 0 点启动 * 通配符可以匹配任何数字

"*/5 * * * * *" 表示每隔 5s 执行一次

"*/1 * * * *" 表示每隔 1min 执行一次，比秒级别解析器少了一个 *
```

"30 * * * *" 分钟域为30,其他域都用 * 表示任意。每30分触发

"30 3-6,20-23 * * *":分钟域为30,小时域的3-6和20-23分别表示3点到6点和20点到23点。每小时的30分钟触发

"0 0 0 * * ?" 表示每天0点执行一次

"0 0 1 1 * ?" 表示每月1号凌晨1点执行一次

"0 1,2,3 * * ?" 表示在1分、2分和3分各执行一次

"0 0 0,1,2 * * ?" 表示每天的0点、1点和2点各执行一次

1. 简单使用

首先,初始化 s 对象,然后直接配置定时任务,任务添加函数名 + 参数;最后,block 当前进程,观察任务执行情况,代码如下:

```go
package main

import (
    "fmt"
    "time"

    "github.com/go-co-op/gocron"
)

func task(s string){
    fmt.Printf("I'm running, about %s. \n", s)
}

func main() {
    s := gocron.NewScheduler(time.UTC)
    s.Every(1).Seconds().Do(task, "1s")
    s.StartBlocking()
}
```

输出如下:

```
I'm running, about 1s.
I'm running, about 1s.
I'm running, about 1s.
```

2. 更多参考设置

针对定时任务,可以设置时、分、秒、天、周,也可以采用 crontab 字符串的格式进行设置,代码如下:

```go
package main

import (
    "fmt"
    "time"

    "github.com/go-co-op/gocron"
)

func task(){
    fmt.Printf("I'm running.\n")
}

func main() {
    s := gocron.NewScheduler(time.UTC)

    //每隔多久
    s.Every(1).Seconds().Do(task)
    s.Every(1).Minutes().Do(task)
    s.Every(1).Hours().Do(task)
    s.Every(1).Days().Do(task)
    s.Every(1).Weeks().Do(task)

    //每周几
    s.Every(1).Monday().Do(task)
    s.Every(1).Thursday().Do(task)

    //每天固定时间
    s.Every(1).Days().At("10:30").Do(task)
    s.Every(1).Monday().At("18:30").Do(task)
    s.Every(1).Tuesday().At("18:30:59").Do(task)

    //设置 crontab 字符串格式
    s.Cron("*/1 * * * *").Do(task)

    s.StartBlocking()
}
```

3. 项目实践

在实际项目中,以检测节点部署状态和检测链路部署状态为例,代码如下:

```go
//anonymous-link\code\task\periodic_tasks.go
package task

import (
    "encoding/json"
    "errors"
    "fmt"
    "github.com/jasonlvhit/gocron"
```

```go
    "github.com/jinzhu/gorm"
    "manage/config"
    "manage/model"
    "manage/service"
    "manage/utils"
    "strings"
    "time"
)

func PeriodicTasks(logCycle string) {
    //可并发运行多个任务
    //gocron.Every(2).Minutes().Do(CheckNodeRunning)
    //gocron.Every(2).Minutes().Do(CheckLinkRunning)
    gocron.Every(3).Minute().Do(CheckNodeDeploying)
    gocron.Every(3).Minute().Do(CheckLinkDeploying)
    gocron.Every(15).Seconds().Do(CheckLinkStatus)
    gocron.Every(15).Seconds().Do(DelDefaultRoute)
    gocron.Every(15).Seconds().Do(AddWhitelistRoute)
    gocron.Every(3).Minutes().Do(SyncDeviceInfo)
    gocron.Every(1).Day().Do(ClearLogData, logCycle)
    gocron.Every(1).Minute().Do(ComputeLinkFlow)
    gocron.Every(3).Minutes().Do(CheckDeleteFailedLink)
    //gocron.Every(2).Minutes().Do(SyncDeleteNic)
    gocron.Every(1).Minute().Do(ComputeTerminalFlow)
    gocron.Every(1).Minute().Do(CheckTerminalConnect)

    <-gocron.Start()
}

func CheckNodeDeploying() {
    where := fmt.Sprintf("status = %d", model.NodeStatus().Deploying)
    nodeList, _, err := model.SearchNode(config.DefaultMaxLimit, 0, where, "")
    if err != nil {
        return
    }
    for _, node := range nodeList {
        if utils.SubMinuteByTime(node.UpdatedAt) > 20 {
            w := fmt.Sprintf("id = %d", node.Id)
            uds := map[string]interface{}{"status": model.NodeStatus().DeployFailed}
            err = model.UpdateNodeByWhere(w, uds)
            if len(node.PreNodes) > 1 {
                var ids []string
                json.Unmarshal([]Byte(node.PreNodes), &ids)
                if len(ids) > 0 {
                    w = fmt.Sprintf("id in ('%s')", strings.Join(ids, "','"))
                    nodes, count, err := model.SearchNode(0, 0, w, "")
                    if err == nil && count > 0 {
                        service.DeployFailedRecover(nodes)
                    }
                }
            }
```

```
            if err == nil {
                SendMessage(node, config.MessageNodeUpdate)
            }
        }
    }
}

func CheckLinkDeploying() {
    where := fmt.Sprintf("status = %d", model.LinkStatus().Deploying)
    linkList, _, err := model.SearchLink(config.DefaultMaxLimit, 0, where, "")
    if err != nil {
        return
    }
    for _, link := range linkList {
        if utils.SubMinuteByTime(link.UpdatedAt) > 20 {
            w := fmt.Sprintf("id = %d", link.Id)
            uds := map[string]interface{}{"status": model.LinkStatus().DeployFailed}
            err = model.UpdateLinkByWhere(w, uds)
            if len(link.NodeInfo) > 1 {
                var ids []string
                json.Unmarshal([]Byte(link.NodeInfo), &ids)
                service.StopNodes(ids)
            }
            if err == nil {
                SendMessage(link, config.MessageLinkUpdate)
            }
        }
    }
}
```

5.21 全自动智能化的测试框架

自动化测试主要基于 goconvey＋httptest 进行单元和 API 测试，测试文件的编写规则如下：

(1) 测试用例文件名必须以 _test.go 结尾，如 person_test.go。

(2) 测试用例函数必须以 Test 开头，例如 person_test.go 文件中的 TestReStore。

(3) 测试函数的形参必须是 t * testing.T。

(4) 在一个测试用例文件中，可以有多个测试用例函数。

如果要测试单个文件，则一定要带上被测试的源文件，命令如下：

```
go test -v person_test.go cal.go
```

测试单种方法，命令如下：

```
go test -v -test.run TestReStore
```

测试命令进入对应目录,输入 go test-v,命令如下:

```
go get github.com/smartystreets/goconvey
go get github.com/smartystreets/goconvey/convey@v1.7.2
go test -v
```

例如,对账号模块进行增、删、改、查测试,如图 5-39 所示,编写相关测试代码。

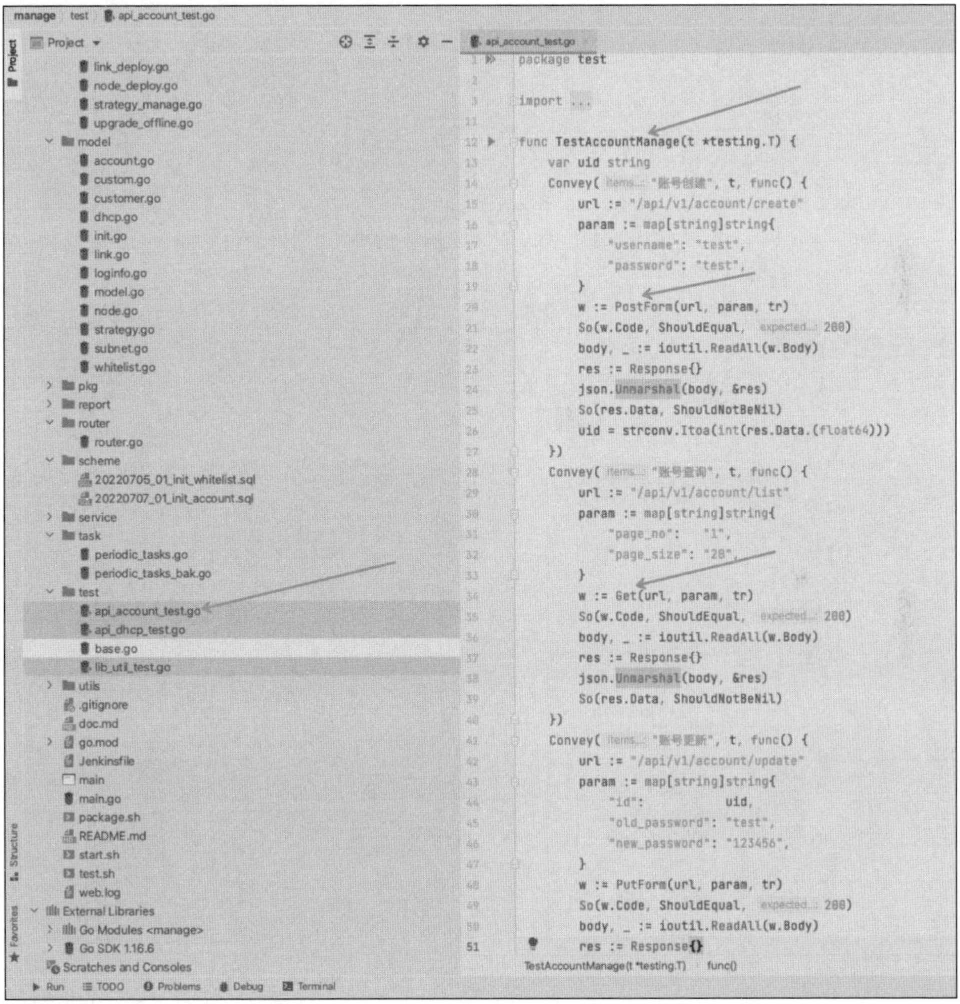

图 5-39　自动化测试用例

测试结果如图 5-40 所示。

覆盖率及覆盖程度,Web 页面如图 5-41 所示。

除了可以看到整个项目的总体测试覆盖率,还可以看到每个文件的测试覆盖率,如图 5-42 所示。

```
账号删除
(/Users/yangchangjia/go/src/manage/model/account.go:45)
[2022-07-19 14:22:06]  [0.41ms]  UPDATE `account_info` SET `deleted_at`='2022-07-19 14:22:06'  WHERE `account_info`.`deleted_at` IS NULL AND `account_info`.`id` = 18
[1 rows affected or returned ]
[GIN] 2022/07/19 - 14:22:06 | 200 |    1.548681ms |       192.0.2.1 | DELETE   "/api/v1/account/delete/18"
✔✔


8 total assertions

--- PASS: TestAccountManage (0.01s)
=== RUN   TestEncrypt

  加密方法 ✔✔


10 total assertions

--- PASS: TestEncrypt (0.00s)
PASS
coverage: 18.5% of statements in manage/base, manage/config, manage/handler, manage/model, manage/pkg/constvar, manage/pkg/errno, manage/pkg/logger, manage/pkg/third, manage/pkg/webhook, manage/router, manage/service, manage/task, manage/utils,
ok      manage/test     0.822s  coverage: 18.5% of statements in manage/base, manage/config, manage/handler, manage/model, manage/pkg/constvar, manage/pkg/errno, manage/pkg/logger, manage/pkg/third, manage/pkg/webhook, manage/router, manage/service, manage/task, manage/utils,
```

图 5-40 自动化测试结果

```
manage/model/account.go (47.5%)   not tracked  no coverage  low coverage  * * * * * * * *  high coverage

package model

import (
        "fmt"
        "manage/pkg/constvar"
        "time"
)

type AccountModel struct {
        BaseModel
        Username  string    `json:"username" gorm:"column:username;not null"`
        Password  string    `json:"password" gorm:"column:password;null"`
        Role      uint      `json:"role" gorm:"column:role;default:1;not null"`
        Status    uint      `gorm:"column:status;default:1;not null" json:"status"`
        LastLogin time.Time `json:"last_login" gorm:"column:last_login"`
        Desc      string    `json:"desc" gorm:"column:desc;null;type:text"`
}

func (c *AccountModel) TableName() string {
        return "account_info"
}

func (c *AccountModel) Create() (error, uint64) {
        return DB.Create(&c).Error,c.Id
}
func GetAccount(id uint64) (*AccountModel, error) {
        c := &AccountModel{}
        d := DB.Where("id = ?", id).First(&c)
        return c, d.Error
}
func GetAccountByUsername(username string) (*AccountModel, error) {
        c := &AccountModel{}
        d := DB.Where("username = ? order by id desc", username).First(&c)
        return c, d.Error
}

func UpdateAccount(c *AccountModel) error {
        DB.Save(&c)
        return nil
}

func DeleteAccount(id uint64) error {
        c := AccountModel{}
        c.BaseModel.Id = id
        return DB.Delete(&c).Error
}
```

图 5-41 自动化测试覆盖代码

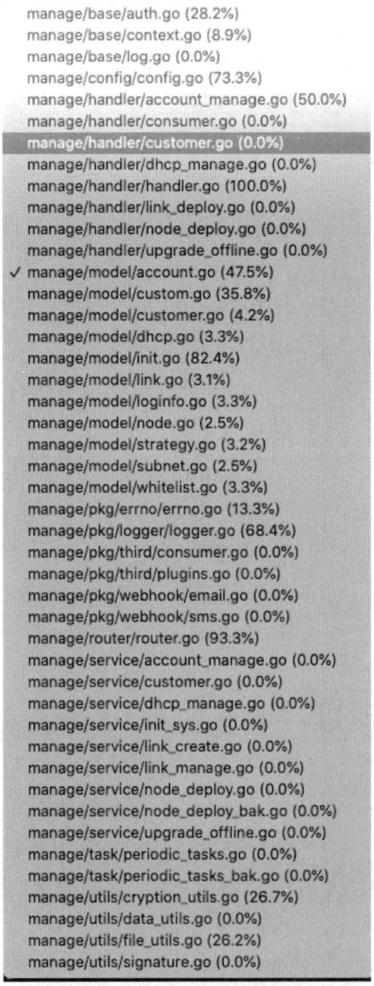

```
manage/base/auth.go (28.2%)
manage/base/context.go (8.9%)
manage/base/log.go (0.0%)
manage/config/config.go (73.3%)
manage/handler/account_manage.go (50.0%)
manage/handler/consumer.go (0.0%)
manage/handler/customer.go (0.0%)
manage/handler/dhcp_manage.go (0.0%)
manage/handler/handler.go (100.0%)
manage/handler/link_deploy.go (0.0%)
manage/handler/node_deploy.go (0.0%)
manage/handler/upgrade_offline.go (0.0%)
✓ manage/model/account.go (47.5%)
manage/model/custom.go (35.8%)
manage/model/customer.go (4.2%)
manage/model/dhcp.go (3.3%)
manage/model/init.go (82.4%)
manage/model/link.go (3.1%)
manage/model/loginfo.go (3.3%)
manage/model/node.go (2.5%)
manage/model/strategy.go (3.2%)
manage/model/subnet.go (2.5%)
manage/model/whitelist.go (3.3%)
manage/pkg/errno/errno.go (13.3%)
manage/pkg/logger/logger.go (68.4%)
manage/pkg/third/consumer.go (0.0%)
manage/pkg/third/plugins.go (0.0%)
manage/pkg/webhook/email.go (0.0%)
manage/pkg/webhook/sms.go (0.0%)
manage/router/router.go (93.3%)
manage/service/account_manage.go (0.0%)
manage/service/customer.go (0.0%)
manage/service/dhcp_manage.go (0.0%)
manage/service/init_sys.go (0.0%)
manage/service/link_create.go (0.0%)
manage/service/link_manage.go (0.0%)
manage/service/node_deploy.go (0.0%)
manage/service/node_deploy_bak.go (0.0%)
manage/service/upgrade_offline.go (0.0%)
manage/task/periodic_tasks.go (0.0%)
manage/task/periodic_tasks_bak.go (0.0%)
manage/utils/cryption_utils.go (26.7%)
manage/utils/data_utils.go (0.0%)
manage/utils/file_utils.go (26.2%)
manage/utils/signature.go (0.0%)
```

图 5-42　自动化测试覆盖率

5.22　完整项目的构建及介绍

项目的完整源码可访问网址 https://gitee.com/book-info/anonymous-link，整个项目的目录结构如图 5-43 所示。

主要文件的功能和目录的作用如下：

ansible 目录主要用于存放远程自动化部署的一些配置信息，还有远程自动化执行的一些封装的脚本模块。

base 目录主要用于存放项目的一些基础和抽象信息，例如权限检测模块、日志拦截模块、参数解析模块、自动化 API 文档信息等。

cert 目录主要用于存放每个节点的连接凭证，按照每个节点生成一个 UUID 文件夹的

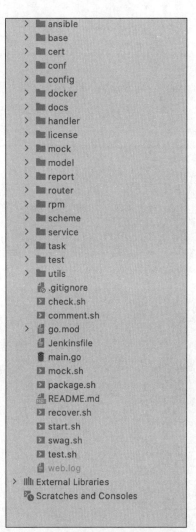

规则，方便在组件链路时进行使用。

conf 目录主要用于存放项目在不同运行环境中的配置信息，例如开发环境配置、测试环境配置、生产环境配置等，还有项目用到的文档。

config 目录主要用于对常量、消息及相应模板进行配置，以及错误码定义、通用数据结构组装和抽象等。

docker 目录主要用于存放 docker file 文件（自动化环境打包）、docker compose 自动化部署文件、k8s 自动化部署文件等。

docs 目录主要用于存放 Swagger 生产的 API 开发对接文档。

handler 目录主要用于存放接口逻辑处理模块，用于接受前端传入的参数，调用 service 进行逻辑处理，并返回相关数据。

license 目录主要用于存放软件使用证书，为每个硬件设备分配一个证书，防止软件被乱用或者盗用等。

mock 目录主要用于存放为自动化测试而不方便直接执行的方法，通过 mock 相应的方法可以让相关的测试流程和逻辑执行完成。

model 目录主要用于存放实体关系模型，以及相关的模型和数据库操作方法。

report 目录主要用于存放自动化测试报告，方便用户阅读和查看，提升代码测试覆盖度和项目软件的质量。

router 目录主要用于存放路由文件，结合 handler 定义接口访问路径。

图 5-43　项目开发目录结构

rpm 目录主要用于存放程序依赖的第三方库或包，方便程序在启动时自动进行安装。

scheme 目录主要用于存放关系模型和数据库初始化创建的数据的 SQL 文件，以及后期生产环境中需要升级或者修改关系模型和数据库中的字段的 SQL 文件。

service 目录主要用于存放业务的逻辑处理模块，调用 model 相关方法对数据进行读写。

task 目录主要用于存放周期任务和定时任务，方便任务在入口处以协程方式进行调用启动。

test 目录主要用于存放 API 及相关模块方法的测试用例，需要注意的是文件名和方法名的定义有严格的命名规范。

utils 目录主要用于存放通用的工具类，把业务无关的方法抽象为公共方法，方便在其他地方调用。

.gitignore 文件主要用于定义哪些文件或者目录忽略 git 的管理,例如有些文件不管是否被修改都不需要 git 进行跟踪或者提交上传。

check.sh 文件主要用于检测 git 管理中的哪一个分支有代码改动,方便后面的 CI/CD 流程执行相关的任务。

comment.sh 文件主要根据关系模型中的字段和注释自动生成相关字段的解释,并封装为 API,方便前后端进行对接联调。

go.mod 文件主要用于记录项目依赖的第三方库,方便进行版本和依赖管理。

Jenkinsfile 文件主要用于配置 CI/CD 自动化测试流程,方便代码提交后,借助于 Jenkins 的流水线功能,自动进行程序的环境依赖打包、自动化测试、自动化部署到不同的环境等。

main.go 文件是程序的启动入口,包含外部依赖库的安装、异步任务的启动、不同阶段的 API 启动服务等。

mock.sh 文件主要根据项目需要和开发方便,自定义了一套自动化对声明的方法进行 mock,方便自动化测试的执行及在非正式环境或没有相关的依赖服务的环境中运行,与之相对的是 recover.sh 文件,用于恢复被 mock 的方法。

package.sh 文件主要用于自动化打包脚本,自动对项目进行编译打包,并把运行程序放到相关的目录,需要注意的是,如果程序最终在 Linux 环境中运行,则需要把整个项目复制到 Linux 环境的 /usr/local/ 目录中,并把项目文件夹名称重命名为 manage 执行打包操作,这样才能在最终的 Linux 路由设备上运行,主要原因是在后面的自动化安装系统及程序部署中使用了前面的绝对路径,这个路径可以修改,但是要全部修改。在 macOS 或者 Windows 系统上打包的程序无法在 Linux 系统上运行,反之亦然。

README.MD 文件主要用于介绍项目的一些基本情况,以及相关的使用说明等。

recover.sh 文件主要用于恢复通过被自定义方案 mock 的方法,保证程序的代码不被修改。

start.sh 文件主要用于非生产环境,例如开发环境,能够自动化识别服务器的 IP 地址,自动生成和更换 Swagger 文档中的 IP 地址和端口,方便前后端对接时查看 API 文档和进行在线接口测试。

swag.sh 文件主要用于非生产环境,以及用于没有网络或者没有完整安装 Swagger 相关依赖库的环境,可以基于存在的 API 文件修改 API 文档和进行在线接口测试。

test.sh 文件主要用于本地进行快速自动化测试,并生成相关的测试报告。

web.log 文件主要用于存放项目启动和运行的错误日志,方便排查和定位问题。

5.23　自定义封装服务和自启

程序开发完成后需要进行打包编译,然后放到硬件盒子路由器设备上运行,还需要把程序设置为自启动及服务自动恢复。目前主流实现方案有两种,一种是通过脚本写入 Linux

自启动文件目录;另一种是通过 system 服务将程序设置为自启动。两种方案各有优势,这里采用通过 system 服务的方式进行自启动,主要实现流程如下。

1. 打包编译程序

Go 开发的项目可以在 Linux 系统中进行编译打包成二进制文件,这种二进制文件不需要任何环境依赖便可以在绝大多数 Linux 系统环境中运行。编译打包命令如下:

```
go build -a -installsuffix cgo -o app.
```

2. 创建 service 服务

在 Linux 系统可以创建 system 管理的 service 服务,以 CentOS 系统为例,在 /usr/lib/systemd/system/ 目录创建 manage.service 服务,内容如下:

```
#anonymous-link\iso\ventoy\source\init\manage.sh

[Unit]
Description=Manage Server Daemon
Wants=network-online.target
After=network-online.target

[Service]
Type=idle
PrivateTmp=true
WorkingDirectory=/usr/local/manage/
ExecStart=/usr/local/manage/app -c conf/config.yaml >/var/log/anonylink.log 2>&1
DeviceAllow=/dev/null rw
DeviceAllow=/dev/net/tun rw
KillMode=process
Restart=always
RestartSec=20
StartLimitInterval=0
#RestartSec=20s
#Restart=on-failure

[Install]
WantedBy=multi-user.target
```

3. 配置服务自启动

以 CentOS 系统为例,启动服务及设置服务自启动,命令如下:

```
systemctl start manage.service
systemctl enable manage.service
```

第 6 章 按需构建镜像及自动化装机工具

6.1 自动化 U 盘装机工具 Ventoy

6.1.1 Ventoy 简介

简单来讲,Ventoy 是一个制作可启动 U 盘的开源工具。有了 Ventoy 就无须反复地格式化 U 盘,只需把 ISO、WIM、IMG、VHD(x)、EFI 等类型的文件直接复制到 U 盘里就可以启动了,无须其他操作。可以一次性复制很多个不同类型的镜像文件,Ventoy 会在启动时显示一个菜单,以便进行选择。还可以在 Ventoy 的界面中直接浏览并启动本地硬盘中的 ISO、WIM、IMG、VHD(x)、EFI 等类型的文件。

Ventoy 安装之后,同一个 U 盘可以同时支持 x86 Legacy BIOS、IA32 UEFI、x86_64 UEFI、ARM64 UEFI 和 MIPS64EL UEFI 模式,同时还不影响 U 盘的日常使用。Ventoy 支持大部分常见类型的操作系统,如 Windows、WinPE、Linux、ChromeOS、UNIX、VMware、Xen。目前已经测试了各类超过 900 个镜像文件(列表)。支持 distrowatch.com 网站上收录的超过 90% 的操作系统(列表)。

具有的特性如下:
100% 开源(许可证)。
使用简单(使用说明)。
快速(复制文件有多快就有多快)。
可以安装在 U 盘、本地硬盘、SSD、NVMe、SD 卡等设备上。
直接从 ISO、WIM、IMG、VHD(x)、EFI 文件启动,无须解开。
支持浏览并启动本地硬盘上的 ISO、WIM、IMG、VHD(x)、EFI 文件说明。
ISO、WIM、IMG、VHD(x)、EFI 文件在磁盘上无须连续。
支持 MBR 和 GPT 分区格式。
同时支持 x86 Legacy BIOS 及 IA32、x86_64、ARM64、MIPS64 UEFI。
UEFI 模式支持安全启动(Secure Boot)说明。
支持数据持久化说明。

支持 Windows 系统的自动安装部署说明。

支持 RHEL7/8、CentOS 7/8、SUSE、Ubuntu Server、Debian 等 Linux 系统的自动安装部署说明。

镜像分区支持 FAT32、exFAT、NTFS、UDF、XFS、ext2、ext3、ext4 文件系统。

支持超过 4GB 的 ISO 文件。

保留 ISO 原始的启动菜单风格（Legacy & UEFI）。

支持大部分常见操作系统，已测试超过 900 个 ISO 文件。

不仅能启动 ISO 文件，而且支持启动后完整的安装过程。

菜单可以在列表模式和目录树模式之间随时切换说明。

提出了 Ventoy Compatible 概念。

支持插件扩展，提供图形化插件配置器。

Linux vDisk（VHD、VDI、RAW…）启动解决方案说明。

支持向运行环境中注入文件说明。

支持动态替换 ISO 文件中的原始启动配置文件说明。

高度可定制化的主题风格和菜单说明。

U 盘硬件写保护开启时不影响基本功能。

不影响 U 盘的日常普通使用。

版本升级时数据不会丢失。

无须跟随操作系统的升级而升级 Ventoy。

使用 Ventoy 制作 U 盘同时支持安装不同种类的操作系统，示例如图 6-1～图 6-9 所示。

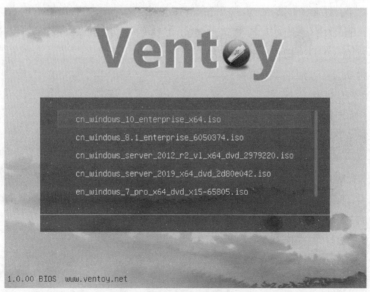

图 6-1　Ventoy 同时支持不同版本的 Windows 系统启动安装

第6章　按需构建镜像及自动化装机工具

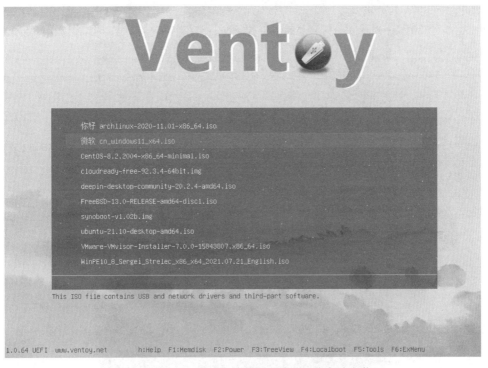

图 6-2　Ventoy 同时支持不同类型的系统启动安装

图 6-3　Ventoy 选择 Windows 系统启动安装

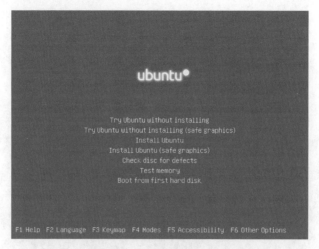

图 6-4　Ventoy 选择 Ubuntu 系统启动安装

图 6-5　Ventoy 选择 Deepin 系统启动安装

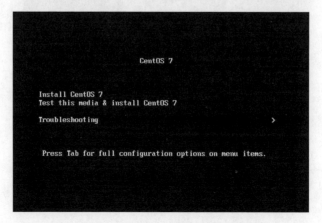

图 6-6　Ventoy 选择 CentOS 系统启动安装

第6章 按需构建镜像及自动化装机工具

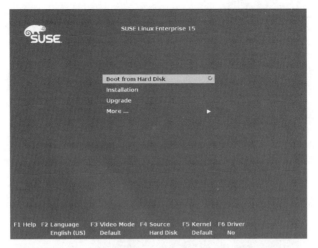

图 6-7 Ventoy 选择 SUSE Linux 系统启动安装

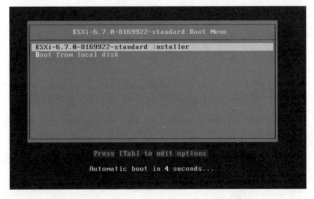

图 6-8 Ventoy 选择 ESXi 系统启动安装

图 6-9 Ventoy 选择 ArchBang Linux 系统启动安装

6.1.2 U盘制作

下载并安装包,例如 ventoy-1.0.00-windows.zip,然后解压。

直接执行 Ventoy2Disk.exe 文件,选择磁盘设备,然后单击"安装"按钮,如图 6-10 和图 6-11 所示。

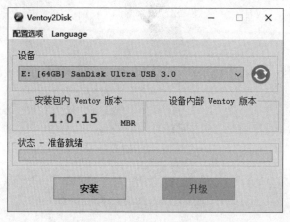

图 6-10 Ventoy 初次安装界面

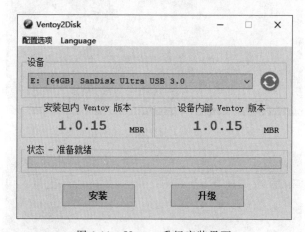

图 6-11 Ventoy 升级安装界面

安装包内 Ventoy 版本:安装当前安装包中的 Ventoy 版本号。

设备内部 Ventoy 版本:U 盘中已安装的 Ventoy 版本号,如果为空,则表示 U 盘内没有安装 Ventoy。

左侧显示的 MBR/GPT:用户当前选择的分区格式,可以在选项中修改,但只对安装过程有效。

右侧显示的 MBR/GPT:设备当前使用的分区格式,也就是当初安装 Ventoy 时选择的分区格式,如果 U 盘内没有安装 Ventoy,则会显示为空。

安装:把 Ventoy 安装到 U 盘,只有第 1 次安装时需要,其他情况只需升级。

升级：升级 U 盘中的 Ventoy 版本，升级不会影响已有的 ISO 文件。

Ventoy2Disk.exe 文件在安装或升级时一直提示失败：在 Windows 系统中使用 Ventoy2Disk.exe 安装 Ventoy 时，有时会执行失败，系统会提示拔插 U 盘重新尝试，但可能尝试多次之后仍然失败。

由于 Ventoy 在安装时需要修改 U 盘的 MBR 和分区表。在 Windows 系统中，对于这种操作的限制比较多，而且这个过程很容易受到其他程序的影响，例如杀毒软件、系统主动防护等，而且 Windows 7、Windows 8、Windows 10 等不同的系统版本其安全策略不一样，表现也不一样。

和普通使用 Ventoy2Disk 的方法一样，只是在最后单击"安装"按钮之前，在 Ventoy2Disk.exe 界面勾选"配置选项"→"创建 VTSI 文件"，如图 6-12 所示。

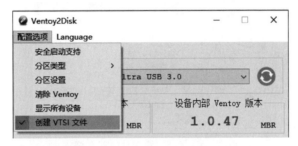

图 6-12 Ventoy 安装配置界面

然后单击"安装"按钮，此时不会再写 U 盘，而是会生成一个 VentoySparseImg.vtsi 文件，如图 6-13 所示。使用 Rufus(3.15+) 把这个 VTSI 文件写入对应的 U 盘即可完成 Ventoy 的安装。

安装时只需选择对应的 U 盘设备，选择 VTSI 文件，其余选项保持默认，如图 6-14 所示，对于 Rufus 弹出的提示，单击 OK 按钮即可。

特殊说明：

（1）Rufus 只支持 USB 接口类型的 U 盘或者移动硬盘，不支持本地硬盘，而且默认只显示 U 盘，对于 USB 移动硬盘可以按快捷键 Alt+F 显示。

（2）Ventoy 生成的 VTSI 文件只能用来写入对应的磁盘，不能写入其他盘。

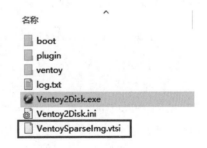

图 6-13 Ventoy 安装配置文件

Ventoy 可以安装在 U 盘上，也可以安装在本地硬盘上。为了防止误操作，默认只会列出 U 盘，可以勾选"配置选项"→"显示所有设备"这个选项。

此时会列出包括系统盘在内的所有磁盘，但此时务必要小心操作，不要选错盘。

MBR/GPT 分区格式选项只在安装时会用到，升级时不会用到，也就是说升级时不会改变现有分区格式，必须重新安装才可以。

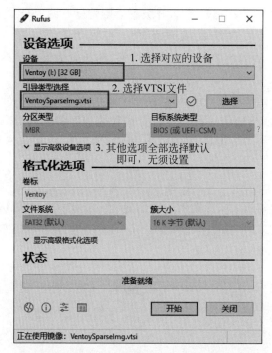

图 6-14　Ventoy 配置文件方式安装界面

安装完之后，U 盘中存放镜像文件的第 1 个分区会被格式化为 exFAT 系统，也可以手动把它重新格式化为 FAT32、NTFS、UDF、XFS、ext2、ext3、ext4 系统。

对于普通 U 盘建议使用 exFAT 文件系统，对于大容量的移动硬盘、本地硬盘、SSD 等建议使用 NTFS 文件系统。

6.1.3　Linux 系统图形化界面：GTK/QT

为了方便操作，Ventoy 从 1.0.52 版本开始，在 Linux 系统下提供了原生的图形化操作界面。同时支持 x86_64、i386、arm64、mips64 系统。另外根据桌面环境的不同分别提供了基于 GTK 和 QT 的版本。Linux 系统下的界面布局和操作方式与 Windows 下的安装程序保持一致。注意：在使用过程中如果出错，则可以切换到命令行模式（使用说明）或者 WebUI 模式（使用说明）进行安装或升级。

Ventoy 支持 GTK 情况如表 6-1 所示。

表 6-1　Ventoy 支持 GTK 情况

系统	GTK2	GTK3	QT5	文件	说明
x86_64	●	●	●	VentoyGUI.x86_64	最常用的 x86 64 位系统
i386	●	●	●	VentoyGUI.i386	x86 32 位系统

续表

系统	GTK2	GTK3	QT5	文件	说明
arm64		✓	✓	VentoyGUI.aarch64	飞腾、麒麟等 arm64 系统
mips64el		✓	✓	VentoyGUI.mips64el	龙芯 3A MIPS 系统

解压安装包之后,打开终端直接执行上面表格中对应的文件。例如对于最常用的 64 位 x86 系统,在终端中执行 ./VentoyGUI.x86_64 即可。

在有些系统中(例如 Deepin、Ubuntu 等)也可以直接双击对应的文件启动程序。

解压之后,可以只保留本系统对应的文件,将其他几个文件删除,方便识别。例如对于 64 位 x86 系统,可以只保留 VentoyGUI.x86_64,删除其他 3 个文件。

在默认情况下 Ventoy 会根据当前系统的支持情况自动选择使用 GTK 版本或者 QT 版本。选择的规则的先后顺序如下:

(1) 根据 tool/distro_gui_type.json 文件中的配置来决定使用哪种版本。当前对于一些特殊的系统进行了设定,例如 Deepin、UOS、Ubuntu Kylin 等。

(2) 如果系统只有 QT 的 lib,而没有 GTK 的 lib,则选择 QT 版本。

(3) 如果系统只有 GTK 的 lib,而没有 QT 的 lib,则选择 GTK 版本。

(4) 如果系统既包含 QT 的 lib,也包含 GTK 的 lib,则默认使用 GTK 版本。

对于最后一种情况,如果希望使用 QT 版本,则可以通过--qt5 参数指定,即./VentoyGUI. x86_64--qt5(注:此参数从 1.0.53 版本才开始支持)。

6.1.4 Linux 系统图形化界面:WebUI

为了方便操作,Ventoy 从 1.0.36 版本开始,在 Linux 系统下提供了基于浏览器的图形化操作界面。界面布局和操作方式与 Windows 下的安装程序保持一致。

Linux 发行版有很多,桌面环境也多种多样,例如 Gnome2、Gnome3、KDE、XFCE、LXDE 等,没有一个通用的图形界面方案。

因此基于浏览器的图形界面,相对来讲是一种比较简单和通用的解决方案,而且本方案同时支持 x86_64、i386、arm64、mips64 系统。

需要注意的是,在使用过程中如果出错,则可以切换到命令行模式(使用说明)或者 GTK/QT 模式(使用说明)进行安装或升级。

(1) 在安装包解压后的目录下,打开终端执行 sudo sh VentoyWeb.sh。

(2) 打开浏览器,直接访问 http://127.0.0.1:24680。

执行第 1 步后会在终端上打印出对应的 HTTP 地址。很多系统中都可以按下 Ctrl 键,同时用鼠标单击链接即可,而无须再手动打开浏览器。

VentoyWeb.sh 在默认情况下监听 127.0.0.1 地址的 24680 端口。此时只能通过本机的浏览器进行访问。

也可以使用命令 sudo sh VentoyWeb.sh-H 192.168.0.100-P 8080 来指定 IP 地址和端口号。

此时可以通过同网络内的另一台计算机上的浏览器访问这个界面进行操作。这在有些情况下比较方便。

例如,在一台机器里安装了 Linux 系统,但是并没有安装图形界面,只有命令行操作界面。此时可以在命令行里面执行上述命令,然后在另外一台有图形环境的计算机上(例如 Windows)通过浏览器访问对应的页面进行操作。只要这两台计算机网络上是联通的即可。

关闭方法如下:
(1) 关闭浏览器窗口。
(2) 在执行脚本的终端,根据提示按快捷键 Ctrl + C 退出。

6.1.5 Linux 系统安装 Ventoy:命令行界面

下载并安装包,例如 ventoy-1.0.00-linux.tar.gz,然后解压。

在终端以 root 权限执行 sudo sh Ventoy2Disk.sh-i /dev/XXX,其中 /dev/XXX 是 U 盘对应的设备名,例如 /dev/sdb。

Ventoy2Disk.sh 命令[选项] /dev/XXX。

命令的含义如下:
-i:将 Ventoy 安装到磁盘中(如果对应磁盘已经安装了 Ventoy,则会返回失败)。
-I:强制将 Ventoy 安装到磁盘中(不管原来有没有安装过)。
-u:升级磁盘中的 Ventoy 版本。
-l:显示磁盘中的 Ventoy 相关信息。

选项的含义如下(可选):
-r SIZE_MB:在磁盘最后保留部分空间,单位为 MB(只在安装时有效)。
-s:启用安全启动支持(默认为关闭的)。
-g:使用 GPT 分区格式,默认为 MBR 格式(只在安装时有效)。
-L:主分区(镜像分区)的卷标(默认为 Ventoy)。

针对 Linux 系统有以下几点需要特殊说明:
(1) 执行脚本时需要有 root 权限,对一些系统例如 Ubuntu、Deepin 在执行时需要在前面加 sudo,例如 sudo sh Ventoy2Disk.sh-i /dev/sdb。
(2) 必须通过 cd 命令切换到 Ventoy 解压之后的目录执行此脚本。
(3) 务必输入正确的设备名称,Ventoy 不会检查输入的设备是 U 盘还是本地硬盘,如果输错了,则有可能会把系统盘格式化。

需要注意在选择安装时,磁盘将会被格式化,里面的所有数据都会丢失。

只需安装一次 Ventoy,剩下的就只需把各种 ISO、WIM、VHD(x)、EFI 文件复制到 U 盘中就可以了。

也可以把它当成普通 U 盘使用，保存普通文件、图片或视频等，不会影响 Ventoy 的功能。

复制镜像文件，安装完成之后，U 盘会被分成两个分区。Ventoy MBR 格式 U 盘分区的布局如图 6-15 所示。

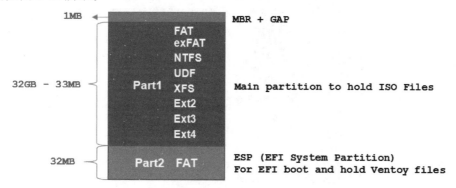

图 6-15　Ventoy MBR 格式 U 盘分区布局

图 6-12 是一个安装了 Ventoy 的 32GB U 盘的分区示意图。可以看到，整个 U 盘被分成了两个分区（MBR 格式）。

为什么选择 MBR 格式？为了能支持 Legacy BIOS 模式，只能选择 MBR 分区格式。

关于分区 1：Ventoy 将 U 盘的第 1 个分区默认格式化为 exFAT 文件系统来存放 ISO 文件。exFAT 文件系统有比较好的跨平台特性，而且也比较适合 U 盘。从 Ventoy 1.0.11 版本开始，也可以自己手动把第 1 个分区重新格式化为其他文件系统。当前支持的文件系统有 exFAT、FAT32、NTFS、UDF、XFS、ext2、ext3、ext4。需要说明的是，如果选择 XFS、ext2、ext3、ext4 文件系统，则 U 盘无法在 Windows 系统下使用，也无法用来安装 Windows 系统，这个比较适合纯 Linux 的场景。

关于分区 2：首先，在 UEFI 模式下必须有一个 EFI 系统分区才可以启动，而且这个分区必须是 FAT 格式的文件系统。这个是 UEFI 规范的强制性要求，必须遵守，所以第 2 个分区就是这个 EFI 系统分区，用来保存 UEFI 模式下的启动文件及 Ventoy 的其他文件。这些文件都比较小，所以这个分区只分配了 32MB 空间。其实，这个 EFI 系统分区可以是第 1 个分区，也可以是第 2 个分区。这里把它放在第 2 个分区，纯粹是因为在某些早期版本的 Windows 系统中，只有 U 盘的第 1 个分区才能挂载使用，后面的分区是看不到的。当然，第 2 个分区不可见对于 Ventoy 来讲也是件好事，可以防止用户误操作。这个分区很小，是用来保存 Ventoy 的核心文件的，所以用户最好不要对其进行改动。

关于 1MB 的间隙：这部分空间是用来存放 Legacy BIOS 模式下的启动文件的。

保留空间：从 1.0.14 版本开始，Ventoy 支持在安装时在磁盘最后保留一部分空间，如图 6-16 所示，此图为一个安装了 Ventoy 的 32GB U 盘的分区示意图（2GB 的保留空间）。

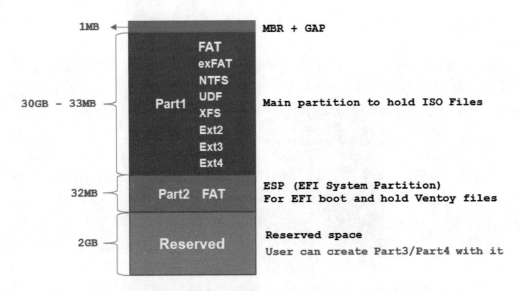

图 6-16　Ventoy 安装的 32GB U 盘的分区示意图

在安装时可以在"配置选项"→"分区设置"中设置要保留的空间大小（Linux 版本是-r 选项），如图 6-17 所示。注意，保留空间只在安装时有效，升级时不关注此项。

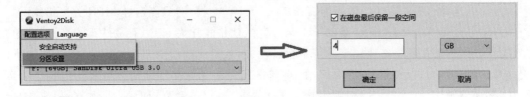

图 6-17　Ventoy 安装配置保留空间

保留空间只能位于磁盘的最后，不能位于前面或中间位置。

分区 1 和分区 2 是 Ventoy 创建的两个分区，这两个分区不能改动，即不能修改它们的位置或大小。

可以使用保留空间创建分区 3 和分区 4，这两个分区可以自由使用，不影响 Ventoy 功能。

其中第 1 个分区（就是容量大的那个分区，也可以称为 镜像分区）将会被格式化为 exFAT 文件系统，也可以手动重新格式化成其他文件系统，例如 NTFS、FAT32、UDF、XFS、ext2、ext3、ext4 等，只需把 ISO、WIM 等文件复制到这里。可以把文件放在任意目录及子目录下。Ventoy 默认会遍历所有的目录和子目录，找出所有的镜像文件，并按照字母排序之后显示在菜单中。

可以通过插件配置让 Ventoy 只搜索某个固定的目录，或是跳过某些特殊目录等。在默认情况下，Ventoy 会遍历磁盘中的所有目录及其子目录以找出所有支持的镜像文件。一一般情况下 U 盘中的文件数目都不会很多,因此这个过程比较快,几乎感觉不到。

但是如果 U 盘中有非常多的文件,整个搜索过程就会很慢,就需要很久才能进入启动菜单。

因此,Ventoy 提供了多种方法来控制搜索行为,灵活使用这些方法可以加快搜索速度,减少进入启动菜单的等待时间。

注意:本书中介绍的各种方法可能是在不同的版本中加入的,所以测试时应使用最新发布的 Ventoy 版本。详细的控制 Ventoy 搜索路径的方法如下。

1. 指定搜索目录

通过全局控制插件中的 VTOY_DEFAULT_SEARCH_ROOT 参数可以指定搜索目录。指定之后,Ventoy 就只会在这个目录及其子目录里面搜索了。

Ventoy 只在 ISO 这个目录里面搜索(包括其子目录),配置如下:

```
{
    "control": [
        { "VTOY_DEFAULT_SEARCH_ROOT": "/ISO" }
    ]
}
```

2. 指定搜索的子目录层数

全局控制插件中还有一个 VTOY_MAX_SEARCH_LEVEL 参数,通过这个参数可以控制递归搜索子目录时的最大层数。在默认情况下,不管子目录有多少层都会一直搜到底。

通过这个参数可以设置最多搜索多少层以内的子目录。如果同时设置了 VTOY_DEFAULT_SEARCH_ROOT 参数,则层数就从其对应的根目录(0 级)往下开始计算。

例如,下面这个设置相当于只列出根目录下的文件,而不去搜索任何一个子目录,配置如下:

```
{
    "control": [
        { "VTOY_MAX_SEARCH_LEVEL": "0" }
    ]
}
```

下面这个设置表示从 ISO 目录开始往下最多搜索 1 层子目录,所以/ISO/abc 目录会被搜索,而 /ISO/abc/def 这个目录就不会被搜索了,配置如下:

```
{
    "control": [
        { "VTOY_MAX_SEARCH_LEVEL": "1" },
        { "VTOY_DEFAULT_SEARCH_ROOT": "/ISO" }
    ]
}
```

3. 跳过某个特定的目录

Ventoy 还提供了一个功能，如果发现某个目录下有一个名字为 .ventoyignore 的文件，就会自动跳过这个目录及其所有子目录。

这里只要求文件名字是 .ventoyignore 即可，对文件内容没有要求，甚至也可以是一个空文件。这在一些特殊情况下比较有用。例如，在某个目录下有很多 ISO 格式的 Office 安装文件，由于是 ISO 格式的，所以默认也会被 Ventoy 搜索出来，但其实它不是一个可启动的镜像文件。此时，可以在这个目录下存放一个 .ventoyignore。

另外，特殊说明一下，这个文件要求名字是 .ventoyignore，也就是说它没有名称部分，只有一个后缀部分。在默认情况下，系统可能不允许创建这种没有名称而只有后缀的文件。

这个其实是有意为之的，就是为了防止误操作的情况。可以借助批处理 CMD.exe 来创建这个文件，假设想要跳过 Ventoy 里面的 ISO/test 目录，配置如下：

```
cd /D E:\ISO\test
echo 123 > .ventoyignore
```

4. 指定文件列表

文件列表插件：这种模式是终极的自定义模式。

在这种模式下，Ventoy 不再自动搜索整个磁盘，而是完全由配置文件告诉 Ventoy 有哪些目录或哪些文件。

5. 文件类型过滤

在默认情况下，Ventoy 会列出所有支持的镜像文件，例如 .iso、.wim、.img、.vhd、.vtoy 文件。

全局控制插件中有一组 VTOY_FILE_FLT_XXX 参数，通过这个参数可以对文件类型进行过滤。例如，把 VTOY_FILE_FLT_EFI 设置为 1，则会过滤掉所有的 .efi 文件。

6. 总结

Ventoy 提供了几种控制搜索行为的方法，可以灵活使用，其中，除了指定文件列表的方式以外，其他方法是可以组合使用的。

例如，将搜索路径指定为 ISO 目录以后，也还可以在 ISO/abc 子目录下存放一个 .ventoyignore 文件，这样 ISO/abc 子目录就会被整个跳过。

7. 升级 Ventoy

如果 Ventoy 发布了新版本，则可以单击"升级"按钮进行升级，或者在 Linux 系统中使用"-u"选项进行升级。

需要说明的是，升级操作是安全的，不会影响现有的镜像文件，也不会重新把镜像分区改成 exFAT 格式。

可以认为升级只是把第 2 个分区（32MB 的 VTOYEFI 分区）内的 Ventoy 启动文件覆盖了，不会改动镜像分区，因此镜像文件不会丢失。即使当初安装完成之后，把镜像分区重新格式化为 NTFS，升级时也不会改回 exFAT。

6.2 无人值守系统安装 Kickstart

Kickstart 是红帽发行版中的一种安装方式,它通过以配置文件的方式来记录 Linux 系统安装时的各项参数和想要安装的软件。只要配置正确,整个安装过程中无须人工交互参与,达到无人值守安装的目的。

预启动执行环境(Preboot eXecute Environment,PXE)是由 Intel 公司开发的最新技术,工作于 C/S 网络模式,支持工作站通过网络从远端服务器下载映像,并由此支持通过网络启动操作系统,在启动过程中,终端要求服务器分配 IP 地址,再用 TFTP(Trivial File Transfer Protocol)协议将一个启动软件包下载到本机内存中执行。

要使用 kickstart 安装平台,包括的完整架构为 Kickstart+DHCP+NFS(HTTP)+TFTP+PXE,从架构可以看出大致需要安装的服务,例如 DHCP、TFTP、httpd、Kickstart、PXE 等。

C/S 工作模式有 PXE 客户端会调用网际协议(IP)、用户数据报文协议(UDP)、动态主机设定协议(DHCP)、小型文件传输协议(TFTP)等网络协议。PXE 客户端这个术语是指机器在 PXE 启动过程中的角色。一个 PXE 客户端可以是一台服务器、笔记本电脑或者其他装有 PXE 启动代码的机器(计算机的网卡)。

PXE 的工作过程如图 6-18 所示。

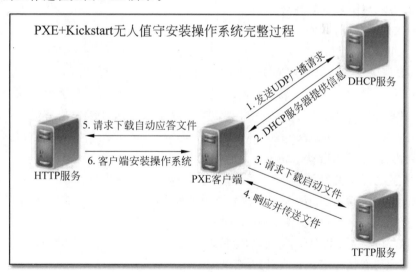

图 6-18 PXE 的工作过程

PXE 请求如图 6-19 所示,主要步骤如下。

1. PXE 客户端发送 UDP 广播请求

PXE 客户端从自己的 PXE 网卡启动,通过 PXE BootROM(自启动芯片)会以 UDP(简单用户数据报文协议)发送一个广播请求,向本网络中的 DHCP 服务器索取 IP。

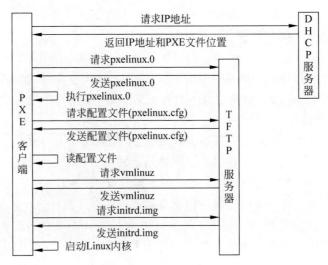

图 6-19　PXE 执行请求顺序和步骤

2．DHCP 服务器提供信息

DHCP 服务器收到客户端的请求，验证是否来自合法的 PXE 客户端的请求，验证通过它将给客户端一个"提供"响应，这个"提供"响应中包含了为客户端分配的 IP 地址、pxeLinux 启动程序(TFTP)位置，以及配置文件所在位置。

3．PXE 客户端请求下载启动文件

客户端收到服务器的"回应"后，会回应一个帧，以请求传送启动所需文件。这些启动文件包括 pxelinux.0、pxelinux.cfg/default、vmlinuz、initrd.img 等文件。

4．TFTP 服务器响应客户端请求并传送文件

当服务器收到客户端的请求后，它们之间之后将有更多的信息在客户端与服务器之间作应答，用以决定启动参数。BootROM 由 TFTP 通信协议从 TFTP 服务器下载启动安装程序所必需的文件(pxelinux.0、pxelinux.cfg/default)。default 文件下载完成后，会根据该文件中定义的引导顺序，启动 Linux 安装程序的引导内核。

5．请求下载自动应答文件

客户端通过 pxelinux.cfg/default 文件成功地引导 Linux 安装内核后，安装程序首先必须确定通过什么安装介质来安装 Linux，如果是通过网络安装(NFS、FTP、HTTP)，则会在这时初始化网络，并定位安装源位置。接着会读取 default 文件中指定的自动应答文件 ks.cfg 所在位置，根据该位置请求下载该文件。

6．客户端安装操作系统

将 ks.cfg 文件下载下来后，通过该文件找到 HTTP 镜像，并按照该文件的配置请求下载及安装过程中需要的软件包。

HTTP 镜像和客户端建立连接后，将开始传输软件包，客户端将开始安装操作系统。

安装完成后，将提示重新引导计算机。

在安装操作系统的过程中,需要和服务器大量地进行交互操作,为了减少这个交互过程,Kickstart 就诞生了。使用这种 Kickstart,只需事先定义好一个 Kickstart 自动应答配置文件 ks.cfg(通常存放在安装服务器上),并让安装程序知道该配置文件的位置,在安装过程中安装程序就可以自己从该文件中读取安装配置,这样就避免了在安装过程中进行多次人机交互,从而实现无人值守的自动化安装。

生成 Kickstart 的配置文件的 3 种方法如下:

(1)每安装好一台 CentOS 机器,CentOS 安装程序都会创建出来一个 Kickstart 配置文件,记录真实安装配置,如果希望实现和某系统类似的安装,则可以基于 Kickstart 配置文件来生成需要的 Kickstart 配置文件。

(2)CentOS 系统提供了一个叫作 Kickstart 的图形化的配置工具,可以很容易地创建自己的 Kickstart 配置文件。

(3)使用 Kickstart 配置文件手册,用任何一个文本编辑器都可以创建需要的 Kickstart 配置文件。

配置 Kickstart,可以使用 system-kickstart 系统软件包来配置,ks.cfg 配置文件的内容如下:

```
install
text
keyboard 'us'
rootpw 123456
timezone Asia/Shanghai
url --url=http://192.168.0.131/centos 7
lang zh_CN
firewall --disabled
network --bootproto=dhcp --device=ens33
auth --useshadow --passalgo=sha512
firstboot --disable
seLinux --disabled
bootloader --location=mbr
clearpart --all --initlabel
part /boot --fstype="ext4" --size=300
part / --fstype="ext4" --grow
part swap --fstype="swap" --size=512
reboot
%packages
@^minimal
@core
%end
```

ks.cfg 文件的组成大致分为以下 3 段。

(1)命令段:键盘类型、语言、安装方式等系统的配置,有必选项和可选项,如果缺少某必选项,安装时则会中断并提示用户选择此项的选项。

(2)软件包段:安装相关的软件包。主要配置项如下:

%packages。

@groupname：指定安装的包组。

package_name：指定安装的包。

-package_name：指定不安装的包。

在安装过程中默认安装的软件包，安装软件时会自动分析依赖关系。

（3）脚本段（可选），分为系统安装前执行和系统安装后执行，主要执行一些自定义的命令或者功能。

%pre：安装系统前执行的命令或脚本（由于只依赖于启动镜像，所以支持的命令很少）。

%post：安装系统后执行的命令或脚本（基本支持所有命令）。

主要的关键词、功能及作用如下。

install：告知安装程序，这是一次全新安装，而不是升级（upgrade）。

url--url=" "：通过 FTP 或 HTTP 从远程服务器上的安装树中安装，例如 url --url=http://192.168.0.131/centos 7/，url --url ftp：//<username>：<password>@<server>/<dir>。

nfs：从指定的 NFS 服务器安装，例如 nfs --server=nfsserver.example.com --dir=/tmp/install-tree。

text：使用文本模式安装。

lang：设置在安装过程中使用的语言及系统的缺省语言，例如 lang en_US.UTF-8。

keyboard：设置系统键盘类型，例如 keyboard us。

zerombr：清除 MBR 引导信息。

bootloader：系统引导相关配置，例如 bootloader --location=mbr --driveorder=sda --append="crashKernel=auto rhgb quiet"。--location=用于指定引导记录被写入的位置。有效的值如下。

mbr：缺省。

partition：在包含内核的分区的第 1 个扇区安装引导装载程序。

none：不安装引导装载程序。

--driveorder：指定在 BIOS 引导顺序中居首的驱动器。

--append=：指定内核参数，如果要指定多个参数，则可使用空格分隔它们。

network：为通过网络的 Kickstart 安装及所安装的系统配置联网信息，例如 network --bootproto=dhcp --device=eth0 --onboot=yes --noipv6 --hostname=CentOS 6。需要注意的是其中参数--bootproto=[dhcp/bootp/static]用于智能地选择其中的一种，默认值是 dhcp。bootp 和 dhcp 被认为是相同的。static 方法要求在 Kickstart 文件里输入所有的网络信息，例如 network --bootproto=static --ip=192.168.0.100 --netmask=255.255.255.0 --gateway=192.168.0.1 --nameserver=114.114.114.114。需要注意，所有配置信息都必须在一行上指定，不能使用反斜线来换行。

--ip：要安装的机器的 IP 地址。
--gateway：IP 地址格式的默认网关。
--netmask：安装的系统的子网掩码。
--hostname：安装的系统的主机名。
--onboot：是否在引导时启用该设备。
--noipv6：禁用此设备的 IPv6。
--nameserver：配置 DNS 解析。
timezone：设置系统时区，例如 timezone --utc Asia/Shanghai。
authconfig：系统认证信息，例如 authconfig --enableshadow --passalgo=sha512。将密码加密方式设置为 sha512，以便启用 shadow 文件。
rootpw：root 密码。
clearpart：清空分区，例如 clearpart --all-initlabel，其中，--all 表示从系统中清除所有分区，--initlable 表示初始化磁盘标签。
part：磁盘分区，例如 part /boot --fstype=ext4 --asprimary --size=200，part swap --size=1024，part / --fstype=ext4-grow --asprimary --size=200，其中，--fstype 为分区设置文件系统类型，有效的类型为 ext2、ext3、swap 和 vfat；--asprimary 强迫把分区分配为主分区，否则提示分区失败。--size 是以 MB 为单位的分区最小值，在此处指定一个整数值，如 500，不要在数字后面加 MB；--grow 告诉分区使用所有可用空间（若有）或使用设置的最大值。
firstboot：负责协助配置 Red Hat 一些重要的信息，例如 firstboot --disable。
selinux：关闭 selinux，例如 selinux --disabled。
firewall：关闭防火墙，例如 firewall --disabled。
logging：设置日志级别，例如 logging --level=info。
reboot：设定安装完成后重启，此选项必须存在，不然 Kickstart 会显示一条消息，并等待用户按任意键后才重新引导，也可以选择关机。
编写 Kickstart 配置文件，有些必选命令，配置如下：

```
keyboard us                                  #键盘类型设定

lang en_US                                   #语言设定

timezone [--utc] Asia/Shanghai               #时区选择

reboot | poweroff | halt                     #系统安装完成后的操作(重启或关机)

selinux --disabled | --permissive            #是否启用 selinux

authconfig --useshadow --passalgo=sha512     #系统的认证方式,这里选择密码认证,加密算法
                                             #为 sha512
```

```
rootpw -- iscrypted ....              #加密后的root密码
bootloader -- location = mbr -- driveorder = sda  #bootloader的安装位置,这里选择安装至MBR中

#可选命令如下
install | upgrade                     #安装/升级操作系统

url -- url = ....                     #指明通过远程主机的FTP或HTTP路径来安装系统

firewall -- disabled | -- enabled     #是否开启防火墙

firstboot -- disabled | -- enabled    #系统第1次启动后是否进行用户配置

text | graphical                      #安装界面为文本/图形

clearpart -- Linux | -- all           #安装前清除系统的哪些分区, -- all表示清除所有分区

zerombr #使用clearpart -- all时,需要加上这个选项,否则安装过程会被暂停,需要手动选择

part #分区设定

part swap -- size = 2048              #对swap进行分区的示例

part /boot -- fstype ext4 -- size = 100000  #对/boot进行分区的示例

part pv.< id > -- size = ...          #创建一个PV

volgroup vgname pvname                #创建VG

logval /home -- fstype ext4 -- name = home -- vgname = vgname -- size = 1024  #创建一个逻辑卷
#的示例

% include #可以将其他文件的内容包含进Kickstart文件,包含的文件必须是安装系统过程中能够
#访问的
```

软件包选择段,这里定义安装系统需要安装的软件包,@开头的软件包表示包组,也可以指定单个包名,举例如下:

```
% packages

@ Base

@ Core

@ base

@ basic - desktop

@ chinese - support

@ client - mgmt - tools
```

```
@core
@desktop-platform
@fonts
@general-desktop
@graphical-admin-tools
@legacy-x
@network-file-system-client
@perl-runtime
@remote-desktop-clients
@x11
lftp
tree
%end
```

脚本段中的脚本可分为安装前脚本和安装后脚本。%pre 表示安装前脚本,此时的 Linux 系统环境为微缩版环境,脚本应尽可能简单。这里的脚本通常用于查询一些系统信息,然后根据这些信息动态地设定安装配置,例如使用下面的脚本:

```
%pre
#设置分区的配置,将 swap 大小配置为和内存大小一样
#!/bin/sh
act_mem=`cat /proc/meminfo | grep MemTotal | awk '{printf("%d",$2/1024)}'`
echo "" > /tmp/partition.ks
echo "clearpart --all --initlabel" >> /tmp/partition.ks
echo "part /boot --fstype=ext3 --asprimary --size=200" >> /tmp/partition.ks
echo "part swap --fstype=swap --size=${act_mem}" >> /tmp/partition.ks
echo "part / --fstype=ext3 --grow --size=1" >> /tmp/partition.ks
%end
```

这个脚本在安装系统之前执行,它查询了系统的内存大小,并根据内存大小生成分区指令,存放在 /tmp/partitoins.ks 文件中。

然后在 Kickstart 文件中包含 partitions.ks 文件,这样就可以动态地设置分区大小了,举例如下:

```
% include /tmp/partitions.ks
```

%post 表示安装后脚本,此时的 Linux 系统环境为已经安装完成的系统。这里的脚本可以进行一些系统安装后配置,如公钥注入、仓库配置、第三方软件安装、系统服务配置文件修改等。例如,设置加密密码如下:

```
#先生成一个密码备用
[root@localhost ~]#grub-crypt
Password:123456
Retype password:123456
$ 6 $ X20eRtuZhkHznTb4 $ dK0BJByOSAWSDD8jccLVFz0CscijS9ldMWwpoCw/ZEjYw2BTQYGWlgKsn945fFTjRC658UXjuocwJbAjVI5D6/
rootpw - - iscrypted $ 6 $ X20eRtuZhkHznTb4 $ dK0BJByOSAWSDD8jccLVFz0CscijS9ldMWwpoCw/ZEjYw2BTQYGWlgKsn945fFTjRC658UXjuocwJbAjVI5D6/
```

6.3 操作系统镜像的解压及提取

1. 使用 mount 进行挂载

想要从 ISO 镜像中提取和复制文件,可以使用传统的 mount 命令以只读方式把 ISO 镜像文件加载为 loop 设备,然后把文件复制到另一个目录。

假如有一个 ISO 镜像文件(Ubuntu-16.10-server-amd64.iso 系统镜像文件)及用于挂载和提取 ISO 镜像文件的目录。

首先,创建一个挂载目录,以此来挂载 ISO 镜像文件,命令如下:

```
$ sudo mkdir /mnt/iso
```

目录创建完成后,可以运行挂载 Ubuntu-16.10-server-amd64.iso 系统镜像文件,并查看其中的内容,代码如下:

```
$ sudo mount -o loop Ubuntu-16.10-server-amd64.iso /mnt/iso
$ ls /mnt/iso/
```

可以进入挂载目录 /mnt/iso，查看文件或者使用 cp 命令把文件复制到 /tmp 目录，代码如下：

```
$ cd /mnt/iso
$ sudo cp md5sum.txt /tmp/
$ sudo cp -r Ubuntu /tmp/
```

2. 使用 7zip 进行解压

如果不想挂载 ISO 镜像，则可以简单地安装一个 7zip 工具，这是一个自由而开源的解压缩软件，用于压缩或解压不同类型格式的文件，包括 TAR、XZ、GZIP、ZIP、BZIP2 等。安装命令如下：

```
$ sudo apt-get install p7zip-full p7zip-rar    [On Debian/ubuntu systems]
$ sudo yum install p7zip p7zip-plugins         [On CentOS/RHEL systems]
```

7zip 软件安装完成后，就可以使用 7z 命令提取 ISO 镜像文件里的内容了，命令如下：

```
$ 7z x Ubuntu-16.10-server-amd64.iso
```

解压完成以后，可以像普通文件夹和文件一样进行操作。

3. 使用 isoinfo 提取

使用 isoinfo 命令来提取 ISO 镜像文件内容，虽然 isoinfo 命令是用来以目录的形式列出 ISO 9660 镜像文件的内容，但是也可以使用该程序来提取文件。

isoinfo 程序会显示目录列表，因此先列出 ISO 镜像文件的内容，命令如下：

```
$ isoinfo -i Ubuntu-16.10-server-amd64.iso -l
```

可以按如下的方式从 ISO 镜像文件中提取单文件，示例命令如下：

```
$ isoinfo -i Ubuntu-16.10-server-amd64.iso -x MD5SUM.TXT > MD5SUM.TXT
```

需要注意的是，因为-x 解压到标准输出，所以必须使用重定向来提取指定文件。

4. 项目实践

本书对 CentOS 系统进行修改和定制，使用 mount 进行挂载解压，命令如下：

```
mkdir -p /home/iso
mount -t iso9660 -o loop centos-7-x86_64-Minimal-1804.iso /home/iso
```

挂载之后，进入 /home/iso 目录，查看相关的系统镜像文件内容，并进行相关的定制修改，最后重新打包。

6.4 操作系统镜像的自定义修改

想要在原版的 Linux 镜像上添加自定义的软件,但是不想或者不会编译,那么就可以基于 Linux 的 ISO 文件进行修改,定制自己的安装试用镜像。用已有的 Linux ISO,通过解压其系统文件 filesystem.squashfs,然后修改或者替换相关文件,最后实现自定义系统。

首先把 Linux ISO 挂载到系统中。把里面的 filesystem.squashfs 文件复制出来(因为 ISO 是只读的,复制出来后也方便管理和备份)。这里以 UOS1040 为例,其文件系统在 ./live 目录下,命令如下:

```
sudo mount -o loop /xxx/xxx.iso /media/usrname/isofolder
cd /media/usrname/isofolder/live/
cp ./filesystem.squashfs ~
```

安装 squashfs-tools 工具,用来压缩解压归档文件,命令如下:

```
sudo apt install squashfs-tools
```

回到主目录后,解压 filesystem.squashfs 文件,命令如下:

```
sudo unsquashfs filesystem.squashfs
```

解压后可以看到主目录多了一个 squashfs-root 目录,里面存放的就是一个 Linux 的文件系统。这时将需要的文件复制进去,例如,替换 /usr、/opt、/etc 目录,这 3 个目录保存了已经安装的 clonezilla 应用及其配置程序,以及编写的辅助脚本和自启动脚本。

修改好后就可以打包了。第 1 个参数是刚刚解压出来的已修改好的文件系统,第 2 个参数是输出的名称。建议把之前复制出来的 squashfs 文件改名后进行保存,命令如下:

```
sudo mksquashfs squashfs-root/ filesystem.squashfs
```

最后需要重建 ISO 文件。由于是基于原来的 ISO 修改的,所以只需替换 ISO 里面的 filesystem.squashfs 文件,否则还需要更换系统内核 img/lz、重写引导。

6.5 操作系统镜像的封装和打包

Linux ISO 镜像制作时使用的 mkisofs 命令用来将指定的目录与文件做成 ISO 9660 格式的镜像文件,以供刻录光盘。

主要选项如下。

-a 或--all:mkisofs 通常不处理备份文件。使用此参数可以把备份文件加载到映像文件中。

-A <应用程序 id>或-appid <应用程序 ID>：指定光盘的应用程序 ID。

-abstract <摘要文件>：指定摘要文件的文件名。

-b <开机映像文件>或-eltorito-boot <开机映像文件>：指定在制作可开机光盘时所需的开机映像文件。

-biblio：指定 ISBN 文件的文件名，ISBN 文件位于光盘根目录下，用于记录光盘的 ISBN。

-c <开机文件名称>：制作可开机光盘时，mkisofs 会将开机映像文件中的-eltorito-catalog <开机文件名称>的全部内容作成一个文件。

-C <盘区编号,盘区编号>：当将许多节区合成一个映像文件时，必须使用此参数；-copyright <版权信息文件>：指定版权信息文件的文件名。

-d 或-omit-period：省略文件后的句号。

-D 或-disable-deep-relocation：ISO 9660 最多只能处理 8 层目录，对于超过 8 层的部分 RRIP 会自动将它们设置成 ISO 9660 兼容的格式。使用-D 参数可关闭此功能。

-f 或-follow-links：忽略符号连接。

-h：显示帮助。

-hide <目录或文件名>：使指定的目录或文件在 ISO 9660 或 Rock RidgeExtensions 的系统中隐藏。

-hide-joliet <目录或文件名>：使指定的目录或文件在 Joliet 系统中隐藏。

-J 或-joliet：使用 Joliet 格式的目录与文件名称。

-l 或-full-iso9660-filenames：使用 ISO 9660 32 字符长度的文件名。

-L 或-allow-leading-dots：允许文件名的第 1 个字符为句号。

-log-file <记录文件>：在执行过程中若有错误信息，则预设会显示在屏幕上。

-m <目录或文件名>或-Exclude <目录或文件名>：指定的目录或文件名将不会放入映像文件中。

-M <映像文件>或-prev-session <映像文件>：与指定的映像文件合并。

-N 或-omit-version-number：省略 ISO 9660 文件中的版本信息。

-o <映像文件>或-output <映像文件>：指定映像文件的名称。

-p <数据处理人>或-preparer <数据处理人>：记录光盘的数据处理人。

-print-size：显示预估的文件系统大小。

-quiet：执行时不显示任何信息。

-r 或-rational-rock：使用 Rock Ridge Extensions，并开放全部文件的读取权限。

-R 或-rock：使用 Rock Ridge Extensions。

-sysid <系统 ID>：指定光盘的系统 ID。

-T 或-translation-table：建立文件名的转换表，适用于不支持 Rock Ridge Extensions 的系统上。

-v 或-verbose：执行时显示详细的信息。

-V <光盘 ID>或-volid <光盘 ID>：指定光盘的卷册集 ID。
-volset-size <光盘总数>：指定卷册集所包含的光盘张数。
-volset-seqno <卷册序号>：指定光盘片在卷册集中的编号。
-x <目录>：指定的目录将不会放入映像文件中。
-z：建立通透性压缩文件的 SUSP 记录，此记录目前只在 Alpha 机器上的 Linux 有效。
普通文件压缩命令如下：

```
mkisofs -l -J -L -R -r -v -hide-rr-moved -o test.iso /root/test/
```

系统镜像压缩命令如下：

```
mkisofs -quiet -V "CentOS 7" -J -R -T -v -boot-info-table -no-emul-boot -boot-load-size 4 -b isoLinux/isolinux.bin -c boot.cat -o CentOS 7.iso -r CentOS7/
```

6.6 操作系统镜像内核裁剪及编译

6.6.1 操作系统

操作系统（OS）是一种软件平台，可创建一个环境，用户可以在该环境中在计算设备上运行不同的应用程序。操作系统充当软件程序和系统硬件组件之间的桥梁。它被移动设备、标签、台式机、Web 服务器、视频游戏机等不同的设备所利用。市场上有各种操作系统可用，例如 Windows、Linux、UNIX 和 macOS。

6.6.2 操作系统的组成

Bootloader：它负责设备的启动过程。
Shell：Shell 是一种编程语言，它可以控制其他文件、进程及所有其他程序。
Kernel：它是操作系统的主要组件，用于管理内存、CPU 和其他相关组件。
Desktop Environment：这是用户通常与之交互的环境。
Graphical Server（图形服务器）：它是操作系统的子系统，用于在屏幕上显示图形。
Applications：这些是执行不同用户任务（例如 Word、Excel 等）的程序集。
Daemons：后台服务提供商。

6.6.3 内核

内核是操作系统的关键组件。它借助进程间通信和系统调用，在硬件级别上充当应用程序和数据处理之间的桥梁。

每当将操作系统加载到内存中时，首先将加载内核并将其保留在那里，直到操作系统关闭。内核负责处理低级任务，例如任务管理、内存管理、风险管理等。

内核的任务如下：
(1) 用于应用程序执行的流程管理。
(2) 内存和 I/O(输入/输出)管理。
(3) 系统调用控制(内核的核心行为)。
(4) 借助设备驱动程序进行设备管理。

6.6.4 内核空间和用户空间

内核空间：内核处于提升的系统状态，其中包括受保护的内存空间及对设备硬件的完全访问权限。此系统状态和内存空间统称为内核空间。在内核空间内，对硬件和系统服务的核心访问进行管理，并作为服务提供给系统的其余部分。

用户空间：用户空间或用户域是在操作系统内核环境之外运行的代码，用户空间定义为操作系统用来与内核连接的各种应用程序、程序或库。

用户的应用程序是在用户空间中执行的，它们可以通过内核系统调用访问，是计算机可用资源的一部分。通过内核提供的核心服务，可以创建用户级别的应用程序，例如游戏或办公软件。

6.6.5 内核的操作

内核是任何操作系统的"心脏"，因为它可控制系统中的所有其他程序。当设备启动时，内核会经历一个初始化的过程，例如检查内存。它负责内存分配部分，并创建一个运行应用程序的环境，而没有任何干扰。

内核充当服务提供者的角色，因此程序可以请求内核完成多个任务，例如请求使用磁盘、网卡或其他硬件，并且内核为 CPU 设置中断以启用多任务处理。它不让错误的程序进入其他程序，从而保护了计算环境。它通过不允许存储空间来阻止未经授权的程序进入入口，并限制它们消耗的 CPU 时间。

6.6.6 内核的分类

通常有以下三类内核。

(1) Monolithic Kernel：包含许多设备驱动程序，可在设备的硬件和软件之间创建通信接口。

它是操作系统广泛使用的内核。在单片架构中，内核由可以动态加载和卸载的各种模块组成。这种体系结构将扩展 OS 的功能，并允许轻松地扩展内核。

使用单片式体系结构使内核的维护变得容易，因为当需要修复特定模块中的错误时，它允许相关模块进行加载和卸载。因此，它消除了烦琐的工作，即降低并重新编译整个内核以进行很小的更改。在单片内核中，使卸载不再使用的模块变得更加容易。

(2) Micro Kernel：只能执行基本功能。

微内核已经发展成为单片内核的替代产品，以解决单片内核无法做到的内核代码不断增长的问题。这种体系结构允许某些基本服务（例如协议栈、设备驱动程序管理、文件系统等）在用户空间中运行。这样可以以最少的代码增强 OS 的功能，提高安全性并确保稳定性。

它使系统的其余部分正常运行而不会造成任何中断，从而限制了对受影响区域的损坏。在微内核体系结构中，所有基本 OS 服务都可以通过进程间通信（IPC）提供给程序。微内核允许设备驱动程序和硬件之间进行直接交互。

（3）Hybrid Kernel：结合了单片内核和微内核的各方面。

混合内核可以决定要在用户模式和主管模式下运行什么。通常，在混合内核环境中，设备驱动程序和文件系统 I/O 之类的内容将在用户模式下运行，而服务器调用和 IPC 则保持在管理者模式下。它提供了两个世界的最佳体验。

6.6.7 Linux 操作系统

Linux 是 Linus Torvalds 在 1991 年开发的开源平台。它在各种设备中用作操作系统，例如在计算机、服务器、移动设备、大型机和其他嵌入式设备中。由于它是开源软件，因此用户可以根据需要自定义此操作系统。它支持绝大多数主要的计算机平台，例如 ARM、x86、SPARK 等。Linux 的最常见用法是用于 Server，但也用于台式机、电子书阅读器、智能手机等。

6.6.8 Linux 内核

内核是任何基于 Linux 的操作系统的核心组件。它代表了台式机和服务器的 Linux 发行版的核心方面。它具有整体架构，并且操作系统完全在内核空间中运行。整体内核不仅包含中央处理器、IPC 和内存，而且具有系统服务器调用、设备驱动程序和文件系统管理功能。Linux 内核充当设备软件和硬件之间的一层。

内核可以是单片、微内核或混合内核（例如 OS X 和 Windows 7）。Linux 内核是类似于 UNIX 系统的单片计算机操作系统内核。Linux 操作系统系列（通常称为 Linux 发行版）基于此内核。与微内核不同，单块内核不仅包含中央处理单元、内存和 IPC，还具有设备驱动程序、系统服务器调用和文件系统管理功能。它们最擅长与硬件通信并同时执行多个任务。由于这个原因，此处的过程反应速度很快。

但是，很少的挫折是所需的巨大安装和内存占用空间及安全性不足，因为一切都以管理员模式运行。相反，随着用户服务和内核的分离，微内核对应用程序调用的反应可能会很慢，因此，与整体内核相比，它们的尺寸更小。微内核很容易扩展，但是编写微内核需要更多代码。Linux 内核是用 C 和 Assembly 编程语言编写的。

6.6.9 内核源码结构

在 Linux 系统中查看内核源码如下：

arch：特定体系结构的代码。
block：块设备 I/O 层。
crypo：加密 API。
documentation：内核源码文档。
drivers：设备驱动程序。
firmware：使用某些驱动程序而需要的设备固件。
fs：VFS 和各种文件系统。
include：内核头文件。
init：内核引导和初始化。
ipc：进程间通信代码。
kernel：像调度程序这样的核心子系统。
lib：同样内核函数。
mm：内存管理子系统和 VM。
net：网络子系统。
samples：示例,示范代码。
scripts：编译内核所用的脚本。
security：Linux 安全模块。
sound：语音子系统。
usr：早期用户空间代码（所谓的 initramfs）。
tools：在 Linux 开发中有用的工具。
virt：虚拟化基础结构。

6.6.10　Linux 内核与硬件的关系

内核可以通过所谓的中断来管理系统的硬件。当硬件要与系统接口时,会发出一个中断信号,中断处理器收到信号后对内核执行相同的操作。为了提供同步,内核可以禁用中断,无论是单个中断还是全部中断。但是,在 Linux 系统中,中断处理程序不是在进程上下文中运行的,而是在不与任何进程相关联的中断上下文中运行,这种特殊的中断上下文仅是为了让中断处理程序快速响应单个中断,为最终退出而存在。

6.6.11　Linux 内核与其他经典 UNIX 内核的不同

Linux 内核和经典 UNIX 内核之间存在显著差异：
(1) Linux 支持内核模块的动态加载。
(2) Linux 内核是抢占式的。
(3) Linux 具有对称的多处理器支持。
(4) Linux 具有开放软件特性,因此是免费的。
(5) Linux 忽略了内核开发人员称为"设计不良"的某些标准 UNIX 功能。

(6) Linux 提供了带有设备类、可热插拔事件和用户空间设备文件系统的面向对象的设备模型。

(7) Linux 内核无法区分线程和正常进程。

6.6.12　Linux 内核架构

内核仅仅是资源管理器。被管理的资源可以是进程、内存或硬件设备。它管理和仲裁多个竞争用户之间对资源的访问。Linux 内核存在于用户空间下方的内核空间中，该空间执行用户应用程序的位置。为了使用户空间与内核空间进行通信，已合并了一个 GNU C 库，该库为系统调用接口提供了一个接口，以连接到内核空间并允许转换回用户空间。

Linux 内核可以分为 3 个主要级别。

(1) 系统调用界面：这是最高层，并承担诸如读取和写入之类的基本操作。

(2) 内核代码：它位于系统调用接口下方，这是 Linux 支持的所有处理器体系结构的共同点，有时也定义为与体系结构无关的内核代码。

(3) 依赖于体系结构的代码：它在独立于体系结构的代码下，形成通常称为板级支持程序包(BSP)的程序，该程序包包含一个称为引导加载程序的小程序，它将操作系统和设备驱动程序放入内存。

Linux 内核的体系结构主要包括系统调用接口、进程管理、虚拟文件系统、内存管理、体系结构和设备驱动程序，这些称为 Linux 内核的主要子系统。

(1) 系统调用接口(System Call Interface，SCI)：简单来讲，系统调用就是用户程序和硬件设备之间的桥梁。用户程序在需要时，通过系统调用来使用硬件设备。系统调用是一种编程过程，用于承担从用户空间到内核的函数调用，其中程序从操作系统内核请求服务。该接口可能取决于体系结构。它包括各种硬件服务，例如与硬件设备连接及在内核的各个组成部分之间创建通信接口。系统调用在操作系统和进程之间创建有效的接口。

(2) 进程管理（Process Management，PM）：执行进程，内核负责创建和删除不同的进程，并监视它们与外部世界的连接，例如输入和输出。它通过信号、进程间通信原语或管道来处理不同方法之间的通信。除了这些外，它还有一个调度程序，用于控制共享 CPU 的进程。

(3) 内存管理(Memory Management，MM)：内存是操作系统的重要组成部分，内存在所谓的页面中进行管理以提高效率。Linux 包括管理可用内存的方法及用于物理和虚拟映射的硬件机制，还提供了交换空间。内存管理不仅管理 4KB 缓冲区，还远远不止于此。Linux 还提供了 4KB 缓冲区以外的抽象（称为 Slab 分配器）。Slab 分配器使用 4KB 缓冲区作为基础，然后通过监视诸如页面已满、为空和部分使用之类的内容从内部分配结构。这使方案可以动态增长，并可以支持系统的更重要需求。

(4) 虚拟文件系统(Virtual File System，VFS)：虚拟文件系统是内核的重要组成部分，它为文件系统提供了标准的接口抽象。它提供了系统调用接口和内核支持的文件系统之间的切换层。VFS 在内核支持的文件系统和 SCI 之间创建了一个交换层。除了上述内容之外，Linux 还支持各种类型的文件系统，这些文件系统需要以不同的方式组织数据以物理格式存储。例如，可以使用常用的 FAT 文件系统、Linux 标准 ext3 文件系统或其他几种格式来格式化磁盘。

（5）设备驱动（Device Drivers，DD）：内核的大部分源代码存储在设备驱动程序中，这使特定的硬件设备可用。Linux 提供了一个驱动程序子目录，该子目录又分为支持的各种设备，例如蓝牙、串行等。

（6）体系结构（Architecture-Dependent Code，ADC）：即使大多数 Linux 在其独立体系结构上运行，也应考虑某些因素以提高体系结构的效率并使其正常运行。Linux 有许多子目录，每个体系结构子目录有许多其他子目录。而且，这些子目录专注于内核的特定任务，例如内存管理、引导、内核等。

（7）系统调用和中断（System Calls and Interrupts，SCI）：应用程序通过系统调用将信息传递给内核。库包含应用程序可以使用的功能，然后这些库通过系统调用界面指示内核执行应用程序所需的任务。中断提供了一种通过 Linux 内核管理系统硬件的方法。如果硬件必须与系统通信，则可以通过处理器上的中断来解决问题，并将其传递给 Linux 内核。

Linux 内核接口：Linux 内核为执行不同任务和具有不同属性的用户空间应用程序提供了不同的接口。它由两个独立的应用程序编程接口（API）组成：一个是内核用户空间，另一个是内核内部。

Linux API 是内核用户空间 API，它使用户空间中的程序可以访问内核的系统资源和服务，它由系统调用接口和 GNU C 库中的子例程组成。

Linux ABI 指的是内核用户空间（Application Binary Interface，ABI），它存在于程序模块之间，是两个二进制程序模块之间的接口：第 1 个模块是操作系统工具或库，第 2 个模块是用户运行的程序。

比较 API 和 ABI 时，不同之处在于 ABI 用于访问已编译的外部代码，而 API 是用于管理软件的结构。定义重要的 ABI 主要是 Linux 发行版的工作，而不是 Linux 内核的工作。应该为每个指令集定义一个特定的 ABI，例如 x86-64。Linux 产品的最终用户对 ABI 而不是 API 感兴趣。

它不过是内核用户空间 ABI（应用程序二进制用户界面），它存在于程序模块之间。ABI 用于访问已编译并准备使用的代码。ABI 是两个二进制程序模块之间的接口：第 1 个模块是操作系统工具或库，第 2 个模块是用户运行的程序。

模块化内核：以前版本的 Linux 内核是将其所有部分静态地固定为一个整体。但是，现代 Linux 内核的大部分功能包含在动态放入内核的模块中。与单片类型相反，这称为模块化内核。这样的设置允许用户加载或替换正在运行的内核中的模块，而无须重新启动。

Linux 可加载内核模块（The Linux Loadable Kernel Module，LKM）：如果要向 Linux 内核添加代码，则要做的第一件事就是向内核源代码树中添加一些源文件。在某些情况下，可能需要在运行时向内核添加代码，此过程称为可加载内核模块。LKM 的好处如下：

（1）LKM 节省时间并避免错误。

(2) 它有助于快速发现 Bugs。
(3) LKM 可以节省内存,因为它们仅在需要时才被加载到内存中。
(4) 它提供了更快的维护和缩短了调试时间。

6.6.13 Linux 内核升级更新

Linux 内核源码文件下载网址如下。

官网链接:https://www.kernel.org/。

HTTP 网页:https://www.kernel.org/pub/。

GIT 网址为 https://git.kernel.org/。

如果官网下载速度太慢,或者无法下载,则可使用另一个链接:http://ftp.sjtu.edu.cn/sites/ftp.kernel.org/pub/linux/kernel/。

可以根据需要,下载对应内核版本。

将新内核复制到/usr/src 下,解压缩,命令如下:

```
tar xzvf Linux-2.6.38.4.tar.gz
```

将名为 Linux 的符号链接删掉,这是旧版本内核的符号链接,建立 Linux-2.6.38.4 的符号链接 Linux,命令如下:

```
ln -s Linux-2.6.38.4 Linux
```

6.6.14 内核裁剪配置

删除不必要的文件和目录,命令如下:

```
cd /usr/src/linux
make mrproper
```

生成一个.config 文件,命令如下:

```
make menuconfig
```

Linux 内核的裁剪与编译看上去是个挺简单的过程。只是对配置菜单的简单选择,但是内核配置菜单本身结构庞大,内容复杂。具体如何选择却难住了不少人,因此熟悉与了解该菜单的各项具体含义就显得比较重要。现在就对其进行一些必要介绍。

Linux 内核的编译菜单有好几个版本。

(1) make config:进入命令行,可以一行一行地配置,这里不具体介绍。

(2) make menuconfig:进入熟悉的 menuconfig 菜单,相信很多人对此并不陌生。

(3) make xconfig:在 2.4.X 及以前版本中 xconfig 菜单是基于 TCL/TK 的图形库的。

所有内核配置菜单都是通过 Config.in 经由不同脚本解释器产生 .config，而目前刚刚推出的 2.6.X 内核用 QT 图形库，由 KConfig 经由脚本解释器产生。这两个版本差别还挺大。2.6.X 的 xconfig 菜单结构清晰，使用也更方便，但基于目前 2.4.X 版本比较成熟，稳定，用得最多，所以这里以 2.4.X 版本为基础介绍相关裁剪内容。同时 xconfig 界面比较友好，大家容易掌握，但它却没有 menuconfig 菜单稳定。有些人的机器运行不起来，所以从大众化的角度考虑，以较稳定但不够友好的 menuconfig 为主进行介绍，掌握了 menuconfig 的配置，Xconfig 的使用就没有任何问题了。

在选择相应的配置时，有 3 种选择方式，它们分别代表的含义如下。

Y：将该功能编译进内核。

N：不将该功能编译进内核。

M：将该功能编译成可以在需要时动态插入内核中的模块。

如果使用的是 make xconfig，则使用鼠标就可以选择对应的选项。这里使用的是 make menuconfig，所以需要使用空格键进行选取。在每个选项前都有一个括号，有的是中括号，有的是尖括号，还有圆括号。用空格键选择时可以发现，中括号里要么是空，要么是 *，而尖括号里可以是空、* 和 M，这表示前者对应的项要么不要，要么编译到内核里；后者则多一种选择，可以编译成模块，而圆括号的内容是要在所提供的几个选项中选择一项（其中有不少选项是目标板开发人员加的，对于陌生选项，当自己不知道该选什么时建议使用默认值）。下面来看一看具体配置菜单，进入内核所在目录，输入 make menuconfig 就会看到配置菜单具有以下一些项。

内核编译选项如下：

1 General setup

代码成熟度选项，它又有子项：

1.1 prompt for development and/or incomplete code/drivers

该选项是对那些还在测试阶段的代码、驱动模块等的支持。一般应该选这个选项，除非只想使用 Linux 中已经完全稳定的部分，但这样有时对系统性能影响挺大。

1.2 Cross – compiler tool prefix

交叉编译工具前缀，例如 Cross-compiler tool prefix 的值为（arm-Linux-）。

1.3 Local version – append to Kernel release

内核显示的版本信息，填入 64 字符以内的字符串，在这里填上的字符串可以用 uname -a 命令看到。

1.4 Automatically append version information to the version string

自动在版本字符串后面添加版本信息，编译时需要有 Perl 及 Git 仓库支持。

1.5 Kernel compression mode (Gzip)

有 4 个选项，即内核镜像要用的压缩模式，按 Enter 键，可以看到 gzip、bzip2、lzma、lxo，一般可以选择默认的 gzip，如果要使用 bzip2、lzma、lxo，则需要先安装对应的库支持。

1.6 Support for paging of anonymous memory (swap)

使用交换分区或交换文件来作为虚拟内存，一定要选上。

1.7 System V IPC

表示系统的进程间通信（Inter Process Communication，IPC），它用于处理器在程序之间同步和交换信息，如果不选这项，则很多程序运行不起来，必选。

1.8 POSIX Message Queues

POSIX 标准的消息队列，它同样是一种 IPC。建议最好将它选上。

1.9 BSD Process Accounting

用户进程访问内核时将进程信息写入文件中。通常主要包括进程的创建时间、创建者、内存占用等信息。建议最好选上。

1.10 BSD Process Accounting version 3 file format

使用新的第 3 版文件格式，可以包含每个进程的 PID 和其父进程的 PID，但是不兼容老版本的文件格式。

1.11 Export task/process statistics through netlink (EXPERIMENTAL)

通过 netlink 接口向用户空间导出任务/进程的统计信息，与 BSD Process Accounting 的不同之处在于这些统计信息在整个任务/进程生存期都是可用的。

Enable per-task delay accounting (EXPERIMENTAL)

在统计信息中包含进程等候系统资源（CPU、I/O 同步、内存交换等）所花费的时间。

Enable extended accounting over taskstats (EXPERIMENTAL)

在统计信息中包含扩展进程所花费的时间。

1.12 Auditing support

审记支持，用于和内核的某些子模块同时工作，例如 Security Enhanced Linux。只有选择此项及它的子项,才能调用有关审记的系统调用。

1.13 Enable system-call auditing support

支持对系统调用的审计。

1.14 IRQ subsystem

中断子系统。

Support sparse irq numbering

支持稀有的中断编号,关闭。

1.15 RCU Subsystem

非对称读写锁系统是一种高性能的 Kernel 锁机制,适用于读多写少的环境。

RCU Implementation (Tree-based hierarchical RCU)

RCU 实现机制 Tree(X) Tree-based hierarchical RCU 基本数按等级划分。

Enable tracing for RCU

激活跟踪。

Tree-based hierarchical RCU fanout value
Disable tree-based hierarchical RCU auto-balancing

基本数按等级划分分列值。

1.16 < > Kernel .config support

这个选项允许.config 文件(编译 Linux 时的配置文件)保存在内核中。

1.17 Kernel log buffer size (16 => 64KB, 17 => 128KB)

这个选项保持默认值即可:

1.18 [ ] Control Group support

cgroups 支持,文档资料,cgroups 的主要作用是给进程分组,并可以动态调控进程组的 CPU 占用率。例如 A 进程分到 apple 组,给予 20%CPU 占用率,E 进程分到 easy 组,给予 50%CPU 占用率,最高 100%。目前没有此类应用场景,用到时会选择将其编译进去。

CPU bandwidth provisioning for FAIR_GROUP_SCHED

此选项允许用户定义的 CPU 带宽速率（限制）在公平的组调度运行的任务。如果组没有限制设置，则会被认为是无约束的，即运行没有限制。

Group scheduling for SCHED_RR/FIFO

此功能可以显式地分配真实的 CPU 带宽任务组。

1.19 - * - Namespaces support

命名空间支持，允许服务器为不同的用户信息提供不同的用户名空间服务。

[*] UTS namespace

通用终端系统的命名空间。它允许容器，例如 Vservers 利用 UTS 命名空间来为不同的服务器提供不同的 UTS。如果不清楚，则选 N。

[*] IPC namespace

IPC 命名空间，如果不确定，则可以不选。

[*] User namespace (EXPERIMENTAL)

User 命名空间，如果不确定，则可以不选。

[*] PID Namespaces

PID 命名空间，如果不确定，则可以不选。

[*] Network namespace

1.20 Automatic process group scheduling

自动进程组调度。

1.21 [ ] enable deprecated sysfs features to support old userspace tools

1.22 - * - Kernel -> user space relay support (formerly relayfs)

在某些文件系统上（例如 Debugfs）提供从内核空间向用户空间传递大量数据的接口，目前没有此类应用场景。

1.23 [*] Initial RAM filesystem and RAM disk (initramfs/initrd) support

用于在真正内核装载前执行一些操作（俗称两阶段启动），例如加载 module、mount 一些非 root 分区、提供灾难恢复 Shell 环境等资料，这里期望从 Kernel image 直接启动，所以没选它。

1.24 Initramfs source file(s)

initrd 已经被 initramfs 取代,如果不明白这是什么意思,则应保持空白。

1.25 Optimize for size

这个选项将在 GCC 命令后用-Os 代替-O2 参数,这样可以得到更小的内核。没必要选。选上了有时会产生错误的二进制代码。

1.26 Enable full-sized data structures for core

在内核中使用全尺寸的数据结构,禁用它将使某些内核的数据结构减小以节约内存,但是将会降低性能。

1.27 Enable futex support

快速用户空间互斥体可以使线程串行化以避免竞态条件,也提高了响应速度,禁用它将导致内核不能正确地运行基于 glibc 的程序。

1.28 Enable eventpoll support

支持事件轮循的系统调用。

1.29 Use full shmem filesystem

除非在很少的内存且不使用交换内存时,才不要选择这项。后面这 4 项都是在编译时内存中的对齐方式,0 表示编译器的默认方式。使用内存对齐能提高程序的运行速度,但是会增加程序对内存的使用量。内核也是一组程序。

Enable VM event counters for /proc/vmstat

允许在/proc/vmstat 中包含虚拟内存事件计数器。

[*] Disable heap randomization

禁用随机 heap(heap 堆是一个应用层的概念,即堆对 CPU 是不可见的,它的实现方式有多种,可以由 OS 实现,也可以由运行库实现,也可以在一个栈中实现一个堆)。

1.30 Choose SLAB allocator (SLAB)

选择内存分配管理器(强烈推荐使用 SLUB)。

1.31 [ ] Configure standard Kernel features (for small systems)

这个选项可以让内核的基本选项和设置无效或者扭曲。这是用于特定环境中的,它允许"非标准"内核。要是选它,一定要明白自己在干什么。这是为了编译某些特殊用途的内核所使用的,例如引导盘系统。配置标准的内核特性(为小型系统)。

Enable 16 – bit UID system calls

允许对 UID 系统调用来进行过时的 16-bit 包装。

Sysctl syscall support

几乎使用不到这一选项,不选它可以使内核变小。

Include all symbols in kallsyms

在 kallsyms 中包含内核知道的所有符号,内核将会增大 300KB。

Enable support for printk

允许内核向终端打印字符信息,在需要诊断内核为什么不能运行时选择此项。

Bug( ) support

显示故障和失败条件(Bug 和 WARN),禁用它将可能导致隐含的错误被忽略。

Enable ELF core dumps

内存转储支持,可以帮助调试 ELF 格式的程序。

1.32 [*] Profiling support

不选剖面支持,用一个工具来扫描和提供计算机的剖面图。支持系统评测(对于大多数用户来讲并不是必需的)。

1.33 OProfile system profiling

OProfile 评测和性能监控工具。

1.34 [ ] OProfile multiplexing support (EXPERIMENTAL)

1.35 Kprobes

调试内核,除非是开发人员,否则不选。

1.36 Optimize trace point call sites

1.37 GCOV – based Kernel profiling

[ ] Enable gcov – based Kernel profiling

一般不选。

2 Enable loadable module support

2.1 Forced module loading

允许强制加载模块。

2.2 Module unloading

允许卸载已经加载的模块。

2.3 Forced module unloading

允许强制卸载正在使用中的模块（比较危险），这个选项允许强行卸载模块，即使内核认为这不安全。内核将会立即移除模块，而不管是否有人在使用它（用 rmmod -f 命令）。这主要针对开发者和冲动的用户提供的功能。如果不清楚，则选 N。

2.4 Module versioning support

有时，需要编译模块。选这项会添加一些版本信息，以此来给编译的模块提供独立的特性，以使不同的内核在使用同一模块时区别于它原有的模块。这有时可能会有点用。如果不清楚，则选 N。允许使用其他内核版本的模块（可能会出问题）。

2.5 Source checksum for all modules

为所有的模块校验源码，如果不是自己编写的内核模块，就不需要它。这个功能是为了防止在编译模块时不小心更改了内核模块的源代码，但忘记更改版本号而造成版本冲突。如果不清楚，则选择 N。

3 Enable the block layer

块设备支持，使用硬盘、USB、SCSI 设备者必选此选项，以便使块设备可以从内核移除。如果不选，则 blockdev 文件将不可用，一些文件系统（例如 ext3）将不可用。这个选项会禁止 SCSI 字符设备和 USB 储存设备，如果它们使用不同的块设备，则选 Y，除非确定不需要挂载硬盘和其他类似的设备。

3.1 Support for large (2TB+) block devices and files

仅在使用大于 2TB 的块设备时需要。

3.2 Block layer SG support v4

通用 SCSI 块设备第 4 版支持。

3.3 Block layer data integrity support

块设备数据完整性支持。

3.4 Block layer bio throttling support

可用于限制设备的 I/O 速度。

3.5 Partition Types
Advanced partition selection

如果想要在 Linux 上使用一个在其他的介质上运行着操作系统的硬盘时,则选择 Y,如果不确定,则可以选 N。

3.6 IO Schedulers

I/O 调度器是输入/输出带宽控制,主要针对硬盘,是核心且必需的。这里提供了 3 个 I/O 调度器。

Deadline I/O scheduler

使用轮询的调度器,简洁小巧,提供了最小的读取延迟和尚佳的吞吐量,特别适合于读取较多的环境,例如数据库。Deadline I/O 调度器简单而又紧密,在性能上和抢先式调度器不相上下,在一些数据调入时工作得更好。至于在单进程 I/O 磁盘调度上,它的工作方式几乎和抢先式调度器相同,因此也是一个好的选择。

CFQ I/O scheduler

使用 QoS 策略为所有任务分配等量的带宽,避免进程被饿死并实现了较低的延迟,可以认为是上述两种调度器的折中。适用于有大量进程的多用户系统 CFQ 调度器尝试为所有进程提供相同的带宽。它将提供平等的工作环境,对于桌面系统很合适。

Default I/O scheduler (CFQ)

默认 I/O 调度器中的 3 个 I/O 调度器的主要区别如下:
抢先式调度器是传统的调度器,它的原理是一有响应就优先考虑调度。如果硬盘此时在运行一项工作,则它也会暂停下来先响应用户。期限式调度器则是所有的工作都有最终期限,在这之前必须完成。当用户有响应时,它会根据自己的工作能否完成来决定是否响应用户。CFQ 调度器则平均分配资源,不管响应多急,也不管它的工作量是多少,它都平均分配资源,对所有响应都一视同仁。

(*) Deadline
( ) CFQ
( ) No - op

根据业务场景进行选择。

4 Processor type and features

处理器类型及特点。

4.1 DMA memory allocation support

该选项允许小于 32 位地址的设备使用前 16MB 的地址空间,如果不确定,则选 Y

4.2 Symmetric multi-processing support

对称多处理器支持,如果有多个 CPU 或者使用的是多核 CPU 就选上此项。此时 Enhanced Real Time Clock Support 选项必须开启,Advanced Power Management 选项必须关闭。如果选择 N,则内核将会在单个或者多个 CPU 机器上运行,但是只会使用一个 CPU;如果选择 Y,则内核可以在很多(但不是所有)单 CPU 机器上运行,如果在这样的机器选择 N,则会使内核运行得更快。如果选择 Y,然后在 Processor family 选项中选择 586 或 Pentium,则内核将不能运行在 486 构架的机器上。同样地,多 CPU 运行于 PPro 构架上的内核也无法在 Pentium 系列的板上运行。

4.3 Enable MPS table

MPS 多处理器规范,不选。

4.4 Support for big SMP systems with more than 8 CPUs

在默认情况下为不选。

4.5 Support for extended (non-PC) x86 platforms

可以选择支持如下 32 位 x86 的平台。

AMD Elan,NUMAQ (IBM/Sequent),RDC R-321x SoC,SGI 320/540 (Visual Workstation),STA2X11-based (e.g. Northville),Summit/EXA (IBM x440),Unisys ES7000 IA32 series

Moorestown MID devices 如果有这样的系统,或者想要构建一个这样的通用分布式系统,则选择 Y,否则选择 N。

4.6 intel MID platform support

Medfield MID platform

4.7 RDC R-321x SoC

嵌入式相关,不选。

4.8 Support non-standard 32-bit SMP architectures

非标准的 32 位 SMP 结构支持，不选。

4.9 Eurobraille/Iris poweroff module

来自 urobraille 的 iris 机器不支持 APM 和 ACPI 来适时关闭自己，此模块在内核中起到这一作用。这是用于 urobraille 的 iris 机子，不确定，不选。

4.10 Single-depth WCHAN output

跟 proc 相关的最好不要关，选 Y。

4.11 paravirt-ops Debugging

4.12 Memtest

这一选项使内核增加一个 memtest（内核测试）的参数，这将允许设置 memtest。如果不知道如何回答这个问题，则选择 N。

4.13 Processor family (Pentium-Pro)

处理器系列应按照实际使用的 CPU 选择处理器的类型。这里的信息主要用来优化。为了让内核能够在所有 x86 构架的 CPU 上运行（虽然不是最佳速度），在这里可以选 386。内核不会运行在比所选的构架还要老的机器上。例如，选了 Pentium 构架来优化内核，它将不能在 486 构架上运行。如果不清楚，则选 386。

( ) 386
( ) 486
( ) 586/K5/5x86/6x86/6x86MX
( ) Pentium-Classic
( ) Pentium-MMX
（系统默认选项）Pentium-Pro
( ) Pentium-II/Celeron(pre-Coppermine)
( ) Pentium-III/Celeron(Coppermine)/Pentium-III Xeon
( ) Pentium M
( ) Pentium-4/Celeron(P4-based)/Pentium-4 M/older Xeon
( ) K6/K6-II/K6-III
( ) Athlon/Duron/K7
( ) Opteron/Athlon64/Hammer/K8
( ) Crusoe
( ) Efficeon
( ) Winchip-C6
( ) Winchip-2/Winchip-2A/Winchip-3
( ) GeodeGX1
( ) Geode GX/LX
( ) CyrixIII/VIA-C3
( ) VIA C3-2 (Nehemiah)
( ) VIA C7
( ) Core 2/newer Xeon
( ) Intel Atom

可以查看物理 CPU 型号后,根据使用场景进行选择。

4.14 Generic x86 support

这一选项针对 x86 系列的 CPU 使用更多的常规优化。如果在上面一项选的是 i386、i586,则选这个通用 x86,如果 CPU 能够在上述 Processor family 中找到就别选除了对上面选择的 x86 CPU 进行优化,它还对更多类型 x86 CPU 进行优化。这将会使内核在其他的 x86 CPU 上运行得更好。这个选项提供了对 x86 系列 CPU 最大的兼容性,用来支持一些少见的 x86 构架的 CPU。如果 CPU 能够在上面的列表中找到,就里就不用选了。

4.15 PentiumPro memory ordering errata workaround

旧的 Pentium Pro 多处理器系统有勘误能力,可能会导致在少数情况下违反 x86 的排序标准内存操作。启用此选项将尝试解决一些(但不是全部)此类问题,但将以 spinlock 和内存为代价。

4.16 HPET Timer Support(HPET 时钟支持)

允许内核使用 HPET。HPET 是替代 8254 芯片的新一代定时器,i686 及以上级别的主板都支持,可以安全地选上,但是,HEPT 只会在支持它的平台和 BIOS 上运行。如果不支持,则 8254 将会被激活。选择 N,将继续使用 8254 时钟。

4.17 Enable DMI scanning

选择 Y 除非已经证明当进入 DMI 时不影响配置。PNP BIOS 代码需要这一项的支持。

4.18 (8) Maximum number of CPUs

支持的最大 CPU 数,每增加一个内核将增加 8KB 体积。

4.19 SMT (Hyperthreading) scheduler support

支持 Intel 的超线程(HT)技术超线程调度器在某些情况下将会对 Intel Pentium 4 HT 系列有较好的支持。如果不清楚,则选择 N。

4.20 Multi-core scheduler support

针对多核 CPU 进行调度策略优化,以便支持多核调度机制,双核的 CPU 要选。多核心调度在某些情况下将会对多核的 CPU 系列有较好的支持。如果不清楚,则选择 N。

4.21 Fine granularity task level IRQ time accounting

如果不确定,则选择 N,默认为不选。

4.22 Preemption Model

包含以下选项：

Voluntary Kernel Preemption (Desktop)

内核抢占模式，一些优先级很高的程序可以先让一些低优先级的程序执行，即使这些程序是在核心态下执行，从而减少内核潜伏期，提高系统的响应速度。当然在一些特殊的点内核是不可抢先的，例如内核中的调度程序自身在执行时就是不可被抢先的。这个特性可以提高桌面系统、实时系统的性能。

No Forced Preemption (Server)

适合服务器环境的禁止内核抢占是传统的 Linux 抢先式模型，针对高吞吐量设计。它同样在很多时候会提供很好的响应，但是也可能会有较长的延迟。如果建立服务器或者用于科学运算，则选这项，或者想要最大化内核的原始运算能力，而不理会调度上的延迟。

（默认选项）Voluntary Kernel Preemption (Desktop)

适合普通桌面环境的自愿内核抢占选项通过向内核添加更多的"清晰抢先点"来减少内核延迟。这些新的抢先点以降低吞吐量的代价，来降低内核的最大延迟，提供更快的应用程序响应。这通过允许低优先级的进程自动抢先来响应事件，即使进程在内核中进行系统调用。这使应用程序运行得更"流畅"，即使系统已经高负荷运转。如果是为桌面系统编译内核，则选这项。

Preemptible Kernel (Low-Latency Desktop)

适合运行实时程序的主动内核抢占选项通过使所有内核代码（非致命部分）编译为"可抢先"来降低内核延迟。这通过允许低优先级进程进行强制抢先来响应事件，即使这些进程正在进行系统调用或者未达到正常的"抢先点"。这使应用程序运行得更加"流畅"，即使系统已经高负荷运转。代价是吞吐量降低，内核运行开销增大。选这项，如果是为桌面或者嵌入式系统编译内核，则需要非常低的延迟。如果要最快的响应，则选第 3 项。万物是平衡的，低延迟意味着系统运行不稳定，因为会过多地响应用户的要求，所以建议选第 2 项。

4.23 Reroute for broken boot IRQs

防止同时收到多个 boot IRQ（中断）时系统混乱。

4.24 Machine Check / overheating reporting

让 CPU 检测到系统故障时通知内核，以便内核采取相应的措施（如过热关机等）。

```
Intel MCE features
AMD MCE features
Support for old Pentium 5 / WinChip machine checks
```

这项通常需要配置,以更好地保护硬件和系统:

4.25 Machine check injector support

让 CPU 检测到系统故障时通知内核,以便内核采取相应的措施(如过热关机等,原来的配置中是作为模块加入内核的)。

4.26 Enable VM86 support

这一选项用于支持在像 DOSEMU 一样的程序在 x86 的处理器上运行 16 位的 legacy 代码。也可能像 XFree86 这样的软件通过 BIOS 初始化声卡时会用到。

4.27 Toshiba Laptop support

东芝笔记本模块支持,不选。

4.28 Dell laptop support

Dell 笔记本模块支持,不选。

4.29 Enable X86 board specific fixups for reboot

修正某些旧 x86 主板的重启 Bug,这种主板基本不存在了,可以不选择这一项。

4.30 dev/cpu/microcode - microcode support

是否支持 Intel IA32 架构的 CPU 选项将可以更新 Intel IA32 系列处理器的微代码,需要到网上下载最新的代码,Linux 不提供这些代码。当然还必须在文件系统选项中选择 /dev file system support 才能正常使用它。如果把它译为模块,则它将是 microcode。IA32 主要用于高于 4GB 的内存。详见下面的"高内存选项"。使用不随 Linux 内核发行的 IA32 微代码,必须有 IA32 微代码二进制文件,仅对 Intel 的 CPU 有效。

```
Intel microcode patch loading support
AMD microcode patch loading support
```

如果确定了 CPU 的使用型号,可以只编译对应的模块。

4.31 /dev/cpu/*/msr - Model-specific register support

是否打开 CPU 特殊功能寄存器的功能选项对于桌面用户来讲一般用不到,它主要用在 Intel 的嵌入式 CPU 中,这个寄存器的作用也依赖于不同的 CPU 类型而有所不同,一般可以用来改变一些 CPU 原有物理结构的用途,但不同 CPU 的用途差别也很大。在多 CPU 系统中让特权 CPU 访问 x86 的 MSR 寄存器。

4.32 /dev/cpu/*/cpuid - CPU information support

是否打开记录 CPU 相关信息功能。这会在/dev/cpu 中建立一系列设备文件,用以让过程去访问指定的 CPU。能从/dev/cpu/x/cpuid 获得 CPU 的唯一标识符(CPUID)。

4.33 High Memory Support (4GB)

Linux 能够在 x86 系统中使用 64GB 的物理内存,但是,32 位地址的 x86 处理器只能支持到 4GB 大小的内存。这意味着,如果有大于 4GB 的物理内存,并非都能被内核"永久映射",则这些非永久映射内存就称为"高阶内存"。如果编译的内核永远都不会运行在高于 1GB 内存的机器上,则选 OFF(默认选项,适合大多数人)。这将会产生一个 3GB/1GB 的内存空间划分,3GB 虚拟内存被内核映射,以便每个处理器能够"看到"3GB 的虚拟内存空间,这样仍然能够保持 4GB 的虚拟内存空间被内核使用,更多的物理内存能够被永久映射。如果有 1GB~4GB 的物理内存,则选 4GB 选项。如果超过 4GB,则选择 64GB。这将打开 Intel 的物理地址延伸模式(PAE)。PAE 将在 IA32 处理器上执行 3 个层次的内存页面。PAE 是被 Linux 完全支持的,现在的 Intel 处理器(Pentium Pro 和更高级的)都能运行 PAE 模式。注意:如果选 64GB,则在不支持 PAE 的 CPU 上内核将无法启动。机器上的内存能够被自动探测到,或者可以用类似于 mem=256M 的参数强制给内核指定内存大小。如果用的是 4GB,则选这项,如果用的是 32 位的处理器,则内存为 1GB~4GB。如果用的是 64GB,则选这项,如果用的是 32 位的处理器,则内存大于 4GB。

```
( ) off
(X) 4GB
( ) 64GB
```

根据物理硬件配置进行选择:

4.34 Memory model

包含以下几种内存模型:

```
Flat Memory
```

一般选 Flat Memory,其他选项涉及内存热插拔(X) Flat Memory(平坦内存模式),这个选项允许改变内核在内部管理内存的一些方式。大多数用户在这只会有一个选项:Flat Memory。这是普遍的和正确的选项。一些用户的机器有更高级的特性,例如 NUMA 和内存热插拔,那将会有不同的选项。Discontiguous Memory(非接触式内存模式)是一个更成熟、更好的测试系统,但是对于内存热插拔系统不太合适,会被 Sparse Memory 代替。如果不清楚 Sparse Memory 和 Discontiguous Memory 的区别,则选后者。如果不清楚,则选择 Flat Memory。

Sparse Memory

稀疏内存模式对某些系统是唯一选项,包括内存热插拔系统,这很正常。对于其他系统,这将会被 Discontiguous Memory 选项代替。这个选项提供潜在的更好的特性,可以降低代码复杂度,但是它是新的模式,需要更多的测试。如果不清楚,则选择 Discontiguous Memory 或 Flat Memory。

4.35 Allow for memory compaction

4.36 Page migration

Enable KSM for page merging
(4096) Low address space to protect from user allocation

一般选择 Y。

4.37 Enable recovery from hardware memory errors

一般选择 Y。

4.38 Transparent Hugepage Support
Transparent Hugepage Support sysfs defaults
1. always
2. madvise(默认选项)

保持默认选项即可。

4.39 Cross Memory Support

4.40 Enable cleancache driver to cache clean pages if tmem is present

4.41 Enable frontswap to cache swap pages if tmem is present

4.42 Allocate 3rd-level pagetables from highmem

在内存很多(大于 4GB)的机器上将用户空间的页表放到高位内存区,以节约宝贵的低端内存。

4.43 Check for low memory corruption

低位内存脏数据检查,默认为每 60 秒检查一次。一般这种脏数据是因某些 BIOS 处理不当引起的。

4.44 (64) Amount of low memory, in kiloBytes, to reserve for the BIOS

4.45 Math emulation

数学协处理器仿真在 486DX 以上的 CPU 中就不要选它了。

4.46 MTRR (Memory Type Range Register) support <==== 内存类型区域寄存器

在 Intel P6 系列处理器（Pentium Pro、Pentium II 和更新的）上，MTRR 将会用来规定和控制处理器访问某段内存区域的策略。如果在 PCI 或者 AGP 总线上有 VGA 卡，则将非常有用。可以将图像的传送速度提升 2.5 倍以上。当选择 Y 时会生成文件/proc/mtrr，它可以用来操纵处理器的 MTRR。典型地，X server 会用到。这段代码有着通用的接口，其他 CPU 的寄存器同样能够使用该功能。Cyrix 6x86、6x86MX 和 M II 处理器有 ARR，它和 MTRR 有着类似的功能。AMD K6-2/ K6-3 有两个 MTRR，Centaur C6 有 8 个 MCR 并允许复合写入。所有这些处理器都支持这段代码，如果有以上处理器，则可以选择 Y。选择 Y 同样可以修正 SMP BIOS 的问题，它仅为第 1 个 CPU 提供 MTRR，而不为其他的 CPU 提供。这会导致各种各样的问题，所以选择 Y 是明智的。可以安全地选择 Y，即使机器没有 MTRR。这会给内核增加 9KB。打开它可以将 PCI/AGP 总线上显卡的速度提升 2 倍以上，并且可以修正某些 BIOS 错误。

4.47 MTRR cleanup support

MTRR cleanup enable value (0 - 1)
MTRR cleanup spare reg num (0 - 7)
x86 PAT support
x86 architectural random number generator

MTRR 清理（2.6.27 内核新增功能，如果不确定，则可以不选）。

4.48 EFI runtime service support（EFI 启动支持）

这里允许内核在 EFI 平台上使用储存于 EFI 固件中的系统设置启动。这也允许内核在运行时使用 EFI 的相关服务。这个选项只在有 EFI 固件的系统上有用，它会使内核增加 8KB。另外，必须使用最新的 ELILO 登录器才能使内核采用 EFI 的固件设置来启动（GRUB 和 LILO 完全不知道 EFI 是什么东西），即使没有 EFI，却选了这个选项，内核同样可以启动。大家用的应该是 GRUB，所以选上这个也没什么用。除非系统支持 EFI（一种可代替传统 BIOS 的技术），否则不选。

4.49 Enable seccomp to safely compute untrusted Bytecode

只有嵌入式系统可以不选。

4.50 Enable –fstack–protector buffer overflow detection (EXPERIMENTAL)

4.51 Timer frequency

包含以下选项：

(1000 Hz)

桌面计算机的内核时钟频率为1000Hz,服务器的内核时钟频率为100Hz或250Hz,允许设置时钟频率。这是用户定义的时钟中断频率100Hz～1000Hz,不过100Hz对服务器和NUMA系统更合适,它们不需要很快速地响应用户的要求,因为时钟中断会导致总线争用和缓冲打回。注意在SMP环境中,时钟中断由变量 NR_CPUS * Hz定义在每个CPU中产生。其实和前面的抢先式进程差不多,就是多少频率来响应用户要求。这里选了250Hz的。要频率高点的可以选1000Hz的。

( ) 100 Hz100 Hz

这是传统的对服务器、SMP 和 NUMA 的系统选项。这些系统有比较多的处理器,可以在中断较集中时分担中断。

( ) 250 Hz250 Hz

对服务器是一个好的折中的选项,它同样在 SMP 和 NUMA 系统上体现出良好的反应速度。

( ) 300 Hz(X) 1000 Hz1000 Hz

对于桌面和其他需要快速反应的系统是非常棒的。

4.52 kexec system call

kexec 是一个用来关闭当前内核,然后开启另一个内核的系统调用。它和重启很像,但是它不访问系统固件。由于和重启很像,所以可以启动任何内核,而不仅是 Linux 内核。kexec 的名字是从 exec 系统调用而来的。它只是一个进程,可以确定硬件是否正确关闭,Linus 本人都没话说,估计是受害不浅。一般用不上,选 N! 提供 kexec 系统调用,可以不必重启而切换到另一个内核,如果需要就选择,对大多数用户来讲并不需要。

4.53 Kernel crash dumps

内核崩溃时的 dump 运行时信息。就算 crash 了,也不会去调试内核的 core dump。

4.54 (0x1000000) Physical address where the Kernel is loaded

4.55 Build a relocatable Kernel

官方说明，建立一个移动的内核，并增加 10% 的内核尺寸，运行时会被丢弃，也没实际上的作用。

4.56 (0x100000) Alignment value to which Kernel should be aligned

4.57 Support for hot-pluggable CPUs

对 SMP 休眠和热插拔 CPU 提供支持。

4.58 Compat VDSO support

如果 Glibc 版本大于或等于 2.3.3，就不选，否则就选上，目前的版本基本上大于 2.3.3。如果运行的是最新的 Glibc(GNU C 函数库)版本(2.3.3 或更新)，则选 N，这样可以移除高阶的 VDSO 映射，而使用随机的 VDSO。

4.59 Built-in Kernel command line

一般不选。

5 Power management and ACPI options

5.1 Power Management support

5.2 Power Management Debug Support

不想调试 ACPI，这个现在可以勾掉，不勾也没事，稍候会在 Kernel-hacking 节勾掉调试。

5.3 Suspend to RAM and standby

待机。

5.4 Hibernation (aka 'suspend to disk')

休眠。

5.5 Run-time PM core functionality

5.6 ACPI (Advanced Configuration and Power Interface) Support

5.7 SFI (Simple Firmware Interface) Support

5.8 APM (Advanced Power Management) BIOS support

选 ACPI 就不用 APM，一般只用 ACPI。

5.9 CPU Frequency scaling

[*] CPU Frequency scaling
[ ] Enable CPUfreq Debugging <=== 不需要调试 CPUfreq

```
< > CPU frequency translation statistics
Default CPUFreq governor（performance）< === 默认用 performance 高性能的 CPU 调频方式
 - * - 'performance' governor
< > 'powersave ' governor
< > 'userspace ' governor for userspace frequency scaling
< > 'ondemand ' cpufreq policy governor < === " 周期性地考察 CPU 负载并自动地动态调整 CPU 频
率",一般只用 performance
< > 'conservative' cpufreq governor
 *** CPUFreq processor drivers ***
< > Processor Clocking P - stat driver
< * > ACPI Processor P - States driver
< > AMD Mobile K6 - 2/K6 - 3 PowerNow !
< > AMD Mobile Athlon/Duron PowerNow !
< > AMD Opteron/Athlon64 PowerNow !
< > Cyrix MediaGX /NatSemi Geode Suspend Modulation
< > Intel Enhanced SpeedStep (deprecated)
< > Intel Speedstep on ICH - M chipsets (ioport interface)
< > Intel Pentium 4 clock modulation
< > Transmeta LongRun
< > VIA Cyrix III Longhaul
5.10 CPU idle PM support

5.11 Cpuidle Driver for Intel Processors

6 Bus options(PCI etc.)

6.1 PCI support（这个必须选）

6.2 PCI access mode（Any）
( ) BIOS
( ) MMConfig
( ) Direct
(X) Any

6.3 Read CNB20LE Host Bridge Windows
```

没有公共规范的芯片组,此功能已知是不完整的。如果不知道需不需要它,则选择 N。

6.4 PCI Express support

如果主板支持 PCI Express,则选择 Y。

6.5 PCI Express Hotplug driver

一般选择 Y。

6.6 Root Port Advanced Error Reporting support

硬件驱动会负责发送错误信息。

6.7 PCI Express ECRC settings control

如果怀疑,则选择 N。

6.8 PCIe AER error injector support

同上,选择 N。

6.9 PCI Express ASPM control

这使 OS 控制 PCI Express ASPM(活动状态电源管理)和时钟电源管理。ASPM 支持状态 L0、L0s、L1,选 Y。

6.10 Debug PCI Express ASPM

ASPM 选项配置如下:

```
Default ASPM policy
(X)BIOS default
( )powersave
( )performance
```

一般保持默认选项即可。

6.11 Message Signaled Interrupts (MSI and MSI－X)

这使设备驱动能够使用 MIS(消息信号中断),选择 Y。

6.12 PCI Debugging

这里没有必要选。

6.13 Enable PCI resource re-allocation detection

当 PCI 资源重新分配时,如果需要 PCI 核心来检测,则选择 Y,同时可以用 pci=realloc=on 和 pci=realloc=off 来覆盖它;如果不确定,则选择 N。

6.14 PCI Stub driver

选择 Y 或者 N,如果想要当一个设备去注册其他的客户操作系统,则需要保留该 PCI 设备。

6.15 Interrupts on hypertransport devices

这将允许高速传输设备使用中断,如果不明确,则选择 Y。

6.16 PCI IOV support

I/O 虚拟化是由一些设备支持的 PCI 功能,这使它们能够创建虚拟设备共享其物理资源。如果不确定,则选择 N。

6.17 PCI PRI support

RIP 就是 PCI 页面请求接口,如果不确定,则选择 N。

6.18 PCI PASID support

如果不确定,则选择 N。

6.19 PCI IO-APIC hotplug support

一般选择 Y。

6.20 ISA support(及之后的 EISA)

查看主板上是否有 ISA 插槽。ISA 是总线系统的名称,它是一个老的系统,现已被 PCI 取代。新的主板已经不支持它,如果还有,则选择 Y,否则选择 N。

6.21 NatSemi SCx200 support

选择编译为模块。

6.22 One Laptop Per Child support

一般不选。

6.23 PCEngines ALIX System Support (LED setup)

6.24 Soekris Engineering net5501 System Support(LEDS, GPIO, etc)

6.25 Traverse Technologies GEOS System Support (LEDS, GPIO, etc)

6.26 RapidIO support

RapidIO 主要应用于嵌入式系统内部互连。如果选择 Y,则内核中将包含支持 RapidIO 设备连接的驱动和设施。

6.27 PCCard(PCMCIA/CardBus) support

一般笔记本电脑会配备 PCCard 接口(无线网卡之类的),看硬件和使用场景。

```
16-bit PCMCIA support
Load CIS updates from userspace (EXPERIMENTAL)
32-bit CardBus support
 *** PC-card bridges ***
CardBus yenta-compatible bridge support
Cirrus PD6729 compatible bridge support
i82092 compatible bridge support
```

根据使用需要进行配置。

```
6.28 Support for PCI Hotplug
```

支持热插拔 PCI 设备。

```
Fake PCI Hotplug driver
Compaq PCI Hotplug driver
Save configuration into NVRAM on Compaq servers
IBM PCI Hotplug driver
ACPI PCI Hotplug driver
ACPI PCI Hotplug driver IBM extensions
CompactPCI Hotplug driver
SHPC PCI Hotplug driver
```

根据使用需要进行配置。

```
7 Executable file formats / Emulations

7.1 Kernel support for ELF binaries
```

一般选择 Y。

```
7.2 Write ELF core dumps with partial segments
```

一般不选。

```
7.3 Kernel support for a.out and ECOFF binaries
```

选择编译成模块。

```
7.4 Kernel support for MISC binaries
```

选择编译成模块。

```
8 Networking support

8.1 Networking options
< Y > Packet socket
< Y > UNIX domain sockets
< M > Transformation user configuration interface
[ ] Transformation sub policy support (EXPERIMENTAL)
[ ] Transformation migrate database (EXPERIMENTAL)
[ ] Transformation statistics (EXPERIMENTAL)
< M > PF_KEY sockets
[ ] PF_KEY MIGRATE (EXPERIMENTAL)
[Y] TCP/IP networking
[Y] IP: multicasting
[Y] IP: advanced router
Choose IP: FIB lookup algorithm (choose FIB_HASH if unsure) (FIB_HASH)
```

```
[Y] IP: policy routing
[Y] IP: equal cost multipath
[Y] IP: verbose route monitoring
[ ] IP: Kernel level autoconfiguration
<M> IP: tunneling
<M> IP: GRE demultiplexer
[Y] IP: multicast routing
[ ] IP: multicast policy routing
[Y] IP: PIM-SM version 1 support
[Y] IP: PIM-SM version 2 support
[ ] IP: ARP daemon support
[Y] IP: TCP synCookie support
```

抵抗 SYN flood 攻击,如果只是开发机,则可暂不考虑安全特性。

```
<M> IP: AH transformation
<M> IP: ESP transformation
<M> IP: IPComp transformation
<M> IP: IPsec transport mode
<M> IP: IPsec tunnel mode
<*> IP: IPsec BEET mode
{*} Large Receive Offload (ipv4/tcp)
<M> INET: socket monitoring interface
[*] TCP: advanced congestion control
```

高级拥塞控制,如果没有特殊需求(例如无线网络),则不选。

```
[ ] TCP: MD5 Signature Option support (RFC2385) (EXPERIMENTAL)
< > The IPv6 protocol
```

一般暂时没有要支持 IPv6 的需求。

```
[ ] NetLabel subsystem support
```

NetLabel 子系统,为诸如 CIPSO 与 RIPSO 之类能够在分组信息上添加标签的协议提供支持,一般用不到。

```
-*- Security Marking
```

对网络包进行安全标记,类似于 nfmark,但主要是为安全目的而设计的,对于此安全特性一般暂时不考虑。

```
[ ] Timestamping in PHY devices
[ ] Network packet filtering framework (Netfilter)
```

如果要用防火墙,则编译进去;如果不用,则可以不选,一般可以选上。

```
<M> The DCCP Protocol (EXPERIMENTAL)
-M- The SCTP Protocol (EXPERIMENTAL)
```

```
<M> The RDS Protocol (EXPERIMENTAL)
< > RDS over Infiniband and iWARP
< > RDS over TCP
[ ] RDS Debugging messages
<M> The TIPC Protocol (EXPERIMENTAL)
<M> Asynchronous Transfer Mode (ATM)
<M> Classical IP over ATM
[ ] Do NOT send ICMP if no neighbour
<M> LAN Emulation (LANE) support
< > Multi-Protocol Over ATM (MPOA) support
<M> RFC1483/2684 Bridged protocols
[ ] Per-VC IP filter kludge
< > Layer Two Tunneling Protocol (L2TP)
<M> 802.1d Ethernet Bridging
[*] IGMP/MLD snooping
[ ] Distributed Switch Architecture support
<M> 802.1Q VLAN Support
[ ] GVRP (GARP VLAN Registration Protocol) support
< > DECnet Support
< > ANSI/IEEE 802.2 LLC type 2 Support
< > The IPX protocol
< > Appletalk protocol support
< > CCITT X.25 Packet Layer (EXPERIMENTAL)
< > LAPB Data Link Driver (EXPERIMENTAL)
< > Acorn Econet/AUN protocols (EXPERIMENTAL)
< > WAN router
< > Phonet protocols family
< > IEEE Std 802.15.4 Low-Rate Wireless Personal Area Networks
[ ] QoS and/or fair queueing
```

通过 IPRoute 切换网络设备上的 QoS 策略,如果不打算使用 IP 路由,则可以不选。

```
[ ] Data Center Bridging support
-*- DNS Resolver support
< > B.A.T.M.A.N. Advanced Meshing Protocol
Network testing
```

一般使用默认选项配置即可。

8.2 [ ] Amateur Radio support

如果没有无线电,则可以不选。

8.3 < > CAN bus subsystem support

8.4 < > IrDA (infrared) subsystem support

8.5 <M> Bluetooth subsystem support

8.6 < > RxRPC session sockets

8.7 - - Wireless

如果没有使用无线网卡,则不选,否则选上。

8.8 < > WiMAX Wireless Broadband support

8.9 < > RF switch subsystem support

如果没有 RF 切换设备,则可以不选,否则选上。

8.10 < > Plan 9 Resource Sharing Support (9P2000) (Experimental)

8.11 < > CAIF support

8.12 < > Ceph core library (EXPERIMENTAL)

9 Device Drivers

9.1 Generic Driver Options

9.1.1 () path to uevent helper

9.1.2 [ ] Maintain a devtmpfs filesystem to mount at /dev

9.1.3 [*] Select only drivers that don't need compile-time external firmware

9.1.4 [*] Prevent firmware from being built

9.1.5 - * - Userspace firmware loading support

9.1.6 [*] Include in-Kernel firmware blobs in Kernel binary

9.1.7 () External firmware blobs to build into the Kernel binary

9.1.8 [ ] Driver Core verbose Debug messages

9.1.9 [ ] Managed device resources verbose Debug messages

管理设备资源的冗长调试信息,如果不需要,则可以不选。

9.2 < * > Connector - unified userspace < - > Kernelspace linker

内核空间与用户空间的信道。

9.2.1 [*] Report process events to userspace

将处理时间报告给用户空间。

9.3 < > Memory Technology Device (MTD) support

9.4 < > Parallel port support

9.5 - * - Plug and Play support
[ ] PNP Debugging messages

调试信息,可以关掉。

9.6 [ ] Block devices

如果没有想要支持的块设备,则可以不选,例如 ramdisk、磁盘阵列、CD/DVD 刻录等,详见内部选项。

9.7 [ ] Misc devices

没有需要支持的杂项设备。

9.8 < > ATA/ATAPI/MFM/RLL support (DEPRECATED)

```
9.9 SCSI device support
< > RAID Transport Class
- * - SCSI device support
[ ] legacy /proc/scsi/support <===  如果没有 SCSI 设备,则可以不选
*** SCSI support type (disk, tape, CD - ROM) ***
< * > SCSI disk support //就算用 SATA,此选项也必选
< > SCSI tape support
< > SCSI OnStream SC - x0 tape support
< > SCSI CDROM support <===  如果没有 SCSI 设备,则可以不选
< > SCSI generic support <===  如果没有 SCSI 设备,则可以不选
< > SCSI media changer support
[ ] Probe all LUNs on each SCSI device
[ ] Verbose SCSI error reporting (Kernel size += 12K) <===  如果没有 SCSI 设备,则可以不选
[ ] SCSI logging facility
[ ] Asynchronous SCSI scanning
SCSI Transports
< > Parallel SCSI (SPI) Transport Attributes <===  如果没有 SCSI 设备,则可以不选
< > FiberChannel Transport Attributes
< > iSCSI Transport Attributes
< > SAS Domain Transport Attributes
< > SRP Transport Attributes
[ ] SCSI low - level drivers
< > SCSI Device Handlers
< > OSD - Initiator library
```

选项比较多,可根据使用需要和功能注释说明进行选择配置。

```
9.10 < M > Serial ATA and Parallel ATA drivers
[ * ] Verbose ATA error reporting
[ * ] ATA ACPI Support
[ ] SATA Port Multiplier support <===  如果只有一个 SATA 设备,则没有使用多路 SATA/SATA Hub 的
需求,可以不选。Port Multiplier 是南桥芯片提供的一种支持多个 SATA 设备并共享总带宽的技术
< * > AHCI SATA support
< > Platform AHCI SATA support
< > Inito 162x SATA support
< > Silicon Image 3124/3132 SATA support
[ * ] ATA SFF support //选择硬件对应的驱动即可
```

```
< >    ServerWorks Frodo / Apple K2 SATA support
< * >  Intel ESB, ICH, PIIX3, PIIX4 PATA/SATA support  //Intel ICH,G 系列 chipset driver
< >    Marvell SATA support
< >    NVIDIA SATA support
< >    Pacific Digital ADMA support
< >    Pacific Digital SATA QStor support
< >    Promise SATA TX2/TX4 support
< >    Silicon Image SATA support
< >    SiS 964/965/966/180 SATA support
< >    ULi Electronics SATA support
< >    VIA SATA support
< >    VITESSE VSC - 7174 / INTEL 31244 SATA support
< >    Initio 162x SATA support
< >    ACPI firmware driver for PATA
< >    ALi PATA support
< >    AMD/NVIDIA PATA support  < === 一般用的是 SATA,取消 PATA 支持
< >    ARTOP 6210/6260 PATA support
< >    ATI PATA support
< >    CMD64x PATA support
< >    CS5510/5520 PATA support
< >    CS5530 PATA support
< >    CS5536 PATA support
< >    EFAR SLC90E66 support
< >    Generic ATA support
< >    HPT 366/368 PATA support
< >    HPT 343/363 PATA support
< >    IT8211/2 PATA support
< >    JMicron PATA support
< >    Compaq Triflex PATA support
< >    Marvell PATA support via legacy mode
< >    Intel PATA MPIIX support  < === 一般用的是 SATA,取消 PATA 支持
< >    Intel PATA old PIIX support  < === 一般用的是 SATA,取消 PATA 支持
< >    NETCELL Revolution RAID support
< >    Nat Semi NS87410 PATA support
< >    Nat Semi NS87415 PATA support
< >    Older Promise PATA controller support
< >    PC Tech RZ1000 PATA support
< >    SC1200 PATA support
< >    SERVERWORKS OSB4/CSB5/CSB6/HT1000 PATA support
< >    Promise PATA 2027x support
< >    CMD / Silicon Image 680 PATA support
< >    SiS PATA support
< >    VIA PATA support
< >    Winbond SL82C105 PATA support
< >    Intel SCH PATA support  < === 一般用的是 SATA,取消 PATA 支持
```

选项比较多,可根据使用需要和功能注释说明进行选择配置。

9.11 [ ] Multiple devices driver support (RAID and LVM)

如果暂时没有要使用 Raid(磁盘阵列)和 LVM(逻辑卷管理器、添加、删除逻辑分区)的需求,则可以不选。

9.12 [ ] Fusion MPT device support

9.13 IEEE 1394 (FireWire) support

9.14 < > I2O device support

9.15 [ ] Macintosh device drivers

macOS 硬件设备驱动，关闭。

9.16 - * - Network device support
< > Dummy net driver support
< > Bonding driver support
< > EQL (serial line load balancing) support
< > Universal TUN/TAP device driver support
< > Virtual ethernet pair device
< > General Instruments Surfboard 1000
< > ARCnet support
 - * - PHY Device support and infrastructure <=== PHY(物理层控制芯片)，里面没有对应的硬件
[ ] Ethernet (10 or 100Mbit) <=== 如果是百兆卡，则自行选择
[*] Ethernet (1000 Mbit) --->选择对应的硬件
[ ] Ethernet (10000 Mbit) <=== 如果是万兆卡，则自行选择
< > Token Ring driver support <=== IBM 的令牌环网，用以太网的可以忽略
[ ] Wireless LAN <=== 不用无线网络
*** Enable WiMAX (Networking options) to see the WiMAX drivers ***
USB Network Adapters
[ ] Wan interfaces support
< > FDDI driver support <=== 光纤卡驱动，一般用不上
< > PPP (point - to - point protocol) support
< > SLIP (serial line) support
[ ] Fibre Channel driver support
[ ] Network console logging support
[ ] VMware VMXNET3 ethernet driver

选项比较多，可根据使用需要和功能注释说明进行选择配置。

9.17 [ ] ISDN support

9.18 < > Telephony support

9.19 Input device support
 - * - Generic input layer (needed for keyboard, mouse, ...)
 - * - Support for memoryless force - feedback devices
< > Polled input device skeleton <=== 一种周期性轮询硬件状态的驱动，去掉后没什么副作用
*** Userland interfaces ***
 - * - Mouse interface
[ ] Provide legacy /dev /psaux device
(1024) Horizontal screen resolution
(768) Vertical screen resolution
< > Joystick interface
< * > Event interface //将输入设备的事件存储到/dev /input/eventX，供应用程序读取
< > Event Debugging

```
*** Input Device Drivers ***
- * - Keyboards
[*] Mice
[ ] Joysticks/Gamepads <=== 游戏设备
[ ] Tablets <=== 平板 PC
[ ] Touchscreens <=== 触摸屏
[ ] Miscellaneous devices <=== 杂七杂八的驱动,如扬声器、笔记本扩展按键等
Hardware I/O ports
```

选项比较多,可根据使用需要和功能注释说明进行选择配置。

```
9.20 Character devices
- * - Virtual terminal
[*] Support for binding and unbinding console drivers //在某些系统上可以使用多个控制台驱动
//程序(如 framebuffer 控制台驱动程序),该选项可以选择其中之一,一般只用默认的虚拟终端
[ ] /dev/kmem virtual device support <=== 支持/dev/kmem 设备,很少用
[ ] Non-standard serial port support <=== 如果没有非标准的串口设备,则可以不选
Serial drivers
< > 8250/16550 and compatible serial support <=== 兼容一些老式的串口设备,一般不用
*** Non-8250 serial port support ***
< > Digi International NEO PCI Support
- * - UNIX98 PTY support
[ ] Support multiple instances of devpts
[ ] Legacy (BSD) PTY support
< > IPMI top-level message handler
<*> Hardware Random Number Generator Core support
< > Timer IOMEM HW Random Number Generator support
<*> Intel HW Random Number Generator support
<> AMD HW Random Number Generator support <=== 如果是 Intel 主板就不选
<> AMD Geode HW Random Number Generator support <=== 如果是 Intel 主板就不选
<> VIA HW Random Number Generator support <=== 如果是 Intel 主板就不选
<> /dev/nvram support <=== 直接存取 CMOS,太危险,关
< > Siemens R3964 line discipline
< > Applicom intelligent fieldbus card support
< > ACP Modem (Mwave) support
< > NatSemi PC8736x GPIO Support
< > NatSemi Base GPIO Support
< > AMD CS5535/CS5536 GPIO (Geode Companion Device)
< > RAW driver (/dev/raw/rawN )
[*] HPET - High Precision Event Timer
[ ] Allow mmap of HPET
< > Hangcheck timer
```

选项比较多,可根据使用需要和功能注释说明进行选择配置。

9.21 {M} I2C support

感知硬件状态,例如温度、风扇转速。

9.22 [ ] SPI support

9.23 PPS support

9.24 [ ] GPIO Support

9.25 {*} Power supply class support

9.26 {*} Hardware Monitoring support

9.27 -*- Generic Thermal sysfs driver

9.28 [*] Watchdog Timer Support

系统监视程序,一般不用。

9.29 Sonics Silicon Backplane

9.30 < > Multimedia support

9.31 [ ] Voltage and Current Regulator Support

9.32 < > Multimedia support
< > /dev /agpgart (AGP Support) < --- virtualbox不支持虚拟独立显卡
-*- VGA arbitration
(16) Maximium number of GPU
[ ] Latop Hybird Graphics - GPU switch support
<*> Direct Rendering Manager (XFree86 4.1.0 and higher DRI support)
<> Lowlevel video output switch controls
<> Support for frame buffer devices
[ ] Backlight & LCD device support < --- 支持背光设置,例如 PDA 等。一般用不到就不选
Display device support
Console display driver support
[ ] Enable Scrollback Buffer in System RAM

选项比较多,可根据使用需要和功能注释说明进行选择配置。

9.33 < > Sound card support

用不到声卡,关闭。

9.34 [ ] HID Devices

用不到人力工程学设备。

9.35 [ ] USB support

这个选项,对于物理机建议开启,因为有可能键盘是 USB 的,如果是虚拟机,则关闭。

9.36 < > MMC/SD/SDIO card support

9.37 < > Sony MemoryStick card support (EXPERIMENTAL)

9.38 [ ] LED Support

发光二极管,应该是跟显示器相关的驱动,如果运行的是虚拟机,则关闭。

```
9.39 [ ] Accessibility support

9.40 < > InfiniBand support

9.41 [*] EDAC (Error Detection And Correction) reporting
```

硬件故障 reporting。

```
9.42 <*> Real Time Clock

9.43 [*] DMA Engine support

9.44 [ ] Auxiliary Display support

9.45 < > Userspace I/O drivers

9.46 TI VLYNQ

9.47 [ ] Staging drivers

9.48 [ ] X86 Platform Specific Device Drivers
```

一些笔记本计算机的驱动,如果没有相关设备就不选。

```
10 Firmware Drivers
< > BIOS Enhanced Disk Drive calls determine boot disk
< > BIOS update support for DELL systems via sysfs
< > Dell Systems Management Base Driver
[*] Export DMI identification via sysfs to userspace  //将BIOS里的DMI区信息导出到用户空间,
//部分系统管理工具可能会用到
[ ] iSCSI Boot Firmware Table Attributes
```

选项比较多,可根据使用需要和功能注释说明进行选择配置。

```
11 File systems

< > Second extended fs support
< > Ext3 journalling file system support <===一般使用的是ext4 FS
<*> The Extended 4 (ext4) filesystem
[ ] Enable ext4dev compatibility
[*] Ext4 extended attributes
[*] Ext4 POSIX Access Control Lists
[ ] Ext4 Security Labels <===取消SELinux支持
[ ] JBD (ext3) Debugging support
[ ] JBD2 (ext4) Debugging support
< > Reiserfs support
< > JFS filesystem support
< > XFS filesystem support
```

```
< > OCFS2 file system support
[*] Dnotify support
[*] Inotify support for userspace
[ ] Quota support <===  磁盘配额支持,限制某个用户或者某组用户的磁盘占用空间,暂时没这个需
求,可以把它编译成模块
< > Kernel automounter support
<*> Kernel automounter version 4 support (also supports v3)
< > FUSE (Filesystem in Userspace) support
Caches
CD-ROM/DVD Filesystems
< > ISO 9660 CDROM file system support <===  主要是 CDROM,如果用得上,则可以选上
< > UDF file system support
DOS/FAT/NT Filesystems
< > MSDOS fs support <===  没有微软 FS 的设备可以不选
< > VFAT (Windows-95) fs support <===  没有微软 FS 的设备可以不选
< > NTFS file system support
Pseudo filesystems --->
[ ] Miscellaneous filesystems <===  如果没有其他 FS 的支持需求,则关闭
[*] Network File Systems <===  如果没有 NFS 的支持需求,则关闭
Partition Types
[ ] Advanced partition selection <===  如果不和其他系统共存,则可以不选
-*- Native language support ---> 选上 Chinese
```

选项比较多,可根据使用需要和功能注释说明进行选择配置。

```
12 Kernel hacking
[ ] Show timing information on printks <=== 在 printk 的输出中包含时间信息可以用来分析内核
启动过程各步骤所用时间,如果不需要 Debug,则内核可以关闭
[ ] Enable __deprecated logic
[*] Enable __must_check logic
(2048) Warn for stack frames larger than (needs gcc 4.4)
[ ] Magic SysRq key <===  一种通过快捷键控制系统的方式,除非非常清楚这个选项,官方不推荐选择
[ ] Enable unused/obsolete exported symbols
[ ] Debug Filesystem
[ ] Run 'make headers_check' when building vmLinux
[ ] Kernel Debugging <===  内核调试,关
[ ] Enable SLUB performance statistics
[ ] Compile the Kernel with frame pointers <===  还是跟内核开发有关
[ ] Delay each boot printk message by N milliseconds
< > torture tests for RCU
[ ] Check for stalled CPUs delaying RCU grace periods
< > Self test for the backtrace code
[ ] Force extended block device numbers and spread them
[ ] Fault-injection framework
[ ] Latency measuring infrastructure
[*] Sysctl checks
[ ] Tracers
[ ] Remote Debugging over FireWire early on boot <===  启动过程中允许远程调试内核
[ ] Enable dynamic printk () support
[ ] Enable Debugging of DMA-API usage
[ ] Sample Kernel code --->
[ ] Filter access to /dev/mem
```

```
[ ] Enable verbose x86 bootup info messages  <===  在内核镜像解压缩阶段输出启动信息,关闭后相
                                                   当于无声启动(Slient Bootup)
- * - Early printk
[ ] Early printk via EHCI Debug port  <===  允许 printk 通过 EHCI 调试端口输出内核日志,与调试有
                                            关的一律关
[ ] Use 4Kb for Kernel stacks instead of 8Kb
[ ] Enable IOMMU stress-test mode
IO delay type (port 0x80 based port-IO delay [recommended])
[*] Allow gcc to uninline functions marked 'inline'
```

选项比较多,可根据使用需要和功能注释说明进行选择配置。

13 Security options

安全特性,根据需要选择,当然,这些选项不会影响日常开发和办公。

```
[ ] Enable access key retention support  <===  关闭
[ ] Enable different security models  <===  关闭
[ ] Enable the securityfs filesystem
[ ] File POSIX Capabilities  <===  关闭
[ ] Integrity Measurement Architecture(IMA)
< > Cryptographic API  --->  加密 API,这部分选项会根据此前的优化自动调整,采用默认即可
```

选项比较多,可根据使用需要和功能注释说明进行选择配置。

14 [ ] Virtualization

是否需要再支持虚拟化,可以选择开。

15 Library routines

库子程序,这部分选项会根据此前的优化自动调整,采用默认即可。

6.6.15 内核的编译

在完成内核的裁减之后,内核的编译就是一个非常简单的过程了。只要执行以下几条命令:

```
make clean
```

这条命令是在正式编译内核之前先把环境清理干净。有时也可以用 make realclean 或 make mrproper 命令来彻底清除相关依赖,保证没有不正确的.o 文件存在。

```
make dep
```

这条命令用来编译相关依赖文件。

```
make zImage
```

这条命令就是最终的编译命令。有时可以直接用 make（2.6.x 版本上用）或 make bzImage 命令（给个人计算机编译大内核时用）。

```
make install
```

这条命令可以把相关文件复制到默认的目录。当然在给嵌入式设备编译时这步可以省略，因为具体的内核安装还需要手工进行。

Networking support 和 Device Drivers 两部分内容实在太多了，可以根据业务和使用的需要进行配置。

详细介绍内核配置选项及删改情况，在 menuconfig 中配置。

第 1 部分：全部删除。

Code maturity level options ---> 代码成熟等级选项。

```
[ ]Prompt for development and/or incomplete code/drivers
```

在默认情况下是选择的，这将会在设置界面中显示还在开发或者还没有完成的代码与驱动，不选。

第 2 部分：除以下选项，其他全部删除。

```
General setup —>System V IPC
```

IPC 是组系统调用及函数库，它能让程序彼此间同步进行交换信息。某些程序及 DOS 模拟环境需要它。为进程提供通信机制，这将使系统中各进程间有交换信息与保持同步的能力。有些程序只有在选 Y 的情况下才能运行，所以不用考虑，这里一定要选。

第 3 部分：除以下选项，其他全部删除。

```
Loadable module support
```

可引导模块支持选项建议作为模块加入内核。

```
[ ] Enable loadable module support
```

这个选项可以让内核支持模块，模块是什么呢？模块是一小段代码，编译后可在系统内核运行时动态地加入内核，从而为内核增加一些特性或对某种硬件进行支持。一般一些不常用的驱动或特性可以编译为模块以减少内核的体积。在运行时可以使用 modprobe 命令来将它加载到内核中去（在不需要时还可以移除）。一些特性是否编译为模块的原则是，不常使用的特性，特别是在系统启动时不需要的驱动可以将其编译为模块，如果是一些在系统启动时就要用到的驱动（例如文件系统和系统总线的支持）就不要编译为模块了，否在无法启动系统。

```
[ ]Automatic Kernel module loading
```

一般情况下,如果内核在某些任务中要使用一些被编译为模块的驱动或特性,则要先使用 modprobe 命令来加载它,这样内核才能使用。不过,如果选择了这个选项,在内核需要一些模块时它可以自动调用 modprobe 命令来加载需要的模块,这是个很棒的特性,当然要选择 Y。

第 4 部分:全部删除。

`Block layer`

第 5 部分:除以下选项,其他全部删除。

`Processor type and features`

处理器类型如下:

`Subarchitecture Type (PC – compatible)`

这选项的主要的目的是使 Linux 可以支持多种个人计算机标准,一般使用的个人计算机是遵循所谓 IBM 兼容结构(pc/at)的。这个选项可以选择一些其他架构。一般选择 PC-compatible 就可以了。

`Processor family(386)`

它会对每种 CPU 做最佳化优化,让它运行得既好又快,一般来讲,是什么型号就选什么型号。

第 6 部分:除以下选项,其他全部删除。

`Power management options (ACPI, APM)`

电源管理选项如下:

`[ ] Power Management Debug Support`

电源管理的调试信息支持选项,如果不是要调试内核有关电源管理部分,则不要选择这项。

`ACPI Support`

高级电源接口配置支持选项,如果 BIOS 支持,则建议选上这项。

`[ ]Button`

这个选项用于注册基于电源按钮的事件,例如 power、sleep 等,当按下按钮时事件将发生,一个守护程序将读取/proc/acpi/event,并执行用户在这些事件上定义的动作,例如让系统关机。可以不选择,根据自己的需求选择。

第 7 部分：除以下选项，其他全部删除。

```
Bus options (PCI, PCMCIA, EISA, MCA, ISA)
```

总线选项如下：

```
[ ]PCI support
PCI access mode (Any)
```

PCI 外围设备配置，强烈建议选 Any，系统将优先使用 MMConfig，然后使用 BIOS，最后使用 Direct 检测 PCI 设备。

第 8 部分：除以下选项，其他全部删除。

```
Executable file formats
Kernel support for ELF binaries ELF
```

是开放平台下最常用的二进制文件，它支持不同的硬件平台。一定要选。

第 9 部分：除以下选项，其他全部删除。

```
Networking
Networking options
[ ]UNIX domain sockets
[ ]TCP/IP networking
```

第 10 部分：除以下选项，其他全部删除。

```
Device Drivers 设备驱动
Block devices
[ ]Compaq SMART2 support
[ ] Compaq Smart Array 5xxx support
[ ]Loopback device support
```

大部分人对这个选项会选 N，因为没有必要，但是如果要 mount ISO 文件，则选上 Y。这个选项的意思是，可以将一个文件挂成一个文件系统。如果要烧录光盘，则很有可能在把一个文件烧录进去之前，看一看这个文件是否符合 ISO 9660 文件系统的标准，是否符合需求，而且可以对这个文件系统加以保护。不过，如果想做到这点，则必须有最新的 mount 程序，版本要求在 2.5X 版以上，而且如果希望对这个文件系统加上保护，则必须有 des.1.tar.gz 程序。注意：此处与网络无关。建议编译成模块。

```
[ ] RAM disk support
SCSI device support 里面有关于 USB 支持的，要选择
[ ]SCSI device support USB 要用，必须选择
[ ]legacy /proc/scsi/ support USB 要用，必须选择
[ ]SCSI disk support USB 要用，必须选择
SCSI Low - level drivers
[ ]Serial ATA(SATA) support
```

```
[ ]Intel PIIX/ICH SATA support 这个必须选择,否则无法产生引导文件
[ ]Via SATA support
Networking device support 这个下面是选网卡驱动,一定要选
Ethernet(1000mbit)-   计算机是千兆网卡,所以选这个
[ ]broadcom Tigon3support
Input device support 这个里面要设置鼠标键盘
[ ]Provide legacy /dev/psaux device
Graphics support
[ ]Support for frame buffer devices 支持 Frame buffer 的,一定要选择
USB support
[ ]USB device filesystem 这个好像是使用U盘所必需的
[ ]EHCI HCD (USB 2.0) support 有 USB 2.0 就选上,编译成模块
[ ]OHCI HCD support 必须选择,编译成模块
[ ]UHCI HCD (most Intel and VIA) support 必须选择,编译成模块
[ ]USB Mass Storage support 用 U 盘,必须选择
USB Human Interface Device (full HID) support 里面选择 USB 鼠标和 USB 键盘,如果有,一定选上
HID input layer support 应该选择
/dev/hiddev raw HID device support 如果这里有 USB 键盘和鼠标选项,则一定要选择
```

第 11 部分:除以下选项,其他全部删除。

```
file systems 文件系统
< * > Second extended fs support
Ext2 extended attributes
Ext2 POSIX Access Control Lists
Ext2 Security Labels
< M > Ext3 journalling file system support
Ext3 extended attributes
Ext3 POSIX Access Control Lists
Ext3 Security Labels 以上这些肯定要选择,Linux 的标准文件系统
< M > Kernel automounter support 内核自动挂载,当然要选
< M > Kernel automounter version 4 support (also supports v3) 当然要选
DOS/FAT/NT Filesystems
< M > DOS FAT fs support
< M > MSDOS fs support
< M > VFAT (Windows - 95) fs support
< M > NTFS file system support
Native language support 语言支持,这里支持英语和汉语就行了
[ ]NLS ISO 8859 - 1 必须选择,这个是关于 U 盘挂载的
CD - ROM/DVD Filesystems 这个是关于挂载 ISO 文件的,如果用就选
< * > ISO 9660 CDROM file system support
```

第 12 部分:全部删除。

```
Instrumentation support
```

第 13 部分:全部删除。

```
Kernel hacking
```

从事安全研究人员用,根据场景用途选择是否需要。
第 14 部分:全部删除。

Security options

第 15 部分:全部删除。

Cryptographic options

这是核心支持加密的选项。
第 16 部分:全部删除。

Library routines

6.6.16 内核配置的建议

内核配置的方法很多,例如 make config、make xconfig、make menuconfig、make oldconfig 等,它们的功能都是一样的,区别应该从名字上就能看出来,只有 make oldconfig 是指用系统当前的设置(./.config)作为默认值。这里用的是 make menuconfig。

需要注意的是,不必要的驱动越多,内核就越大,不仅运行速度慢、占用内存多,在少数情况下还会引发其他问题。首先确定 Shell 是 bash,然后通过命令 make menuconfig 进入配置。

有一些默认符号的含义如下。

y:加载。

n:不加载。

m:作为模块加载。

可以配置的选项有以下一些。

(1) code maturity level option:代码成熟度。

prompt for development and/or incomplete code/drivers [N/y/?]

如果有兴趣测试一下内核中尚未最终完成的某些模块,则选择 y,否则选 N。如果想知道更详细的信息,则应选"?",会看到联机帮助(以下"?"的含义相同),N 大写表示默认值。

(2) processor type and features:处理器类型及特性。

Processor family(386,486,Cx486,586/K5/5x86/6x86,Pentium/K6/TSC,PPro/6x86MX)[PPro/6x86MX]

[ ]内的是默认值,可以根据前面介绍的 uname 命令执行的结果选择。此项如果高于 386,则生成的内核在 386 机器上将不能启动。

Math emulation(CONFIG_MATH_EMULATION)[N/y/?]

需要进行协处理器模拟吗？一般的机器返回 n。如果机器已经有硬件的协处理器，则内核仍将使用硬件，而忽略软件的 math-emulation，这将使内核变大，从而使系统的运行速度变慢。

MTRR(Memory Type Range Register)support(CONFIG_MTRR)[N/y/?]

在 Pentium、Pro/Pentium II 类的系统中可以提高图像写入速度。

Symmetric multi-processing support(CONFIG_SMP)[Y/n/?]

如果机器有多个处理器，则选择 Y。此时要选中下面的 Enhanced Real Time Clock Support。
（3）loadable model support：可加载模块支持。

Enable loadable module support(CONFIG_MODULES)[Y/n/?]

最好选 Y，不然许多仅供动态加载的模块就不能用了。

Set version information on all symbols for modules(CONFIG_MODVERSIONS)[N/y/?]

一般选择 N。

Kernel module loader(CONFIG_KMOD)[N/y/?]

（4）general setup：一般设置。

Networking support(CONFIG_NET)[Y/n/?]

选择 Y，一般计算机需要网络连接。

PCI support (CONFIG_PCI)[Y/n/?]

选择 Y，PCI 总线和设备总线计算机都有。

PCI access mode(BIOS,Direct,Any)[Any]

默认值比较保险，但如果对主板很有信心，则选择 BIOS。

PCI quirks (CONFIG_PCI_QUIRKS)[Y/n/?]

用于修补 BIOS 中对 PCI 有影响的 Bug，同样，如果对主板很有信心，则选择 n。

Backward-compatible /proc/pci(CONFIG_PCI_OLD_PROC)[Y/n/?]

以前的内核使用/proc/pci，新版内核使用/proc/bus/pci，要保持兼容性就选择 Y。

MCA support(CONFIG_MCA)[N/y/?]

根据需要是否选择。

```
SGI Visual Workstation support(CONFIG_VISWS)[N/y/?]
```

如果机器是 SGI 的就选择 y。

```
System V IPC(CONFIG_SYSVIPC)[Y/n/?]
```

进程间通信函数和系统调用。Linux 内核的五大组成部分之一,一定要选。

```
BSD Process Accounting(CONFIG_BSD_PROCESS_ACCT)[N/y/?]
```

用于启动由内核将进程信息写入文件的用户级系统调用。就看想不想用它了。

```
Sysctl support(CONFIG_SYSCTL)[Y/n/?]
```

在内核正在运行时修改内核。用 8KB 空间换取某种方便。一般不选,除非真的有特殊用途。

```
Kernel support for a.out binaries(CONFIG_BINFMT_AOUT)[Y/m/n/?]
```

为了能使用以前编译的程序,选择 Y。

```
Kernel support for ELF binaries(CONFIG_BINFMT_ELF)[Y/m/n/?]
```

为了能使用现在编译的程序,选择 Y。

```
Kernel support for MISC binaries(CONFIG_BINFMT_MISC)[Y/m/n/?]
```

一般选择 y,用于支持 Java 等代码的自动执行。

```
Parallel port support(CONFIG_PARPORT)[N/y/m/?]
```

并口设备,如打印机。

(5) plug and play support:即插即用设备支持。

```
Plug and Play support (CONFIG_PNP)[N/y/?]
```

选择 y,后面基本会用到。

(6) block devices:块设备。

```
Normal PC floppy disk support(CONFIG_BLK_DEV_FD)[y/m/n/?]
```

一般的软驱,选择 y。

```
Enhanced IDE/MFM/RLL disk/cdrom/tape/floppy support(CONFIG_BLK_DEV_IDE)[Y/m/n/?]
```

这几种接口的硬盘、光驱、磁带、软驱,选择 y。

Include IDE/ATAPI CDROM support(CONFIG_BLK_DEV_IDECD)[Y/m/n/?]

CDROM 驱动支持,选择 y。

(7) networking options:网络选项。

Packet socket (CONFIG_PACHET)[Y/m/n/?]

按照目前网络发展的状况,选 Y 比较好。当然也可以选其他选项。

Kernel/User netlink socket(CONFIG_NETLINK)[N/y/?]

内核与用户进程双向通信,选择 y。

Network firewalls(CONFIG_FIREWALL)[N/y/?]

如果真的需要用防火墙,就选 y。

UNIX domain sockets(config_unix)[Y/m/n/?]

socket 的用处太多了,选择 Y。

TCP/IP networking(CONFIG_INET)[Y/n/?]

TCP/IP 一般必选,选择 Y。

The IPX protocol (CONFIG_IPX)[N/y/m/?]

如果需要使用或者学习 IPX,则选择 y。

Appletalk DDP(CONFIG_ATALK)[N/y/m/?]

如果需要使用,则选择 y,如果不需要使用,则选择 N。

(8) SCSI support 表示 SCSI 支持,SCSI low-level drives 表示 SCSI 低级驱动。

根据系统中 SCSI 设备的实际情况选择。

(9) Networking device support:网络设备支持。

如果用 LAN 上网,则选择网卡;如果用 Modem 拨号上网,就要看 ISP 提供哪种服务了,一般为 PPP。

(10) Amateur Radio support:业余收音机支持,一般用不到,所以选择 N。

(11) ISDN subsystem ISDN:子系统。

好像已经有支持 ISDN 的 Modem 了,所以最好先看一看自己的 Modem 是不是这种,再做选择。

(12) Old CD-ROM dfivers (not SCSI,not IDE)：老式光驱驱动。

一般选择 N,因为这种设备实在很少见了。

(13) Character devices：字符设备。

```
Virtual terminal(CONFIG_VT)[Y/n/?]
```

Linux 上一般可以用 Alt＋F1/F2/F3/F4 来切换不同的任务终端,即使在一台计算机上也可以充分使用 Linux 的多任务能力,一些需要以命令行方式安装的软件如果有虚拟终端的支持就会更方便,因此选择 Y。

```
Support for console on virtual terminal(CONFIG_VT_CONSOLE)[Y/n/?]
```

选择 Y 将支持一个虚拟终端作为控制台,一般为 Alt＋F1。

```
Support for console on serial port(CONFIG_SERIAL)[Y/m/n/?]
```

除非真的需要一个串口控制台,否则选择 n。

```
Extended dumb serial driver options(CONFIG_SERIAL_EXTENDED)[N/y/?]
```

如果希望使用 dumb 的非标准特性(如 HUB6 支持),选择 y,一般选择 N。

```
Non-standard serial port support(CONFIG_SERIAL_NONSTANDARD)[N/y/?]
```

非标准串口,一般选择 N。

```
UNIX98 PTY support(CONFIG_unix98_PTYS)[Y/n/?]
```

PTY 指伪终端,一般用户选择 n,但如果想用 telnet 或者 xterms 作为终端访问主机,并且已经安装了 Glibc 2.1,就可以选择 y。

```
Maximum number of UNIX98 PTYs in use(0-2048)(CONFIG_unix98_PTY_COUNT)[256]
```

采用默认值就可以了。

```
Mouse Support(not serial mice)(CONFIG_MOUSE)[Y/n/?]
```

如果使用的是 PS/2 等非串口鼠标,则选 Y,否则选择 n。

(14) Mice：鼠标。

根据自己的鼠标类型选择。

(15) Video for Linux：Linux 视频。

根据系统中的音/视频捕捉设备选择。

(16) Joystick support：操纵杆。

根据系统中的游戏杆设备选择。

(17) Ftape：设备驱动。

Ftape (QIC-80/Travan) support(CONFIG_FTAPE)[N/y/m/?]

如果系统中有磁带机，则选择 y。

(18) Filesystems：文件系统。

文件系统的选择要比较仔细，因为其中的一些选项给某些系统功能提供支持，而且除了 proc、ext2 等文件系统之外，其他的文件系统（包括网络文件系统）都可以选择为 m 方式，从而减小内核启动时的体积。

Quota support(CONFIG_QUOTA)[N/y/?]

用于给用户划分定量的磁盘空间。如不用此功能就选择 N。

DOS FAT fs support(CONFIG_FAT_FS)[N/y/m/?]

为内核提供 FAT 支持，多数用户有可能从 Linux 访问同一系统中的 Windows 硬盘空间，因此最好选择 y。

ISO 9660 CDROM filesystem support(CONFIG_ISO9660_FS)[Y/m/n/?]

有标准光驱的系统应该选择 Y。

Minix fs support(CONFIG_MINIX_FS)[N/y/m/?]

用于创建启动盘的文件系统，多数应该选 y 或者 m。

/proc filesystem support(CONFIG_PROC_FS)[Y/n/?]

虚拟文件系统，必须选择 Y。

Second extended fs support(CONFIG_EXT2_FS)[Y/m/n/?]

Linux 标准文件系统都应该选择 Y。

(19) Network file systems 网络文件系统。

Coda filesystem support (advanced network fs)(CONFIG_CODA_FS)[N/y/m/?]

先看帮助文档再选。

NFS filesystem support(CONFIG_NFS_FS)[Y/m/n/?]

选择 Y 或 n，能够访问远程 NFS 文件系统。

SMB filesystem support(to mount WfW shares etc.)(CONFIG_SMB_FS)[N/y/m/?]

如果要访问 Windows 系统中的共享资源,则选择 y。

```
NCP filesystem support(to mout NetWare volumes)(CONFIG_NCP_FS)[N/y/m/?]
```

如果真的需要访问 NetWare 文件系统,就选择 y 或者 m。

(20) Partion Types:分区类型。

一般用不上,如果要用,则可参看帮助文档。

(21) Console drivers:控制台驱动。

```
VGA text console(CONFIG_VGA_CONSOLE)[Y/n/?]
```

在 VGA 模式下用文本方式操作 Linux,一般选择 Y。

```
Video mode selection support(CONFIG_VIDEO_SELECT)[N/y/?]
```

大多数系统不需要这项功能。

(22) Sound:声音。

```
Sound card support(CONFIG_SOUND)[N/y/m/?]
```

如果系统中安装了声卡,就选 y(或者 m),然后查看帮助文档。

(23) Kernel hacking:内核监视。

Kernel hacking 往往会生成非常大或者非常慢(甚至又大又慢)的内核,甚至会引起内核工作不稳定。如果一定要选,则最好不要选其中的 development、experimental、Debugging 项。

6.7 自动化打包及装机使用的流程

因为这是一个软硬件结合的项目,如果想要实现自动化、批量化安装,则需要制作为无人值守的安装流程。详细的 U 盘自动化制作流程及设备系统自动化安装流程如图 6-20 所示,其中,虚线表示逻辑上的连接流程,实线表示每个阶段的执行步骤。

自动化 U 盘制作项目的代码目录如图 6-21 所示。

每个目录的主要功能及作用如下:

(1) config 目录主要用于存放镜像自定义配置文件。解压系统镜像 ISO 文件之后,可以对目录中的文件进行自定义修改,例如修改配置、添加软件包、添加用户自定义程序或脚本等。在无网络环境下安装系统,并同时对依赖服务进行安装并运行,可以把相关的依赖文件一起打包进 ISO 镜像文件中,便于安装并运行。可以在 ks 的 post 阶段进行读取或操作,注意对应的文件目录。

(2) injection 目录主要用于打包和存放系统安装前需要安装的一些依赖包,方便在系统安装前的阶段进行安装,并使用相关的库或命令做一些自定义的配置。

(3) linux 目录主要用于存放 Ventoy 在 Linux 系统下制作 U 盘和打包的相关脚本和核

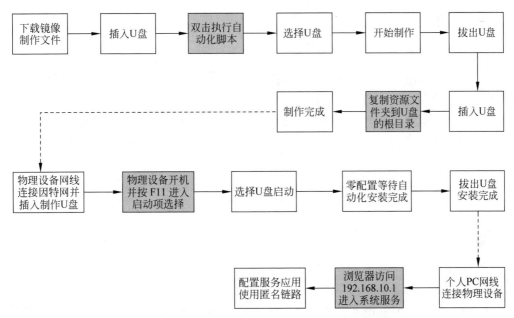

图 6-20　U 盘自动化制作流程及设备系统自动化安装流程

心依赖，执行入口为 install.sh 文件。

（4）ventoy 目录主要用于存放自定义服务安装的一些文件，这是一个很重要的目录，也是需要根据业务的不同而修改目录中相关文件的地方，包括系统安装完成后的文件注入、需要进行安装的 ISO 系统镜像、每个 ISO 系统镜像自动化安装对应的脚本配置文件、需要安装的依赖库和用户程序、Ventoy 主题配置、Ventoy 配置文件，用于在 U 盘启动后选择相关的系统镜像进行安装，在系统安装完成后，自动注入外部相关文件并安装相关的服务，例如，这里主要用于自动化安装部署匿名链路系统，等系统安装完成后，相关的服务也已经安装完成并且会自动启动，不需要登录系统进行额外的手动安装和配置。

（5）ventoy/injection 目录主要在安装操作系统的过程中注入一些小文件，例如系统镜像中不带的一些脚本或命令，安装操作系统时，注入系统的文件，只支持小文件，大文件会注入失败。ventoy/source/目录下的文件会被自动压缩为一个文件，放到该目录，

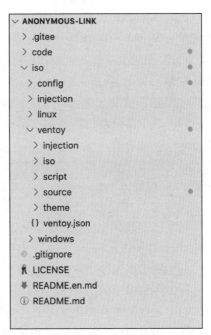

图 6-21　自动化 U 盘制作项目的代码目录

系统安装时，该文件会自动解压到/root/目录，文件夹名依旧同原名。注意，只是临时注入该目录，系统安装完成后，/root/目录下面不会保存。可以在 ks 的 post 阶段进行读取或操

作，注意对应的文件目录。

（6）ventoy/iso 目录主要用于存放需要进行安装的操作系统镜像，可以同时存放不同类型的多个操作系统镜像。例如，这里可以将下载好的 CentOS 7 操作系统镜像复制到该目录，并命名为 CentOS7.iso，程序会自动检测，如果文件存在，就不会重新下载，如果没有，就会自动从国内阿里云开源镜像进行下载。

（7）ventoy/script 目录主要用于存放每个操作系统镜像安装所对应的配置文件，例如，这里配置好了 CentOS7.iso 镜像对应无人值守自动化安装所对应的配置文件 CentOS_kickstart.cfg 文件。

（8）ventoy/source 目录主要用于存放系统安装完成后需要进行安装的依赖包，例如，这里的 package 目录里面存放着多个需要进行安装的 rpm 包，以及系统安装完成后需要进行安装和配置的程序，例如，这里的 init 目录里面存放了需要进行配置的 nginx 配置文件和匿名链路系统服务 manage 启动程序 service。

（9）ventoy/theme 目录主要用于存放 Ventoy 的相关主题文件，可以在 Ventoy 安装操作系统时提供不同的界面和视觉体验。

（10）ventoy/ventoy.json 文件主要用于配置 Ventoy 的相关依赖文件，相关的配置都在这个文件中指定，例如，指定 ISO 操作系统镜像和 Script 中自动安装配置文件的关联关系、U 盘启动后默认超时自动安装的操作系统、操作系统安装所对应的自定义菜单名称、指定系统安装中 ISO 操作系统镜像需要进行注入 injection 目录下的文件关联关系。

（11）windows 目录主要用于存放 Ventoy 在 Windows 系统下制作 U 盘和打包的相关脚本和核心依赖，执行入口为 install.bat 文件。

主要使用流程如下：

（1）选中需要使用的基础 Linux 镜像，定制的或者官方的系统 ISO 镜像都可以，放入 ventoy/iso 目录中。

（2）把编译后的程序包及配置文件放入 ventoy/source/init 目录中，把程序需要依赖的外部 rpm 包放入 ventoy/source/package 目录。

（3）插入 U 盘，并运行 windows 目录下或者 linux 目录下的入口文件。

（4）U 盘制作完成后，脚本会自动地将相关的资源文件复制到 U 盘的相关目录中，等待 U 盘制作完成即可。

（5）把需要安装操作系统和程序服务的物理设备机器插上能够连接到因特网的网线。

（6）将制作好的 U 盘插到物理设备机器上，重启并选择 U 盘启动。

（7）进行系统自动化安装流程，可以不用操作，等待系统安装完成后，拔掉 U 盘。

（8）用一台计算机连接到物理设备上，在浏览器地址栏中输入 http://192.168.10.1，访问匿名链路服务，即可进行配置节点和网络。

（9）使用匿名链路进行出网访问和数据传输。

第 7 章 防溯源匿名链路系统的运营使用

7.1 系统初始化及网络配置

匿名链路系统整体基于 B/S 架构实现。系统在使用前需要进行网络环境配置,正常情况下,系统会自动识别插入的网线或者插入的 USB 上网设备,自动设置出网,但是需要在开机前提前插入上网的网线或者 USB 上网设备,如果在服务初始化之前没有检测到上网通道,则需要在系统初始化后进行手动配置,上网方式配置如图 7-1 和图 7-2 所示。

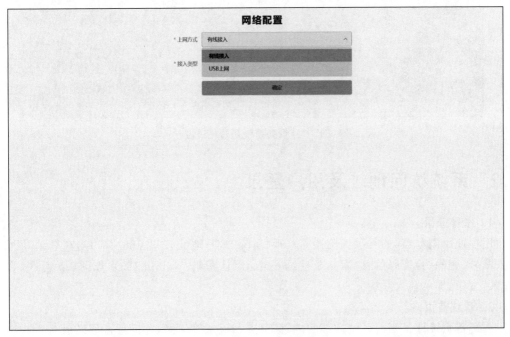

图 7-1 设备上网方式配置

网络配置完成以后,系统会进入初始化阶段,过程如图 7-3 所示。

图 7-2　设备上网接入类型配置

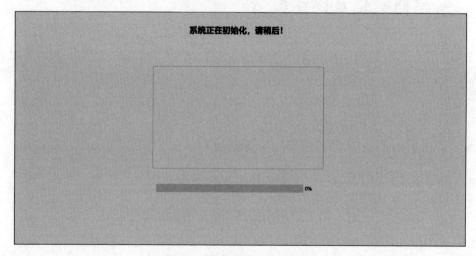

图 7-3　设备系统初始化进度

7.2　系统访问地址及用户登录

1. 账号登录

用户使用浏览器(如谷歌浏览器等)访问系统的 IP 地址(192.168.10.1),在登录界面中输入账号、密码、验证码信息(默认账号:admin,默认密码:admin-123),如图 7-4 所示,单击"登录"按钮,即可登入系统。

2. 系统首页

系统首页统计了当前系统内部的链路、节点和流量等信息,并进行直观显示。

系统首页包括四部分内容:

(1) 左侧是系统的多个管理组件。

(2) 右上角是当前用户。

图 7-4 设备系统登录界面

(3) 上方是系统的数据统计。

(4) 中间是当前正在使用的链路及节点,可将鼠标放在链路或节点上获取详细信息。

7.3 多跳节点的部署及管理

节点管理的功能是部署、管理节点,并显示相关状态。节点管理包括节点列表、节点子网、节点统计和节点分布。

7.3.1 节点列表

节点列表呈现了当前已经部署的节点信息,包括节点名称、节点 IP、节点层级、节点类型、节点状态、部署类型和创建者等信息;节点列表可以按照时间、节点状态、创建者和关键词进行筛选和查询,如图 7-5 所示。

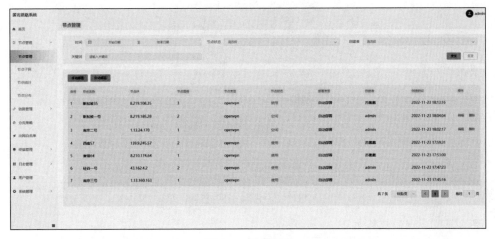

图 7-5 节点列表

对空闲节点可以执行编辑和删除操作,编辑可以更改节点名称,但无法操作正在使用中的节点,如图 7-6 所示。

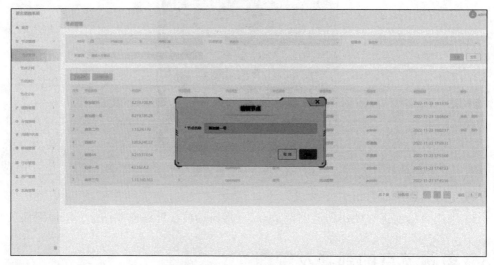

图 7-6　编辑节点

7.3.2　手动部署节点

迷途匿名链路管理平台提供了私有节点的管理功能,可以通过手动部署的方式将私有节点部署在系统中,如图 7-7～图 7-9 所示。

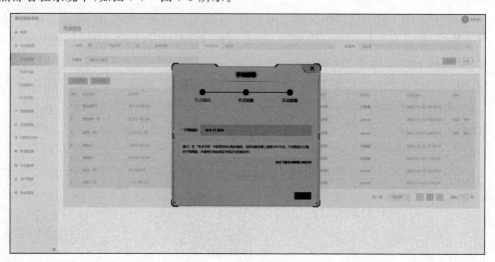

图 7-7　添加子网掩码

手动部署节点的流程如下:
(1) 通过节点子网模块进行子网分配(见 7.3.4 节)。
(2) 按照实例文档部署 VPN 服务器(不同操作系统有细微差异,文档仅供参考)。

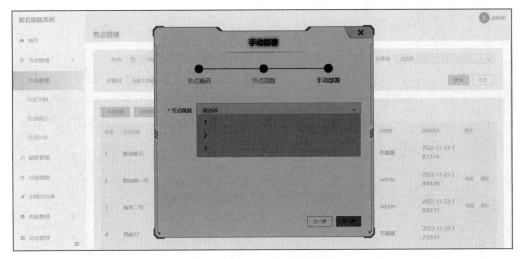

图 7-8 选择节点跳数

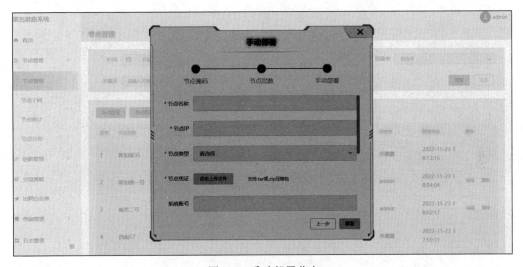

图 7-9 手动部署节点

（3）通过节点名称、节点类型、节点 IP 和节点凭证（搭建 VPN 服务器后获得）等完成节点部署。

7.3.3 自动部署节点

迷途匿名链路管理平台为运营节点提供了一键化的部署方式，如图 7-10～图 7-12 所示，步骤如下：

（1）系统类型提示（包括系统支持的 VPN 类型、系统型号）。

（2）节点层数选择（节点部署依赖前置节点）。

（3）输入运营平台提供的节点名称、IP 等信息，并选择节点类型完成部署。

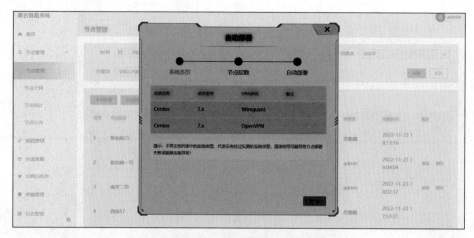

图 7-10　支持的系统及 VPN 种类

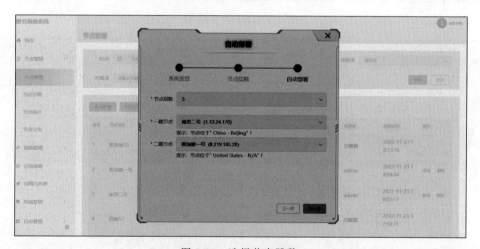

图 7-11　选择节点跳数

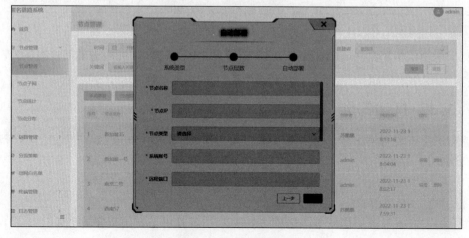

图 7-12　自动部署节点

7.3.4 节点子网

节点子网功能是为手动部署方式提供可用网段。节点子网呈现了当前已经分配的子网信息,包括子网掩码、子网类型、子网状态、创建者和创建时间等信息;节点子网可以按照时间、子网状态、创建者和关键词进行筛选和查询,如图 7-13 所示。

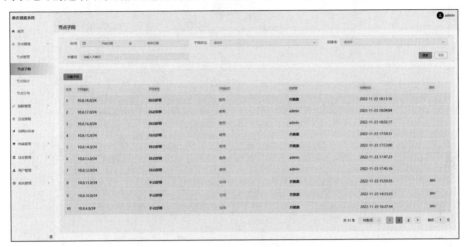

图 7-13 节点子网搜索

单击分配子网,系统会自动分配空闲网段,以供使用,如图 7-14 所示。对空闲的子网可以执行删除操作,但对使用中的子网无操作权限,如图 7-15 所示。

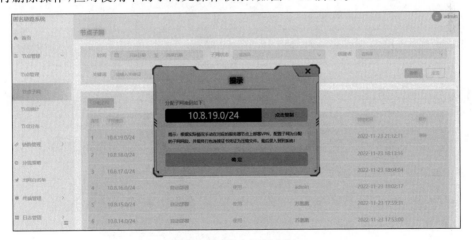

图 7-14 节点子网分配

7.3.5 节点统计和分布

节点统计可以反映总体节点的新增分布、本年新增节点、本月新增节点和当天新增节点数量,如图 7-16 所示。节点分布可以反映总体节点的位置信息,如图 7-17 所示。

网络攻防中的匿名链路设计与实现

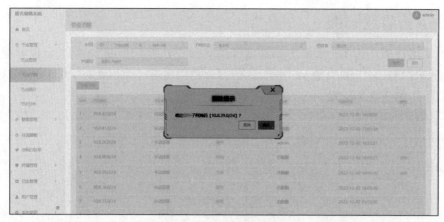

图 7-15 节点子网删除

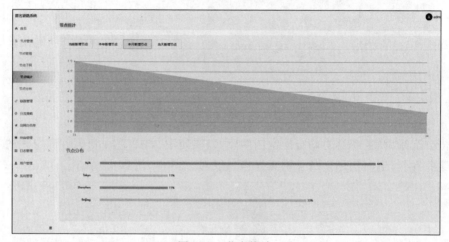

图 7-16 节点统计

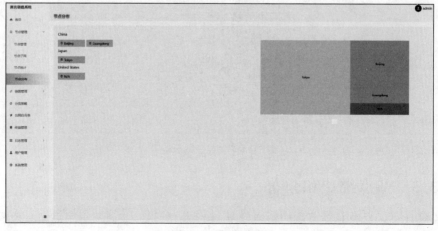

图 7-17 节点分布

7.4 自动化的链路部署管理

链路管理的功能是部署链路、设置转发,并显示相关状态。链路管理包括链路列表、配置转发和链路统计。

7.4.1 链路列表

链路列表呈现了当前已经搭建的链路信息,包括链路名称、链路跳数、数据流量、链路状态、链路延时、链路类型和创建者等信息;链路列表可以按照时间、链路状态、创建者和关键词进行筛选和查询,如图 7-18 所示。

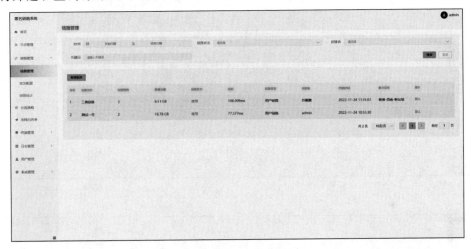

图 7-18　链路列表

使用状态下的链路可以被设置为默认链路,默认链路只能存在一条,如图 7-19 所示。

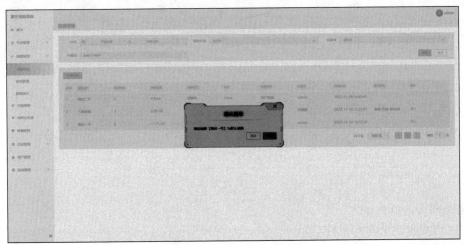

图 7-19　设置默认链路

如果不存在分流策略或没有任何策略与传输流量匹配,则流量被分发至默认链路进行出网。如果不存在默认链路或默认链路处于未连接状态,则流量被丢弃。

7.4.2 新增链路

迷途匿名链路管理平台通过链路搭建提供了多跳节点转发功能,如图 7-20 和图 7-21 所示。

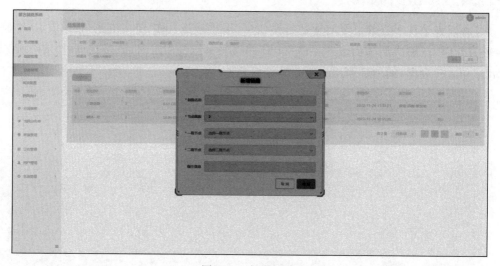

图 7-20 新增链路

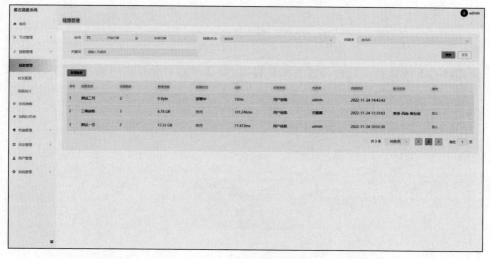

图 7-21 链路部署

链路部署的流程如下:
(1) 设置链路名称和备注信息。
(2) 设置节点跳数及选择对应节点(搭建链路的节点状态必须为空闲,并且节点跳数与对应的链路位置相匹配)。

(3) 在单击"确定"按钮后,系统会自动搭建链路,链路状态为部署中,完成部署后,链路状态变为空闲。

7.4.3　转发配置

转发配置呈现了当前已经设置的转发策略,包括转发名称、转发状态、链路名称、数据流量、设备 IP、设备 MAC 和创建者等信息;链路列表可以按照时间、转发状态、创建者和关键词进行筛选和查询,如图 7-22 所示。

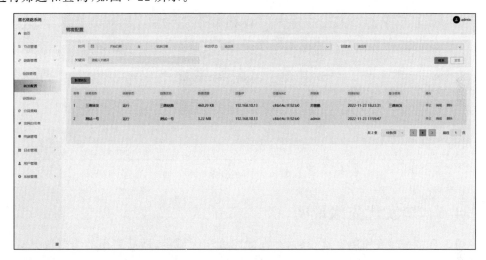

图 7-22　转发列表

转发策略可以被启动、停止、删除和编辑,编辑可以修改转发名称和备注信息,如图 7-23 所示。

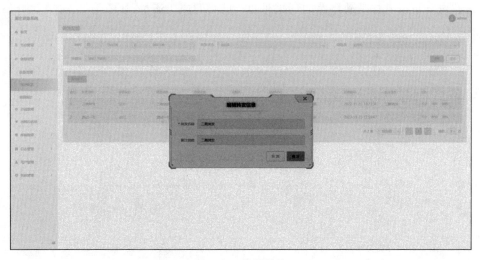

图 7-23　编辑转发

7.4.4 新增转发

使用者可以设置转发名称、终端设备、链路和备注信息建立转发策略；终端设备为接入的外围设备，链路列表为状态为空闲的链路，完成转发设置后，链路状态会变为使用，如图 7-24 所示。

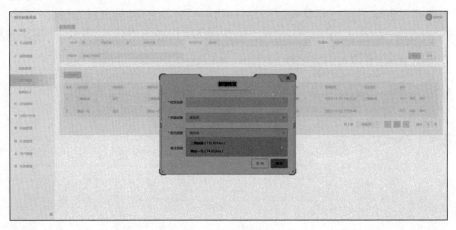

图 7-24 新增转发

7.4.5 转发优先级说明

当同时有多条转发策略在运行时，存在优先级匹配原则，即后启用的策略优先级更高，流量默认流向最高优先级转发策略对应的链路。

7.4.6 链路统计

链路统计可以直接反映链路的创建时间及链路的使用流量，如图 7-25 和图 7-26 所示。

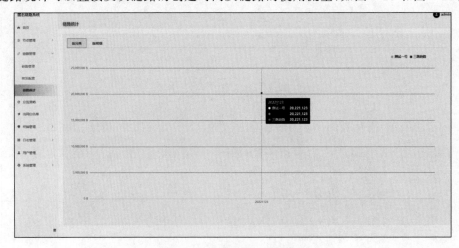

图 7-25 链路统计（按分类）

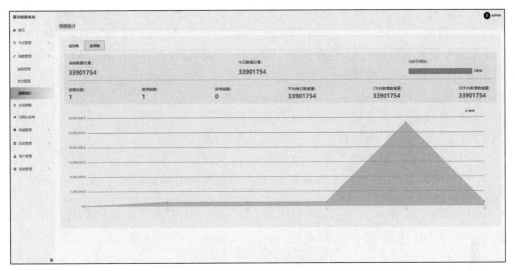

图 7-26　链路统计（按明细）

7.5　灵活的分流策略配置

分流策略的功能是为不同链路设置相应的流量转发规则。

1. 分流策略列表

分流策略列表呈现了当前已经设置的分流策略，包括策略名称、策略条件、链路名称、策略状态、优先级和创建者等信息；分流策略列表可以按照时间、策略状态、创建者和关键词进行筛选和查询，如图 7-27 所示。

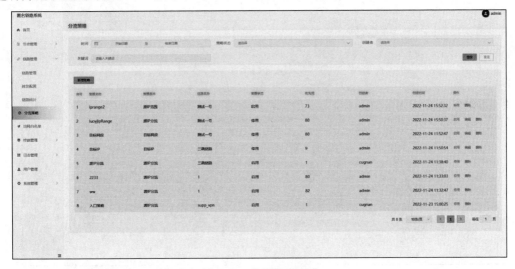

图 7-27　分流策略列表

分流策略可以被启用、停用、删除和编辑,策略条件不同,可编辑的选项也不同。

2. 新增策略

使用者可以设置策略名称、链路名称、策略条件、优先级、设备 IP 和策略状态等建立分流策略,如图 7-28～图 7-32 所示。

策略条件包括以下几点:

(1) 源 IP 分流(根据接入设备 IP 选择对应链路)。

(2) 源 IP 范围分流(设置接入设备 IP 范围选择对应链路)。

(3) 目标 IP 分流(根据接入设备 IP 和目标 IP 选择对应链路)。

(4) 目标网段分流(根据接入设备 IP 和目标网段选择对应链路)。

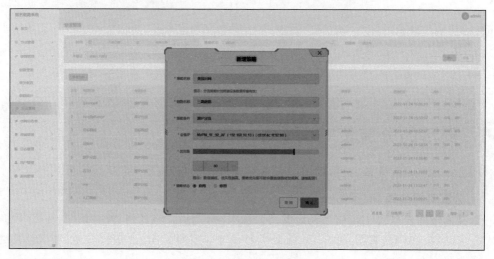

图 7-28　新增分流策略

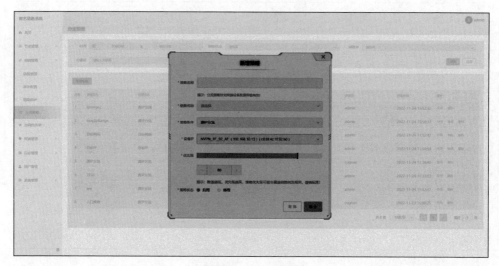

图 7-29　源 IP 分流

第7章　防溯源匿名链路系统的运营使用

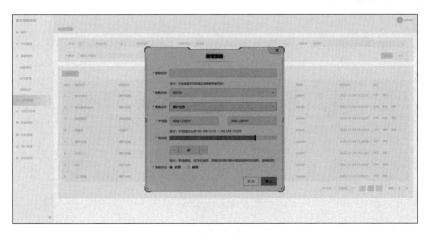

图 7-30　源 IP 范围分流

图 7-31　目标 IP 范围分流

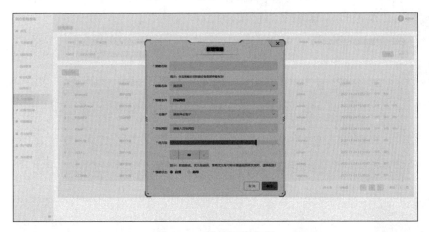

图 7-32　目标网段分流

策略条件及相应参数、优先级、链路名称和策略名称可以被编辑修改,如图 7-33 所示。

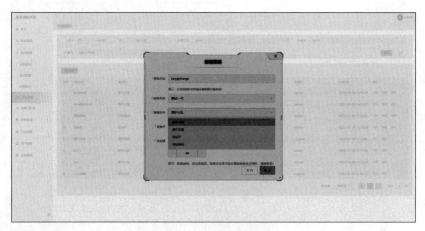

图 7-33　分流策略编辑

3．优先级说明

分流策略优先级高于转发策略。

分流策略优先级数字越小，优先级越高。

7.6　安全性出网白名单管理

默认情况下，设备本身不具备出网能力，只能通过链路出网，如要特殊访问一些 IP，则需通过添加出网白名单实现，出网白名单内置了部分 DNS 服务器用作 IP 解析。

1．出网白名单列表

出网白名单列表呈现了当前已经设置的白名单 IP，包括目标 IP、类型和创建者等信息；出网白名单列表可以按照时间、类型、创建者和关键词进行筛选和查询。白名单可以被删除和编辑，编辑可以更改目标 IP 和备注信息，如图 7-34 所示。

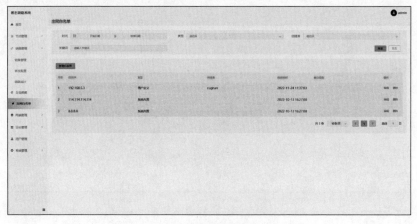

图 7-34　出网白名单列表

2. 新增白名单

使用者可以通过设置目标 IP 来添加出网白名单,但是从设备直接出网会面临溯源风险,应谨慎配置,如图 7-35 所示。

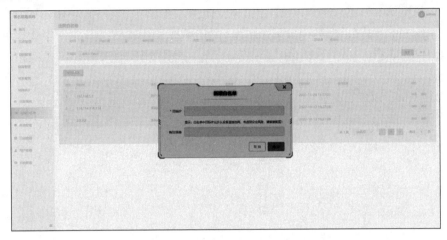

图 7-35 新增出网白名单

7.7 终端设备管理及流量统计

终端管理统计了连入设备(包括在线设备和离线设备)信息。终端管理包括终端设备和终端统计。

1. 终端设备

终端设备呈现了连接迷途系统的终端设备名称、IP 地址、MAC 地址、连接时间和在线时间;终端设备列表可以按照时间和关键词进行筛选和查询,如图 7-36 所示。

图 7-36 终端设备列表

2. 终端统计

终端统计反映了在线设备数量、所有设备数量及所有设备的使用流量，如图 7-37 所示。

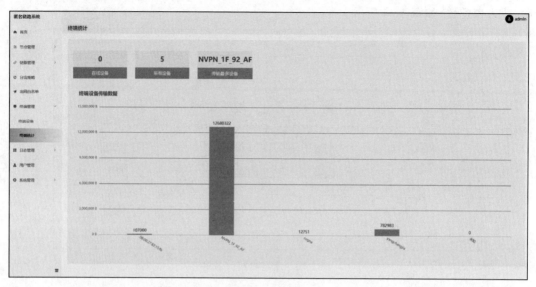

图 7-37　终端统计

7.8　全面的日志管理及审计

可以通过日志管理模块读取所有系统产生的日志。日志管理包括登录日志、操作日志、节点日志和链路日志。

1. 登录日志

可以通过登录日志模块获得系统使用者的登录信息。登录日志呈现了用户名称、登录 IP、浏览器版本、操作系统和登录时间。登录日志列表可以通过时间和关键词进行筛选和查询，如图 7-38 所示。

2. 操作日志

可以通过操作日志模块获得系统使用者的操作信息。操作日志呈现了操作页面、操作类型、操作用户、操作时间和操作内容。操作日志列表可以通过时间、日志类型、创建者和关键词进行筛选和查询，如图 7-39 所示。

3. 节点日志

可以通过节点日志模块获得系统使用者对节点的操作记录。节点日志呈现了节点名称、日志类型、所属人、记录时间和日志内容。节点日志列表可以通过时间、节点名称、日志类型和关键词进行筛选和查询，如图 7-40 所示。

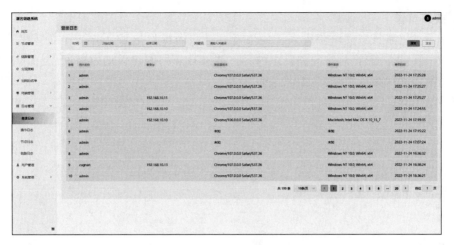

图 7-38 登录日志

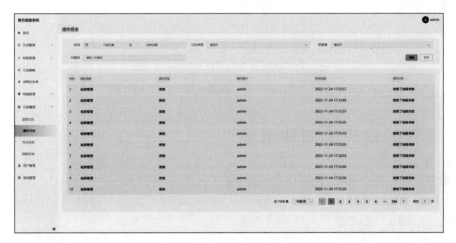

图 7-39 操作日志

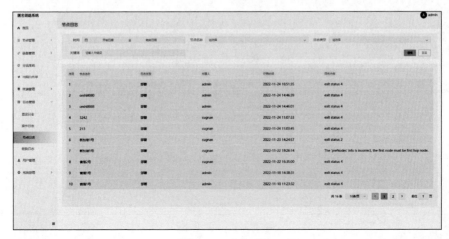

图 7-40 节点日志

4. 链路日志

可以通过链路日志模块获得系统使用者对链路的操作记录。链路日志呈现了链路名称、所属人、日志类型、记录时间和日志内容。链路日志列表可以通过时间、链路名称、日志类型和关键词进行筛选和查询，如图 7-41 所示。

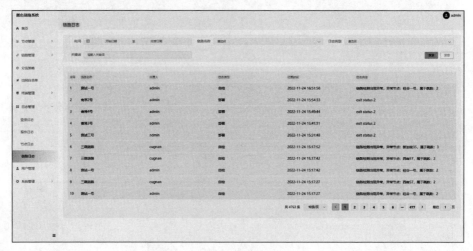

图 7-41　链路日志

7.9　系统的用户控制和管理

可以通过用户管理查询、编辑用户信息，以及创建、删除用户。

用户列表呈现了用户账号、用户名称、用户类型、账号状态和创建时间；用户列表可以通过时间、用户账户、用户名和关键词筛选和查询，如图 7-42 所示。

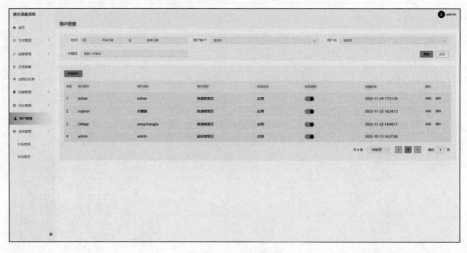

图 7-42　用户管理

用户(除了 admin)可以被删除和编辑,编辑包括修改用户账号、用户名称和用户密码,如图 7-43 所示。

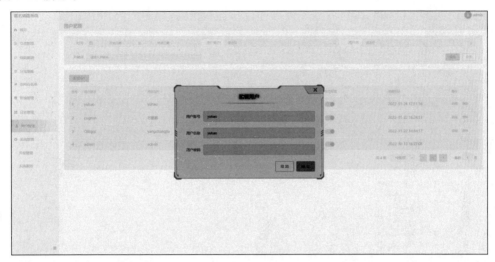

图 7-43　用户编辑

可以通过设置用户账号、用户状态、用户名称和用户密码创建用户,用户账号和用户密码可以通过单击输入栏右侧图标进行随机生成,如图 7-44 所示。

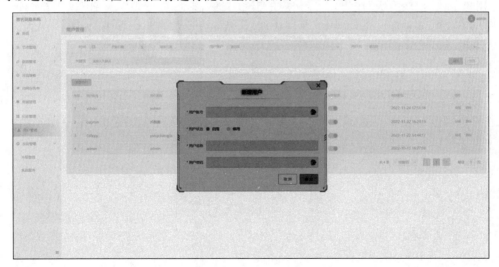

图 7-44　新增用户

7.10　设备的升级及系统管理

系统管理功能用于升级、检查系统。系统管理包括升级管理和系统服务。

1. 升级管理

升级列表呈现了文件名称、升级状态、终端 IP、操作人、升级时间和备注信息；升级列表可以通过时间、升级状态、操作者和关键词进行筛选和查询，如图 7-45 所示。

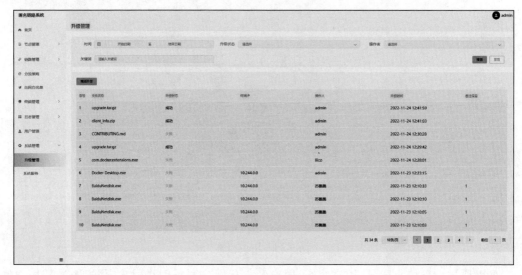

图 7-45　升级列表

用户单击"离线升级"按钮，上传相应的升级文件，即可进行系统升级（仅支持.tar.gz、.tar、.tar.bz2、.tar.Z、.zip 文件）。升级成功后，系统才会执行重启服务，如图 7-46 所示。

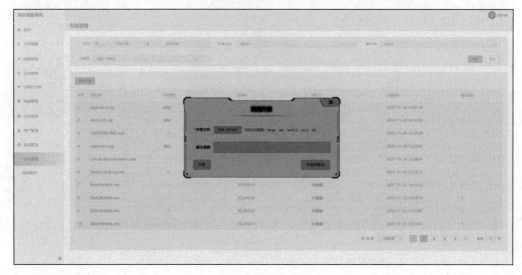

图 7-46　离线升级

2. 系统服务

系统服务包括系统重启和系统自检功能。

系统重启可以重新启动系统服务,系统自检可以对运行中的转发策略、正在运行的链路及使用中的节点进行功能检查,如图 7-47 所示。

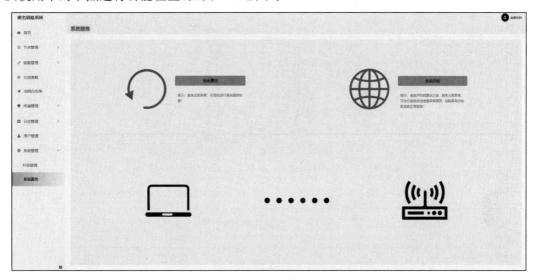

图 7-47　系统服务

单击"系统重启"按钮后,使用者可以通过确定按钮决定是否重启系统,如图 7-48 所示。

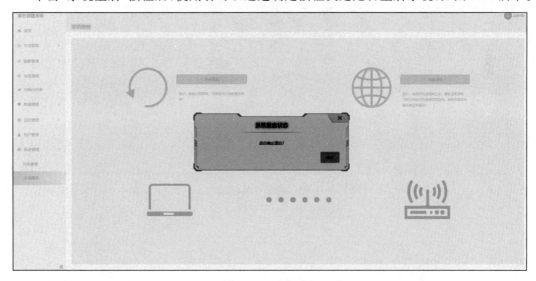

图 7-48　系统重启

单击"系统自检"按钮后会弹出异常转发名称及关联 IP、异常链路名称、异常节点名称及节点 IP、异常出现原因。单击弹窗右下角,弹窗内容会变为系统内部的实际报错,如图 7-49 和图 7-50 所示。

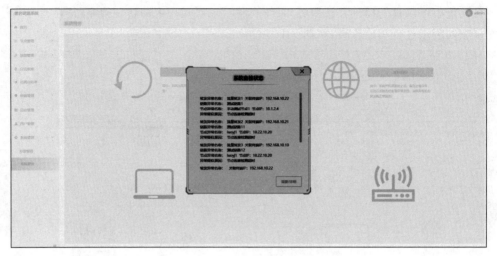

图 7-49 系统自检(简要)

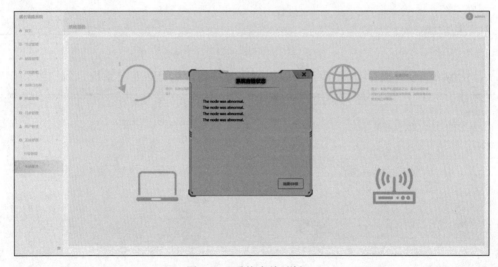

图 7-50 系统自检(详细)

图 书 推 荐

书　　名	作　　者
深度探索 Vue.js——原理剖析与实战应用	张云鹏
剑指大前端全栈工程师	贾志杰、史广、赵东彦
Flink 原理深入与编程实战——Scala＋Java(微课视频版)	辛立伟
Spark 原理深入与编程实战(微课视频版)	辛立伟、张帆、张会娟
PySpark 原理深入与编程实战(微课视频版)	辛立伟、辛雨桐
HarmonyOS 移动应用开发(ArkTS 版)	刘安战、余雨萍、陈争艳 等
HarmonyOS 应用开发实战(JavaScript 版)	徐礼文
HarmonyOS 原子化服务卡片原理与实战	李洋
鸿蒙操作系统开发入门经典	徐礼文
鸿蒙应用程序开发	董昱
鸿蒙操作系统应用开发实践	陈美汝、郑森文、武延军、吴敬征
HarmonyOS 移动应用开发	刘安战、余雨萍、李勇军 等
HarmonyOS App 开发从 0 到 1	张诏添、李凯杰
HarmonyOS 从入门到精通 40 例	戈帅
JavaScript 基础语法详解	张旭乾
华为方舟编译器之美——基于开源代码的架构分析与实现	史宁宁
Android Runtime 源码解析	史宁宁
鲲鹏架构入门与实战	张磊
鲲鹏开发套件应用快速入门	张磊
华为 HCIA 路由与交换技术实战	江礼教
华为 HCIP 路由与交换技术实战	江礼教
openEuler 操作系统管理入门	陈争艳、刘安战、贾玉祥 等
恶意代码逆向分析基础详解	刘晓阳
深度探索 Go 语言——对象模型与 runtime 的原理、特性及应用	封幼林
深入理解 Go 语言	刘丹冰
Spring Boot 3.0 开发实战	李西明、陈立为
深度探索 Flutter——企业应用开发实战	赵龙
Flutter 组件精讲与实战	赵龙
Flutter 组件详解与实战	［加］王浩然(Bradley Wang)
Flutter 跨平台移动开发实战	董运成
Dart 语言实战——基于 Flutter 框架的程序开发(第 2 版)	亢少军
Dart 语言实战——基于 Angular 框架的 Web 开发	刘仕文
IntelliJ IDEA 软件开发与应用	乔国辉
Vue＋Spring Boot 前后端分离开发实战	贾志杰
Vue.js 快速入门与深入实战	杨世文
Vue.js 企业开发实战	千锋教育高教产品研发部
Python 从入门到全栈开发	钱超
Python 全栈开发——基础入门	夏正东
Python 全栈开发——高阶编程	夏正东
Python 全栈开发——数据分析	夏正东
Python 编程与科学计算(微课视频版)	李志远、黄化人、姚明菊 等
Python 游戏编程项目开发实战	李志远
量子人工智能	金贤敏、胡俊杰
Python 人工智能——原理、实践及应用	杨博雄 主编,于营、肖衡、潘玉霞、高华玲、梁志勇 副主编
Python 预测分析与机器学习	王沁晨

续表

书　名	作　者
Python 数据分析实战——从 Excel 轻松入门 Pandas	曾贤志
Python 概率统计	李爽
Python 数据分析从 0 到 1	邓立文、俞心宇、牛瑶
FFmpeg 入门详解——音视频原理及应用	梅会东
FFmpeg 入门详解——SDK 二次开发与直播美颜原理及应用	梅会东
FFmpeg 入门详解——流媒体直播原理及应用	梅会东
FFmpeg 入门详解——命令行与音视频特效原理及应用	梅会东
Python Web 数据分析可视化——基于 Django 框架的开发实战	韩伟、赵盼
Python 玩转数学问题——轻松学习 NumPy、SciPy 和 Matplotlib	张骞
Pandas 通关实战	黄福星
深入浅出 Power Query M 语言	黄福星
深入浅出 DAX——Excel Power Pivot 和 Power BI 高效数据分析	黄福星
云原生开发实践	高尚衡
云计算管理配置与实战	杨昌家
虚拟化 KVM 极速入门	陈涛
虚拟化 KVM 进阶实践	陈涛
边缘计算	方娟、陆帅冰
物联网——嵌入式开发实战	连志安
动手学推荐系统——基于 PyTorch 的算法实现(微课视频版)	於方仁
人工智能算法——原理、技巧及应用	韩龙、张娜、汝洪芳
跟我一起学机器学习	王成、黄晓辉
深度强化学习理论与实践	龙强、章胜
自然语言处理——原理、方法与应用	王志立、雷鹏斌、吴宇凡
TensorFlow 计算机视觉原理与实战	欧阳鹏程、任浩然
计算机视觉——基于 OpenCV 与 TensorFlow 的深度学习方法	余海林、翟中华
深度学习——理论、方法与 PyTorch 实践	翟中华、孟翔宇
HuggingFace 自然语言处理详解——基于 BERT 中文模型的任务实战	李福林
Java＋OpenCV 高效入门	姚利民
AR Foundation 增强现实开发实战(ARKit 版)	汪祥春
AR Foundation 增强现实开发实战(ARCore 版)	汪祥春
ARKit 原生开发入门精粹——RealityKit＋Swift＋SwiftUI	汪祥春
HoloLens 2 开发入门精要——基于 Unity 和 MRTK	汪祥春
巧学易用单片机——从零基础入门到项目实战	王良升
Altium Designer 20 PCB 设计实战(视频微课版)	白军杰
Cadence 高速 PCB 设计——基于手机高阶板的案例分析与实现	李卫国、张彬、林超文
Octave 程序设计	于红博
Octave GUI 开发实战	于红博
ANSYS 19.0 实例详解	李大勇、周宝
ANSYS Workbench 结构有限元分析详解	汤晖
AutoCAD 2022 快速入门、进阶与精通	邵为龙
SolidWorks 2021 快速入门与深入实战	邵为龙
UG NX 1926 快速入门与深入实战	邵为龙
Autodesk Inventor 2022 快速入门与深入实战(微课视频版)	邵为龙
全栈 UI 自动化测试实战	胡胜强、单镜石、李睿
pytest 框架与自动化测试应用	房荔枝、梁丽丽